国家科学技术学术著作出版基金资助出版

中国近代园林史

◎ 朱钧珍 主编

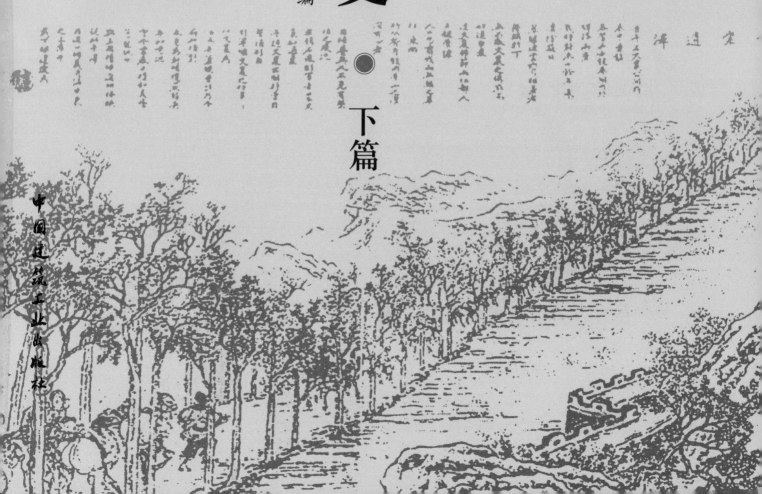

下篇

中国建筑工业出版社

图书在版编目（CIP）数据

中国近代园林史　下篇/朱钧珍主编. —北京：中国建筑
工业出版社，2013.8
　ISBN 978-7-112-15559-0

　Ⅰ.①中… Ⅱ.①朱… Ⅲ.①园林 – 建筑史 – 中国 –
近代 Ⅳ.①TU-098.42

中国版本图书馆CIP数据核字（2013）第137633号

责任编辑：张　建
责任校对：王雪竹　王　烨

中国近代园林史 下篇

朱钧珍　主编
*
中国建筑工业出版社出版、发行（北京海淀三里河路9号）
各地新华书店、建筑书店经销
北京锋尚制版有限公司制版
北京富诚彩色印刷有限公司印刷
*
开本：880×1230毫米　1/16　印张：30　字数：985千字
2019年4月第一版　　2019年4月第一次印刷
定价：158.00元
ISBN 978-7-112-15559-0
　　　　（24121）

中國近代園林史

王世襄題

廣收博探為中國近代園林書並史創立里程碑　畜文並茂蔚為大觀

九十叟　朱有玠敬題

颂中国近代园林史出版

艰辛耕耘五载，纵览百年沧桑，覆盖中华大地。在各地园林工作者的集体努力和主编的辛勤编纂下，现已问世。它是一本历史书、教科书。我热烈祝贺。

新世纪伴着生态城市发展，达到人居自然、经济、历史、文化融为一体，建立绿色基础设施，提高人民健康水平，迎接更灿烂的未来。

程绪珂敬题 二〇〇九年十二月

题词三（程绪珂）

《中国近代园林史》编辑委员会

顾　问　吴良镛　朱有玠　程绪珂

主　任　甘伟林　　副主任　黄晓鸾

主　编　朱钧珍

编　委　（以姓氏笔画为序）

丁新权　　王　焘　　王泰阶　　尤传楷　　匡振鷗　　刘尔明　　刘秀晨　　齐思忱(*)

江长桥　　李　蕾　　李天顺　　李戊姣(*)　李树华　　杨玉培　　杨淑秋(*)　苏淡光

吴振千　　况　平　　陆杰仁　　陈尔鹤(*)　陈海兰　　易利国　　周淑兰　　周琳洁(*)

赵纪军　　荫　禾　　施奠东　　秦玙瑶　　贾祥云　　徐大陆　　凌德麟　　黄　天

黄　哲　　黄兆儒　　黄赐巨　　梁玉瓒(*)　梁永基　　董佩龙　　谢玲超(*)　蔡美权

黎永惠(*)

《中国近代园林史》各章主要作者及负责人

题词一　王世襄

题词二　朱有玠

题词三　程绪珂

上　篇（上篇每一部分的作者均已在文中署名，其中未署名的作者为朱钧珍）

朱钧珍（绪言，第一、二、三、六、七章）

杨淑秋、张　晶（第四章）

刘尔明（第五章）

下　篇

刘秀晨、袁长平（北京卷）黎永惠（天津卷）　　齐思忱（河北卷）　　陈尔鹤（山西卷）

荫　禾、余晓华（内蒙古卷）李树华（辽宁卷、吉林卷）　董佩龙（黑龙江卷）　吴振千、王　焘（上海卷）

徐大陆、李　蕾（江苏卷）　施奠东（浙江卷）　　　尤传楷（安徽卷）　　苏淡光（福建卷）

凌德麟（台湾卷）　　　丁新权（江西卷）　　　　贾祥云（山东卷）　　秦玙瑶（河南卷）

李戊姣、赵纪军（湖北卷）周淑兰（湖南卷）　　　周琳洁（广东卷）　　易利国（广西卷）

江长桥（海南卷）　　　黄赐巨（香港卷）　　　　梁玉瓒（澳门卷）　　况　平（重庆卷）

杨玉培（四川卷）　　　王泰阶（贵州卷）　　　　陈海兰（云南卷）　　匡振鷗（西藏卷）

李天顺（西安卷）　　　陆杰仁（甘肃卷、青海卷、宁夏卷）　　　　　　蔡美权（新疆卷）

序

约四年多前，朱钧珍教授告知我她打算编纂中国近代园林史，我很赞成，并告她写近代园林史，不能忽略了南通的张謇。以后我们又多次晤面，得悉她为此事奔走全国。未想到，在全国有关方面支持下，如此巨作竟然以四年时间即已基本完成，现正在出版过程之中。朱教授嘱序于余，我将编纂的稿件粗读一遍，随想联翩，遂记之如下。

第一，首先要感谢本书之倡议者，如中国建筑工业出版社等单位及专家、学者，这是一件迫切而及时的工作。就中国古典园林史来说，因其独特的、光辉的历程，逐渐为中外学者所谙识，多年来著述颇丰。但是，关于中国近代园林，仍待深入之发掘。由于鸦片战争后社会急剧变化，西方文化东渐，中国园林发展进入继承、蜕变的时期，其中大多也已形成并在社会大众之生活中得以确认，发挥游憩作用，且得以保存并能作为进一步发展之基础。也有一些景色佳美之地，在尚未确认为必须保护之地前，因土地被经营，沦为他用而有消失之虞。例如本书中涉及沙坪坝中渡口对岸之磐溪，我在1940～1944年抗日战争时期在该地读书，尚有印象，在重庆大学临江之大黄桷树下远望，景色宜人，嘉陵江有石门、磐溪，溪水潺潺，磐石上之水从水车中间穿过，附近还曾发现有汉阙。国立艺专一度迁徙于此，当时徐悲鸿先生海外归来，借一别墅设中国美术院，陈列其私人收藏的齐白石、任伯年等名家作品，我曾去参观过，徐先生很热情，一一讲解，我至今记忆犹新。情随事迁，如今这一地带当会有变化，如嘉陵江江心中几尊巨石早已作为桥基而消逝，此景不复存。这类景点，当然属于近代园林，如果不加以梳理、论证，可能在急速的城镇化发展中失去，这也是最令人担心的。

第二，近代园林历史不能算很长，但在数千年中国园林史中属于萌发异彩的时代，除了中国传统园林文化得以赓续发展以外，由于时代在演进，社会在发展，大众生活需求在变化，政治、经济、社会目标出现了新追求，正如本书绪言中说，中国有哪一个朝代能像近代这样将园林建设提高到"建国方略"、"民生主义"的高度，又如何理解各地兴起的"中山公园"现象？这说明近代园林已成为广大公共生活之必需，园林发展以一种新的形态进入一个新的时代。在中国沦为半封建半殖民地国家、中西文化交融过程中，截然出现另一体系，即西方园林文化下的租界园林、教堂园林等。这个时期还出现了与中国历史上书院园林相仿佛并具有时代特色的学校园林，例如在20世纪初兴建的北平燕京大学校园（现为北京大学校园），既继承明代米万钟"勺园"的中国园林传统

（有《勺园修褉图》提供原型为证），又纯熟地运用西方古典建筑群的设计技巧，我在 20 世纪 50 年代初见到它的设计图纸，叹为杰作。此外，各地五花八门别具一格的种种别墅园林，又如郑州铁路园林的出现等，都说明生活内容之需求，发展条件之多样，这也是近代园林的内容与形式发展变化的源泉。

第三，这一时期各种园林之兴起固有本时期政治、经济、社会、技术、文化条件之基础，同时也脱离不了时代先进人物之思想、人文之修养以不同形式之推动（个别人物如曹锟作为历史人物不能算先进，但在保定创建人民公园也应该记载一笔）。本书除了不厌其详地将各地园林做了专题考察，包括林则徐、左宗棠、张謇、朱启钤、冯玉祥等，这些人物事迹值得一读，他们的业绩和精神值得发扬，如左宗棠"新栽杨柳三千里，引得春风度玉关"，很有气势和意境，今日思之，依然振奋。城市园林每每随民主改革思想而发扬，如梁漱溟、晏阳初等的"宛西自治"，卢作孚重庆北碚建设等。抗日战争后我曾在四川合川国立二中读中学，在这一地区有生活体验，因此此地于我更亲切而深有感情。北碚不只是重庆的卫星城，北碚所在地嘉陵江"小三峡"更是一风景区，北碚建有西部科学院与兼善学校，后上海复旦大学亦迁往其江对岸，俨然是战时陪都的一个文化区，聚集有不少的文化人，作家林语堂自美国归国后一度居此写作，此地尚有北温泉风景区、缙云山宗教圣地等，是极一时之胜的城镇据点，不仅有园林佳作，而且可视之为地区城市规划、建筑、园林综合发展建设人居环境的范例来研究。同样，爱国华侨陈嘉庚营造集美学校亦宜作为景观建设来看，可惜书中有所遗漏。❶园林因为涉及人们的日常基本生活需要，学科的综合性和实践性很强，较易普及，享用者人民大众都有发言权，本书编写过程中就在近代人物中找到一批不是学园林的人，他们都对园林提出相当深刻的理论并有实践功绩，这值得我们专治此专业者深思并深受启发。

最后，我不能不对本书主编朱钧珍教授致以由衷的祝贺。从 1951 年开始，我与汪菊渊教授在梁思成先生赞许下，创办清华大学和北京农业大学合办的造园组，朱钧珍是第一班学生，当时不足十名学生，她毕业后留清华做助教。造园组命途多舛，后从北京农业大学继之又调整至北京林业学院（即今北京林业大学），清华拟恢复园林设计未果，她于是又去建研院从事研究。"文革"后我一度主持清华土木建筑系，又为园林设计恢复再次努力，"跑断了腿"，才从江

---

❶ 已补充编入本书第六章第六节。

小柯同志处将她要回清华。专业还是未得到恢复，但此间她未曾稍懈，先后完成多种专业著作，直至在清华退休后仍耕耘不辍。本书之成，我深感高兴，也是一种慰藉。就她本人来说，这本专著的意义巨大；就清华造园组来说，这是堪以告慰的成绩；就中国园林史研究来说，这是从刘敦桢等到中国古代园林史后又一项很有意义的工作。又悉朱钧珍教授豪情未减，有志继续编写当代园林，我乐观其成。

吴良镛

中·国·近·代·园·林·史（下篇）

凡　例

一、本书所论述的时限范围为中国的近代，而"近代"一词在境内外也有不同的认识。从鸦片战争发生的 1840 年算起，中国开始进入半封建半殖民地社会，至 1911 年辛亥革命成功，推翻帝制，标志着封建社会制度的彻底消亡，开始进入旧民主主义社会，走向共和。但民国政府却只存在了 38 年，至 1949 年以后，中国才进入一个完全独立自主的由新民主主义过渡到社会主义的社会，而在中华人民共和国成立之前的 109 年当中，许多历史事件的发生、发展和社会的动荡起伏是有其延续性与混杂性的，因此，本书就统称这一时限为近代。

二、本书所搜寻的近代园林范围是包括全中国 960 万平方公里的全部国土，其中包含在近代尚未回归的香港和澳门，以及现在仍未统一的台湾，故书中所列次序一律按地理位置从北到南、从东到西，依顺时针方向排列，并忽略行政划分的称号。

三、本书调研以城市各类园林为主，基本上不包括全国一般风景区、居住小区以及有关园林植物的引种和栽培等问题。

四、本书内容均以 1840 ~ 1949 年的时序为限，但为了保持近代人物事迹的完整性，有个别情况例外，如第二章中的冯玉祥墓园，是随其逝世之后建于当代，故跨界著录于本书中。此外，因中国台湾地区的年代划分与中国大陆地区不同，故亦将建于当代的张大千故居等内容收录，特此说明。

下篇目录

第三章　上海卷 / 139

第七章 内蒙古自治区卷 / 361

中·国·近·代·园·林·史（下篇）

第一章 北京卷

第一节 综 述

一、近代北京皇家园林

北京，古称：幽州。左环沧海，右拥太行，南襟河济，北枕居庸，堪称天府之国❶。曾经是我国辽、金、元、明、清五代封建王朝之都城。由于其特殊的历史条件和地理环境，形成了北京地区独有的园林特色，即以皇家园林、坛庙园林、寺观园林、第宅园林为主体的园林体系。皇家园林与坛庙园林，园域广阔，建筑宏伟，艺术精湛，景色优美，布局庄重雄浑又兼精巧秀丽，是中华民族文化历史的结晶。寺观园林，历史悠久，静穆清幽，宗教色彩十分浓厚。

北京地区的园林建设与发展历经沧桑，历史上曾有过繁荣昌盛，也遭受过严重的摧残和破坏。其兴衰变化同历史的社会政治、经济、文化发展演变紧密相连，从一个侧面反映了中华民族的历史。

北京地区的园林，历史上一直是以宫城和皇家园林的建设为主线不断发展，与其相随的是坛庙园林、陵园、宅园、寺观园林以及风景名胜区的出现。

北京自西周开始至春秋战国时期，属当时燕国的领地。燕昭王在燕都蓟城西郊（永定河畔石景山附近）营建了元英、宁台、历室、碣石等离宫，供诸侯贵族游览狩猎之所，是北京地区较早出现的皇家园林。在燕下都建有黄金台、展台、武阳台、华阳台、东宫池、燧林握日台等多处台观宫苑。

隋唐时期，西山独特、秀美的地形地貌，为寺观园林营建提供了优美的园林环境，相继出现了马鞍山的慧聚寺，翠微山灵光寺，香山的香山寺、吉安寺，寿安山的兜率宫及怀柔红螺山的大明寺等。

---

❶ 华北北部的燕京一带虽在战国后期被称为"天府"，但秦汉以来并没有人这样讲，直到明清时期建都北京，才获得了"天府之国"的美誉。《大明一统志》卷一："京师古幽蓟之地，左环沧海，右拥太行，北枕居庸，南襟河济，形胜甲于天下，诚所谓天府之国也。"

辽代北京地区进入一个新的历史阶段，辽升幽州为南京，又名燕京，定为陪都，其地园林建设有了进一步的发展。辽代皇帝实行"秋冬违寒，春夏避暑"、"春水秋山，冬夏捺钵"的游幸生活，在南京营建内果园、瑶屿和春水行宫；东南有延芳淀；西北有阳台山麓风景秀丽的清水院。

金改燕京为中都，定为国都。在扩建都城营建宫殿的同时，在京城各处寻访风景名胜修建驻跸之行宫、御苑。宫城内外有东苑、西苑、南苑、北苑、芳苑等，其中以西苑最胜，又称同乐园，内有瑶池、蓬瀛、柳庄、杏村等景观。又增辟多处行宫，即钓鱼台、建春宫、大宁宫（万宁宫）、香山行宫、玉泉山行宫、仰山行宫和大房山行宫等。坛庙建设也有发展，迁都后建太庙，并于四郊建郊坛。海陵王在大房山大洪谷所建的金陵是较早的皇家陵园。私人宅园也开始出现。金中都的御苑建设也有了较大发展，摹仿宋京汴梁并拆运其山石等园林材料用于中都的御苑，利用郊野风景地带开发游猎行宫是金代园林建设的一个特点。

元代定都燕京，放弃旧城，以大宁宫为中心另建大都。以万岁山和太液池为中心，在其西开辟隆福宫、兴盛宫等宫苑，太液池之东有灵囿，饲养奇兽珍禽，融为皇城一处规模巨大的园林风景区。郊区则开辟了供皇族游猎的四大飞放泊游猎区（下马飞放泊、柳林飞放泊、北城店飞放泊、黄垈店飞放泊），其中下马飞放泊原湿平衍，水草丰美，饲育禽兽以供行猎。并遵《周礼》建社稷坛于平则门内，建太庙于齐化门内，建天坛于东南郊，建先农坛、先蚕坛于东郊籍田内。皇族权贵私人建园进入繁盛时期，较著名的有漱芳亭、万春园、葫芦套、遂初堂、万柳堂、远风台、杏花园、玩芳亭、匏瓜亭、水木清华亭等几十处。碧云庵、隐寂寺（后称大悲寺）、平坡寺（后称香界寺）、广济寺、慈悲庵、东岳庙等寺庙均为此时所建。郭守敬引白浮泉水入瓮山泊，为最终形成西湖——昆明湖创造了条件。平民百姓的游乐场所也有发展，庆丰闸、高粱河、丰台、积水潭、香山、玉泉山等山林优美，湖水丰茂的地方，成为游人"踏青斗草"的去处。元代的士大夫私人园林蔚然兴起，为以后的园林发展带来很大影响。

明代迁都北京，在营建城垣宫室中皇家园林有了进一步发展。宫廷区建有宫后苑（御花园）。宫城外建有东苑、西苑、兔儿山、北果园。北部中轴线建万岁山（后称景山）。其中东苑内厅堂楼阁，亭台桥榭，多姿多彩，蔚为壮观。城外有瓮山的好山园及元代飞放泊

旧址改建的南苑和上林苑、聚燕台等。祭祀建筑渐趋完善，建圜丘坛、方泽坛于南北二郊，建朝日坛于朝阳门外、夕月坛于阜成门外，建先蚕坛于西苑，还建成山川坛、社稷坛、帝王庙等。各坛取"尊而识之"之意，广植松柏，郁郁森森，坛庙格局园林大定。勋戚、官僚、文人造园活动达到高潮，宅园多达几十处，其中外戚武清侯有别墅5处，太仆寺卿米万钟建宅院3处。还有什刹海之滨的定国公太师圃、英国公新园，以及成国公之适景园、杨文敏之杏园等。明代皇室成员与官僚、太监捐资建寺之风盛极一时，促进了寺庙园林的发展与风景区的开发。著名的有极乐寺之牡丹，摩诃庵之叠石杏花，苍雪庵之泉池八景，双林寺之池荷朱樱，兴盛庵之众芳亭与桃李林等。此外还有万寿寺、慈寿寺、法海寺、柏林寺、广慧庵、隆教寺等寺庙。明代在群山环抱的昌平天寿山，建起了规模巨大的陵区。陵墓和陵区划为禁地，大量种植松柏，成为独一无二、风景秀丽的陵园。为了皇帝巡视建陵、暂停灵柩、北游和春秋祭祀驻跸停留，先后又建沙河行宫和巩华城。并建南海子猎场行宫，广植桑麻。

清代定鼎北京，顺治、康熙、雍正三朝除大内御苑均保留明制，进行改建、扩建外，重点逐渐转向行宫御苑和离宫御苑建设。在西郊改建了静明园；康熙南巡归来，在明代皇亲武清侯李伟的清华园废址建畅春园，把江南造园艺术引入园内，大规模扩建圆明园；新建承德避暑山庄。上述离宫御园，代表了清初宫廷造园的成就和艺术水平。再次扩建了香山行宫，建卧佛寺行宫，至雍正末年西郊已初步形成4座御苑和众多赐园集中的特区，为乾隆时期大规模扩建奠定了基础。此外，在西海子也营建了20多处小园林。

乾隆时期，北京御苑建设达到顶峰，规模之大，内容之丰富，历史罕见。50多年的延续建设，使新建、扩建的大小园林总面积不下1500多公顷，分布在皇城、近郊、远郊、畿辅承德等地。除东苑、兔儿山不存，景山、西苑增建内容外，又对圆明园进行二次扩建。改建、扩建中大量吸收江南园林精华，引进欧洲和其他地方风格的建筑。在圆明园新建景点12处，在东临建长春园，有18处建筑和西洋式花园，并将赐邸春和园合并若干私家园林改建为绮春园。扩建静明园、静宜园。在西直门外修乐善园（动物园），开拓改造昆明湖，并在万寿山行宫的基础上建成清漪园。乾隆、嘉庆两朝是西北郊皇家园林的全盛时期，形成了5座庞大的御苑（圆明园、畅春园、静明园、静宜园、清漪园）为主的皇家园林群，即

"三山五园"（图 1-0-1）。园林建设荟萃了中国风景式园林的全部形式，使北方园林达到与江南园林南北对峙、媲美的局面，代表了鼎盛时期的中国园林艺术精华，是古典园林的成熟期。

清代保留了明代所建坛庙，并几度修缮。乾隆时期，太庙建设达到鼎盛，各坛庙规划有度，建筑鼎新，宝相庄严。新建满族神庙堂子于长安左门外，建寿皇殿、先蚕坛于御苑内。各坛林海松涛、堆云积翠。太庙、社稷坛、孔庙、先农坛树木蓊郁，各有风格。奉先殿、传心殿、堂子、历代帝王庙、寿皇殿、蚕坛或在大内御苑，或在市井街衢，虽少树木，但庙像庄严。从清到明所建坛庙，分布京城各处，互相呼应，形成北京地区独有、别具风格的坛庙园林群。

清代在陵寝建设上，除保留明陵外，在河北遵化州建东陵，易州建西陵。陵区划出大面积山场，广植仪树、行树、海树、山树，健全了陵区植树保护管理办法，与明十三陵共同形成北京及其附近的三大陵园风景区。兴建王府花园，是清代园林建设的一大特点，城内曾有几十处王府花园。规模较大的有醇亲王府、恭亲王府、郑亲王府、礼亲王府等府邸花园，格调受皇家园林的影响，趋于宏伟。官僚、学者兴建私人宅院之风很盛，著名的有明珠的自怡园、冯溥的万柳堂、麟庆的半亩园、李笠

翁的芥子园、纪晓岚的阅微草堂等，连同王府花园总数达 100 多处。各园模仿历代名园，布局精巧，风格多样，文学情趣增加，文人风格成为主流。

清代皇帝出游巡行频繁，即大肆兴建行宫，行宫园林达历代之最。初期扩建南海子行宫，仍为皇家猎场和演武场，称南苑，并建元灵宫、南红门行宫为游兴驻跸行宫。顺治、康熙、雍正、乾隆四朝在南苑先后修建了 20 多处园林，形成四大行宫八大庙的格局，成为临憩、行围、阅兵的皇家园囿。扩建香山行宫，作为游憩驻跸之所。在阜西花园村建钓鱼台行宫，黑龙潭北建大觉寺行宫。经过不断发展，至乾隆时期已经形成东道、西道、北道、山海关等四条主要行宫系统，有行宫达 50 余座，为皇帝谒陵、巡幸、狩猎、驻跸和暂憩之所。这些行宫有的山岭环列，占其地势之利，有的建有后花园，有假山花草，古松树林。其中汤山行宫（汤泉山行宫）有温泉、柳色、池塘、荷花、玉兰、山亭、游鱼、书室、宫鹤等景物。钓鱼台行宫为金时旧迹，台前有泉水从地旁出，冬夏不竭，凡西山麓之支流悉灌注于此，元时谓之玉渊潭，乾隆时始建钓鱼台座，仿江南各园制式建养源斋、萧碧轩、澄漪亭等殿宇，成为御苑禁地，各朝帝后谒西陵或从圆明园至天坛祭祀等活动，皆于此驻跸。盘山行宫前岗如屏，后障如衮，清明谷雨，万壑青松，十

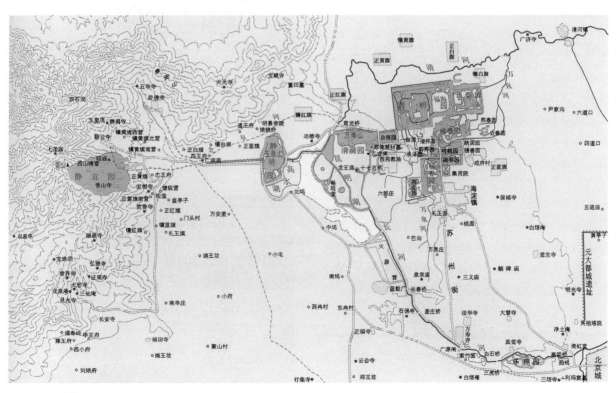

图 1-0-1　清代三山五园图

里红杏宛若天然图画，又有洞泉数道流入垣内，风景瑰丽，乾隆御题盘山十六景以赞。承德避暑山庄为皇帝时巡展观，临朝听政之所，更是规模宏大。山庄灵境天开，气象宏敞，俯武列之水，抱磬锤之峰，叠石绕垣。宫中左石右山，宫外外八庙自东、北环绕，宛如众星拱月，气象万千，既是行宫又是京畿附近最大的皇家御苑。

清代在明代大量寺观的基础上，又新建了雍和宫、西黄寺、香山昭庙、翠微山龙王堂等庙宇，而寺观园林逐渐变为以赏花极一时之盛。如高庙的白海棠与凌霄、广济寺蜡梅、崇效寺牡丹、法源寺丁香、龙华寺文冠果、极乐寺西府海棠、白云观紫锦海棠等。行业、地方会馆，以园林知名的也有多处，如粤东新馆等。百姓游览之地则有蟠桃宫、二闸、满井、金鱼池、泡子河、陶然亭、什刹海以及西山地区的杏花、梨花、柿林、玫瑰等植物景观和自然景区。

众多的皇家御苑、行宫、坛庙也是中华民族的多座文化宝库，其园林中积淀了中华民族文化的精髓，有皇帝御题的圆明园40景、静宜园28景、静明园16景、避暑山庄36景、盘山36景等诗情画意的景点；厅堂楼阁碑碣、楹联、匾额遍布；殿宇室内陈设了大量珍稀的鼎彝祭器、古籍、珍宝、古玩、名人字画等不可计数。坛庙是皇帝祭祀的地方，蕴涵丰富的祭祀礼仪和祭祀文化。御苑离宫更成为皇室政治活动的重要场所，赋予了浓郁的政治和历史色彩。其规模宏大、气势磅礴，名园荟萃、景象万千，又以秀美的大自然为蓝图并融糅传统的美学、哲学、文学及宗教等内容，显示着中国古典园林博大精深的辉煌成就。

到了18世纪末、19世纪初，即1840年鸦片战争前四、五十年中，清朝政治日趋腐败。乾隆末年和嘉庆年间，官吏贪污成风，财政支绌，军备废弛，国势显著下降。同时，土地兼并剧烈，地主剥削加重，更多的农民破产流亡，社会危机愈益严重，园林也暴露出由极盛而逐渐衰落的趋势。嘉庆以后已无财力营建新园。

道光二十年至二十二年（1840~1842年），英国寻衅对中国发动了侵略战争，即鸦片战争。软弱昏庸的清政府被迫与侵略者签订了丧权辱国的《南京条约》，规定赔款二千一百万银圆，割让香港，开放五口通商等，从此中国逐渐步入了半殖民地半封建社会。北京的皇家园林两次遭受帝国主义侵略者的野蛮摧残，毁损惨重。

咸丰十年（1860年）英法联军入侵北京，洗劫和焚毁了西郊所有的皇家御苑。闻名中外的"三山五园"无一幸免。被誉为"万园之园"的世界名园圆明园被彻底

焚毁，一百多处景点，数千座建筑化为灰烬。其他4座御苑的大量建筑景点，也遭毁灭性的破坏。各园内收存陈设的稀世文物财宝被抢掠破坏一空，数量之大无法统计（图1-0-2、图1-0-3）。

光绪二十六年（1900年），美、英、法、日、德、意、俄、奥（奥匈帝国）八国联军入侵中国，再一次洗劫了北京的皇家园林，破坏波及城近郊所有的皇家御苑和坛庙、陵寝。侵略军进驻三海（北海、中海、南海）、颐和园、太庙、社稷坛、景山、天坛、地坛、先农坛等处，各处禁地皆是洋兵，车马驰骋；建筑、树木任意破坏，珍宝祭器抢劫一空。并窜至南苑团河，烧毁了行宫建筑、抢掠了行宫的珍宝以及豢养的珍稀动物。焚毁八大处灵光寺的殿宇以及佛牙塔。东陵、西陵亦遭骚扰，宫殿被焚，库储兵饷、祭器被掠。这次破坏比1860年更广泛、更惨烈，自元明以来之积聚，上自典章，下至国宝珍奇扫地而尽，北京的皇家园林元气大伤（图1-0-4）。

第一次大洗劫之后，清政府财力大损，国库空虚，对被毁的皇家园林已无力全面修复，只对清漪园进行了较大规模的整修，并易名为颐和园，成为慈禧颐养天年、

图1-0-2 圆明园西式建筑残迹

图 1-0-3　圆明园大水法、远瀛观遗址（1927 年）

听政议事之所。对圆明园、静明园的部分建筑进行了小修，静宜园则未能整修，畅春园仅剩残迹。第二次大破坏之后，更是无力修复，仅在 20 世纪初，拨乐善园官地兴办农事试验场，将清华园改作清华学堂。其他御苑行宫或因年久失修，或因无人管理，任其倾圮而渐次荒废。这一时期的急剧变革记述了皇家园林由兴盛走向衰败的历史进程。

1840 年鸦片战争后，北京的寺观园林只是承继前人所有，再无新的寺观园林产生。民国时期，市政当局在不同时期颁布了《森林保护规则》、《古迹古物保存办法》、《保存名胜古迹古物暂行条例》、《保存寺庙古迹的有关训令》等，对寺庙林木采取了一定的保护措施，但就寺观园林的具体管理而言，保管文物机关大多忙于行政事务，疏于工程管理。"因时制宜，自行厘定"的保存古迹古物的方法，使诸多寺观园林经营乏术，随岁月流逝，园林渐趋凋敝。

民国初期，军阀混战，皇家园林和坛庙反复被军阀进驻，作为办公和驻军场所，园内不少建筑和地区被占据，有的甚至造成长期的历史事实。先农坛外坛被辟为市场，逐渐失去原有领地，各坛庙的树木也多有毁伤。

市内的观花寺院，仅以崇效寺的牡丹和法源寺的丁香为主（图 1-0-5）。1913 年 5 月 5 日，鲁迅和许寿堂

图 1-0-4　被毁后的颐和园四大部洲（清末摄）

图 1-0-5　崇效寺牡丹（1935 年摄）

同到崇效寺内观赏牡丹。1924年4月26日，印度大诗人泰戈尔由中国诗人徐志摩陪同到法源寺观赏丁香花。1935年北宁铁路局"特开观花专车，游踪所至莫不以一瞻崇效寺牡丹为幸"。并举办过"丁香大会"，会期繁花如雪，游人如织。

民国7年（1918年），碧云寺成立维持会，寺院仍对游人开放。孙中山先生在北京逝世后，1925年4月2日灵柩移往碧云寺，安厝于寺之金刚宝座塔的石券内，此后历时4年，放置于普明妙觉殿内，自1929年5月27日移灵南下（南京中山陵）后，为纪念中山先生遗体暂厝之地，即将该殿辟为"总理纪念堂"。

民国期间，在西山八大处寺庙园林区域内，建成私人别墅27座，大部分环于翠微、卢师二山之上，它们或是由寺院改造而成，或是占据风光秀丽之地建成。樱桃沟也不再是禁地。周肇祥于民国7年（1918年），在樱桃沟插上了自己的"静远穹界碑"，在沟南坡建造了"鹿岩精舍"别墅，当地百姓称其别墅为周家花园。清末，民主革命先驱——孙中山先生身体力行倡导植树，提出中国欲强，必须"急兴农学，讲究树艺"。1914年农商部公布森林法，1915年民国政府规定清明节为植树节，孙中山逝世后，改以3月12日为植树节。

辛亥革命以后，社稷坛、北海、中南海、景山、天坛、地坛、颐和园、静明园、静宜园次第开放为公园，千百年的皇家禁苑开始对社会开放，任人游览。随着禁园开放，静宜园内建起了香山慈幼院和多处私人别墅。八大处也陆续建了不少别墅。圆明园的围墙砖石被拍卖和拆用，畅春园残遗被洗劫一空，夷为平地。与其相连的圣化寺、泉宗寺等以七十二泉闻名的大园林全部残料以及石雕、太湖石等被张作霖、王怀庆、吴鼎昌、徐世昌等拆走建了私园和茔地。城内的一些私人宅园和会馆也竞相开放，其中有余园、望园、全浙会馆、粤东新馆等，除游览之外，还可以看戏、摄影，有的还可以举办喜庆宴会和政治交谊性活动。

从1929年到1948年，北平市区植树17万多株。绿化的重点是在东西长安街、南北长街、南北池子、王府井大街、景山前街等主要街道两旁栽植行道树（图1-0-6）。

北平沦陷期间，日伪在西郊新市区和东郊工业区栽植一批行道树。但在1944年伪华北政务委员会强令北平向日军进行所谓的献木、供木运动，砍伐大量成材树木，使树木更加稀少。北平解放前夕，国民党政府军队又将天坛南外坛古树伐除修建飞机场；在万牲园驻军队、修碉

图1-0-6 崇内大街绿化（民国年间摄）

堡，使其成为前沿阵地。此时大多数公园已不对外开放。

北京地区的园林资源，经历千百年的风云变幻，有的毁于战火之中，早已无存；有的遭受野蛮破坏，名园被毁；有的长期欠修失养，日趋荒废；有的被占，改作他用，支离破碎。1949年北平解放初期，城近郊对外开放的公园，只有中山、北海、天坛、颐和园、万牲园、太庙等6处，以及正义路、中华门、公主坟等小绿地5处，连同市中心开放的景山，总面积772公顷，共有树木4.96万株。曾有"万牲园"之称的动物园，全部动物只剩下3种17只。近郊的香山、碧云寺、卧佛寺、八大处以及其他寺庙风景区均未开放。

二、近代北京第宅园林

近代是北京第宅园林发生急遽变化的阶段，也是古代园林向近代公园的过渡阶段。

（一）发展过程

第宅园林在历史上有过不同的名称。古人将建造园林的活动称为造园，将造园成果称为园亭或者园林。有人将这种园林类型称为私家园林，与皇家园林并列为古典园林的基本类型。其实在公园的概念传入之前，这两类园林都是为私家建造，并为私家服务的。第宅和园林是《古今图书集成》中的两个部名，两词连用既有历史渊源，又能准确地表达所具有的居住和游览的双重功能。

史籍中所见北京最早的第宅园林是《辽史·太宗纪》所记的（辽）会同三年（940年），辽太宗（938~947年在位）幸留守赵延寿别墅。元代第宅园林多在大都城西南草桥、丰台之间。明初提倡节俭，限制造园，明确规定不许百官之家"在宅前后左右多占地，构亭馆，开池塘，以资游眺"。（明）正德以后奢侈之风渐

起，禁令松弛，社会上层的勋臣、外戚和宦官纷纷造园。万历年间造园风格由夸富尚奇转向追求诗情画意，代表作是文人米万钟建造的湛园、漫园和勺园。以米氏三园为代表的文人园风格成为北京第宅园林的主流风格。

清初江南造园名家张涟、李渔等人先后游京，促进了南北造园风格的交流。乾隆朝以后由于经济发展，造园普及，造园者由皇族亲贵、官僚和文人发展到富商和名伶等新兴的市民阶层，如秦腔名家魏长生的弟子陈银官在后孙公园大兴土木，穷极侈丽。市民阶层对园林有新的要求，由追求诗情画意转向追求生活情趣，具有收藏、读书、听戏功能的房屋和设施增多。在有限的空间之内创造更多的景物，更大限度地享受生活情趣，从而导致园林功能生活化的趋向。

鸦片战争以后建造的名园，园主人多为满洲贵族，如江南河道总督麟庆的半亩园、大学士文煜的可园和恭亲王奕䜣的萃锦园。

在第二次鸦片战争中，英法联军焚毁圆明园，附近赐园少有幸免，为北京园林史上的一次浩劫。

清末园林为公众服务的思想传入，开放私园成为时尚。东厂胡同的余园和李铁拐斜街的且园曾一度开放。还出现了具有公共游览性质的园林。开封人冯子立罢官后在广安门外小屯种植花卉，冯氏花园以春季之牡丹、芍药和秋季之菊花为最盛，置数间竹篱蓄养珍禽，锦鸡、孔雀、鹤、雁飞舞花间。园中有楼可望西山，有花窖为宴饮之地，城中士大夫每携酒往游。有王姓者在广安门外南河泊植树木，起轩亭。有大池广十亩许，种满红白莲花，可以泛舟，夏季游人竞集。这种游览活动面向公众，不同于园主人招三五同人赏花饮酒、赋诗作画的雅集活动。民国初多次在那家花园接待贵宾。1912 年秋孙中山应邀来京，在京期间三临此园，分别出席北洋政府国务院和清皇室举行的欢迎会。

民国初期，皇家园林和坛庙陆续开放为公园，由政府经营，为公众服务的公园成为北京园林的主体。官僚、富商以及外国人多于汤山行宫、香山静宜园以及西山八大处等地建造别墅，用于夏令避暑。此类别墅属于建造在风景名胜区内的独户建筑，与传统别墅明显不同。最著名的是曾任北洋政府总理的熊希龄在香山建造的双清别墅。末代皇帝溥仪的英国老师庄士敦在妙峰山以南樱桃沟建造别墅，名乐静山斋。山斋内有一座小庙，庙门对联"敬神如神在，虔诚圣有灵。"庙内陈列若干神位，如李白和陆龟蒙，还有莎士比亚神位，布置颇为古怪。北京城内仍有传统风格的宅园出现，如魏家胡同马辉堂

花园、米粮库胡同淑园、礼士胡同李氏园、左安门内张园，但艺术水平大不如前。

（二）主要类型

北京第宅园林可分为宅园、别墅、王府花园、赐园、寓居园五种类型：

宅园是在住宅内部或外围布置的园林，史籍中称园居，是住宅的附属部分。清代在内城分置八旗以拱卫紫禁城，将汉官、商人和平民迁到外城居住。所以皇族亲贵之园多在内城，汉族官员和文人之园多在外城。外城造园以清初最盛，建造了孙氏别业、怡园、万柳堂、寄园等名园。因为外城人口流动频繁，乾隆年间诸名园俱已荒废，或拆为民居，或改作会馆，或挪作官房。外城造园之盛终未再现。

别墅又称别业，是在住宅以外专供休憩用的园林，多建在郊外或风景区；如双清别墅、周家花园等。

王府花园是清代北京宅园的特有类型。近代人崇彝说："京师园林以各府为胜"，此为北京第宅园林的特征之一。清代宗室爵位为 12 个等级，按照等级分配住宅。第一级亲王至第五级奉恩镇国公的住宅称府，以下称第。王公府第属国家财产，朝廷有权收回。清代的爵位继承一般是一世降一等。做出特殊贡献者照原爵位继承，"世袭罔替"，民间俗称"铁帽子王"。清代共有 12 位铁帽子王，其中恭亲王奕䜣、醇亲王奕譞、庆亲王奕劻是在光绪朝始封的。所以王府可以分为铁帽子王王府和其他王府两类，铁帽子王世袭罔替，王府位置大都未变，其他王府因主人更替而变化较大。王府占地面积大，尤其是世袭罔替的铁帽子王多在府内建造花园，面积也比一般的第宅园林大。清代开国元勋郑王府园亭名惠园，被誉为"最优""最有名"。清末的恭王府、醇王府、庆王府也都建有花园。在其他王府花园中，清初履亲王府花园亦甚美，此园地处东直门内，园主人履亲王是康熙第十二子。清末该王府及花园被并入俄罗斯教堂。

有两类与宗室有关的园林，是园主人自己出资建造的。一是"清时禁令颇严，声伎等事不得入邸"，王公往往在府以外另筑别业，作为招致声伎之所，既得声伎之乐，又不违反禁令。恭亲王奕䜣在小翔凤胡同筑鉴园，醇亲王奕譞在徽约胡同辟适园。二是王公往往在郊外筑别业，作为政治上失意时的"养疾避难"之所，恭亲王奕䜣赋闲期间退隐戒台寺牡丹院，又称西山别墅。醇亲王奕譞在为自己修墓时建造了阳宅，名为退潜别墅，自号退潜居士。

赐园是皇帝赏赐给皇族亲贵或者大臣居住的园林，也是清代北京第宅园林的特有类型。康熙以后皇帝经常在海淀御园居住并处理政务。海淀镇附近、圆明园周围许多小园林都曾作为赐园。著名的有张廷玉的澄怀园、和珅的淑春园、恭亲王的朗润园、醇亲王的蔚秀园。赐园属国家财产，赏赐给某人居住是定制以外的礼遇，受赐者死后将会被收回并改赐他人，"有一年数易主者"。故受赐者不刻意求新，更改原貌。清末一些赐园划入北京大学和清华大学校园内，成为校园内的重要景观。清华大学更是以清末赐园清华园而得名。民国时期溥仪曾将钓鱼台赐予太傅陈宝琛，为帝制时代赐园的流风余韵。后经农学院力争，此园划入北平大学农学院。

寓居园多为清代常住北京的官员和文人赁房居住，在庭院宅旁植树栽花，或是点缀些盆景山石，摆些石桌石凳，作户外起居之用，再题个儒雅的堂号，顿生诗情画意，有些寓居园颇具园林之胜；还有沿用故乡园林的名字以寄托乡思的。此风在清朝前期最盛，当时外地来京人员多住宣武门外，故此类寓居园多在宣南。比较著名的有李渔的芥子园、顾嗣立的小秀野草堂。

在这五种第宅园林中，以贵族和文人的宅园、王府花园两类艺术水平最高，文化内涵最深，是北京第宅园林的主体。

（三）艺术风格

北京第宅园林经历了三个发展阶段，从明初到明末万历年间为贵族园阶段，特点是夸富尚奇；从万历年间到清中期乾隆年间为文人园阶段，特点是追求诗情画意；乾隆以后为市民园阶段，特点可概括为"功能生活化，要素密集化"。功能生活化是因为市民阶层对园林的要求由追求诗情画意转向追求生活情趣，追求宅与园合一。要素密集化源于园林功能生活化和城市人口增加导致的园林逐渐小型化这样两个因素。名重京师的半亩园面积仅1.9亩，那家花园面积仅3.1亩，条件所限，也是不得已。风格的演变导致古人追求的诗情画意和"奥如旷如"的园林意境难以寻觅，第宅园林从赏心悦目的游憩场所变为有山石花木点缀的随意式住宅。目前保存完整的第宅园林基本上建造于清末，人们所理解的古代园林的概念往往就是这些实例。

园林是由建筑、山水和花木组合而成的艺术品，正如古人所云："奠一园之体势者，莫如堂；据一园之形胜者，莫如山"。下面，我们将对建筑、掇山理水、花木以及陈设四要素，做进一步阐述。

建筑：乾隆以后园林中建筑数量增多，密度加大，亭、廊、榭、桥等建筑形式都已出现，装饰也趋于富丽琐碎，建筑成为园林的主体。通常是以厅堂作为园内主体建筑，称为厅事；它既是最佳观赏点，也是多功能活动中心。大家族的人们不愿外出听戏；或自办戏班，或请戏班到家里唱堂会。有的大型园林，如恭王府花园、醇王府花园、崇礼宅园和那家花园都建有戏楼。

园林建筑同时具有景观和使用两种功能。近代第宅园林中的建筑使用功能超过景观功能；亭和廊之外的建筑，从造型上已很难区别，匾额上题什么就是什么。

从明末的《勺园修褉图》、清初的《怡园图》和清后期的《鸿雪因缘图记》所描绘的半亩园，可以看到三个时期第宅园林的明显差异。半亩园中有云荫堂、拜石轩、曝画廊、近光阁、退思斋、赏春亭、凝香室。建于道光末年的增旧园中有停琴馆、山色四围亭、舒啸台、松岫庐、古苺堞、凌云洞、井梧秋月轩、妙香阁八景，各种园林建筑形式具备，可见其密集程度。

筑山理水：孔子说："智者乐水，仁者乐山。"园林中的山与水往往带有一种文化色彩。清代不许民间引活水入宅。王府引水入园的仅有位于后海北岸的成王府花园，也就是后来的醇王府花园和位于蒋养房胡同的棍王府花园两处，都是经过特许的。成王府花园建恩波亭，以示皇恩浩荡。北京城缺水，一般宅园仅挖小池，以所得土方堆山，常模拟大山余脉或者小丘，体量也不大。

清代更加注重假山的多种功能。半亩园退思斋为读书之所，北向三间，后倚石山，有洞可出，藏建筑于假山之中，最有新意。东稍间东向开窗。夏天借石气而凉，冬天得晨光则暖，与读书功能极相称。增旧园松岫庐之南有墙，长约三十余丈，苍苔掩映，薜荔缠绕。墙之曲折处有石洞，上刻有"凌云志"三字，可以暗通前宅，称为"凌云洞"。是以石洞作为住宅与园林的过渡。

宅园中池沼的做法，朱家溍先生有一段叙述："宅园的池沼，都是山石驳岸，池底一般是夯土，也有用方砖细墁的。园的全部地面在造园时都已作好雨水的疏导安排，使雨水都流入池沼；驳岸叠石也做好水口，在雨天可以出现石上流泉的景色。所以夏季如果连阴雨次数较多的话，池中就常常水满，还可以泛舟。春秋天则全靠汲井水灌池，不然便成了旱池。井的位置通常设在隐蔽的地方，如假山的背后，或邻近园子的小院中。井旁有石水槽，汲水后随手便可倾入槽中。夏日赏池荷，是先把藕种在瓦缸里，置于其他院落中的日照充足处。待成长起来后，把若干荷花缸抬到池中，放水淹过缸口，便俨然池荷了。"深秋又要从池沼中往外淘水，两个工人用长绳系的柳罐往外淘，以免将驳岸和池底冻漏。

花木：花木既是主要的造园素材，又是园林中观赏的主体。民间通常以园主封号或者姓氏加上花园二字来称谓某园，奕䜣的花园名萃锦园，习称恭王府花园；那桐宅园名怡园，习称那家花园。

清代第宅园林中建筑增多，花木仅起到衬托作用。所栽植的花木多是北京人喜闻乐见且富有寓意的种类，人们最喜爱的花木有牡丹、芍药、菊花和原本生长在南方的梅花。

古人称牡丹为花王，以牡丹象征富贵。牡丹在北京各类园林中广为栽植，以牡丹称盛的第宅园林有恭亲王奕䜣的西山别墅、国子监祭酒盛昱的意园，各种颜色的牡丹俱全。芍药常与牡丹相配，牡丹先开，芍药继后，万紫千红，蔚为壮观。

北京人以种菊花为高雅。道光朝养菊名家上斜街（宣武门外）赵家，主人爱菊花如性命，自号菊隐。一位文人借其园赏菊，题联赠之："只以菊花为性命，本来松雪是神仙"。东北沦陷以后，刘文嘉为保持民族气节，在新街口购得住房一处，闭门种菊，取"洁身自好"之意，以洁的古体字，号称"潔园"。

因为菊花在农历九月盛开，所以俗称九花。老北京人把种菊花当作秋季里的一件大事。富贵之家在庭院中以菊花数百盆摆放成山形。前低后高的叫作九花山子，四面堆叠的叫作九化塔，有的还缀上吉祥字样。中等人家以盆栽的菊花摆满案头阶下，小户人家也要在院子里摆几盆菊花。

梅花为"岁寒三友"之一。由于气候原因，梅花在北京不能露天栽植，晚清宗室、大臣毓朗从南方运来百余株梅花栽植在庭院里，仅一株成活，冬天搭暖棚覆盖起来，在里边生火。

富贵之家多以山石、鱼缸和盆景来点缀庭院。"天棚、鱼缸、石榴树"是老北京最有特色的夏季景观。石榴多子，象征人丁兴旺。冬季多以暖洞子里熏开的牡丹、芍药、梅花、碧桃、探春等花卉作室内装饰。

据说各王府多在花园中蓄养鹤、鹿，以象征六合同春。光绪的师傅翁同龢在花园里养仙鹤，一次仙鹤丢失了，翁同龢亲笔写了访鹤告白贴在街上。因为翁同龢是著名书法家，刚贴上就被人揭走；写了第二张，又被人揭走；于是再写第三张，留下一段"翁常熟三次访鹤"的故事。

陈设：园林陈设以简洁素雅为贵，这是文人园的传统。半亩园的主人麟庆是名重一时的大收藏家，将收藏品作为园中陈设，每处专陈一物；有的专陈鼎彝，有的专陈藏书，有的专陈古琴，有的专陈怪石，"富贵而有书卷气"。

那家花园乐真堂戏楼和遂初庵客厅采用西式装修，陈设西式家具，相当新颖考究。当时民间说那桐将建极优美之西式园亭，就是指其装修。

（四）园林意境

园林之妙在于意境，意境往往自书卷中得来。在文化修养较高的皇族亲贵和文人所建造的园林中保持着注重文学情趣，追求诗情画意的特色。

《红楼梦》中说："偌大景致，若干亭榭，无字标题，也觉寥落无趣，任有花柳山水，也断不能生色"。匾额楹联表达了园主人的思想感情。园林中多以"退思"、"遂初"命名厅堂，是以退隐山林、仰慕自然为标榜。半亩园退思斋联："随遇而安，好领略半盏新茶，一炉宿火；会心不远，最难忘别来旧雨，经过名山。"可园花厅联："风雨最难佳客至，湖山端赖主人贤。"那家花园澄清榭联："水流花开得大自在，风清月明是上乘禅。"三言两语，画龙点睛，将有限的景物扩展到无限的景外情，物外意。

还有标题园中若干景的。恩龄❶曾为官江苏淮扬道，仰慕江南名园随园的景物，回京在阜成门内巡捕厅胡同（后改名为民康胡同）绕屋筑园，有可青轩、绿澄堂、澄碧山庄、晚翠楼、玉华境、杏雨轩、红兰舫、云霞市、湘亭、罨画窗十景，总名述园。还有增旧园八景、恭王府花园二十景乃至半亩园二十四景。

志和❷所作《可园记》是一篇重要的造园著述，文中说："凫渚鹤洲以小为贵，云巢花坞惟曲斯幽。若杜佑之樊川别墅，宏景之华阳山居，非敢所望，但可供游钓，备栖迟，足矣。命名曰'可'，亦窃比卫大夫'苟合苟完'之意云尔"。表达了园主人"以小为贵，惟曲斯幽"的造园思想。

---

❶　恩龄：号楚湘，满洲旗人，著有《述园诗存》。

❷　志和：清末光绪年间大学士文煜的侄子，文煜建成可园后便命志和撰文勒碑以记其事。

（五）保存现状

园林和声伎、古玩是古代富贵之家的生活方式。建造园林是耗资巨大和旷日持久的工程，而且几年不修缮就呈现残破景象，所以园主人必须有比较高的社会地位或富裕的经济条件作为保障。造园者无不告诫后人"毋忘缔造之艰，而保世业于勿替"，然而正如清末学者震钧所言："盖自古园亭最难久立，子孙不肖，寸木不存"。改朝换代和社会动乱，乃至家族衰落都会导致第宅园林的荒废。

有些园林废毁后演变成公众游览场所。名列大兴八景的"亦园新柳"由清初名园万柳堂得名。万柳堂位于广渠门内，园主人是康熙朝大学士冯溥，曾邀请江南造园名家张涟为之筹划。特色是以柳造景，"长林弥望，皆种杨柳；重行叠列，不止万株。"因仰慕元代名园万柳堂，也命名万柳堂，又名亦园。冯溥经常召集文人墨客雅集于此。后来冯溥致仕，将万柳堂赠送户部侍郎石文桂。某贵族想得到此园，石文桂急忙招工匠建佛殿，康熙赐"拈花禅寺"御书匾额，于是万柳堂变成拈花寺。清末不断有文人到此追慕前贤，又是补栽柳树，又是赋诗绘图。老百姓来此则是踏青，万柳堂听莺是二三月间的胜游。直到20世纪30年代，万柳堂遗址才彻底荒废。

春季踏青和秋季登高等活动也以郊外园囿为首选。有人在郊外园囿开设茶社饭庄，包办酒席，以接待游人。右安门外尺五庄也是清初名园，荒废后成为夏日游玩宴赏之所，称小有余芳。有人改建为农舍样式，荷池半亩，造屋数间，支以苇棚，周围设以苇篱，饶有野趣。入夏开园，售酒食以供游人。在苑囿专供帝王享用和第宅园林属于私人的时代，这些废园实际上起到了公园的作用。

近代第宅园林急剧衰落，究其原因，一是在剧烈的社会变迁中皇族亲贵和旧文人衰落了，辛亥革命以后王府成为皇族私产，许多王府售出；二是随着城市近代化进程，新的居住形式以及娱乐形式相继出现，传统生活方式不断淡化；三是由于人口持续增加，大部分名园遗址演变成大杂院。

第二节　实　例

一、皇家园林

1. 圆明园

圆明园位于北京西北郊海淀一带。实际上由圆明园、长春园、绮春园三园组成，三园统称为圆明园，共占地350公顷，约5200余亩。是清康熙、雍正、乾隆、嘉庆、道光、咸丰六代皇帝，花费150余年所创建和经营的一座大型皇家宫苑。圆明园是一座宫苑结合、以苑代宫的御苑。每年正月初十前后，清帝就要从故宫移居到圆明园，除了回宫庆典、外出巡游、坛庙祭祀、寿筵、斋居之外，常年在园内居住、理政，直到冬至节前数日才迁回紫禁城过冬。

1860年以前的圆明三园方圆约二十里，有大小园门十八座；其中人工开凿的湖河港汊占一半以上；大的水面如福海，宽达六百余米；中等的如后湖，宽两百米左右；还有众多小型水面和回环萦绕的河道，把大小水面连成一个完整的河湖水系。与河湖相结合，人工堆叠的假山冈峦有三百多处。聚土而成的冈、阜、岛、堤，散布园内各处，栽种有各种奇花异木，约占全园面积的三分之一。园中殿、堂、馆、舍和楼台亭阁等大、小建筑群一百二十余处，建筑总面积约二百三十亩，相当于故宫建筑面积的总和。殿宇、馆舍内部装饰堂皇、考究，还收藏有不计其数的古籍珍宝、文物字画和各种工艺品。为我国古代苑囿中最为杰出的一座。雍正时期建造的二十八处景观：正大光明、勤政亲贤、九洲清晏、镂月开云、天然图画、碧桐书院、慈云普护、上下天光、杏花春馆、坦坦荡荡、茹古涵今、长春仙馆、万方安和、武陵春色、汇芳书院、日天琳宇、澹泊宁静、多稼如云、濂溪乐处、鱼跃鸢飞、西峰秀色、四宜书屋、平湖秋月、蓬岛瑶台、接秀山房、夹镜鸣琴、廓然大公、洞天深处。与乾隆时期增建的十二处新的景观：曲院风荷、坐石临流、北远山村、映水兰香、水木明瑟、鸿慈永祜、月地云居、山高水长、澡身浴德、别有洞天、涵虚朗鉴、方壶胜境，合称"圆明园四十景"，享誉世界。被当时的西方人誉为世界上的"万园之园"、"东方凡尔赛宫"（图1-1-1）。乾隆帝曾自诩："天宝地灵之区，帝王游豫之地，无以逾此"。

1840年中英鸦片战争爆发后，清朝政府日益衰败。咸丰十年（1860年），第二次鸦片战争时，英法联军为了用武力迫使清政府彻底投降，派遣了两万余名侵略军，由北塘、大沽，经过天津，直趋北京。1860年10月5日，英法联军侵占海淀，6日占领圆明园。17日联军司令部正式下令可以自由劫掠，对圆明园进行了一场有计划、有组织的抢劫和破坏活动。18日下令焚毁了圆明园，19日焚毁了畅春园、清漪园、静明园和静宜园。在大火中，圆明园及西郊所有的皇家园林皆化为一

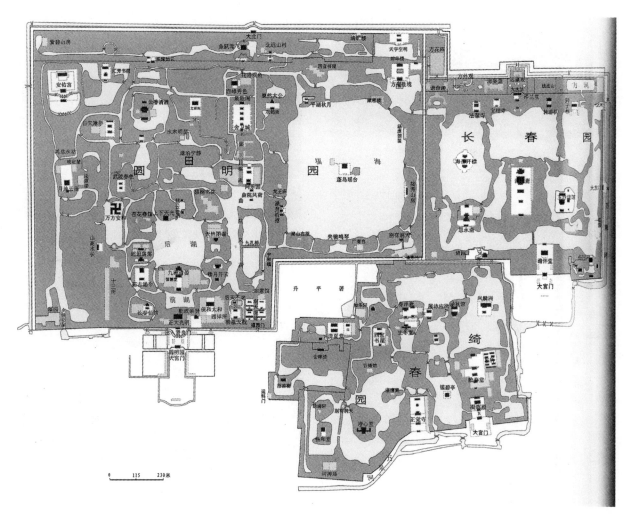

图 1-1-1　1860 年圆明园盛况图

片废墟（图 1-1-2 ～ 图 1-1-6）。

据咸丰十年十月初四（1860 年 11 月 16 日），总管内务府大臣《明善奏查得圆明园内外被抢被焚情形折》记载：圆明、长春、绮春三园内仅有蓬岛瑶台、慎思修永、双鹤斋等座及庙宇、亭座、宫门、值房等处，虽座房尚存，但殿内陈设、几案均被抢掠；宫门两侧罩子门及大北门、西北门、藻园门、西南门、福园门、绮春园宫门、值房等处，虽房座尚存，但殿内陈设，几案均被抢掠；宫门两侧罩子门及大北门、西北门、藻园门、西南门、福园门、绮春园宫门、运料门、长春园宫门等处虽未焚烧，而门扇多有不齐。其大宫门、大东门及大宫门外东西朝房、六部朝房、内果房、銮仪卫值房、内务府值房、恩慕寺、恩佑寺、清溪书屋、阅武楼、木厂征租房、澄怀园内近光楼 6 间、值房八间、上驷院、武备院值房等处均被焚烧，档案房前后堂、汉档房等处被

焚；满档房、样式房等尚存数间，亦被抢掠。库房六座，被抢四座，焚烧两座。清漪园内的大报恩延寿寺、"田"字殿、五百罗汉堂、惠山园八景建筑群及后山苏州河两岸市井式建筑被焚烧。同治十二年（1873 年），时逢慈禧太后四十整寿。同年八月，同治帝以奉养两宫皇太后为由，准备重修圆明园。同年十月初一日，将绮春园改名为万春园。计划将敷春堂重建为慈禧太后的寝宫，更名为"天地一家春"。这次重修，计划修复的房间约三千多间。

属于圆明园的有：南部的大宫门、出入贤良门、正大光明殿、勤政殿及附近的朝房和住所；其次是九洲清晏殿、慎德堂一带的帝后寝宫；其余殿、宇、亭、榭因原有规模太大，只计划酌量修理，或仅清除渣土。以上都是属于圆明园中路与北路的，靠近福海附近的，仅修明春门（长春园的宫门）一处，其他地方都暂不修建。

图1-1-2　焚毁后的圆明园（1860年摄）

图1-1-3　焚毁后的圆明园谐奇趣遗址（1880年摄）

图1-1-4　焚毁后的圆明园舍卫城（民国期间摄）

图1-1-5　焚毁后的圆明园海晏堂遗址（1927年摄）

图1-1-6　圆明园文源阁前玲峰石（1927年摄）

属于万春园的有：大宫门、天地一家春（敷春堂）、蔚藻堂、清夏堂（清夏斋）等几处，以备慈安、慈禧两太后到这里来居住和游乐。两园的道路、桥梁、船只、河道、码头、围墙、门楼等附属工程也同时进行。

属于长春园的只有"海月开襟"一处，因为经费有困难，重修计划只能先集中于圆明园和万春园。

十月初五，恭亲王筹备纹银二万两，为捐助圆明园之用。随即着手起运各处渣土。十二月十六日，安佑宫、正大光明殿、奉三无私中路、慎德堂、清夏堂、天地一家春等处共27座殿宇，择吉日安供正梁。

同治十三年（1874年）三月至七月，同治帝共五次到圆明园阅视工程，亲巡安佑宫、慎德堂、紫碧山房和清夏堂。九月，修复计划实施近一年，因钱款无法筹集而降旨停工。

光绪初年（1875年）以来，园内一直进行着小规模的建筑修复活动，据内务府文件记载，一共支出工程银九万六千多两。

圆明园经粘修、揭瓦、补盖、添建基本成型之殿宇约一百座、六百间。计有圆明园大宫门、出入贤良门、东西内朝房、转角朝房、勤政殿、圆明园殿、同顺堂、七间殿、春雨轩、涧壑余清、万方安和万字亭、安佑宫宫门、东西朝房、紫碧山房、乐在人和、慎修思永、知过堂、课农轩、藏舟坞东南坞、双鹤斋、廓然大公、福园门门罩、西南门门楼；长春园海月开襟、林渊锦镜；万春园大宫门、东门朝房、二宫门、内宫门、蔚藻堂、两卷殿、八角亭、清夏堂宫门、值房、茶膳房、西爽村门楼、值房等。

光绪四年至光绪二十四年（1878～1898年）间，内务府奉懿旨对圆明园内九洲清晏、奉三无私、福寿仁恩及长春园内殿宇不断进行粘补修理。

光绪二十二年（1896年）二月二十六日奉懿旨：九洲清晏、奉三无私、福寿仁恩殿、七间殿河泡东改为关防院；将天地一家春与承恩堂互易位置，在天地一家春东院改建后照房、腰房、南房各五间，宫门一座。同年二月至九月慈禧五次、光绪帝四次至圆明园，阅视慎德堂、安佑宫、紫碧山房、春雨轩、双鹤斋、黄花阵、狮子林等处。并在海岳开襟、万花阵、蔚藻堂、淳化轩进膳、赏食、观解马。

光绪二十六年（1900年），八国联军进犯北京，慈禧太后与光绪帝逃往西安。北京城内大乱，八旗兵非但不抵抗，反而勾结地痞流氓在各处抢劫。城外的驻军与恶霸们更加猖獗，乘机大肆洗劫西郊各园的陈设，圆明园也不例外。经过这番洗劫，在同治和光绪两朝，屡经修复的少数建筑，已荡然无存。光绪三十年（1904年）秋季，光绪帝裁撤了圆明园的一部分官员。宣统末年，园内已经麦陇相望，如同田野。

辛亥革命后，北京的军阀又在圆明园内将恶霸和地痞流氓们所搬不动的西洋楼一带的笨重物品及其他地方的石物，私自盗走。民国时期，圆明园的遗物，又长期遭到官僚、军阀、奸商、洋人、土匪的巧取豪夺，乃至政府当局的有组织损毁，这可以说是又一次浩劫。北洋政府的权贵们，纷纷从园内运走大批石雕、太湖石等，以修其园宅。仅京兆尹（相当于后来的北平市市长）刘梦庚一人，20余天内就强行运走长春园太湖石623大车、绮春园云片石104大车。当时先后驻防西苑一带的军队，都曾强行拆除圆明园围墙，私行出售砖石，或用以圈建西苑操场。颐和园、中山公园、燕京大学、北平图书馆等处，也相继运走大批石件。20世纪30年代初，在翻建高梁桥经海淀至玉泉山的石碴公路时，经北平市特别政府批准，将圆明园南边（4800米）和东边的虎皮石围墙全部拆除，砸成石碴用以铺路。于此前后，还多次公

开变价批卖园内的大城砖、虎皮石和云片石，乃至西洋楼残存的大理石石柱等，这样终至圆明园沦为一片废墟。随后的几十年间，陆续有人在园内居住生活，圆明园逐渐演变为农户村庄。

2. 畅春园

清康熙十八年（1679年），康熙帝为"避喧听政"就在明穆宗李后之父李伟新建的清华园，位于北京西北部海淀丹棱沜的故址开始筹建畅春园，成为清代"三山五园"中建造最早的一座皇家园林。此园虽比原清华园略有缩小，但是园中殿堂楼阁金碧耀人，却更加壮丽。畅春园建成后成为康熙帝长期居住与处理朝政的地方。据载康熙在位执政61年中曾来园257次，共住3860天，在园内举办了"千叟宴"，并从此开清代历朝皇帝园居理政的先例。

畅春园"缭垣一千六十丈有奇"，占地面积约60公顷，总体布局分两部分，即宫廷区和园林区。宫廷区在南面偏东，外朝包括大宫门和九经三事殿，内廷有春晖堂和寿萱春永殿两进院落，成中轴左右对称布局；其余均为园林区（图1-2-1）。

园中建筑及景物分中、东、西三路。中路从大宫门开始至琦榭共十九处建筑，主要作为康熙皇帝治理国政的地方；著名的赏景点有延爽楼，楼后水溪环绕，注入一条小河，在溪流与小河汇合处立一鸢飞鱼跃亭，是望鸟观鱼的好地方。东路南起澹宁居，北达恩佑寺，共有四十三处建筑，主要作为康熙的议事厅堂、帝后寝宫和游乐之所。园中大湖泊上筑有东西两条大堤，东堤与澹宁居相连，堤岸遍植丁香，故名丁香堤；西堤满种兰草，又叫芝兰堤；芝兰堤外又筑有桃花堤，具柳暗花明之胜。西路从玩芳斋至紫云堂共有十九处建筑，南起玩芳斋，北抵小西门之北，主要作为皇子皇孙读书的地方和皇帝检阅侍卫、比武赛箭的地方。

畅春园园内的山林、水景大致上保持了旧清华园的原貌。雍正年间，畅春园专作皇太后住所。乾隆皇帝为了满足皇太后喜爱江南苏州习俗的情趣，北起畅春园东宫门，南至长河北岸的万寿寺行宫，建起了一条数里长的苏州街，并在长河南岸的别港地段营造具有苏州风景特色的芦花荡。畅春园之西还有一座西花园为附园，前有荷池，沿池分四所，小巧秀丽，为皇子所居。

畅春园的兴建是明清以来首次较全面地引进江南园林艺术的一座皇家园林，无论是相地、构图、意境、风格，还是艺术手法等方面均显示了皇家融糅避喧听政、陶冶性情功能于一体的特色，并在其建筑与自然空间的

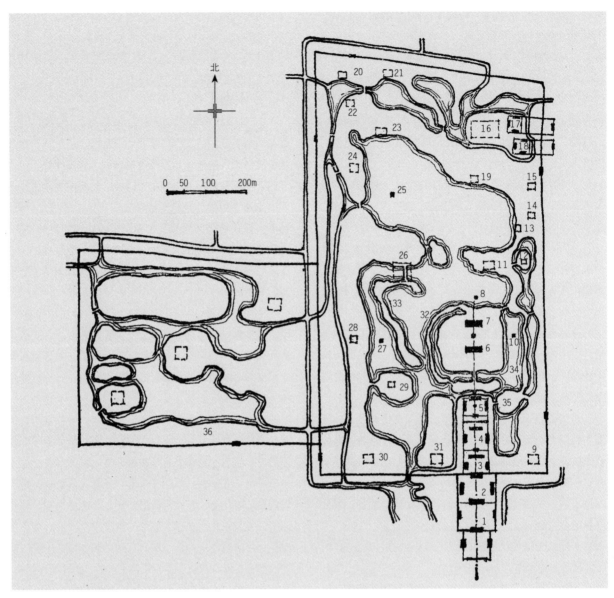

图1-2-1 畅春园平面示意图
1. 大宫门；2. 九经三事殿；3. 春晖堂；4. 寿萱春永；5. 云涯馆；6. 瑞景轩；7. 延爽楼；8. 鸢飞鱼跃亭；9. 澹宁居；10. 藏辉阁；11. 渊鉴斋；12. 龙王庙；13. 佩文斋；14. 藏拙斋；15. 疏峰轩；16. 清溪书屋；17. 恩慕寺；18. 恩佑寺；19. 太仆轩；20. 雅玩斋；21. 天馥斋；22. 紫云堂；23. 观澜榭；24. 集凤轩；25. 芯珠院；26. 凝春堂；27. 娘娘庙；28. 关帝庙；29. 韵松轩；30. 无逸斋；31. 玩芳斋；32. 芝兰堂；33. 桃花堤；34. 丁香堤；35. 剑山；36. 西花园

安排上，做到了聚散有致，借景有因，随物自然，切合四时。在时、情、物互借互生，昭示满汉文化、佛教义理，追求诗情画意等方面作了彪炳明清两代皇家因借自然、创造园居环境的努力，堪称开山之作。

　　咸丰十年九月（1860年10月），英法侵略军在火烧圆明园的同时，也对建园长达180年的畅春园进行了野蛮的抢劫和破坏，之后放火焚毁化成一片废墟，仅存恩慕寺、恩佑寺山门（图1-2-2）。后因清廷无财力修复再未重建。

　　宣统二年（1910年）畅春园旧址已夷为平畴，不显轮廓，仅存数处土丘和低洼苇地。西花园旧址及北侧阅武场、校场一带曾作为新编近卫军操场。

　　民国时期，畅春园旧址及其西侧均辟为西苑校场。日伪时期，西苑校场缩至西北一隅。畅春园、西花园均开辟为农田。

3. 玉泉山静明园

　　静明园是北京西北部著名的"三山五园"皇家园林中的一个。玉泉山位于西山山脉腹心地带，平地拔起，

图 1-2-2 畅春园恩佑寺庙门遗址

主峰海拔 152 米。山形秀丽，林木荟郁，两侧峰拱伏南北，状如马鞍，山上多奇石幽洞，随处皆是。玉泉山是金、元、明、清几代封建王朝的皇家御苑。清康熙十九年（1680 年），康熙帝扩建玉泉山时取名澄心园，成为清代皇家行宫。康熙三十一年（1692 年）更名为静明园。乾隆十八年（1753 年）对静明园进行了大规模的扩建，园内有大小建筑群三十余组，其中寺庙有十余座，山上建有多座不同形制的佛塔，被当时的外国人称为塔山。乾隆帝御题景观 16 处，形成了玉泉山静明园十六景：廓然大公、芙蓉晴照、玉泉趵突、圣因综绘、绣壁

诗态、溪田课耕、清凉禅窟、采香云径、峡雪琴音、玉峰塔影、风篁清听、镜影涵虚、裂帛湖光、云外钟声、碧云深处、翠云嘉荫。

玉泉山静明园南北长 1350 米，东西宽 590 米，面积约 65 公顷。园内景致可分为南山、东山和西山三个部分（图 1-3-1、图 1-3-2）。

南山部分以玉泉湖为中心，是全园建筑精华荟萃之地。这里的"廓然大公"和"涵万象"两组宫殿式院落是宫廷区，北临玉泉湖，与湖中的乐成阁至南宫门处在一条南北轴线上。玉泉泉眼在山的西南麓，泉水从山根涌出，喷薄如珠，晶莹如玉，储而为湖，清澈见底；泉水自池底上翻水面，如沸汤滚滚，乾隆帝称之为"天下第一泉"，燕京八景之一的"玉泉趵突"即指此泉。湖两岸的建筑群背山濒水，与山顶的华藏塔上下掩映，构成一幅动人的风景画。玉泉山主峰另有一组依山势层叠而建的佛寺建筑——香岩寺、普门观和仿镇江金山塔形制的玉峰塔。玉峰以东是裂帛洞，有泉水自石壁溢出入裂帛湖，构成南山景区的主要景致（图 1-3-3、图 1-3-4）。从玉峰塔可远借万寿山昆明湖和香山的景观。湖水流经园东墙闸口注入玉河，流往昆明湖。

东山部分以宽三丈多，长七丈多的镜影湖为中心，沿湖环列建筑，构成一座水景园。北岸楼阁廊树高低错

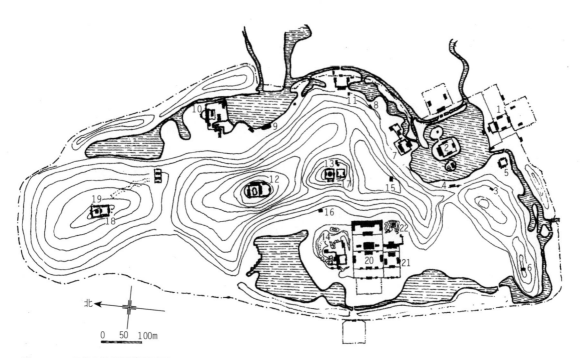

图 1-3-1 玉泉山静明园总平面图
1. 廓然大公；2. 芙蓉晴照；3. 绣壁诗态；4. 玉泉趵突；5. 圣因综绘；6. 溪田课耕；7. 翠云嘉荫；8. 裂帛湖光；9. 镜影涵虚；10. 风篁清听；11. 碧云深处；12. 峡雪琴音；13. 玉峰塔影；14. 清凉禅窟；15. 云外钟声；16. 采香云径；17. 香岩寺；18. 妙高寺；19. 妙高塔；20. 仁育宫；21. 圣缘寺；22. 琉璃塔

图1-3-2　玉泉山（1935年摄）

图1-3-4　玉泉水《泉铭》（清末摄）

图1-3-3　裂帛湖（1935年摄）

落，曲折围合。植物配置以竹为主，故景题"风篁清听"。湖东岸有船坞及水榭"延绿厅"，此景区即"镜影涵虚"所在。湖北面为宝珠湖，有泉名宝珠泉，山顶有妙高寺，寺后的妙高塔是园内另一制高点，可登高远望。其侧峰南面山坡有"峡雪琴音"一景，是跨涧架岩构筑的两进院落，为观赏山泉景观的好地方。

西山部分即山脊以西的全部区域，西麓的开阔平坦地段上建置园内最大的建筑群，包括道观、佛寺和小园林。道观东岳庙居中，庙之北有一组小园林名"清凉禅窟"；其北为含漪湖，北岸临水建"含漪斋"和船坞；含漪斋之东为园之角门，自香山经石渡槽引过来的泉水在此穿水门而汇入玉泉水系。角门外的石铺御道往西可直达香山静宜园。

静明园在"三山五园"中最具山水结合、寺观众多、用建筑点染风景三大特点，因而别具一格，是我国园林建设史上因地制宜建成名园的范例。

清咸丰十年（1860年）静明园与北京西北诸园同遭英法联军焚烧，很多建筑被毁。光绪时曾部分修复。民国以后，曾作为公园向民众开放，在南宫门和正宫的遗址上建起玉泉旅馆，用玉泉之水开办汽水厂。日伪时期，加固修缮了玉峰塔，修复了香岩寺。直到新中国成立前夕，仍可大体上看到静明园原有的轮廓。

4. 颐和园

北京市西北的颐和园坐落在西山脚下，距城区约15公里，始建于乾隆年间，是历史上著名的皇家"三山五园"之一。在近代虽遭英法联军和八国联军焚毁，经重建修复，于光绪年间重现规模宏巨的皇家园林风采。它承袭了中国三千年园林艺术之精髓，在各地造园手法中博采众长，布局精巧，根据使用目的，巧妙地利用天然地势和人工营造，使万寿山昆明湖既有北方山川宏阔的气势，又有江南水乡婉约清丽的风韵。各式亭台楼阁、轩馆廊榭随山依水，巧于因借，"虽由人作，宛自天开"；既有帝王宫室的富丽恢弘，又有民间园林的精巧别致和宗教寺庙的庄严肃穆，气象万千，与自然环境和谐一体。园林磅礴的湖山之胜，建筑组群的恢弘气势，精妙的园林造景以及出神入化的精湛工艺，而在中国皇家园林中独具特色。

颐和园有着精巧的山水布局，万寿山昆明湖早在元、明时期就以优美的自然风光成为"壮观神州第一"的游览胜地。万寿山元朝时称为瓮山，山前有湖称瓮山泊，亦称为西湖，曾是皇帝常至此泛舟游幸和捕鱼垂钓之处。明代，环湖十里为一郡之胜地，出现"西湖十寺"与"西湖十景"。每年桃红柳绿的时节，京城百姓扶老携幼争往西湖踏青赏春，名曰："耍西湖景"。清乾隆十四年（1749年），皇帝为其母祝贺六十寿辰，将湖山按园林创意进行大规模的治理，经过15年土木之工而建成蜚声世界的大型皇家园林万寿山清漪园（图1-4-1）。1860年，英法联军借第二次鸦片战争侵略北京，焚毁了"三山五园"。万寿山清漪园这座积聚了中华民族智慧结晶的皇家园林，在完整存在了109年之后，瞬间化为灰烬（图1-4-2）。

清朝末年，慈禧太后在垂帘听政的名义下独揽权柄。在光绪皇帝日益长大成人即将亲政时，慈禧授意光绪生父、总理海军事务衙门奕譞，以兴建海军学堂的名义，挪用海军经费和其他银两，在清漪园废墟上按原规模重兴土木之工，并取"颐养冲和"的意思，将清漪园更名为颐和园，作为慈禧颐养天年的夏宫。重建工程进行了10年，仅复原了万寿山前山、前湖和谐趣园片区，其他依然是残垣废基、荒凉满目。颐和园基本上延续了清漪园的格局，只是根据帝后不同的使用情况，将大报恩延寿寺改建为慈禧积寿的排云殿建筑群；将乐寿堂原本两层的建筑改为一层，成为慈禧的寝宫；增建了德和园戏楼，昆明湖东、西、南三面圈砌了围墙，清漪园时的著名景观耕织图被划出园外。1900年，八国联军入侵，颐和园又遭受严重破坏（图1-4-3），1902年再次修复。

颐和园建成后，成为中国末代皇朝的又一个统治中心，许多重大历史事件在园内留下遗迹。如1898年戊戌变法失败后囚禁光绪皇帝的玉澜堂配殿内砌筑的砖墙。

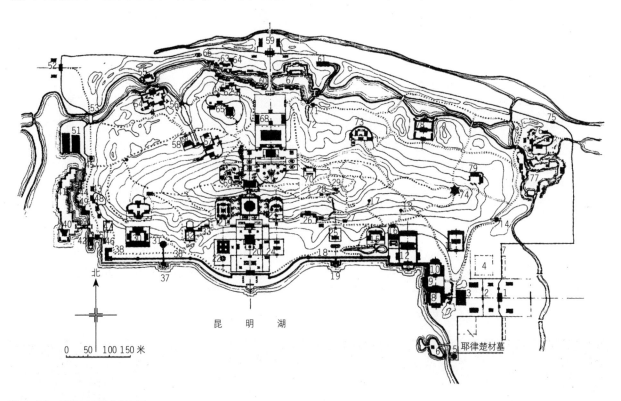

图1-4-1 清漪园万寿山平面图

东宫门一带：1. 东宫门；2. 二宫门；3. 勤政殿；4. 茶膳房；5. 文昌阁；6. 知春亭；7. 进膳门

前 山 东 段：8. 玉澜堂；9. 夕佳楼；10. 宜芸馆；11. 怡春堂；12. 乐寿堂；13. 含新亭；14. 赤诚霞起（紫气东来）；15. 养云轩；16. 乐安和；17. 餐秀亭；18. 长廊东段；19. 对鸥舫

前 山 中 段：20. 大报恩延寿寺；21. 宝云阁；22. 罗汉堂；23. 转轮藏；24. 慈福楼；25. 无尽意轩；26. 写秋轩；27. 意迟云在；28. 重翠亭；29. 千峰彩翠

前 山 西 段：30. 听鹂馆；31. 山色湖光共一楼；32. 云松巢；33. 邵窝；34. 画中游；35. 湖山真意

后 山 中 段：36. 长廊西段；37. 鱼藻轩；38. 石丈亭；39. 荇桥；40. 五圣祠；41. 水周堂；42. 石舫；43. 延清赏；44. 西所买卖街（小苏州街）；45. 贝阙；46. 浮青榭；47. 蕴古室；48. 小有天；49. 旷观斋；50. 寄澜堂

后 山 西 段：51. 北船坞；52. 西宫门；53. 半壁桥；54. 绮望轩；55. 看云起时；56. 澄碧亭；57. 赅春园；58. 味闲斋；59. 北楼门；60. 三孔石桥；61. 后溪河船坞；62. 绘芳堂；63. 嘉荫轩；64. 妙觉寺；65. 构虚轩；66. 通云；67. 后溪河买卖街；68. 须弥灵境；69. 云会寺；70. 善现寺；71. 寅辉；72. 南方亭

后 山 东 段：73. 花承阁；74. 昙花阁；75. 东北门；76. 霁清轩；77. 惠山园；78. 云绘轩；79. 延绿轩

图 1-4-2　庚申之役的万寿山（1860年摄）

1902年，满目疮痍的颐和园被重新修复，在慈禧驻园的日子里，许多媚外卖国的懿旨不断从这里发出。每逢佳节，园中盛宴外国使臣，慈禧亲自陪同他们游湖赏景，直到1908年光绪、慈禧相继去世，溥仪即位，清政府已处于风雨飘摇之中，隆裕皇太后宣布停止游幸颐和园。

1911年辛亥革命推翻了清王朝统治，清帝退位，但颐和园在中华民国政府优待下，仍由清室内务府管理。1914年，溥仪将颐和园首次售票开放，以收入贴补清室的支出。1928年7月1日清室办事处将颐和园移交给南京政府内政部，皇家园林从私有转变为国有。民国政府接收后，曾采取一系列措施来整理园容，维修古建和清理、鉴定文物。但由于时局动荡，人事多变，公园管理相当混乱，致使颐和园处于失修失养的状态（图1-4-4）。

颐和园总面积近三百公顷，其中水面约占四分之三（约230公顷），陆地约占四分之一（约70公顷）。园内有古建三千余间，面积约七万多平方米。各式亭台楼阁，轩馆廊榭皆依自然山水为基础，因地制宜，绚丽多姿。

图 1-4-3　八国联军侵占颐和园

其总体布局依据山湖自然地势环境和帝后园居生活的使用要求，划分为宫廷区和苑景区。

宫廷区设置在园林正宫门处，万寿山东南麓平地。从东至西依次迤进为涵虚罨秀牌楼、影壁、东宫门、仁寿门、仁寿殿，形成一条规整的中轴线。此处为帝后举行政治活动的区域，以临朝听政的仁寿殿为中心，两旁分列配殿、九卿房及南北朝房，形制同于紫禁城宫殿。宫廷区的后半部分为帝后园居的生活区，其主体由慈禧太后的寝殿乐寿堂、光绪皇帝及皇后居住的玉澜堂与宜芸馆组成。这三处由数十间迂回曲折的游廊串联成三大独立的四合院落，它们濒临昆明湖、倚靠万寿山，东面连接着大戏楼的翘角重檐，西面贯穿着彩画长廊的迂回蜿蜒。站在任何一处院落，都能看到万寿山那重重的翠绿、层层的金碧。透过临湖的窗扇能欣赏到湖面的浩渺、落日的余晖，而殿中华贵的陈设、院内重叠的假山、四时不谢的花木，皆显示帝王之家的奢华和生活的舒适。

图 1-4-4　清绘颐和园图

设有宫廷区也是皇家园林有别于私家园林的重要标志。

苑景区位于宫廷区以南、西、北部，以万寿山和昆明湖为中心的湖光山色依次展开。万寿山山势舒缓，山的南麓中部金黄色琉璃瓦顶的排云殿主建筑群在郁郁葱葱的松柏簇拥下似众星捧月、溢彩流光。这组金碧辉煌的主建筑群自湖岸边的云辉玉宇牌楼起，经排云门、二宫门、排云殿、德辉殿、佛香阁，终止于山巅的智慧海，重廊复殿，层叠上升，贯穿青琐，气势磅礴。巍峨高耸的佛香阁，八面三层四重檐，建于包山构筑的石砌大台基上，踞山面湖，统揽全园。这座仿效杭州六和塔构筑的高阁，经历了拆塔建阁、焚烧损毁数次劫难。佛香阁的壮丽雄姿充分显示出中国历代匠师高度的文明智慧和杰出的创造才能。衬托佛香阁背面的是全部由琉璃装饰的无梁大殿智慧海，佛光耀日、绚丽多彩。阁东侧有仿照宋代杭州法云寺藏经阁修筑的转轮藏和用巨石雕造、精致雄伟的万寿山昆明湖碑。西面耸立着以佛家语意建造的五方阁（佛教中有"五方五佛"之说）和用 207 吨铜铸造的宝云阁铜殿。山下与这一组中心建筑相衔接的是长达 728 米、273 间、绘有 14000 余幅彩画的五彩长廊，中间穿插象征四季的留佳、寄澜、秋水、清遥四座六角重檐亭，和伸向湖岸的鱼藻轩、对鸥舫两座水榭，伸向北部的山色湖光共一楼的三层阁及西部终端的石丈亭，统一中有变化，山坡四周环带着景福阁、乐农轩、千峰彩翠、湖山真意、画中游、重翠亭、写秋轩、福荫轩、邵窝殿和意迟云在等众多风格各异、各具内涵的楼台亭阁、轩馆廊榭。它们或壮丽恢宏，或小巧清幽，或联袂而上，或躬身与主体建筑高俯低承、彼此呼应，形成一个和谐的整体。从佛香阁上凭栏骋目，南面为一碧千顷的昆明湖，湖西部蜿蜒曲折的西堤犹如一条翡翠色的飘带，萦系南北，横绝天汉。堤上六桥，形态互异，婀娜多姿。浩渺烟波中，偌大的十七孔桥如长虹偃月倒映水面，涵虚堂、藻鉴堂、治镜阁三座水中岛屿鼎足而立，寓意神话传说中的"海上三仙山"和表现皇家园林一池三山的传统模式。还可远借小西山的玉泉塔和东边京畿大地城池。在湖畔岸边，西北建有著名的石舫；东岸有惟妙惟肖的镇水铜牛和赏春景的知春亭等点景建筑。

万寿山北麓另是一番景象，地势起伏，花木扶疏，道路幽邃，古柏参天。中部为仿照中国西藏著名的古寺桑鸢寺建造的汉藏式寺庙四大部洲建筑群，以四大部洲、八小部洲，日月庙台及香岩宗印之阁大殿组成佛教中的天国之境，层台浮屠，拔地耸天，从南到北，由下至上，形成与前山相对应的后山中轴线。它的西侧是云会寺，

东侧有善观寺和多宝琉璃塔，四周还有花承阁、赅春园、澹宁堂等多处自成一局的小园林。参天的古木与辉煌的宝顶交相辉映，呈现浓厚的宗教气氛。山脚之下，清澈的后溪河水随山就势，演变为一条舒缓宁静的河流。水面空间依两岸山型起伏、地势宽窄而开合。两岸树木蓊郁，蔽日遮天，画栋雕梁，时隐时现。后溪河中游，模拟江南水肆建造的万寿买卖街宫市铺面房，鳞次栉比，错落有致。钱庄、当铺招幌临风，茶楼、酒馆画旗斜矗。若轻摇画舫，徜徉其间，品一杯浓浓的碧螺春香茗，听一曲地道的吴歌软语，顿疑身处姑苏之境。沿河东游，水尽处经闸口流出的水，在经过人工开凿的岩石渠道发出淙淙之声，如琴如瑟，此景名鸣琴峡，也是仿照无锡惠山的寄畅园修建的园中之园谐趣园的水源头。小园环池而筑，曲廊环绕着亭树，小桥连接着轩馆，苍松绿柳翠竹，荷花飘香，精致典雅，风韵独特，"一亭一径，足谐奇趣"。

在 19 世纪末 20 世纪初，出于帝后对近代科技进步的猎奇与享用，在颐和园曾先后引进电灯、电话、电影和汽车等近代科技产品，开创了在皇家园林应用近代科技，促进中西科技文化交流的先河。

颐和园中的所有景观，都完整地体现了建筑美和自然美的巧妙结合，南北园林艺术交融和各族文化的交流。体现了中国园林美景如画和中国劳动人民无限的创造力。它作为中国乃至世界最优秀的园林作品和文化遗产是当之无愧的。

5. 香山静宜园

香山静宜园位于北京城的西北郊小西山山脉东麓，距皇城紫禁城约 20 公里。园址居小西山一马蹄形山坳中，南、西、北三面环山，东连平原，是清代鼎盛时期建成的规模宏丽的皇家园囿行宫，著名的"三山五园"之一，是康熙、乾隆、嘉庆、道光、咸丰几朝皇帝的行宫。

香山是一座始建于唐，历史悠久的古代园林。这里山势奇异，林木茂密，涌泉溪流，幽雅清净，其主峰海拔高度 557 米。

香山静宜园是一处以自然景观为主、具有浓郁山林野趣的大型皇家园林。园内大小建筑有 80 余处，占地面积约 153 公顷。经乾隆帝钦定的著名自然和人文景观有 28 处。即：勤政殿、丽瞩楼、绿云舫、虚朗斋、璎珞岩、翠微亭、青未了、驯鹿坡、蟾蜍峰、栖云楼、知乐濠、香山寺、听法松、来青轩、唳霜皋、香岩室、霞标磴、玉乳泉、绚秋林、雨香馆、晞阳阿、芙蓉坪、香

雾窟、栖月崖、重翠崦、玉华岫、森玉笏、隔云钟（图1-5-1、图1-5-2）。园内之景观因园墙而划分为内垣、外垣和别垣三部分。

咸丰十年（1860年），英法联军入侵北京，八月二十四日（10月8日）洗劫了香山静宜园，园内文物、珍宝被劫掠一空。九月六日（10月19日）放火焚烧香山静宜园，园内建筑几乎焚毁殆尽，仅存残破的正凝堂和位于山腰、隐于林中未被发现的梯云山馆。

光绪二十六年（1900年），八国联军进犯北京，再次洗劫香山静宜园，使其成为废墟，长期荒芜。

民国元年（1912年）冬，由喀喇沁王福晋向逊清室请以静宜园开办静宜女校。当时园内有少量幸存下来的景观和遗迹可供游览，后民国政府将其辟为香山公园。

民国六年（1917年）夏，直隶、京畿两省发生大水灾，103县，1900座村庄被洪水吞没，635万人无家可归。熊希龄奉命在园中建立了一所赈济水灾、收养和教育被

遗弃及无家可归儿童的香山慈幼院。1919年建校，在此办校达30年。

民国七年（1918年），静宜园董事会为补充静宜女校（图1-5-3）经费之不足，制定《静宜园借地建筑简章》，准许私人入园租地建造别墅，至民国二十四年（1935年），静宜园内私人房舍已发展到11家。此时，香山静宜园内既是游览地，又是香山慈幼院的校园，也是私人宅院别墅的所在地。

被劫掠焚毁后的香山静宜园，其山林泉石之美仍十分引人入胜，28景中的璎珞岩、蟾蜍峰、森玉笏、芙蓉坪、玉乳泉等依然存在，见心斋（图1-5-4）、昭庙等明清建筑基本保留原状，其他名胜古迹依稀可寻。香山的林木依旧是园内的突出景观，尤其是那些千姿百态的古松柏，无论单株的或是成林的，都以其如画的意境而闻名于世。

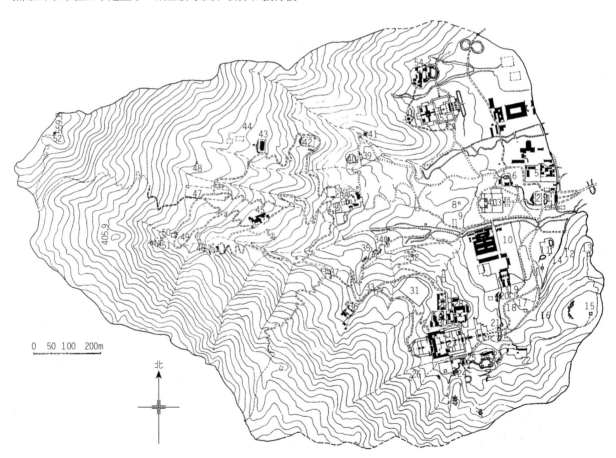

图1-5-1 静宜园平面图
1. 东宫门；2. 勤政殿；3. 横云馆；4. 丽瞩楼；5. 致远斋；6. 韵琴斋；7. 听雪轩；8. 多云亭；9. 绿云舫；10. 中宫；11. 屏水带山；12. 翠微亭；13. 青未了；14. 云径苔菲；15. 看云起时；16. 驯鹿坡；17. 清音亭；18. 买卖街；19. 璎珞岩；20. 绿云深处；21. 知乐濠；22. 鹿园；23. 欢喜园（双井）；24. 蟾蜍峰；25. 松坞云庄（双清）；26. 唤霜泉；27. 香山寺；28. 来青轩；29. 半山亭；30. 万松深处；31. 洪光寺；32. 霞标磴（十八盘）；33. 绚秋林；34. 罗汉影；35. 玉乳泉；36. 雨香馆；37. 阆风亭；38. 玉华寺；39. 静含太古；40. 芙蓉坪；41. 观音阁；42. 重翠亭（颐静山庄）；43. 梯云山馆；44. 洁素履；45. 栖月岩；46. 森玉笏；47. 静室；48. 西山晴雪；49. 晞阳阿；50. 朝阳洞；51. 研乐亭；52. 重阳亭；53. 昭庙；54. 见心斋

图 1-5-2　绿云舫故址（1922 年摄）

图 1-5-3　香山静宜女子学校昭庙故址（1922 年摄）

图 1-5-4　见心斋（1922 年摄）

　　香山以优美的自然景观为主，四季景物皆可观。由于这里地势高、树林密、泉流多，春天来得较迟，去得较晚，当别处已是春花怒放、蜂蝶纷飞的时节，这里只有不畏春寒的柳枝稍吐绿意；当城里已近绿肥红瘦时，这里却还是春色满园，山花烂漫；夏季的香山，密林浓荫，清幽雅静。在林荫小道漫步，在湖边泉畔小憩，倍觉神清气爽，确是避暑纳凉的好地方。香山最美的时节还数霜秋季节，此时千峰叠翠，层林尽染，黄栌树遍布南山。红叶缤纷，与翠绿松柏相衬，交相辉映，格外绚丽多彩。28 景之一的绚秋林即因秋景得名；冬季的香

山，大雪初晴，仰望群峰，银峦素嶂，接日连云，千岩万壑披上银装，登山俯首平原，遍地玉屑，空阔无际，是京城赏雪的最佳去处。山腰中有金代、明代和清代成为"燕京八景"之一的"西山晴雪"。乾隆帝当年在此立的御碑仍在，碑上刻有赋诗，赞美这里赏雪的美妙。

　　1949 年 3 月 25 日，毛泽东主席和刘少奇、朱德、周恩来、任弼石等中共中央领导及中央机关进驻香山静宜园内，在此指挥全国解放战争，筹划建立中华人民共和国。

6. 北海

　　北海位于北京城的中心，是中国现存历史悠久，规模宏伟，建筑完整的古典皇家园林之一。北海园林的形成和发展历经辽、金、元、明、清五个朝代，逐步完善和扩建。距今已有近千年的历史，被誉为"世界上建园最早、得以保存的皇家御苑"。其园总面积约 68.2 万平方米，其中水面约 39 万平方米，陆地为 29 万平方米，是我国历史上尚存下来的城中皇家园林中最优美、最完善、最丰富的一座中国自然山水式园林。以其独具匠心的布局构思、精湛的艺术水平和深厚的文化底蕴而著称。

　　北海园林的开发始于辽会同元年（938 年），辽以前这里是一片湖泊，湖中有小岛，辽代就在这里开辟创建了行宫。金大定六年至十九年（1166 ～ 1179 年），世宗完颜雍以小岛为中心建成规模宏大的皇家离宫——太宁宫，并将从北宋汴京艮岳御苑获得的太湖石移植于琼华岛上，使北海基本形成皇家宫苑。到了元代，元世祖忽必烈以北海琼华岛为中心，营建了庞大的元大都，并三次扩建琼华岛，改名"万岁山"。明永乐十八年（1420 年）迁都北京，在营建紫禁城的同时对北海进行了大规模的扩建，将西苑北海作为大内皇城的重要组成部分，成为紫禁城的御苑。清乾隆六年至三十六年（1741 ～ 1771 年）又对北海进行了大规模的建设，除环列琼岛的楼台亭阁外，还在北岸增建了静心斋、阐福寺、五龙亭、极乐世界等建筑。在东岸建造了先蚕坛、濠濮间和画舫斋，奠定了北海园林的基本布局（图 1-6-1）。光绪十一年至二十六年（1885 ～ 1900 年）慈禧太后重修三海，对北海进行了大规模的修葺工程，使园内建筑大部分修葺一新。后来北海也遭到八国联军的践踏和破坏，团城上的衍祥门被损毁，白玉佛左臂被砍有伤痕，文物珍宝被抢空。

　　1885 ～ 1888 年，慈禧依靠海军衙门，挪用大批海军经费，为自己建造御苑别馆时，李鸿章迎合慈禧的享乐癖好，在三海铺设了一条轻便的"紫光阁铁路"。这条

铁路南起中海瀛秀园门外，沿中海、北海两岸，至极乐世界折向东，终点为"镜清斋（静心斋原名镜清斋）火车站"。一时传为奇闻，它是慈禧享乐腐化生活的点缀，却也是清朝政府在北京正式修建的第一条铁路。后被八国联军毁坏。

北海园林是根据中国古代神话幻想中的仙境建造的。以水面连通的北海和中南海为太液池，琼华岛如蓬莱，团城为瀛洲，犀山台似方丈。琼华岛上那犹如仙境般的亭台楼阁、假山岩洞、仙人取露盘等都是幻想中的仙山景物的再现，成功地创造出神仙宫苑艺术的基本形态，堪称中国古典皇家园林的杰作。

北海是以湖光山色建筑华典而著称的皇家园林。南临中南海，北连什刹海，东与景山为邻，东南与故宫相

望。琼华岛和太液池构成这座皇城御苑的主体框架。全园以四面临水的琼华岛为中心，南有汉白玉石三折形永佑桥连接团城与琼华岛寺院殿坊的主轴线，一气呵成。亭台楼阁隐现在万绿丛中，巍巍的白塔雄踞于琼华岛云巅，它也是全园最突出的建筑，成为北海的标志（图1-6-2）。东岸先蚕坛、画舫斋、濠濮间等几组庭院式建筑，掩映在苍松翠柏之中，给人以幽深静谧之感。北岸自东向西分别为静心斋、西天梵境、澄观堂、阐福寺、极乐世界和五龙亭，这几组建筑和琼华岛白塔主景区相隔太液池，形成遥相辉映的势态；既独立成景，又陪衬了琼华岛主景区，极大地烘托出北海的秀丽风貌。北海既有取源于神话的皇家园林的特点，又有江南文人园林的长处；融合了帝王宫苑的富丽堂皇和民间宅居的

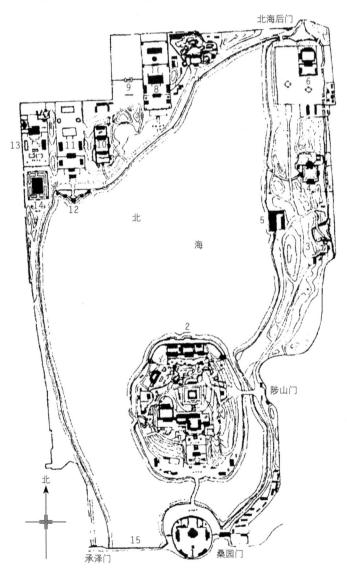

图1-6-1 清北海总平面图
1. 团城；2. 琼华岛；3. 濠濮间；4. 画舫斋；5. 船坞；6. 先蚕坛；7. 静心斋；8. 西天梵境；9. 九龙壁；10. 澄观堂；11. 阐福寺；12. 五龙亭；13. 万佛楼；14. 极乐世界；15. 金鳌玉蛛桥

精巧别致，又蕴含寺庙园林的庄严肃穆。北海是建在皇城西北毗邻宫室的大内御苑，具有更浓郁的宫廷特色。纵观北海的造园艺术，首先是规模宏大，另一特点是集锦式布局且主次分明有序。琼华岛是主景，又是制高点；白塔雄踞琼华岛高处，显得气宇轩昂，成为全园的构景中心，并以宽阔的水面、蓝天作前景和背景而显得简洁和开阔。主景以外，还有景山和三海四周的建筑群作为呼应、烘托和陪衬。北海的园林建筑讲究多样统一，大布局气势夺人，小布局精致幽雅；如濠濮间林木清幽，画舫斋婉约清丽，静心斋小巧玲珑等，形成相辅相成、对比烘托、对立统一的美景。琼华岛之外巧妙地安排了诸多对景，如五龙亭、团城和北海大桥等，可以从四面八方观赏琼华岛主景，构成多种多样的主景画面。自琼华岛山下各景点观赏北海沿湖诸景又形成许多美丽画面。从琼华岛山上白塔处则可以俯瞰全园景致，气势宏大，从而达到简洁与丰富、壮阔与幽深、自然与人工的和谐统一。

北海全园楼台亭阁、寺庙桥榭等建筑和山石花木的安排及湖岛的分布等，都充分体现了自然美和人工美的巧妙结合与和谐统一。

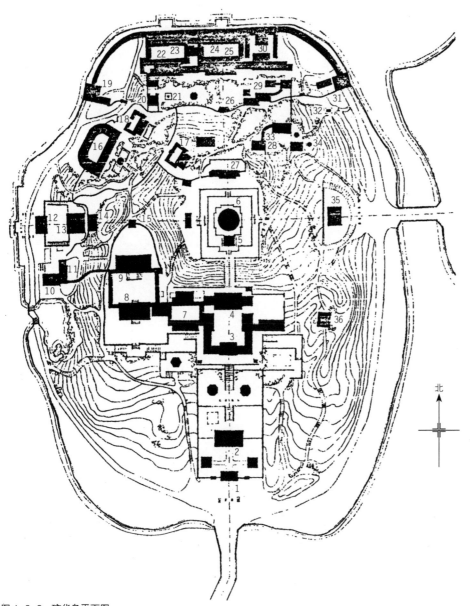

图 1-6-2　琼华岛平面图

1. 永安寺山门；2. 法轮殿；3. 正觉殿；4. 普安殿；5. 善因殿；6. 白塔；7. 静憩轩；8. 悦心殿；9. 庆霄楼；10. 蟠青室；11. 一房山；12. 琳光殿；13. 甘露殿；14. 水精域；15. 揖山亭；16. 阅古楼；17. 酣古堂；18. 亩鉴室；19. 分凉阁；20. 得性楼；21. 承露盘；22. 道宁斋；23. 远帆阁；24. 碧照楼；25. 漪澜堂；26. 延南薰；27. 揽翠轩；28. 交翠亭；29. 环碧楼；30. 晴栏花韵；31. 倚晴楼；32. 琼岛春阴碑；33. 看画廊；34. 见春亭；35. 智珠殿；36. 迎旭亭

1911年辛亥革命后，逊清皇室将西苑北海移交中华民国政府，从此北海结束了皇城御苑的历史。1912年按照民国政府给予逊清皇室的优待条件，北海仍由逊清皇室管理。1913年3月3日，逊清皇室将北海移交袁世凯政府，嗣后，袁世凯将总统府迁入中南海，令护卫总统府的部队拱卫军进驻北海。自此至1925年北海被辟为公园开放之前，一直被军阀部队占用。北海除驻扎军队之外，园内一些景区院落还相继被民国政府的机构和要人长期占用。1913年，经袁世凯总统批准，外交总长陆征祥携家眷移居北海静心斋，此后静心斋归属外交部管理，作为接见宴请外国来宾的场所。同年12月，袁世凯将"政治会议"设于北海团城，此后团城长期被国民政府财政部财政整理委员会占用。1916年，黎元洪政府总统的秘书长饶汉祥移居北海画舫斋。1923年，为纪念讨袁护国运动的著名将领蔡锷，黎元洪总统将北海澄观堂拨做松坡图书馆。据民国时期档案记载，此时期内，有许多著名人士来三海活动。1912年9月，孙中山和黄兴在北京逗留期间，曾于13日和26日至三海参观游览。1917年梁启超任国民政府财政总长时，曾多次在团城宴客，后还担任松坡图书馆馆长之职。1924年4月，印度著名诗人泰戈尔来北京访问期间，梁启超、蒋方震（蒋百里）、胡适、熊希龄、蒋梦麟等四十余人在静心斋召开欢迎大会，隆重欢迎泰戈尔访华。此时期，北海还多次举行规模较大的社会活动和游园会，如1923年1月，中国华洋义赈救灾总会为浙江灾区募捐，在北海举办游园会，对社会开放3日。同年10月，救灾总会再次为灾区募捐，在北海举办游园会，对社会开放5日。

1925年6月13日，经段祺瑞临时政府批准，北海由京都市政公所接收办理开放事宜，成立北海公园筹办处，同年8月1日，北海正式对社会开放。1938年7月23日，团城由北海公园事务所接收，10月1日对社会开放。1937年7月7日"卢沟桥事变"后，日本侵略军侵占北京。在日伪统治时期，北海文物古迹遭到严重破坏。1945年，由于日本军队物资枯竭，制造武器弹药的原料缺乏，侵略者强行推行"献纳铜品运动"，致使北海园内部分铜香炉、铜缸、铜塔等文物被掠去。日本投降后，虽费尽周折寻回部分残铜碎片，但因铜塔已被拆卸，无法复原。北京和平解放前夕，国民党军队驻扎北海，古建及设施遭到很大破坏，园内湖水淤塞、建筑残破、杂草丛生、垃圾成堆，一片园林荒芜的凄凉景象。1949年2月，北京市市长叶剑英、副市长徐冰亲笔签署命令，派遣干部接管北海，成立北海公园管理处。

7. 景山

景山（今景山公园），地处北京皇城故宫之北的中轴线上，为辽代开挖北海瑶屿时堆叠的土山，曾经是元、明、清时期的皇家御苑。

景山公园占地23公顷，园内山高47.5米，松柏葱郁，古树参天；园外红墙环绕，光艳夺目。山巅的万春亭，登临凭栏，被誉为近看故宫、远眺京城全景的最佳处。

古代历史上，景山所处位置曾是一片平川原野。金世宗完颜雍大定三年至十九年（1163—1179年），以琼华岛为中心建造大宁宫，在疏挖"西华潭"（今北海）时，将所掘泥土堆积于此，形成一座土山。到了元代，这座土山逐渐成了皇家御苑所在地。元世祖忽必烈建大都时，在这里修建延春阁等建筑，并常在延春阁举行佛事活动或进行道教的斋醮仪式。阁殿北面的土山上广植花草树木，成为供帝后游赏的"后苑"，园内的这座土山当时被称作"青山"。

明永乐十八年（1420年），在元大都的基础上完成建都工程。在修建皇宫时，认为紫禁城北面是玄武的位置，必须有山，于是把拆除旧城的渣土和疏挖紫禁城筒子河的泥土压在元代宫城延春阁的旧基上，形成了一座山峰，取名"万岁山"，又称"镇山"，取镇压"前朝王气"之意。同时，循山遍植松柏，山下种植许多珍贵的果树，有"百果园"之称。园内还饲养了成群的鹤、鹿，寓意长寿。山后宏大的观德殿、永寿殿、观花殿等建筑。当时的万岁山已经成为北京城内的最高点，崇祯七年（1634年）九月，丈量山高为十四丈七尺（45.7米）。每到重阳佳节，明代帝王总要携带后妃和内臣进苑登高、饮宴、赏花、尽情游乐。万岁山还有"煤山"之称，据说是因为山下曾堆放过煤炭，以备皇城之需。

到了清代，景山已是漫山苍翠，浓荫匝地，清幽静美。顺治十二年（1655年），顺治帝将"万岁山"更名为"景山"，寓意"登山游览，盛景可观"。乾隆年间，大规模改扩建景山，在山的东北面扩建了寿皇殿，以供奉皇帝先祖的朝服像。寿皇殿坐北朝南，建造瑰丽，形制壮观，布局严谨。有正殿九间，左右山殿各三间，东西配殿各五间，另建有碑亭、井亭各二座，神厨、神库各五座。在每月初一和四时节令、寿辰，皇室子孙都要来此祭祀。寿皇殿东北有集祥阁，西北有兴庆阁；殿东有永思门，门内为永思殿，是清代帝后死后停灵的地方。永思殿东有观德殿，再东为护国忠义庙。

景山五座山峰上各建有一亭，万春亭位于山巅，高17.2米，有22柱，为一座上覆黄色琉璃瓦顶的三重檐、四角攒尖的建筑，气势雄伟，造型优雅。其东、西各有两亭，分别为周赏亭、观妙亭、辑芳亭和富览亭。周赏亭和富览亭形制相同，均为八角攒尖、重檐，上覆碧琉璃瓦顶。观妙亭和辑芳亭为两重檐的圆亭，上覆蓝琉璃瓦顶。四亭左右对称，以中间的万春亭为中心，相互辉映，构成了一幅十分美丽和谐的景观。万春亭是内城的中心并曾是京城内的制高点，站在这里，可俯视全城。

景山南门内有一座乾隆年间建造的歇山重檐黄琉璃瓦顶的绮望楼，坐北朝南，高大巍峨，用以供奉孔子牌位。楼背山而建，依楼可仰视景山，别有一番情趣。

景山东侧山麓，有一棵明代古槐树，是明崇祯十七年（1644年），李自成率领农民起义军攻克北京城，崇祯皇帝逃出玄武门登万岁山，自缢于山东麓一株老槐树上。清王朝统治者为笼络人心，将此槐称为"罪槐"，用铁链锁住，并规定文武官员经此必须下轿下马步行。民国19年（1930年），曾在此立石碑一通，为"明思宗殉国处"（图1-7-1）。

光绪二十六年（1900年）七月二十二日，八国联军入侵北京，法、日、俄士兵皆侵入景山抢掠，辑芳亭被八国联军烧毁。景山文物遭到浩劫，园内文物被八国联军部队掠夺殆尽。日、俄、法军队在景山安置兵营，并且合影留念。

1911年辛亥革命以后，作为国民政府给予的"善后优待条件"，景山园林仍然归废黜的皇室管理。溥仪、孙中山、蒋介石等均曾登山游览。1924年，冯玉祥发动"北京政变"，在景山上架设大炮，威胁逼迫末代皇帝溥仪离开紫禁城。1926~1930年"国立故宫博物院"分几次，将景山寿皇殿所存各种方略、清帝印章、圣容全部移走。

1928年，景山被辟为公园。1932年以后，景山的北上东门、北上西门、山左北门及左右朝房等许多外围古建，以市政扩路为名被拆除，景山外门及其附属建筑无存，园林面积缩减11公顷（图1-7-2）。

8. 钓鱼台行宫

钓鱼台行宫位于海淀区阜成门外三里河，玉渊潭公园的东面。面积约2.1公顷，是京西一处历史悠久的皇家行宫园林。

钓鱼台是在一处自然形成的水面周围发展起来的，形成了一片毫无斧凿雕琢痕迹的自然风景区，并以环境幽雅、景色秀丽而驰名京师。据《日下旧闻考》记载："钓鱼台在三里河西北里许，乃大金时旧迹也。台下有泉涌出，汇为池，其水至冬不竭……凡西山麓之支流，悉灌注于此"。《大明一统志》记载："柳堤环抱，景气

图1-7-1 明思宗殉国处（1935年摄）

图1-7-2 景山外观（1935年摄）

萧爽，沙禽水鸟多翔集其间，为游赏佳丽之所"。据说金章宗完颜璟曾来此游幸。元代丁氏曾在这里筑园，玉渊潭概其故池。成为当时官僚、文人唱和雅集之地。明朝曾是太监和皇戚的别墅。乾隆三十八年（1774年），又大兴土木，修建行宫，并引来香山之水，使之通到阜成门外护城河，扩大并疏通了钓鱼台的水源，成为京郊著名的大湖。次年修建了钓鱼台台座，建造望海楼，清高宗亲自题"钓鱼台"三字，同时还修建了养源斋、潇碧轩等建筑，清幽别致，富丽堂皇。乾隆四十三年（1778年）十二月钓鱼台行宫建设全部竣工。钓鱼台成为清代帝后去西陵、天坛、先农坛路过时休息用膳游乐的场所。自道光十五年（1835年）至咸丰十一年（1861年）由于鸦片战争爆发，国势衰微，清帝无暇谒陵，钓鱼台行宫"金舆稀幸，年久失修"。清代末年，宣统帝溥仪曾将此园赐给他的老师陈宝琛。北京解放前夕，养源斋曾作为傅作义将军的消夏别墅。长期以来，这座园林时荒时葺。

图1-8　钓鱼台（1935年摄）

钓鱼台紧靠玉渊潭的东岸，是一座青灰砖砌的高台。坐东朝西，西面大门上方的石横额镌刻"钓鱼台"三个大字（图1-8）。台东面三门并列，中门与台西门相向，通道形成一小天井，旁边一门有石梯，可拾级登上台面。台上四周垒砌堞，俨然一座小城堡。站在台上西眺，湖水涟漪，清风扑面，舒心爽目，东面正门上方的石横匾，镌刻有清高宗草书乐府诗一首，以记其拓湖治水之事。距此不远为行宫所在，行宫斋、亭、轩、台的建筑形式各具特色。园门东向，门前有一座白石小桥，桥下流水淙淙，园门的垂花门上悬挂有"同乐园"匾。入园为一小巧淡雅的院落，院内古木参天。正殿题"养源斋"。坐北朝南、五楹歇山顶；南面叠石为山，玲珑剔透，婀娜多姿，面积虽小，但气势磅礴。养源斋稍北有敞厅三楹，为潇碧轩；厅前有一池，碧水粼粼，乃历代帝王驻跸之所。西面石山的最高处有方亭，名澄漪亭，重檐四角攒尖顶。望海楼位于澄漪亭西北，登台眺望，玉渊潭的秀丽景色尽收眼底。解放初，这里除养源斋外，其他地方已是十分荒凉。之后经过多次修缮，旧园面貌焕然一新，基本上保留了清代行宫的原貌。

钓鱼台诗

明·严嵩

金代遗踪寄草莱，湖边犹识钓鱼台。

沙鸥汀鹭寻常在，曾见龙舟凤舸来。

庚子❶三月钓鱼台

清·富察敦崇❷

诗家载纪记多多，竞说高台倚碧波。

水枯已无鱼可钓，池荒只有鸟堪罗。

---

❶　即清光绪二十六年（1900年）。

❷　富察敦崇：满族人，著有《燕京岁时记》。

沧桑自古真难定，兴废由人亦奈何。

遥望苕峣怀往事，先皇曾赋浚湖歌。

9. 小汤山温泉行宫

小汤山温泉行宫位于昌平县东小汤山南麓，距县城30公里。环境清幽，元代即发现有热泉，故其山称汤山。小汤山因有温泉而著名。明朝中叶辟为皇家禁苑。明武宗朱厚照到此曾题诗："沧海隆冬也异常，小池何自暖如汤。溶溶一派流古今，不为人间洗冷肠。"清康熙五十四年（1715年）建汤泉行宫，在泉源处凿有白玉方池，深广各3米，周围砌石栏，以承两泉之水。乾隆时扩建，移旧庙于宫外，名为前宫，并拓地作后宫，建有澡雪堂、漱琼室、飞凤亭、汇泽阁、开襟楼等建筑。荷塘游鱼，玉阶垂柳，清幽雅致。其温泉有二：一曰沸泉，一曰温泉。两泉处曾建有龙王庙，两泉相距很近，水温在50℃左右，泉水昼夜涌出量为4吨，水中含有镭、钾、钠、钙、镁、硅、氟等多种成分，并有少量放射性元素。此泉水对皮肤病和关节病有较好的治疗效果。

清末汤泉行宫遭八国联军破坏，逐渐荒废。民国初年，达官贵人在此兴建别墅，添构房宇；前宫改为旅馆、浴池，后宫辟为花园。民国7年（1918年）总统徐世昌在此手书刻匾"汤山别业"，并新建或复建枫叶桥（图1-9-1）、怀碧桥（图1-9-2）、枕湖轩、晴晖阁、嶂影楼（图1-9-3）、归稼轩、听涛抱翠亭、更衣亭等，风景幽胜，别有情趣。

10. 巩华城行宫

巩华城位于昌平县沙河镇温榆河畔，古称为"沙河

图1-9-1　汤泉行宫枫叶桥（1935年摄）

图 1-9-2 怀碧桥（1935 年摄）

图 1-9-3 崞影楼（1935 年摄）

店"。是北京通往塞外的重要城镇之一。城南有南沙河（古称高米梁河），建桥名"安济"。城北有北沙河（古称易水）建桥名"朝宗"，两河相夹，地理位置得天独厚，有著名的燕平八景之一"安济春流"。

明永乐十九年（1421 年），成祖朱棣迁都北京后，随即在这里建起一座行宫，作为皇帝巡狩和后代子孙谒陵停留之处。正统初年（1436 年）行宫为大水冲毁，正统十四年（1449 年）"土木之变"皇帝被房，自此以后的几朝皇帝都未对行宫进行过修茸，明嘉靖十六年

（1537 年）三月，世宗驻跸沙河，礼部尚书严嵩奏请建城及行宫，驻兵防守。嘉靖十七年（1538 年）五月动工，嘉靖十九年（1540 年）正月完工，御赐名曰："巩华城"。城方形，夯土包砖，每边长 1 公里，占地 1500 亩，城高 10 米，50 丈建一垛，辟四门：南曰"扶京"、北曰"展思"、东曰"镇辽"、西曰"威漠"。围城浚池，离城 6.5 丈，宽 2 丈，深 1 丈，并于四门浚池处设吊桥，上建城楼；扶京、展思两门各设千斤闸三座，镇辽、威漠两门各设千斤闸一座。各门匾额为汉白玉制成，除南城置在瓮城门外，其余均置在主门正门上。"巩华城"额匾放在南门主门上，各城门额均为严嵩手书。

行宫建在城内正中偏南，为防水患，地基之高为城池内外之最。行宫南北径 45 丈，东西径 48 丈，占地 36 亩。行宫南墙迎扶京门辟三座门，汉白玉石甬路直铺城下，东、西、北三面各辟一门。宫墙内正中建殿堂一座，制如长陵祾恩殿，为帝、后灵柩停放之所，左右殿堂为帝、后寝宫，周围群房为文武大臣、太监歇宿之处。

自重建行宫并筑城后，开始以勋臣把守，嘉靖二十八年（1549 年）改设副总兵守御；后改设守备。驻兵多时达 3000 余人。巩华城虽小，但它南护神京，北卫帝陵，东可以蔽古北口之冲，西可以扼居庸之险，成为京师北门的重镇。明朝皇帝多次御驾亲征，都曾驻跸于此。明隆庆六年（1572 年）批准蓟辽总督刘应节和顺天巡抚杨兆二人的奏议，调军士 3000 人疏浚巩华城外安济桥到通州渡口温榆河长达 75 公里的水道，并在巩华城北门内建"奠靖仓"，同时于城外东南处修复元代设过的临水泊岸（清末慈禧曾在此钓鱼，又称钓鱼台），供运送御用军粮和物资。到了清代，江山易主，巩华城失去了原来的作用；但清廷却一直派兵戍守这座城池，称"巩华城营"。康熙十六年（1677 年）清王朝武备院利用这座行宫设"擀毡局"，专门制作供皇室和清军所用的毡子；自此，著名的沙河清水毡子便退迹驰名。清乾隆八年（1743 年），清王朝把顺天府辖区扩大到五州、十九县，由于京师辖区扩大，因而设置东、西、南、北四个路厅（称京畿四辅），厅设捕盗同知。其中北路厅捕盗同知衙署就在巩华城，旧址在城内西门里西侧城隍庙东，辖一州、四县（即昌平州和顺义、密云、怀柔、平谷四县）。到了清朝末年，巩华城逐渐冷落。光绪二十六年（1900 年），八国联军入侵北京，巩华城被洗劫一空。1939 年夏洪水又冲毁了大部分城墙。目前只存四个城门洞、瓮

城及部分城墙遗址。

11. 乐善园行宫

乐善园为清乾隆年间的皇家行宫，其旧址在今北京动物园的东北部。从史料中考证乐善园的历史，可分为两个阶段，一是作为康熙年间的康亲王园亭之乐善园；一是作为清乾隆时期的皇家行宫之乐善园。至农事试验场筹建时，此处已无完整的建筑。

康亲王宅第之乐善园从文献看均没有详载，只有寥寥数语带过。如在乾隆《题乐善园》《蕴真堂诗》等处，注有："园，故康亲王别业也""是处旧为康亲王园亭，颓废已久" ❶ "是处本康亲王旧园也"。康亲王杰书为祐塞第三子，初袭封为郡王。顺治八年二月，加封号为康郡王。十六年十二月，袭爵，遂改号为康亲王。康亲王别业之乐善园的构筑规模，因文献资料有限，还不能确知其内情。但时值盛世，又因康亲王是建有殊功的勋贵，其规模也必可观。乾隆诗中曰："结构逾绿野，胜国为皇庄"，"当年康邸余颓垣，稍加修葺复旧观"。❷ 可见此园到乾隆初年，虽早已荒败，但其基础还在。乾隆在舟行往返于长河时，常慨叹乐善园的荒废"鼎革属故藩，百载移星霜。宴游既冷落，草树就芜荒。亭榭早无存，半立余颓墙。地邻长河岸，来往泛烟航。凭眺念兴废，为之长慨慷"。

乐善园重新兴盛，并成为皇家行宫，皆因清高宗乾隆的重新修建。乾隆十二年，对荒废的乐善园进行了修葺。因乐善园"地邻长河畔"，长河水系与昆明湖相接，为龙舸所必经之地。当时，乾隆之母孝圣皇太后长住畅春园，乾隆经常到畅春园向其母问安，故时而往返舟行于长河上。而康亲王别业之乐善园恰值长河岸边，能够成为中途小憩之场所，故加以重修。重新修建的乐善园，很受乾隆的重视，他曾为乐善园及内中景致题诗多首。《日下旧闻考》记载曰："倚虹堂西二里许为乐善园，园门三楹，北向。乐善园门额，皇上御书。是处旧为康亲王园亭，颓废已久"。

"乐善园宫门内跨小溪，南为穿室，东向，曰意外味。转石径而南，为于此赏心，内间北向为含清斋，东为潇碧，北为约花栏，南有轩为云垂波动。含清斋对河敞宇为池月岩云，中穿堂为翠微深处，内为蕴真堂，南宇为气清心远，别院有室曰鸾举轩。

于此赏心之西南为又一村，左有亭为揽众翠。意外味之西穿堂为得佳赏，西为兰秘室，再西为环青亭碧。兰秘室之北有亭为赏仁胜地。

园门内有楼为冲情峻赏，东北为红半楼，其旁峙岩上者为踞秀亭。冲情峻赏之西南有室为画所不到，东为揖长虹，再东为荫林宅岫，内宇为古欢精舍。

园门以西临河敞宇为自然妙有，西室为风湍幽响，再西有轩为诗画间，为玉潭清谧，亭为个中趣。亭北敞宇为坐观众妙，西出河口，折而南，有室为致洒然，接宇为光碧涵晖。稍东曰远青无际，后为云林画意，再东有轩为心乎湛然，折而南为绿云间。"

从乾隆十二年（1747 年）至嘉庆九年（1804 年），作为御苑行宫的乐善园，共存在了 57 年。可以说是半个世纪间的一度辉煌。此后，就逐渐荒芜，基本上成为农田。在光绪三十二年筹建农事试验场时，除占用乐善园旧址外，还占用了其周边的继园、广善寺和惠安寺等，在这片土地上再造花园，所建成的农事试验场，其规模、内中展出的动植物，都远远超过乐善园（图 1-11）。

光绪三十二年（1906 年），清政府为挽救其日益败落的统治，由当时执掌农桑事宜的商部，于三月二十二日（4 月 15 日）请旨，饬拨官地兴办农事试验场。商部在奏折中，请求将内务府奉宸苑管辖的乐善园、继园及其附近的官地，筹建京师农事试验场。兴建该场旨在开通风气，向欧美、日本学习，振兴农业。考虑到该试验场与一般开垦荒地不同，既要便于观览，又有利于农业研究；还要不偏僻，土地不贫瘠。经商部查得在乐善园、继园旧址（即今北京动物园）处，土地广袤，泉流清冽且交通便利，作为农事试验场最为适宜。经奏准，将两园旧址及附近的广善寺、惠安寺等一并辟为农事试验场用地。筹办之初，商部（光绪三十二年九月二十日改为农工商部）拨款 10 万两白银，作为开办经费。光绪三十三年（1907 年）四月二十九日，正式颁发"农工商部农事试验场"木质关防一颗，以便传递公文，联系业务。该场由农工商部右丞沈云沛负责筹划，建有试验室、农器室、肥料室、标本室、温室、蚕室、缫丝室等，并附设动物园、植物园、车厂、咖啡馆、照相馆等，总面积约 71 公顷。当时动物园的面积仅占 1.5 公顷（即今北京动物园东南隅），园内展有南洋大臣端方自德国购回的禽兽及各地抚督送献朝廷的各种动物。农事试验场内对各类农作物分五大宗进行试验。

❶❷ 《钦定四库全书·集部》《御制诗》二集卷三十二，《御制诗》三集卷六十七。

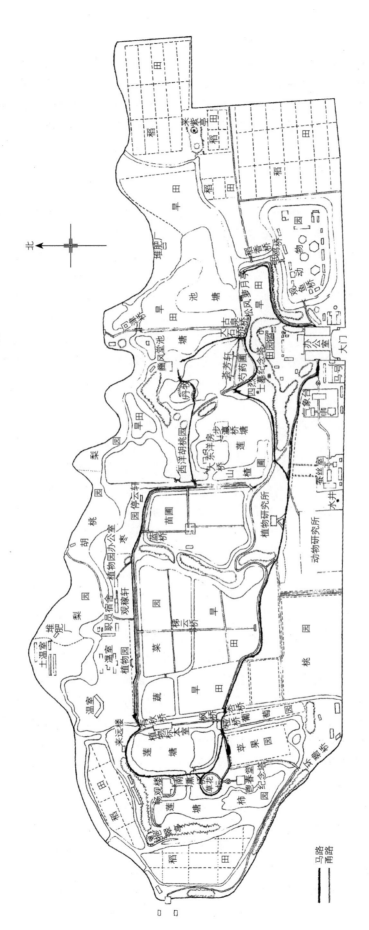

北

图1-11 清末农事实验场全图

马路
甬路

光绪三十三年六月，农事试验场内附设的动物园（又称万牲园）先期开放，售票接待游人，成为北京第一个开放的公园。光绪三十四年，农事试验场全部竣工，对外开放。其间，慈禧及光绪曾两次率后妃等来此观赏。农事试验场虽冠以振兴农业之名，其主要功能仍为清廷的皇家御苑。

1911年辛亥革命胜利，推翻清王朝，农事试验场即进入中华民国时期。

民国初期，农事试验场也曾兴盛一时。但由于军阀混战、社会动荡，致使屡易其名，管理上愈加混乱。1914年，更名"农商部中央农事试验场"，此后又相继更名"北平农事试验场"、"国立北平天然博物院"、"北平市农事试验场"、"实业总署园艺试验场"、"北平市园艺试验场"、"北平市农林试验所"。但不论如何更名，都不能改变其愈来愈差的状况。1936年时，园内饲养的动物种类仅维持在100种左右（含淡水鱼）。抗日战争爆发后，仅有的一头大象因饥饿而死，园内的狮、豹又以防空为借口被全部毒死。至新中国成立前夕，园内只剩下13只猴子、3只鹦鹉和1只瞎眼鸸鹋。

12. 天坛

天坛位于北京市崇文区（现为东城区）永内大街的东侧，正阳门的东南方，它是一处有着近六百年历史、极富特色的坛庙园林景观。是圜丘和祈谷坛的合称，明清时期是明清两代皇帝每年冬至、正月上辛日和孟夏（夏季的首月）祭天和祈谷、祈雨的场所。地位尊崇而神圣；是我国规模最大、形式最精美的一处以坛庙建筑为中心的皇家坛庙园林（图1-12-1）。英法联军和八国联军两次入侵，天坛曾被占，破坏严重。民国元年（1912年），农工部在天坛外坛开办农林试验。民国二年（1913年）1月，天坛暂时开放，民国七年（1918年）元旦，正式实行售票开放。它是目前世界上规模最大、保存最完整的祭天建筑群（图1-12-2）。

天坛的平面布局呈北圆南方，象征着"天圆地方"。两道坛墙将其分为内外两坛，内坛北部为祈谷坛建筑群，南部为圜丘坛建筑群，祈谷坛是皇帝举行祈谷大典、祈求五谷丰登的场所，包括祈年殿、东西配殿、皇乾殿、长廊、神厨、宰牲亭等建筑。其中祈年殿以精湛的建筑技巧和完美的建筑形式成为祭天建筑的代表之作；圜丘坛是皇帝举行祭天大典、祈祷风调雨顺的场所，包括圜丘、皇穹宇、神厨、神库、宰牲亭等建筑。圜丘坛、祈谷坛之间由一条长达360米的海墁大道丹陛桥南北相连。内坛的西南坐落着素有"小

皇宫"之美誉的斋宫，它是祭祀大典前皇帝在天坛内斋戒休息的宫殿，包括无梁殿、寝宫、钟楼、值守房等。外坛西南分布有神乐署、牺牲所。神乐署是培训祭祀乐舞生演练乐舞的署院；牺牲所是饲养祭祀用牲及祭祀牺牲之神的地方。天坛的建筑虽少而精，各组建筑布局合理，功能完备，主要建筑与附属建筑有机组合，相辅相成。内外坛之间以六座坛门相通，环绕天坛祭祀建筑的周围，分布着大面积行列栽植的古柏林，天坛内古柏达3500余株，营造出肃穆清幽的祭坛氛围。

天坛的建筑格局是逐步形成、发展和完善的。明清时期，祭祀天地制度多有变化，从天地合祭到分祭，分分合合之间，天坛规制也随之发生多次变动。其间清乾隆时期，天坛经历了一系列的改扩建工程，乾隆十五年（1750年）改扩建圜丘，以艾叶青（石台面）和汉白玉（柱、栏）替换原来的蓝色琉璃，圜丘更显圣洁。乾隆十六年（1751年）改"大享殿"（图1-12-3）为祈年殿，将大享殿的三层檐青、黄、绿三色覆瓦统一改为青色覆瓦，乾隆的改制更凸显了天坛建筑的崇高，建筑色彩也更鲜明、浓烈，象征寓意更为丰富。乾隆十九年（1754年），天坛西外垣垣门之南增建一座坛门，称"圜丘坛门"，将原来的西垣门称之为"祈谷坛门"，形成了天坛南北两坛单独成制、规制严谨的格局。至此，天坛的建筑格局及建筑形式最终形成。

圜丘坛也称拜台，始建于明嘉靖九年（1530年），坛高9米，是一座汉白玉建成的三层白石圆坛，嵌放在外方内圆的两重围墙里。圜丘是祭天的，所以建成圆形台上不建房屋，对空而祭，称为"露祭"（图1-12-4）。皇穹宇是深蓝色琉璃瓦的单层圆殿，是储存"皇天上帝"牌位的地方，也称寝殿，清乾隆十八年（1753年）改建，围垣改为砖砌，形成能够折射声波的回音壁。祈年殿是一座圆形平面的大殿，上覆三层蓝色琉璃瓦顶和镀金宝顶、朱门和门窗，矗立在三层圆形的白石台基上。它与皇穹宇遥相呼应，大小主次分明。祈年殿和东西配殿、方形围墙成为一个组群，与南端的圜丘遥遥相对。在构图上，祈年殿以其高耸的形象与比较扁平的圜丘形成鲜明对比。

天坛建筑中轴线的位置打破了中国古代建筑中轴线位于建筑区域中心的传统做法，采用坛域偏东的位置，使祭天建筑与北京城市建筑达到一致，均表现了西大东小的特点，也使得由西向东进入天坛的人更觉得天坛坛域广阔，祭坛意境更为深邃。天坛承袭、发展和完善了

图 1-12-1　天坛鸟瞰（20世纪 90 年代摄）

图 1-12-4　天坛圜丘坛

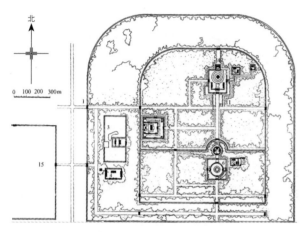

图 1-12-2　北京天坛总平面图

1. 坛西门；2. 西天门；3. 神乐署；4. 牺牲所；5. 斋宫；6. 圜丘；7. 皇穹宇；8. 成贞门；9. 神厨神库；10. 宰牲亭；11. 具服台；12. 祈年门；13. 祈年殿；14. 皇乾殿；15. 先农坛

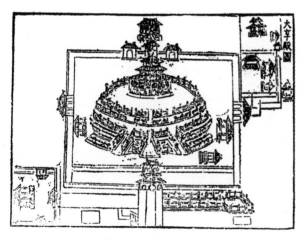

图 1-12-3　明嘉靖大享殿图

历代祭祀建筑的特点，是中国封建社会祭祀建筑形式的集大成者，它不仅体现了古代祭祀建筑的最高成就，更融合了中国古代哲学思想和美学认识等方面的精华。

祈年殿是对古代明堂式建筑形制的模仿与改进，祈年殿中间 4 根大柱象征一年四季。中层 12 根大柱象征一年 12 个月。外层 12 根檐柱象征一天 12 个时辰。中外两层柱子相加共 24 根，象征 24 个节气，加上中间 4 根大柱共 28 根，象征周天 28 星宿。28 加上柱顶的 8 根童柱，合计 36 根，象征 36 天罡。圜丘三层圆台的建造符合古人"天圆地方"之说。其选址遵照古人"阳中之阳"的观念，选在都城的东南方巽位，其各种数据也尽取至阳之数九或九的倍数。圜丘上层台面中心凸起的圆石称"天心石"，围绕"天心石"的、以扇面形状铺开的石板均以九的倍数递增；第一重为 9 块，第二重为 18 块，直到第九重为 81 块。下面两层台面的石板和四周的栏板也都是以 9 的倍数递增，每层的台阶也是 9 级。

清乾隆以后，天坛大规模的改扩建工程逐渐减少，到了清代晚期，社会局面动荡不安，国内农民起义风起云涌，国外资本主义列强接连发动了一系列的侵略战争，北京的坛庙遭到了不同程度的破坏和损毁，侵略者不仅肆意侵占坛庙，还疯狂劫掠各种祭器、礼器及物品陈设，天坛同样难逃厄运。1900 年八国联军攻占北京，天坛被英国军队占领，古建遭严重破坏，树木被大量砍伐，坛内陈设、祭器、礼器及库存物品被抢劫，天坛损失惨重。更令人痛惜的是，清光绪十五年（1889 年）8 月 24 日，祈年殿竟遭雷击被焚毁，瓦木无存。清廷震怒，相关责任人被施以重惩，同时祈年殿重建工程亟待进行，但由于缺乏祈年殿构造图及文字记述的相关资料记载，于是仅根据参加过祈年殿修建工程的工匠回忆完成了祈年殿的重建设计。光绪二十二年（1896 年）重建工程竣工，重建后的祈年殿虽与旧殿形式规制相仿，但其结构和外观仍与旧殿有诸多不同（图 1-12-5）。

20 世纪初，随着清朝的灭亡，祭祀制度被废弃，天

图 1-12-5　祈年殿内景

坛的地位和作用发生了巨大的改变，曾经不容普通人涉足的祭坛从此热闹喧嚣起来。不仅有游人前来游园，更有社会事件频繁在此发生。1913 年 7 月，中华民国国会宪法起草委员会选择在天坛祈年殿举行中国历史上的第一次国会宪法起草委员会会议。民国以后天坛内一直有驻军，国民政府农林部借拨天坛外坛创办林艺试验场，天坛被瓜分的序幕从此揭开。1917 年 5 月，天坛神乐署后院被占建传染病医院，天坛自此开始有外单位占据坛地建筑。1917 年发生张勋复辟事件，天坛沦为战场，激烈枪战使天坛遭受严重损毁。

1918 年 1 月 1 日，天坛正式作为公园售票开放。开放后的天坛状况仍不乐观，坛内驻军常对坛内设施进行破坏，不时有侵占坛内建筑及毁坏古树的事件发生。坛内租占单位有增无减，天坛林场、中央防疫处、无线电台、北平公安局等租占天坛神乐署、牺牲所等古建。1937 年"七七事变"后，神乐署又被日军 1855 细菌部队占据，作为进行细菌生产和研制的场所。

1948 年 9 月，山西流亡学生千余人进入天坛，强行将各殿堂、库房砸开进驻，许多文物被毁，古树遭锯焚。学生撤走后，各殿堂情景形同洗劫。坛庙管理事务所将有关情况做成报告，并附有多幅照片，反映各殿堂被毁惨状，不堪目睹。1948 年 12 月，困守北平的国民党军

队大量进入天坛，天坛停止开放。国民党军队完全将天坛变成了战场，在天坛内构筑工事，斋宫御河河廊被用做弹药库，长廊被改做军械库，还设置了电台、军用仓库、军队医院等。更有甚者，竟然在天坛昭亨门南建设占地达三百余亩的飞机场，为建机场扒毁南坛墙二百余米，炸毁明代石牌坊两座、房屋千余间、古树千余株。为建高射炮阵地，在坛墙上扒开多处豁口，还利用坛墙建碉堡，坛墙下挖暗沟。天坛内建多处弹药库贮存弹药，北天门外侧一座大型水泥地堡，是从墙基下掘开通道进入。从民国至中华人民共和国成立前的几十年间，天坛遭受了史无前例的破坏，千疮百孔、满目疮痍，全然丧失了昔日的风采和神韵。

13. 社稷坛（中山公园）

中山公园即皇家社稷坛，位于北京紫禁城西侧，占地 19 公顷。始建于明永乐八年（1410 年），是明、清两代帝王祭祀土地和五谷神的祭台，社指土地神，稷指五谷神（图 1-13-1）。辛亥革命推翻清王朝之后，民国 3 年（1914 年）10 月，开辟为中央公园。民国期间陆续增建了一些风景建筑和纪念建筑，如唐花坞、投壶亭、春明馆、绘影楼、长廊及"保卫和平"牌坊等。1925 年孙中山先生逝世，曾在园内的拜殿中停放灵柩。为纪念孙中山先生，1928 年，改名为中山公园，拜殿被命名为中山堂。

中山公园现址在唐代是古幽州东北郊的一座古刹。辽代，在海子园建瑶屿行宫时，将临近行宫的古刹扩建成兴国寺。元世祖忽必烈建大都城，兴国寺被圈入皇城内的宫门左侧，再次扩建为万寿兴国寺喇嘛庙，供皇帝率领大臣拈香作佛事。明成祖永乐年间建北京宫殿时，根据周礼"左祖右社"制度，于承天门（天安门）之右，把万寿兴国寺改建扩展为社稷坛。

中山公园的主体景观即社稷坛，位于园之中心位置。坛的主体建筑布局在一条中轴线上，依次为坛北正门、戟门、拜殿（中山堂）、社稷坛、坛南门等。园内以古柏著称，四周有上千株已生长数百年的古柏，其中坛南门外的七株，树龄已逾千年，据传为辽、金时代栽植。社稷坛及其附属建筑统称为内坛。内坛四角种植成片果树和花卉。四周称外坛，有松柏环绕。外坛东部有松柏交翠亭、来今雨轩等。西部和北部都是柏树林。南部有葱郁的古柏、形状各异的湖石（图 1-13-2）、曲折的长廊，还有金鱼池、金榭、翠竹以及兰亭碑亭、习礼亭等。

社稷坛是用汉白玉石砌成的正方形三级平台，上层边长为 15 米，中层 16.4 米，下层 17.8 米，总高 1 米。

图 1-13-1　建于明嘉靖十年（1531 年）的社稷坛

图 1-13-2　中山公园太湖石（1922 年摄）

每侧正中各有石阶。坛中铺垫一寸厚五色土，中黄、东青、南红、西白、北黑，象征"普天之下，莫非王土"之意。坛四周围墙按东、南、西、北方位，分别覆以青、红、白、黑四色琉璃瓦，墙每边长 62 米，高 1.7 米，每面墙正中各有棂星门一座。坛的围墙南北长 267 米，东西 203 米，面积为 5421 平方米。

戟门为社稷坛仪门，建于明永乐十九年（1421 年），为一座面阔五间，进深三间，单檐琉璃瓦歇山顶建筑，因门内列有七十二把铁戟而称戟门。铁戟于 1900 年被八国联军掠走。

拜殿（中山堂），又称"享殿"或"祭殿"，是明、清两代皇帝每年二月、八月主祭社稷时用来休息的地方。始建于明永乐十九年（1421 年），后曾多次重修。是一座面阔五间，进深三间，单檐琉璃瓦歇山顶的精美壮观的明代木结构大殿。

兰亭碑亭，原是圆明园四十景之一，是由一块石碑和八根石柱组成，被称作兰亭碑和兰亭八柱。圆明园被毁以后，1917 年将碑从圆明园移至此地。八根石柱上分别刻有历代书法家摹写晋代王羲之的《兰亭序》以及柳公权所作兰亭诗。石碑正面刻有一幅兰亭修禊图，即曲水流觞图，背面刻有清乾隆帝所书兰亭诗。是书法史上的珍贵文物。

最具特色的是移建的习礼亭和添建的唐花坞。习礼亭是明、清时期初次进京的官员和外国使臣，在朝见皇帝之前演习朝觐礼节所用，是一座六角攒尖、朱窗石阶黄琉璃瓦的六面亭。原是天安门后东侧明、清两代专司礼节的机关——鸿胪寺里的一座重要建筑。1900 年，八国联军侵入北京，放火烧毁鸿胪寺，只剩下了这座习礼亭，清政府把它迁入鸿胪寺附近的礼部。1915 年，迁至中山公园内，作为景亭，供大众观赏。唐花坞是添

建的建筑中最令人感兴趣的一个，位于南坛门外路南迤西，共 14 间，中间是一座重檐八角盝顶亭，两侧连接玻璃房屋，其形有如雏燕展翅，是专供展览各类花木的地方。

来今雨轩建于 1915 年，为大厅五间，四面出廊式建筑，为公众提供餐饮服务。轩前有一对相拥而生的槐树和柏树，被称为"槐柏合抱"。来今雨轩以西长廊西侧，有一块坐东朝西、玲珑奇秀的太湖石，高约 3 米，长 3.2 米，上面有清乾隆帝题刻的"青云片"三字和八首诗。与颐和园乐寿堂前的青芝岫，均为明代爱石成癖的米万钟的遗物。乾隆帝称大石青芝岫为雄石，置于颐和园；称小石青云片为雌石，放置在圆明园时赏斋玩赏。1925 年，青云片从圆明园废墟中被清理出来，移置此处供大众观赏。

民国 7 年（1918 年），在河北大名府古城遗址曾发掘出一对完好的石狮，运至京城后，放在公园南坛门外，在坛北门外增建汉白玉石亭一座，圆顶八柱，柱上镌刻历代名贤格言，名为"格言亭"。民国 8 年（1919 年）在公园的南门内移建一座四柱三楼、蓝琉璃瓦顶、汉白玉石柱座的牌坊，在民族形式中融合有西式建筑风格，既庄严又秀丽。这座牌坊原设在东单大街路口，名为"克林德坊"，是清光绪二十八年（1902 年）按照屈辱的《辛丑条约》规定，为"纪念"在清光绪二十六年（1900 年）义和团运动中被杀的德国驻华公使克林德而建立的。1918 年第一次世界大战后，德国被协约国击败（中国也是协约国的一员），北京市民拆毁了这座屈辱的牌坊。1919 年，协约国方面的法国出面要德国将牌坊修好移至中山公园，改名为"公理战胜坊"（图 1-13-3）。新中国成立后更名为"保卫和平"牌坊，由郭沫若书题。

图 1-13-3 公理战胜坊（民国期间摄）

14. 太庙（和平公园）

和平公园即原太庙，位于天安门广场东北侧，紫禁城东侧。是明、清两代皇帝每逢大典时祭祀祖先的家庙。是遵从《周礼·考工记》："左祖右社"之规定修建的一组祭祀建筑。始建于明永乐十八年（1420年）。辛亥革命后，太庙仍归清室所有。民国13年（1924年）11月，冯玉祥的国民军将逊帝溥仪驱逐出宫，国民政府收回太庙，辟为和平公园，供市民游览。民国17年（1928年），停办公园，由故宫博物院管理。

太庙建于皇城紫禁城之南，坐北向南，前临长安街，后倚故宫筒子河。呈南北向，长方形，占地总面积约14公顷。庙园四周有黄琉璃瓦顶的红墙三重，布局极为工整匀称。太庙庙园内有一半以上面积栽植松柏，使整座园林终年常青。

公园正门在第一道围墙南面，进行后是太庙的第一进院落。院内种满了成行的古柏，大都是五百多年前的古树，使其显得庄严肃穆；院内东面南端有假山、凉亭等。南面偏东头有一个小院落，院门朝西，门楼和房舍都是黄琉璃瓦歇山顶，这里从前是屠宰和剥洗祭祀用的牺牲的地方。院子的正中间有甬路通向一组琉璃砖门，中间正门三座，两边各有旁门两座。门楼是黄琉璃瓦庑殿顶，檐椽、斗栱都是琉璃砖烧制的，所以又称琉璃砖门，是第二道院墙的正门。

第二道院墙长272米，宽208米，院墙以内正面是七座小巧玲珑的单孔石桥，又称金水桥。每座桥的两侧都有汉白玉石护栏，桥下原来是干沟，乾隆二十五年（1760年）才引金水河流经桥下成河，因其形似玉带，故又称玉带河。七座桥东西排列，东西两端的两座桥北面，各有黄琉璃瓦顶六角亭一座。在第二道围墙东西墙的南端，各有黄琉璃瓦悬山顶房屋五间，东边是神库，西边是神厨，是调制和准备祭品的地方。

石桥以北是五间戟门，以前在门内列戟120支，所以叫戟门。铁戟于1900年被八国联军劫走。戟门的明、次间是三座实踏大门，戟门的东西两侧各有旁门一座。戟门是庙园第三道围墙的正门、太庙的主要建筑，如太殿、寝宫等都在戟门以内的院落中。

正殿位于第三道围墙内封闭院落的中轴线上，与寝宫一同建在三重汉白玉石雕须弥座式的工字形台基上；前有月台，四周环以石雕栏板、望柱，十分雄伟壮观。正殿为太庙建筑的主体，始建于明永乐十八年（1420年），历经嘉靖、万历；清顺治年间曾多次重修。乾隆元年（1736年）大加修缮，历时四年。乾隆退位前（1795年）又将三座大殿及配殿全部扩建，将太庙正殿面阔九间改成面阔十一间、进深四间的重檐庑殿顶建筑。但其建筑规模、结构、形制基本保持始建时的原貌，是保存最完整的明代建筑群之一。殿前台基下东西两侧，建有对称的十五间带前廊的庑房各一座。殿内的主要梁柱外包沉香木，其余均为金丝楠木，天花板及柱皆贴赤金花。这里是皇帝举行祭祀时行礼的地方。每逢年末大祭时，将寝宫内供奉的皇帝先祖牌位移到这座殿内，举行祭祀活动，仪式极其隆重。

寝宫位于正殿之后，为九开间单檐琉璃瓦庑殿顶建筑。是为平时供奉皇帝先祖牌位的地方。宫前三重台基下，东西两侧建有互相对称的五开间带前廊庑房各一座。寝宫的后檐墙是前院的终点。宫的东西两侧墙上辟随墙琉璃罩门，是通往后院后殿（祧庙）的门户。

后殿，即祧（远祖）庙，建于寝宫之后，以围墙围合成的封闭式独立小院内。祧庙即为这一小院的主体建筑，建在前有月台的石雕须弥座台基上，为九开间、进深二间的建筑。庙前的东西两侧建有相互对称的五开间带前廊厢房各一座。

小燎炉，建在太庙正殿院内的西南角。是举行祭祀活动时焚烧祭品的地方。小燎炉为青砖砌筑，但其造型模仿木构建筑。下部为砖砌须弥座，上部仿木结构的柱、枋、斗栱以及菱花隔扇门和彩画，均为砖造或砖雕。整座燎炉如同一座古典建筑的模型一样，造型甚是精美。

清帝逊位后，祭典始废，但太庙仍归清室保管。民国3年（1914年），社稷坛改为中央公园，在南外坛墙上开辟南门供游人出入。太庙为与其保持对称，也在第一层围墙上筑一类似假门（太庙改为公园后，此假门方改建为供出入之南门，即现在的劳动人民文化宫正门）。民国13年（1924年），太庙由清室交北洋政府接管，改为和平公园。民国17年（1928年），改归国民政府内政部所有。民国20年（1931年），由故宫博物院接管作为分院。其间陆续开辟了公园的北门和东门。

15. 地坛（市民公园）

地坛位于安定门外大街，是明、清两朝皇帝祭祀"皇地祇神"的场所，又称方泽坛。明朝嘉靖九年（1530年），明世宗修改祭典，将南郊的天地坛改为圜丘坛，在北郊另建方泽坛，两坛南、北遥相呼应；每年冬至和夏至举行大型祭祀活动，分别祭祀天、地。嘉靖十三年（1534年）将方泽坛改称为地坛（图1-15-1）。清代多次重修。地坛一直为皇家禁地，民国14年（1925年），被开辟为"京兆公园"，供人游览。

地坛分为内坛和外坛，由两重坛墙环绕，以外坛墙为界，总面积43公顷。主要建筑集中在内坛，共有方泽坛、皇祇室、神器库、宰牲亭、斋宫、神马圈、钟楼七组建筑，形成完整的布局。两重坛墙及主体建筑方泽坛均采用正方形，以附会中国古代"天圆地方"之说。祭台为上下两层石质方形台，上层面积为6平方丈，下层为10.65平方丈。按照古代"天为阳、地为阴"的说法，坛面石数均为阴数（即偶数）；上层坛面中心铺设36块较大的方形石块，按纵横各6块排列，四周用较小的方形石块铺砌；围绕着36块中心石四面向外砌出8圈，最外一圈为92块，上层坛面共有512块；下层也是从上层坛四周各砌出8圈，最外一圈156块，最内一圈100块，共有1024块，上下坛面石总数为1572块。

方泽坛，北向，为砖石结构的两层方台。四周有水池环绕，水池名为方泽，方泽坛因此而得名。下层有四个石座，用于祭祀时安放五岳、五镇、四海、四渎神位。坛周围有两重正方形的矮墙，两墙之间有望灯台、燎炉和瘗坎。坛以西有神库、宰牲亭，西北有斋宫、钟楼和神马圈。皇祇室在方泽坛以南，面阔五间。地坛的祭祀每年夏至日黎明举行，平时皇地祇（地之神）和岳、镇、海、渎神位就供奉在这里。外坛为成片常绿肃穆的柏林，紧紧环绕内坛，形成祭神圣地的氛围。

咸丰十年（1860年），英法联军入侵北京，英军占据地坛。将方泽坛周围矮墙夷平，并把祭台改为炮台。坛中皇祇室、神器库及斋宫等建筑门窗尽行拆除，所有陈设劫掠一空。及至民国时期，地坛已是荆棘丛生、杂草遍地，更由于时有驻军破坏，加以坛墙殿宇年久失修，倾圮大半。当年充满神秘色彩的祭神圣地，几乎成了废墟。

民国14年（1925年），薛笃弼任京兆尹，他征得内务府同意，将地坛开辟为"京兆公园"。改方泽坛为讲演台，在园内添建了共和亭、有秋亭、教稼亭等，开办通俗图书馆和公共体育场。还以多种植物拼成世界地图，名世界园，园门横额为"勿忘国耻"，上联为："大好河山，频年蚕食鲸吞，举目不胜今昔感"；下联为："强权世界，到处鹰瞵虎视，惊心莫当画图看"。民国17年（1928年），改名为市民公园（图1-15-2、图1-15-3）。后因为经费困难，加之驻军肆意破坏，游人日渐稀少。民国18年（1929年），北平市公务局在园内设立苗圃。民国25年（1936年），北郊医院占用园内部分土地。民国27年（1938年），侵华日军修建西郊飞机场时，将园内的房屋土地交给机场征用地界内的农民居住、耕种，遂停办公园。

图1-15-1 建于嘉靖九年（1530年）的地坛

图1-15-2 市民公园体育场全景（民国年间摄）

图1-15-3 市民公园苗圃全景（民国年间摄）

民国 31 年（1942 年），又在外坛建立了传染病医院，占用了大片土地。此后，虽仍维持开放，但驻园单位过多，景观维持不周，故游人寥寥，日益荒败，终于伦为废园。

16. 先农坛（城南公园）

城南公园原名先农坛，位于永定门内西侧。始建于明永乐十八年（1420 年），时称山川坛。嘉靖九年（1530 年），山川坛分为天神、地祇二坛，分祭风雨云雷和岳镇海渎神祇。清康熙、乾隆时均有修葺和改建，改称先农坛（图 1-16）。辛亥革命后，民国元年（1912 年）对外开放，名城南公园。坛分内坛、外坛。民国时外坛墙被拆除、破坏，内坛的建筑基本被保留下来。坛内有庆成宫、神仓、太岁殿、诵豳堂、观耕台和先农坛。

观耕台是清乾隆十九年（1754 年）在原木结构的台址上改建为砖石结构的方形台，有用白色石雕刻的须弥座，四周有汉白玉石栏板围绕，三出陛。台南为籍田，人称"一亩三分地"。每年仲春亥日皇帝在此躬耕并祭祀先农神，先农神相传为神农氏。

庆成宫是明代的斋宫，乾隆时称庆成宫。宫内有前后两殿，均为五间，左右有配殿。诵豳堂是民国时所称，原为具服殿，是皇帝亲耕和祭神时的更衣之所。

神仓是乾隆十八年（1753 年）在明代遗址上建立的，仓制圆形，前为收谷亭，东西为仓房。

太岁殿南向，面阔七间，是皇帝祭祀太岁神的地方。太岁殿南为明代的天神地祇坛旧址。坛内还有不少古柏苍松。1917 年北京京都市政公所决议辟先农坛为城南公园。京都市政公所刊物《京都市政汇览》中记载："既有设立五隅公园之议，遂于六年（民国六年，1917 年）函请内务部划归市有，设计经营，定名为城南公园，惟地址广袤，荒芜杂秽，一时精力财力实觉未遑。查坛之内部，分内外两坛，内坛于内务部管理时，已先事经营，粗具规模。公所接收后，先行售票，以便市民乐利。居内坛之中

心曰具服殿，旧时殿宇深邃幽暗，则于七年改葺窗户，垩饰墙壁，顿增明爽，遂为公共谦会之所，其前为观耕台，再迤逦南行入雩坛，五岳四渎石龛俱在，古迹保存籍为纪念。……西首太岁殿，民国后改为忠烈祠……其东有鹿囿一所，驯鹿百余，呦呦濯濯，每年滋息甚蕃。外坛地尤宽广，于古木参天，纵横糅杂，芦苇一片，尤为支蔓。经费未充，不得不先事绘图设计，分别筹备。七年，成马路三条，坛北种果林一部，桃李葡萄，春夏结实，颇称颗颐。坛墙之北，逼近香厂，特辟新门二座，冀便游人……"京都市政公所在坛中广植树木，坛内夹道皆有崇槐，旷地尽植以花木，还建豳风亭于观耕台上，置奇石于绿杨荫里。因先农坛中新植桃树逾数千株，每届春季，桃花盛开，灿烂如彤云，被誉为"京城桃花第一处"。

17. 日坛

日坛又称朝日坛，位于朝阳门外，是明清两代皇帝每年春分祭拜大明之神（即太阳）的地方（图 1-17）。始建于明代嘉靖九年（1530 年）。日坛外墙为正方形。北坛门稍西，是一座皇帝在祭祀时休息和更衣的宫殿，名为"具服殿"。北坛门内稍东是钟楼，再往东是一排大房，名为"神库"。神库南边，又是一座宫殿，是做祭品的"神厨"。神厨东北角，是一座"宰牲亭"。神厨南边有一座直径为 10 丈的圆形建筑，是日坛的中心。此建筑周围有砖砌短墙，东、南、北各有一座石棂星门，西有石棂星门三座。围墙内正中是一座方台，名为"拜神坛"，由白石砌成。边长 16 米，高 1.89 米，面砌红琉璃砖，象征太阳，清代改为方砖，四边有台阶，各九级。祭台为方形，一层，长宽各五丈，呈正方形，高五尺九寸，四面各有台阶 9 级；坛面墁以红色琉璃砖，清代改为"金砖"。此外还有祭器库、乐器库等附属用房。圆坛的正面与西北各有天门一座，整组建筑庄严肃穆。

图 1-16 先农坛（1915 年摄）

图 1-17 建于嘉靖九年（1530 年）的日坛

据史料记载：每隔一年由皇帝亲自到日坛祭祀，其余年份指派大臣代祭。最后一次是清代道光二十三年（1843年），宣宗到日坛亲祭太阳神。此后，祭日礼仪逐渐废止，坛内建筑也随之破败失修。

中华民国时期，日坛的大部分房屋被国民党军队占用，坛内外的大片松林被盗伐，大量土地被出租或开辟为苗圃。祭台金砖丢失过半，钟楼倒塌，铜钟丢失，坛墙断损，遍地荒草。

18. 月坛

月坛又叫夕月坛，是明清两代皇帝秋分日祭祀夜明神（月亮）和天上诸星宿神祇的场所。月坛建于明嘉靖九年（1530年），为北京五坛八庙之一，坐落在北京市西城区月坛北街路南。月坛坐西朝东，祭坛为中心建筑，坛台一层，全部用白石砌成，高1.5米，周长56米，比日坛规模又小一些。祭坛四周有矮墙环护，西、北、南各有棂星门1座，东边为正门，有3座棂星门。月坛有东、北两座天门，东天门外有礼神牌坊。每年秋分之日都要在这举行祭月典礼，凡丑、辰、未、戌年份，皇帝要亲自参加祭礼，其他年份由大臣代祭。祭月典礼在等级上较祭日之礼差一些，规模也小。祭祀用牲玉、献舞和祭祀日仪式一样，而乐由七奏改六奏，行三跪六拜大礼。在祭坛周围同样设有神库、神厨、宰牲亭、具服殿、钟楼、燎炉、祭器库、乐器库等一系列附属建筑，为祭月典仪服务。清末成为驻军场所，日本侵华时期，坛内树木基本被砍光。到北京解放时，月坛基本上已荒弃，坛内杂草丛生，到处是废墟。

二、寺庙园林

19. 碧云寺

碧云寺位于西山聚宝峰，原为金代玩景楼旧址，元代至顺二年（1331年），建成碧云庵，明代正德九年（1514年）和天启三年（1623年），两次扩建，改名碧云寺。清代乾隆十三年（1748年）进一步扩建，增建罗汉堂和金刚宝座塔。1925年3月12日，孙中山先生在北京逝世，4月2日移灵柩至碧云寺，安厝寺内金刚宝座塔的石券内，放置达四年。1929年5月27日移灵南京紫金山，将衣帽封葬塔内，称其为孙中山先生衣冠冢；寺内普明妙觉殿被辟为"孙中山纪念堂"，供人瞻仰。

碧云寺依山势而建，坐西朝东，六进院落，层层升起，布局严整，气势壮观。其背靠西山，南邻香山静宜园，周围松柏蓊郁，涧泉潺潺，环境优美。全寺占地面

积约四公顷。

寺内主要景观有山门殿、弥勒佛殿、大雄宝殿、菩萨殿与钟鼓二楼等，孙中山纪念堂、金刚宝座塔、罗汉堂和水泉院，均在碧云寺数座佛殿之后，纪念堂、衣冠冢居中央，左为水泉院，右为罗汉堂，相互贯通，可逐一观瞻游览。

孙中山纪念堂前边紧邻菩萨殿，位于原称为普明妙觉殿所在的方形院落。院落中为正殿5间，两旁为配殿，西殿与配殿间为群房。院落内古木参天，清幽宁静。纪念堂为三开间，前面出廊。殿堂的正中安置孙中山遗像，像前放置花圈，内壁书有"总理遗嘱"，并展出遗物。殿前植有松、柏、银杏、娑罗树。

金刚宝座塔位于碧云寺后部的塔院内，气势十分雄伟。塔院由逐层抬高的小院落和牌坊、石狮、石桥、碑亭等建筑物与装饰物组成。牌楼有3座，分别以木制、石制和砖制建造。尤以四柱三楼石坊最具特色，整个牌坊满布花纹，雕琢精美。牌坊两侧有石屏壁，上有浮雕人物像。体现忠、孝、节、廉的历代著名古人，此外还有八仙过海的神话故事和麒麟等刻像。院中有碑亭两座，亭内立乾隆帝御制金刚宝座塔碑。碑文分别用汉、藏、满、蒙四种文字雕刻。

金刚宝座塔整体建筑由四层组成，塔高34.7米。由宝座及五座金刚塔组成，宝座分三层。塔和宝座全部用琢磨过的汉白玉石砌成，四周还雕刻有西藏喇嘛教的传统佛像，下为二层高大的台基。宝座正中开券洞，券洞两旁雕有佛像和兽头形纹饰。券洞上额匾书"灯在菩提"。券洞内有一石须弥座，座后券墙上有一汉白玉石匾额，上书金字"孙中山先生衣冠冢"。从券门内登石阶可至最上层的宝座面，宝座上有七座石塔。整个金刚宝座塔，布满大小佛像，天王力士、龙凤狮象和云纹梵花等精致的浮雕。

罗汉堂位于孙中山纪念堂南侧，是清代乾隆十三年（1748年）仿杭州净慈寺罗汉堂而建，平面呈田字形，每面9间，中间有四个小天井用以采光。堂内按顺序排列有500尊罗汉，另在堂内正中过道供奉有7尊神像和端坐梁上的济颠僧1尊，总计508尊。神像均为木制金漆，形象各异，艺术价值颇高。

水泉院是一座以泉水点缀的院落，卓锡泉于寺后崖壁石缝中涌出。山泉源头有明万历皇帝御题"苍松古柏，水天一色"三楹之堂，堂前临荷沼，沼旁修竹成林，岩下的"啸云"之亭等景致形成幽静的园林庭院。

碧云寺金碧鲜妍，宛若一天界，有"大抵西山兰

若，碧云、香山相伯仲"、"西山一径三百寺，唯有碧云称纤秾"及"碧云鲜，香山古；碧云精洁，香山魁恢"等说法。

辛亥革命后的民国期间碧云寺成立了维持会，之后有中法大学、陆谟克学院、西山中学、西山天然疗养院、农林试验场测候所等单位陆续进驻寺院，利用寺院兴办学校或其他文化事业。碧云寺虽然驻进了各院校等单位，寺院依然对游人开放。碧云寺维持会对严重失修的殿宇进行了一些修缮，对寺院之建筑及园林植物起到了一定的保护作用。民国二十三年（1934年），寺内的罗汉堂和金刚宝座塔被列入一期文整计划，其后三年内得到了修缮。但由于进驻单位复杂，缺乏组织管理，散漫无方，失于控制。中法大学为解决校舍问题，陆续将寺内七十二司等处神殿百余间的神像全部拆毁掩埋；又将寺内关帝庙、山神庙各殿佛像全部拆毁，略加修葺，改作校舍。弥勒殿两厢为西山中学校舍，藏经阁为图书馆。正殿为讲堂，两厢皆为北平研究院测绘组占用。除此之外，碧云寺内还建有"西山天然疗养院"，病舍分散在碧云寺内及静福寺中。

20. 西山八大处

八大处原名四平台，也曾叫作八大刹，位于北京西山。因这里有八座古刹错落分布在翠微、平坡、卢师三山而得名。这八座古刹分别建于隋、唐、元、明、清等各个朝代。八座庙宇建在林深泉清，景致清幽的群山当中，自古以来就是北京地区的风景胜地。

它们分别是一处长安寺，二处灵光寺，三处三山庵，四处大悲寺，五处龙泉庵（又名龙王堂），六处香界寺，七处宝珠洞（图1-20-1），八处证果寺。这一带山高林密，风景优美，寺庙建筑年代悠久，寺中生长着各种古树名木，保存着珍贵的石刻以及元代雕塑等（图1-20-2）。

清代晚期，即光绪二十六年（1900年），义和团在灵光寺内设坛，与入侵京师的八国联军作战。同年8月26日，侵略军用炮火轰击了寺院，寺庙建筑遭到了不同程度的破坏。

民国初年，英国驻华公使租借了五处龙王堂。从此，八大处逐渐成为消夏避暑胜地，先后建有别墅27处。其中有益寿医院院长虞诚的别墅益寿园；山西阎锡山所属部队军长王金钰的王家花园；西山饭店老板赵溪隐的兰溪别墅；首善医院院长方石珊的别墅方园；曾任南京国民党政府监察院副院长刘哲的别墅；北洋政府交通总长叶恭绰的别墅幻住园；天津大陆银行经理沈默斋

图1-20-1 宝珠洞（1935年摄）

图1-20-2 卢师洞（亦称真武洞）秘魔崖（1935年摄）

的私人别墅静园；报业巨子史量才为其父所建堆云山庄；安立甘教会所建的别墅青厂（位于幻住园之北）；北票煤矿董事长兼总经理袁涤庵的袁氏别墅；曾任国民党政府外交部长、驻美大使、北平中国大学校长王正廷的别墅；北洋军阀冯国璋的别墅；北洋时期财政部长钱俊骙的别墅；张作霖督吉林时，任吉林省政府委员钟毓的别墅；基督教救世军游息别墅；《西山名胜记》著者田树藩所购、满洲进士铁林的别墅的柳溪山房；中英合营的宏利保险公司华经理夏仲衡的私人别墅夏园；北洋政府交

通次长、中孚银行董事长孙壮甫的孙家花园；北平红十字会医院院长全绍清的滴翠山房；原驻爪哇总领事宋发祥的别墅；原交通部职员孙仲蔚养病的别墅；原张作霖北京军政府内阁外交总长王荫泰的别墅，还有虞氏别墅、洪氏别墅、程氏别墅及友山园。

21. 戒台寺

戒台寺原名慧聚寺，位于西郊马鞍山麓，始建于唐武德五年（622年）。之后因寺中有戒坛，民间惯称戒坛寺。后又因清乾隆帝亲题"戒台六韵"诗，得名戒台寺。是北京历史上最古老的寺庙之一。寺以戒坛和年代久远、形态各异的古松闻名，其戒坛的规模在全国三大戒坛（北京戒台寺戒坛、杭州昭庆寺戒坛和泉州开元寺戒坛）中有"天下第一坛"的美誉。一直是京城善男信女膜拜的佛教圣地和人们游览的风景胜地。

戒台寺坐西朝东，寺院建筑随山势高低错落有致，分布在南北两条轴线上。南轴线（即中轴线）排列有山门殿、天王殿、大雄宝殿、千佛阁、菩萨殿等；北轴线前部有两座辽塔，后部为戒台建筑群（图1-21）。殿堂四周分布着许多庭院，其格局别致，景物清幽，松柏参天，加上古碑古塔、清泉流水以及精美的太湖石叠山，颇有江南园林的风貌。

戒台又称戒坛，位于戒殿内，殿内高悬的巨匾"树

图1-21 戒台寺山门（1935年摄）

精进幢"，是乾隆帝御笔。戒台是明代建造的一座一丈多高的三层汉白玉石台，呈平面正方形，坛基雕刻精美。每层四面均刻佛龛，每龛中供奉一位戒神像。底层每面12尊，中层每面9尊，上层每面7尊。戒神最高者3尺，24尊，矮者1尺。坛顶上有释迦牟尼坐像一尊。殿堂内设有明代的雕花沉香木椅10把，上首3把，左边3把，右边4把，是当年传戒时的三师七证的座位。戒台南边有个优波离殿，供奉的是如来佛的十大弟子中的优波离尊者（又称持戒第一尊者），殿外有金代和辽代的碑一座。

千佛阁是一座四方形的高层建筑，为清代所建。此阁高峻宏伟，登临远眺，四周群岚叠翠，气象万千。阁内有梯，阁上下的墙壁上嵌满小型佛龛，有佛像上千尊。

戒坛东北是塔院，里面有辽塔和元塔，挺秀耸立。附近有三座经幢，是八角或六角柱形的石刻，每面都刻有经文和佛像，其中有两座是辽代的，一座是元代的。

戒台寺的古松形态各异，闻名已久，如卧龙松、九龙松、抱塔松、莲花松等。有人写诗赞叹："潭柘以泉胜，戒台以松名，一树具一态，巧与造物争。"

清代光绪十年（1884年）至光绪二十年（1894年）间，恭亲王奕䜣被慈禧革去议政王和军机大臣的职务后，到戒台寺中"养疾避难"达十年。十年当中，奕䜣出资，对罗汉堂和千佛阁进行整修，在千佛阁后营建书屋三间，作为读书吟诗、修身养性之所。奕䜣居住在乾隆时期的行宫牡丹院，并进行了大规模的整修，题额为"慧聚堂"。牡丹院在千佛阁之北，为康、乾时期作为行宫而建造的，原称"北宫"。牡丹院坐北朝南，分内外两进院落。第一进迎门有一太湖石堆砌的假山花坛，院内西侧借山势叠石为景，其上植花草，盘绕石阶可攀登而上。东南两面有十余间带有曲尺形回廊的房屋，为皇宫侍从居室。里外院之间有一座油漆彩绘的垂花门相沟通，门额挂有恭亲王奕䜣于光绪十七年（1891年）手书的"慧聚堂"匾额。第二进是一个宽绰的四合院，花木遍地，绿树成荫，假山湖石点缀其间。院中四面房屋皆有回廊相连，雕梁画栋。牡丹院有北房5间，东西两厢各3间，正厅的后面安装有雕花木门，房后用太湖石垒成靠山影壁，并点缀花草。庭院之中种植有各种名贵的牡丹，其品种多为奇特的千层牡丹。除白、红、粉色外，还有罕见的黑色牡丹，和恭亲王栽植的绿牡丹。院内还有3棵逾百年的丁香树，每株树荫覆盖面积达数十平方米。

民国以后，戒台寺逐渐衰落，大批文物丢失，古建筑被毁。

22. 法源寺

法源寺位于北京外城，始建于唐代，名悯忠寺。历史上多次被毁和重建。明正统二年（1437年）重建后改名崇福寺。明、清时期进行多次修整和增建。清雍正十二年（1734年）改名法源寺。寺坐北朝南，第一进院落宽敞别致，花草清雅幽静，古树葱茏茂密。微风吹来，传出阵阵松涛声和花草香味，使人产生置身佛寺净地的清幽、凉爽之感。雕梁画栋的天王殿坐落在第一进院落的正面，殿内前面供奉布袋和尚，背后为韦驮坐像，左右两壁分列明代铜铸四大天王造像。天王像原是鼓楼西大街拈花寺内的。第二进院落是雄伟、华丽的大雄宝殿。它高大、宽敞、雄伟、壮观、雕梁画栋、辉煌华丽、饰金线和玺彩绘，是主要宗教活动场所。东西面阔五间，南北进深三间，殿内抱厦梁上悬乾隆帝御书"法海真源"匾额，殿中供奉释迦牟尼佛和文殊、普贤二菩萨，雕塑精美，妙相庄严，是明代初期极其珍贵的造像。两厢分列清代木雕十八罗汉。殿内有两个卷叶莲花青石柱础，应是唐代遗物。观音阁坐落在第三进院落的中央，陈列历代相传法源寺原藏的石刻文物，这些石刻中有的保存了研究唐城的重要资料，有的则清楚地反映了佛教的性质和封建统治阶级推崇佛教的目的。第四进院落为毗卢殿，第五进为大悲堂，最后一进院落的主要建筑是藏经楼，上下两层均为东西面阔五间，南北进深三间。朱红色梁柱和斜方格槅心的门窗，青灰色的庑殿顶。檐枋和檐檩等均施以花卉和人物故事为题材的彩绘。藏经楼东西两侧有朱红色转角小楼，扶廊把小楼和藏经楼连接成一体，使建筑物显得格外紧凑。法源寺的庭院花木绿化在北京久负盛名，有"花之寺"的美称，直到清代晚期和民国时期法源寺依然是市内观花的寺院之一。寺内每进庭院内均栽植有花木，每年都要举办"丁香大会"，会期繁花如雪，处处飘香，游人如织。1924年4月26日，印度大诗人泰戈尔由中国诗人徐志摩陪同到法源寺观赏丁香花。

除丁香外，海棠也是寺内名花之一，主要配植在第六进的藏经楼前。直到清末，法源寺的海棠仍枝繁叶茂，不断吸引游人，所谓"悯忠寺前花千树，只有游人看海棠"。牡丹主要栽植在第五进大悲堂的后院，据清末震钧《天咫偶闻》记载："僧院中牡丹殊盛，高三尺余，青桐二株过屋檐"。另外还有专为培植菊花的"菊圃"，赏菊也很有名。

三、宅邸园林

23. 什锦花园

什锦花园，又叫马辉堂花园，位于北京东城今魏家胡同。于民国8年（1919年）建成。

园主人马文盛，字辉堂，在北京经营恒茂木厂，出身于明清两代著名的古建园林营缮世家，曾承办过皇家园林颐和园及皇家陵寝等重大工程。在当时的京城称得上是赫赫有名，有"哲匠世家"之誉。

什锦花园坐南朝北，入园即是花园，中为住宅，东为戏楼。这一宅园系马辉堂于清光绪晚期购得的一个大戏园子的位置，用所拆得的建筑材料自行设计营建了一座住宅园林，总占地面积约1公顷（图1-23）。

花园部分在整个宅院的西部，宅院大体可分隔为五个部分。园主人及其家属便散居园中。园内建筑密度较稀，游廊较多，举目可见花草树木怡人。在五个小景区中，四处有水景，其中三处为池塘，一处为泉流。门内即为一座假山，山体高大，将后面的宅院全部遮挡住，高深莫测。山上花木葱茏，山石峰峦泉瀑，具有非常浓郁的山林气势，这便是宅园的第一部分。绕过假山，来到山的南侧，便进入宅园的第二部分。这里是一座背山而建，筑在高台之上的五间山堂，为四面出廊卷棚歇山顶的建筑，名"谈经堂"，匾额为（清宣统皇帝的老师）翁同龢所书，是主人用来会客、赏景的地方。堂西侧有下行爬山廊。堂东侧山势蜿蜒，东南坡有泉瀑下泻，泉水顺山势注入东院池塘中。东院是一座小花园，为宅园的第三部分，这里有假山、水池和花草树木，是观花赏景的处所。西南侧与游廊相连有两座轩，这里是宅园第四部分的主体建筑。轩后为暖阁，暖阁有地炕、火墙，金砖墁地。四季如春的暖阁，是逢年过节和喜庆的日子与家人共度佳节的场所。轩的前庭面对池塘和井亭，可以观景。其东厢的高台之上，有两座悬山顶建筑，后部为三正两耳，前面为五间一连，十分别致。南侧有山石隔成的独立小院，南侧游廊的正中有南书房三间。半廊一侧的墙壁上绘有《红楼梦》故事的壁画；另一侧墙壁上，绘有《三国志》故事的壁画。井亭之西的院内，南部有山石池沼，跨池有木桥。北部有四座建筑，是宅园的第五部分的主体建筑，也是园主人的居室。从这里可通过一条走廊到达谈经堂。全园各处的游廊多为一侧是坐凳，另一侧是上部透花雕窗的坎墙，体现出游廊围与透相辅相成的效果。

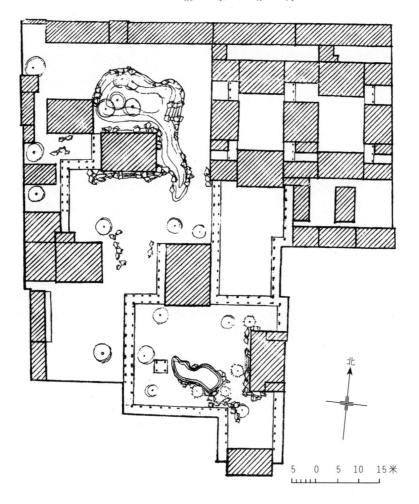

北

5 0 5 10 15 米

图 1-23 马辉堂花园

整座花园建筑和山石泉池的布局十分得当，花木扶
疏，步移景异，别有情趣，是民国时期北京所建宅园中
较具代表性的一座。

24. 周家花园

周家花园位于北京西山北部的寿安山南麓，十方普
觉寺（卧佛寺）西部的樱桃沟内。这里曾经是金、元、
明、清时期的风景胜地，后几经兴衰演变，清代中期逐
渐成为皇家禁地。随着国势的衰败，到了光绪年间，沟
内除五华寺外，其他寺庙遗迹和建筑景物基本荡然无存。
民国时期的樱桃沟，是私人开发的最后一个兴盛时期。
清政府倒台后，樱桃沟不再列为禁地，很多达官显贵便
乘虚而入，兴建别墅。

周家花园的主人名周肇祥，字嵩灵，号养庵，又号
无畏，浙江绍兴人。周工诗文，精鉴藏，通文史，信佛

教，著有《辽金京城考》等书，家住北京西单头发胡同，
曾短期在北洋政府做官。1918 年，徐世昌当大总统时，
为标榜自己是"文治派"，曾在周家设"画学研究会"，
研究国画。

1918 年，周肇祥看上了樱桃沟，这里是一条外广
内狭的幽静峡谷，两侧是秀挺峻拔的山峦，一条蜿蜒的
潺潺溪水清澈见底。周肇祥设法从太监郝常太手里，骗
走了盖有龙头大印的皇家地契，在樱桃沟插上了自己的
"静远堂界碑"。在沟内南坡建了"鹿岩精舍"别墅。一
座玲珑小巧的朝东的门楼建在高大的石阶之上，门额横
刻着"鹿岩精舍"四个字。门外左侧立有一块石碑，上
刻"退谷"二字，为梁启超手笔。相传明末清初文人孙
承泽晚年看中了这个风景如画的地方，便来此著书立说，
写有《天府广记》等书。他自号退谷，筑有退翁亭。跨

进小门，流泉深壑，石阶层层，绿竹漪漪，万花怒放，芳香袭人，极富自然情趣。周肇祥还在北坡为自己百年之后修建了"生圹之地"；另在东山坡上立了一座小型白色佛塔。

沿小径蜿蜒前行，就是樱桃沟的名胜"水源头"。泉水甘冽，分外清爽。北侧山坡上有一座石亭子，用石块、石片砌筑而成。石亭以南，在一块居高峭立的巨石上，挺立着一株高约10米的古柏，枝繁叶茂，迎风傲雪。沟的西端，有一块呈元宝状的巨石，上刻有"白鹿岩"三字，后下方有一岩洞，称为"白鹿洞"，洞里横放一张石榻。洞有2米多高，6米多深，可容纳一二十人。相传古代有个骑着白鹿漫游的神仙，相中这里的景色，便定居下来，石洞就是神仙住过的地方。从此循路上山，可到名为"半天云岭"的高峰，在峰顶可俯瞰樱桃沟全景：美丽的亭台，若隐若现的泉水，连绵不断的群山，茂密葱绿的树木。往西可见危峰对峙、陡壁如削、雄伟险峻的"金鸽子台"。雨季，可以看到悬崖陡壁上瀑布倾泻而下，飞沫高扬，吼声震耳。

老百姓把周肇祥的别墅称为"周家花园"。周也以"退翁"、"无畏居士"自称，在沟内留下了很多石刻。"戊戌变法"的幸存者梁启超，晚年也曾游览樱桃沟，并留下"退谷"题刻。

25. 鲍丹亭园

鲍丹亭园位于北京什刹后海南沿，园主人鲍丹亭是民国时期北平的京剧武生名票。20世纪20年代，这里曾经是一座门前有一湾池塘，但十分破旧的小院，鲍丹亭十分喜欢这里幽雅的环境，便将其购买了下来。之后请了几位经验丰富的老工匠，由自己来主持设计，工匠们非常善于把握高雅的形象和优美的尺度关系，将其建成了一座非常别致的鲍家小园。整座宅院建筑面积约600平方米。由于其以窄小见称，小而精，小而富于不尽之感，小而层次丰富，十分难得，成为当时北京文人住宅花园的范例。

小院平面呈东西长，南北极狭窄的长条形。鲍丹亭善于顺势造景，首先将南部墙根邻家的破旧后檐墙遮挡起来，即按后檐墙的走势和参差出入，在外侧贴上一层尺度极小、带什锦窗的半廊，既掩盖和伪装了不雅，又进行了造景。院内建了一排北房，大门在西部，主人的起居室在偏东部。进门后是逐渐东行而深长的院子，园主人将其分隔为三段空间处理，使其环环相套，层层递进，增加了宅园的变化与不尽之感。

进门便是一片凤尾森森的密竹林，给人一种小径幽深的感觉，这便是小园的第一进空间。第二进空间与第一进空间由一条小小的走廊相隔，两个空间既隔且连。这段小廊，北面与北房相接，南侧与半廊相连，廊上有一半亭式小门通向第二进空间。第二进空间若隐若现于竹影当中。第三进空间与第二进空间的间隔是一座粉墙月门，粉墙西侧有一抱门小花架，架上爬满蔓生蔷薇。粉墙南北两端有山石相接，墙和山石上都有攀缘植物。月门东侧是一座木影壁，上面画有《聊斋》故事。转过影壁，便是豁然开朗的主院空间，东侧尽头有一架古藤，浓荫匝地，藤架下摆放有雕刻精美的石桌石凳，古藤下点缀有山石，院内还种植有数本牡丹及一些花卉，可谓生趣盎然。

26. 洪涛生墅园

洪涛生墅园在北京广安门外南侧，占地约十亩。洪涛生为德国人，是清代末年著名的汉学家，老师范大学堂（即今日之北京大学）教授。洪涛生于清末来北京时，不幸在新婚中丧偶，他与妻子情真意切，便购买此处作为墓地以葬其妻。

洪涛生十分喜爱中国的古典戏曲，与当时北京昆曲界的名角如韩世昌、白云生等来往密切；众人常以洪先生墅园为聚会点，谈词论曲，并作演唱。20世纪30年代，洪先生已年近八旬，仍孜孜不倦地将中国古典戏曲名著翻译成德文，在德中文化交流上做出了有益的贡献。

洪涛生墅园中的建筑布局只有北房五间，西房五间，均为深廊高柱，朴实敦厚。园中的墓地、果园、莲池及园林、居处均相互照应。园的最东部为墓园，墓园在果园中，坟墓为西洋式，果园中栽有悬钩子属植物一类的野果。墓园以西是面积较大的莲池区，莲池又分为若干小池，人可循池深入莲花丛中。池中的植物除了以莲为主外，还有菱、芡、慈姑、蒲草、红蓼等。再向西是别墅与园林区。园林与池沼相互交错渗透，亦有曲岸、小冈、平滩、浅石等景致。有老柳二株极苍古，似扬州瘦西湖般具有清秀婉丽的风韵。园主人所居住的北房有抄手廊可通西厢房，西厢房室内仍陈设着其妻生前使用的家具用品。此西厢斜对一月门，月门上部有高大的紫藤架，两侧有古杏与海棠数株。西厢斜对的月门所望之处，正好是其妻之墓，意乃生死两相依。有人回忆洪涛生墅园当时的情景：当时正值晚春时节，柳堤浅草中蛱蝶翩跹，并时闻阵阵杜鹃声。此白发老人常于月色凄凄中，杜鹃声声里，透过此月门神往其妻之墓，以待惊鸿。

墅园布局与内容极简单，但主题鲜明，意境凄绝。有人说洪涛生墅园是京城中唯一哀婉凄清之园，"断肠人在天涯"之园。

27. 达园

达园，俗称王怀庆花园。位于北京西郊海淀镇北约二里，建于民国8年（1919年）。王怀庆，直隶（河北）宁晋人，字懋宣，北洋武备学堂毕业。曾入清聂士成军，被任为教官，后任北洋常备骑兵第二协统。1907年随徐世昌去东北，任三省总督署军务处会办，奉天巡防中路统领等职。1909年调任河北通永镇总兵。曾残酷镇压辛亥革命起义军，有"屠夫"之称。

达园园址在圆明园福缘门前一带。王怀庆选择在这里建园，目的有二：一是强占土地，二是抢拆圆明园中的残存屋宇石料。他买通了当时圆明园的守护太监后，每天雇佣民夫数十人，套着骡马车往外运石料。达园经过三年建成。由此，北京城内外的军阀、官僚、政客们假借王怀庆的名义蜂拥而上，抢拆之风势如潮水。圆明园残存建筑被全部抢光，圆明园遭到国人的彻底破坏。达园建成后，王怀庆终日在园中过着奢侈生活。1931年"九一八"事变后，大批东北同胞流亡到北京，由东北军将领张学良提议，政府拨款4万银元将达园买下，作为临时救济之所。后其东侧地段被辟为东北义园。

达园园门为三楹，卷棚歇山顶，坐西朝东。门南北建粉墙，中间开月洞门。园门建有南北回事房各三间。迎面有一座人工叠置的高大太湖石假山，作屏风障景之用。其峰石玲珑，秀润多姿。假山南侧的草坪上，仡立着清高宗乾隆帝御书的前湖诗碑，为东北义园从圆明园西扇子河移置于此。绕过假山，有东西甬路，通西部土阜堆石小山。山麓散置山石，山顶建有单檐六角亭一座，古朴大方。山下北侧有一条小溪，东西两端建有汉白玉精雕石桥两座。石桥为圆明园四十景之一"九洲清晏"前湖东西两端的"金鳌玉蝀"桥。桥北分布有四组建筑群，为宴请宾朋和寝居之所。再北有土山，山上建有方亭一座。再东为善缘庵。园南部有开阔水面，北岸东西建有水榭游廊，廊庑曲折，将南北景区加以分隔。东北岸建有小型船坞一座。南行有长堤通向湖心小岛，湖心岛中央建有重檐石柱六角亭一座，系从西山温泉明秀山庄移建于此。长堤之间建有平桥三座，湖岸四周种植有垂柳。

达园在1949年之后归国务院管理。

28. 余园

余园亦称漪园，位于北京王府大街北口东厂胡同。

图1-28 余园

为咸丰年间文华殿大学士两广总督瑞麟的私人宅园。花园中广植树木花卉，并点缀以太湖石、台榭和假山。园之东、西，各有一弯溪流，汇集于东门口的月牙池，幽雅宜人，故名"漪园"。每逢重阳之日，就在假山上支起蒙古包，邀亲朋好友，登高雅集，以烤羊肉大飨宾客。光绪二十六年（1900年），八国联军入侵北京时，漪园惨遭蹂躏，不久又转入德军之手，充当野战医院。光绪三十年（1904年）漪园改名为余园，取"劫后余存"之意。余园开始供市民游览，是北京最早向市民开放、供人游览的一座私家园林（图1-28）。园中开设有饭庄、茶室，还有照相馆。1911年辛亥革命后，这里曾作为袁世凯的陆海军联欢社，后又改做黎元洪私邸。

29. 双清别墅

双清别墅位于香山静宜园内偏西南部，原为清代静宜园内二十八景之一的栖云楼旧址。相传金代章宗猎鹿于香山，在山坡上小憩，睡梦中引弓射箭，箭落之处突然有泉水涌出。醒后，命人在落箭处开挖，果得甘泉两眼，遂赐名为"梦感泉"。清代乾隆八年（1743年），乾隆帝出游香山曾在此小住，把梦感泉改名为"双清"，并在泉旁石崖上题刻"双清"二字。英法联军入侵北京时被毁。民国7年（1918年），民国时期著名的教育家、社会活动家和慈善家熊希龄在这里修建私人别墅——双清别墅。

双清别墅大门朝东，门额刻有"双清别墅"四字，是熊希龄先生亲笔所题。进门为第一进院落，院内有一幢坐北朝南，中西合璧式的粉白平房，房前为一池清水，沿池岸围以弯曲的汉白玉石栏。池畔有一座红柱、红顶的六角攒尖凉亭，名曰"梦泉亭"，亭中有石桌石凳。池南有一四周被汉白玉石栏围起的平台，平台中央为长4米，宽1.5米的大石台，台面平滑光亮，有人认是金章宗时期建的祭星台。水池西侧有高大的古银杏和古藤，南侧山坡上长满松、槐、丁香、核桃等乔木和灌木。这里环境非常清静、幽雅，是熊先生接待宾客和夏天避暑小憩的地方。熊希龄先生曾经在这里会晤过冯玉祥将军。美国石油大王洛克菲勒以及逊帝溥仪来香山游览，也曾在这里受到熊希龄先生的款待。

白房子两侧，各矗立着一座六角形石幢，系自香山寺遗址移入院内。石幢上刻满经文，字体规整，古朴苍劲，但因年代久远，剥蚀严重，而难以辨认。白房子西侧，紧靠围墙有一座石屏风，屏风中间为佛龛，两侧刻有清乾隆帝御制联："翠竹满庭瞻法相，白云一坞识宗风"。其顶部为半圆形，正中雕有一蓝色龙头，龙口可向下吐水。地面有一池，池中有石鱼可向上喷水。

院内西侧陡崖下，有两股清泉从岩缝中淙淙涌出，常年不断。峭壁之上有乾隆帝御笔题写的"双清"两字及乾隆御制诗一首："二井一泉流，滔滔春复秋。既来未见法，过去岂知由。游客观清赏，禅僧共宿休。永安护国寺，万载拱皇城。"

西行上台阶为第二进院落，这里有五间北房，是熊先生的书房兼休息室。书房内存有大量的教育、文史、地理类图书，其中不乏善本、珍本。

继续西行是第三进院落，主要建筑为欢喜楼，是熊先生的寝室。楼内整洁美观，陈设精致，楼后附有玻璃房，宽敞明亮，日照充足。1935年2月，66岁的熊希龄先生与33岁的毛彦文女士在这里结成"九九伉俪"，成为一时的佳话。

双清别墅的修建在一定程度上展现了中西国际文化交流的历程——传统与发展。它一方面从因地制宜出发，充分保留和利用原园址尚存传世的文物，另外又依照别墅应具备的生活起居功能要求，在园址上较为合理地安排建筑，其形式不拘泥于传统，而采用当时流行的西洋式建筑形式，使双清别墅具有中西园林文化相互交融的特色。

1948年中共中央书记处进驻香山，毛泽东曾住在双清别墅，在此与周恩来、朱德、刘少奇、任弼时等老一辈革命家一起指挥了辽沈战役、渡江战役，筹备新政协、建立新中国等工作，并写下了《论人民民主专政》等一批著作。

30. 乐家花园

乐家花园位于海淀区海淀镇西南，相传原为清代礼王私邸。清崇德元年（1636年），清太祖努尔哈赤次子代善受封和硕礼亲王，遂建此园，世袭七代直至光绪年间。民国初年，因园主破落，将此园卖给同仁堂乐家，故又称乐家花园。新中国成立初期，乐家将此园献予国家。其花园为对称式布局，以人工叠石而将景区自然分隔，使得园中有园，小中见大。从前园旱榭过山洞，有五楹卷棚歇山顶殿堂。前出月台，称"玉堂富贵"。月台下东、西各植玉兰一株，故亦称"玉兰堂"。东部为假山区，峰石高耸，浓荫蔽日，曲径通幽，有一五楹出廊的海棠院。这里遍植海棠，殿前有两座汉白玉雕成的花池，花池栏板雕刻着四季花卉。东有土山横卧，山中开有洞门，洞以叠石垒砌而成；西有殿堂五楹，从殿前引水穿过，注入莲池。池中建有茅亭一座，有石径相连，成为又一小园。乐家花园山石层叠，小巧玲珑，是京西著名花园之一。

31. 洁园

园在今新街口北大街路西。

园主人刘文嘉（1884—1962年），湖北嘉鱼人。参加过辛亥革命，后来在哈尔滨工作。"九一八"事变以后愤然退职，回到北平，购得一所住房连同园地，闭门种菊，取"洁身自好"之意，以洁的古字，取名洁园，自称洁园老人。

园面积3934平方米，合5.9亩。三进院落，前院是花园，洁园匾额为陈叔通所书。由大门引入花房仰止庐。仰止庐西侧有假山见山台，台上建有望湖亭和小诗龛，在望湖亭上可远眺西山，近瞰什刹海。小诗龛仿自清代文人法式善在后海南岸所筑的诗龛，里面悬挂屈原、陶渊明、杜甫、白居易、苏轼、陆游、李东阳和法式善八贤画像。假山以北有晚香簃，以南有温室寒荣室。园中各房间的匾额为八位清末翰林所书。园中栽植着蔷薇、牡丹、芍药等花木，并有果树数十株。花园北部有花墙，墙南侧密植竹林。花墙以北为中院，沿墙根栽植爬山虎，一片翠绿。中院正房名延龄馆，也用于陈列菊花。再北是后院，为住宅。

刘文嘉搜集各地名种，研究栽培技术，遂成艺菊名家，人称菊花刘。1949年以后在人民政府资助下，菊花品种达1000余种，名贵品种有宇宙火箭、主帅红旗、和平堡垒、雪顶珠峰、绿朝云、多宝塔等，并能控制开花季节。每年秋末敞开园门，任市民参观。毛泽东三临此园，周恩来、朱德、邓小平、董必武等领导人，齐白石等艺术大师以及胡志明、斯特朗等国际友人也曾到此赏菊，留下许多题词或者书画作品。人称洁园菊展为诗、书、画、菊花四绝。

32. 半亩园

半亩园位于北京东城黄米胡同内，是近代较为有名的私家园林之一。东边是住宅，西边是园林，原为清初名将贾汉复（字胶侯，号静庵）的宅园，是由清李渔（字笠翁）在华亭人张琏（字南垣）父子的帮助下所创建的，园中堆叠的假山曾被誉为京城之冠。道光二十一年（1841年），始由河道总督麟庆购得，又重新加以修复整理，历时两年完工，使园兼有江南明媚清澹之美。据《鸿雪因缘图记》、《天咫偶闻》、《燕都名园录》等记载，"半亩园纯以结构曲折，铺陈古雅见长，富丽而有书卷气，故不易得"（图1-32-1、图1-32-2）。

半亩园在宅之西部，长宽各35.5米，面积为1260平方米，合1.9亩。正堂名云荫堂，其旁有拜石轩、曝画廊、近光阁、退思斋、赏春亭和凝香室等。云荫之名源于苏州虎丘千顷之轩，麟庆自撰云荫堂联："源溯白山，幸相承七叶金貂，那敢问清风明月；居邻紫禁，好位置廿年琴鹤，愿常依舜日尧天"。他购得一副棕竹做的楹联，曰："文酒聚三楹，晤对间今今古古；烟霞藏十笏，卧游边水水山山"。因与园景合，同悬于云荫堂。云荫堂南边有水池，池中有亭，双桥通之，是名流波华馆。

拜石轩为勾连搭屋顶，前后共六间。麟庆自撰楹联："湖上笠翁，端推妙手；江头米老，应是知音"。

道光阁在平台上，为半亩园最高处，以其可望紫禁城、琼华岛白塔和景山五亭而得名。

总之半亩园的特点是在数弓之地筑园，堂台轩室、山石台地，曲折奥如。树木花草以少胜多，而有其独到之处。惜至民国时期是园逐渐颓废。

33. 可园

可园位于北京皇城东北角，今帽儿胡同九号，是清末大学士文煜的宅第花园，也是目前北京保存较好的宅园之一。可园内有石碑，碑文称："凫渚鹤洲以小为贵，云巢花坞惟曲斯幽。若杜佑之樊川别墅，宏景之华阳山居，非敢所望，但可供游钓，备栖迟足矣，命名曰'可'。"这也是园名的来历（图1-33-1）。

整个宅园占地南北长约100米，东西宽约70米。可园设在宅邸之东，是面积约四亩多一点的长方形园地。全园的布局以建筑为主，山水为辅，以树木为点缀。可园内的主体建筑将园分隔为前后两部分。园虽有轴线处理，但两厢的建筑突破了对称的排列方式而有新变化，加上池水曲折，园路并不循轴而设，更增加了自然幽曲的变化。另外由于可园之南北和东西长度相差悬殊，在布局上利用建筑、假山和水池作为分隔，而减弱过于狭长的感觉并丰富了空间的层次变化。前后两个空间，主

次分明，性格也各不相同；前部疏朗，后部幽曲。二者又以边廊相沟通，连为一体（图1-33-2）。

除了主体建筑外，其余都依周边而设，东西两面皆以廊为主。这种周边式布局对于扩大空间感，特别是对东西向较为狭窄的空间起到了明显的效果。由于从宅邸入园是自西向东，故园中主要园林建筑多坐东朝西。从布局上看园之西边建筑体量大而数量少，东边建筑体量小而数量多，相互取得了均衡的关系。东西的园林建筑形式多变，高低错落。六角攒尖亭高踞假山东端，下山而入游廊，向东延伸至东部假山上，向北入四方攒角半壁亭，而以曲折的游廊通至卷棚半壁亭、八角亭、卷棚歇山阁楼等。尤以后园的阁构思精巧，在平地上垒起二米多的高台，台上建阁，阁之南北接以爬廊，使之有高低起伏的变化。可园在建筑装修方面也独具特色，挂落都是木雕松、竹、梅的自然图案，不落常套。

可园的假山和置石也有独到之处，前园的假山面对主体建筑（厅堂），作为南向入园的障景和厅堂的对景。山高约三米，山之东端置六角亭以增山势。山之结构为外石内土；山之北面东端做成"谷状"，池水水源由谷引出，使山水得以结合。假山采用了北京产的两种石材，山南为青石垒成，东西各有一梁柱结构的单环洞作为从南入园的进口，以横向挑伸为主。山之南面视距甚为迫促，以近求高，而且空间经过压缩后再经山洞入园便显得更为疏朗了。山之北面用房山石以竖纹为主，特别是在一个挑伸的水平台下面用"悬"的做法显示了钟乳垂挂的自然景观。其结构主要依靠拱形相互挤压，个别着力处有水平向钢榫衔接。假山上植以落叶大乔木，如榆、槐之类，树干占地不大，却浓荫蔽日，增加了山林的趣味。

后园的假山皆用房山石，布置分为两处。一部分位于中轴线附近，因采用高低错落的手法，突破了整形的格局，使后园有分隔而不致一眼望穿。另一组山石位于东侧台阁附近，以环洞引入，在台下贯以山洞，以求空间与游路的变化。台之边角以山石相抱或作散点，较为自然。

园中树木以古柏为主，兼有古槐及榆树等。综观可园，规模虽小，但在园林艺术风格方面却颇具浓厚的北方宅园特色。

34. 那桐花园

那桐花园为清末重臣那桐（字琴轩）的府邸，府邸东至今东单北大街，西至今台湾饭店东墙，南至金鱼胡同，北至西堂子胡同。府邸的西部为住宅，东部为花园，

亮 果 厂

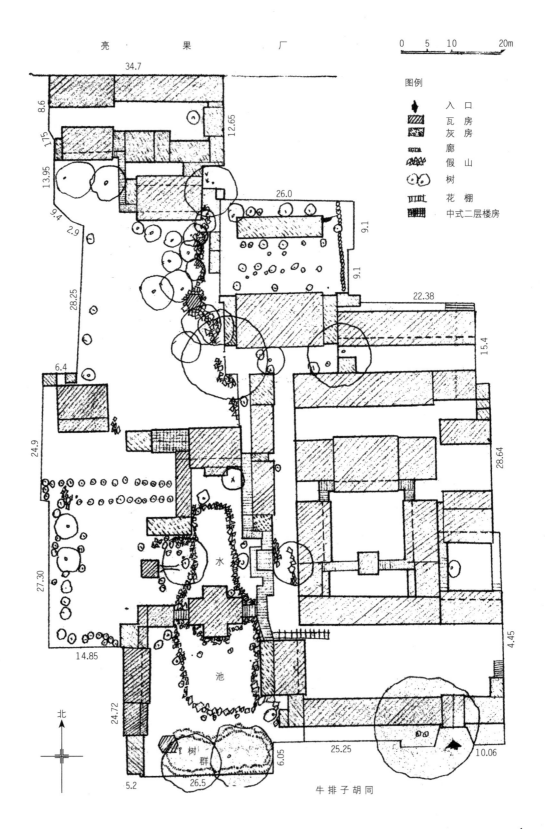

0 5 10 20m

图例

入 口
瓦 房
灰 房
廊
假 山
树
花 棚
中式二层楼房

水 池

树 群

北

牛 排 子 胡 同

图 1-32-1 半亩园复原示意图

图 1-32-2　半亩营园

图 1-33-1　可园

俗称那家花园。花园里原有金鱼池，金鱼胡同由此得名。

进入大门，向东转到一个小院落，院北有游廊，廊正中为四方攒尖亭，穿亭即到达花园部分。进大门往西为设有厅堂的另一组主院落，其东北有曲廊与花园相连。花园院落的组合与一般北京宅园大致相同，但中心部分采用了挖池堆山、叠石、植树种草等手法，以获得山林趣味；并运用曲廊、叠落廊、变化建筑物高程等方法组织空间，使得小小一个宅园随着观赏视点的不断变化，而产生丰富多彩的景象。

花园的东、南、北三边有廊子围绕，与住宅部分的院落既分隔又相互渗透，融为一体。花园的中部为西池东山，池子面积约200平方米，池周点缀山石，山为

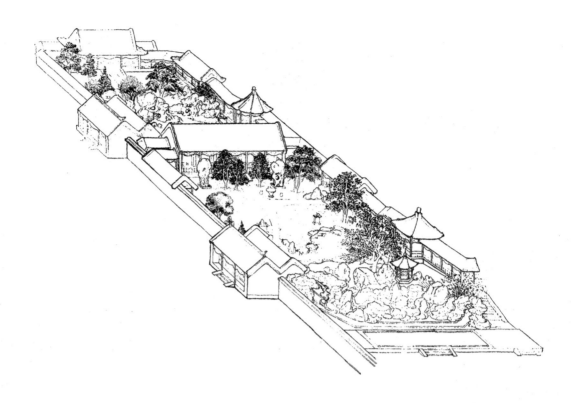

图 1-33-2　可园鸟瞰图

高 4 ~ 5 米的青石假山，东麓有一座六角亭。各面均有盘桓而上的蹬道，山顶有两个平台可供休息赏景，可停步俯瞰全园，视线开阔，增加游园的情趣。南北两端连接叠落廊，沿池南小路西行至尽头处是设有什锦窗的白粉墙，墙前点缀以太湖石壁山。折北于湖石之间有台阶可拾级到达高台上的建筑，这一局部的布置如同行走在两石峰之间，十分别致。另一通路是自池北游廊后面穿过青石洞，顺自然山石台阶上行亦可到达。这组青石单过梁山洞的处理比较巧妙。由于台上建筑居高临下，向东可俯瞰金鱼池，仰眺青石假山，是赏景的好地方。建筑西立面对着住宅庭院，院内植有枝叶疏朗的合欢数株，并点缀有海棠、丁香、山桃等花木。春夏秋三季花果争艳。花园的西南隅，在南北向和东西向两组游廊的交接处加出一个半圆亭，使廊子产生变化，又可与台上建筑相呼应，同时作为西面院子进入花园的入口，这种处理手法可谓巧妙地发挥了园林建筑的多角度景观效果（图 1-34-1、图 1-34-2）。

那桐花园是幸存的少量清末花园中保存较好的一座，尤其是西侧宅府院落中的各种花木都很健壮。早先曾要利用原址建造和平宾馆职工宿舍楼或新宾馆楼，

有识之士曾呼吁保留这座具有山石水池的别致府邸；但到了 20 世纪末，该园终于难逃厄运，被毁而改建新楼。

35. 恭王府花园（萃锦园）

恭王府花园坐落在北京内城的什刹海以西，始建于清乾隆四十一年（1776 年）。原是权臣和珅的宅第，到了乾隆四十五年和珅官居一品，乾隆又指婚将和孝公主许配其子，于是按照公主府邸和一品官宅邸的双重规格大兴土木，兴建府邸。嘉庆四年（1799 年），嘉庆皇帝治罪和珅，获罪的证据中列出和珅府的建造有"奢侈逾制"的罪证。据载第十三款"查得和珅房屋竟有楠木厅堂，其多宝格及隔断门窗皆仿明宁寿宫制……西部有带榭的水池，仿圆明园的蓬岛瑶台，不知是何肺肠"。府邸被没收后转赐其弟庆亲王永璘，是为庆王府。咸丰元年（1851 年），咸丰皇帝将此府收回，转赐其弟恭亲王奕訢，是为恭王府，且名称沿用至今。其间花园被命名为萃锦园并有所添建，以同治、光绪时期为最盛期。1929 年恭王府花园曾由辅仁大学收购，作为大学校舍的一部分；中华人民共和国成立后曾住有居民和单位。1988 年 7 月下旬经搬迁修，整对外开放，是京城保存最好的王府花园之一。

恭王府分府邸和花园两部分，总面积为 61120 平方

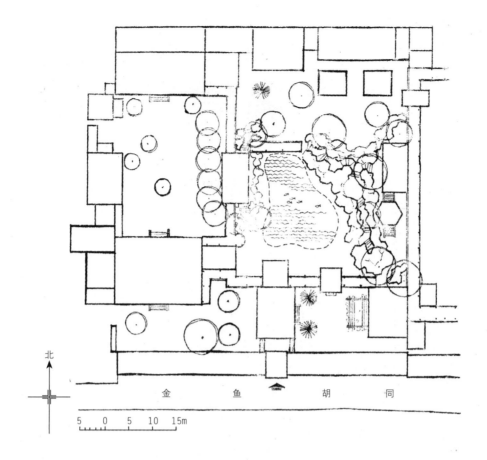

北

金 鱼 胡 同

5 0 5 10 15m

图 1-34-1 那桐府花园平面图

图 1-34-2 那桐府花园鸟瞰图

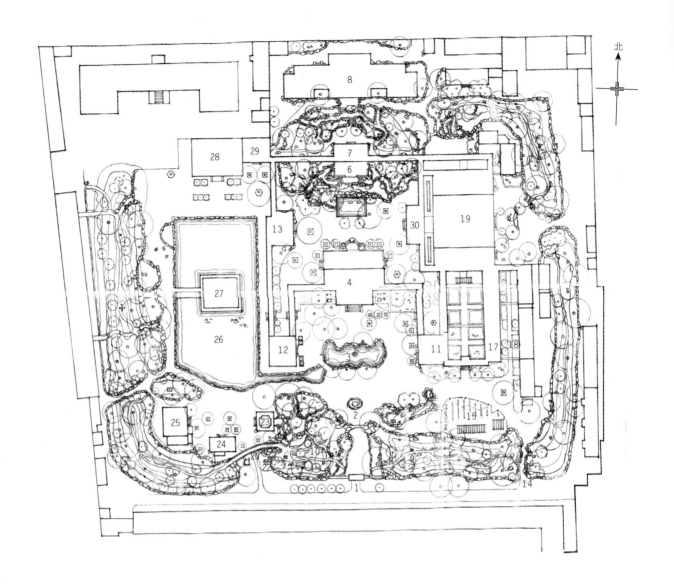

北

图 1-35 恭王府花园平面图

1. 西洋门（中路园门入口）; 2. 独乐峰; 3. 蝠池; 4. 安善堂; 5. 滴翠岩（洞内福字碑）; 6. 邀月台; 7. 绿天小隐（邀月厅）; 8. 蝠厅; 9. 垂青樾; 10. 翠云岭; 11. 明道堂; 12. 棣华轩; 13. 韵花簃; 14. 曲径通幽（东路入口）; 15. 蔬蔬圃; 16. 沁秋亭; 17 香雪坞; 18. 吟香醉月; 19. 大戏楼（怡神所）; 20. 榆关（西路入口）; 21. 龙王庙; 22. 山神庙; 23. 妙香亭; 24. 秋水山房; 25. 益智斋; 26. 大水池; 27. 诗画舫（观鱼台）; 28. 澄怀撷秀; 29. 宝朴斋; 30. 退一步斋

米。府邸面积 35380 平方米，占总面积的 58%；花园面积为 25740 平方米，占总面积的 42%。府邸部分由中、东、西三组院落组成，布局严整，主次分明。中院为四进，以嘉乐堂为全府主要建筑，宫殿式风格，歇山顶，气魄雄伟，惜于民国初年遭焚毁。东西院落各五进，三组院落的最后一进是东西长达一百七十多米的楼房，呈凹字形把三组院落拥抱起来，它也形成了府邸的北界，中横夹道，以北便是花园。

花园平面近方形，东西长约 170 米，南北宽约 150

米（图 1-35）。在布局上亦分三路，中路有明显的中轴线，与府邸的中轴线位置重合，东、西两路的布局比较自由灵活。

花园原地形比较平坦，建园时本着因地制宜、因境设景；就低凿池，引水入园，因高掇山理石，亭、廊、堂、榭列布上下，适应园主的游赏宴乐需求；并以园路铺地相辅，树木花草相衬，创造出写意城市山水园的意境。从山水处理来看，东、西、南三面掇有马蹄形的土山，高度在 3 ~ 6 米，大体上西山略高于东山，在中路又有两段叠石假山成景，北部略高于南部，从整体上形成如"山"字形的山系环抱全园。为减少土山占地面积，均采用土山带石的做法，在山脚处用青石砌成自然式矮墙或台地，与路旁置石相呼应；土山则为植物种植提供必要的条件。从水系来看，原有记载"和珅府邸从李公桥引水环之，故其府邸西墙外水溪清驶，水声雪然。其邸中水池亦引溪水，都城诸邸，惟此独矣"。在花园中路第一进空间有蝠河，外形如蝙蝠展翅。第二进空间有凹形小长方池和滴水岩，西路有花园内最大水池，呈长方形。目前修缮已引进水净化循环系统，使水质清澈。由于山抱水环与建筑相配合，使全园从南到北形成层次丰富、各具特色的空间效果。另外，把一些有碍观瞻的辅助性建筑设施则安排在东西土山与府墙之间的地方，达到"俗则屏之"的效果。

中路包括园门及庭院深深的三进院落，园门在南侧短墙正中，为西洋拱券门的形式，亦称西洋门，它是国内最大的汉白玉整雕门，颇具西洋风格又不乏中国本土特色，旁连短墙与戴石土山。西洋门是晚清北京常见的运用某些西洋建筑细部的时髦做法，反映中外文化交流的一个侧面。园门上方南北各镶有石刻匾额，南题"静含太古"，北题"秀挹恒春"，寓意在喧闹之中取太古幽境。入园门东西两侧分列"垂青樾"和"翠云岭"青石假山，好似南山的延伸；虽不高峻，但峰峦起伏，奔趋有势，草木滋生。因而入园门后东、西、南三面呈山林环抱之势，形成一个进深18米的收缩空间，两山围合处当中留出石梁洞门通路，迎由有"独乐峰"特置的北太湖石耸立，犹如屏风。仰视只见"乐峰"二字，而"独"字隐于石之顶端，颇耐人品味。这里成为入园后的序景，在游赏园内景致之前起到欲扬先抑的作用，增强探景意愿。在垂青樾以北有一组假山石台，水流经沁秋亭，亭内设石刻流杯渠，以取"流觞会高朋，曲水宴嘉宾"的意境，为在园中吟诗作乐增添情趣。沁秋亭亦是中、东路园景的交会点。在翠云岭设有采樵径，突显山林气息。独乐峰以北为中路第一进院落，呈三合式，园主待客的正厅"安善堂"建在青石叠砌的台基上，面阔五开间，出前后厦，两侧有曲折形游廊连接东西厢房道明堂与棣华轩，形成宽大庭院。院中有一水池因形同蝙蝠翩翩，取名蝠；民间又以其形似元宝称为元宝池。池边为北太湖石驳岸，西南角有石桥，桥下小溪与西路的大水池相通。院中与池旁除有以榆树为主形成的绿荫蔽日外，建筑周边还配植了玉兰、君迁子、枣、核桃、小果海棠，黄槽竹、紫薇、石榴、荷花等既随季节

花开花落且有良好寓意的多种乔灌木及草花。安善堂以北，绿天小隐以南为第二进院落，呈四合式，院中以太湖石假山为主景，名为"滴翠岩"，姿态独特，山势嵯峨。据载崖顶东面卧有带孔的水缸。在高温潮湿的夏季，蓄水入缸，一是水顺山石流下或滴下，令石壁生出青苔，苍翠欲滴，酷暑生凉；二是埋设水管导入岩下一石雕兽头（今已不存）内，令其喷水入池，为假山岩壁理水佳例。假山腹有洞穴潜藏，石洞"秘云洞"东西走向，亦是立体通道。洞正中内嵌康熙御笔的"福"字碑于寿字形的石壁上，寓意福寿双全，为国内罕见。山上最高处为盝顶敞厅建筑"绿天小隐"，其前为"邀月台"，供观景赏月。假山下东西两侧设蹬道，盘曲而上，在加强山石峻嶒之感、方便游赏之外，在绿天小隐的两侧有爬山廊，与游廊接东西厢房韬华馆和韵花簃。并可通往东路的大戏楼和西路的大水池。在第二进院落，除有榆树、槐树、绦柳、落叶大乔木外还有数量较多的侧柏、桧柏、白皮松及黄槽竹等常绿树种，更显松柏苍翠欲滴。自绿天小隐山北坡至北府墙界为第三进院落，假山与建筑对峙互拥，靠北建置庞大的后厅，为恭亲王添建，居中面阔五间，前后出抱厦三间，两侧接耳房三间，平面形如展翅的蝙蝠，故名蝠厅，亦取"福"字的谐音。蝠厅为位于中路轴线终端的主要建筑，曾作为书房；蝠厅彩绘全部是斑竹，在花园主山和府墙的庇护下显得幽静而秀美。蝠厅南面对着花园主山，有盘山道隐现山石间，由于山脚在与蝠厅主台基前相接处做成东西向的通道，充分利用空间，兼顾造景与功能要求，构思巧妙。蝠厅一列建筑均有山石作为踏跺、花台和抱角石以及树木点缀，做得浑然天成，使本来平淡无味的建筑变得自然生动。蝠厅北约5～8米即为北府墙，就在这狭小局促的空间中，由于在府墙上设置了壁山与如画的竹丛花台，而令人目不暇接，起到圆满收尾之效果。第三进大假山上的植物选用了秋天季相变化比较突出的植物种类，如栾树、青桐、杏、花椒等，在常绿柏树的映衬下，更显出秋意盎然的浓烈。

东路的建筑布局比较密集，主要供内眷生活游赏之用，园林空间在小中求变化。东路的单独入口设在东山与南山的豁口处，取名曲径通幽。把短直的通道处理成曲折的路径，并配置竹丛山石，使人进入山口而不能透视，直至道路尽头视线豁然开朗，在一小片平旷地上"爱树以短篱，种以杂蔬，验天地之生机，谐庄田之野趣"，这便是富于田园风光的"蔬蔬圃"。紧接其北为三个不同形式的院落，西侧的狭长形院落称怡神所，由垂花门和两侧游

廊、厢房组成，西厢房即明道堂的后卷，东厢房一排八间。垂花门造型精美，门两侧植有四株龙爪槐与黄槽竹，院内种了黄槽竹与牡丹、芍药、紫藤架，种类、数量不多，却也兼顾了四季里有花见绿；紫藤架的北面为大戏楼的后卷。东侧另一狭长院落入口处为月洞门，额曰"吟香醉月"。门前植有紫藤、小果海棠；院外有榆树和君迁子；院内以种花灌木为主，有玉兰、木槿、紫薇、蜡梅等，以应吟香醉月之意。北面的院落以大戏楼为主体，采用三卷勾连搭卷棚式屋顶，戏楼内厅堂高大，设有前厅、观众厅、舞台及扮戏房，音响效果好，内部装饰精致华丽，可作大型演出，在京城颇有名声。大戏楼东院面对东山，现设有一入口通路，以方便观众集散。东山与大戏楼之间有约120平方米的绿茵场地可供人小憩，布置有山石小品，植有小叶椴、梧桐、合欢、石榴、竹丛等令人赏心悦目。东土山上现有以乡土树种构树、榆树和油松为主的树丛组合，形成东路良好的绿色背景。

西路设在南面的入口为一段城墙式围墙，辟有卷洞，额书"榆关"，象征万里长城东临海边的山海关，隐喻恭亲王的祖先从此入主中原王朝基业。榆关西设有象征性（模型式）的龙王庙，城墙上东面有一处规模更小的山神庙，据推测是园主为求神祈福而设。入榆关后即为围绕大水池而展开的水景园区。居中的大水池略呈长方形，叠石至驳岸，池中有岛，建小敞厅"诗画舫"（今称观鱼台）。岛与西岸有桥相通，池中养鱼植荷，是夏天赏荷观鱼的好去处。池西以土石山林为界面，西山比东山宽，山麓与山上布置了山路、树石小景与山石桌凳，植物种类也较多，山林景色比东山更胜一筹。池东以中路的棣华轩和韵花簃游廊为界。大水池以南有由妙香亭、秋水山房和益智斋组成的三合院。三座建筑中的妙香亭为双层木结构，上为莲花形平顶，下为正方形平顶。池边植有绦柳，院中还有杏、青桐、枣，亦应秋水山房之

意。大水池北面为澄怀撷秀，它是西路最大的建筑，五楹两房，坐北朝南，与大水池之间有前院可供休憩纳凉、观赏水景。前院铺装场地上设有若干花池，种有石榴、丁香、紫薇、君迁子、枣和榆树，为澄怀撷秀增添绿意，也是西路诸景中统一变化的一环。

在恭王府花园的用地比例中，绿地与水面约占总用地的一半，为形成舒适宜人的居住游乐环境创造了良好条件。

恭王府花园虽属私家园林的类型，但由于园主具皇亲国戚之尊，在宅园的设计与建设上有不同于一般宅园的地方。主要表现在园林三路的划分，与前面的府邸一脉相承。中路严整均齐，有明确而突出的中轴线所构成的空间序列。建筑装饰注重浓艳华丽，颇有几分皇家气派。其园林就总体而言不及一般私家园林的洒脱自由，然而，即使受限制也力求在景观组织上显示出中国传统园林的神韵。把水与山林之景相对集中在南半部，使人们入园即置身于富有山林野趣的自然环境之中，"软化"了花园中路的严整性。从花园的总体格局看，大抵西、南部为自然山水景区，东、北部为建筑庭院景区，形成自然环境和建筑环境的对比与融合；既突出传统风景园林的主旨，又不失王府气概的严肃规整。花园除具有北方建筑的浑厚之共性，叠石采用北方产的青石和北太湖石，技法偏于刚健，体现北方典型风格外。建筑的某些装饰装修细部以及道路的花砖铺地等也善于借鉴江南园林的优秀造园手法，在植物配置方面以选用乡土树种为主，如以白榆、国槐、侧柏与桧柏为基调，并结合园林意境与四时赏景观花的需求；以及充分利用建筑南面形成有利的小气候环境。选用能在北京越冬、耐寒性稍差的树种，如石榴、蜡梅、黄槽竹等，使园林植物景观呈多样化的特色和情趣。从园林植物组成看，全园以种植乔木为主，覆盖率约占2/3，其中常绿与落叶乔木的比例约为4：6，效果良好，整个花园绿树成荫，花草点缀而生机盎然。

附录一　北京近代园林大事记

序号	中国历代纪元	公元	大事记
1	咸丰四年甲寅	1854年	整修天坛墙垣
2	咸丰十年庚申	1860年	6月6日英法政府通告欧美各邦，对中国正式宣战
3	咸丰十年庚申	1860年	8月1日英法联军由北塘登陆，清廷下令"不得先行迎击"
4	咸丰十年庚申	1860年	8月21日英法联军攻陷大沽北岸石缝炮台，后陷天津，僧格林沁率军撤退守通州

序号	中国历代纪元	公元	大事记
5	咸丰十年庚申	1860年	9月14日英国全权大使额尔金派巴夏礼与威妥玛为代表赴通州与清廷钦差载垣、穆荫谈判
6	咸丰十年庚申	1860年	9月18日通州谈判破裂。载垣扣押巴夏礼等39人，解送京师。联军败僧格林沁，通州失守
7	咸丰十年庚申	1860年	9月22日咸丰帝率后宫眷属及部分王公大臣自圆明园逃亡热河
8	咸丰十年庚申	1860年	9月29日奕䜣照会额尔金、葛罗，要求退兵至张家湾，即将被获人员送还。10月2日，额尔金、葛罗照会奕䜣，在巴夏礼等被获人员未释回以前，停止一切谈判
9	咸丰十年庚申	1860年	10月5日法国增援军抵八里桥，合英军进攻德胜门、安定门。10月6日，清军不战自溃，败兵纷纷退至圆明园，侵略军亦跟踪而至，遂占据园庭，大肆抢劫并焚烧殿堂数处。圆明园总管大臣文丰投福海自尽，住在园内的常妃受惊身亡。恭亲王奕䜣自万寿寺逃至卢沟桥
10	咸丰十年庚申	1860年	10月8日联军焚掠海淀老虎洞、挂甲屯等处，继续抢劫圆明园。是日，留京大臣派恒祺将巴夏礼释送回营。军民被焚之家无数，哭声震郊。10月11日英将格兰特拍卖英军在圆明园抢劫的物品
11	咸丰十年庚申	1860年	10月18日，英法联军攻进圆明园，大肆劫掠园内珍宝、文物后，纵火焚烧圆明园，大火三天不灭，圆明园和附近的清漪园、静明园、静宜园、畅春园都被焚毁。英法联军焚毁圆明园，延烧澄怀园，附近赐园少有幸免。10月19日京城西北，黑烟弥天，竟日不绝
12	咸丰十年庚申	1860年	11月1日，法军撤出北京；9日英军撤出北京
13	咸丰十一年辛酉	1861年	清末大学士文煜创可园于帽儿胡同，其侄志和作《可园记》
14	同治十二年	1873年	9月28日，同治下令兴修圆明园。11月20日，御史沈淮疏请缓修圆明园。清漪园内残存的建筑，部分被拆卸，木料做修圆明园之用
15	同治十三年	1874年	3月7日，圆明园安佑宫工程正式动工。9月9日，停圆明园工程
16	光绪十四年	1888年	3月，光绪下诏重修清漪园，改名为颐和园。慈禧移用海军经费，重加修建
17	光绪十五年	1889年	4月22日，光绪帝奉慈禧太后巡颐和园，阅神机营水陆合操。9月18日，天坛祈年殿被雷火击焚
18	光绪十七年	1891年	3月25日，定颐和园用款由海军专款项下挪垫。6月4日，颐和园竣工（实际上于1895年最后完工），光绪帝奉慈禧太后临幸颐和园
19	光绪二十六年	1900年	3月至5月，光绪帝、慈禧太后驻跸颐和园。5月31日英、美、日、法、俄、意等国以保护使馆为名，派兵三百余名强行入京。8月14日八国联军数万人攻入北京，园囿离宫惨遭抢劫、焚毁。英军占领天坛，占用各处殿堂。俄、日占领万寿山，美、英、意军占领颐和园
20	光绪二十七年	1901年	9月17日，八国联军撤出北京
21	光绪二十八年	1902年	重修颐和园，即成现在规模
22	光绪三十二年	1906年	光绪批准商部上书，兴办农事试验场，选址乐善园、继园及其附近官地854亩
23	光绪三十四年	1908年	农事试验场全部竣工，可购票游览，俗称万牲园
24	民国元年	1912年	中华民国建立。北海、团城仍由清皇室管理
25	民国2年	1913年	清皇室将三海房舍移交中华民国政府
26	民国3年	1914年	由清皇室售票开放颐和园。社稷坛改为中央公园，对外开放。民国政府与清皇室内务府共同制订《颐和园等处售券试办章程》，将颐和园及静明园一并开放，售票供民众游览

序号	中国历代纪元	公元	大事记
27	民国 5 年	1916 年	先农坛改为城南公园（20 世纪 30 年代辟为先农坛体育场）
28	民国 6 年	1917 年	民国政府内务部准请督办，京都市政公所请拨借天坛神乐署后院建传染病医院，天坛自此开始有外单位占据地建筑。 由静宜园内借地数十亩，盖慈幼院，熊希龄为慈幼院院长
29	民国 7 年	1918 年	天坛正式辟为公园，祈年殿、斋宫、皇穹宇等处均向游人开放。12 岁以下儿童免票
30	民国 11 年	1922 年	民国内务部批准开放北海，定名为"北海公园"。于民国 12 年 6 月 1 日正式开放（后因曹锟当政，北海又进驻军队，开放未实施）
31	民国 12 年	1923 年	故宫西花园失火，大量园林建筑毁坏
32	民国 13 年	1924 年	颐和园辟为公园
33	民国 14 年	1925 年	3 月 19 日孙中山灵柩由协和医院移至中央公园（即今中山公园）拜殿内，在园内进行公祭。4 月孙中山灵柩由中央公园移往碧云寺金刚宝座塔内
34	民国 14 年	1925 年	北海公园筹备处接收北海，拟订公园游览规则，设立公园筹办处。8 月 1 日正式售票对外开放。 地坛辟为京兆公园，建世界园、通俗图书馆、公共体育场（北京第一体育场）
35	民国 17 年	1928 年	京兆公园改称市民公园，世界园改做苗圃，公园逐渐荒废
36	民国 17 年	1928 年	为奉迎孙中山灵榇南下，迎榇官员赴碧云寺谒灵。修筑"孙中山先生衣冠冢"工程开工、竣工。孙中山灵榇安葬南京中山陵。 景山对外开放
37	民国 17 年	1928 年	国民政府特设管理三海委员会，接收团城。8 月国民政府内务部将中央公园移归北平特别市政府管理。奉命将中央公园改名为中山公园
38	民国 18 年	1929 年	中南海辟为公园
39	民国 24 年	1935 年	市民公园停办，仍以地坛名义开放
40	民国 26 年	1937 年	卢沟桥事变爆发，国民党军队大量进入天坛，神乐署、斋宫等处均驻军队，并在无梁殿饲养马匹。8 月日军进入北平。神乐署、牺牲所被日军占领。天坛关闭
41	民国 27 年	1938 年	10 月庆祝中山公园建园 25 周年，8～10 日举办游园会。 北海团城正式售票开放
42	民国 28 年	1939 年	日军 1855 部队总部设在天坛附近，并占据神乐署原北平制造所，设立病理试验、细菌制造、细菌武器三课
43	民国 29 年	1940 年	北平特别市政公署公布《保存名胜古迹古物暂行条例》
44	民国 34 年	1945 年	日本宣布投降。北平市政府社会局接收管理坛庙事务所，更名为坛庙管理事务所，对天坛进行接收
45	民国 35 年	1946 年	北平市政府将天坛祈年殿及长廊列入北平市名胜古迹复原计划，并将天坛列为北平名胜古迹甲类
46	民国 37 年	1948 年	山西流亡学生千余人进入天坛，将各殿堂、库房强行砸开住进，毁坏大量文物，锯焚古树多株。各殿堂损毁严重。国民党军队大量进入天坛，在坛内构筑工事，设置电台、仓库、医院等，天坛停止开放。在昭亨门南，占地 20 多万平方米建飞机场，毁坏坛墙 200 多米，炸毁明代建的牌坊、房屋千余间、古树千余株
47	民国 37 年	1948 年	国民党十六军开进北平市农林试验所，同时九十四军占用所内做炮兵阵地

附录二　主要参考文献

1. 中央公园委员会编. 中央公园二十五周年刊，1939.12.
2. 中山公园管理处编. 中山公园志. 北京：中国林业出版社，2002.10.
3. 戴海斌. 中央公园与民初北京社会. 北京社会科学，2005，2.
4. 香山公园管理处. 香山公园志. 北京：北京林业出版社，2001.8.
5. 傅玉华. 北海景山公园志. 北京：中国林业出版社，2000.
6. 颐和园管理处. 颐和园志. 北京：中国林业出版社，2006.3.
7. 陶然亭公园志编纂委员会. 陶然亭公园志. 北京：中国林业出版社，1999.12.
8. 于宝坤，姚安. 天坛公园管理处. 天坛公园志. 北京：中国林业出版社，2002.
9. 周维权. 中国古典园林史. 北京：清华大学出版社，1990.12.
10. 赵兴华. 北京园林史话. 北京：中国林业出版社，2000.1.
11. 北京市园林局史志办公室. 京华园林丛话. 北京：北京科学技术出版社，1996.1.
12. （清）周家楣，缪荃孙等. 光绪顺天府志. 北京：北京古籍出版社，2001.2.
13. 北京志·市政卷·园林绿化志. 北京：北京出版社，2000.9.
14. 曹子西. 北京通史（共10卷）. 北京：中国书店出版社，1994.10.
15. 北京市文物事业管理局. 北京名胜古迹辞典. 北京：北京燕山出版社，1989.9.
16. 本社编. 京华古迹寻踪：北京旧闻丛书. 北京：北京燕山出版社，1996.6.
17. 胡玉远主编. 京都胜迹：北京旧闻丛书. 北京：北京燕山出版社，1996.6.
18. 胡玉远主编. 燕都说故：北京旧闻丛书. 北京：北京燕山出版社，1996.6.
19. 汪菊渊，金承藻，张守恒，陈兆玲，梁永基，孟兆祯，杨赏丽，孙敏贞. 北京清代宅园初探. 北京林学院. 林业史园林史论文集（第一集），1982：49-61.

附录三　参加编写人员

主　　编：刘秀晨、袁长平

编写人员：袁长平、梁永基、翟小菊、张晶晶、李艳艳、杨小燕、李鸿斌、白珍珍、张富强、王立波、盖建中等

图片提供：袁长平、张　红、梁永基

中·国·近·代·园·林·史（下篇）

第二章 天津卷

第一节 综 述

位于华北平原东北部的天津，北枕燕山，东临渤海，西北与首都北京毗连，东、西、南分别与河北省的唐山、廊坊、沧州接壤。天津是海退成陆的低洼地区，地势低平，略向东南倾降，一般海拔 2~5 米（大沽水平）。间有盐碱地分布（影响植物生长）。最北部蓟县山地是燕山山脉向东延伸的南翼，为千米以上的低山丘陵。九山顶是境内最高峰，海拔为 1078 米；最低点塘沽口，海拔为 0 米。

天津属暖温带半湿润大陆性季风气候，四季明显；年平均气温 12℃ 左右，一月 -4℃，七月 26℃（极端最低气温 -22.9℃，极端最高气温 39.9℃）。全年无霜期 210 天，港口冬季结冰约 80 多天，年平均降雨量 550~700 毫米；年降水量 75% 集中在夏季，易成水灾；春季降水少，往往发生春旱。天津地处九河（北运河、永定河、大清河、南运河、子牙河等）下梢，河流纵横，汇聚成为海河，向东流入渤海。海河是天津的母亲河，是市区自然风景轴线。天津是我国北方唯一的依山河、傍渤海的城市，由于河海之利使天津成为华北地区内、外交通的枢纽，环渤海和东北亚的重要港口城市，中国四大直辖市之一，国家级历史文化名城。

天津园林随着城市的形成而建立和发展。早在金贞祐二年（1214 年）前，派兵戍守在旧三岔河口一带，设立直沽寨。元、明、清三朝建都北京，天津成为"京师门户，畿辅首邑"。明永乐二年（1404 年）天津筑城设卫，清雍正三年（1725 年）改卫为州，雍正九年（1731 年）升州为府。由于城市的发展，商贾云集，人口增多，一些富裕官僚、绅衿巨商、文人墨客定居天津后，择地筑池，栽植荷花，广种花木，建造亭台楼阁，作为游憩吟诗作画的场所。当时呈现出"城北桃林、城南莲池、杨柳青的茂柳、葛沽的海棠"等自然园林景观，津城园林由此萌生。

最早的天津园林，始于明朝的官署园林。有历史可考证的是浣俗亭和直沽皇庄。据《天津县志》记载，浣俗亭于明正德年间（1506~1522 年）为户部主事汪必东修建。位于城里户部街衙署内。当时有诗一首——"浣俗亭"（汪必东亲作），描写该园景色及情趣："十亩清池一墰台，病夫亲与剪蒿莱。泉通海汲应难涸，树带花移亦旋开。小借江南留客坐，远疑林下伴人来。方亭曲槛虽无补，也称繁曹浣俗埃"。清康熙、乾隆年间多次巡幸过津，也曾建有几处御用园林，康熙二十年（1681年）巡幸天津，在三岔河口北岸建望海楼，登楼远眺、烟水渺茫，视可望海，因此得名。乾隆三十八年重建（1773年），御笔题名"海河楼"（今胜利公园处，图2-0-1）。康熙五十二年（1713年）在海河闸口建有皇船坞（图2-0-2），是专为皇帝临幸时泊船的地方。乾隆三十年（1765年），于今日唐家口到大直沽沿海河一带修建了柳墅行宫，为明清规模最大的皇家园林（图2-0-3）。

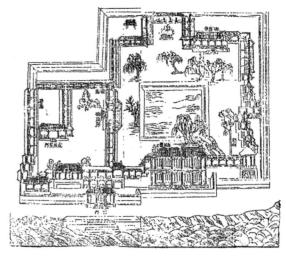

图2-0-1　海河楼（《长芦盐法志》载）

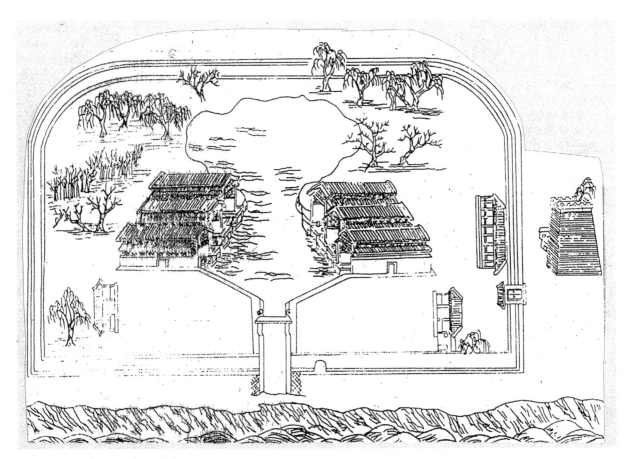

图2-0-2　皇船坞（《长芦盐法志》载）

天津私家园林在康熙年间（1662-1723年），兴建较多，据文献记载当时已有十余处。雍正、乾隆年间增修二十余处。嘉庆、道光前后又增建二十余处。较著名的私家园有问津园和一亩园（统称遂闲堂）、寓游园、萧闲园、沽水草堂、康氏园、枣香园、虚舟亭、浣花村、问莲浦、岭南轩、杞园、环青园、墓园思源庄等。此类

宅园，造园手法多源于自然，形式多样，各具特色。其中最负盛名的私家园林首选"水西庄"，雍正元年（1723年）始建，位于卫河（南运河）南岸，占地面积百亩。由芦盐巨商查日乾与其子辈所建。据《天津县志》中陈文龙《水西庄记》记载："……既成，亭台映发，池沼萦抱，竹木荫庇于檐阿、花卉纷披于阶砌。其高可以眺，

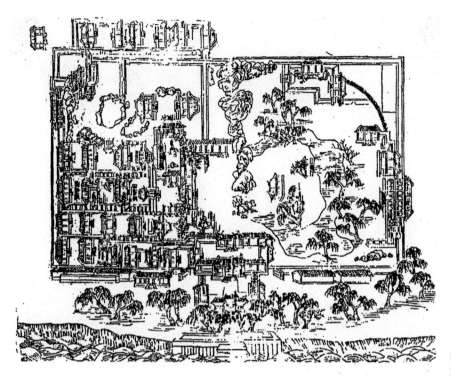

图 2-0-3 柳墅行宫图（《长芦盐法志》载）

其卑可以憩也，津门之胜，于是乎毕揽于几席矣"。水西庄的造园艺术水平颇高，与当时扬州的小玲珑山馆和杭州的小山堂驰名于清雍、乾年间。乾隆皇帝东巡过津，寓居水西庄，正值园内芥花盛开，赐名"芥园"。光绪庚子年有兵驻扎，昔日楼台亭榭毁坏殆尽，现仅有清代江苏武进诗画家朱岷所绘《秋庄夜雨读书图》和清末画家田雪峰所绘《水西庄修禊图》可供考证（图2-0-4、图2-0-5）。

据《津门杂记》记载，津城及其附近的庙宇多达136座，至今保存不多。天津一些较大的庙宇、寺院多辟有园林。著名寺庙有南门外的普陀寺（康熙四十年始建）。寺内植柳，并广种葡萄，姹紫嫣红，垂珠累累，俗称葡萄寺，康熙皇帝赐名海光寺。屈辱的中英《天津条约》于海光寺内签订（图2-0-6、图2-0-7）。此外尚有水月庵、慈惠寺、挂甲寺（唐太宗御驾征辽奏捷，驻师挂甲于寺，故更名为挂甲寺）、紫竹林寺、大悲院（建造最早、规模最大）、福寿堂、涌泉寺、文庙（既是天津第一所"卫学"，又是祭祀孔子的殿堂）。望海寺（乾隆曾六次在此拈香礼佛）、大觉庵等，现多数已毁（图2-0-8～图2-0-10）。

津城的自然景观，元代已见水乡特色，曾有诗云："杨柳人家翻海燕，桃花春水上河豚"。明清两代自然景色已形成，明代有直沽八景，清代有津门八景。明正德年

间（1506-1522年），大学士李东阳写有《直沽八景》诗八首。清乾隆五年（1740年）张志奇任天津知县，写了《津门八景》诗。此外，桃花口是一处历史悠久的风景胜地。除桃花口、桃花寺、桃花渡之外，津城北的西沽桃林久负盛名。传说，当年乾隆皇帝下江南，路经此处，见到河两岸桃红柳绿之胜景，便欣然赐名"桃柳堤"。青龙潭以水取胜，张家树林以绿成洲，皆为津城美景。

明初天津城郊已出现花农，清代各有特色的花乡形成。如北辛庄、赵庄等被誉为月季之乡；曹庄等以菊花著称；大觉庵附近以栽培牡丹、芍药闻名；阎街子为培育草花之冠。

明清时期的天津园林，虽无皇家园林的富丽堂皇，也无高山峻岭的宏伟磅礴，但在造园手法上既有江南水乡风格，又有天津地方特色。以其取法自然、注重意境、因地制宜、巧于因借、建筑简洁、技法巧妙，以求达到自然景观与人工造景相结合的效果，继承了我国自然写意山水园林的传统风格。由于战乱频仍等诸多原因，所存无几，见于历史文献资料者亦不多。以上简述，不尽完善，但可略知天津园林的历史脉络和近代园林之渊源。

道光二十年（1840年），第一次鸦片战争爆发，英侵略军封锁珠江口之后，北上天津，8月9日抵达大沽口。8月14日，道光皇帝赴大沽口英舰接受所谓《巴麦尊子爵致中国皇帝钦命宰相书》，史称"白河投书"（白

图 2-0-4 《秋庄夜雨读书图》

图 2-0-5 《水西庄修褉图》

图 2-0-7 海光寺内签订《天津条约》的情景（摘自《六百岁的天津》）

图 2-0-6 屈辱的中英《天津条约》于海光寺内签订。图为英使额尔金（轿内）由英军护卫到达海光寺前（摘自《六百岁的天津》）

图 2-0-8　文庙绿化鸟瞰（摘自《六百岁的天津》）

（a）挂甲寺鸟瞰图（天津挂甲寺广告公司提供）

（b）挂甲寺大雄宝殿（20世纪90年代初修建）

图 2-0-9　挂甲寺

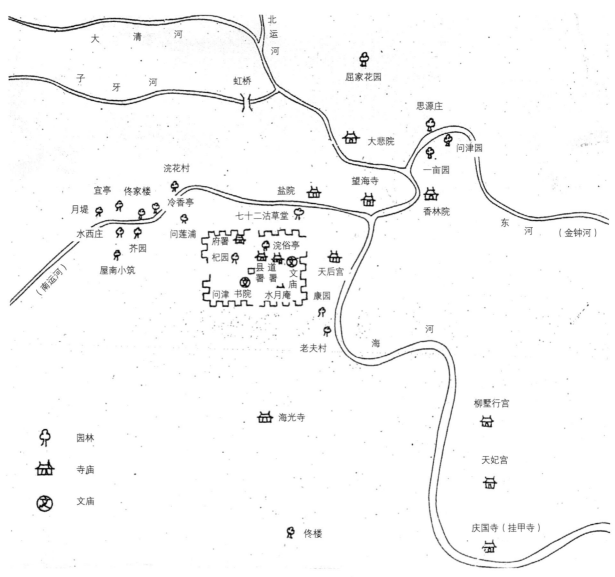

大清河
北运河
子牙河
虹桥
屈家花园
思源庄
大悲院
问津园
浣花村
一亩园
望海寺
宜亭 佟家楼
盐院
香林院
月堤 冷香亭
七十二沽草堂
东河 （金钟河）
水西庄
问莲浦
府署
浣俗亭
芥园
杞园
屋南小筑
县 道
署 署
文庙
天后宫
（南运河）
问津 书院
水月庵
康园
海 河
老夫村
柳墅行宫
海光寺
天妃宫
园林
寺庙
文庙
庆国寺（挂甲寺）
佟楼

图 2-0-10 天津部分古园林位置示意图（历史资料）

河系指海河）。接受此书是清政府由禁烟抵抗走向妥协投降的转折点，咸丰十年（1860年）8月初，英法联军在北塘登陆，8月24日占领天津，10月13日占领北京。10月下旬签订中英、中法《北京条约》，从此天津被迫辟为商埠。随着中国沦为半封建半殖民地社会，天津则成为帝国主义列强对我国进行政治、经济侵略的重要城市之一。各国列强先后在天津划定租界，形成完全独立于中国主权之外的"国中国"。从此天津园林亦发生了重大变化与转折。早期的园林日渐衰落。帝国主义为了满足其游乐需要修建了具有各国特色的花园，形成了租界园林。不少官僚、买办及军阀等在租界内建起了私人豪宅、花园别墅。此外尚有少量残存、修复或改建的皇家园林、寺观园林等，但仍以公共园林、租界园林为天津近代园林的主要类型和特征。

1. 皇家及官府园林

此类园林近代津城建设甚少，曾提到的柳墅行宫是天津清朝初期建设较早（乾隆三十年，1765年）、规模最大的皇家园林，但已毁于道光二十六年（1846年），现仅存片断文史资料。据载近代津城确有一处既已修建，又遭废弃的行宫，清光绪三十二年（1906年），袁世凯任直隶总督时，委派周学熙在天津北站以北选址建一座种植园，其实是为慈禧太后在津修建行宫。1907年开始挖湖堆山，并设闸引水，南接金钟河，东与月牙河相连。湖面十多顷，水面、岛屿、陆地以木桥相连，湖内泛舟，景象万千，风光独特，设计颇具匠心。据传李鸿章曾在该园为慈禧建有二层下楼古建，挖湖筑岛建园亭。但慈禧未曾巡幸到此居住。后因清王朝倒台，慈禧归天等诸多原因，这座"慈禧行宫"也改变了其使用功能。在1930~1931年，昔日的北宁铁路总局利用巨额罚款在原种植园旧址上建宁园（既取"宁静致远"之意，又含有"北宁铁路公园"之意），于1932年秋竣工开放。历年不断完善，面积达四百亩之多，成为当时天津规模可观的公共园林。

此外当清王朝崩溃垮台时，曾有一些皇室权贵迁往天津，如清逊帝溥仪、庆王载振等。至今保存较完好者尚有庆王府（详见本卷实例1）。

2. 近代公共园林

最早的公共园林是光绪三十一年（1905年）修建的劝业会，是天津第一座公园。该园又名河北公园，辛亥革命后更名为天津公园，1928年改称天津中山公园，1936年4月又更名为天津第二公园，天津解放后定名为中山公园。该园在袁世凯任直隶总督时，应天津各学堂绅董教员的邀请在思源堂（张霖垄地）旧址扩充改建为中山公园，于光绪三十三年（1907年）5月建成。园内花繁树茂，掇石为山，架筑板桥，罗致禽兽，回栏曲廊，池沼清幽。园林艺术水平较高，后经多次扩建，设施内容不断增加，游人络绎不绝，成为当时天津文化公园的代表。1921年孙中山曾在此园发表演讲。周恩来青年时代也曾在此园发表演说。1937年被日寇占据破坏，1945年又被国民党军队占领。1954年由人民政府修复重建（详见本卷实例2）。当时最大的公园为种植园（即流产的慈禧行宫）改建的宁园（又名北宁公园），占地面积约44.73公顷（详见本卷实例3）。此外还有一座花园式综合性游艺场（营业性园林）名大罗天，始建于1917年。投资人为天津海关道的蔡绍基，广东中山人。大罗天坐落在日租界宫岛街与明石街（今鞍山道与山西路）交叉口处。园内迎面为一座影壁，上有陶瓷烧制的"刘海戏金蟾"画像。绕过影壁筑有假山、水池及天女散花台，山上建亭；山后有栖佛阁，阁内陈列造型逼真，神态各异的陶瓷"八仙"。大罗天内有游艺场，供京戏、越剧、曲艺、电影等演出之用。还设有台球室、饭店、小卖部等。其游人多为富商、军政要员、外侨眷属。1934年后，北伐战争胜利前日渐衰落停办。天津解放后在其原址建了天津日报的办公楼等。

天津近代第一所新型大学即北洋西学堂（今日天津大学）。清光绪二十一年（1895年）10月2日经光绪皇帝朱批，同意立案承办。原校址设在大营门外梁家园（今解放南路海河中学及其旁的解放南园）。转年改名为北洋大学堂。是中国高等教育史上第一所新型大学（详

见本卷实例4）。南开中学是于1904年10月由近代著名教育家严范孙（严修，字范孙）和张伯苓创办的最早的私立中学堂。1905年2月改称私立敬业中学堂。5月奉袁世凯之令改为天津私立第一中学堂。1906年集资修建新校舍（在南开洼的十多亩空地上）。1907年9月22日召开新校舍落成暨学校成立三周年纪念会，学校改名为私立南开中学堂。1913年8月，15岁的周恩来就读于该校（详见本卷实例5）。著名教育家张伯苓、严修等又多方集资创办南开大学。1919年在南开中学南空地建校舍。9月25日南开大学成立。1922年在八里台的七百余亩地建新校舍，1923年迁入新校舍。天津解放后至今，南开大学已享誉国内外（详见本卷实例6）。

3. 租界园林

1860年第二次鸦片战争后，天津被迫辟为通商口岸，各帝国主义国家先后在津划定租界，并不断扩张。最初是英、法、美三国迫使清政府在津划定租界。1894年中日战争后，德、日亦在津设立租界。1900年八国联军入侵后，俄、意、奥、比相继在津占地建立租界。侵略者在中国先后建立租界的12个城市中，只有天津被九国列强插足瓜分（图2-0-11）。

英租界的划定最早，并经过三次扩张，占地面积达6149亩（不含英国在佟楼以南土地）。该区内（维多利亚道，今解放北路）多为金融机构，可谓"银行街"；小白楼一带为商业区；五大道（重庆道、成都道、马场道、大理道、睦南道）为住宅区，宅院内多设有花园。租界内街道布置较自由，略有弯度。道路两旁种植行道树，如维多利亚道两旁种有双排榆树，十分美观。建筑多置于绿化之中，重视环境绿化。

法租界坐落在沈阳道至营口道一带，街区规划以轴线和街心花园控制重要地区，采用欧洲古典主义手法。街道尽端有高大建筑作为底景，劝业场为法租界商业中心，西开教堂为该区尽端底景。法国花园呈圆形，是六条放射道路的景观中心，花园的规划布局非常成功。

河北区民族路一带为意国租界。在马可波罗路（现民族路）和坦丁道（现自由道）交叉口处建有马可波罗广场，广场中央设有雕塑，美丽壮观（图2-0-25）。广场周边建有回力球场、意国花园。六幢意式花园洋房对称地坐落在广场环路两侧，该广场为意租界景观中心。其建筑及花园均为意式风格，给人以统一协调之美感。

日租界位于城南南市及鞍山道一带，原旭街（今和平路）是日租界的商业区，现百货大楼为日租界的中心。其街区为日本传统的井字式布局。建筑一般室外为"洋

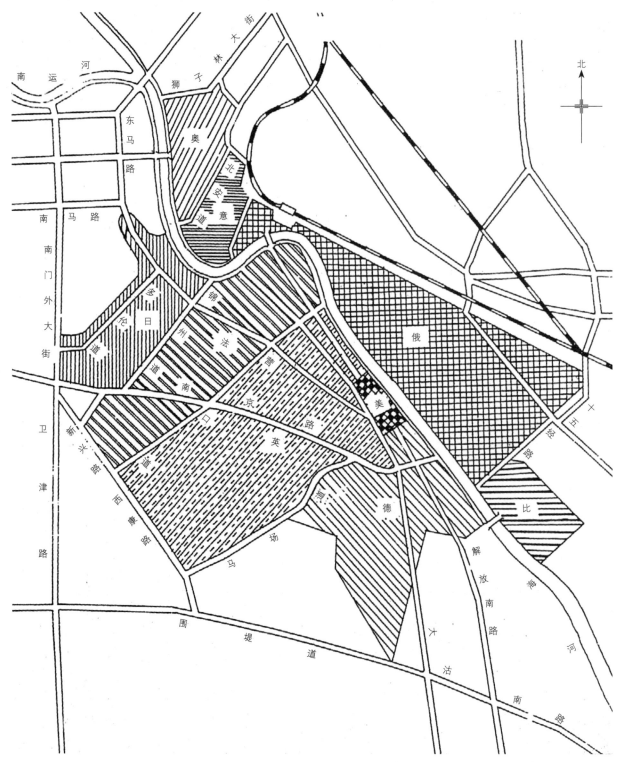

图 2-0-11 天津租界区域划分示意图

式"，室内为"和式"。日本花园（大和公园）为典型的日本式传统风格。

俄租界在天津东站到大直沽一带。虽曾有全面规划，但因种种原因未能实现。在原领事路（现十一经路）建有一座领事馆为其最有名的建筑，领事馆对面建有俄国花园，用地面积105亩。

光绪二十一年（1895年）德租界开辟后，次年修筑了威廉路（现解放南路）。1900年虽扩大了范围，但其主要建筑、园林都集中在威廉路两侧，威廉路中心置有德国伯爵卢兰德全铜像（图2-0-12）。德国花园也建于威廉路。德租界环境幽静，适合居住，故而有不少达官显贵、富商巨贾与军阀在此建造豪华住宅。

美租界虽与英、法租界同时开辟，但由于美国爆发南北战争，对租界无暇建设和管理，后并入英租界。

奥租界仅与天津城一河之隔，开辟后对大马路（现建国道）以南进行规划建设，后又将东浮桥改为铁桥（现金汤桥），设有轨电车自东北角经金汤桥沿建国道通往车站。因此商店、戏院都沿建国道两侧兴建，该路很快成为奥租界一条繁荣的街道（有关园林资料无存）。

比租界在海河下游，较为偏僻。虽规划有10条干路，因缺少资金而未加以建设。该租界在沿河一带的土地被英、法、美、日等国购买，未形成气候。

据《天津城市规划志》统计，当时九国租界面积达23350.5亩，相当于1860年天津建成区的3.47倍，城厢区的9.98倍。形成了津城的畸形发展和园林绿地分布不均的状况（表2-0-1）。

图2-0-12　德国伯爵卢兰德全铜像（历史照片）

天津各国租界面积统计表（单位：亩）　　　　　　　　　　表2-0-1

国别	设立年份	最初面积	扩张面积	总面积	备注
英	1860	460	5689	6149	不包括佟楼以南赛马场一带
法	1860	360	2476	2836	不包括东局子法国兵营
美	1860	131		—	1902年并入英租界
德	1895	1034	3166	4200	
日	1898	1667	483	2150	不包括非法侵占的六里台一带
俄	1900	5474		5474	
意	1901	771		771	
奥	1901	1030		1030	
比	1902	740.5		740.5	不包括预备租界
总计				23350.5	

（资料来源：来新夏主编．杨大辛编著．天津建卫六百周年——天津的九国租界．天津：天津古籍出版社，2004.）

各国列强在租界实施殖民统治，大搞市政建设。当时为了满足洋人在华游乐的需要，租界内修建了各国花园、俱乐部、赛马场等。到1938年九国租界先后在津修建了10座花园（表2-0-2）。

名称	创建时间	占地面积（亩）	地点	备 注
海大道花园	1880		法租界海大道	后因法租界扩建而消失
维多利亚花园	1887	18.5	英租界维多利亚道	今解放北园
德国花园	1895	11.53	德租界威廉街	今解放南园
俄国花园	1901	105	俄租界花园路	1939年被日军征用而废
大和公园	1906	7.06	日租界福岛街	又名日本花园
法国花园	1917	20	法租界霞飞路	今中心文化广场
意国花园	1924	8.18	意租界马可波罗路	今一宫公园
义路金花园	1925	6.12	英租界小河道	曾用名围墙道公园、平安公园
久不利花园	1927	11.14	英租界大北道	今土山公园
皇后花园	1937	14.28	英租界敦桥道	今复兴公园

（资料来源：来新夏主编．杨大辛编著．天津建卫六百周年——天津的九国租界．天津：天津古籍出版社，2004．）

10座租界花园简况如下：

（1）海大道花园是天津租界内的第一座花园。光绪六年（1880年）在法租界海大道（今大沽路）以西的广场修建。据《津门杂记》记载："园于庚辰岁，构于海大道之西，地广百数十亩，路径曲折，遍栽花木，小桥流水，绿柳浓荫，规模略具。每当夕阳欲下，西人挈眷携童徘徊其间，为西人消遣之地，而华人散步闲游，亦概不禁阻云"。后由于法租界扩建用房，该园荒芜无存。

（2）维多利亚花园，即今解放北园。1860年后在天津英租界内开辟了一条主要道路名维多利亚道（亦称中街，即今日解放北路）；同时，英国当局也规划了维多利亚花园。初期花园十分简陋，仅是一块平整过的土地，无任何设施。1887年6月21日为庆祝英国女皇维多利亚诞辰50周年，英工部局投资建园，面积1.23公顷。全园呈方形，为规则式布局（详见本卷实例8）。

（3）德国花园，现称解放南园，俗称大局子花园。建于1895年，坐落在德租界威廉街（现解放南路）。占地面积约2.6公顷。园内建有亭、阁、儿童游戏场和兽栏等。其园路以砂、石屑铺砌，树木多为原产地在德国的刺槐。自1917年后德租界收回，因无人管理而荒芜。解放后重新修复。公园平面采用中轴线两侧基本对称的布局方式。道路两侧植树木。北面长廊供游人小憩，南部为儿童活动区。园后部建假山、洞穴及喷泉。假山之上设置凉亭，为全园主景。园内植树栽花，以树木为主，约800余株。全园以绿取胜，以景点睛（图2-0-13~图2-0-15）。

（4）俄国花园，位于俄租界花园路。1900年，八国联军侵华，当年在东站沿海河以东占地，辟为帝俄租界。不久将原盐商张霖墓地修建为俄国花园。面积达7公顷。据载，园内灌木茂密，花坛处处，五彩缤纷，大树达数百株，绿荫满园，为纳凉之佳地。园中建有东正教堂、网球场、运动场、游泳池等。还有一处"俄军纪念碑"，以纪念所谓庚子年八国联军侵略天津战役时被打死的俄军，并在碑四周放置此次战役中被帝俄士兵掠夺的大炮数尊（图2-0-16）。可见当时侵略者气焰之嚣张。1924年帝俄租界归还中国，俄国花园改名为海河公园。1934年园内增植海棠、丁香、山桃等数百株，并疏浚深挖原有池沼，沿岸间植桃。据载，"春时杂花生树，群莺乱飞，榆树成行，参天蔽日，……近复于池之北筑屋数楹，似为归燕之所，红栏绿树掩映生光，益增胜境"。解放后该园又改名为建国公园，又称河东公园。今为河东区十一经路储运公司仓库（图2-0-17、图2-0-18）。

图 2-0-13 德国花园现园门入口漏窗

图 2-0-14 德国花园现有园景

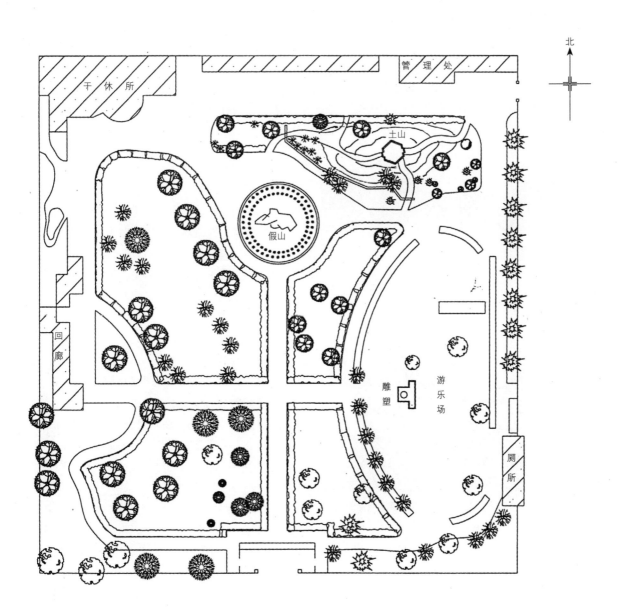

图 2-0-15 德国花园（现解放南园）平面示意图

图 2-0-16　列置在俄国花园的大炮（历史照片）

图 2-0-17　俄国花园（历史照片）

图 2-0-18　俄国花内的东正教堂（历史照片）

（5）大和公园是由日本侵华者于清光绪三十二年（1906年）兴建的，又名日本花园。位于原日租界宫岛街（今鞍山道）和公园街（今山东路）之间（现八一礼堂处）。面积仅7.06亩，园小而精，具有典型的日本园林风格。花繁树茂，堆石为山，设有亭、竹门、喷水莲

池等景点。此外还设有儿童游戏场、音乐堂等娱乐活动场所，并饲养猿猴等小型动物。在日伪时期堪称天津公园之冠。日本军国主义者还在园内建有"北清战役纪念碑"，以纪念在八国联军战争中战死的日本士兵。日租界花园对华人入园也有所限制，1919年又在园内增建日本神社。1945年抗日战争胜利后收回，改名为胜利公园。新中国成立后于1953年更名为八一公园，1959年建造了今日的八一礼堂。（图2-0-19～2-0-23）。

（6）法国花园：位于原海大道花园的部分遗址占地面积1.27公顷。于1917年始建，1922年竣工。整个公园呈圆形，为典型的法国规则式庭园布局。该园曾被命名为霞飞广场。1941年改名中心公园。1945年更名为罗斯福公园。1949年定名中心公园。1998年改建后，名为中心文化广场（详见本卷实例7）。

（7）意国花园：1924年在意租界的马可波罗路（今民族路），建立了意国花园，面积8.18亩。公园为圆形，总平面采用规则式布局，构图匀称有序。园中心建有一座圆顶带尖的罗马式凉亭。园东设有中国儿童游戏场和避雨亭，西部设外国儿童游戏场及小花亭；南面设有球场、运动场及花窖。公园主入口设在北面，建有花坛、喷水池、花架、花墙、假山等。园内花木繁盛，园路以遮阴树法桐为主，喷泉旁点植龙爪槐，有如撑起的绿色巨伞。修剪整形后的圆柏绿篱翠绿美观。迎春、碧桃、海棠、丁香、石榴、紫薇相继开放，景色宜人。据说该园为当时租界花园中艺术水准较高、颇受人们赏识者。1934年在公园旁又修建了一处回力球场。日本侵占天津时改名河东公园。1949年天津解放后，将回力球场改建为天津第一工人文化宫。仅余下5400平方米的公园，并入第一工人文化宫，改名为一宫公园，并对市民开放（图2-0-24）。意国花园的马可波罗纪念柱高逾10米，柱式为科林斯式，柱顶竖铜铸双翼和平女神，柱下有喷水莲池（图2-0-25）。意国花园旁的回力球场于1935年建成开业。

（8）义路金花园：为英租界内建立较早的第二处花园，约建于1925年，曾用名英国小花园、围墙道公园、平安公园。花园面积0.41公顷（约6.2亩）。全园以种植树木为主，采用较为简洁的自然式布局，以三组紫藤花架为主要景点。树木、花架下设座椅，还设有占全园面积60%的儿童游戏场、管理室、公共厕所等（图2-0-26）。这里属小白楼地区，曾经成为白俄聚集之地。1947年因拓宽南京路而被占用。解放后仍称平安公园。现被改建

图 2-0-19　大和公园（日本花园）
（资料来源：仇润喜．邮筒里的老天
津．天津：天津杨柳青画社，2004.）

图 2-0-20　大和公园北清战役纪念碑
（资料来源：仇润喜．邮筒里的老天
津．天津：天津杨柳青画社，2004.）

图 2-0-21　大和公园内的日本神社
（资料来源：仇润喜．邮筒里的老天
津．天津：天津杨柳青画社，2004.）

图 2-0-22 大和公园

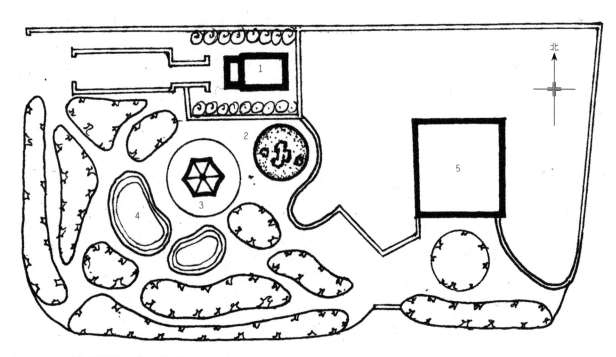

图 2-0-23 大和公园平面示意图（根据历史资料绘制）
1.日本神社；2.北清战役纪念碑；3.音乐堂；4.水池；5.市政局

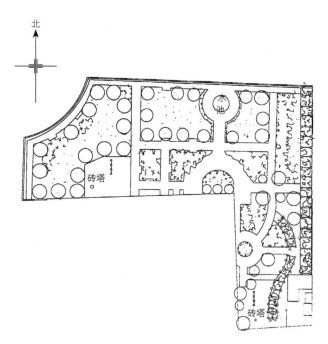

图 2-0-24 河东公园（又名一宫公园）平面图（根据
天津市档案馆 1944 年河东公园平面图重新绘制）

（a）意国花园及马可波罗纪念柱

（b）意国花园旁的回力球场

（c）修建一新的马可波罗广场

图2-0-25　意国花园（b、c图摘自《邮筒里的老天津》）

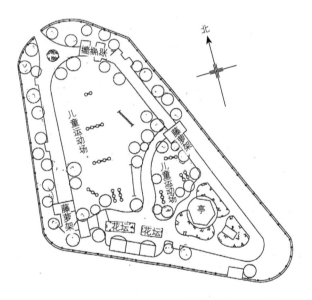

图2-0-26　义路金花园平面图（根据天津市档案馆1944年平安公园资料重新绘制）

为街心广场绿地，面积仅有0.19公顷。

（9）久不利花园：该园由英国人建于1937年。位于英租界大北道、伦敦道口的西北部（即今贵州路、昆明路和岳阳道三路交会处）。面积0.8公顷（12亩），是英租界内的第三座花园。当时英租界工部局在大北道修建下水道，将挖出的土堆成高约5～6米的小土山，并修建为公园。久不利花园平面呈三角形，采用自然式与规则式相结合的布局形式，主入口设在东北角，以块石砌

筑的花架为入口标志。园中心部位设圆形小广场环以六个扇形花坛，广场中心为喷水花盘；园周边植以乔灌木，设计手法简练。太平洋战争后改名"南山公园"，又名"兴亚二区第二公园"。抗日战争胜利后更名为"美龄公园"。解放后定名为"土山公园"（详见本卷实例9）。

（10）皇后花园：该园建于1937年。位于英租界敦桥道（今西安道）。公园面积为14.28亩。其园址原为英国工部局沥青混凝土搅拌场。该厂搬迁后，利用场地东

部建游泳池,西部建皇后花园。园四周设木板条的围栏、边沿种植树木;园中心布置不同形状的草坪和花坛;公园东部设有长方形的儿童游戏场,以长达95米的葡萄架划分不同空间。全园以英国式造园手法为主。太平洋战争后,改名为"黄稼花园",又名"兴亚二区第四公园"。抗日战争胜利后改名为复兴公园(详见本卷实例10)。

以上10座租界花园,英租界内4座,法租界内2座,其他4国各1座。租界内花园不仅仅是专供洋人享乐,还融入了政治因素,存在严重的民族歧视与侮辱。如维多利亚等公园在管理章程中规定"华人未经董事会理事或巡捕长许可者、自行车及狗皆不许入园",将中国人与狗相提并论,是对中国人民极大的侮辱。更有甚者,在该园内还竖有"欧战胜利纪念碑";在日本花园内公然竖立"日清战役纪念碑"(以纪念八国联军战役中战死的日本侵略军)及日本神社;俄国花园内建有"俄军战士纪念碑",纪念八国联军战役中战死的帝俄侵略者;并在维多利亚花园、俄国花园、日本花园内陈列有八国联军战役中被列强掠夺的大炮;中国人民无不为此万分愤慨。

由于租界花园的建立,客观上引入了异国各具特色的造园风格,在近代园林史上成为天津园林的重要特征。各国租界花园虽具有本国特色,但无论在园林建筑、小品,还是在植物配置上多少都存在风格混杂、中西合璧的特征。由于租界花园的施工多出自中国工匠之手,在建筑或细部做法上掺入了不少我国传统做法。如维多利亚公园,既有中国式的六角亭,又有英国传统布局的花坛、花径、草坪,还有意大利台地园的手法。唯日本大和公园,在叠石堆山、竹门、凉亭等造园手法上均体现出其本国造园艺术风格。此外意国花园以罗马式凉亭为主景,园四周围以石柱,与错落的塔楼构成动人的景致,突出了意大利建筑及造园风格。这些租界园林是近代园林历史文化的见证,遗憾的是由于战乱的破坏,当今建设的蚕食,以及公园改建的变化,历史遗留的痕迹已经消失殆尽(历史资料也所存无几)。

4. 私家园林

清末民初曾有不少失去权势的人物如满清末代皇帝、皇室贵族、北洋政府大员、军阀等,多以天津租界为他们酝酿政治风云的大后台及避风港,他们在租界内、外建有不少豪华寓所、花园洋房。一些富商、买办也在津相继建造了私人花园、宅院等。

(1)津门富豪大盐商李春城的私家花园——荣园,又称李善人花园。据《天津志略》记载"荣园是李春城之别墅"。约建于同治二年(1863年)。李春城以赈灾沽名,取得城南三义庄附近土地约270亩。仿照杭州西湖的造园手法设计建造了颇具江南园林意蕴的荣园。解放后改建为今日的人民公园(详见本卷实例11)。

(2)石家大院是天津富商石元仕的大型宅园,位于杨柳青镇中心、南运河北岸,大规模建造始于光绪初年(1875年)。宅园呈长方形,南北朝向。现石家大院为仅存的尊美堂宅第,占地约1万平方米,规模宏大,曾有"天津第一家"、"华北第一宅"之称。宅西南部建有石府花园,颇具江南水乡意境。解放后,该园曾为天津专署所在地,见证了新中国肃贪第一大案。以后该院曾改为学校。1990年为杨柳青博物馆,对外开放。1991年天津市政府公布石家大院为天津市级文物保护单位,对公众开放(详见本卷实例12)。

(3)曹家花园(孙家花园)原系军火商人孙仲英在1903年所建。直系军阀曹锟(1923年贿选当上大总统,1924年10月被冯玉祥赶下台)贿选总统时,在孙仲英花园做寿,当时谈妥以重金买下该园,并于1919年前后重新修建,占地约200亩。园内大兴土木,挖湖堆山,建游泳池、公主楼、公子楼,原有旧式房屋均改为宫殿式,建筑物之间以廊相连。园内广植名贵树木和奇花异草。湖心建亭,轻舟摇荡,园内美景一览无余。园内筑有颇高之土山,山上建亭,可眺望新开河中渔帆,饶有野趣。该园集中西园林之胜,为中西造园艺术的有机结合。1936年,曹锟卖掉此园。1938年被日本侵略军占用。1945年抗日战争胜利后曾一度开放,改名为天津第一公园。后改为254医院至今,现仍有部分景点留存至今(详见本卷实例13)。

(4)静园为清末代皇帝溥仪的旧居,园址位于现和平区鞍山道与宁夏路交叉路口西北侧的鞍山道70号。原为陆宗舆的住宅,名乾园。1929年7月溥仪由张园迁居至乾园,后改名静园,取"静观变化,静待时机"之意。园内砌有山石,设清泉、建曲廊,花繁树茂,环境优美。九一八事变爆发后,溥仪携带珍宝在日本关东军掩护下逃出静园,到东北充当伪满傀儡皇帝(详见本卷实例14)。

(5)张园建于1915~1916年,为前清驻武昌第八镇统领张彪的私人花园。位于和平区鞍山道与山西路交叉路口处(鞍山道59号)。占地面积约为6660平方米。原系一片洼地,填垫后由其自行设计盖了一座三层豪华楼房。楼房四周以长廊围绕,院内筑池引水,广植花木,垒石为山,取名露香园,人称张园。1924年12月4日孙中山先生偕夫人抵津北上,因身体不适住张园一月余。

1924年清逊帝溥仪被逐出紫禁城后，于1925年在日伪庇护下来津，在张园继续过"小朝廷"生活。1949年解放后作为天津军管会用房。1958年为天津日报使用。现为天津市少年儿童图书馆。1982年7月列为市级文物保护单位（详见本卷实例15）。

（6）梁启超故居：梁启超先后于1915年及1925年在意租界西圆圈（现河北区民族路46号）建造了两栋楼房，其中后建者为书斋饮冰室。戊戌变法后，梁启超为了躲避清政府的追捕，逃往日本。辛亥革命胜利后，回到北京从政；但由于北京政治气候复杂，决定在天津意租界建房定居（详见本卷实例16）。

此外，私家园林尚有倪家花园（为军阀倪嗣冲的墓地花园，占地面积8公顷，是今儿童医院旧址）；蔡家花园（为北洋政府军阀蔡成勋于1926年所建）；张勋花园（由清末甘肃、江南提督、复辟清王朝的先锋张勋，在20世纪初修建）；陶园（今马场道新华中学旧址）；黄家花园；造币厂督办花园；张家花园等。

据有关人士统计，天津租界的"寓公"约有500人之多。这些历史人物有先进者、革命者、没落及反动者。其中有不少"寓公"在津城租界内留下了历史遗迹，建成了众多风格各异、中西杂糅的寓所。这些寓所中有不少被列为名人故居，如：袁氏故居（北欧古典风格）（图2-0-27）、高树勋故居（"邯郸起义"将领高树勋，解放后曾任全国政协委员、国防委员和河北省副省长）（图2-0-28）、张学良故居（图2-0-29）、张作霖故居（与姨太许氏的住所）（图2-0-30）、冯国璋故居（曾任天津直隶省都督兼民政厅长、江苏都督，1917年任代理大总统，1918年期满去职）（图2-0-31）、顾维钧故居（北洋政府外交总长，在张作霖时期曾任内阁总理等）（图2-0-32）等。这些坐落在以原英租界为主的别墅式住宅，注重庭园绿化和园林小品。可惜至今保存下来的庭院、绿化很少，其资料均难以寻觅。

5. 宗教园林

天津宗教建筑（除各国侵略者传入的教堂之外）近代新建者甚少。1905年建有李公祠，由当时任直隶总督的袁世凯主持修建，是专为清代末年重臣李鸿章所建的祠堂。周公祠建于1918年，位于新农祠内，是祭祀清天津镇总兵周盛传之祠堂。尚有怡王祠、毛公祠等，今多不复存在。莲宗寺是尼僧际然法师于1936年创建，是天津现存著名的比丘尼寺庙，占地仅752.6平方米。至今尚存并较具规模者有李纯祠堂，始建于1913年左右。祠堂主人系民国初年的江西都督、江苏督军。解放前，国

图2-0-27　袁氏故居

图2-0-28　高树勋故居

图2-0-29　张学良故居

民党军队将其占用并破坏，后花园成为一片废墟。解放后，1960年将该祠堂定为南开人民文化宫，由郭沫若亲笔题字。现有关部门拟进行修葺（详见本卷实例17）。

1860年津城被迫开埠后，西方宗教随之侵入，如天主教、基督教、东正教、犹太教等。此期所建的教堂则多如牛毛。据不完全统计，仅基督教、天主教教堂就有36处以上，宗教团体20余处之多。最早的是英国所建的合众教堂，1864年建。望海楼教堂于1869年由法

图 2-0-30　张作霖故居

图 2-0-31　冯国璋故居

图 2-0-32　顾维钧故居

国人建，西开教堂于 1916 年由法国人建，而教堂内的园林甚微。宣统元年（1909 年）在俄租界的俄国花园内修建了教堂，为第一座东正教堂，名"救主堂"（图 2-0-18）。西开教堂也仅有少量绿化（图 2-0-33、图 2-0-34）。1870 年 6 月 21 日（同治九年五月二十三日）爆发了"火烧望海楼事件"，史称"天津教案"。望海楼今被列为文物保护单位（见本卷实例 18）。

6. 自然景观、花木概况

津城有多处自然胜景，屡经兴衰，其流传至今者有八里台的荷花及丽生园，历经改造后，现为南开大学内的马蹄湖区。另有至今仍兴旺的桃花堤。桃花堤位于北运河西沽、丁字沽一带，每值仲春，桃花缤纷，红绿相映，游人流连忘返。据传，乾隆皇帝下江南时，这里桃花盛开、垂柳依依，曾蹬岸观赏，赐名"桃花堤"。20世纪初北洋大学迁至西沽，该堤成为学生们读书、游玩之地。北洋大学校歌中曾写道："花堤蔼蔼，北运滔滔，巍巍学府北洋高"。据《天津志略》、《天津市概要》记载："天津西沽北洋大学长堤，遍植桃花。每当春晴晓日，往游者有林荫道应接不暇之势"。西沽观赏桃花延续至今。1985 年市政府将建设桃花园列入改善市民生活的十项工作之一。其后逐年充实增建，现已建有桃花园、桃诗园、北洋园等，并每年举办运河桃花节，游人纷至，观花赏景（详见本卷实例 19）。

随着近代津城租界园林的建立，花卉市场渐趋繁荣，花木供应量增加。英国人首先在其租界内伟夫路（今湛江路）建花厂，内设全光温室等，其后各国花园相继设温室、冷窖。花卉商店相继增加，经营项目繁多，花、鸟、鱼、虫俱全。曾远销东南亚各地，珍品还畅销欧美。此间由传教士、留学生引进了一些外国花木品种，如香石竹、仙客来、月季（杂交种）、法国银叶柳、日本皂角等。我国的名贵花木也流传到异国。

我国园林历史悠久，源远流长。在园林历史的长河中，近代园林是一个重要的转折期。当时中国在政治、军事、经济、科学、文化等领域中都发生了重大的

图2-0-33　西开教堂

图2-0-34　西开教堂圣山

变化。天津在中国近代史上是颇具影响的重要城市之一。中国史学界素有"近代百年看天津"的说法。1860年天津被辟为通商口岸后，九国列强侵占的租界地内花园绿地、街道绿化等不断增加。以英租界为例，其花园建成最早、数量最多，总占地面积逾3公顷。依据1923年英租界内外国人口计算，平均每人占有公园面积3.5平方米，若加上专供外国人使用的赛马场、俱乐部等，则每人平均为26.40平方米，此数字已达很高水平。解放前

夕，津城开放的公园仅有七处，市区每人平均公园绿地面积仅为0.28平方米，非租界区如南开区、红桥区基本无公园；形成城市畸形发展、绿地分布不均的状况。旧城区树木少、风沙大、噪声大、面貌差，与《津门杂记》（1884年出版）所描述的英租界"街道宽平，洋房齐整，路旁树木葱郁成林"则形成鲜明的对比。近代公共园林之兴起（如中山公园等），成为天津园林历史转折的重要标志，为今后以公共园林为主体，奠定了基础。随着租界的入侵，各国为了长期统治、掠夺和享受，相继引进了西方的工程建设、管理模式和异国格调的园林与建筑，从而在客观上起到了中西文化交流、中外园林艺术交融的作用。此时出现了一些中西合璧的建筑与园林，如维多利亚公园、曹锟花园等，其造园手法绝妙，集中西园林之胜；又如以原英租界为主的住宅区中（多坐落在马场道、睦南道、大理道、重庆道、常德道、成都道等），众多风格各异的名人故居，亦不乏中西合璧的形式。该区与其他类型的租界建筑形成了"万国建筑博览会"的景象，并具有深远的经济、政治、文化、艺术内涵。在园林植物方面，由于租界园林的兴建，我国园林植物通过不同渠道传入了西方，促进了中西园林植物之交流。

综上所述，天津近代园林的主要特色可概括为以下六点：

（1）公共园林的兴起

咸丰十年（1860年）第二次鸦片战争前，天津园林以皇族、官宦、巨商等营建的皇家、官署、私家园林为主，并无公共园林。1900年庚子战役后，袁世凯任直隶总督，实行新政，开发河北，于1901年在思源庄旧址建劝业会场，1905年又应天津各界学堂绅董、教员之请，扩建公园，成为国人最早自建的公园（今中山公园），是天津近代公共园林萌起的首座公园。近代天津公共园林由三种情况构成：一是国人自建的公园，如中山公园；二是私家花园逐步演变为公共园林，如荣园、曹家花园等；三是随着租界花园的收回，租界花园向群众开放。

（2）租界花园的建立

津城被迫开辟为商埠后，帝国主义列强先后插足，英、法、美、日、德、意等九国相继在津划定租界。租界的历史在津长达80余年之久。租界园林自1880年法租界海大道花园的首建，至1937年英租界皇后花园建立，历时达半个多世纪，此间各租界内共建有10座花园。各租界花园都反映出帝国主义殖民侵略的本质。如日本花园内建有"日清战役纪念碑"，以纪念八国联军战役中死亡的日军；俄国花园俄军纪念碑四周放有掠夺中

方的大炮数尊等；法国花园、维多利亚花园等入口的游园牌注明"惟华人非与洋人相识者……不得入内"，"狗不得入内"等条例，都具有极强的侮辱华人的共性。

（3）花园洋房等私家园林盛行

清末民初内忧外患加剧，朝政更迭频繁。各列强国入侵划定租界，建立"国中国"。此期天津除规模较大的私家花园如津门富豪、大盐商李春城建荣园，北洋军阀曹锟建曹家花园，皖系军阀倪嗣冲建倪家花园等外，更加盛行众多花园洋房的兴建。这些千姿百态颇具异国风情的"小洋楼"是特定历史时期的产物。其寓居者有清末遗老遗少、军阀政客、富豪巨商、社会名流、洋人等。这些花园洋房的特点是（多数）占地面积不大，但都有花园，并设置有草坪、乔、灌、花木、建筑小品等。其室内设备先进舒适，宅院外围都筑有实墙，以增加私密氛围，环境幽雅静谧。花园洋房多数坐落在原英租界为主的道路两侧。据有关部门的不完全统计，不同风格的花园洋房有 2000 余座（现为维护管理及游览方便，通称五大道）。遗憾的是花园已毁，无据可查，修旧如旧困难。此外曾有"天津华尔街"之称的现解放北路以法式建筑为主的原租界金融街及原意租界马可波罗广场周围也曾有少量洋人寓所。

（4）城市畸形发展，绿地分布不均

天津近代租界地区，市政工程设施先进，设备完善。工业、公用、教育等事业发达。花园、绿地、行道树分布较为均匀。而非租界区，无论在市政建设、公用事业、人均绿地指标等各方面均存在一定差距。又由于租界内的自身需要，各自为政，因此造成城市畸形发展、绿地分布不均的状况。

（5）近代园林风格具有中西合璧、多元共存、古今兼容的特点

津门建设较早的荣园（又名李善人花园，今人民公园），是仿照西湖山水园林特色设计的，具有江南园林特色，为中国传统园林风格。曹家花园为北洋军阀曹锟耗巨资所建，该园集中西园林之胜，具中西合璧的园林风格。近代较多的租界花园，以展现其本国园林风格为主。法国花园（今中心文化广场）为法国典型的规则式园林，以同心圆与六条辐射状道路分隔空间。皇后花园（今复兴公园）为规则式总体布局，环以曲折有致的外环园路。维多利亚花园（今解放北园）是以英国浪漫主义园林为主、融中国古典园林建筑及意大利台地园于一体的集仿主义园林。意租界马可波罗广场及意国花园为典型的意式风格。日本花园为传统日式园林。众多的私家花园洋

房，其花园多体现主人的修养与爱好，多以中国传统园林风格为主，但由于近代西方建筑及园林文化的传入，亦不乏中西合璧的风格。如庆王府，原鲍贵卿（曾任北洋政府陆军总长等职）的花园洋房，屋顶平台上有三个亭子，东面亭是中国传统圆亭、中间是一座西洋古典式亭、西面是一座现代的西洋亭，据说是体现鲍贵卿"古今中外兼容"的设想。天津近代园林风格有中、外古典园林风格，仿西洋造园艺术风格，中西合璧的风格；体现了古今兼容、中西合璧、多元共存的特点。

（6）园林植物，园林建筑，景观小品等

近代租界园林中草坪的使用为主要特征，草坪的运用成为植物造景的手法之一，从此草皮成为园林植物材料中不可缺少的元素。随着西方文化的传入，新技术、新材料在园林建筑、景观小品上的运用，开拓了新路。如维多利亚花园中水泥塑造的花钵，租界花园中纪念性雕塑、各种西式喷泉（如静园中的壁泉、庆王府中的喷泉等），以及钢筋混凝土、马赛克、彩色玻璃、铁艺制品等材料的运用。

总之，天津是一座在近代特定历史条件下形成的国际性租界都市，其城市性质对天津近代园林亦产生了较大的影响，形成了中西合璧、古今兼容、多元共存的特点。

自天津城市开埠后，在历经内忧外患与屈辱的同时，客观上为津城近代化的发展提供了借鉴，天津是国内较早步入近代化行列的城市之一。如何以历史唯物主义的观点，分析、探讨"近代百年园林史"是一个重要的课题。目前，政府有关部门正逐步修葺一批在近代具有深刻历史意义和文化内涵的地区。既可开发利用旅游资源，又可进行爱国主义和历史唯物主义的教育，加深对天津这座历史文化名城的认识。

第二节　实　例

1. 庆王府花园

庆王府位于天津市和平区重庆道 55 号，原英租界内。它是建于高墙深院内具中西合璧风貌的特色建筑，并设有花园，环境幽雅，庭院内外绿树成荫。该花园为天津近代园林中保存最完整的一座王府花园。现为天津市人民政府外事办公室。

自古以来天津并无皇宫，但为何确有王府？原来的庆王府在北京西城定府大街。第一代庆亲王为永璘，

他由嘉庆皇帝赏赐，而得到了乾隆帝的权臣和珅旧居。1900年八国联军侵犯北京，慈禧太后与光绪皇帝仓皇出逃，则授权庆亲王奕劻（庆亲王之第三代）和李鸿章与敌议和，签订了丧权辱国的《辛丑条约》。1917奕劻病逝，清廷倒台。当时的黎元洪大总统颁令由其长子载振承袭所遗爵位。因此民国初期出现了第四代庆亲王，即爱新觉罗·载振。载振初袭镇国将军，光绪二十七年（1901年）加封贝子衔，称振贝子。光绪二十八年（1902年）任专使大臣，出使英国，贺英皇加冕，并访比、法、美、日四国。光绪三十三年（1907年）派其赴东三省查事后，经天津，段芝贵道员购女伶杨翠喜奉献，因此段得到黑龙江省巡抚职位。该丑闻传遍京津，后被御史参奏，被迫引退。津庆王府原系清末清宫总管小德张（张兰德，名祥斋）的别墅。1923年庆亲王载振（第四代）相中此院，并以今郑州道空地8.75亩和北马路十多所浮房交换到手。1924年冯玉祥发动"北京政变"将溥仪赶出紫禁城。1925年载振举家移居至由大太监张祥斋处购得的别墅，遂称"庆王府"。从此在天津做寓公，1947年病故。

庆王府建于1923年，占地面积4385平方米，总建筑面积5085平方米（图2-1-1）。主楼为中西合璧的风格，建有西洋柱式回廊，两层外廊分别饰以黄、绿、蓝三色相间的六楼琉璃栏柱。建筑平面呈长方形。门廊为西洋复合柱式显示宫殿气氛。正门有17级如意踏步，高耸威严。主楼内部为回字形布局，楼当中是仿欧洲古典主义风格的天井式叶敞大厅，大厅顶部悬挂葡萄造型吊灯（图2-1-2）。主楼客厅窗户上镶嵌绘有山水花草图案的磨花彩色玻璃，中西合璧的木雕隔扇，室内陈设富丽堂皇，实为津城少有的建筑。庆王府内的生活仍按王府旧制不改，全家20余人，仆役多达百余人，过着锦衣玉食的奢侈生活。三楼8间房为祭祀专用，是供奉祖太王爷的影堂。招待设宴时仅饮用府内秘方配制的香白酒。

庆王府花园设于主楼东侧（图2-1-3），小巧玲珑，绿树掩映，乔、灌、花木搭配错落有致。花园面积约1500余平方米，呈长方形，由南北两部分组成。南部为中国传统式园林，北部是以西洋式喷泉为中心的镶砖草坪地，其风格独特，是少有的中西合璧形式。花园南部以太湖石叠砌的假山为主题，临假山北有自然式水池一座，驳岸置石种草，跨越水池南北连以白石小桥，桥两侧水中各置鱼形石雕以相呼应（图2-1-4）。池边环以卵石铺砌的小径，池虽小，却颇有"一勺如江湖万

图2-1-1　庆王府大门

图2-1-2　庆王府大厅内景

里"之意境。池南假山，山石嶙峋，高低错落，层层叠叠，变化万千。山间洞穴多处，惟亭下之洞穴独具匠心，洞深8米有余，洞宽1.5～2.5米，洞高2米以上，并设有曲径通往凉亭。山间小路蜿蜒曲折，山北侧架有石板桥，由石板桥东行，步山径，蹬石阶，可达山顶（山高六七米）之六角红柱中式凉亭，亭宜小憩及俯览园景。由凉亭南下可至池边驻足观鱼，别有情趣（图2-1-5、图2-1-6）。顺山势曾设有龙形喷水装置，每当龙嘴喷

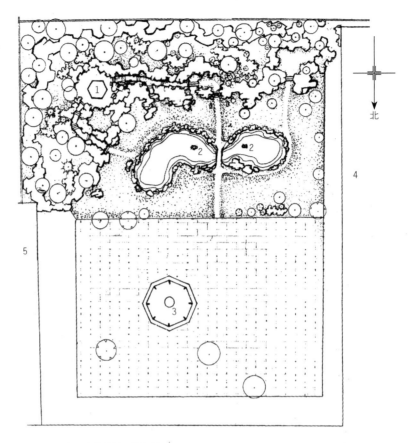

图 2-1-3　庆王府花园平面示意图
1. 亭；2. 鱼形石雕；3. 西洋喷水池；4. 主楼；5. 车库

出碧水，清凉壮观。假山坳处曾站立一尊铁铸"铁拐李"神像，身背药葫芦，长发短须，面目狰狞，栩栩如生（据云其有避火镇宅之作用）。花园北部为草皮砖铺就的广场，其中设置一座西洋古典雕饰的八角三层喷水池，造型别致（图 2-1-7）。几棵珍奇的木化石点缀在假山庭院之中，更是增景添色（图 2-1-8）。凉亭近旁植以苍松翠柏（图 2-1-9）。洋槐、白蜡多植于山旁山后。主楼旁西府海棠满树繁花，分外夺目（图 2-1-10）。假山中孤植或群栽紫、白丁香，花开时节，飘溢出阵阵馥郁芳香（图 2-1-11）。难得几株高大的黄金树（胸径已达 50厘米左右），初夏满树盛开洁白秀美的花朵（图 2-1-12）。片片草地绿茵似毯，清爽怡人。园中还植有可口香甜的良种枣树、桑树等。庭院构图紧凑有序，雅致而别具情趣，庭园布局采用中国古典园林手法；唯有在庭园北部，草皮砖铺地中置一座西式八角喷泉，又融入了一点西方园林的格调。庆王府为天津市保存较好的近代历史文物，1991 年被列为市级文物保护单位，属特殊保护等级历史风貌建筑（图 2-1-13）。

2. 天津中山公园

天津中山公园北起大经路（现中山路）、南至金钟河（后填为路）、西靠北洋造币总厂（后改为土产加工厂）、东临昆纬路，占地 90 亩，自古为园林胜地。早在清初，富甲津门的大盐商、福建布政使张霖在天津河北区锦衣卫桥以北金钟河畔建问津园，这是水西庄之前天津最大和最杰出的私家园林。问津园废后，张霖的玄孙张虎拜，官居内阁中书，在此兴建思源庄，以此怀念祖上的丰功伟业。园内亦极尽风流。清末，袁世凯任直隶总督，在天津"振兴实业，提倡国货"，1901 年在此建劝业会场，1905 年又应天津各学堂绅董教员之请，扩大为公园，成为国人自建最早的公园之一。辛亥革命后改称天津公园，后改名为河北公园，1928 年 10 月 10 日改称天津中山公园，1936 年 4 月改名为天津第二公园。解放后定名中山公园。1984 年 2 月 14 日被列为中山公园革命纪念地。1985 年 6 月重修，耿仲重题园名：中山公园。1988 年建妍秀园区。1991 年 8 月 2 日园内十五烈士纪念碑、魏士毅女士纪念碑被列为天津市文物保护单位。

图2-1-4　白石桥与金鱼雕塑

图2-1-5　假山、洞穴、凉亭

图2-1-7　西式喷水池

图2-1-6　山间石板小桥

图2-1-8　珍奇的木化石

图 2-1-9　常绿松柏伴亭旁

图 2-1-11　丁香花开香满园

图 2-1-10　楼旁海棠花盛开

图 2-1-12　洁白秀美的黄金树花朵

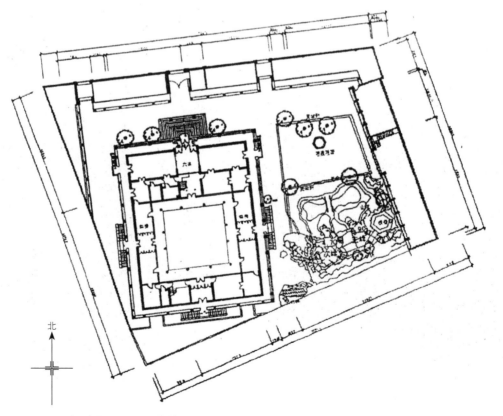

北

图 2-1-13　庆王府平面图（2011 年测绘）

1994 年 5 月被天津市评为爱国主义教育基地。

在这个公园里发生了许多惊天动地的事情。1910 年 12 月 20 日河北一带的学生在公园内集合，奔赴直隶总督衙门请愿。1911 年 12 月 14 日，革命党人约请各界在公园内的法政研究所开会，王葆真（中国近代民主革命家）提出"我省应当宣告独立"，得到全体拥护。1912 年 8 月 24 日，孙中山北上，路过天津，在此发表演说，号召南北统一。1915 年 6 月 6 日，救国储金募捐大会在此举行，周恩来发表演讲，号召民众兴经济、雪国耻。1919 年 6 月 9 日，各界在此集会，声援北京爱国运动。1923 年 10 月，孙中山再度来津，视察公园。1928 年，北洋政府退出历史舞台；同年 10 月 10 日，全市民众在此集会，高唱打倒列强的口号，并为纪念孙中山在此演说而定名天津中山公园。1931 年 3 月，世界邮票展览在此举行。

思源庄本是张霖的莘地，属纪念性园林，辟为公园时进行了全面改造，直至 1907 年 5 月方落成。当时正值中西结合之际，以西学东渐、中西合璧为主旨，把传统园林与西方建筑结合在一起；既有花园，又有公共设施。园内不仅种树栽花、蓄养禽兽、游廊曲折、沼池清幽，建有艺圃、儿童游戏场、军乐亭、八风亭、持约亭（为纪念该园董事会长严持约而建）、春永轩茶楼、中西饭庄等；而且把教育和实业作为主要功能，园内设置了图书馆、游艺馆、博物馆、商品陈列所（国货）、美术馆（20 世纪 30 年代建）、市立师范附小（20 世纪 30 年代建）、省议会大楼（1928 年改国民党党部）等。民国成立后，河北省实业厅厅长严智怡重修公园，之后又不断重修。此外，从 1909 年时的旧照片（图 2-2-1）所反映的园门和内景可以看出该园有两道门，外门为四柱牌坊，柱一米多宽，砖砌琉璃贴面，柱顶有西式雕刻和柱式；二

门为现中山公园大门，是过街钟楼，楼上镶嵌国产自鸣钟；由此可知当初公园的面积比现在大，约为现在的三倍。两门之间有水池，池上堆太湖石假山，山上立南海观音雕塑，观音手持宝瓶，宝瓶喷水而下。1937 年，日军入津，园林被占为兵营、仓库，园林景观受到极大破坏。1945 年后为国民党军队占据，亦受重创。1954 年恢复全园。

经过多次修整，现在的中山公园被列为爱国教育基地。公园布局为规则式，中轴线由东向西，南北地块多为草坪或广场，周边为建筑围合，东面有后门。亭阁全为中式风格，雕梁画栋，失去了当年中西结合的风貌特色。中轴线上依次为入口牌坊及石狮、水池、假山（图 2-2-2）、椭圆形草坪、中央大道、紫藤廊、旗杆、十五烈士纪念碑（图 2-2-3）。轴线南面有桃花园、妍秀园（图 2-2-4）、溜冰场、魏士毅女士纪念碑、门球场、南皮张氏二烈女碑亭（图 2-2-5）。轴线北侧有：曲艺馆、

图 2-2-2　入口水池假山

图 2-2-1　1909 年中山公园园门

图 2-2-3　十五烈士纪念碑

图 2-2-4　妍秀园

图 2-2-5　南皮张氏二烈女碑亭

公园办事处、儿童游乐场、假山圆亭（图 2-2-6）、颐寿轩、曲廊等。园林植物有：槐树、雪松、桃花、白蜡、柏树、海棠、黄杨等。

入口水池和假山试图保持当年二道门之间水池假山的效果。水池用水泥砌筑，假山三米高，用北太湖石堆成五峰，峰上覆以爬藤植物，不过遗憾的是失去了南海观音。大门内北面为乐园茶社，茶社内为表演大厅，每天有戏剧爱好者在此演出。南翼亦为中山公园茶庄，室内为茶室。妍秀园为园中园，近方形平面，位于中山公园轴线中部，四周用矮墙围合，开三个景门，墙上开中式传统窗洞。入口处有湖石假山一峰，配以几块卧石。园正中为石碑，正面刻《重修中山公园记》，背面刻孙中山演讲词（图 2-2-7）。全文为："近吾国颇有南北界之说。其实非南北之界线，实新旧之界线。南方人不知共和政体为何物者尚所在皆是，盖因其无新知识故，一家之中父新而子旧，子新而父旧，新旧之分，家庭中尚不能免，惟望吾到会同胞随时随处，用力开通，由一家及一乡一县一省一国，于数年中务使人人皆知共和之良美至。美洲十数国无不共和者，以该洲草昧之地，经白种人创造，其事较易。吾国数千年之专制，一旦变为共和，其诸多障碍故属意中事。此后仍须造成共和及赞成共和诸君子竭力维持"。

十五烈士纪念碑在一个方形小广场正中，四面高出平台三个台阶，围以小石尖柱，正中立方尖碑，正题十五烈士纪念碑，三面刻十五烈士生平事迹。南皮张氏二烈女碑立于方亭之中，碑正反两面以小楷录二烈女事迹。亭子四角立四根红柱，顶部为攒尖顶、筒瓦、起翘、挂落。魏士毅女士纪念碑也是一个方形小广场，中央立青石方尖碑，正题魏士毅女士纪念碑，背题魏女士事迹。

图 2-2-6　假山圆亭

魏士毅是天津人，燕京大学二年级学生，1926 年 3 月 18 日随请愿团至国务院请愿，不幸牺牲。1929 年北平政府复奉明令建碑于此。中央长廊北面的草坪中建有六角亭，北方样式，琉璃顶，红柱白吊顶绿梁黄顶绿坐靠。园北堆土山一座，山顶建水泥圆亭一座，六柱重檐，现代式，

图 2-2-7 孙中山演讲词碑

图 2-2-8 孙中山先生塑像

白色水泥粉刷。山下立有独柱亭，亭顶为圆形，与山顶圆亭一致。

中山公园在1994年被天津市评为爱国主义教育基地之后，适时修缮提高，增建了孙中山先生塑像（图2-2-8）等。

3. 宁园

北宁公园又称宁园，为天津市最早的大型公园。始建于1931年，园址系袁世凯委托周学熙于光绪三十二年（1906年）所建的种植园。当时的北宁铁路局主要为开滦煤矿运煤，后查处煤车超载，罚巨款五十万元；即以此款为资，在原种植园的基础上建长廊，设游艇，增建礼堂，并栽植各种花草树木，于1932年深秋竣工开放。当时公园面积仅为二百余亩。后北宁铁路局将天津北站后面的余地拨给公园进行扩建，河北实业厅、河北第一博物馆等单位亦将其毗邻宁园之土地转让、赠予，公园面积已扩展至四百余亩（26.6公顷），并不断进行增建，成为天津市规模可观的公共园林；与当时建于大经路上的中山公园同被誉为津城名园。建成开放时，引诸葛武侯"非宁静无以致远"的含意，取名"宁园"。

1937年，日本侵略军占领华北后，宁园的东南部成为日本兵营，只留下西门至四面厅一条甬道为游览路线。抗日战争胜利后，宁园虽全部开放，却是一派破败荒凉景象。到1949年天津解放前夕，历经战火的宁园回廊倒塌，花木凋零殆尽，园容残破不堪。

解放后，宁园进行了全面的规划和建设。并逐步摸索确定了建园方针。1960年，市建委在宁园北部划拨了土地100亩（6.67公顷），随后几经扩建，公园面积已达50.31公顷，其中水面为16.70公顷。

1970年，宁园开始了较大规模的园容建设，修建了沿湖片石护岸，增建了湖心岛、湖心亭及透花墙，临湖堆筑了体积为5万立方米的叠翠山，并由郭沫若亲笔题词，在山上建起革命烈士纪念碑。还兴建了可容纳1700余人的大剧场和可容纳700余人的温泉宾馆；建成有100个座位的天象厅，供游人观看星空四季变化和宇宙天象。同时还先后新建了仿古建筑——花展馆、舒云台、叠翠宫等。以后逐年修葺、建设、完善，构成了宁园十景：荷芳览胜、九曲胜境、紫阁长春、月季园、鱼跃鸢飞、蓬壶叠翠、曲水瀛洲、静波观鱼、俏不争春、宁静致远（图2-3-1～图2-3-10）。

宁园充分利用了其得天独厚的地理优势，以其优美的景致，丰富多彩的活动，吸引着大批游客。

4. 北洋大学校园

北洋大学位于天津北运河边，创建于1895年10月2日，是中国近代第一所大学。我国第一张大学毕业文凭是1899年首届毕业生王宠惠的考凭，1900年初（光绪二十六年正月）发（图2-4-1）。甲午战争中国战败

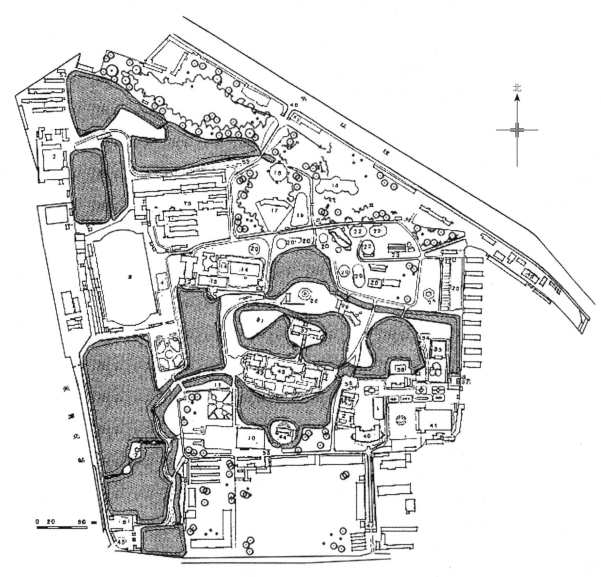

图 2-3-1　北宁公园平面图（1989 年）

图 2-3-2　湖面广阔浩渺（湖心亭是从李鸿章祠堂旧址移来）

图 2-3-3　曲水瀛洲——畅观楼

图 2-3-4 致远塔（塔高 74.7 米，9 层 8 面，登塔瞭望，津城美景尽收眼底）

图 2-3-5 曲廊

图 2-3-6 紫藤花开

图 2-3-7 西湖水榭

图 2-3-8 文化宫（原图书馆，至今保存完好）

后，民族危亡，为兴学救国，时任直隶津海关道的盛宣怀禀请北洋大臣文昭转呈光绪皇帝，经御批建立大学堂，初名天津北洋西学堂，1896 年改称北洋大学堂，1912 年改为北洋大学校；1913 年改名为国立北洋大学；1920 年法科并入北大；1928 年改称北平大学第二工学院；1929

年 7 月因北洋大学只余工科，故改称国立北洋工学院；1937 年七七卢沟桥事变后，学校沦为兵营，同年 9 月 10 日迁址西安；1938 年 7 月与北平大学工学院、东北大学工学院和私立焦作工学院合组西北工学院，校址在陕西固县古路坝；1945 年抗战胜利后回迁天津原址，复名北

图 2-3-9　宁园大门（历史照片）

图 2-3-10　原种植园木及拱桥（1936 年摄）

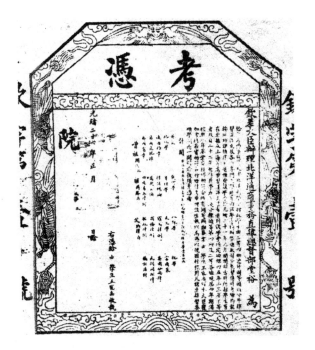

图 2-4-1　我国第一张大学毕业文凭

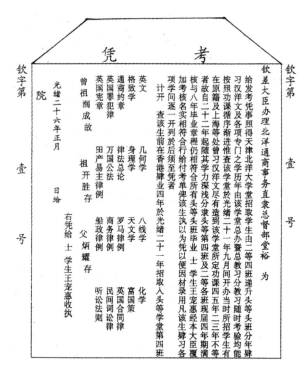

洋大学；1951 年，与河北工学院等合并，成立天津大学；1951 年 8 月 24 日迁往天津七里台，建新校区；1952 年 10 月 25 日新校区开学；1958 年在北洋大学原址重建河北工学院；1962 年改天津工学院；1971 年改河北工学院；1995 年改河北工业大学。

该校创始人是洋务运动的先锋盛宣怀（1844—1916年），字杏荪、幼勖，号次沂、补楼，别号愚斋，晚号止叟，江苏武进人，直接掌管轮、电、煤、纺四企业之三，官居太常寺卿、大理寺少卿、太子太保，他是"中学为体，西学为用"的实践者。在建筑上，初期规划以北洋河为腰带水，形成平行于河流的建筑立面和垂直于河流的东西轴线。到 1925 年，形成分区合理、功能齐全、环境优美的校园，时有教学大楼 1 座、理化实验室 1 座、

洋式大房 4 座、配房 4 座、机械实验室 1 座、学生斋舍 2 座、库房 1 座、教员宿舍 12 座、平房 2 座、校长楼 1 座、电灯房 1 座、自来水池 5 座、水房 1 座、水力学试验室 1 座、体育教员 1 座、号房、公差房 1 座、大操场 1 个（包括篮球场 3 个、网球场 5 个）、足球场 1 个。从建筑上看，初期建筑风格为西洋古典式，多为罗马式，因为罗马式最符合晚清的帝国情怀。1903 年建成的教学大楼（图 2-4-2），长 240 尺（约 80 米），宽 80 尺（约 26 米），高 48 尺（约 16 米），二层楼，横向七段式，纵向三段式，是法国古典主义的作品，显示出帝王官学的贵气。门窗用西方柱式，罗马拱券，屋顶用西式坡屋顶，入口处高起，上设高大钟楼，室内外高差七个台阶，入口栏杆用琉璃宝瓶式，柱头用简洁圆柱头，门拱用券心

石，所有门窗的楣部用罗马拱式，多层内退。1933年重建的工程学馆（即现存之南大楼，图2-4-3）则显出现代主义建筑的特色，台阶七级，但显得平和多了，没有高贵的气质。全楼用红砖砌筑，没有丝毫多余装饰，所有的细部构件均与结构结合在一起，壁柱采用砖砌线脚的形式，门窗没有门楣和窗楣。1936年建成的工程实验馆（即现存之北大楼，图2-4-4）更是现代主义的作品，壁柱加宽，入口台阶达到15级，女儿墙达到一米多高，总体显出厚重感。学生宿舍楼第一斋，主体建筑中间弧形升高，两翼对称，形成透视上的运动感，拱券门窗的开间从中部向两边依次递减，透视感十分强烈。教授住宅皆为双坡顶，顶上加砖砌烟囱，拱券门窗及门廊突显西方建筑样式。最有意思的是现存的团城（图2-4-5），它位于轴线起点，紧邻大门，其位置并不是最理想的，似有冲突之嫌。但其建筑却代表了校园的另一种风格，即中国传统风格。平面凹字形，四面围合，内设中庭，有古槐数株，是典型的中国北方四合院形制。外形极似城堡，与北海的团城形制相仿。

从规划上看，等级秩序在1912年和1935年两幅平面图（图2-4-6）中表现均十分明显。园内皆为平地，没有古代学宫的泮池、牌坊、石桥，但大量的三合院、四合院却显示出古代学宫的影响。校园南北各有一座东西向山丘，前临河水，南面道路南侧为土山——右弼山，北面校舍外为左辅山。不过轴线的端点为操场，而不是风水中的靠山。老校友在撰写"北洋大学之回顾"中描述"校园广阔，建筑宏伟，峨轩曲廊，花木掩映，前临北运河，后带桃花堤，柳岸桃林，相夹成荫，蔚为津沽名胜之巨擘"。

1929年3月31日教学大楼失火，损失极为惨重，新楼1931年动工，1932年主体完工，1933年装修完工。重建后的校园规划强化了校园的空间轴线和序列，使校门正对轴线，南北各建一座教学楼，中间为大草坪（现为理化大楼）。大草坪前面为主干道，干道两边有两块小草坪，各用地被植物拼成北洋、PEIYANG两个巨形大字（图2-4-7）。可以看出，校园内的地形改造较少，没有运用中国传统园林的技法，而是采用西方草坪的设计元素。草坪正中没有起坡和构筑，十分干净，显出一派清新气象。增加了室外活动场地，学生、老师在草坪上可以散步、学习或活动、交流，改变了古代学宫的室内学习方式。

从局部小庭园和小建筑看，与现在的住宅区没有太大的变化。教授楼（图2-4-8）每套房间入口台阶

图2-4-2 1903年建成的教学大楼（老教学大楼）

图2-4-3 南大楼

图2-4-4 北大楼

图2-4-5 团城

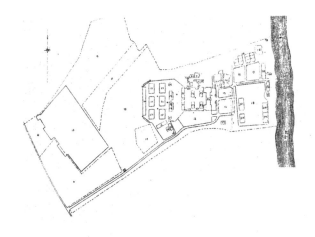

图 2-4-6　1912 年（上）和 1935 年（下）的校园平面图

的左右两边皆为花池，植以低矮灌木。几幢住宅围起一块平整的中心草坪，形成一个尺度宜人的小院落。学生宿舍楼（图 2-4-9）前绿化也用低矮灌木，一米以下，地被用草坪。1925 年的北洋大学校门不是用牌坊，而是用砖柱，上面加四方盝顶及宝珠，是方亭的再现；门不用传统木门，而用铸铁门。周边围墙采用虚实结合的形式，实处用砖垛加叠涩出挑和收顶，结顶用宝珠，形成方尖式宝顶；虚处用铸铁图案栏杆。后来重建的大门（图 2-4-10）亦为砖砌、铁栏，左右翼墙虚实结合。

现在的北洋大学校址只余三楼一门：南大楼、北大楼、团城、大门，原有的老化学楼（图 2-4-11）和西大楼在 1996 年申报 211 工程时因校园改造而被拆除。现在的河北工学院大门及内部建筑都改造过，大门内绿化以模纹花坛为主，两边花坛或草地起缓坡，辅以四季花木，气势宏伟，色彩鲜明。原来的大门在 2001 年被改建为北洋园，接续前面的桃花堤，成为桃花堤的一部分，与桃花园和桃诗园有园门可通；不过北洋园与学校归属不同，学生不能自由入园，此为一大遗憾。

图 2-4-9　宿舍一斋

图 2-4-7　1925 年的校园及操场

图 2-4-8　教授楼

图 2-4-10　后修大门

中国近代第一所大学——北洋大学，即今天津大学之前身。原北洋大学校园，已建为河北工业大学东院。现天津大学校园内，至今仍展现出北洋大学的精神风貌。校园主轴线上建有北洋喷泉广场及凝固辉煌历史的北洋纪念亭（图2-4-12）。纪念亭由花岗石砌筑而成，平面呈正方形，亭内四角石壁上分别刻有：北洋大学创始人盛宣怀画像和北洋大学（天津大学）史略、中国第一张大学毕业文凭、北洋大学校歌（图2-4-13）和老校长茅以升题写的校训（图2-4-14）。

图2-4-11 老化学楼

图2-4-13 北洋大学校歌

图2-4-12 天津大学北洋纪念亭

图2-4-14 校训

至今众多海内外校友都提出过恢复"北洋大学"校名的要求。

5. 南开中学

南开中学位于天津市南开区四马路22号，是张伯苓于1904年8月东渡日本考察后回国合并严、王二私塾而建立的私立学校，校舍在严宅东院，教室仅数间平房。初名私立中学堂，同年底易名为敬业中学堂；1905年改称私立第一中学堂；1907年迁址南开洼，更名为私立南开中学堂；1912年更名为天津南开中学校，1904~1911年是草创期，1912~1936年是发展期，1937~1945年是流亡期，1946~1949年是复兴期；1978年被列为国家重点中学。从这个学校走出了3位总理、8位政协主席和人大副委员长、43名院士，如：周恩来、温家宝、邹家华、周光召、吴阶平、吴大猷、林枫、陶孟和、钱恩亮、朱光亚、曹禺、老舍、周汝昌、黄宗江、王大中、张法乾等。

因为是私立中学，故创立时因地制宜，减少投资是正常的。从总平面上看（图2-5-1），除了东楼（现为校史展览馆，1907年）、西楼（员工宿舍，1923年）、北楼（教学楼，1907年）、南楼（1919年）、中楼（1929年）、范孙楼（1930年）之外，较少景观建设，只有操场、宅前绿化，没有中心绿地。从被日寇毁占的校园照片（图2-5-2）上看，残存的三幢楼之间有高大的乔木，也有低矮的灌木、草坪，但已一片狼藉，看不出规划设计的样子。

从建筑的旧照片上看，大多数楼为西洋古典式，少数为现代风格，建筑皆为青砖砌筑，灰色筒瓦盖顶。东楼（图2-5-3）采用折中式风格，建筑两层，上下三段式、左右五段式，屋顶具有美国乡村建筑特征，有坡屋顶和高烟囱，立面为文艺复兴式拱券。左右为围墙，前面为大操场。北楼（图2-5-4）两层，砖墙、筒瓦顶，带砖砌烟囱，建筑背面为草地和花灌木。南楼平屋顶，砖砌两层，带厚檐，门楼高起；外围校园围墙，墙内有乔木和灌木绿化，看不清平面形式，不过可以判定为宅前绿化。中楼体量巨大，线条较以前建的大楼简洁，显然是受到现代主义建筑思潮的影响。楼四面有乔木环绕，空地为草地。在残存照片上很难看出有建筑小品。不过第十期毕业生周恩来所在的班级曾赠送给母校一个纪念钟，被置于一座平顶式小楼上，而这个小楼看来不是电梯，可能是座西式望楼。

从1917年的大会操照片上（图2-5-5）看，操场可容纳千余人。1935年日军派飞机袭扰校园，学生陈峰

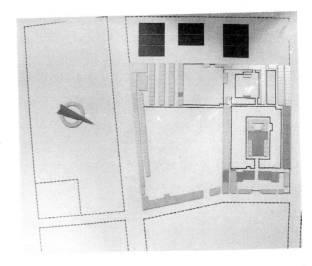

图2-5-1 解放前南开中学平面图

图2-5-2 被日军毁占的校园

图2-5-3 东楼旧景

用漫画的形式描绘了当时操场的情况（图2-5-6）。这个操场2005年4月被改造为翔宇公园（图2-5-7），以纪念周恩来曾在此读书（周恩来，字翔宇）。

现在，作为公立学校的南开中学，校园面积达到115亩，建筑面积达到49000平方米。校园近年作了重新规划，全面完成建设。校园分成北区和南区，中间被

城市道路分隔，于是架一座天桥跨越道路，此桥成为新的风景线。北区是老校区，保留建筑有东楼、北楼、瑞廷礼堂（即慰亭堂）、宿舍等。旧校区向南拓展，中间形成新的轴线，大门内为中心花园，花园皆为平地草坪，靠北矗立周恩来雕像，红色背景墙上有周恩来的题词（图2-5-8）。轴线顶端为翔宇楼，也是为纪念周恩来而

建。建筑前面为一铺地广场，广场北面有运动设施；南面有花园草地，在草地中设有校钟（图2-5-9），钟一面书："情系南开"，另一面题诗："九十五载南开巍巍，树木树人英才有为；学子抚昔师恩萦回，馨香祷祝愿报春晖；含英咀华心驰神追，代代奋进钟声长催；励志报国中华腾飞，南开精神青史永垂"。在草坪一角立有若干景石，上题："春华起南开，秋实献九州"，是1986届学生赠送。在广场现大草坪之间，南北各有一段曲廊，形成建筑与广场、草地的过渡。

图2-5-4 北楼旧景

图2-5-5 旧时大操场上的千人大会操
（1917年学生满千人，大会操于东楼前的南开广场。学生中有周恩来、马骏、郑道儒、李福景、张克忠、郑通和、李宝森、张平群、邵铁汉、梁启雄、查良鉴等人）

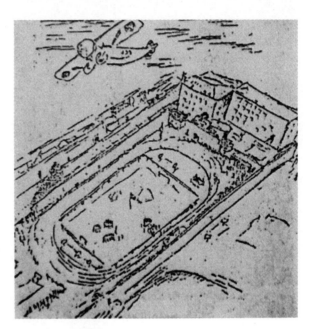

图2-5-6 陈峰漫画

图2-5-7 翔宇公园中心广场

图 2-5-8　中心花园

图 2-5-9　新校钟

在北区的西南角，建有小园，这个小园以草地为主，草地上植以桃、李等花灌木。西端立四烈士纪念碑（图 2-5-10），道路呈八字形，每天有学生在此练习话剧，南开中学的话剧团一直闻名海内外；周恩来当时曾在剧团作为女主角，表演过许多剧目。

北区有一个旧四合院，院内有一排宿舍，其中有一间就是周恩来的宿舍。院南被廊门所隔，廊南为楼间的草地和道路，草地上植有低矮花灌木。

南区东面为现代式大门，气势恢宏，以弧形墙形成欢迎之状；两边翼墙近处用竖向构图，远处用横向构图，形成间歇的韵律。围墙用上实下虚加方柱的形式，柱间墙为花岗毛石嵌面，上为栏杆压顶。本区建筑临街，一共三幢；北面为游泳馆、体操馆，中间为教学楼，南面也是教学楼。大门设于南楼与中楼之间，主干道为景观大道，两边为草坪花园；南花园中心有喷泉水池及廊架，北花园为绿化草坪及乔木。建筑西面为大操场（图 2-5-11），是现代化大操场，不逊于大学体

育场。

总之，现在的南开中学已今非昔比，成为全国重点中学之后，其文化传统和办学理念有了坚强的经济后盾；建筑体量和环境设施建设显出远胜于私立中学或一般中学的规模和气势。

6. 南开大学校园

南开大学现在校园位于天津老城厢外八里台。南开大学经历了初创期（1919～1927 年）、短暂发展期

图 2-5-10　四烈士纪念碑

图 2-5-11　大操场

（1927~1937年）、西南联合大学期（1937~1945年）、重建南开园（1945~1949年）。为了创建大学，张伯苓和严范孙（名修，天津人，26岁入翰林院，35岁任贵州学政）于1917至1918年赴美国考察，按照美国理念创建私立大学，从校园的规划、建筑、景观，到学科设置都有美国的影子。南开大学初创时在南开中学南面的空地上，只有一座两层的校舍楼，楼上办公，楼下餐厅。1922年3月租定八里台村北村南公地两段约四百亩，兴建新区；1923年竣工的有教学楼、男女生宿舍等9幢，同年建科学馆，8月迁校；1925年科学馆建成。

八里台本来就是天津郊区，这里有大片水洼和荒芜的芦苇。刚开始，校园周围还有几分萧瑟，《曹禺传》记载："这里，既看不到高高的院墙，连一个遮拦的铁丝网也见不着，更看不到密集的建筑群。墙子河沿着校园通过，河上架起一座新式的拱桥，这就是南开的标志了"。罗隆基在《我对南开的印象》中也写道，1925年他因事，夜过八里台，洋车跑过的地方仿佛是一片荒野，黄昏中看见一片新辟空地，居然有座新盖的洋楼，"在那块新辟的空地上，那时的确有点新气象。新栽的花，新种的树，都欣欣向荣"。

这些新气象中最主要的一个因素是建筑形式。建筑大多是采用当时国际上流行的折中式风格。例如，1923年落成的男生宿舍，受到法国古典主义的影响，横向五段式，纵向三段式；同时又受美国乡村建筑影响，如屋顶用缓坡屋面，上面立起多个烟囱。坐落在百树村中的女生宿舍，则无论是屋顶形式，还是院落的平面布局，以及花坊、栏杆的形式，都采用中西合璧的风格。1924年落成的秀山堂教学楼（图2-6-1）就是一座现代主义的作品，立面设计线条简洁；不过仍有一些古典要素，如门楼的罗马柱式和希腊式厚檐，以及突出的壁柱。1925年落成的思源堂（美国洛克菲勒公司捐赠，图2-6-2），与秀山堂相似，立面用较为简洁的线条，门窗不设窗套，但门楼采用古典式——高出一层的台阶以及两层通高的罗马柱子。1928年建成的木斋图书馆（卢木斋捐建），则是罗马穹隆与希腊山花的组合体，但门窗又是线条简洁的现代式。

到20世纪30年代初，南开已成为天津有名的风景游览区了，当时天津流传三宝之说：永利、南开和《大公报》。校园的一半是水面，这是其私立大学选址郊区，利用自然，因地制宜，以最小的投资创建世外桃源的建设理念。这一点与北洋大学作为官办学校不同。北

图2-6-1 秀山堂及南莲池

图2-6-2 思源堂及南莲池

洋大学的校园规划轴线明确，等级森严，而南开大学校园则是布局自由、活泼，对原有地形没有做太大修改。小溪、莲池、花木、苇塘都是原有、自然的东西，再加上人工的小品、亭子、水塔、欧式建筑，使校园展现出世外桃源一般的意境。怪不得罗隆基在《我对南开的印象》中又道，1931年，他第二次到南开，"举目一望，一切果然不同了。从前新栽的树，新种的花，果然生长繁盛起来了"。诗人柳亚子赋诗赞道："汽车飞驶抵南开，水影林光互抱怀。此是桃源仙境界，已同浊世隔尘埃"。

从1930年5月《南开大学向导》所载校园平面图（图2-6-3）上看，水体是它的生命，水体面积超过校园面积的一半。水是自由、多变的，这也孕育了南开的自由主义精神。道路网因水陆岸线而成，中轴为大中路，两边为行道树；南北向四条支路，依次为北一路、南一路、北二路、南二路、北三路、南三路、北四路。这几条南北向支路都是依水而筑，成为水景路；南、北一路是堤路结合，两边为水景，北有图书馆边的花园，南有思源堂东北的金鱼园。南、北二路也是堤路结合，北面为图书馆边花园，南面为网球场和篮球场。北三路亦为

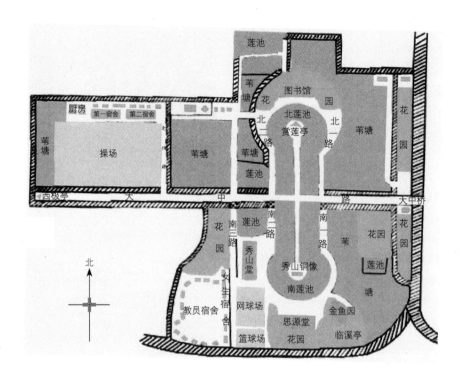

图 2-6-3　1930 年南开大学校园平面示意图
（资料来源：1930 年 5 月《南开大学向导》）

堤路，东为苇塘和莲池，西为苇塘；南三路东为莲塘，西为花园。北四路东为苇塘，西为操场。连大操场的西面一片也是水面。

作为水景园的南开大学校园，水景创作的主体是苇塘和莲池，辅以岛、堤、路、桥、园、亭等，显得十分丰富。由南北一路和二路夹持的南北双池，因终端为半圆形，而被称为哑铃湖。哑铃湖分为北莲池和南莲池，两个莲池中间又于半圆形中心筑圆形岛屿；从大中路向两岛之间筑长堤，北岛上建赏莲亭，南岛上建秀山铜像。也因南北一路和二路的分隔，才使水面形成内外湖的形式，有点像杭州西湖上三潭印月的效果。水面以栽植莲花和芦苇两种植物作为特色，大面积的是芦苇塘，小面积的是莲花池，有时两者交替布局。而金鱼园则是在一角另辟蹊径，独成一区的水景园。路与桥的结合也使行走路线变得更加生动，校园有七座桥——北一桥、二桥、三桥和四桥，南一桥、二桥和三桥。从桥的材质上看，有钢筋混凝土桥（跨卫津河）、砖拱桥、石拱桥、木板桥（通北极亭）。对外交通不仅有陆路，还有水路。夏天坐船，冬天坐冰床子，可从东门（正门）直达老城厢，或直奔青龙潭（现水上公园）。

学校的陆地面积不大，但是花园甚多，有一般花园，还有专类园。一般花园分别位于木斋图书馆周围、思源堂后面、秀山堂西面，以及校门内大中路南临水处等。专类园有金鱼园、桃花园、丽生园。金鱼园是利用天然水源养金鱼、观金鱼的园中园。桃花园在校门南北各有一片，两片桃林在 3 月底至 4 月初，桃花盛开，蔚为壮观。丽生园内有巨大的陶瓷缸，内养金鱼，又培植菊花。在 1921 年就成立了花木委员会负责校园环境的建设与修缮。还专门成立了菊艺委员会，对菊花品种的搜罗、培育和展示不遗余力，每年举办不同类型的菊花展并征集名菊，历年所培菊花不下三百余种。对此，《益世报》还作过专门报道和评论。1931 年重阳节的菊展最为引人瞩目。

园林小品的建设也类型多样。赏莲亭是重檐茅草亭（图 2-6-4），十分朴素，是中国乡村草亭的制式。取名上也是依据位置而定，因为这个亭子位于北莲池中的岛上，三面荷花一面柳，微风吹来，荷香四溢，赏莲最佳不过。按方位还建有北极亭和西极亭。北极亭在木斋图书馆（现行政大楼）北面湖中，四面临水，登亭需经一座木板桥，表明是南开的北界。大中路的西端则建有西极亭，表明是南开的西界。思源堂的东南角临水处还建临溪亭。南莲池的岛上建有李纯铜像（图 2-6-5），是为了纪念天津人、江苏督军李纯（字秀山）投资南开建设而立的纪念碑，1924 年矗立，1937 年被毁。大中路前门处还立有一个钟亭，内置大钟（图 2-6-6），原为德国克虏伯工厂铸就，是庆祝李鸿章寿辰的纪念钟，铜钟钟面刻有整部《金刚经》，重达一万三千余斤，1904 年八国联军入侵时被英军掠走，八国联军向天津交还政权后，大钟移至海光寺，后赠予南开大学作为校钟；大钟以四根弓形梁柱支架，悬于二米高台上。1937 年 7 月 28 日为日军炮火所毁。1997 年 7 月重铸新钟。校门（图 2-6-7）建于卫津河上，进校先跨钢筋混凝土桥，门旁有一坡屋顶门房、一个小岗亭及低矮的砖砌栏杆，显出朴素简洁之美（图 2-6-8）。

校园的人性化设计还表现在教师的私家庭院以及运动场的设计上。教授楼是一层的，每位教授可享受一套，每户前面有一个小庭院，与现在学校东南角的宿舍楼相似，庭院内种植各种花卉。为了丰富欧美籍教师的业余生活，校园内还开辟了网球场和篮球场。

经过十多年的苦心经营，南开从荒芜的水洼变成了世外桃源，老舍和曹禺在张伯苓七十大寿上献上一首诗："……在天津，他把臭水坑子／变成天下闻名的学堂／他不慌，也不忙／骑驴看小说——走着瞧吧／不久，他把八里台的荒凉一片／也变成了学府，带着绿荫与荷塘……"

1937 年 7 月 29 日，星期四日军侵入天津，南开

图 2-6-5　李纯铜像

图 2-6-4　赏莲亭

图 2-6-6　原校钟

图 2-6-7　20 世纪 30 年代校门

图 2-6-8　20 世纪 30 年代校门岗亭

成了第一个被毁的大学。次日，整个校园笼罩在烟火之中，包括秀山堂、思源堂、图书馆、教授宿舍在内的三分之二校舍被毁。损失达 3000 万法币。数十年的经营，一夜间成了满目疮痍。从此学校开始了南迁，与北大、清华合组西南联合大学，于长沙、昆明和重庆等地继续办学。

1946 年南开回津，改名为国立大学，修复芝琴楼和思源堂。

7. 法国花园

法国花园即今日之中心公园。该园位于原法租界霞飞路，现和平区花园路与丹东路、承德道、辽宁路的交会处，交会后形成 6 个相交的路口和 6 条放射状道路，这 6 条路均可通向其附近的繁华地区。圆形的花园和环状的道路有如轮盘，将多条道路汇聚于花园四周，加上环路外围建有高低错落、造型各异的西式风格建筑（多

为近代名人故居），形成环境幽雅、构图完美的典型欧式园林建筑街区。在规划上体现了欧洲古典主义的手法特点（图 2-7-1）。

法国花园始建于 1917 年，其园址是原海大道花园荒芜的遗址（海大道花园亦为法国人在 1880 年所建）。该花园修建时，时停时建长达 5 年之久，于 1922 年方告竣工。当时花园占地面积 20 亩，整个公园为圆形，直径 130 米。公园建成开放后，曾引起较大的轰动，一是因为花园建设得相当美丽；二是由于花园的四个角门竖起了"唯华人非与洋人相识者或无入园证券者不得入内"及"狗不得入内"的牌子。这些侮辱中国人民的规定受到有识华人的严正抗议；抗议斗争取得了一定的效果，在 1924 年修建意国花园时花园东部专设有中国儿童游戏场，西部设外国儿童游戏场（但仍含有歧视中国儿童的因素）。法国花园在太平洋战争（1941 年）结束后，改名为中心公园（图 2-7-2）。1945 年抗日战争胜利后更名为罗斯福公园。解放后，1949 年恢复中心公园名称至今（图 2-7-3），1998 年，炸毁中心亭，建音乐喷泉、雕塑等，定名为中心文化广场。

法国花园的总体布局，为典型的法国规则式庭园。全园以位于花园中心的西式八角石亭为主景，亭的八个角均以双圆柱承重，水刷石饰面，八角坡顶上铺小筒瓦。柱间连以坐凳供游人小憩（图 2-7-4）。整座花园以石亭中点为圆心，用尺度不同的半径作同心圆并被辐射状道路分割为若干景区。石亭周围植以草坪环抱烘托（石亭及其周边绿地曾被命名为霞飞广场）。花园南端为一座铜铸塑像，塑像为一女神，右手持剑、剑尖朝下，左手握鞘，有如还剑入鞘的姿势。该塑像经众多学者考证，有人认为是法国女英雄贞德，但贞德像多是一手举旗，一手拿剑，与此像不同。后认为是和平女神，意为刀枪入库，和平降临。据说孙中山先生最后一次来天津，曾在此塑像前留影（图 2-7-5）。花园西以葡萄架为景点，金秋时节硕果累累，十分美观。园东为小型游戏场，花园北设有较大的游乐场并设有照明灯柱。园路多用卵石铺砌。绿地与园路边设欧式长椅，供游人休憩。花园以半封闭的铁栏栅围绕，留出 5 个进出口（图 2-7-6）。

法国花园的绿化，多采用天津乡土园林植物，园内植物有松、侧柏、毛白杨、法桐、国槐、洋槐、龙爪槐、龙爪桑、龙爪枣、皂角、柳、椿、杜梨、合欢、山桃、海棠、丁香、紫藤、葡萄、草皮等。沿围栏及主

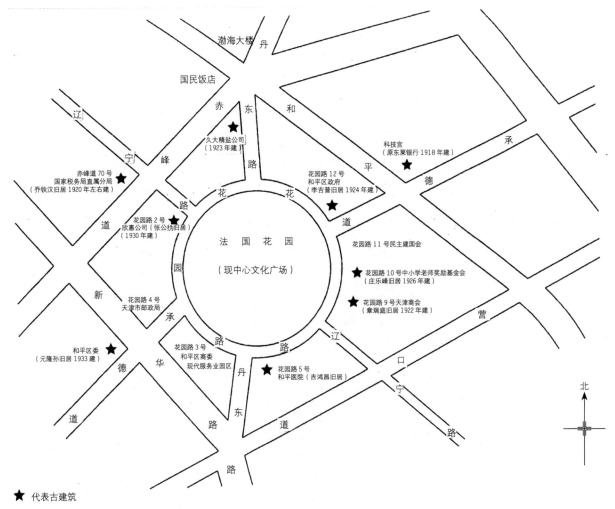

渤海大楼

国民饭店

久大精盐公司
（1923年建）

赤峰道70号
国家税务局直属分局
（乔铁汉旧居1920年左右建）

科技宫
（原东莱银行1918年建）

花园路12号
和平区政府
（李吉普旧居1924年建）

花园路2号
欣惠公司（张公拋旧居）
（1930年建）

法国花园

（现中心文化广场）

花园路11号民主建国会

花园路10号中小学老师奖励基金会
（庄乐峰旧居1926年建）

花园路9号天津商会
（章瑞庭旧居1922年建）

花园路4号
天津市邮政局

花园路3号
和平区商委
现代服务业园区

和平区委
（元隆孙旧居1933建）

花园路5号
和平医院（吉鸿昌旧居）

北

★ 代表古建筑

图2-7-1　法国花园位置平面示意图

要园路植以高大笔直的乔木形成夏日纳凉之佳境。乔灌花木孤植、群栽并以草皮衬托，构成片片疏林草地。通往石亭的园径两侧植以成排的海棠，每当海棠花开，犹如一座通向石亭的花廊，突出了花园的主景（图2-7-7）。

法国花园的规划布局十分得体，在当时的确是一座成功的花园，吸引了不少天津市民在园外驻足扶栏观看。当时还有不少京、津、中、外名媛纷至花园摄影留念。解放后这座由法国人在中国土地上建造的花园回到人民手中。后经过多次改建充实，现已改建成为以疏林、草坪、音乐、喷泉为主的中心文化广场（图2-7-8~图2-7-15）。

8. 维多利亚花园

维多利亚花园，位于原英租界内，即今日的解放北园。花园东临维多利亚道，亦称中街（即今解放北路），南为咪哆士道（今泰安道），西临海大道（现大沽北路）。其北偏东为戈登堂，是原英租界的工部局，为其行政管理执行机构。现于原址，新建了天津市政府办公大楼。花园总面积约为1.23公顷（图2-8-1、图2-8-2）。

1860年英租界建立不久，即修筑了一条名为维多利亚的干道（亦称中街，即今解放北路），并同时规划了花园。当时的花园，只是一块平整过的土地，无任何设施，并时有垃圾堆放，只在洋人打棒球时才加以清扫。后因庆祝英国女王维多利亚诞辰50周年，由英租界工部局投资才正规修建。花园于1887年6月21日英女

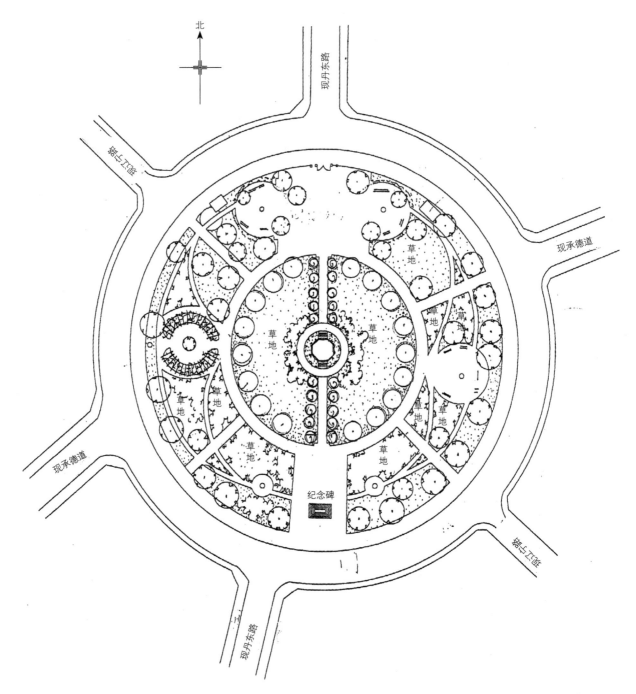

图 2-7-2　法国花园（中心公园）平面图（据天津市档案馆 1944 年中心公园旧图绘制）

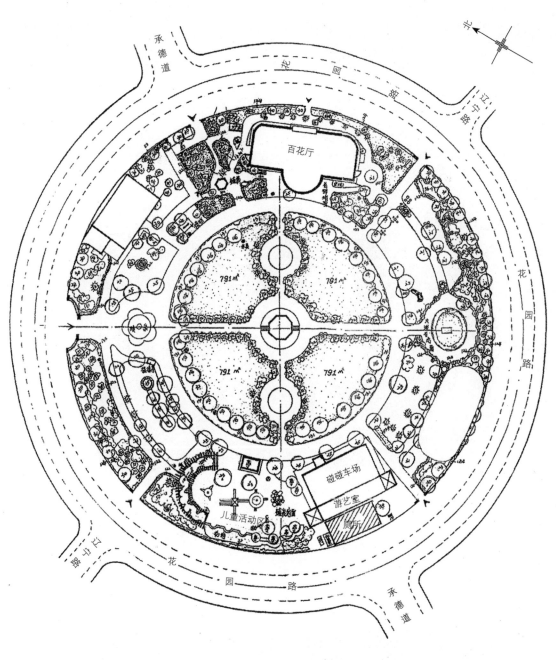

植物材料汇总表

编号	植物材料名称	数量	编号	植物材料名称	数量	编号	植物材料名称	数量	编号	植物材料名称	数量	编号	植物材料名称	数量
1	桧柏	50	25	国槐	22	52	榆叶梅	24	70	金银木	36	116	龙爪槐	35
3	油松	2	26	臭椿	3	53	珍珠梅	31	72	西府海棠	81	117	龙爪桑	11
5	大侧柏	7	27	合欢	1	54	丁香	3	77	枸杞		119	龙爪枣	2
15	河南桧	2	30	法桐	31	55	连翘	14	78	石榴	17	121	大叶黄洋球绿篱	
21	白蜡	23	32	皂角	2	56	江南槐	9	79	玫瑰	26	122	小叶黄洋球绿篱	
22	毛白杨	3	38	杜梨		57	木槿	82	91	枣树	12	131	月季	
23	柳树	12	40	黄金树	1	58	金雀梅	28	106	紫藤	8	124	蔷薇绿篱	
24	洋槐	3	51	碧桃	2	59	黄刺梅	17	111	凌宵	20	132	鸢尾	

图 2-7-3 法国花园（中心公园）平面图（1990 年）

图 2-7-4 法国花园中八角柱石亭（资料来源：仇润喜.邮筒里的老天津.天津：天津杨柳青画社，2004.）

图 2-7-5 法国花园和平女神塑像（资料来源：仇润喜.邮筒里的老天津.天津：天津杨柳青画社，2004.）

图 2-7-6 法国花园鸟瞰（资料来源：《天津城市建设丛书》编委会《天津近代建筑》编写组.天津近代建筑：天津城市建设丛书.天津：天津科学技术出版社，1990.）

图 2-7-7 石亭两侧的海棠

图 2-7-8 透过海棠龙柏观雕塑

图 2-7-9　盛开的海棠

图 2-7-10　中心文化广场绿化种植

图 2-7-11　20 世纪 40 年代罗斯福公园鸟瞰（李文茂提供）

图 2-7-12　抗日爱国将领吉鸿昌塑像

图 2-7-13　著名音乐家塑像

图 2-7-14　中心文化广场的音乐喷泉

图 2-7-15　中心文化广场鸟瞰图

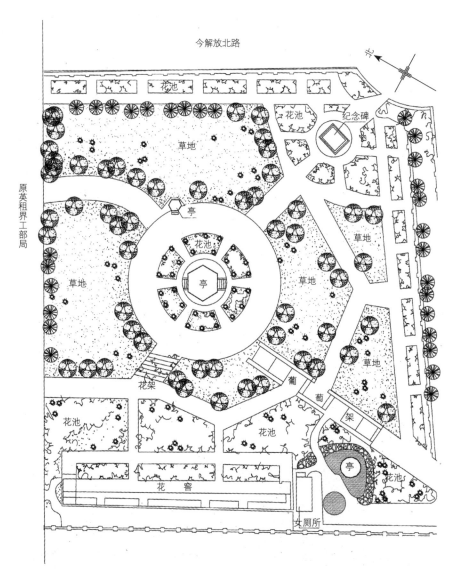

图 2-8-1　维多利亚花园 1944 年平面图（据天津市档案馆 1944 年维多利亚花园旧图绘制）

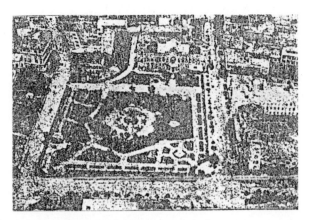

图 2-8-2　维多利亚花园鸟瞰图（摄于 1929 年）

西有一座藤萝花架，环路南交叉口处，于 1927 年增建一座二平一拱的大花架，半圆拱形花架居中，有如女王皇冠。花园的东边及南边临近花园以外的道路，均布置有六七个长方形连续布置的花坛群，花坛旁树荫下设有供游人休息、观赏的座椅。这种布置方式为英国的传统手法，该手法对近代津城园林的设计布局产生过较大的影响。这些临街的花坛群既丰富了园内景观，又兼顾了街景（图 2-8-5）。花园西边建有一座立窗式半地下花窖，窗朝西南，顶部为钢筋、白灰、炉焦结构，顶上覆土，有如意大利台地园做法。花窖顶上种植花草，可供观赏及休息散步，现已改建为假山，山体造型浑厚，内设男女卫生间。花园设有四个角门，门口游园须知牌上写有"中国人不准入内"，和"有人和无人带领的犬一律不准入内"，这是对中国人民极大的侮辱。早期花园东南角曾设有一处展出动物的兽栏，还曾设有消防警钟。此钟 1881 年在海光寺内，1900 年八国联军入侵后，被英兵掠至花园内（图 2-8-6）。第一次世界大战后，由于英国为战胜国，于 1919 年为纪念碑，将钟移到南开大学，在原址建了一座欧战胜利纪念碑，其高约 5 米，碑为长方形，碑座四周设有圆形花坛（图 2-8-7）。每年 11 月 11 日，英国侵略者在此举行纪念仪式，届时碑四周的花坛种满菊花，有士兵站立四周，并伴有军乐队演奏。此举

王诞辰之日正式开放。1942 年，咪哆士道（今泰安道）改名为南楼街，因此该园曾称为南楼公园。1945 年抗日战争胜利后改名为中正公园。1949 年解放后定名为解放北园。

　　花园总体布局基本为规则式，但并非典型的英国式花园，可谓中西合璧的形式，也有称为集仿主义设计的。全园呈方形，园中心部位建有一座仿中国古典建筑形式的六角亭。四周以 6 个花坛环绕陪衬（图 2-8-3）。花坛以外，规划成圆形环路，环路东近绿地处设一小型六角亭，一大一小相互呼应，有如母子亭（图 2-8-4）。环路

图 2-8-3　维多利亚花园局部

图 2-8-4　母子亭

图 2-8-5　连续布局的花坛群

图 2-8-6　园内消防警钟（资料来源：仇润喜.邮筒里的老天津.天津：天津杨柳青画社，2004.）

图 2-8-7　欧战胜利纪念碑

图 2-8-8　花钵及模纹花坛

图 2-8-9　藤萝花架

直至第二次世界大战爆发方告结束。花园外建有铁栏杆围墙。1942年日本统治者占领英租界后，成立极管区，将戈登堂改为日本市政大楼，并对围墙进行了重建。

　　花园的植物配置，以草皮为主要地被植物，草坪内置花钵及组合为模纹的各色花卉（图2-8-8）。花架处种有藤萝，每当春暖花开时节串串紫花盛开，香气扑鼻（图2-8-9）。花坛内种植色彩缤纷的应时花卉。乔灌木、常绿树搭配适宜。树种有国槐、洋槐、龙爪槐、枣树、银杏、合欢、皂角、毛白杨、榆、椿、柳、海棠、山桃、金雀梅、丁香、紫藤、葡萄、松、柏等。满园花繁叶茂，并注重植物的季相变化，组成了春末夏初花争艳，夏日绿树荫满园，金秋色叶随风舞，瑞雪纷飞赞松柏的四季不同景观（图2-8-10～图2-8-14）。近悉昔日花园（建园初期）西、北部有水渠一条，其上架有西式拱形廊桥，

图 2-8-10 维多利亚花园后为戈登堂，前排为当时游园的外国儿童（资料来源：仇润喜. 邮筒里的老天津. 天津：天津杨柳青画社，2004.）

图 2-8-13 绿荫匝地

图 2-8-11 解放北园内（原维多利亚花园）桧柏花木环绕的雕塑

图 2-8-12 草坪上的植物配置

图 2-8-14 花钵（建园初期造型）

其内有游船划行，此景观系由市档案馆从英国国家档案馆、国家图书馆等单位获得。

9. 久不利花园

久不利花园（图 2-9-1）位于英租界大北道、伦敦道口的西北部（即现在贵州路、昆明路、岳阳道三路交会处），呈斜三角形。该园始建于 1927 年，即英租界统治末期，亦即近代建设高潮鼎盛期，面积约为 12

亩。英租界工部局在大北道修建下水道，挖土成山，高约五六米，其后因势利导，依此地势建成公园；并因园内土山，而命名为土山公园。其时，该园基本属于中国传统的自然式布局。正门设于岳阳道与贵州路交叉路口的东北角，由石花架引入后，空间豁然开朗。全园以中部 6 个扇形花坛及汉白玉花盘式喷泉为中心，周边遍植乔灌花木，园中建有草亭（图 2-9-2），并植有大量

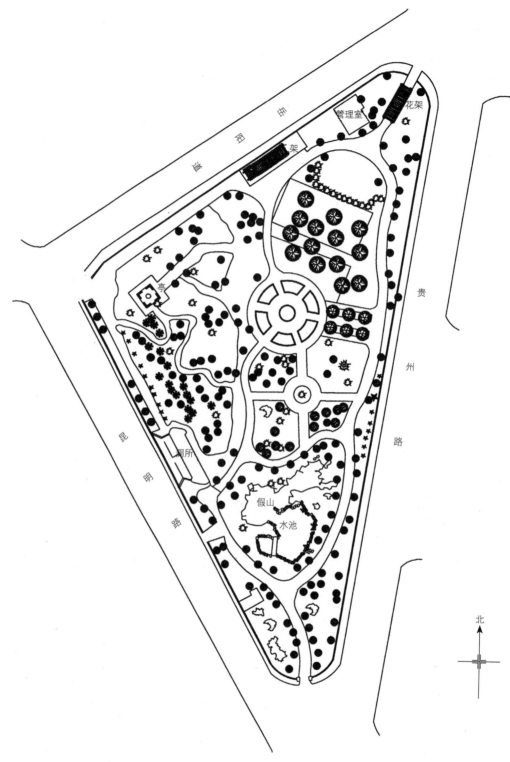

图 2-9-1 久不利花园平面图（1990 年）

桃花,形成该园特色。总体说来,该园小巧玲珑、简练概括。

1941年,太平洋战争爆发后,该园曾更名为南山公园,又名兴亚二区第三公园,1945年抗日战争胜利后改名为美龄公园。解放后恢复土山公园的名称。1982年进

图2-9-2 土山原有草亭

图2-9-3 土山护土砌石

图2-9-4 土山植物带

行1500立方米的堆山改造。1986年,拆除土山上原有草亭,而以混凝土亭取而代之;维修甬路,铺设上下水管道;园林设施日臻完善。1989年,贵州路、成都道角辟建1400平方米的岩园与之相互贯通。该岩园的置石具有很高的艺术价值。

土山公园现为城市街区花园,总体布局为自然式,于东、西及北角各设园门一处。全园大致分为西部土山区、南部岩园及北部娱乐休闲区三部分。土山为旧时遗留,现以片石砌筑,以起护土的作用。石虽皆为横向,但参差错落,变化丰富,性质统一而绝无单调乏味之感。土山边缘以花坛作为收束,并与东部花园自然融为一体(图2-9-3)。有甬道3条,曲折蜿蜒,步移景易,与园内其他道路贯通;最高处约为5米,有混凝土亭一处;端坐其间,便可俯视全园。土山植物,最是精细,仅边缘植物带,就有鸢尾、女贞、小檗、黄杨、龙柏等多种,并杂以石榴、红叶李等花乔木(图2-9-4);土山之上遍植乔灌木。南部片区,尤以山石见长。岩园假山(图2-9-5)面积为185平方米,山体虽不是十分高大,却尽显雄伟奇绝之姿,山顶为流云之势,有拱券式顶洞一处。山前水池约120平方米,池底为卵石铺就(图2-9-6);此中置石尤多,延至全园,不下百处;而特置殊多,或独立成型(图2-9-7),或与草相和,或携修竹入画(图2-9-8),姿态各异,绝少群置。园之北部,为园内

图2-9-5 岩园

图 2-9-6　拱券式顶洞及山前水池

图 2-9-8　置石（二）

图 2-9-7　置石（一）

聚集人流之公共空间，设有儿童游戏设施及冷饮售卖和座椅多处。其圆形花坛（图 2-9-9）与花园周边栅栏的西式花钵相结合（图 2-9-10），有西式园林韵味。原石花架尚存，顶部拱形石条排列，柱间置方形花盆，其南侧多有紫藤、五叶地锦及花卉攀缘；花木葳蕤，架下生凉，适宜聚谈、休息（图 2-9-11）。

图 2-9-9　圆形花坛

图 2-9-10　围栏及西式花钵

图 2-9-11　石花架

10. 皇后花园

皇后花园位于英租界敦桥道（今西安道），该处原为英国工部局的沥青混凝土搅拌场，1937年搅拌场迁出，后在原址东部建游泳池，在西部建公园，是为皇后花园（图2-10-1）。太平洋战争爆发后，该公园更名为黄稼公园，又名兴亚二区第四公园，抗日战争胜利后更名为复兴公园（图2-10-2），园名沿用至今。解放后天津市政府对公园进行投资改建，并增建了部分设施。20世纪70年代初曾经在此修建儿童战略防空洞、铁索桥等。1982年，园内安装园灯，铺装路面，安装儿童游乐设施——攀缘架和大象、长颈鹿造型的滑梯，公园占地达14.28亩。

该公园总体布局为规则式，中轴线含蓄隐晦、不甚明显，却能一统全园。外围环路曲折有致，体现了中国古典园林设计的典型手法；这种中西结合的设计风格，使得总体构图秩序井然又不至于呆板，成为租界园林的

显著特点，值得当代景观园林借鉴。三条道路以放射线的形式分别发出，延长线集中于中心花坛，由半圆形和方形花坛、草坪构成，其中点孤植雪松，围以修剪为三角形和球形的黄杨，成为视线焦点（图2-10-3）。整个园林结构严谨，中心明确。根据不同功能，公园被通长95米的大葡萄架分为东西两部分，动静分区明确。花园东部曾建有长方形儿童游乐场，游乐场内有沙池一处，滑梯三处；西部为观赏植物区，种有国槐、栾树、海棠等。花园东北角为男女厕所及贮藏室。围墙原为木板条，后改为砖墙。园虽不大，英式造园风格却非常突出，是比较典型的英租界园林。

1987年，新建书法碑林长廊及假山叠水喷泉，碑廊中收集全国知名书法家和名人如董必武、范曾、王学仲等手迹42幅，成为该园一大特色。如"叠翠"、"仙境"、"种鼎山林"、"白云归踪"、"津沽一览"（图2-10-4）等。碑廊九曲，为传统形制。黛瓦粉墙，清雅幽深，尺度宜人。漏窗稚拙古朴，深得古典园林建筑之妙（图2-10-5）。假山为壁山，由片石横向砌筑而成；山侧植有修竹及小乔木，山前有不规则形状的浅水池，成山水之意（图2-10-6）。

20世纪90年代后期，复兴公园重修，面积增至8086平方米，在保留原有树木的同时，中间草坪改为硬质铺装，扩大公共空间，同时在林间各处配备座椅，满足大量人流的集散及休闲需要（图2-10-7）。北侧花廊划分出一处安静且围合感较强的独立空间（图2-10-8）。园内置石多处，具相当的艺术水平。园内雪松、毛白杨、小叶栎、海棠等树木高大茂密，有50年以上树龄。公园虽经改造，尚有遗迹存在。

11. 荣园

荣园俗称李善人花园，即今人民公园，位于天津市河西区东北部，在千德庄和三义庄之间，东起厦门路，西至广东路，南临珠州道，北傍徽州道。公园总面积14.21公顷，其中水域面积3.3公顷。园内树木茂盛，堤柳成荫，百花争艳，湖波荡漾，是一座现代都市中以游艺娱乐为主要内容的综合性公园。

人民公园的前身是津门豪富、大盐商李春城的荣园，俗称李善人花园或李家花园。《天津志略》记载：荣园始建于清同治二年（1863年），迄今已有百多年的历史。四周筑堑壕为界，园内树木繁茂，丘壑幽秀，曲水回环，颇饶逸趣。园西北堆有土山一座，土山上建有中和塔。西湖中心建有水心亭（现改为湖心亭）和曲虹桥。园的西南有

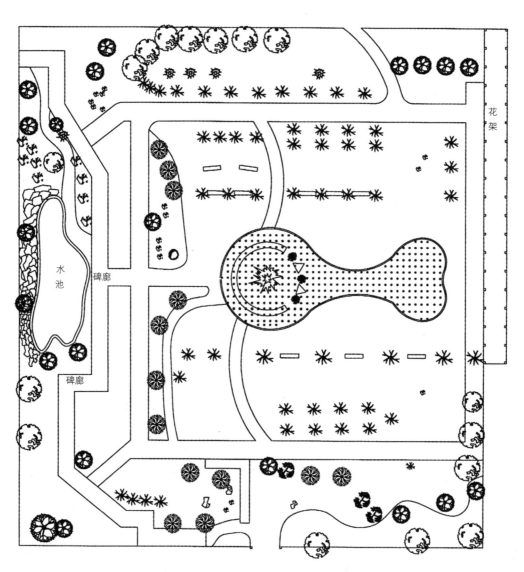

图 2-10-1 复兴公园平面图（1990 年）

花
架

水池

碑廊

碑廊

小榭和养静室，可通达西北山隅山道。环绕西湖，筑有堤岸和拱桥名中和桥，土山南麓建有山神庙。园南有花窖6所（现已废）。花园中心建咏诗亭（今改枫亭）。距亭不远建厅、楼、厦、廊（今重建为花卉温室和展览馆）。湖溪分隔环绕，构成自然院落。园东南隅建藏经阁，高约12米，共3层，雕梁画栋，朱漆门窗，气势壮观，颇似江南风光。1900年八国联军入侵，李氏后裔开始分家，荣园无人修缮，自此楼亭颓败，树木荒芜，杂草丛生。又经1917年和1939年两次洪水侵蚀，园内建筑大部颓圮。1937年日寇侵华时，将此园改做"新民会"会址。1945年曾为洪帮份子把持的"育德"学院校址。1948年国民

党军队进驻园内，伐木构筑战壕掩体，荣园从此荒败不堪，周围居民视为虎狼之地。保存下来的仅有土山、中和塔、枫亭、藏经阁等处（图2-11-1～图2-11-3）。

1949年1月15日天津解放，人民成了国家主人，李氏后裔将荣园无偿献给国家。天津市政府正式接收荣园后，调用了两千余人将这座残败荒废的园林进行了大规模的改造和重建。改建后的花园于1951年7月1日正式开放，命名为人民公园（图2-11-4～图2-11-5）。1954年，张学良将军的胞弟张学铭先生任人民公园园长时，委托章士钊致函毛泽东主席为公园题字。同年9月19日，毛主席亲自复函并亲笔题写了"人民公

图 2-10-2 复兴公园

图 2-10-4 复兴公园碑刻

图 2-10-3 孤植雪松

图 2-10-5 碑廊

图 2-10-6 假山和浅水池

图 2-11-1 中和塔

图 2-10-7 林间树下配置了各式座椅

图 2-10-8 花廊

图 2-11-2 藏经阁

园"四个大字。这也是毛主席为国内公园的唯一题字（图 2-11-6）。

　　天津市政府和园林局对人民公园的发展建设十分重视，每年拨款数万元进行兴建和维修，增设了照相部、

小卖部、餐厅、冷食部等服务设施，修建了剧院，改造和重修了亭、廊、楼、阁、塔、桥并种植了大量花木，又相继新建了熊、狮、虎、豹、熊猫、河马、斑马及各种鸟类、水禽等动物兽舍。至 1976 年园内有野生动物

图 2-11-3　1917 年周恩来（坐最高处者）和同学在李善人花园合影

图 2-11-5　人民公园大门

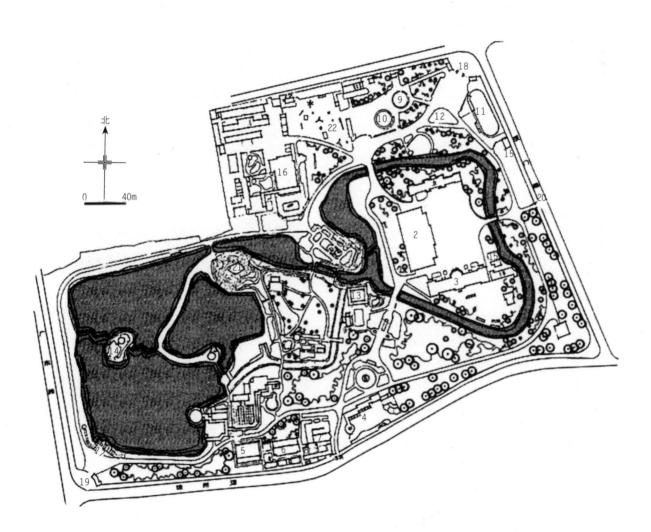

图 2-11-4　今天津人民公园平面图

1. 北馆；2. 国际博览馆；3. 展览馆；4. 鸣禽室；5. 猴笼；6. 鸟馆；7. 小卖部；8. 食堂；9. 转马；10. 登月火箭；11. 小火车；12. 喷水池；13. 藏经阁；
14. 亭；15. 厕所；16. 剧场；17. 水榭、长廊；18. 正门；19. 后门；20. 便门；21. 中和塔；22. 儿童区

图 2-11-6　毛泽东为人民公园题字

八十余种，五百余只，各种禽类 100 种以上；还有金鱼、热带鱼等。因地理位置和环境所限，1976～1980 年，猛兽鸣禽等陆续迁往天津动物园。现园内仅保留部分鸣禽、水禽、攀禽等禽类 45 种，以及金鱼、猴等。

人民公园是历史遗留下来的古老园林。光阴荏苒，古老的园林已一改昔日的容颜，但其亭、台、楼、榭的园林风韵犹存。在利用原有设施的基础上其规划布局重新调整，划分为东、南、西、北、中五个功能分区，均围绕在湖溪组合的水景之中，整个公园协调自然、错落有致、情趣各异。

12. 石府花园

石府花园在天津杨柳青镇的石家大院内。石家大院是清代"津门八大家"之一的石家旧宅（图 2-12-1）。石家为天津杨柳青首富，经营粮行、银号、当铺、灰厂、姜厂、酱园、纱布庄等行业，发展为十三房子孙，其中创建大院的是尊美堂的四世孙石元仕。石元仕（1847-1919 年），字次卿，在清末为石家最风光的人物，他组织保甲局，设立支应局，平息民教之争，热心公益，兴办新学堂（两年小学，一所初等商业学校，一所蒙学，一所石氏中学），任天津县议会副议长和杨柳青议会议长。光绪元年（1875 年）后，在杨柳青红极一时，大起宅院。石元仕在宅中隆重地过了一次七十大寿，第二年就去世了。他的去世更激化了石家经营的万源银号，再加上万庆纱布庄的收市，石家生意日落西山。"壬子兵变"时石家在唐官屯的当铺又被烧抢一空，两家灰厂相继倒闭，尊美堂开始分崩离析，1930 年开始变卖家产，石家一落千丈。

石家大院始建于 1875 年，南北长 96 余米，东西宽 62 米，占地近六千平方米，现有 18 个展室、178 间房屋。整个建筑群坐北朝南，门楼、影壁正对南运河，其建筑

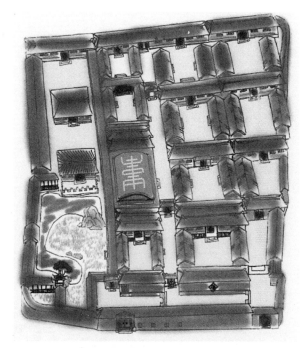

图 2-12-1　石家大院鸟瞰图（宫桂桐，韩志勇. 杨柳青石家大院：杨柳青民间文化系列丛书. 天津：新蕾出版社，2007.）

和园林反映了清末民初的天津南北交融、中西合璧的民居形式。整个建筑群分中院、东院、西院三跨，中院南北共四进（图 2-12-1）。

石府花园占地 1200 平方米，位于大院的西南角（图 2-12-2、图 2-12-3）。在原来亭、廊、榭的基础上，增加了观鱼台、月下小酌、神鱼戏水及绿色走廊等小品。

园门入口为宝瓶式（图 2-12-4），砖雕门楼，为华北罕见，屋顶青瓦，叠涩出挑，砖雕马头墙，门额题刻："幽径"，显然是遵从中国传统园林的法则。门内为长廊，廊为半廊，东面为住宅背墙，西面正对花园。这座园林

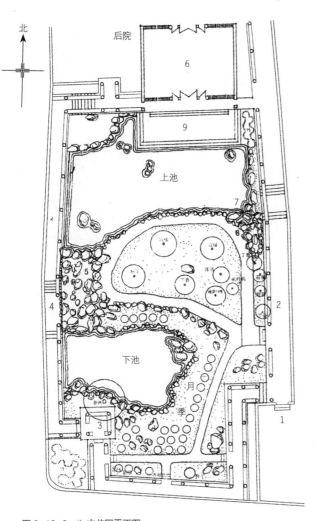

图 2-12-2　石府花园平面图
1. 入口；2. 曲廊；3. 亭子；4. 爬山廊；5. 湍流；6. 水榭；7. 瀑布；
8. 假山；9. 观鱼台

图 2-12-3　石府花园（宫桂桐，韩志勇. 杨柳青石家大院：杨柳青民间文化系列丛书. 天津：新蕾出版社，2007.）

图 2-12-4　通往花园的幽径门

是典型的晚清样式，采用周廊式，四周为建筑所围绕，东为背墙直廊，南为直廊，西为曲廊和亭子，北面主景为水榭。曲廊屋顶为青色筒瓦，卷棚顶无脊，红色梁架，万字挂落，柱头另设三角雀替。东、西长廊为单面栏杆兼做座椅，没有美人靠，座椅低矮，下部为万字图案棱花。西面长廊邻下池处建有方亭一座，攒尖顶，方宝刹，平缓起翘，勾头滴水，万字挂落，三角雀替，美人坐靠；出挑于水面之上。角上植古木一株。地形北高南低，故西廊与东廊为爬山廊。西廊院墙上饰精美砖雕，有书童戏龟、泳者戏鱼、伎男奏乐、大福字等（图 2-12-5）。北廊比西廊又高出一些，也成爬山之势。北面主景为水榭，三开间，硬山顶，青色筒瓦，红色梁架，前出檐廊，两柱间皆饰以洞罩式挂落，梁头刻福、寿二字。水榭后面又为一进厅堂，两屋间置圆石桌和石鼓凳，凳周饰以道家八宝。

水榭前出汉白玉平台，名观鱼台，平台临水，池中蓄水养鱼，围以汉白玉栏杆。栏杆由望柱和栏板组成，皆为汉白玉雕成，十分难得。水池东北角叠假山（图 2-12-6），高达二米有余，乱石堆成，不甚高妙；形成叠水，上题："石泉"。石泉流瀑，积水于池。池水向西流去，折而向南，顺势形成激流，水渠中置乱石以激水扬波（图 2-12-7），跌水汇于方亭前的水池。池边环砌景石护岸，水中立几片景石。靠亭角处叠一小峰，一人高左右。

115

庭院正中为草坪缓坡，北高南低，水发于东北，汇积于西南角。草坪中间的曲折园路皆为鹅卵石铺砌，中间饰以青色方形花岗石板，两侧饰以路牙石。坡下园路从中间穿越，路西沿水池的草地上置卧石一方，三个小石拼成一组，一个石笋立于一边，显得做作呆板。路东有小铺地一方，用鹅卵石铺就，中心位置用青色大理石铺成古钱，钱眼饰太极图，四方饰四字："吉、祥、如、意"。铺地边为卧石桌，巨石一方，恰为石桌，不支不撑，卧于地上，饶有趣味，四边亦有四个条石，卧于草地之上。南廊不利用界墙作为支撑，而是独立梁柱结构，于是，在廊与院墙之间形成一处空隙，其间砌湖石一峰，环以翠竹，颇费心思，显然是受江南园林之影响所致。细品园景，建筑为北方样式，而园林为江南样式。以水为主线，贯穿全园，环园为廊，正屋在北，立峰东北，皆合古制（图2-12-7）。

图 2-12-7　跌水

图 2-12-5　童子砖雕

图 2-12-6　石泉流瀑

13. 曹锟花园

曹家花园即曹锟花园，系1903年由军火商人孙仲英所建，故亦称孙家花园。1923年直系军阀曹锟贿选总统在此园做寿时，用重金买下。该园址西起元纬路，东至宙纬路，南至五马路，北抵新开河河堤，占地约200亩。于1923年后，曹锟依仗权势大兴土木，在园内挖了人工湖，湖水经新开河可与海河相通，建造了游泳池，堆置了假山（图2-13-1），其堆山叠石、挖湖筑岛之技艺堪称津门之冠（图2-13-2）。湖中建造了湖心亭（图2-13-3），增建了带有爱奥尼的双柱门廊和圆拱门的西式公子楼、小姐楼、松月楼、客宾楼等。这里房屋建筑别具一格，既有中式建筑的飞檐、明柱、格窗、游廊的风貌，又有西式建筑跨梁、拱顶、长窗等装饰豪华的特点。全园建筑面积约4000平方米。每幢建筑物之间都有走廊相连，雕梁画栋，典雅宏阔，风雅宜人。园内广植多种名贵树木和奇花异草，还摆着神态各异的石人、石马、石羊、石狮。花团锦簇，浓荫满园，幽雅宜人。

军阀混战时期，在该园内曾多次召开军事会议，也曾有着许多名人轶事。早在1917年12月3日，段祺瑞与当时的代总统冯国璋产生矛盾，辞去了总理职务。来到天津后他仍耿耿于怀，曾在这里主持召开了"天津会议"，煽动曹锟、张作霖、倪嗣冲、张怀芝等人，继续向南出兵，以剿杀革命。1918年6月19日，以曹锟为首的督军团在这里秘密策划"十六省区联名请冯国璋迅速发布对南方讨伐令"，并拟"举徐世昌为下届总统"。

图 2-13-1　拾级而上步入凉亭

图 2-13-3　昔日湖心亭

图 2-13-4　曹锟书房

图 2-13-2　原叠石堆山

1924 年，第二次直奉战争后，曹锟下野，曹家花园即成为"胜利者"的"驻跸行辕"。冯玉祥、李景林、褚玉璞、张作霖等都曾在此园驻屯。1924 年 12 月，孙中山北上来津，曾专程到此访问奉系军阀张作霖，第二天张作霖回拜，双方进行了坦诚的交谈。这就是历史上著名的"孙张曹家花园晤谈"，从而曹家花园在中国更有了名气。

1935 年，曹锟先后在意、英租界购建了多处宅院，此园遂得易主，后改为天津第一公园。该园将中国古典造园手法与西方造园艺术有机结合起来，使得建筑风格独具匠心（图 2-13-4），堪称天津园林艺术的杰作。该园正式对外开放后，园内又增添了一些活动项目，增设了剧场和游艇，并在园内建了饭店，一时游人甚盛。1937 年 3 月，又在园内筹建天津第二图书馆，以便于市民阅览。同年 8 月，公园被日军侵占，改为日本侵略军的陆军医院。1945 年抗日战争胜利后曾一度开放，改名为天津第一公园；后国民党军队接管，仍为陆军医院。现今，该园由两家单位占用，一部分为解放军 254 医院，另一部分为河北中学和其他单位。如今的曹锟花园仅存土山、凉亭、湖心亭、假山、曹锟书房等历史遗迹。与 254 医院古今兼容（图 2-13-5～图 2-13-7）。

14. 静园

静园位于和平区鞍山道与宁夏路交叉路口的西北侧（图 2-14-1），原名"乾园"，是安福系军阀陆宗舆的私人公馆。

1924 年，冯玉祥发动北京政变，将末代皇帝溥仪逐

图 2-13-5 原有园景

图 2-13-6 昔日亭景

图 2-13-7 今 254 医院绿化

出紫禁城后，于 1925 年 7 月 24 日来到天津，先住进日租界张彪的张园，嗣后于 1929 年 7 月 9 日偕皇后婉容，淑妃文绣迁到同处一条街的乾园居住。退位后的溥仪时刻未忘恢复"大清祖业"。迁入后即将乾园改为静园，寓意"静观其变，静待时机"，以图东山再起。

静园的主要建筑是前后两幢砖木结构的小楼，以及附属的书房、库房等，占地 3360 平方米，建筑面积 2062 平方米。前楼是园内的主要建筑，主体两层，局部

三层，具有折中主义建筑特征，上有阁楼，下设地下室。室内装修颇为讲究，有壁橱、壁炉等各种设施，除客厅、卧室、盥洗室外，还有陆宗舆的"乩坛"。1929 年溥仪迁此后，他和婉容住在二楼东侧，文绣住在西侧。后楼较前楼略为简陋，供随行人员居住。

静园环境优美，周围花墙环绕，园内曲径长廊，怪石清泉，花繁树茂，风雅宜人，前院是花园，有多种树木和花草，大门附近植有多株龙爪槐，靠南围墙有藤萝架、葡萄架、金鱼池等，甬路用鹅卵石铺砌（图 2-14-2、图 2-14-3）。内侧种植迎春花，刺梅、紫丁香、白丁香，每值春季，花香四溢，庭院春、夏、秋三季花开不断。主楼西端设有 17 米长，1.5 米宽的游廊，延伸至西跨院。主楼门前有砌筑的龙形喷泉、花台、大花盆。游廊一端有座典型的日式花厅，厅前叠有假山。庭院中植合欢、毛白杨。进入大门，迎面便是一株古老的洋槐。楼东还建有一个网球场，在周围喧闹的市井之间，倍显静谧。

然而，静园并不平静。溥仪来到这里后，与英、法、意、日等国的领事或驻军司令官频频接触，与直、奉系军阀不断往来。在这里，溥仪仍然使用宣统年号，不时发出谕旨，召开御前会议，俨然以皇帝自居。每天上午他都要召集"股肱大臣"，批示奏折，倾听奏陈，研究时局变化，以图"光复故物"，还政于清。小小静园时不时爆出热闹新闻。

九一八事变后，溥仪与日本政界的接触日益密切。日本帝国主义为了达到长期统治中国的目的，急需一个由日本控制并为日本帝国主义利益服务的傀儡皇帝，以便为日本进一步侵略中国寻找借口。他们拼命鼓动和利诱溥仪在东北建立伪满政权，甚至不惜采用威逼、恫吓等卑鄙手段。此时，溥仪抱着回到东北"祖宗发祥地恢复祖业，先据关外，后图关内"的复辟幻想，经过与众臣密谋策划，终于下定决心去东北当伪满洲国皇帝。

1931 年 11 月 10 日夜，在日本军方特务的策动下，溥仪经过化装藏在一辆敞篷汽车的后箱内，由日本人护送秘密离开静园。1932 年 3 月 9 日溥仪在长春正式登基，当上了伪满洲国的傀儡皇帝，充当日本侵略中国的御用工具长达 13 年之久。

日本投降后，静园一度成为国民党天津警备司令陈长捷的居所。天津解放后，曾为总工会所用。目前此院落仍为居民住宅，破坏比较严重。作为一项近代中国重要的历史遗存，1991 年 9 月静园已被列入天津市级重点

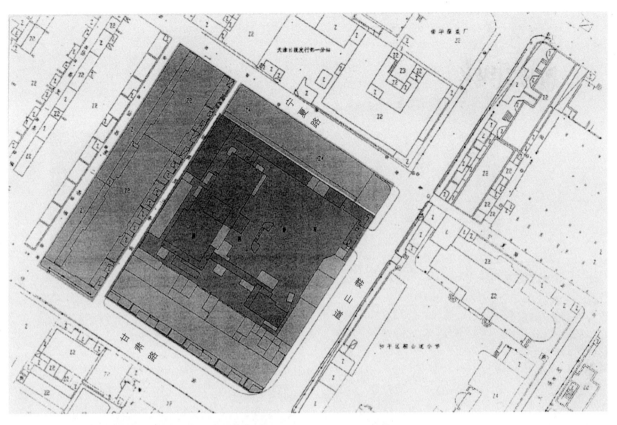

图 2-14-1　静园平面示意图（摘自天津历史风貌建筑保护开发投资指南，天津市房地产管理局）

图 2-14-2　静园局部现状

文物保护单位以及特殊保护等级历史风貌建筑。

15. 张园

张园位于和平区北部今鞍山道与山西路交叉路口处鞍山道 59 号（原 67 号），大门口有一对石狮，占地面积 6660 平方米，始建于 1915 至 1916 年。

张园原系清末湖北提督兼驻武昌第八镇统领张彪的私人住宅和花园（图 2-15-1）。

张彪，字虎臣（1860-1927 年），山西榆次人，清光绪武科举人，后作为湖北标统、提督，驻武昌第八镇统领。1911 年辛亥革命军围攻武昌，他逃往日本。民国成立后，张彪回到天津，在日租界宫岛街（今鞍山道）买了近 10 亩（6600 平方米）洼地，招工填坑，自己设计，盖了一所三层的豪华楼房。楼房四周长廊围绕，院内垒有假山，又筑池引水，与小溪、小桥、喷泉组成水景。园内种植各种花木，设置石桌石凳等，取名露香园。因园主姓张，后来便称为张园（图 2-15-2）。

这所楼房，除张彪自家享用外，还用于出租作为游艺场。承租人利用园里亭、台、假山、荷塘，设置茶座、冷饮，还配建有剧场、曲艺场、露天电影场及台球房，并有广东饭馆"北安利"。一时生意兴隆，游人甚多，和大罗天夜花园对峙，热闹非凡（图 2-15-3～图 2-15-6）。

1924 年 10 月，直系将领冯玉祥在第二次直奉战争中发动北京政变，随即邀请孙中山北上共商国是。1924 年 12 月 4 日，孙中山先生偕夫人宋庆龄经广州、香港、上海、日本到达天津，受到各界代表的热烈欢迎，随后孙中山乘专车到达张园，稍事休息后即会见各方代表，并在

图 2-14-3　静园大门（资料来源：天津市和平区文化和旅游局）

图 2-15-1　张园大门

图 2-15-3　1926 年的张园（资料来源：今少年儿童图书馆）

图 2-15-2　张园主楼

图 2-15-4　张园部分绿化庭院（资料来源：今少年儿童图书馆）

图 2-15-5 张园内部分绿化及山石盆景

图 2-15-6 张园园景（历史照片）

张园发表了《孙中山抵津后之宣言》，草拟了建国意见 25 条。中共地下党组织江著元，于方舟、邓颖超曾去那里探望孙中山先生。1924 年 12 月 31 日，在张园度过了紧张劳累的 27 天后，孙中山先生抱病从天津启程乘专车入京。

1925 年 2 月 24 日，被冯玉祥驱逐出紫禁城的末代皇帝溥仪由北京潜来天津，偕同皇后婉容、淑妃文绣住进张园。当时住在天津的清朝旧臣，遗老遗少纷纷前来拜见，张园整日车水马龙，热闹非凡。1929 年 7 月 9 日，溥仪由张园迁往同处一条街的静园居住。

1935 年左右，作为日本高级军官司和特务住所。后拆毁原建筑，重建楼房，增设塔楼，作为日本军部。

1949 年天津解放后，作为天津市军管会办公用房；1958 年归天津日报社使用。

1982 年 7 月，被列为市级文物保护单位。现为市少儿图书馆。

16. 梁启超故居及饮冰室

梁启超（图 2-16-1）（1873-1929 年），近代资产阶级改良主义者、学者，字卓如，号任公，又号饮冰室主人，广东新会人，清光绪举人，和其师康有为一起参加变法维新，人称"康梁"。1895 年赴京会试，与康有为发动公车上书，1896 年在上海创办并主笔《时务报》，发表《变法通议》等文章，编辑《西政丛书》，次年主讲长沙时务学堂，积极鼓吹和推进维新运动，1898 年入京参与百日维新，以六品卿衔办京师大学堂、译书局。戊戌变法后逃亡日本，初编《清议报》，创办《新民丛报》，坚持立宪保皇，受到民主革命派的批判。辛亥革命后以立宪党为基础组成进步党，拥护袁世凯，出任袁政府司法总长。1916 年又策动蔡锷组织护国军反袁，后又与段祺瑞合作。出任财政总长，五四运动时反对"打倒孔家店"口号，倡导文体改良的诗界革命和小说界革命。

梁启超在天津的居所起源于 1911 年他回国之后。因为辛亥革命刚成功，时局不定，各地仍在征伐，他不愿居是非之地的北京，选择寓居于天津。于是在天津意大利租界四马路购地，得周国贤宅地，即现在的河北区民族路 44 号和河北路 46 号，立基建房，聘请意大利建筑师白罗尼欧为其设计，1914 年梁氏故居先建成，1924 年又在故居南建书房，名饮冰室。1991 年梁启超故居和饮冰室被列为天津市文物保护单位。2003 年，耗资 2000 万元，历时一年的抢修工作完成，梁启超故居及饮冰室对外开放。

梁启超故居为二层砖木结构，意大利式小洋楼，建筑面积 1121 平方米，主楼群为水泥外墙，门窗柱有各式花饰，红色瓦顶，石砌台阶（图 2-16-2、图 2-16-3）。书斋取《庄子·人间世》中"今吾朝受命而夕饮冰，吾其内热欤？"，而命名为饮冰室，亦自号饮冰室主人，意思是：我早上接受出使之命，晚上就得吃冰，以解心中焦灼。表现了他忧国忧民的拳拳之心。梁启超在此居住

图 2-16-1　梁启超塑像

图 2-16-2　梁启超故居

图 2-16-3　南花坛

了最后 15 年，写下了六十多篇文稿，其中著名的有《吾今后所以报国者》（1914 年）、《异哉所谓国体问题者》（1915 年）、《盾鼻集》（1916 年）、《欧游心影录》（1918年）、《饮冰丛著》（1919 年）、《翻译文学与佛典》（1920年）、《清代学术概论》（1920 年）、《墨子学案》（1921年）、《陶渊明》（1922 年）、《大乘起信论考》（1922 年）、《戴东原先生传》（1923 年）、《国学入门书要目》（1923年）、《近代学风及地理分布》（1924 年）、《饮冰室文集》（1925 年）、《辛稼轩年谱》（1928 年，未竟而卒），最后合编为《饮冰室合集》。

饮冰室为砖木结构，意大利式小洋楼，建筑面积950 平方米。

两楼皆坐西朝东，楼前广场及花园修葺一新，概非旧貌。前为花园，面临大街。有中院门和北角门，前院墙低矮，北段用八个砖柱礅，上各立灯具；南段院墙九个柱礅，上各立灯具。北院墙和南院墙较高。东北角建有门房，作为售票处。

17. 李纯祠堂

李纯祠堂属军阀权贵的私家祠庙园林。坐落在南开区白堤路西侧。始建于 1913～1923 年，占地 25600 平方米，建筑面积约 8000 平方米。是一处规模宏大，壮观典雅的仿古建筑群。祠堂坐北朝南，仿故宫布局，酷似紫禁城中路（图 2-17-1）。正门两侧，雄踞石狮一对，面对正门有砖砌照壁横障，两壁侧为石人、石马、石碑（图 2-17-2），掩映在肃立的翠柏之中。

进入正门，玉石牌坊耸立（图 2-17-3），牌坊后面，东西两侧立有"华表"一对（图 2-17-4），前行有玉带河，跨河有玉石桥（图 2-17-5）。石雕精细，气势庄重。往北院分三进，即三大殿。头道院的迎面为前殿，东西有配殿，院内松柏茂密，林木荟郁，景致颇佳。东北角和西北角各有角门与二道院相通。二道院为祠堂建筑的主体，气势宏伟，巍峨壮观。左右有配殿陪衬（图2-17-6），东西有厢殿相对，中殿殿顶覆盖绿色琉璃瓦，并饰以琉璃脊兽，彩绘斗栱，雕梁画栋，色彩绚丽，富丽堂皇（图 2-17-7、图 2-17-8）。殿前有宽敞的月台，殿后有华丽的戏台，戏台顶部有"玉龙戏珠"大浮雕，造型华美，栩栩如生。第三道院与二道院布局相仿，两道院的四周皆有游廊环绕（图 2-17-9、图 2-17-10）。园四周设置护祠河，辟有后花园，园内广植花草树木，景色秀丽，宛如帝王行宫。

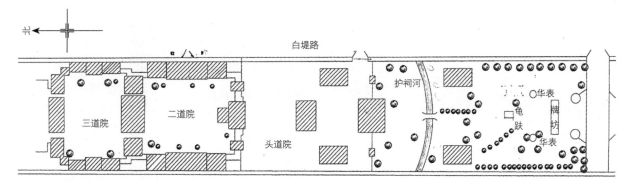

北

白堤路

护祠河

华表

牌坊

龟趺

华表

三道院

二道院

头道院

兴业里旧货市场

图2-17-1 李纯祠堂平面示意图

图2-17-2 石碑

图2-17-4 华表

图2-17-3 原大门及牌坊

图2-17-5 护祠河上石桥

图 2-17-6　东西配殿

图 2-17-9　侧门游廊

图 2-17-7　主殿

图 2-17-8　主殿现有树木

图 2-17-10　游廊内景

　　这座"小故宫"何以落户津门？这还得要从李纯这个人说起。李纯（1874-1920 年）字秀山，天津人，老家住在今河北区水梯子大街东兴里，少年时家贫，其父以卖鱼为生。光绪十五年（1889 年）考入天津武备学堂第二期，毕业后参加淮军。袁世凯在小站练兵时，他任武卫右军教练官。光绪三十一年（1905 年），清政府考查练兵成绩，在直隶河间举行秋操演习，任命袁世凯、

铁良为校阅大臣。据说李纯在大操场上喊操，指挥千军万马，口令声震全场，为袁世凯所赏识。后来他带兵拥袁，成为北洋军阀嫡系。民国 2 年（1913 年），升为江西督军，民国 6 年（1917 年）冯国璋任代总统时，调他为江苏督军兼浦口商埠督办。李纯在赣、苏两省连任督军 7 年。民国 9 年（1920 年）10 月 12 日，暴卒于江苏督署任所。

李纯在就任官职期间，横行暴敛，财富数额惊人。他除了收藏黄金珠宝外，还大量购置房产，投资金融、工商业。李纯家里设有经理处和"立志堂"大账房以司其事。其现金和股票，仅他夫人王氏名下就存黄金4400两，妾孙氏名下存黄金1940两。另存现款三百数十万元。还存有懋业银行、大陆银行、北洋保商银行、山东工商银行、哈尔滨电灯公司、中国实业银行、龙烟煤矿、山东面粉公司等企业的巨额股票。其房产、土地、存款和股票等租金和利息收入，每月可达4万元。1921年前后，金价每两值银圆20元左右，他每月收入折合现金可达4.5万两。这样的巨额财富，在北洋军阀中，不在曹锟、冯国璋、段祺瑞之下。

李纯一生广积财富，然而他也曾拿出一部分私产捐资办学。除了给南开学校捐资50万元建"秀山堂"，他还在天津河北三马路、关帝庙等地创办了"秀山小学"三所，全部经费均由李纯本人负担。

李纯穷奢极侈，挥金如土，为营建私人宅邸，1913年他于督军任上在北京西城购得王府宅邸一座，据说这座王府曾是明代宦官，号称九千岁的大太监刘瑾的私宅（后为清庄王府宅第）。他命人将其全部拆卸，从北京运到天津老龙头车站，再在冬天沿途挖井、泼水冻冰，用冰道将全部物料"滑运"到工地。同时在天津西南的沼泽地，由工匠将运来的所有建筑构件重新组装起来。这组经拆迁重建的古建筑与王府一样，雕梁画栋，蔚为壮观，前前后后耗资达数十万元。由于建筑工程浩大，内部设施豪华，曾引起袁世凯的猜忌并派人前来调查。为此，李纯用重金行贿，为掩人耳目，将园邸改为李家祠堂，方得以解脱。

据史载：祠堂尚未完竣时，李纯即被其部下刺死，于是工程草草收场，许多石雕均堆在祠外。之后李纯的后人又陆续重建。

1948年，天津解放前夕，祠堂曾被国民党军队占用，建筑惨遭破坏。溃逃时放火烧了一座东配殿，后花园亦被践踏成一片废墟。

新中国成立后，于1958年，市人民政府拨款整修，填平了原护祠河，并在第三道院建了大剧场。1960年，经人民政府批准，将该祠堂改名为南开人民文化宫，并请郭沫若题字。1981年，再次进行较大规模的修葺。1982年，该组建筑被列入天津市文物保护单位。2007～2008年天津市南开区在社会各界的关注与支持下，将李纯祠堂进行保护修缮。现称"庄王府"，并已对外开放。

18. 望海楼

古望海楼始建于清康熙年间，据传彼时登楼远眺，烟波浩渺，似可望海，故名"望海楼"。乾隆三十八年（1773年）重建，清高宗弘历御题"海河楼"，故又名"海河楼"，一度为清朝皇帝行宫。

望海楼教堂坐落于天津市河北区狮子林大街292～294号，毗邻狮子林桥，是典型的哥特式建筑风格的天主教教堂（图2-18-1），它是近代伴随英法联军的入侵而传入中国的。1860年第二次鸦片战争后，外国传教士蜂拥入津，法国天主教会为了给传教活动开辟据点，咸丰十一年（1861年）北京教区主教孟振生令神甫卫儒梅通过法国领事馆与清廷三口通商大臣崇厚签订契约，获得望海楼及其西侧崇禧观15亩地的永租权，在古望海楼旧址处修建教堂。1866年天主教北京教区又派神甫谢福音来津办理教会地产事宜，于同治八年（1869年）动工，同年5月16日奠基，12月28日落成。在钟楼正面镶嵌一块大理石匾额，上刻外文"N.D. DESVICOIRES"（圣母得胜堂）金字；因此望海楼教堂又称圣母得胜教堂，此即第一次建成的望海楼教堂。1870年6月，教堂内发生了令人发指的虐婴事件，激起民愤，天津群众自发组织起来，于6月21日烧毁瞭望海楼教堂，杀死法国领事丰大业、神甫谢福音，此即震惊中外的"天津教案"。甲午战争中国战败，法国公使施鄂兰要求重新修建望海楼教堂，直隶总督王文韶转告天津道、府与法国领事赛来德协商办理。1897年6月望海楼教堂在原址建成。1900年义和团在反帝斗争中将重建仅3个月的望海楼教堂付之一炬，再次焚毁。

1904年法国天主教会利用庚子赔款在原址第三次重建教堂，即今望海楼教堂。此次重建增加了角楼，面积和高度都有所增加。据考，应是维持了原有立面（图2-18-2）。

图2-18-1　望海楼教堂

望海楼教堂主体建筑坐北朝南，平面呈长方形，长约51米，高约12米，为石基砖木结构。教堂正面塔楼3座，呈笔架形。教堂内并列庭柱两排，为三通廊式，内部无隔断；内窗券为尖顶拱形，窗面由五彩玻璃组成集合图案，哥特风格强烈；地面铺有瓷砖。中塔楼（即钟楼）高10米，塔楼顶置有十字架。东西墙檐排水天沟各镶有8个石雕兽头，头颈展露于外，逢雨射流，宛如喷泉。外檐门窗券皆为二圆心尖券，其上端均镶有圆形玻璃窗，造成教堂外表的向上动势（图2-18-3）。教堂立面砖雕反映出中国传统砖雕技艺和传统纹样的高超水平（图2-18-4）。门两侧有扶壁，上部塔楼为平顶，可以眺望海河。正厅内东西两侧各立8根圆柱，支撑拱形大顶，顶壁有彩绘，地面为花瓷砖铺砌。大堂内，北首为主祭台，左右分别是耶稣和鞠养像。另外，教堂两侧墙壁上挂有14幅耶稣画像。教堂主体建筑面积879.73平方米，可容纳上千人。教堂北侧为神甫更衣室，东北侧有一幢长条形青砖瓦顶、带地下室和前廊的神甫楼，建筑面积约700余平方米，另有生活用房等附属平房建筑（部分为医院所用）。院门有置石一处，刻有天主十诫（图2-18-5），其前部种植月季数株及盆栽观赏花卉，院

图2-18-2 南立面

图2-18-4 立面砖雕

图2-18-3 东立面尖券窗

图2-18-5 天主十诫

图 2-18-6　院内绿化

图 2-19-1　桃花堤

内有白蜡数株，树龄较长，今已亭亭如盖（图 2-18-6）。望海楼共占地 4.625 亩（3083.35 平方米），总建筑面积约 1900 平方米。

解放后，在宗教信仰自由的政策下，望海楼教堂一直是天主教举行宗教活动的场所。"文革"期间，宗教活动被迫停止。1976 年地震波及天津，望海楼教堂塔楼有所损坏，后厅亦被震塌。粉碎"四人帮"后，在政府和天主教爱国会的共同努力下，于 1984 年将望海楼重新修葺一新，并恢复了内部设施。1985 年望海楼被列为市级文物保护单位，同年 12 月恢复了宗教活动。1988 年 1 月国务院公布其为全国重点文物保护单位、特殊保护等级历史风貌建筑，是进行爱国主义教育的重要活动基地。

19. 桃花堤

桃花堤在天津北运河畔，尤以丁字沽和西沽一带的桃花堤最著名，由于运河由此经过，此地成为南北交通干线上的重要节点。昔日，这里开设粮栈和商铺，南北货物商贾在此交流，文人亦在此驻足。桃花堤的名气始于元代，盛于清朝（图 2-19-1）。

早在元代，诗人成始终就写有《发桃花口直沽舟中述怀》："杨柳人家翻海燕，桃花春水上河豚"（《梁溪诗钞》）。清初，浙江海宁学者查慎行诗道："独客叩门来，老僧方坐睡，欲知春浅深，但看花开未"。康熙皇帝南巡回来，御驾桃花堤附近桃花寺，忆起刚在江南看到的桃花，写下《点绛唇》："再见桃花，津门红映依然好。回銮才到，疑是两春报。锦缆仙舟，星夜盼辰晓。情飘渺，艳阳时袅，不是垂阳老"。钱塘学者汪沆的诗道："桃花寺外桃花树，春去犹迎銮辂开。莫讶天公机杼巧，红云要护翠华来"（《津门杂事诗》）。乾隆皇帝下江

图 2-19-2　北洋园西沽武库火炮

南（1767 年），诗《西沽二首》道："西沽三水汇流处，南北运河清贯中。徒时堤防宁有是，要当善道备宜通"。"郡城清晓返巡銮，逶迤西沽策马观。行过烟村大堤接，御舟早已候河干"。回京后，乾隆叫他的儿子永瑆来此巡游，永瑆游后写了一首咏丁字沽的诗。嘉道年间的诗人崔旭的诗道："几家茅屋名西东，见说桃花夹岸红。剩有一弯流水碧，桃花何处笑春风"。戴明的诗《咏西沽》道："柳营村牧避，桃花晓迷津"。陈立夫曾诗"名都胜迹运河东，曾共芸窗听晓钟。何事麻姑间沧海，桃花依旧笑春风"。

1900 年，庚子之变，义和团首领曹福田在西沽武库大败西摩尔率领的联军，武库被炸，武库与桃花堤紧邻，于是桃花林也毁于一旦，现以旧武库的一个火炮作为对废墟的纪念（图 2-19-2）。1902 年北洋大学堂迁址武库废墟，校门设在北运河南岸。但桃花堤的盛况却已

成往事。1923年，校长冯熙运（字仲文，1885生，天津人，哈佛大学和芝加哥大学毕业，1911年获法学博士，1920～1924年任北洋大学校长）用施工单位的馈赠（当时被他拒绝）重建桃花堤。于是，北洋大学才有校歌中的"花堤蔼蔼，北运滔滔。"民国时期，桃花堤又成为市级的踏青之处，词家向迪琮和赵元礼等文人曾在此唱和歌咏，成为一时盛事。几经战争后的桃花堤，在解放初时仅余一小片桃花林，残堤荒地，山桃伴柳，聊以报春，长期以来没有多大改观。1985年，市政府把恢复桃花堤作为十项大事来做，当年5月开始动工，9月完工，10月1日开放。1994年，桃花堤工程南延，取名桃诗园；当年施工，当年建成。2001年，桃花工程又向南推进，因在北洋大学原址前，故名北洋园；也是当年施工，当年竣工。2001年之后，每年3月中下旬的天津桃花节在此举行，年年人头攒动，盛况空前。届时，各种手艺人在此现场表演手工艺制作。这里种的大部分是毛桃，开花最早；也有一部分是碧桃，与其他园林的桃花同时开放。

　　现在，狭义的桃花堤是指从青年桥到北洋桥之间1200米左右的沿河堤岸，岸宽约30多米，由三个园构成，从西向东，折而向南，依次是桃花园、桃诗园和北洋园。堤岸比运河水面高出5米左右，比堤内地坪高出约1.8米左右。

　　桃花园长400米，面积12900平方米，规划设计上用双游线，一条游线在堤上，一条游线在堤内。堤面宽约2米，道路1.2米左右，两边全为桃花，品种多为毛桃。堤上设有观景平台，台平面为圆形，山石引道，台周有坐凳环绕。堤外还有乾隆御码头（图2-19-3），当年乾隆十次过津，多在此舍舟登岸。码头用汉白玉砌成，四面汉白玉栏杆。登陆台阶两边用景石护路，正对台阶的堤上建有六角亭，亭内立有乾隆御题的桃柳堤碑（图2-19-4）。堤内游线分为多个景点，成轴线一字布局：入口广场、牌楼、观音塑像、牌坊、弥勒佛塑像、龙墙、九龙池、厅堂、五龙壁、曲池、水榭长廊、小广场、牌坊、龙墙。九龙池为一圆形水池（图2-19-5），池中一条立起的大龙，池岸立八只龙头，皆为汉白玉雕成。厅堂三开间，歇山顶，青色筒瓦，仙人走兽，正脊鸱吻。正对九龙池，现为展室。五龙壁（图2-19-6）上用琉璃镶嵌五条飞龙，背面题诗："津沽逢盛世，长堤醉桃红，运河生春色，园中腾蛟龙"。入口牌坊四柱三楼，屋顶用黄色琉璃，翘角用仙人走兽，正脊用龙头鸱吻。中间两座牌坊亦为四柱三楼，黄色琉璃，仙人走兽，只不过体

图2-19-3　御码头

图2-19-4　桃柳堤碑亭

图2-19-5　九龙池及厅堂

量较小，没有设门。水榭与长廊四面开敞，互相贯通，水榭正对水池，与对岸的观景平台形成对景。水榭其实是方亭，筒瓦攒尖顶，红柱绿座。廊与亭一字接续，两边座靠，顶为筒瓦卷棚。

桃诗堤长最短，长仅200米，面积4000平方米，北运河在此转折。园门设在南面，门内设有影壁（图2-19-7），壁正中镶嵌双龙戏珠汉白玉浮雕，两边对联："云飞金谷雨，花映武陵春"。规划平面与桃花园相似，分为堤上游线和堤内游线。不过，这里的堤内游线不像桃花园那样严谨，平面花池的变化较为自如。堤上有观景平台，平台边依堤筑假山，山势高耸。平台略高于桃花园的平台，圆台亦四周围以铁栏木座。堤上种毛桃，堤下种碧桃，桃花中立有景石两处，饶有趣味。最令人感到惊讶的是嵌在围墙上的桃花诗，这是天津市书法家以各种字体书写的历代赞美桃花堤的桃花诗，一共58方

（图2-19-8）。

北洋园约600米，是最长的一段，也是改建最晚的一段，2001年由天津大学环艺系的曹磊和董雅两位教授设计。该园主题是北洋大学堂的办学精髓及桃花堤的历史文化。园门设在北洋桥头。入口有门房、铁门、景石、小广场，景石上题"北洋园"三字。入园后见硬地上立有红色雕塑，再前行来到北洋大学的旧校门和团城两个保存建筑（已归河北工业大学，不对外开放）。不过，两个建筑都很有时代特征，一是古典建筑的城堡，一是近代中西合璧的大门。团城后面是西沽炮台展品及罗马柱广场。之后是儿童活动区，这里设有儿童游乐设施。前行几步来到表演剧场，剧场下沉式，中央有表演舞台，周围环以看台。台外园路，路外长堤，堤上立罗马柱廊。再前行来到北洋浮雕区，这里有曲水池，池底铺鹅卵石，中间有起伏的观景平台，正对平台是北洋浮

图2-19-6　五龙壁

图2-19-7　双龙戏珠影壁

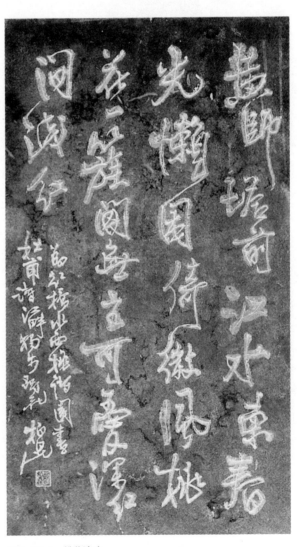

图2-19-8　桃花诗碑

图 2-19-9　北洋浮雕墙

图 2-19-10　北洋纪念碑

图 2-20-1　张勋像

雕（图 2-19-9），墙上有北洋大学校徽、校歌，天津大学校门，创始人盛宣怀、校长茅以升等北洋学子或北洋名人。北洋园与桃诗园隔以龙墙，堤上堤下皆有圆洞门可通过。沿墙一侧建有北洋纪念碑（图 2-19-10）。碑体由三个方尖石砌成，相互分隔，远如一体，内壁线刻各种图案，令人思绪万千。

纵观桃花堤的历史，可见桃花堤源远流长；细品名人的桃花诗，令人耳目一新；亲自入园品赏，切记春天三四月。

20. 张勋花园别墅

张勋花园别墅，该别墅坐落于天津原德租界 6 号街，今河西区浦口道 6 号，现为天津市出入境检验检疫局。宅院东起台儿庄路，西至江苏路，南抵浦口道，北邻蚌埠道，是近代天津知名度较高、保存较为完整的别墅之一。现已被列为天津市文物保护单位和重点保护等级历史风貌建筑。

张勋（1854—1923 年），字绍轩，晚号松青老人（也称松寿老人），江西奉新人（图 2-20-1）。咸丰四年（1854 年）出生于一小商贩家庭。1884 年投军，光绪二十一年（1895 年）张勋投靠袁世凯，初任管带，后升任副将、总兵。清光绪二十八年（1902 年）调往北京宿卫端门，多次充当慈禧、光绪的扈从。历任江南提督，钦差江防大臣等。张勋至死不剪象征大清臣民的辫子，并不准部下剪辫，被称为"辫帅"。1916 年 6 月至 1917年 7 月黎元洪任总统时，张勋以调解府院（黎元洪、段祺瑞各方）之争为借口，于 1917 年 5 月率军入京，迫使黎元洪辞去民国总统；同年 7 月 1 日拥溥仪登基，复辟帝制，张勋自封为议政大臣，直隶总督兼北洋大臣。此闹剧仅维持了 12 天，便以失败告终。之后张勋便寓居于天津的花园别墅中。1923 年 9 月 12 日张勋病逝后，其家属将整幢别墅卖给盐业银行，1936 年盐业银行又将别墅转卖给国民党实业部天津商品检验局。新中国成立后被人民政府接管，由中华人民共和国对外贸易部天津商品检验检疫局使用至今。

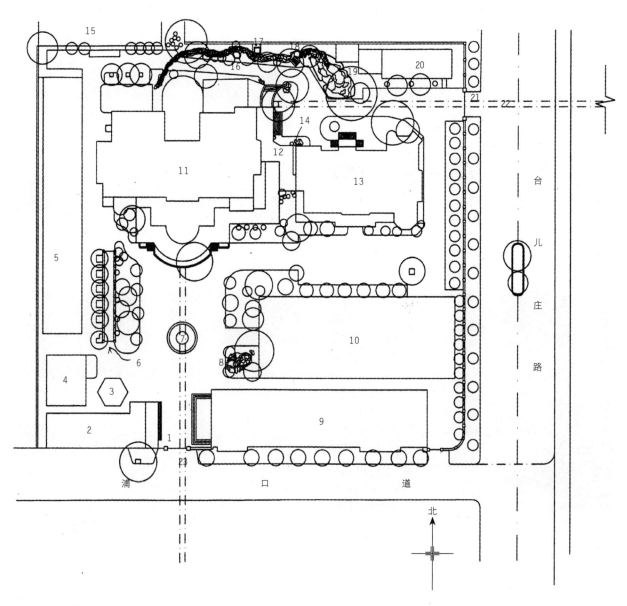

图 2-20-2　张勋花园别墅总平面图

1. 南门；2. 商店；3. 避灾亭；4. 仓库；5. 宿舍楼；6. 花架；7. 跌水喷泉；8. 虎山；9. 办公楼；10. 商检楼；11. 西别墅；12. 连廊；13. 东别墅；
14. 壁山；15. 办公楼；16. 六角亭；17. 方亭；18. 五角亭；19. 龙山；20. 外廊式平房；21. 东北门；22. 北地道；23. 南地道

　　张勋别墅建于清光绪二十五年（1899 年），由德国建筑师设计，为德式风格。该建筑系张勋购自清王室所建的小洋楼，占地面积 16585 平方米，建筑面积 5632 平方米。有楼房 56 间，平房 54 间。布局协调，环境幽雅（图 2-20-2）。由浦口道大门进入院内，原有一座圆形台座，其上叠有横卧如虎的假山（图 2-20-3），现该处已改建为西式跌水喷泉。后在院内右侧叠有虎形假山一座 [图 2-20-4（a）～（b）]，但并非原有太湖石虎山。院左侧有一座六角仿古亭，有的文献称之为避灾亭，亭台仿须弥座，高 1.28 米，材质为汉白玉，其上均刻有

以荷花、水禽为主题的浮雕，六面形态各异，当时定是栩栩如生，如今已有不同程度的风化 [图 2-20-5（a）～（b）]。西别墅楼前花园西侧现建有一座砖木结构的花架，卵石嵌花铺地，紫藤满架，与六角避灾亭遥相呼应（图 2-20-6）。园内花草五彩缤纷，乔灌花木茂盛葱郁，园内亦不乏百年大树（有的大树已列入市、区级重点保护古树）。花园别墅东侧台儿庄路因道路拓宽，园内原有百年古槐如今仍保留在拓宽后的道路中心树坛中（图 2-20-7）。别墅院内设有两处地道，以便应急时从水陆两路出逃。南地道由西别墅楼向南通

131

图 2-20-3　原西别墅前太湖石虎形假山现已改为西式跌水喷泉（引自《天津历史名园》）

图 2-20-5（a）　六角避灾亭（摄于 2012 年）

图 2-20-4（a）　虎山（摄于 2012 年）

图 2-20-5（b）　台座浮雕细部（摄于 2012 年）

图 2-20-4（b）　虎山正立面图

至浦口道，北地道（东西走向）位于后花园向东经台儿庄路通达海河。

花园别墅内的主要建筑是两幢以外廊相连的独立两层砖木结构楼房，混水墙面，红瓦坡顶，建筑体量轻盈通透，色彩和谐 [图 2-20-8（a）~（c）]。西楼主要用于会客接待，室内装饰豪华，硬木门窗、地板。原有部分豪华家具得以保存至今。由台阶进入圆形门厅有廊相连。底层为戏台，看台两层。张勋当时策划复辟帝制，聚集众心腹密谋于此。至二层楼梯转角休息平台处有一面引人注目的豪华大镜，据说上二楼照镜可步步高升。楼下设有装置厚铁门的保险库和半地下室。二楼前部有大平台。东别墅楼为张勋及其眷属的起居楼，立面简洁，四坡蓝瓦顶（现已改为红色瓦顶），局部有尖顶塔楼，上设风向标。底层为圆拱门窗，彩色玻璃。楼左侧后方曾有大型花窖。另有一排外廊式平房，是原护兵、马弁、佣人的居室（现为保安室）。

图 2-20-6　紫藤花架（摄于 2012 年）

图 2-20-8（b）　东别墅楼（摄于 2012 年）

图 2-20-7　原花园内百年国槐（摄于 2012 年）

图 2-20-8（c）　东西别墅间的连廊（摄于 2012 年）

图 2-20-8（a）　西别墅楼（摄于 2012 年）

图 2-20-9　连廊处的壁山（摄于 2012 年）

别墅后花园更是别有洞天，北方罕见的贴墙壁山叠砌在后花园东西两别墅楼的连廊一隅，别致得体（图 2-20-9）。由外廊式平房西山墙起，沿北围墙向西展现一座延绵 50 余米的长龙造型假山，高低起伏，洞

图 2-20-10（a） 盘龙假山首（摄于 2012 年）

图 2-20-10（c） 盘龙假山尾（摄于 2012 年）

图 2-20-10（b） 盘龙假山中部（摄于 2012 年）

穴错落，气势非凡，是近代天津花园别墅中保存完整且最长的太湖石假山。龙头砌有步石可上达龙首之顶，其下有洞穴、小桥、水池。结合龙身因地制宜建有五角半山亭、四角半山亭和六角亭。龙尾在后期配合园内道路砌筑了跨路拱形尾门，尾部攀满五叶地锦，更显自然生

动，可谓私园假山中之佼佼者 [图 2-20-10(a)~(d)]。据有关记载，该处还曾设有荷花池、石桥、游船、瓷人、石碑等，并曾饲养猴、狐狸等动物和鹦鹉、孔雀等鸟类。张勋别墅的前后花园当时可被誉为近代造园佳作之一。

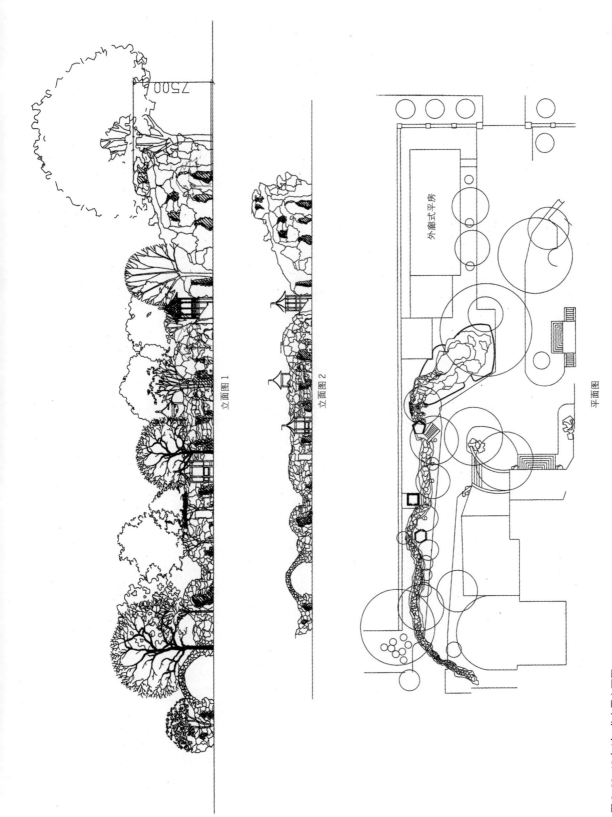

立面图 1

立面图 2

外廊式平房

平面图

图 2-20-10 (d) 龙山平立面图

附录一 天津近代园林大事记

序号	中国历代纪元	公元	大事记
1	同治二年	1863 年	津门富豪、大盐商李春城建荣园，俗称李善人花园，今人民公园，见本卷实例 11
2	光绪六年	1880 年	天津第一座租界花园——海大道花园在法租界创建
3	光绪十年	1884 年	石家大院是昔日"津门八大家"之一的石家旧宅。石家后代四门次子石元仕于 1884 年继承父业后，将宅院几经扩建修葺，渐成今日规模，当时又称"津西第一宅"。著名的"平津战役"前线指挥部曾设于此。宅院西南有颇具江南风貌的花园，见本卷实例 12
4	光绪十二年	1886 年	是年春，清重臣李鸿章将佟楼附近 200 多亩土地赠予德璀琳（英籍德人，曾三任津海关税务司司长，李鸿章的主要助手），他在此修建了赛马场、"乡谊会"和当时津城最大的一处花园别墅"德璀琳大院"
5	光绪十三年	1887 年	英租界内第一座租界花园——维多利亚花园建成开放，它比香港的维多利亚公园早建成六十多年，见本卷实例 8
6	光绪二十九年	1903 年	曹家花园原为军火商孙仲英宅院，后以重金转让给曹锟。该园具中西合璧之风，集中西园林之胜，见本卷实例 13
7	光绪三十一年	1905 年	劝业会场被扩建为公园，成为国人自建最早的公园之一，见本卷实例 2
8	民国 2 年	1913 年	李纯祠堂始建，见本卷实例 17
9	民国 6 年（约）	1917（约）	约于是年修建的大罗天是花园式综合游艺场，内设有假山、亭、台、楼、阁、戏台、露天电影场等，属综合经营式园林
10	民国 6 年（约）	1917（约）	张勋别墅是天津至今保存完整、稀有的著名花园别墅之一，20 世纪初张勋购自清王室，建西式洋楼（由德国建筑师设计）。其造园手法中西兼容，后花园内堆有形如盘龙之假山，高低错落，延绵长达 50 余米，其堆山手法为津城罕见
11	民国 21 年	1932 年	是年秋，北宁公园竣工开放，见本卷实例 3
12	民国 38 年	1949 年	是年 1 月 15 日天津解放
13	民国 38 年	1949 年	1 月 26 日中正公园改名解放北园
14	民国 38 年	1949 年	2 月 13 日工务局通知修复德国花园
15	国民 38 年	1949 年	3 月 19 日工务局建立园林管理所

附录二 主要参考文献

1. 《天津城市建设丛书》编委会《天津园林绿化》编写组. 天津园林绿化：天津城市建设丛书. 天津：天津科学技术出版社，1989.

2. 《天津县志》（天津历史博物馆藏书）.

3. 《天津百科全书》编辑委员会. 天津百科全书. 天津：天津科技翻译出版社，1995.

4. 来新夏，章用秀. 天津建卫六百周年——天津的园林古迹. 天津：天津古籍出版社，2004.

5. 来新夏. 天津近代史. 天津：南开大学出版社，1987.

6. 郭长久，孙华起，杨族耀. 五大道的故事. 天津：百花文艺出版社，1999.

7. 贾长华. 六百岁的天津：今晚丛书. 天津：天津教育出版社，2004.

8. 来新夏主编. 杨大辛编著. 天津建卫六百周年——天津的九国租界. 天津：天津古籍出版社，2004.

9. 来新夏. 天津建卫六百周年——天津的城市发展. 天津：天津古籍出版社，2004.

10. 郭凤岐. 海河带风物. 天津：天津社会科学院出版社，2003.

11. 仇润喜. 邮筒里的老天津. 天津：天津杨柳青画社，2004.

12. 滕绍华，荆其敏. 天津建筑风格. 北京：中国建筑工业出版社，2002.

13. 张凤来，王杰. 北洋大学——天津大学校史. 天津：

天津大学出版社，1990.

14. 《天津城市建设丛书》编委会《天津近代建筑》编写组. 天津近代建筑：天津城市建设丛书. 天津：天津科学技术出版社，1990.

15. 路红，夏青主编. 天津历史风貌建筑——总览. 北京：中国建筑工业出版社，2007.

16. 郭喜东，张彤，张岩著. 天津历史名园. 天津：天津古籍出版社，2008.

17. 北洋大学——天津大学校史编辑室. 北洋大学——天津大学校史（二）. 天津：天津大学出版社，1995.

18. 王文俊等选编. 南开大学校史资料选（1919-1949）. 天津：南开大学出版社，1989.

19. 南开大学校史展览馆

20. 南开中学校史展览馆

21. 河北大学校史展览馆

22. 于焕文，王鸿逵. 杨柳青石氏家族兴衰录. 天津：天津杨柳青博物馆，1999.

23. 来新夏主编. 罗澍伟编著. 天津建卫六百周年——天津的名门世家. 天津：天津古籍出版社，2004.

24. 宫桂桐，韩志勇. 杨柳青石家大院：杨柳青民间文化系列丛书. 天津：新蕾出版社，2007.

25. （清）顾光旭. 梁溪诗抄（全二册）：无锡文库（第4辑）. 南京：凤凰出版社，2011.

26. （清）汪沆. 津门杂事诗.

27. 天津市政协文史资料研究委员会编. 天津的九国租界. 天津：天津人民出版社，1986.

28. 《天津城市建设丛书》编委会《天津近代建筑》编写组. 天津近代建筑：天津城市建设丛书. 天津：天津科学技术出版社，1990.

29. 天津市河西区政协文史委员会编. 天津德式风情区. 2006.

30. 天津市河西区档案馆编. 天津德式风情区漫游. 济南：黄河出版社，2010.

附录三　参加编写人员

鸣　　谢： 天津市档案馆
天津市旅游管理局
天津市外事办公室
天津市和平区文化和旅游局
天津市和平区园林管理所
天津市人民公园办公室等

撰　　文： 黎永惠——综述、实例1、7、8、20
刘庭风——实例：2、4、5、6、12、16、19、20
李在辉——实例：9、10、18
马德成——实例：3、13、17
宋玉兰——实例：11、14、15

摄　　影： 刘庭风、黎永惠、李在辉

资料提供： 李文茂、党贵云等

协助工作： 何华、梁维佳、贾晶等

中·国·近·代·园·林·史（下篇）

第三章　上海卷

第一节　综　述

一、园林的历史底蕴

上海建治至今已有七百多年，由于经济社会的发展和良好的自然环境，自宋代以来就建造了许多宅邸园林。

上海位于北纬 31 度 14 分，东经 121 度 29 分，处于长江三角洲的前沿。现有面积 6340.5 平方公里，辖 18 区和由崇明、长兴、横沙三岛组成的崇明县。西部成陆久远，东部为近二千年来陆续由长江上游泥沙冲积形成。全境湖沼密布、河网纵横，属水港地带，湿地面积 3197 平方公里。海拔一般在 4 米左右。年平均气温 15.7℃，年降水量 1145.1 毫米，属温带地区。

上海地区春秋时属吴，战国时先属越，后属楚，系春申君的领地，故别称"申"。到晋代，这里的居民除了从事农业以外，还发展了渔业，创制了一种捕鱼工具"扈"，因此吴淞江下游一带称"扈渎"，这就是上海简称"沪"的由来。上海濒临黄浦江水系，自古以来，外来船舶多停泊在上海浦即今吴淞江至十六铺一带，"上海"因此而得名。

南宋咸淳三年（1267 年）华亭县设上海镇。元至元二十九年（1292 年）将华亭县东北部 5 个乡镇划出，设上海县。县治的设立促进了经济的繁荣。航运业成为一大产业支柱，各地商帮云集，棉纺、手工业迅速发展，商业贸易日益兴盛，成为一座相当富庶的县城，巨商、富贾、豪门、雅士纷纷聚集到这一地区。因此，私家园林有了相应的发展，营造了许多优秀的园林建筑。以现在市辖范围而论，在北宋有嘉定的赵氏园。南宋有嘉定的怡园、松江的施家园、南汇的瞿氏园。元代有上海乌泥泾的最闲园、青浦小蒸的曹氏园、奉贤陶宅的云所园等。明代中叶由于倭寇骚扰，宅园建设一度停滞。明嘉靖三十二年（1553 年）为防御倭寇，上海县（现称闵行区）建造了城墙，倭患逐渐平息，经济渐趋恢复繁荣，宅园兴建遂进入鼎盛时期。从明代中叶到清代中叶，所建宅邸园林达数百处。这些古园几经沧桑，大多湮没，唯豫园、秋霞圃、古猗园、醉白池、曲水园尚残存。1949 年以后，这几座园林经多次修复、扩建成为上海仅存的五大古园。历史上上海地区曾涌现出一批技艺精湛的造园家，如叠撷豫园大假山的明末造园家、松江人张涟（字南垣）、古猗园的规划和营造者明代画家、嘉定人朱稚征（号三松）、日涉园的规划和营造者上海著名造园叠山匠师张南阳、曹谅等，为造园技艺留下了深厚的文化底蕴。

二、租界割据，西方列强接踵而至

1840年鸦片战争以后，清政府被迫于道光二十二年（1842年8月29日）与英国签订了《南京条约》。1843年7月10日，英国又与清政府订立了《中英五口通商章程》和《五口通商附粘善后条款》作为《南京条约》的补充。规定开放广州、福州、厦门、宁波和上海5处为通商口岸。

1843年11月17日上海正式开埠。开埠后，外国冒险家纷至沓来，纷纷要求在上海购地建屋。1845年11月29日，上海道台宫慕久与英国驻上海第一任领事巴福尔签订《上海土地章程》（见本卷附录二），共23条，成为后来租界的肇始。据此，英国人在上海得到了第一片土地的"永租权"。将洋泾浜（今延安东路）以北，李家庄（今北京东路）以南，东起黄浦江，西至界路（今河南路）全部面积830亩实行"华洋分居"。清道光二十七年（1847年），《上海土地章程》又增加一条成为24条，其内容是："在特许英国租地之范围内，除得悬挂英国国旗外，任何国家不得悬挂该国国旗"。这一规定使租界范围内的土地，无异于英国领地。

继英租界以后，道光二十四年（1844年）美国与清政府签订《望厦条约》（即《中美五口贸易章程》），通过这个条约，美国于1848年与上海道台议定，将虹口一带作为美侨的居留地，是为美租界的开端。1863年美租界面积达到7856亩，就在这一年的9月21日英美两处租界合并成立公共租界。光绪二十五年（1899年）公共租界再次扩张，面积达到33503亩。

道光二十四年（1844年），清政府与法国签订《黄埔条约》即《中法五口贸易章程》。道光二十九年三月十四日（1849年4月6日）中法正式签订开辟法租界的协定。租界定在"上海北门外，南至城河，北至洋泾浜，西至关帝庙诸家桥，东至广东潮州会馆，沿河至洋泾浜东角"，面积840亩左右。协定中还规定："倘若以后地方不够，再议别地，随至随议"。清咸丰十一年九月二十六日（1861年10月30日），法国领事以帮助清

政府镇压小刀会"有功"为由，要求扩大法租界。上海道台吴煦与法领事爱棠商定，将小东门外被小刀会焚毁的城郭一带约45亩划入租界范围。光绪二十六年（1900年）又第二次扩大面积，包括今重庆南路一带，法租界面积达2153亩，到1914年将"越界筑路"范围内的土地划入后，面积达15154亩（详见本卷附录三）。

租界园林管理机构的设立最初是在咸丰四年六月十一日（1854年7月5日）《上海英美法租界租地章程》公布。同年7月11日，根据这一章程，英、美、法租界联合组成市政机构——公共工部局，后改为上海工部局。同治元年（1862年），法租界退出三租界合组的工部局，自设大法国筹防公局，后改名为公董局，内设公园种植处。公共租界工部局则在工务处内设公园及空地部（Park and Space Branch），掌管花园、空地及行道树。

三、适应外侨需要，相继辟建公园

开埠后，租界内外国侨民逐年增加，城市基础设施发展迅速，公园建设工程随之相应兴起。其建园目的主要是适应外侨休闲、娱乐和体育活动的需要。

早在1850年，广隆洋行大班、英国人霍格伙同几个外侨组织了"跑马总会"，在界路五圣庙（今河南中路、南京东路口）租地80亩，辟作花园。在花园东南部设置一处五柱球球场，后称抛球场，又围绕花园筑成一条跑马道，这就是上海第一个跑马场，成为英租界最早的游乐场所。因为这座花园比公共花园（今黄浦公园）的辟建时间早18年，故俗称老花园。门前的道路称作花园弄（今南京东路）。

1848年清政府承认英租界范围由东向西扩张，由原来的界路（今河南中路）扩展到泥城浜（今西藏中路），面积达到2820亩。1853年小刀会起义占领上海县城，太平军东进定都南京，大批富豪、官绅逃来上海，英美领事乘机单方修改《上海土地章程》，将"华洋分居"改为"华洋杂居"。允许华人在租界内购地造房或租房居住。由于大量华人进入租界，花园弄一带地价飞涨。"跑马总会"于1854年以高价出卖了老花园的地皮，而在泥城浜以东即今湖北路、北海路、西藏中路、芝罘路和浙江路一带，以低价买进新划入租界范围内的大片农田，修建了新的跑马场。这是一座兼有休闲娱乐功能的活动场所，俗称新花园。由于外国侨民及中国人大量涌入这一地区，地价继续上涨。1862年，"跑马总会"在新花园中间，顺着花园弄的延伸方向开辟了一条道路（即今

南京东路西段），以高价出卖两侧地皮得银 49425 两。以所得资金的一部分于 1862 年在泥城浜以西，当时尚属租界以外地带，用"跑马占地"的手段，强行购得农田 430 多亩，用银 12500 两，辟建了第三跑马场（即今人民广场、人民公园所在地）。"跑马总会"于 1935 年建起跑马厅大厦及看台，故此后习称跑马厅。1894 年工部局以年租银 600 两向"跑马总会"租得跑马道中间的土地，开辟为公共娱乐场，建成一座专供外国人休闲娱乐和体育活动的花园。

"跑马总会"以三易场地赚得的银两及跑马场博彩收入，建立了公共娱乐基金会，对英租界（公共租界）的公园建设分别提出建议并且有所投资。

此后，由于英国领事馆设在黄浦江畔，许多外国洋行、商号、金融贸易机构也大都开设在沿江一带，外国侨民聚集。租界当局配合外滩整治工程并为满足外侨户外生活的需要，于 1868 年投银一万两，建设开放了占地 30 亩的公共花园（今黄浦公园）。19 世纪末、20 世纪初租界范围多次向外扩展，外侨人口继续增加，市场活跃，经济繁荣，公园建设相应发展起来。例如，1904 年在租界武装"洋枪队"（万国商团）打靶场的基础上，扩建虹口游乐场。早在 1901 年已投资购地 200 亩，投银 5000 两。1925 年改称虹口公园（今鲁迅公园），当时是一座具有完备体育设施的体育公园。1909 年，法租界公董局在法国兵营的地基上，扩建顾家宅公园，即法国公园（今复兴公园），成为法国侨民户外活动和国庆狂欢、阅兵的场所。1914 年，工部局捐银 2 万两购买外侨兆丰别墅的部分土地并征购周围农田辟建极司非尔公园（今中山公园），成为当时外国侨民主要的户外活动场所，这里定期举办花卉展览和交响乐演奏。1922 年，这座公园内建起一座面积只有 3 亩的小动物园。1914 年，通北路建成汇山公园，面积 36 亩，是一座地区性的公园，兼有各种体育设备，后改名通北公园，现已改做其他用途。

租界当局对外国儿童的户外活动特别关注，凡是外侨住宅比较集中的地段都建有儿童游乐场或称儿童公园。虽然面积不大，但接近住宅，对儿童就近活动比较方便。1898 年建成昆山儿童游戏场，后称昆山儿童公园，当时面积只有 9.42 亩。1917 年建成斯塔德利公园，后称舟山儿童公园（今霍山公园），面积只有 5.4 亩。1922 年建成南阳儿童公园，面积仅 5.6 亩，现已被占做他用。法租界儿童公园的建设情况相同，1924 年建成宝昌路儿童公园，面积 7 亩，现改建为街道绿地。1926 年建成贝当路儿童公园，现为衡山公园，面积 15 亩。

1926 年公共租界工部局曾对公园发展进行研究，罗列了英、美、法、德等国当时城市的公园建设状况，进行比较，其中列举："伦敦有公园 6675 英亩，大都市地区有公园 15901 英亩，郡平均每英亩 680 人，市 476 人"，而当年"公共租界有公园 161.5 英亩。若单以当时可以享受公园的外侨 29877 人计算，每英亩为 185 人。若将华人计算在内，则每英亩 5500 人，需要增加公园建设"。工部局同时认为："若按英国城市规划，一般公园面积与城市土地面积的比例为 4%，应再增建公园 62 英亩"。虽然有这一设想，但是此后公共租界并没有新建公园；只有法租界公董局于 1941 年 8 月将一块打算建造公董局办公大楼的 35.31 亩土地辟建为兰维纳公园（今襄阳公园），这是上海租界时期建造的最后一座公园。

四、反歧视斗争持续 60 年

租界里的公园，不论是在公共租界还是在法租界，也不分公园大小，其管理规则中都规定："本园专为外国人所设，不准中国人入内。"（详见本卷附录三）甚至把中国人与犬并列不准入园。这种对中国人的歧视和侮辱一直受到中国公众的坚决反抗。

公共租界工部局自 1868 年 8 月 8 日公共花园（今黄浦公园）建成开放后即规定，只对外国人开放，禁止中国人入内游览，从此中国民众争取平等的斗争持续六十多年没有停息，许多爱国人士为了民族的尊严而奔走呼号。在兆丰公园（今中山公园）曾发生圣约翰大学教师越墙入园，从园内打开大门把五十多名中国学生放进公园的事件。

1878 年 6 月 21 日，有人在《申报》发表题为"请驰园禁"的文章。1881 年 4 月 6 日，虹口医院医师颜永京等 9 名华人联名致函工部局总办，抗议巡捕禁止他们进入公园。1885 年，工部局公布公园规则，其中规定"脚踏车及犬不准入内"，"除西人佣仆外，华人不准入内"。11 月 25 日，颜永京等 8 人联名再次致函工部局提出交涉。1889 年 3 月 11 日，上海道台龚照瑗就外滩公园不准中国人入内一事致函英国总领事；信中指出公园在中国的土地上，建设资金主要也来源于中国人，中国人却不能入内，这是对每个中国人的侮辱，要求对中国人开放公园。同年，又有华商多人呈禀上海道台，要求向外国人交涉对中国人开放公园。在中国公众的强烈要求下，工部局稍作让步，宣布签发"华人游园证"，允许少数高等华人入内。由于签发手续烦琐，且每证有效期仅一个星期，1889 全年只签发了 183 张。

租界当局为了缓和与中国公众的尖锐矛盾，1890 年经过中国地方政府反复交涉，在四川路桥南堍吴淞江南岸让出一块官地建了一座小公园，面积只有 6.2 亩，人称"华人花园"，允许中国人入内。这是租界内唯一一处中国人可以入内的公园。这座公园不但面积很小而且设施简陋。

直到 1928 年租界当局慑于北伐军节节胜利和武汉收回租界的威力，不得不向纳税西人会提出向华人开放外滩公园的议案，1928 年 4 月 18 日纳税西人会通过对华人开放公园的决议，经过中国民众 60 年的不懈斗争，6 月 1 日起，中国人终于可以买票进入公共租界的公园。随着公共租界公园对华人门禁的取消，法租界公董局董事会于 1928 年 4 月 16 日决议由施维泽、利荣、魏廷荣组成特别委员会，讨论修改法国公园章程。修改后的《法国公园规则》于 7 月 1 日开始实行，取消了严禁华人入内的规定。

五、园林绿地的多边发展

租界当局的越界筑路带动了园林的后续发展。所谓越界筑路，是指越出租界范围，擅自修筑道路，设立岗警，借以扩大租界势力范围。越界筑路始于清咸丰十年（1860 年），租界武装"洋枪队"以帮助清政府镇压太平军为由，借口军事需要，在租界外修筑军路，公共租界所筑军路有徐家汇路（今华山路）、新闸路、极司非尔路（今万航渡路）、吴淞路、杨树浦路等 38 条道路。法租界有宝昌路（今淮海路）、善钟路（今常熟路）、姚主教路（今天平路）、八仙桥街（今桃源路）等 24 条道路。1903 年上海道台发布公告："允许工部局向华人业主及'缙绅'接洽租赁土地"；1904 年再次发布公告："准许外国人在界外租地"。由此形成了不分界内界外可以任意占用土地扩大势力范围的情况。许多外侨趁机在界外购买土地建花园别墅、休闲体育运动场地，满足外侨的享受，始料不及的是这却为后世园林事业的发展打下了基础。例如：1860 年外国侨民沿极司非尔路（今万航渡路）购地建兆丰别墅，后在该别墅的基础上扩建极司非尔公园（今中山公园）。1900 年英侨在虹桥路购地 20 亩，开办老裕泰马场；1909 年扩大到 100 亩；1914 年扩建为虹桥高尔夫球场，面积 421 亩；1955 年改建为西郊公园后，扩建为上海动物园。1896 年公共租界为"洋枪队"在江湾辟建打靶场，1901 年扩建为虹口娱乐场（今虹口公园，后改称鲁迅公园）。1898 年公共租界在静安寺路（今南京西路）辟建静安公墓，俗称外国坟山，1955 年改建为静安公园。1868 年公共租界在桃源路建公共租界新公墓。1900 年法公董局又买下北部土地，建成法租界新公墓，后合并为八仙桥公墓，1958 年改建为淮海公园。

街道绿地和行道树是伴随着修建现代化道路逐步发展起来的，发挥点缀街景、分隔交通的作用，成为城市景观的组成部分。但其发展缓慢，至 1949 年全市只有街道绿地 10 处，总面积 3700 平方米。行道树的种植始于清同治四年（1865 年），在外滩黄浦江边筑扬子江路（今中山东一路）并沿江边种植树木。随后法租界于清同治七八年间，在外滩沿黄浦江码头一带（今中山东二路）种植树木。此后，随着租界范围逐步由东向西拓展，行道树与道路的辟建同步增加。尤其是租界当局越界筑路的发展，行道树数量迅速增加，至 1925 年公共租界行道树达 2.82 万株，法租界有行道树 1.82 万株。上海行道树损失最为惨重的一次是 1945 年日本投降前夕，为构筑防御工事，在市区 24 条道路上砍伐大规格行道树 4500 多株。再加之人为损坏和台风等自然灾害的摧残，至 1949 年，上海市区行道树只有 1.85 万株。

上海开埠后逐步成为重要的工商业基地和内外贸易中心，经济地位发生重大变化。自 19 世纪 50 年代以后，上海及周边地区的所谓"衣冠旧族"大批涌入租界。公共租界 1865 年有华人 90587 人，外侨 229 人，到 1937 年达到华人 1178800 人，外侨 39750 人。法租界 1865 年有华人 55465 人，外侨 460 人，到 1936 年达到华人 454231 人，外侨 23398 人。国内外居民纷至沓来，加快了城市发展，不少外侨竞相购买土地，建造花园住宅和别墅，俗称花园洋房。较著名的有兆丰花园（今中山公园北部）、哈同花园（今上海展览中心）等处；外国人还兴建了一批兼有休闲、娱乐、体育等多种功能的花园，其中有法国俱乐部、虹桥俱乐部等。同时，国内资本势力聚集上海，达官巨贾、社会名流也兴建了不少私人花园。那些花园现在大都成为陈迹，唯黄家花园（今桂林公园）、丁香花园保存至今。

上海的单位附属绿地首先出现在外国教会及租界里的学校、医院、公墓等处。在旧社会，花园洋房和单位附属绿地大都分布在沪西一带所谓高等住宅区，据新中国建立初期的统计，这类绿地的面积约占当时全市绿地面积的三分之二。

尤其是 19 世纪末、20 世纪初期，由于上海经济畸形发展，形成"十里洋场"。从光绪八年（1882 年）起，一些商人标新立异、迎合社会的需要，办起了以园林为特色，兼有公园、游乐场、餐饮等营业内容的花园。先后开办的有张园、双清别墅、大花园、愚园、半淞园、丽娃栗妲村等。这类花园不仅花木扶疏、山水相映、楼堂耸立、景色秀美，更能吸引人的是餐饮游乐服务项目繁多，如照相、幻灯、电影、西洋马戏等都是首先在营业性园林里出现的，一时成为中上层人士聚会和社交活动的时尚去处。游乐性园林渐渐走红以后，一些毫无园林景色的场所也以某某花园为幌子，以声色犬马吸引游客，在社会舆论的反对声中逐渐萎缩。

随着国内经济力量的聚集，城市建设和民间建筑快速发展，与之配套的园林建设需求大量增加，专业营造花园的园艺场俗称"翻花园"业者应运而生。再加之西风东渐，新的生活方式逐渐兴起，日常生活和婚丧礼仪对花木的需要也迅速增长。顺应社会需求，近郊农民有的由原来兼营花木生产转为专业生产，出现了生产、销售花木和营造花园的企业，遂形成具有一定规模的花树行业。光绪十七年（1891 年），上海成立了花树行业的民间组织"上海花树公所"，后改称"上海花树业同业公会"。至 1949 年，全市有生产园林植物和花卉的园艺农场 80 家，花店 71 家，并设有花树交易市场，成为城市花树产、供、销的主要渠道。同时，租界当局及地方政府也曾先后兴建花圃、苗圃多处，但规模较小，总面积不过二十多公顷。

六、华界园林的兴与毁

开埠后上海处于公共租界、法租界、华界三足鼎立的状态。所谓华界是指中国地方政府管辖的地区。其管辖范围虽然屡有变更，但主要是闸北、南市、浦东、吴淞、宝山等外围地区。

民国 16 年（1927 年）建立上海特别市，1930 年改称上海市，市政府下设的工务局内有专门机构掌管公园建设及养护管理业务。

在此以前，上海华界的园林事业也有相当大的发展。例如，正当租界里开始种植行道树的时候，光绪三十三年（1907 年），上海城厢内外总工程局董事、十六铺大有水果行老板朱柏亭捐资在外马路种植行道树，是为中国人在上海种植行道树的开端。随后，清光绪三十四年（1908 年），地方政府开始在十六铺外马路沿江种植行道树。上海建市后种植行道树的进度加快，民国 18 年（1929 年）华界 32 条马路上共有行道树 1.72

万株。

在公园建设方面也有一定规模。1911 年宝山县利用县城佚名私园改建成城西公园，该园于 1937 年被日军炮火所毁。1913 年宋教仁落葬闸北象仪巷，国民党在此辟地百余亩建宋园，后作为公园开放。1917 年青浦县在北门外辟建县苗圃。1918 年上海县在浦东的东沟建成县苗圃。1919 年在军工路虬江桥南建军工路纪念公园，该园在日军侵占上海时荒废。1923 年 5 月在南市蓬莱路建上海县立公共学校园，后改为市立公共学校园。1927 年金山县朱泾第一公园建成，1937 年日军入侵时被毁。1928 年浦东塘工善后局花园和上海县立苗圃合并为上海市立园林场，该场既是当时市政府的唯一苗圃，又兼有园林行政管理职能。1928 年龙华镇的血华公园建成（今为烈士陵园一部分）。同年，嘉定县黄渡镇中山公园建成，抗日战争中被毁。1929 年崇明县北堡镇建成中山公园，抗日战争中被毁。1932 年 1 月位于江湾五角场北的市立第一公园动工兴建，1933 年基本建成，1937 年毁于日军炮火。1932 年吴淞镇刚建成的吴淞公园毁于"一·二八"战火中，1934 年恢复后，1937 年"八一三"事变再次毁于战火。1933 年 8 月 1 日南市文庙市立动物园开放，1937 年"八一三"事变，所有动物被迫迁入法租界的法国公园，市立动物园随之湮没。由此可见华界的园林事业很早就有了一定的发展，令人痛惜的是那些园林大都毁于日本入侵的战火之中。

上海开埠后，相继设立了英、法租界，加快了城市化的进程，但是租界建设各自为政，没有统一规划，布局混乱。尤其是华界被排挤在城市系统之外。民国 16 年（1927 年）上海特别市政府成立，为了建设中国人自己的上海，确定在江湾一带另建新市区。民国 18 年（1929 年）成立上海市中心区域建设委员会，负责制定《大上海计划》、《全市分区及交通计划》和《市中心区域计划》，这些计划吸收了若干欧美城市规划思想，运用中国传统建筑空间的组织方式，是近代上海城市总体性规划的开端。这个计划的一部分得以付诸实施，后因抗日战争爆发而被迫中断。

民国 34 年（1945 年）抗日战争胜利后，国民政府接管上海，这时租界已经收回，上海人口增至 500 万，城市畸形发展积累的许多矛盾更趋尖锐化，为适应战后重建和复兴的需要，上海市政府责成工务局筹备都市计划工作。

民国 35 年（1946 年）8 月，成立上海都市计划委员会，开始制定《大上海区域计划》总图初稿，以后又编制二稿和三稿，运用西方"有机疏散"和"卫星城镇"理论，规划了城市布局结构形态，并在市工务局下成立了营造处，负责规划、建筑的管理。在都市计划委员会领导下，对城市绿地的建设也作了不少研究工作。当时有几位资深专家程世抚、冯纪忠、钟耀华等曾就上海绿化系统的规划做过较深入的研究，从现状调查着手，将全市各种绿地统一分类，列出公园、苗圃、运动场、广场、私家花园、墓地、会馆、教堂、宗教机构、学校、医院、公共机关等，并编写了《上海市绿地研究报告》，内容分为六节：一、绿地的范围；二、绿地在城市里的作用；三、本市绿地概况；四、绿地设计标准及分期实施步骤；五、建成区绿地的获得；六、今后绿化计划的方向。这个报告的制订从上海的实际出发，又借鉴外国的经验，对绿地的发展提出了对策，在中心建成区结合建筑的更新、人口的疏解、布局的调整，以增加公共绿地，并以带状绿地连接公园，同时提出了假设绿地建设标准及分期实现的方法步骤。这个研究报告对以后城市总体规划的修编和绿地系统建设很有价值。

在20世纪50年代编制的城市总体规划中，布置了森林公园，植物园，居住区公园以及联系市、区公园的绿色走廊，还有环城绿带、隔离绿带、滨江绿带等，为以后进一步完善调整、逐步付诸实施创造了良好的条件。

上海的园林事业经历了一百多年的坎坷历程，兴建了一批专为外国人享用的公园及花园住宅和单位附属绿地。在华界也兴建了一批公园绿地，但是经过1937年"八一三"战役（淞沪会战）的摧残，几乎损毁殆尽。至1949年新中国成立前，全市区计有公园14座，总面积65.88公顷；街道绿地10处，总面积3.8公顷；行道树1.85万株。市区人均公共绿地0.13平方米。全市园林绿地总体情况是类型不全，绿地和树木大多集中在沪西所谓高等住宅区一带，当时郊区和以后划入上海市的几个县共有公园6座，但都残破不堪，名存实亡。

七、近代上海园林技术的演进

研究上海近代园林史离不开对租界的研究，从中既可以了解外国列强是如何对中国进行侵略扩张、殖民统治和施行种族歧视的，中国人民又是如何进行反抗斗争的；又可以了解城市近代化进程是如何开展的，人们可以从城市基础设施建设和管理等方面得到启迪。任何事物都有两重性，租界是帝国主义侵略中国的产物，但也

可以成为引进西方先进技术和物质文明的窗口。

在园林植物上通过从邻省、内地引入其他品种以及从欧、美、日等引进国外品种，使得上海这块原本乡土树种很少的冲积平原，逐渐充实、增加了许多园林植物种类，无论乔木、灌木、藤本、竹子、宿根、球根、一二年生花卉及地被、草坪等均有不同程度的增加，使上海的园林植物日益丰富起来。除此之外，随着公私园林建设的开展，西方造园技艺在上海也产生了较大的影响，除一些明清时期的私家园林仍然以其独树一帜的我国江南传统园林风格延续、保存下来外，西方造园的技艺风格也传入并发展起来，概括起来其影响较为显著的有以下几个方面。

（一）在园林的总体布局上产生多样风格

例如法租界的法国公园（今复兴公园）明显具有法国常见的中轴对称、图案式的布局风格，其中间的沉床式和毛毡式花坛的布置和西北角月季园的布置都属于这种手法。

在英租界的兆丰公园（今中山公园）则总体布局形态另具特色。映入眼帘的是大片的草地，高低起伏；低处有自然式水池，草地上有孤植的大树，也有群落式的树群，把英国从草地牧场田园式演变过来的自然风致式造园带了进来。园中的建筑小品也是西方式的，如大理石长方形花架亭，主入口和后入口的英国式门卫建筑，还有草地东侧的英国乡村式茶室等。另外在园中也布置了一角中国园和日本园，但布置十分简单。

在法租界的兰维纳公园（今襄阳公园），从主入口进入后迎面是一条笔直的大道，呈对角线布置，冲淡了场地方正的感觉；终端对景是一座中式琉璃瓦的亭子。原先大道中间有连续式布置的花坛和小喷泉等，后来因两旁法国梧桐行道树长大，树冠蔽荫，缺少阳光，花卉长得不好，加以游人日益增多，中间的花坛等布置就取消了，但入口两旁还有两片毛毡花坛。

（二）上海近代园林植物概况

园林植物是构成园林最主要的物质元素。中国地域广阔，植物资源十分丰富，许多自然界的植物通过人们的采集、驯化、繁殖、培育，逐步运用到城市园林中来，并通过各种渠道传播到世界五大洲，极大地丰富和美化了世界各国的园林，因此中国素有"世界园林之母"的美誉。英国学者说"没有中国的杜鹃花，就没有英国的园林"，诚然如此。

上海地处东海之滨，是长江口的冲积平原地区，地

势平坦，海拔仅 4 米左右，缺乏自然的高山密林（仅在西部和南部海岸附近有佘山、大小金山等一些小山头），而且上海人口密集，工农业发达，人们的活动对自然植被又造成破坏，因此上海植物区系比较贫乏，本地原产的园林植物资源寥寥无几，但也并非不值一顾。早在 18 世纪末，经 19 世纪至 20 世纪上半叶，英国、法国、美国、日本等植物学家和传教士等来上海或经过上海，对上海本地原生的植物进行了调查，采集了标本和种子。20 世纪初我国植物学家钱崇澍、左景烈、杨衔晋、徐炳声等对上海的植物都有研究并发表著作。上海由于地理位置优越，历来又是一个重要港口；特别是在 19 世纪中叶，上海成为对外通商口岸以后，随着门户的开放，租界的发展，园林植物内外交流贸易和园林工程的兴建日益增多。一方面国外的园艺学家和花木商人来中国寻找新奇的植物。早在 19 世纪 50 年代，英国园艺学家 R.Fortune 就从上海购买了大量的观赏植物（尤其是牡丹），运至英国，还有柳杉、枸骨、绣球、荚蒾、郁香忍冬；他还将在安徽和浙江收集的植物运至上海，其中部分运至英国，另有少数留在上海其友人的花园中。目前在上海的公园和私人花园中仍然有不少由外国采集者从我国内地引种到上海的木本植物，如乌冈栎、毡毛稠子、重阳木、交让木、山麻杆、细花泡花树等。另一方面，上海还有许多从欧美或其他国家引种来沪的木本植物，如地中海柏木、北美香柏、北美圆柏、欧洲白栎、月桂树、鹰爪豆、桦叶槭、欧洲七叶树、黄薇、香桃木、轮叶欧石楠等。

园艺实业家黄岳渊自 1909 年起在上海真如经营黄园——黄氏畜植场，"八一三"事变日军侵占上海后，该园园地迁至市区高恩路（今高安路）。黄岳渊和他的长子黄德邻悉心经营园艺，并多次从日本引进各种花木，例如日本五针松、赤松、日本扁柏、日本花柏、棉花柳、十大功劳、茶梅、羽扇槭、日本七叶树、钝齿冬青、花叶青木、石岩杜鹃、白马骨、海仙花等，以及许多园艺变种。1949 年黄氏父子合著《花经》一书，以其三十余年的实践经验对园林植物的培育做出有价值的总结。

20 世纪初，随着英、法、日等国商人陆续来沪开办园艺农场及花店，西洋和日本的花卉、花艺也同时流入上海，因此上海在引入国外各种草本花卉方面也是全国最早的城市之一。例如麝香石竹（康乃馨），1900 年便由英商引入上海，上海花农很快掌握了它的生产技术，使它在上海得到很大发展。其他如郁金香、欧洲水仙、兔子花、瓜叶菊、风信子以及三色堇、雏菊、翠菊等球根花卉、一二年生草花也从国外引入，使园林中花卉布

置增加了色彩。

1947 年植物学家徐炳声在陈彦卓的指导和帮助下，对中山公园内的植物进行了细致调查，出版了一本上海中山公园树木名录。书中记录了 62 科、242 种木本植物并有检索表，这是对上海解放前园林中应用的木本植物的很好的记录。此外，徐炳声还和金德莯合作发表了《上海花卉图谱》，发表在科学画报上，共记述花卉 93 种。

可以这样概括地说，上海的园林植物先天是相当欠缺的，自然植物区系比较贫乏，真正的乡土树种很少，但后来却逐步丰富且充实起来。园林学家、园艺经营家、花木商等从国内和国外多渠道地引入了木本和草本植物；还有一些种类本是我国原产，传至国外后经改良培育成为优良的园艺品种，再以商品形式进入我国，如月季、杜鹃、山茶、百合花、报春花等，就这样在近代史的时期内使上海的园林植物大大丰富起来。

（三）植物种植方式和配置艺术

西方园林中常见的植物种植方式和配置艺术也被运用到上海园林中，如：（1）法租界内用悬铃木作为行道树，而且每年冬季进行整枝修剪，抑制其过高生长，显示群体美并尽量避免其与架空电线的矛盾。（2）对草地景观的追求促成了草坪产业的发展，草地在园林中形成简洁开阔的绿色空间，也便于人们在其上坐憩、开展活动。培植草坪当时有两种方法，一是用种子撒播，像上海西郊公园（后改为动物园），其前身是英国人建造的高尔夫球场，就是采用此种方法。也有一些园林用扦铺野草皮的方法，特别是私人宅园中的小面积草地，当时采用市郊乃至邻省常熟一带河坡田埂上的"野草皮"（自生自长的一种结缕草，经牛羊践踏或啃食变成贴地矮生的形态），常熟一带农民有专门经营"野草皮"生意的，他们用锋利的平口铲刀把"野草皮"连土带根约 2～3 厘米厚，扦成 30 厘米 ×30 厘米见方的草皮块，再用船运到上海卖给园艺施工单位铺设草地用。（3）人工修剪的绿篱以及整形树的栽植。大叶黄杨、瓜子黄杨、珊瑚璞（法冬青）的密集带状栽植，可作为绿篱、绿墙，以分隔界面、空间，或者将这些常绿灌木修剪成球形或其他形状，在西方这类栽植形态被称为 Topiary，常在配合正规式庭院布置中使用。

（四）建筑和小品

园林中供人们休闲并点景的亭廊花架等小建筑也呈现出多种西方风格，材料用砖、石、木乃至大理石等。

公园中铁脚、木条面靠背的园椅也用得很多。自从有了电灯后，公园中也安装了照明园灯。供游人使用的公共厕所设施较好，可冲洗、排污、洗手等，能做到清洁卫生无臭味。园路材料采用石块、石板、水泥、沥青等，既便于大面积铺筑，也易于清扫，必要时可通载重汽车。还设置喷泉，这也是西方园林中常见的造园要素。为节约用水，喷泉用水也考虑用水泵对自来水进行循环重复使用，适时另加补充水。

1. 山石的运用

中国传统园林掇山叠石是一项专门技艺，形成了自己的风格。而西方园林惯于用土石相间，以土为主形成一种山石园（Rock Garden），在起伏的小地形上有曲径、小平台，山石点嵌其间，在山石间种植各种植物，如乔木、灌木、宿根、球根、羊齿草类等，植物景观特别丰富，有时还以模仿自然的水景相伴。在中山公园后半部就有这么一方天地，俗称自来水假山园。复兴公园有一处山石瀑布园，总体量不大，但模仿自然很有情趣，其旁用小块山石拼凑成大块面山石，不失为是一种好办法。

2. 温室栽培

我国用加温土窖栽培蔬菜、花卉，在北方有着悠久的历史，而效仿西方用钢铁、玻璃等建筑材料构筑大温室则是在近代园林中才开始出现的。上海当时的英、法租界园圃内也有温室设施，园场管理处所属第三、第四苗圃都有钢架砖木混合结构的温室，用煤作能源，用热水汀加温，机械化开启、关闭通风窗，培植各种温室花卉和观叶植物、羊齿植物等。有从我国南方引入的，也有从欧洲引进的。有许多花卉，如瓜叶菊、樱草、石蜡红等，经温室培植至开花后，用于早春露地花坛的布置。

3. 屋顶花园

南京路上的四大公司（永安、先施、新新、大新）都有简易的屋顶花园。顶层平屋顶上有缸栽或槽植的植物，以灌木、藤本、草本为主，间有花架等小品，绿地铺装面积大；游人可进入，一般作为营业场所用，可休闲、聊天等。复兴公园南部有一片大草地，其地下是法商自来水厂的一个水库，在水库之上覆土铺设草皮，一地两用。还有，在法租界内康平路有一幢公寓式小高层住宅，建筑前方是一个小庭园，沿街有入口，可登踏步进入，而庭园下部的空间巧妙地布置为地下车库。在早期，这些多功能、多层次复合利用土地的设计手法是节约土地结合园林布置的极好尝试。

4. 雕塑

西方雕塑艺术早期喜欢写实，或人物或鸟兽，用石、铜等制作，可用来装点园林；因此，在上海这一时期的西式园林中也很常见。复兴公园曾有一座环龙将军纪念碑（法国空军飞行员环龙驾飞机坠亡在上海），顶部有铜鹰雕塑。中山公园大理石亭子有裸女石雕，普希金广场有普希金胸像铜雕，外滩公园有孩童撑伞戏水雕塑，一些私人庭园中也常点缀一些装饰性雕塑。

综上所述，在近代时期内，西学东渐，西方文化的传入所带来的影响是多方面的，园林也不例外；上海作为我国东海的桥头堡，更是首当其冲，移民的社会、文化的冲撞融合也形成多姿多彩的局面。中国传统文化和西方文化相互交融，有时是各自保留自己的特点，有时会相互吸收借鉴，在冲撞中结合、混合乃至融合升华，形成中西合璧的文化形态。上海的海纳百川既体现在西方移民华洋杂处的社会中，更体现在各种文化的表现形态中，园林亦如此。

第二节 实 例

一、城市公共花园、公园

1. 从跑马厅到人民公园、人民广场

人民公园和人民广场是新中国成立后在跑马厅土地上辟建的。跑马场三易其地，经过百年沧桑，终于成为市中心区的一片公共绿地。

上海开埠后，1843年英国殖民者首先在外滩一带建立"华洋分居"地区，逐步形成英国租界。初期租界面积830亩。1846年租界当局修筑了第一条东西向道路（今南京东路）。1847年3月9日，英商婆尔等一批外侨首先在界外租地2亩建立抛球场（今南京东路、河南中路西北侧）。1850年，英侨霍格等6人组织跑马总会，在抛球场基础上又继续租地81.74亩，建起一座供外国人休闲娱乐的场所，即所谓第一跑马场，1851年上海第一次赛马活动就是在这里进行的。因为它的辟建时间早于公共花园（黄浦公园）18年，所以后人俗称其为"老公园"，门前的道路（今南京东路）被称为花园弄（Park lane）。租界里人口增长很快，商店、住宅和各种市政设施迅速发展起来，土地价格暴涨，跑马总会于1854年2月将这块土地分成十块出让。

开辟第二跑马场的历史背景是：1853年小刀会起义，太平军东进。英租界当局借口保护租界，组织地方

武装义勇队，在洋泾浜（今延安中路）至苏州河之间沿泥城浜（今西藏中路）挖壕设防。此时清军驻扎在泥城浜以西，英国领事馆通知清军后退二里。清军答复：官军驻扎之处，乃中国之地，毋庸迁移。于是英海军陆战队和义勇队向清军发起进攻，此即所谓"泥城之战"。战乱中，英国租界当局趁机强行圈占了泥城浜以东大片土地，即现在的湖北路、浙江路、芝罘路和北海路一带，其中只有部分土地是4位有"创见"的外国侨民买下来的。1854年建起了第二跑马场，成立了西侨体育总会。除了供外国人骑马、赛马以外，还可以在此休闲、娱乐，俗称"新公园"。失去土地的农民就殖民者的掠夺行为交涉了多年，甚至组织暴动，但在强权镇压之下，没有得到结果。

随着租界的发展，新公园一带又成了人烟稠密、经济繁荣的"寸土寸金"之地。1862年西侨体育总会将新公园出让，得规银49425两。同时，在周泾浜一带（今人民公园、人民广场所在地）寻得了建设新跑马场的土地，以每亩50千文的代价强行收买农民土地430亩，仅用银12500两。不但扩大了面积，而且从中赚得大笔银两，此为第三个跑马场的由来。强占这片土地的手法是所谓"跑马占地"，当年有这样的记述：英国人骑着马从泥城桥起（今新世界）绕一个大圈，所经各点都立了木桩，用绳子围起，被圈进的土地即为英国人修建跑马场的土地。其中共有农民325户，直到1895年仍有120户农民拒绝领取土地款，各家农户曾凑齐800两银子聘请律师向道台衙门提起诉讼，但拖延了多年没有结果。

这片土地到手以后，西侨体育总会在这里经营起了远东最大的跑马场。初期仅使用沿周边的跑马道及北部看台，场地中央大片土地荒废未用，后跑马场的所有者将中央土地租给马市公司作为养马场所。1892年公共租界游泳总会在跑马场东北部建设了上海第一个游泳池，专供外国人使用。1894年7月，公共租界工部局与上海娱乐场基金会协商，租用跑马场跑道中央的土地建设体育公园，定名为公共娱乐场，1894年9月29日达成协议。工部局以年租金600两规银租用这块土地，同年12月25日公布《上海公共娱乐场规则》，正式对外国人开放。1896年9月6日修订了《公共娱乐场管理规则》，明文规定：本场地为游乐基金会管理；本场地为外国人专用。

场地曾建有多个网球场、板球场、垒球场、足球场、高尔夫球场、马球场和自行车跑道。为不影响赛马视线，以铺设草坪、种植灌木为主，形成一座具有特殊

风格的公园。1914年年租金涨到规银1200两。此后工部局鉴于虹口娱乐场（今虹口公园）、极司非尔公园（今中山公园）、顾家宅公园（今复兴公园）都已建成开放，从而逐渐削弱公园特色而成为一处体育场。

1934年2月落成跑马场大厦，故此后跑马场习称跑马厅（图3-1-1~图3-1-5）。日伪时期作为敌产被日军征用，抗日胜利后归还。

跑马厅场地分属三个外侨组织，即万国体育会（西侨体育总会）、跑马总会和跑马厅场地有限公司。

1950年1月24日上海跑马总会代表与跑马厅有关的两个外侨机构要求"自由使用跑马场土地"。1950年2月12日上海万国体育会又要求"一半土地租给人民政府，供人民享受"，1950年2月20日有市民要求"沿南京西路建造住房及店面房百间"。在众说纷纭之际，陈毅市长批示：跑马厅原址为绿地范围，限制使用。1950年3月6日上海市人民政府发文明确规定："跑马厅为绿地范围，不准建造有碍于绿化的任何建筑"。陈毅市长具有远见卓识的决策，为上海人民在市中心保留了一块璀璨

图3-1-1 跑马场鸟瞰

图3-1-2 跑马厅看台

图 3-1-3　跑马厅主体建筑

图 3-1-4　赛马途中

图 3-1-5　跑马厅入口处

的"绿色宝石"。1950 年 8 月 27 日，上海市军事管制委员会命令收回跑马厅产权。同年 9 月 7 日市人民政府决定将跑马厅的南部辟建为人民广场，北部改建为人民公园。9 月 8 日举行了人民广场开工典礼，2000 多名团员、青年冒着大雨前来参加义务劳动。二十多天后至 9 月底基本竣工。

　　人民公园的规划设计是以中国著名园林专家程世抚先生为主，由几名助手协助进行的，按照经济、实用、美观的原则，采取自然风景园的形式设计的。保留并且拓宽了环园河道，成为市中心防火备战的蓄水池。建设工程于 1952 年 6 月 3 日开工，于当年 9 月 25 日全面竣工。1952 年国庆三周年时开放，市民们以极大的自豪感纷纷踏进中国人自己的公园，最多时一天内游人达到 40 多万。

"文革"期间人民公园备受摧残，造反派把花草树木、溪水山桥都扣上封建主义、资本主义、修正主义的帽子而平山填河，树木要成行成排种植，认为灌木是"藏污纳垢"的地方而把下面的枝条全部砍掉，把园路改为宽大马路。公园原有的面貌和格局全部被毁。

近年来，人民广场、人民公园结合市政建设进行了多次改建，与周围环境和交通设施密切结合，呈现了全新的面貌（图 3-1-6）。

2. 黄浦公园

黄浦公园位于上海外滩北端，苏州河与黄浦江交汇的地方，面积 30 多亩，1868 年建成开放，是上海辟建最早的一座公园。公园的名字改变多次，起初称公共花园（Public Garden），当时中国人习惯叫它外国花园、外白渡公园、大桥公园；1936 年租界当局定名为外滩公园。1945 年抗日战争胜利后曾改称春申公园，后改为黄浦公园。

1842 年清政府被迫签订中英《南京条约》，1843 年又订立了《中英五口通商章程》，同年 11 月 17 日上海开埠。当年英国领事馆设在外白渡桥南堍的李家庄上。外滩一带聚集了许多外国金融、贸易机构，外国侨民日渐增多。为了适应外国人的生活习惯，满足休闲、娱

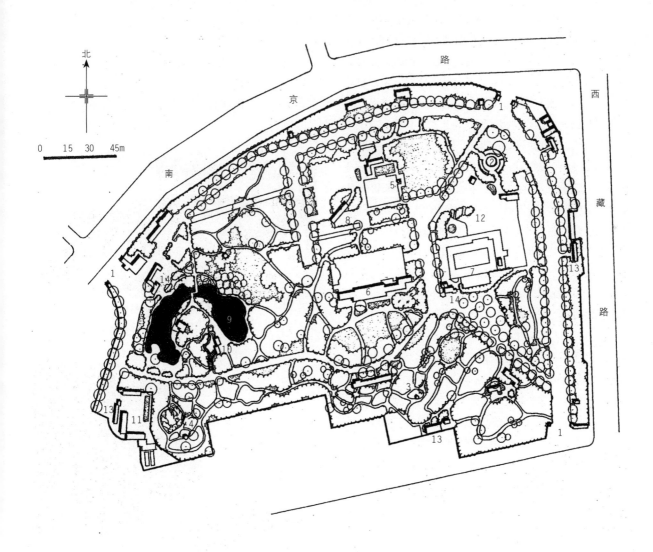

图 3-1-6 1990 年人民公园平面图
1. 大门；2. 五卅运动纪念碑；3. 东山；4. 西山；5. 张思德塑像；6. 茶室；7. 游泳池；8. 紫藤廊；9. 荷花池；10. 桔廊；11. 办公区；12. 儿童乐园；13. 厕所；14. 售品部

乐的需要，早在 1862 年，租界里外国人的娱乐基金会（Trustees of Recreation Fund）就提出了把英国领事馆对面的一片滩地建为公园的设想，并承诺出资规银 1 万两。1863 年租界当局提出了改造外滩道路和岸线的计划，并利用苏州河口南端的滩地辟建公共花园。工部局工程师克拉克（J. Clark）于 1864 年 8 月 30 日和 12 月 19 日先后两次提交了整治外滩和苏州河口的报告，其中包括辟建公共花园的规划方案。1865 年 4 月 28 日在租界纳税人年会上获得通过。1866 年开始了建园工程，并雇佣中国农工将疏浚洋泾浜（今延安东路）挖出的泥土挑运过来，填平滩地，面积 30 亩 4 分，共用去规银 1500 两。直到 1868 年 6 月，就是公园建成开放的前一个多月，英国领事馆才向上海道台发了一封快信说：这块地皮已经由工部局填好，准备开辟公园，请准许豁免钱粮。上海道台应宝时接信后，致函英国驻上海领事温思达（C. A. Winchester）说：这块土地是中国政府的公有土地，鉴于公共花园是非营利性的公共游憩场所，准予发给道契并免除押租，但每年应交纳土地税。今后如果发现在这块土地上建造以营利为目的的建筑物或将土地出租给私人，中国政府将收回这块土地。1868 年 8 月 8 日公园建成，但规定只对外国人开放（图 3-2-1）。到这一年的年底止，公园建设共投资规银 10223.59 两。英国租界当局把这个公园交给由"绅士"组成的公园管理委员会管理。1881 年公园管理委员会提出扩大公园的要求，报告说：外白渡桥以东苏州河边的泥沙淤积得很快，每当落潮时有大片滩地露出水面，有损公园美观，因此需要抬高这块滩地，扩大公园面积。因涉及苏州河河道安全问题，从 1883 年到 1921 年，公园管理委员会与上海当局频繁交涉，几次开工，几次停工，经过前后三次施工，在苏州河与黄浦江交汇的尖角地带扩大公园面积 10 亩。这片土地在没有纳入公园规划之前称"预备花园"，仅建了苗圃和温室。外白渡桥建成后，桥南道路拓宽，公园西侧划出一块长条土地，因此公园面积仍然是 30 亩左右。公园的大门最初设在公园西北角近韦尔斯桥（后改建为外白渡桥）处，光绪三十一年（1905 年）将大门迁至公园西南部，即现在主要出入口的位置。

建园初期公园设施较为简单，以借景黄浦江与苏州河的自然风光吸引游人。园艺布置以大片草坪为主，西边用树丛与园外马路隔离，北面有一座茅草亭，沿江筑有一条大道，路边种有一排悬铃木，树下安置长椅（图 3-2-2）。其后的园林设施和活动内容是根据外国侨民的需要逐步添置起来的。如在草坪中部建造了一座音乐亭（图 3-2-3），定期举办音乐会成为这个公园的一大特色；起初由英国海军的乐队演奏，工部局成立了交响乐团后，就由这个乐团定期前来演奏。音乐会场面火爆，观者如潮，每场千人以上，例如 1898 年一年就演奏 124 场。后又从英国定制了一座全金属音乐亭，周边用 8 盏煤气灯照明。黄浦公园是最早用煤气灯照明的公园之一，直到 1922 年上海电力供应比较普及了，才更换为 22 盏 200 支光的电灯，花费规银 2200 两。

在以后的岁月里，所增加的建筑小品都带有浓厚的殖民色彩。1892 年为迎接开埠 50 周年，日本天皇赠送三只铜鹤，英国租界当局把这份礼物安置在公园里。同时，在公园西北角建了一个圆形喷水池作为开埠 50 周年的纪念物。一个名叫伍德的外国侨民捐资在公园南部建了一座小喷水池，池中竖一尊雕塑——两个外国孩童合撑一把雨伞，水从伞顶流下，以身后的假山作为背景（图 3-2-4）。

清光绪三十一年（1905 年）原来建在外滩的"常胜纪念碑"被移到了园内。这座纪念碑是为纪念镇压太平军战死的英军而建的。后来的马加礼纪念碑也是从外滩

图 3-2-1　建成后的黄浦公园，位于黄浦江苏州河交汇处

图 3-2-2　黄浦公园滨江大道

图 3-2-3　改建后的音乐亭

图 3-2-4　小喷水池

图 3-2-5　公园门前的告示

移到园内的（马加礼是英国使馆官员，1875 年 2 月因带领武装探路队从缅甸潜入云南，被当地民众打死）。这些建筑都先后被拆除。

　　黄浦公园自建成开放的那一天起，就不准中国人入内（图 3-2-5）。这种对中国人的歧视始终遭到中国公众的坚决反抗。早在 1881 年 4 月 6 日，虹口的一位医生颜永京与多人联名写信给英租界工部局，对不准中国人入内的规定提出抗议。工部局 4 月 20 日复信说："这个公园面

积有限，因此只能给衣冠整洁的上等华人以入园的权利，有时上等华人被阻园外，乃由于巡捕的误会"。这个复信发出 5 天后，工部局声称："奉董事会之命，工部局不承认华人有享用公园的任何权利"。1885 年工部局公布了《公共花园章程》，其中："一、脚踏车及犬不准入内……五、除西人佣仆外，华人不准入内……"竟然把华人与狗并列；此外，当时还有不少人看到曾挂出"华人与狗不准入内"的牌子。这种侮辱中国人的行径激起了中国民众

的极大愤慨，捍卫民族尊严的斗争此起彼伏。1885 年 11 月 25 日，爱国人士陈永南、吴虹玉等人联名写信给工部局，要求撤销歧视中国人的规定。1889 年 3 月 11 日，又有一批商人写信给清政府道台要求与租界交涉，要求公共花园对中国人开放。信中写道："花园是我们中国的土地，花园募集的资金也主要来自中国人，而中国人却不能越雷池一步，这是对我们的侮辱，对国家来说有损国家尊严"。清地方政府道台把市民的联名信转给了英国驻上海领事馆。1889 年 3 月 26 日工部局给上海道台答复说："对这类事早有答复，这是花园委员会几年前的常例，受尊敬的品格高尚的中国人可以申请签发'华人游园证'"。所谓签发"华人游园证"，要本人向花园管理委员会或工部局提出申请，不但手续烦琐，而且每周只能按照他们规定的日期入园一次，据查 1889 年全年共签发游园证 183 张，不久这个规定也停止了。同时工部局再次声明：公共花园是为外国人独用的，很难提出不加限制的管理条款，如果允许中国人自由进入，就和原来的宗旨相悖了。希望中国人能够利用自己的条件，建造一个他们的中国花园。1889 年租界纳税西人会通过议案谓："兹授权工部局将苏州河南岸素称股司（Ince）海滩处改造为公园"。这块地为外侨股司所占，此人擅自扩大苏州河滩地，准备卖给工部局用来造公园。此事被中国官府发觉，道台龚照瑗致函英领事，申明工部局无权在中国土地上动工，双方争议数月之久。鉴于当时中国人争取开放公园的斗争声势日趋高涨，工部局宣布这座公园对所有人开放，称 International Garden，并草草收工。新任道台聂缉规也同意将这块土地改为公园，1889 年 12 月 8 日他还亲往宣布公园开放，并在园内悬挂他写的"环海联欢"的匾额一块。此后这个公园就称"华人公园"（Chinese Garden），占地 6.2 亩，布置简陋，中央是一台日晷，左右各有一个茅亭，种了几棵悬铃木，放了几把椅子，平日游人稀少。

　　中国民众经过 60 年的不懈斗争，1925 年五卅运动以后，反对帝国主义、反对封建主义的革命运动风起云涌。1927 年在北伐军兵临城下的形势下，租界纳税人会议上形成决议：从 1928 年 6 月 1 日起中国人可以进入公共租界的各个公园，终于打破了殖民主义者对中国人民歧视和侮辱的规定。但是在形成这个决议的同时还通过了一个"修正意见"："除非骚乱停止，情况恢复正常，否则决议无效"。

　　黄浦公园经历了跨世纪的历史演变，尤其是在"文革"期间遭受到很大破坏，原来的面貌已难寻觅。此外，为配合外滩改建工程，沿黄浦江、苏州河的防汛墙的高度被加高了，要登上江堤才能看到江面。园中的"上海

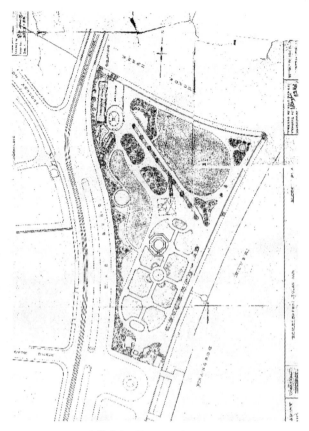

图 3-2-6　1936 年黄浦公园平面图

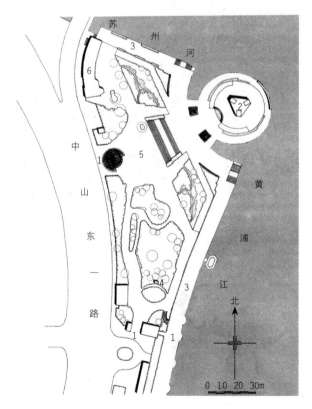

图 3-2-7　1994 年黄浦公园平面图
1. 入口；2. 人民英雄纪念塔；3. 江堤 4. 雕塑；5. 广场；6. 办公楼

人民英雄纪念塔"建在黄浦江与苏州河交汇处，1950年
5月由陈毅市长奠基，因故直到1991年1月25日才动
工，1994年落成。目前，全园进行了重新规划和改建，
往日的黄浦公园现在是外滩绿地的一部分，成为一处开
放的公共绿地，仍保留着黄浦公园的名字（图3-2-6、
图3-2-7）。

3. 从静安公墓到静安公园

静安公园位于南京西路静安古寺对面，1955年在静
安公墓的基础上改建为公园，面积59亩。

静安公墓建于1898年，当时这一带还是一片农田
村舍，公共租界的范围还没有扩展到这里，但是租界当
局随着"越界筑路"特权的膨胀，自1860至1865年间
以抵御太平军的需要为由，在租界外修建了许多"军
路"，静安寺路（今南京西路）就是其中之一。1901年
上海道台曾发布告：允许工部局在西区向华人业主租赁
土地。这个布告成为工部局在界外购地的依据。当时租
界里外侨人数已增加到13000多人，需要辟建公墓，遂
在静安寺地区购地59亩辟建为公墓，以落葬外侨为主。

静安寺附近是一片既具有文化底蕴又具自然风光的
土地，静安古寺建于三国东吴赤乌年间，距今已有1700
多年（图3-3-1）。相传在寺的周围有8处名胜古迹，称
"静安八景"。当年静安寺门前有一眼涌泉（图3-3-2），
因昼夜喷涌如沸，故称沸井，也称其为海眼，旧上海有
人称静安寺路（今南京西路）为泡泡井路。早在清乾隆
四十三年（1778年），巡道盛保曾在这里筑亭一座并题
额"应天涌泉"，后来亭子损毁。同治十三年（1874年）
地方绅士重筑石栏保护，并由书法家华亭人胡公寿（海
上画派代表画家之一）题为"天下第六泉"。

当年静安公墓内设礼堂、火化间等设施，共有墓穴
6214个（图3-3-3）。各个墓穴周围都具有各种风格的

园艺布置，并且以道路为主干进行绿化布置，尤其是主
干道两旁，高大的悬铃木整齐壮观，把整个墓区组合起
来，形成一座郁郁葱葱的大花园。

20世纪50年代，静安寺地区发展为繁荣的市中心
区。1954年根据规划，上海市人民政府报请上级主管部
门批准，决定将所有坟墓迁往他地，把这一墓园改建为

图3-3-1 1905年的静安寺

图3-3-2 涌泉

图3-3-3 静安公园的前身静安公墓

公园。改建工程尽量保留原有树木，新建的亭、廊和服务设施都采用竹木结构，不但节省工程造价而且施工进度很快，仅用了一年时间，在1955年就对外开放了。

静安公园在"文革"期间遭到严重破坏，粉碎"四人帮"以后重新规划，进行改建，成为市中心一块独具园艺特色的"绿色宝石"（图3-3-4），深受市民喜爱（图3-3-4）。首先是贯穿南北、宽27米的林荫大道，两侧32株树龄在一百年以上的悬铃木得到了精心保护，成为静安公园的独

图3-3-4　草坪及远处的大理石亭

图3-3-5　悬铃木林荫大道

特景观（图3-3-5）。根据元朝寺僧释寿宁所辑《静安八咏诗集》等文献的描述，园内划出2300平方米土地，建了一座"八景园"，用小中见大的手法模拟当年景象再现"静安八景"：沪渎垒、赤乌碑、虾子潭、陈朝松、讲经台、芦子渡、绿云洞和涌泉。每一景都有一段脍炙人口的故事，为游园者留下美好的历史回忆（图3-3-6，图3-3-7）。

4. 靶子场公园（今鲁迅公园）

鲁迅公园位于虹口区江湾路，这里原来是名叫金家库的一片农田村舍，随着历史的变迁，公园的范围和名称几度变更。1896年公共租界万国商团靶场迁建到这里，同时，利用建靶场多余的土地辟建了新娱乐场，又称靶子场公园。1904年改称虹口娱乐场。1922年改名虹口公园，当时虹口一带日侨较多，他们习惯称新公园。1945年抗日战争胜利后改名中正公园。1951年复名虹口公园。1956年鲁迅先生墓迁进虹口公园，1988年改名为鲁迅公园。

1853年在太平军东进和小刀会起义的情势下，英租界当局组织各国旅沪侨民组建了一支地方武装，名万国商团，也称义勇队。1870年在武进路近吴淞路建立了一处靶场，到19世纪90年代这一带已经发展成为人烟稠密的市区，靶场的枪声对周围居民骚扰很大，居民强烈要求迁移。1896年公共租界当局凭借"越界筑路"的特权在宝山县金家库购下大片土地，将靶场迁到那里，尚多余土地五十多亩。

1901年租界里的娱乐基金会计划继续购地200亩在这里建一处娱乐场，工部局通过了这一计划，以后，又捐助规银5000两建造动物笼舍，用以圈养极司非尔公园动物园建成以前所收集到的动物。以后继续购地200多亩，1902年采用了英国风景园林专家斯德克（W. Lnnes Stucken）的设计方案，同年开工建设。1904年园地监督是阿瑟（Mr.Athur），后由园艺和植物专家苏格兰人麦格雷戈（D.Maegregor）接替。1906年局部开放，1909年全部竣工，面积250亩。

初期虹口公园是一座英国风格的自然风景园：草坪如茵，树木高耸，花卉艳丽，湖水平静，假山奇妙，景色幽雅。全园草坪面积约占三分之一，有毛石堆砌的岩石园，草坪与草坪之间有小桥流水与开阔的湖面相连。当年草坪中央曾建有音乐台并经常在此举行音乐会。以后逐步增建了许多体育设施，有网球、曲棍球、草地滚木球、高尔夫球、板球、足球等场地，遂成为一座以体育活动为主的综合性公园。1910年在这里举行的各种球类比赛有742场，1915年以规银1627两建造了一条18英尺宽的跑道（图3-4-1）。1915年第二届远东运动会和1921年第五届远东运动会都是在这里举行的。1922

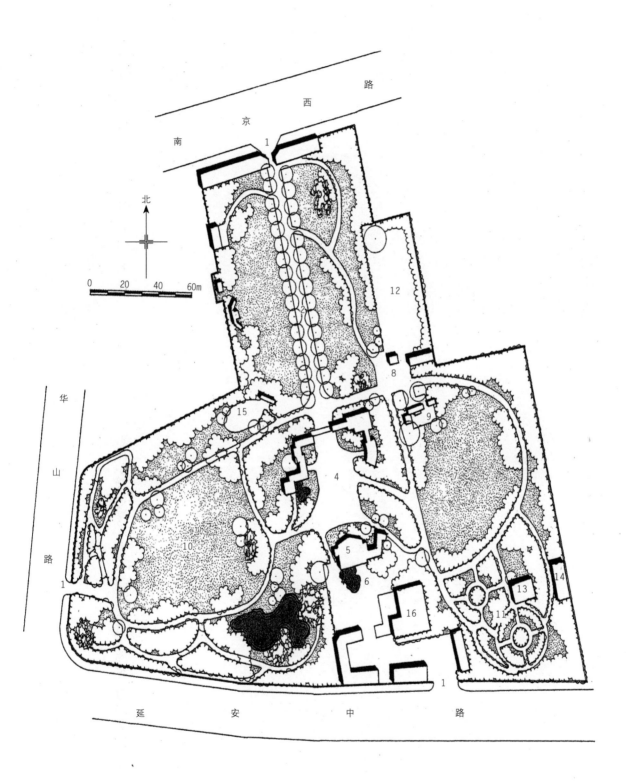

图 3-3-6　1978 年静安公园平面图
1. 大门; 2. 林荫大道; 3. 蔡元培塑像; 4. 中心广场; 5. 茶室; 6. 金鱼池; 7. 东草坪; 8. 大理石亭; 9. 女教师立像; 10. 西草坪; 11. 茶花园; 12. 儿童乐园; 13. 电动转马; 14. 电动车; 15. 电动小火车; 16. 办公楼

图 3-3-7　今日静安公园鸟瞰

在园的西北部新建露天游泳池（图 3-4-2，图 3-4-3），公园面积扩大到 299 亩，并改名为虹口公园。1927 年园内建造了一座可容纳 5000 人的移动式看台，体育设施更加完备；1935 年江湾体育场建成以前，这里是上海最主要的体育活动场所。公园自开放之日起，就只对外国人开放，禁止华人入内。1911 年 12 月 29 日工部局规定：只有跟从西人的华籍人员才能进入虹口体育。1912 年 1 月 4 日又规定：未征得同意之前，任何中国学生不准进入虹口公园。就是在举行远东运动会期间，对中国参加比赛的运动员也作了特别限制，要凭出入证才能入场，

但是对日本人、菲律宾人、暹罗人却没有这种限制。经过中国民众的不断斗争，直到 1934 年 4 月 26 日工部局才允许中国运动员每周一至周五下午二时至四时凭事前所发的入园券在田径场上练习。

1932 年在虹口公园内发生了震惊中外的"白川事件"。日本侵略军为了庆祝一·二八事变的"胜利"并举行盛大的"天长节"庆典，同年 4 月 29 日一万多日本军人和日侨在公园集会。当日，日本陆军总司令白川大将、海军中将野村吉三郎、陆军中将植田谦吉等要员在乐曲声中登上检阅台，阅兵结束后举行"天长节"典礼。因

中国人无法参加，朝鲜爱国义士尹奉吉潜入会场，在接近主席台处将炸弹投上主席台，当场炸死日本陆军总司令白川大将，日方要员死伤多人。

尹奉吉1908年出生于高丽忠清南道，字镛起，号梅轩。当年在日本对朝鲜经济、政治的压迫下，许多爱国志士流亡国外，有的来到上海，当时在上海的侨民有六千多人。有留沪朝鲜独立运动者同盟（独立党）和流亡的"朝鲜临时政府"。尹奉吉等人在上海组织了"上海朝鲜人青年同盟（爱国团）"。事发后，尹奉吉临危不惧，从容被捕，1932年12月在日本金泽就义。1946年遗体运回朝鲜，被尊为民族英雄，设"梅轩事业纪念

会"。1988年以来每年4月29日来鲁迅公园举行纪念仪式，1993年在"四二九"事件发生的位置建造了"梅亭"（图3-4-4），1994年又建造了梅园，多年来，朝鲜许多知名人士到梅亭来凭吊朝鲜民族英雄尹奉吉。

1956年逢鲁迅逝世20周年、诞辰75周年之际，经中央批准，市人民委员会决定，将鲁迅墓从万国公墓迁葬至虹口公园（图3-4-5）。全园进行了重新规划，总体布置以鲁迅墓和纪念馆为主体，保留大片草坪，形成疏朗开阔的空间，配置少量园林建筑，并以道路、湖池、树丛、山丘构成有机整体。鲁迅墓和纪念馆由建筑师陈植设计，鲁迅墓占地1600平方米，用花岗石建成，空间

图 3-4-1 运动场跑道

图 3-4-2 露天游泳池（一）

图 3-4-3　游泳池（二）

图 3-4-4　梅亭

图 3-4-5　今鲁迅公园中的鲁迅铜像

分为三个层次：第一层与道路连成墓前广场；第二层平台中间是天鹅绒草坪，草坪中央矗立着坐在藤椅上的鲁迅铜像，平台两侧植樱花、海棠、蜡梅等花木；第三层平台左右栽有两株高大的广玉兰。花岗石墓碑上镌刻着毛泽东手书的"鲁迅先生之墓"，碑旁有许广平、周海婴手植的桧柏。鲁迅纪念亭位于鲁迅墓南端的土丘上，与墓地构成轴线。鲁迅纪念馆在轴线的左侧，外观采用浙江民居的风格，古朴典雅。1956 年 10 月 14 日，鲁迅先生灵柩移葬在虹口公园墓地。巴金、茅盾、周扬、许广平及二千多名群众参加了迁葬仪式。

多年来这里成为学习鲁迅先生的课堂，一百多个国家和数以万计的国际友人在这里留下足迹。不少友人还亲自种下了"友谊树"、"友谊花"。

1958 年虹口公园再次进行了扩建、改建工程。1959 年 6 月开始发动群众参加义务劳动，挖土 5 万立方米，形成面积 1.6 万平方米、深 3 米的人工湖，堆起高 22 米的土山。历年来增加了许多园林设施，调整了绿化布局，园景面貌有很大改观（图 3-4-6）。 1988 年 10 月 19 日经上海市人民代表大会常务委员第 351 次会议通过，公园更名为鲁迅公园。

该公园现在是以鲁迅先生为主题的大型纪念公园。

5. 法国公园（今复兴公园）

复兴公园位于卢湾区复兴中路，另有雁荡路和皋兰路两个进出口（图 3-5-1），面积 133 亩。公园的前身是顾家宅村，有姓顾的私家园林和农田村舍。1900 年法租界公董局以 7.5 万两规银买下这里的 152 亩土地，将其中 115 亩建造法军兵营，俗称顾家宅兵营。后法军逐渐减少，遂由法国俱乐部租用其中部分土地建造网球场、停车场。1908 年 7 月 1 日法公董局决定把顾家宅兵营中的一部分土地辟建为公园。同年建园工程开工，聘用法籍园艺家柏勃（Papot）为工程助理监督。1909 年 7 月 14 日法国国庆日开放，名顾家宅公园，俗称法国公园。公园开放之初，除外国人和被外国人雇佣的中国人以外，不准中国人进园。直到 1928 年 7 月 1 日才允许中国人入内，年券 1 元，临时券 1 角。1944 年汪伪时期曾改名为大兴公园，抗日战争胜利后更名为复兴公园。

公园初建时，面积不过六十多亩，开放后规模逐年扩大，首先收购土地三十多亩；1915 年又将园西北部的马厩拆除，扩大面积十多亩；1918 年将华龙路（今雁荡路）南段划入园内，同时将路东的一块土地也划入园内，并把园南部法公董局警务处俱乐部迁出；1924 年又拆除最后一批法军营房，达到现有的面积。

园艺布局融中西风格于一体，以规则式为主要特色。1917 年法公董局聘法籍工程师如少默（Jousseaume）负责公园的扩建和改建工程。设计方案于 1918 年通过并开始施工。由于牵涉各单位的拆迁，工程进展缓慢，直到 1926 年才基本完成。因为公园是分期扩建的，各个局部的风格都不相同。公园中部是一处法园沉床式花

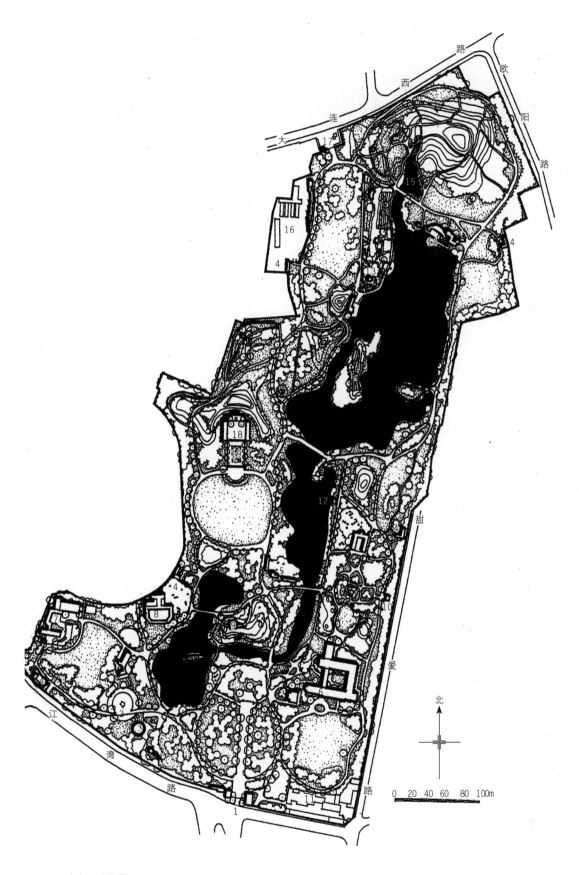

图 3-4-6　1985 年鲁迅公园平面图

1. 大门；2. 亭廊；3. 电动游具；4. 厕所；5. 售品部；6. 鲁迅纪念馆；7. 芝苑亭；8. 餐厅、茶室；9. 纪念亭；10. 亭；11. 管理处；12. 船坞（游船码头）；13. 鹤亭；14. 水榭；15. 瀑布；16. 苗圃；17. 入口；18. 鲁迅墓；19. 塑像

图 3-5-1　今复兴公园园门（复兴中路）

图 3-5-2　沉床式花坛

坛，呈东西向长方形，面积 2742 平方米，由 6 只图案式花坛组成，中间为圆形喷水池，面积 154 平方米，池中有孩童戏水雕塑，花坛以绿草为衬，俗称"毛毡花坛"（图 3-5-2）。公园南部是一片面积 8000 平方米的草坪。1932 年日军入侵时建了地下水库，既是为了供水，也是为了备战。地上不宜种植树木，周边高大悬铃木环绕，视野开阔，绿草如茵。公园西北部是规则式月季花坛（图 3-5-3），面积 2741 平方米。花坛中纵横道路交会处设有圆形喷水池，面积 65 平方米。花坛内栽植月季千株，是公园另一突出特色。公园西南部以自然式布局为主，假山区占地面积 1850 平方米，以块石叠砌，登山可眺望园中景色。山前突出一块巨石，流水从石上流下，通过小溪流入 2000 平方米的荷花池内。池内植荷花，池东北以一条内堤隔出一个小池，一株高大的悬铃木斜倚池上，自成一景（图 3-5-4）。池边有小溪，曲折向东流淌，小溪近旁有一小丘，丘顶有亭，亭下有人工流泉注入溪中（图 3-5-5）。园北原是长方形图案式草坪，后在中间竖立一尊马克思、恩格斯纪念雕像，于 1983 年 5 月 5 日马克思诞辰 165 周年纪念日奠基，1985 年 8 月 5

日恩格斯逝世 90 周年揭幕。园东横贯南北设一宽敞的大路；租界时期每年 7 月 14 日法国国庆日，法国驻军和巡警在此检阅，旅居侨民在此狂欢。

1911 年 5 月 6 日法国飞行员环龙（Vallon）在上海上空作飞行表演时飞机失事机毁人亡。一年后法公董局在公园北部建环龙纪念碑。后移至公园的玫瑰花坛内，后拆除。

公园饲养动物始于 1916 年，起初是法侨赠送的几只鹤、两只天鹅和一些小动物。1937 年八一三事变，日军入侵上海，位于南市的上海市立动物园为防动物笼舍遭日军轰炸危及居民安全，市立动物园管理处于 10 月 22 日致函法租界公董局，愿将动物无偿移交给顾家宅公园，11 月 2 日法公董局决定接受这批动物。遂在公园东北部建造动物笼舍，占地面积 4000 平方米，1938 年 6 月 23 日动物园正式对外开放。1945 年 5 月汪伪时期曾将动物迁往中山公园，1948 年复兴公园动物园恢复，1949 年 2 月重新开放。1963 年所有动物与西郊公园（上海动物园）合并，该地挪作他用。

复兴公园近百年来基本保持了原来的面貌，当年种植的悬铃木现在都已蔚然成林，绿树浓荫（图 3-5-6），成为市中心区市民休闲锻炼的好去处。

6. 兆丰花园（今中山公园）

兆丰花园位于长宁区长宁路和愚园路交会处。建于 1914 年，是上海辟建较早的公园之一，面积 314.8 亩。园址是原来叫吴家宅的一片村落。

清咸丰十年至同治元年（1860～1862 年）间，英租界当局以防备太平军进攻租界为由强行"越界筑路"，辟筑极司非尔路（今万航渡路）。时任英租界防务委员会主席的英国人詹姆斯·霍格（James Hogg）和他的兄弟也趁机以低价买下吴家宅以西极司非尔路两旁的大片土地，在路南修建了一座占地 70 亩的乡间别墅。因为他们在花园路（今南京东路）开办了一家霍格兄弟公司（Hogg Brothers & Co.），中文名称为兆丰洋行，因此，他们的别墅也习称兆丰花园。1879 年（光绪五年），霍格将极司非尔路以北土地卖给美国圣公会开办的圣约翰书院（后改名为圣约翰大学，今为华东政法学院校址），此后又将路南的土地售给他人。

早在 1913 年，租界里的娱乐基金会就筹划在上海西部建一座公共娱乐场，用来训练巡捕、商团和驻扎在港口上的海军，并且要附设一个游览园地。1914 年 3 月 7 日公共娱乐场委员会联席会议向工部局提出建议：鉴于目前各公共娱乐场被各种运动项目占据了所有空间，作为公园进行娱乐活动已不可能。因此，有必要

图 3-5-3　月季花坛

图 3-5-4　复兴公园——荷花池

图 3-5-5　西式草亭

图 3-5-6　悬铃木林荫道

越快越好地在西区建一个公园，其主要是风景公园和植物园，不能在其内进行各种体育活动。并承诺由娱乐基金会出规银2万两促成这件事。1914年3月12日工部局复信赞同这个建议。1914年3月20日在租界纳税人会议上形成第12号决议：以12.3万两规银买下极司非尔路附近的123亩土地，其中包括兆丰别墅。因为这个花园别墅里已经种植了许多树木，所以没有进行大的改建，略加修整于1914年7月1日对外开放。同时工部局规定：只对外国人开放，不准华人入内。直到1928年才允许中国人进园游览。此后，工部局以这片土地为核心向外扩建，一年后先后收购吴家宅土地200多亩。到1928年公园面积达到288亩。那时公园大门设在极司非尔路上，也就是现在公园的北门。所以公园定名为极司非尔公园（Jessfield Park），因为此乡间别墅习称兆丰花园，所以两个名称同时存在。另外，公园邻近苏州河上的梵皇渡（公园西北部原沪杭铁路二号桥），故又称梵皇渡公园，直到1944年6月改名为中山公园至今。1917年公园的范围已经扩展到白利南路（今长宁路），公园大门也随之改到长宁路上，就是现在中山公园的正门。

中山公园属英国园林风格。由于分几次扩建，各个部位具有不同的特色。南部入口处有一条直路，正对一个树坛，用以障景，挡住后面的池塘。路的东边是"东洋假山"区，多植常绿树和大型山石。正对入口的池塘是原有的，名叫"陈家池"，建园时扩大了面积，增加了曲线，并把取出来的土在池塘近旁堆成土丘，增加了空间层次（图3-6-1）。池塘的北面有8000平方米的草坪，给人以疏朗开阔的印象（图3-6-2）。草坪北面有一座仿古典主义的"大理石亭"，是1935年一位外国侨民爱

斯拉夫人（Mrs. Edward Ezra）赠建的（图3-6-3）。"文革"期间亭内的大理石雕像被毁，现已照原样恢复。大理石亭子的位置原来是一座中国古典式亭子，因建大理石亭，而被迁到了公园西部，取名"牡丹亭"。

在大理石亭前曾陈列着一口高大的铜钟，原为火灾报警之用，1922年11月10日从山东路救火会搬到这里。据记载，铜钟是向美国纽约门尼来商店定购的，1865年铸成，1881年运来上海，高6英尺，重2.5吨。很可惜的是1958年铜钟被作为废铜处理了。

公园的北部是一片东西狭长的地带。在东部有一个喇叭形的露天音乐演奏台，俗称喇叭厅，建于1924年至1925年间，台前有2700平方米草坪，可放置千余张移动式躺椅，供欣赏音乐的人使用。租界的交响乐团继黄浦公园之后定期在这里演奏。原来的喇叭厅现已拆毁。

在公园北部建有一座植物园，经过地形改造，形成起伏的丘陵，并砌有山石、瀑布，种植多种当地及引进树种。复旦大学徐炳声教授曾编写《上海中山公园树木名录》，记载有62科、242个品种，后来增加到260种。公园里高龄的树木很多，比较突出的是在公园北部的西北角上有一棵高28米、冠幅31米的悬铃木，堪称上海"悬铃木之王"（图3-6-4）。这棵树是1866年英国商人、园艺家和慈善家汉璧礼送给兆丰别墅的主人詹姆斯·霍格，种在别墅花园里的。

在公园的西北角上曾有一座动物园。1914年兆丰公园筹建时就计划设立一个动物园，陆续有市民、外侨向公园赠送动物，其中有西伯利亚黑熊、猴子、食火鸡（鹤鸵）等，公园还以每只50元的价格买了两只豹。那时还不具备饲养条件，故寄养在虹口娱乐场（今鲁迅公园）。直到1921年划地2.9亩、拨规银一万两开工建造

图3-6-1 兆丰花园池塘景观

图 3-6-2 草坪

图 3-6-3 大理石亭

图 3-6-4 上海最大的悬铃木

图 3-6-5 兆丰公园风景（一）

图 3-6-6 兆丰公园风景（二）

动物园，1922 年 8 月 10 日建成开放。那时规模很小，动物数量也少，不过是公园里的一处"动物角"。工部局规定："对外国人每天开放，但中国人只准星期一至星期五游览"。这个"动物角"于 1964 年被合并到上海动物园去了。

在公园北部偏西的位置上，现在还保留着一幢砖木结构的平顶房屋。1927 年当国民革命军迫近上海时，英国领事馆于 1927 年 2 月 21 日致电工部局："值此非

常时期，希望工部局在兆丰公园建一英军兵营，因为这里接近租界边境，适宜英军执行任务"。此后在公园里建起五幢营房，北伐战争以后陆续拆除，现在只剩这一幢。

贯穿公园南北两部分的是一条大路，在这条路上有一座旱桥，现在虽已不为游客注目，但是它有一段不平常的来历。建园初期，公园的范围逐年向外扩大，被划入公园的土地里原有一条东西向的小路，是苏家角、陶家宅、

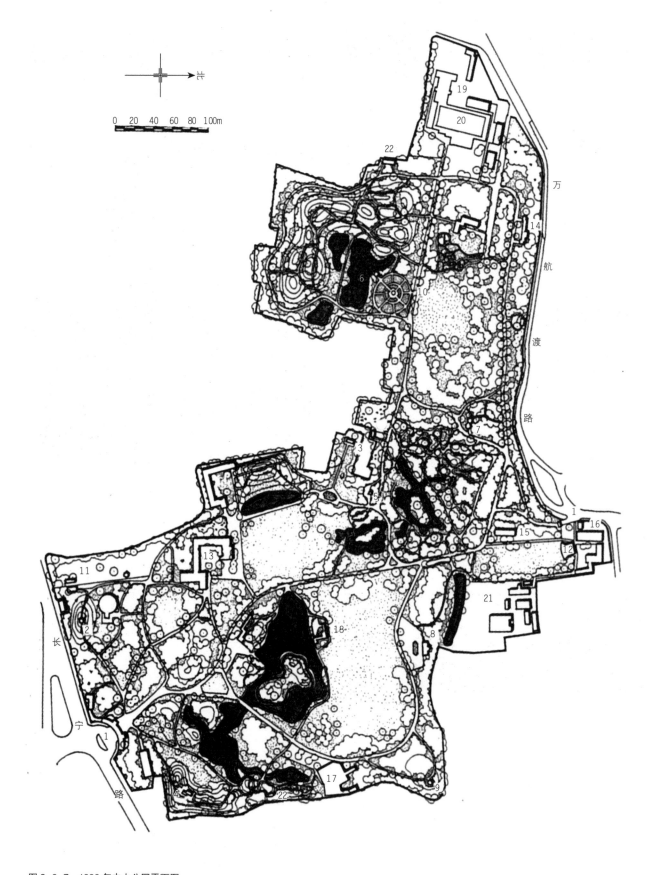

图 3-6-7　1990 年中山公园平面图

1. 大门；2. 亭；3. 牡丹亭；4. 休息亭；5. 方亭；6. 春在亭；7. 六角亭；8. 大理石亭；9. 樱花亭；10. 月季园；11. 儿童园；12. 音乐台；13. 展览室；14. 宣传画廊；15. 阅览室；16. 管理处；17. 餐厅；18. 休息廊；19. 小剧场；20. 游泳池；21. 苗圃；22. 厕所

潘家库一带居民通向曹家渡的必经之路。英国租界当局购买了两边的土地以后，曾打算把这条小路截断，使公园连成一片，但是遭到了当地居民的强烈反抗，他们不得不在小路上造了一座石拱桥，在桥下保留了当地农民进出的通道。从那时起这顶石拱桥就成了连接公园南北两部分的唯一通道。若干年以后，随着周围地区的发展，小路也没有了使用价值，这段路划入园内，那座桥保留至今，成为一座"旱桥"，记录着一段历史。

兆丰公园经过近百年的沧桑，基本保持着原来面貌（图3-6-5，图3-6-6）。1951年新建动植物园标本馆，后改建为展览馆。1995年因长宁路拓宽而划出部分公园土地（图3-6-7），1997年配合地铁二号线绿化工程将公园南部1.6万平方米土地辟为开放式绿地。

7. 斯塔德利公园（今霍山公园）

霍山公园位于上海虹口区霍山路，是一座面积只有五亩多的小公园。早在20世纪初期，这里有一条下海浦，还有一座下海庙，人们称这一带为下海地区。附近居住着许多外国侨民，他们曾集资租赁了公园原址的一片土地，辟为外国儿童的游戏场。1916年一批外国侨民联合写信给工部局，要求把这块地买下来建造儿童公园。经洽谈要价规银1.2万两，工部局嫌价钱太高就搁置下来了。后来有人要在这片土地上建造工厂，1917年经租界纳税人年会批准，匆匆以1.88万两规银买下了这块土地，同年8月建成开放，取名斯塔德利公园（Studley Park，图3-7-1）。20世纪20年代，公园前面新辟了一条道路名叫霍山路，公园的名字曾为舟山公园，1944年6月23日更名霍山公园。

这座公园自开放的那一天起就不准中国人入内。1926年9月6日修订的《舟山公园管理规则》有：①本园备外国人专用…… ③衣帽不端者不得入内……④不得带狗入内……⑦警方奉命执行以上规则……这种歧视中国人的管理规则一直受到中国人的反抗，直到1930年7月26日，园方始允许中国人携带儿童入内。

霍山公园有一段值得记忆的往事。第二次世界大战期间，犹太人面临纳粹对他们大屠杀的灭顶之灾，纷纷逃往世界各地却到处碰壁，在走投无路的时候，上海人民伸出人道之手，接纳了2.5万多名犹太难民到上海避难。虹口区的舟山路、长阳路、霍山路一带是当年犹太难民集中居住的地方。公共租界工部局1939～1940年档案里有这样的记载：这个公园接待了不少欧洲移民，尤其是春、夏二季，公园里常常客满。许多犹太人在这里度过了他们悲痛的日子。1941年太平洋战争爆发以后，

日本侵略军决定在西起公平路、东至通北路、南起惠民路、北至周家嘴路的范围内建立一个"无国籍难民隔离区"，强制所有犹太难民都迁到这个隔离区里居住并对他们的行动严加限制。霍山公园正处在隔离区的中心，故成为犹太难民唯一可以活动的场所。犹太难民与中国邻居们一起度过了最艰难的日子。

战后许多犹太人纷纷来到这当年避难的地方，怀念那段苦难的岁月，感谢中国人民在危难之中对他们的救援。德国一些知名人士也来到这里谴责纳粹的罪行。

为了纪念这段历史，上海市虹口区人民政府于1994年4月在霍山公园里竖立了一座"犹太难民来沪避难纪念碑"（图3-7-2）。

"文化大革命"期间公园被迫停止开放。园内建窑烧砖，挖防空洞，树木被损坏殆尽。1978年重新整修，添置儿童游戏设备，恢复开放，成为附近居民休憩、锻炼的首选场所和儿童的乐园（图3-7-3～图3-7-5）。

1999年，时任德国总理的施罗德在参观上海拉希尔犹太会堂后，深情留言道："一首诗曾说：'死亡是从德国来的使节'，我们知道了许多被迫害者在上海找到避难处。我们永远不会忘记这段历史"（摘自2006年2月17日解放日报15版）。

8. 贝当公园（今衡山公园）

衡山公园位于徐汇区衡山路、宛平路口，租界时期这一带建有毕卡弟公寓、爱棠公寓等高档住宅，是外侨聚居的地方。1925年8月法租界公董局决定在这里建造公园。原址是一条河浜，地势低洼，是用徐家汇疏浚河道的河泥5000吨将低地填充起来形成的。于1926年5月竣工开放，当时面积25亩，是一座专为外国儿童开辟的游戏场所，仅对外国人开放。因坐落在贝当路（今衡山路），故名贝当公园，1943年10月改名衡山公园，1965年因建设防空工程而停止开放，直到1987年4月经整修后才恢复开放。

全园采取自然式布局，迎门是占地60平方米的椭圆形花坛，坛后是两米高的绿篱，起障景作用。园中央有1000平方米以上的大草坪，四周以各种花木组成不同的景观，园内三株高大的香樟树构成大片绿荫，形成公园内的一景（图3-8-1）。全园共有树木60种、1200多株。

1991年11月在公园东北部竖立沈钧儒先生雕像（图3-8-2）（在为沈钧儒铜像选址时，由于沈钧儒号衡山，故决定将其放在衡山公园内）。雕像位于大草坪右侧斜坡前，基座由三块不规则的大花岗石组成，象征沈钧儒

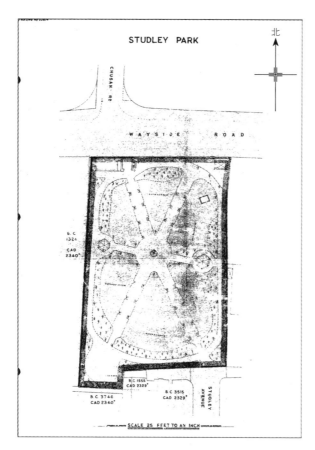

图 3-7-1 斯塔德利公园（今霍山公园）初建设计图

图 3-7-2 犹太难民来沪避难纪念碑

图 3-7-3 整修后的园景一角

图 3-7-4 整修后的公园大门

一生经历过清、民国、中华人民共和国三个时代，始终如一地为振兴中华而奋斗。介绍沈钧儒生平的文字镌刻在右边一块碗形巨石上。沈钧儒一生爱石，常说石头最坚硬、最纯洁，他的书斋名"与石居"，此处遂把他的塑像与岩石组合在一起。

公园面积不大，环境幽邃，并设有儿童游戏设备，是附近居民休息锻炼身体的好去处。

9. 兰维纳公园（今襄阳公园）

兰维纳公园位于徐汇区淮海中路襄阳路口，1942年1月建成开放，面积33亩，是租界时期辟建的最后一座公园。

园址原是农田及墓地，1938年法租界公董局购买了这里的六块土地，共35.31亩，计划作为建造法租界公董局新办公楼的基地。由于1940年6月法国政府向德国

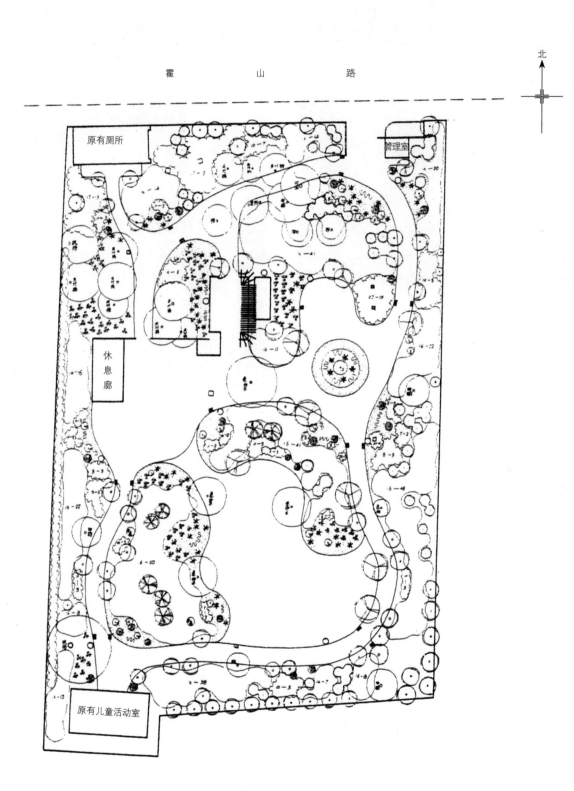

图 3-7-5　1978 年霍山公园种植设计平面图

图 3-8-1 衡山公园鸟瞰

投降，新建办公楼工程搁置。1941 年 8 月公董局决定把这块土地建为公园，定名兰维纳公园。这一定名是为了纪念在抗德战争中阵亡的法国驻上海领事、原外交官兰维纳，并在园内建了一座兰维纳纪念碑，新中国成立后拆除。1943 年 7 月改园名为泰山公园。抗日战争胜利后，1946 年 1 月改名为林森公园，1950 年 5 月 28 日改名为襄阳公园（图 3-9-1）。

全园采用自然式与规则式相结合的平面布局形式，园门内是一条南北向的宽阔大道，两旁高大的悬铃木浓荫蔽日。道路外侧是对称的几何图案花坛（图 3-9-2～图 3-9-4），支路多呈弧形，婉转曲折，延伸至全园。园中部是占地 1200 平方米的草坪，园西北角有喷水池，面积在 100 平方米以上（图 3-9-5），四周长廊围绕，廊下植月季，廊上有紫藤缠绕，廊外绿竹青翠，环境幽静。一座中国式六角亭位于园中央，垂檐翘角、翠瓦结顶，连接南北大道，沟通各个景点，形成全园的中枢。园东部有一处高出平地 1 米的平台，面积 2000 平方米，系 20 世纪 60 年代建造地下建筑形成的，台上建游廊，广植花木。

近年来，园南沿街部分土地被划到园外，改建为开放式街道绿地，既美化街景又可供行人就近小憩。

10. 上海动物园

上海的动物园从无到有，从江湖式的流动展出，到初具规模的"动物角"，经过了一百多年的发展历程。直

图 3-8-2 沈钧儒塑像

到新中国成立以后，才建设起动物品种较多、设备齐全、具有一定规模的动物园。办园宗旨从供人观赏、娱乐提升到保护物种、科学研究、普及科学知识的高度。

早在一百多年以前就有商家为了迎合人们的猎奇心理，用展出动物招揽顾客。19 世纪 80 年代在今西藏路、汉口路附近有一家一品香番菜馆，门前养了几条蟒蛇、一头金钱豹。在福州路的青莲阁茶楼，也曾先后有三次小动物展览，场面都很轰动，吸引了不少顾客。

清光绪十四年（1888 年）候补知府卓乎吾以招股方式成立大花园公司，开办了一座营业性园林，位于杨树浦引翔港附近，即今杨树浦路、腾越路路口，面积 180亩。大花园是以中国园林风格为主，并以西式建筑点缀的大型园林。除了有一般营业性园林所具有的餐饮、娱乐项目以外，最突出的是附设一处以展出巨兽为主的动物园。所展出的象、狮、虎、豹、熊是从欧洲车利尼马戏班购得的退役动物。此外，尚有犀牛、蟒蛇、猩猩、猴、梅花鹿、鹤、鸸鹋等。大型鸟栏长约 200 米，鸟群可在栏内飞翔。水族馆内硕大的玻璃箱里展出各种水生动物，在当年可谓一座名副其实的动物园。清光绪十五

168

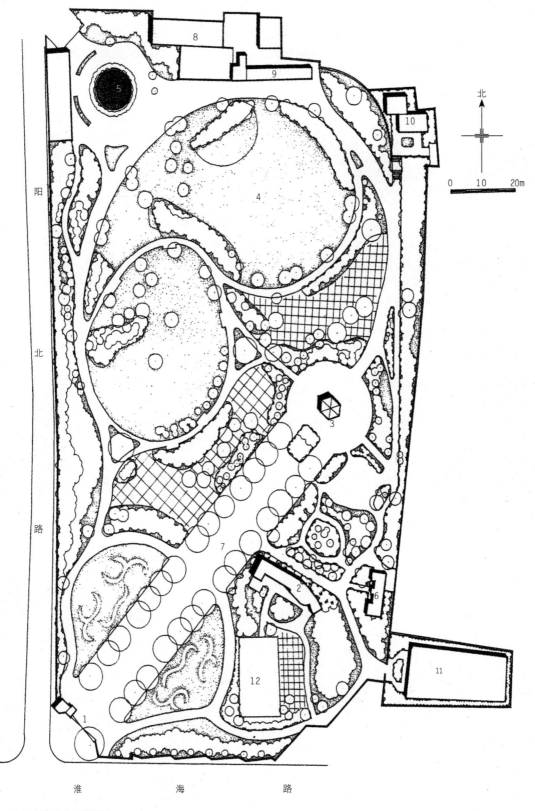

图 3-9-1　1964 年襄阳公园平面图
1. 大门；2. 休息廊；3. 亭子；4. 大草坪；5. 喷水池；6. 厕所；7. 公园大道；8. 文娱室；9. 售品部；10. 园务管理区；11. 室内儿童活动场；12. 儿童游戏场

年八月初七（1889年9月1日）正式对外开放，门票银洋一角。为解决游客往返的交通问题，特在二摆渡自来水桥（今江西中路苏州河畔）辟专线马车，并在四马路（今福州路）招商局码头备小火轮定时接送。一时游人纷

至沓来，此后园内动物死亡较多，展出动物减少，游人兴趣大减，再加之地处边远，很快就陷于困境。清光绪十八年（1892年）曾易主英商，不久终告废圮。1920年后，日商在大花园遗址建造了大康纱厂，原址现为上海第十二棉纺织厂。

自从杨树浦大花园动物园关闭以后，约二十年的时间里，在社会上只有少数"江湖动物园"，即：在街头巷尾或市场一角，张挂大幅布幔，上面画着狮、虎、熊、豹，有人在门前招揽观众，动物品种很少，设备简陋，只能姑且称为动物园罢了。其中有中华动物园、顺利动物园、同法动物园、四明动物园等。新中国成立后随着人民生活改善，文化要求提高，这类动物园日渐萧条，有的迁往外地，有的合并到新建的动物园里去了。

20世纪初，公共租界工部局就有筹建动物园的计划，1910年以60元买进一对澳大利亚黑天鹅，放养在

图3-9-2 建国初期兰维纳公园的林荫大道

图3-9-3 兰维纳公园（今襄阳公园）林荫大道现状

图3-9-5 喷水池

图3-9-4 林荫大道外侧对称式的几何图案花坛

虹口娱乐场（今鲁迅公园）的池塘里。1915 年先后购进小豹，接受外侨赠送的西伯利亚小熊等动物，暂时寄养在虹口娱乐场内。据工部局园场委员会 1920 年 12 月 17 日会议记录：虹口公园需花 1500 两规银建造兽笼，豢养大熊等动物。

直到 1921 年，兆丰公园（今中山公园）在园的西北角辟建了一座动物园，但面积只有 2.9 亩。1921 年公共租界年报上记载："兆丰公园动物园择地在公园西北端近梵皇渡路苏州河，于 1921 年兴建，计划造鸟类、猴子及小动物笼舍，日后准备建兽笼，今年可基本完工"。1922 年 8 月 10 日，工部局颁布的《动物园暂行章程》中规定：①动物园对外国人每天开放，中国人只准从星期一到星期五去游览。②衣服不整齐者不得入内……。据工部局 1924 年年报记载：全年参观人数成人 9657 人次，儿童 11860 人次。全年游人量最多的是四月份，全月成人 1641 人次，儿童 2926 人次。

在租界割据的年代里，1923 年 5 月，上海市政当局在南市蓬莱路上建立了一处上海县立学校园，1928 年改为上海市立公共学校园。这是一座专门供青少年学生进行生物学教学的校外课堂。园内有农作物、蔬菜、果树、花卉和动物五个分区。其中动物区内容最为丰富，除了家禽、家畜以外，还收集了虎、豹和许多小动物，可供游人参观。虽然不是正规的动物园，但是也可以算得上是中国政府创办的一处展览动物的场所了。学校园于 1933 年 8 月撤销。

1931 年上海市政当局正式着手筹建上海市市立动物园，园址选在老城厢文庙对面的芹园，占地面积 10 亩多。建园工程由三森工程公司承包，1932 年 8 月动工，经过一年多的建设，于 1933 年 6 月 16 日竣工，当年 8 月 18 日正式对外开放，这是上海市政当局创办的第一家动物园（图 3-10-1）。动物园曾展出珍禽异兽一百多种，受到市民的喜爱（图 3-10-2）。据记载：1935 年 10 月 1 日曾展出一头巨鲸标本，10 月 15 日增添展出一头大象，在市民中引起很大轰动，这一年游人量达到 100 多万人次。门票每张铜圆 6 枚，常年门券大洋 1 元。1937 年 8 月 13 日爆发了八一三事变，日本侵略军对华界进行了狂轰滥炸，日军所到之处烧杀掳掠，留下片片废墟。广大市民纷纷奔向公共租界、法租界避难，高峰时逃往租界的中国难民达 70 多万人。位于老城厢的上海市市立动物园处在日军炮火威胁之下，市政当局为防止动物外逃，保障市民安全，不得已于 1937 年 10 月 22 日与法租界公董局商量，将市立动物园的动物转移到法租界的顾家宅

公园（今复兴公园）寄养。不久，南市一带陷入日本侵略军的铁蹄之下，市立动物园被毁，现在踪迹全无。自此以后这批动物就落户于顾家宅公园，这就是在复兴公园东部曾经有过一个动物园的由来。

中山公园和复兴公园两处附属的动物园虽然面积很小，动物品种不多，但是在上海没有大型动物园以前，那里却是市民观赏动物的好去处。上海西郊公园（上海动物园）建成后，这两座动物园的动物全都合并过去，留下的两片土地另作他用。

上海建设正规的动物园是在新中国成立以后开始的。现在上海动物园的园址原来是一片农田。早在清光绪二十六年（1900 年），英国侨民在今程家桥新泾港以西买下 20 亩土地，开设"老裕泰"马房，成为专供外国人骑马娱乐的场所。这里生意兴隆，十年间马场面积扩大到 100 亩，养马一百多匹。随着租界当局"越界筑路"特权的扩张，虹桥路被辟为由租界向外延伸的道路之一。1914 年

图 3-10-1　1933 年上海市市立动物园大门

图 3-10-2　1933 年上海市市立动物园禽类笼舍

太古洋行、怡和洋行、汇丰银行等8家英商购买了这块土地。1916年成立高尔夫球场俱乐部（又名虹桥杓球俱乐部），面积扩展到150亩，1930年又扩展到412亩，是上海的第一处高尔夫球场（图3-10-3）。这处球场全部封闭起来，不准中国人入内，成为西郊的"国中之国"。

1953年3月20日，上海市人民政府依法收回了这片土地，收购了土地内的房屋和设备，决定将这片土地建设成一座公园。首任上海市市长陈毅曾经有这样的意向：看情况以后要改建为动物园。当时正处在新中国建国初期，财力不足，建园工程以竹木结构为主，公园大门、五曲长廊、六角亭等都是用毛竹建造的，造价省、施工快、效果好，符合当时的经济条件。经过半年多的紧张施工，于1954年5月25日上海解放五周年纪念日作为一座文化休闲公园对外开放，取名西郊公园。

1956年春末夏初，中国科学院建议：除北京已建动物园外，上海等十大城市也应该建设动物园。这个建议得到国家和有关城市领导的赞同和响应，且与当年陈毅市长的设想不谋而合。于是在文化休闲公园的基础上重新进行了规划设计。动物展区的布置根据动物进化的顺序，由低等动物到高等动物按逆时针方向排列。园艺布局以自然式为主，根据动物的生态特点进行布置，狮虎山以种植松柏为主，熊猫馆周围以种竹为主，天鹅湖周围以种芦苇为主（图3-10-4），热带动物展区周围以种植棕榈、芭蕉、丝兰为主。

西郊公园自1956年起边开放、边建设、边扩建，经过二十多年的建设，面积达到1055亩。动物品种增加，展出设备齐全，已经具备大型综合性动物园的规模，

图3-10-3　上海动物园的前身——高尔夫球场

图3-10-4　上海动物园天鹅湖

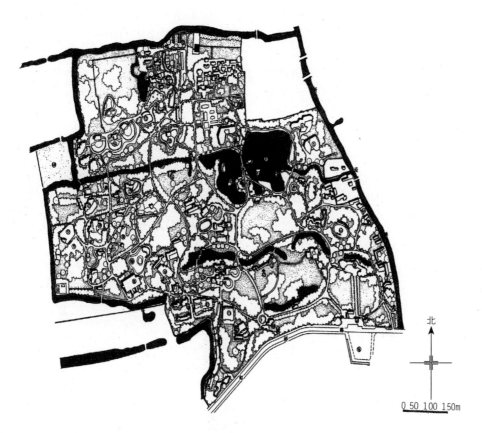

图 3-10-5　1994 年上海动物园平面图

经市政府批准，1980 年元旦西郊公园改称上海动物园（图 3-10-5）。

　　在上海动物园建设过程中，市政府考虑到市民参观动物园要扶老携幼走很长的路，尤其是家住沪东、浦东的居民要横穿市区，路途更加遥远，所以 1958 年在沪东地区辟建和平公园和杨浦公园，在浦东建设浦东公园（现已改为滨江绿地）时都辟建了"动物角"，以方便市民参观。

　　1955 年上海市人民政府与国家林业部联合在南汇区（浦东）建起了一座上海野生动物园。上海动物园的规模、展览水平和技术水平正在不断地创新提高。

　　11. 宋公园（今闸北公园）

　　闸北公园位于闸北区共和新路，这里原来是名为象仪巷的一片村庄和农田。1913 年宋教仁落葬在这里，经过跨世纪的变迁，由宋氏墓园逐步扩建为一座综合性公园。

　　宋教仁（1882—1913 年），字钝初，号渔父，1882 年 4 月 5 日生于湖南桃源，近代民主革命家（图 3-11-1）。早年留学日本，1904 年与黄兴、陈天华等人在长沙组

图 3-11-1　宋教仁像

织华兴会。1905 年参加同盟会，任《民报》撰述。1910年积极促进武昌起义和江浙等地起义并筹建临时政府。1912 年任南京临时政府法制局总裁，参与南北议和，协助孙中山改组同盟会为国民党，任代理理事长。宋教仁主张以议会制约袁世凯，所以深为袁世凯嫉恨，1913 年 3 月 20 日晚由上海乘火车前往北方时，在北火车站遇刺身亡，终年 31 岁。1913 年 6 月 26 日，落葬在象仪巷，即今闸北公园。

1914 年，国民党买下象仪巷周围农田 102 亩，其中43 亩用来修建墓园，其余土地交给看墓人耕种，以其收入代替工薪。

宋墓坐落在 260 平方米的墓台上，台前为八级台阶，四周是花岗石栏杆，半球形的墓顶饰有一只脚踏恶蛇的雄鹰石雕（图 3-11-2），象征宋教仁与封建势力顽强搏斗的精神。墓前竖立着"宋教仁先生之墓"的紫色花岗石墓碑。在墓的前面是宋教仁的石雕坐像，身着西装，左手执书，右手托腮，神态亲切。基座的正面镌刻篆书"渔父"二字，此为章炳麟手迹（图 3-11-3）。基座的背面镌刻着于右任撰文、康宝忠书写的"宋教仁先生石像后题语"，全文是：

"先生之死天下惜之，先生之行天下知之，吾又何记？为直笔乎，直笔人戮。为曲笔乎？曲笔天诛。於乎！九原之泪，天下之血。老友之笔，贼人之铁。勒之空山，期之良史。铭诸心肝，质诸天地。"

墓道周围广植龙柏、雪松、广玉兰等常绿乔木，并以绿篱与外界分隔，墓道入口处有两根灯柱和两株大叶黄杨球分列左右。墓前广场和道路以花岗石铺砌，环境幽静肃穆。"宋园"二字由国民党元老谭延闿题写。

当年墓园因失于养护管理，杂草丛生，成为一片荒芜之地。直到 1929 年，当时的市政府拨款对宋园进行维修，同年 9 月作为公园对外开放，定名宋公园。那时由于地处远郊，游人稀少，十分冷清。1946 年有人提出"宋公园"仅知其姓，不知为国殉难者的名字是谁，遂改名为"教仁公园"。新中国成立以前，教仁公园周围还是人烟稀少的郊区，这片偏僻荒芜的园地成为国民党反动派的刑场，许多革命志士在这里就义。1950 年 5 月 28日改名为闸北公园。"文化大革命"期间，宋墓遭到严重破坏，1981 年辛亥革命 70 周年时，政府对宋墓进行了全面整修，恢复了原来的面貌。墓碑由孙中山先生题写，由上海市纪念辛亥革命 70 周年筹备委员会重立。1981年 8 月 25 日，上海市人民政府公布宋教仁墓为"上海市重点文物保护单位"。

图 3-11-2　1924 年的宋公园

图 3-11-3　今日宋教仁墓

新中国成立后，闸北公园几度扩建，并将园林部门所属第十苗圃并入公园，面积达到 205 亩，成为上海沪北地区一座综合性公园。公园从东至西大体成长方形，采取自然式布局。园西部以宋墓为主体，其后有土山、荷花池。园中部为主景区，有一个面积为 1 万多平方米的湖池，水面宽狭不一，岸线曲折多变。湖中有两座岛屿和一座半岛，岛上假山高低错落。主建筑春晖堂在园的东端，其余亭、榭也多在岛上或沿湖而建。园东部为林区、草坪、荷花池和儿童园（图3-11-4，图3-11-5）。

12. 吴淞公园

吴淞公园位于宝山区吴淞镇，临近黄浦江和长江汇合处，是一座滨江公园（图3-12-1）。1931年由当地居民多方集资建造。当年吴淞镇900多户居民和商号捐款500多元，又动用当年修建蕴藻浜大桥结余款900多元，再由工务局拨款500元，于同年12月动工，仅用了一个多月就竣工了，1932年初开放，面积只有2.7亩。

图3-11-4 今日闸北公园内的小三潭印月

公园南北狭长作图案式布置，有花坛、茅亭，共种植花木1460多株。在沿江一带远眺，吴淞口景色尽收眼底（图3-12-1）。

公园开放不到一个月，日本侵略军向上海发起进攻，于1932年爆发了一·二八淞沪抗战。吴淞公园沿岸成为日军登陆上海、运送军队武器的跳板。吴淞镇遭战火摧残，许多民宅化为一片焦土，吴淞公园被彻底毁坏。战后，1932年8月，市工务局打算恢复吴淞公园，并利用战火中被毁的民宅基地扩大公园面积。1933年动工修建，但是在工程进行中的9月3日、9月18日两次遭受台风袭击，公园一带江堤溃决，所植树木损失殆尽。直到1934年11月才修复竣工，对外开放。

1937年日本侵略军又一次向上海发动进攻，爆发了八一三事变，位于黄浦江畔的吴淞公园，再次成为日军运送武器弹药的跳板。在日本侵略军的铁蹄下，吴淞公园再次遭到彻底毁坏。战后，1937年5月，吴淞镇居民及商号56户联名上书，要求恢复吴淞公园，同年7月市政府决定：原吴淞公园土地留做中央造船公司使用，公园在吴淞镇附近另行觅地建设。但是由于土地和资金都没有着落，重建公园的计划一直没有实现。

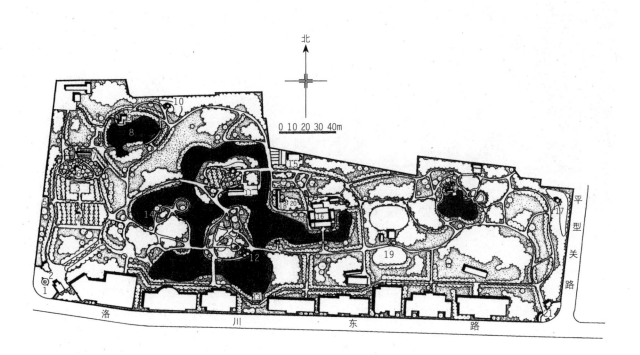

图3-11-5 1993年闸北公园平面图
1. 壶王迎客；2. 大门；3. 宋教仁墓；4. 塑像；5. 厕所；6. 蘑菇亭；7. 紫藤廊；8. 荷花池；9. 水榭；10. 鹤亭；11. 码头；12. 双亭；13. 四方亭；14. 松园；15. 苗圃；16. 春晖堂；17. 鸣凤亭；18. 木香榭；19. 儿童乐园；20. 药物园；21. 入口

图 3-12-1 从吴淞公园看黄浦江

图 3-12-2 吴淞公园内的小桥

图 3-12-3 吴淞公园滨江大路

　　1951 年 8 月，吴淞区人民政府根据第一次人民代表会议的提案，制订了修复吴淞公园的计划，同年 10 月得到市人民政府的批准。1952 年由市园场管理处施工，以植物造景为主，园内建筑不多，当年即竣工开放，定名为吴淞海滨公园（图 3-12-2，图 3-12-3）。开放后，市民认为这是一个观赏吴淞口景色的好去处，但是面积太小，设施简陋，要求将公园扩大。经 1958 年、1965 年先后征

用沿江土地 3.5 亩，又将毗邻公园的化成路苗圃、淞宝路苗圃等土地并入公园，面积达到 95.6 亩（图 3-12-4）。

　　上溯到 1842 年，在吴淞口这片土地上，曾经写下中国人民抗击帝国主义入侵可歌可泣的历史。当年英国为了维护其鸦片贸易，于 1842 年 6 月 13 日，派遣海陆军七千多人，分乘三十余艘舰船，一路进逼吴淞口外，爆发了中英吴淞之战。江南提督 67 岁的老将陈化成受命镇守吴淞口，他率领将士，身先士卒，浴血奋战，给入侵者以沉重打击，终因负伤多处，血染战袍，壮烈牺牲。英国入侵者在吴淞口打开缺口后，溯长江而上，直逼南京，迫使清政府签下了丧权辱国的《南京条约》。为了纪念这位民族英雄，1987 年 6 月 27 日吴淞公园竖立了一尊民族英雄陈化成铜像，成为教育后代、激励人民的丰碑。这尊铜像现已移至临江公园陈化成纪念馆前。

13. 复兴岛公园

　　复兴岛公园位于上海杨浦区军工路南端、黄浦江西侧的一个小岛上，面积约 60 亩（图 3-13-1）。

　　复兴岛是一个人工岛，原来是一片江边滩地，名叫周家嘴角。从 1926 年起，当时掌管黄浦江疏浚业务的浚浦局，在这里吹泥堆滩（指用吹沙的方式堆沙造地），并在江中筑起石坝以加快泥沙淤积，再把疏浚黄浦江挖出的 828 万立方米泥沙堆积在这里，逐渐形成一片陆地。到 1930 年完成了吹泥堆岛工程，定名为周家嘴岛。这个岛南北长 3 公里，东西宽仅 400 米，岛的南端有定海桥、北端有海安桥与市区相连。

　　小岛形成后，当时的浚浦局在这里建立了“浚浦局体育会”，实际是一座花园别墅，可以在此休闲度假，也可以进行体育活动。

　　1937 年八一三事变后，日本侵略军占领了全岛，并将其划为禁区，改名为定海岛。这座花园落入日本人之手以后，即按日本园林的风格进行改建，遍植樱花和各种整形的松树和灌木；还挖建了心形池塘，种植鸢尾等水生植物，土坡上有山石和石灯笼，并建了日本式牌坊；形成一座具有日本风格的园林。

　　1945 年日本投降后，这座花园别墅重新归还浚浦局，岛的名字改为复兴岛，并在园内竖立了一座“复兴岛收回纪念碑”，可惜这座纪念碑已被毁。

　　1949 年上海解放后，花园移交给上海港务局使用，1951 年港务局向市政府建议，将这座花园改为公园向公众开放。市政府采纳了这个建议，改建工程由园林部门承办，1951 年 5 月 28 日，整修和改建工程完成后，改名为复兴岛公园对外开放（图 3-13-2）。

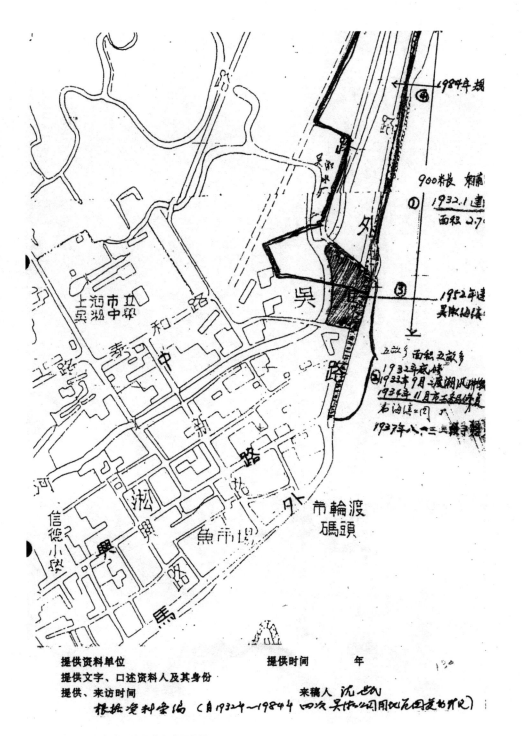

提供资料单位　　　　　　　　　　提供时间　　　　年

提供文字、口述资料人及其身份

提供、来访时间　　　　　　　　　来稿人　沈也如

图 3-12-4　吴淞海滨公园历次兴建示意图

图 3-13-1 复兴岛公园园景

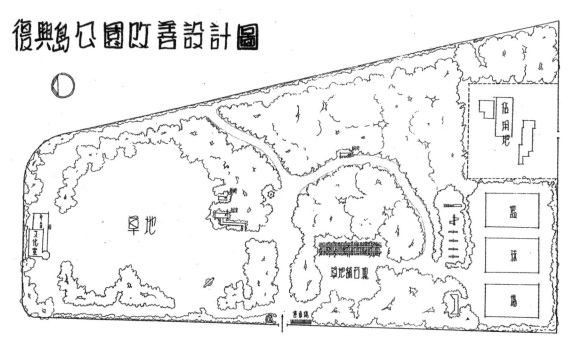

图 3-13-2 1951 年复兴岛公园改建设计图

上海解放前夕的 1949 年 4 月 26 日至 5 月 7 日，蒋介石曾将此地作为行辕短暂居住，复兴岛成为他在上海的最后一个落脚点。

14. 奎山公园（今汇龙潭公园）

奎山公园位于嘉定区嘉定镇塔城路，始建于 1928 年。当年嘉定县政府将孔庙（图 3-14-1）、应奎山、汇龙潭、魁星阁、龙门桥等景点融为一体，改建为公园，翌年 2 月对外开放，取名"奎山公园"。1932 年爆发一·二八淞沪抗战，日本侵略军入侵，园内树木遭到摧残。1937 年八一三事变，日本侵略军轰炸嘉定县城，文昌阁（图 3-14-2）、魁星阁被炸毁，孔庙大成殿及东西两庑受损，棂星门外石栏杆坍塌，其他设施也损坏严重。此后荒芜多年，再未修复，奎山公园已名存实亡。

中华人民共和国成立后，1976 年在奎山公园残存

景点的基础上，扩建为嘉定人民公园，1977 年又一次进行扩建，1978 年 4 月定名为汇龙潭公园（图 3-14-3）。1979 年、1980 年按照中国古典式园林进行规划，分二期扩建，于 1984 年竣工开放。面积 71 亩。

奎山公园自然景观和人文景观都很丰富。汇龙潭系明万历十六年（1588 年）嘉定知县熊密兴工开掘，有横沥河、新渠、野奴泾、唐家浜、南杨树浜五条河流在此交汇，形成群龙相聚之势（图 3-14-4），潭水与孔庙和应奎山相映，景色优美，有"嘤庠八景"之称。八景即：汇龙潭影（图 3-14-5）、殿庭乔柏、映奎山色、黄序疏梅、聚魁穿窗、双桐揽照、启震虹梁、丈石凝晖。汇龙潭四周古木参天，潭东北岸有一株俗称"树磐石"的大枫杨，树根部包有一大石块，成为园中一景。潭中的湖心亭有九曲桥与岸相连，名玉虹桥。应奎山位于潭南部，堆建于明天顺四年（1460 年）。当年重建孔庙时，因大成殿与溜光寺遥相对应，"相近而不相类"，遂在寺与庙之间筑山以相隔障。魁星阁原为孔庙建筑群的一部分，始建于清康熙年间，1937 年八一三事变日军入侵时被毁，1979 年公园扩建时在原地照原样重建。

园内几座古建筑是在城市建设中为保护文化遗迹迁移而来，既保护了古建筑，又增添了古典园林的风采。百鸟朝凤台（俗称打唱台）（图 3-14-6）建于光绪十五年（1889 年），1976 年由闸北区塘沽路沪北钱业会馆按原样迁至园内，装饰华丽，朱漆飞金，绚丽多彩，气势雄伟，尤以藻井更为精致，用斗栱拼成螺旋状，雕有小鸟 440 只。园南部荷花池畔有一花岗石亭，造型粗犷古

图 3-14-1　孔庙牌坊

图 3-14-2　汇龙潭及修复后的文昌阁

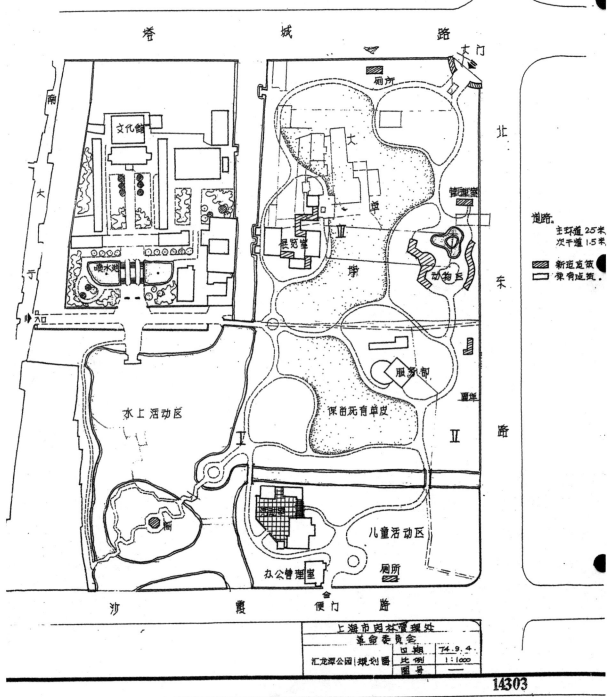

图 3-14-3　1974 年汇龙潭公园规划图

图 3-14-4 明代古桥

图 3-14-5 汇龙潭

图 3-14-6 百鸟朝凤台

朴，始建于明正德年间（1506～1522年），原在嘉定镇北大路边上，1977年迁建至园内。亭中原有一眼水井，可供路人饮用，故称井亭。公园大门是一幢砖木结构、飞檐翘角的二层门楼，门前一对元代石狮分列两旁。楼原在嘉定黄渡镇，建于民国前期，1980年迁来。迁建后，门楼上悬张爱萍将军题写的"汇龙潭"匾额，楼南檐下悬书法家陆俨少题写的"畅观楼"行书匾额。园北草坪西侧有万佛塔，系宋代建筑，原址在嘉定南门外，1980年移至园内，塔置于两级基座上，塔身6节高6米，塔刹系莲花瓣柱，在方形塔身上，三面刻佛像、双龙花纹等浮雕，一面刻经文，但字迹模糊，唯"万佛宝塔"几字依稀可辨。此外，在园北橘香园内的诒安堂建于光绪十一年（1885年），由翁同龢题额。1981年迁至园内，1984年改为怡安堂，由胡厥文题额。堂前竖一高丈余的峰石，俊秀雄奇，玲珑别致，石的右上方刻有小篆体"翥云峰"三字（图3-14-7），为明宋玉所书。此石原为明崇祯年间（1628～1644年）御史赵洪范所有，后几度易主，1980年自周家祠堂移入园内。

全园树木品种丰富，景色宜人，文化底蕴深厚，有树木150多种，百年以上的古树名木就有17株。

图 3-14-7　豢云峰

图 3-15-1　园内小景

图 3-15-2　康健园内骑毛驴

15. 康健园

康健园位于徐汇区漕河泾镇漕河泾港南岸，由上海魔术师鲍琴轩（艺名科天影）集资创办。始建于 1937 年，到 1947 年才略具规模，因为时局动荡，再加之经费不足，直到 1953 年 4 月才正式对外开放，以康健园农场为园名，习称康健园，是一座农场与园林合为一体的、游乐场性质的民营园林（图 3-15-1）。

新中国成立初期，康健园以其独特的园林布局和丰富的服务内容蜚声上海，是市民体验田园生活的好去处。该园采取日本式造园风格，因洼地成池，就冈阜堆山。在园的北部堆有一座高 20 米的土山，周长 250 米，是当年上海唯一的人工堆砌的土山。每逢重阳节，许多市民来此登高，那时尚可远眺四周田园风光。园内河塘交错，有水面八千多平方米，划船也是当时一大游戏特色。另有 220 米长的跑道可供骑毛驴嬉戏（图 3-15-2），在上海也仅此一处。沿河在绿树掩映中有六幢日本式别墅，面积大小不等，室内设施齐全，可接待游客来此休闲度假。厅、堂、亭、榭分布在各个园区，内设餐厅、酒吧、咖啡厅、舞厅等服务项目。园内树木以芙蓉、樱花、桂花为主，并有百年黄杨。池中有荷花、睡莲，小岛上遍植花草树木，野花丛生，极富野趣。当年还可乘漕河泾港中的民间木船游览冠生园农场，形成内外相连的游览线路。

1956 年对私营工商业进行社会主义改造时，实行公私合营，改名公私合营上海康健园，1963 年起改为事业单位的公园。1987 年进行扩建工程，征用农田 98.16 亩，重新进行全面规划，增建双亭、桂馨亭、水榭、石拱桥等，并调整和改善了绿化布局，面积 115 亩，成为漕河泾地区一座大型文化休憩公园（图 3-15-3，图 3-15-4）。

1984 年 4 月上海市科技协会在园内举办若干科学普及活动，曾改名上海科普公园。1989 年科普活动中止，该园于 1990 年 1 月 1 日恢复原园名。

图 3-15-3 园内水榭

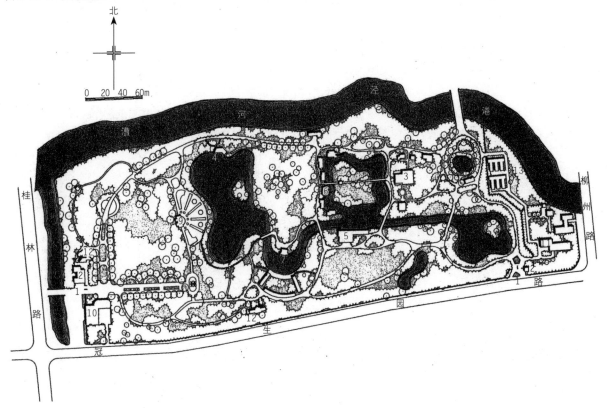

图 3-15-4 1987 年康健园平面图

1.入口；2.售票处；3.芙蓉厅；4.水榭；5.游船码头；6.六间头；7.音乐舞台；8.棚架；9.多功能休息室；10.餐厅；11.管理；12.厕所；13.温室

二、城市私园

16. 黄家花园（今桂林公园）

桂林公园位于徐汇区桂林路上，原系上海知名人士黄金荣的花园别墅，始建于民国20年（1931年），在黄氏祖坟祠堂仅2亩多的地基上扩建到34亩，建园工程历时4年，习称黄家花园（图3-16-1，图3-16-2）。当年因张家坟山未能动迁而嵌在其中，所以园地呈"凹"字形。采用江南古典园林造园手法。园内由亭、台、楼、阁及小桥流水组成各个景点，曲径通幽、花木繁茂，园艺布置尤以桂花树为多。

1937年八一三事变后，上海沦陷，黄家花园曾被日本侵略军作为兵营，园内静观庐、关帝庙和其他一些建筑被毁，树木被砍伐殆尽。后又有国民党军队驻扎，园地荒芜，面目全非。1957年该园交由园林部门管理，进行了全面修复。园艺布置仍以桂花为基调，计有金桂、银桂、丹桂、紫砂桂、四季桂等十多个品种、一千余株。1957年由上海市园林管理处管理，并进行了全面修复。1958年8月1日对外开放，取名桂林公园。此后又有多次修建、扩建工程。1958年黄氏墓地被改建成小花园，1978年在静观庐废址上建成迎宾厅，1980年将园外的张家坟山改建成园中园，1986年将公园东北部扩建到桂林路，全园面积达到52亩（图3-16-3）。

公园大门面临漕河泾港。门楼高大，造型别致，檐角翘重，歇山斗栱，门上方两端有龙头装饰（图3-16-4），大门内的南北通道长83米，两旁龙墙蜿蜒，墙上有不同图案的漏窗46方（图3-16-5）。进入二门有两块高大的太湖石，一块形若老翁，一块形若老媪，故有石公、石婆之称。园中央的主要建筑是宫殿形式的四面厅，面积250平方米，周围环以2米宽的走廊。厅有5间，四面有72扇门，16扇落地长窗，刻有以文、行、忠、信为主题的故事浮雕多幅，图景精美，雕刻技法高超，故又称四教厅。大厅对面原有"八仙过海"石景平台，上有汉白玉八仙雕像，造型精美，栩栩如生，"文革"中被毁。

纵贯园中有九曲长廊，长60余米，廊南北两端及中部有三座亭子镶嵌其间，中间腰亭，亭顶有四个龙头，被称为多角龙头亭。四面厅东北部荷花池内有石舫名般若舫，池上建小石桥两座名双虹卧波。长廊之西有一正方形水池，池中一座中西合璧的湖心亭，可供人居住，名颐亭。

公园东北部扩建地区在大荷花池畔，建重檐翘角的闻木香厅，与飞香水榭相连（图3-16-6～图3-16-10）。

全园山水相连，多座中国传统风格的建筑小品点缀其间，形成一座具有江南特色的古典园林。

17. 课植园（马家花园）

课植园位于上海青浦区朱家角镇内。又名马家花园，在西井亭街，占地96亩，始建于民国元年（1912年）。课植园的含义是读书之余不忘耕植。据说园主马文卿耗银十余万两，遍访江南名园大宅，历时15年始得建成。整个花园造型独特，将中国的传统建筑艺术与当时的西洋建筑文化结合，成为中西方合璧的宅园式私家花园。

园中有书城楼，为二层楼房，圆门，登楼之梯建在屋前，两面可登。有望月楼（图3-17），为5层楼房，高约十七米，仿佛一座宝塔。还有耕九余三堂，园南有课植桥，桥柱上有石雕倒挂狮子，还有荷花池、钓鱼台等水景。主人在书城楼中收藏字画、墨迹、古书、文玩等，碑廊侧壁上有唐寅、祝枝山等名家手迹石刻。

马家花园也是附属于主人住宅的园林，住宅建筑共有房屋二百余间，除了亭台楼阁、山石池沼外，还有迎宾厅、宴会厅、戏楼等设施。1956年以来，辟为朱家角中学，房屋改为校舍。其余保留的部分园景经整修开放，现作为该镇的旅游景点之一。

18. 叶家花园

叶家花园原址在江湾跑马厅侧（今上海市肺科医院内），原为浙江镇海富商叶澄衷之四子叶贻铨于民国9年至18年间（1920～1929年）辟筑的私园，面积77.6亩，当地习称叶家花园。民国22年（1933年），时任国立上海医学院院长的颜福庆与叶贻铨谈及拟募建第二实习医院（即结核病院）一事，叶系颜福庆早年执教于圣约翰大学时的

图3-16-1 黄家花园全景

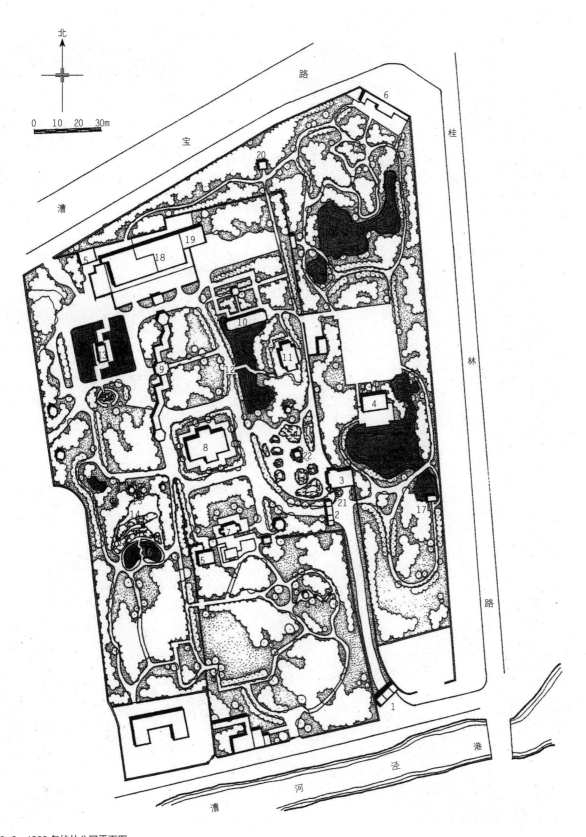

图 3-16-2 1988 年桂林公园平面图
1. 大门门楼；2. 二道门；3. 售品部；4. 飞香亭；5. 厕所；6. 新开门；7. 八仙台；8. 四教厅；9. 长廊；10. 石舫（般若舫）；11. 观音阁；12. 双桥（双虹卧波）；13. 颐亭；14. 大假山；15. 双鹤亭；16. 元宝池；17. 方亭；18. 迎宾饭店；19. 办公楼；20. 知秋亭；21. 半亭；22. 鹿亭

图 3-16-3　黄家宅大门

图 3-16-6　主楼的门厅

图 3-16-4　黄家花园大门

图 3-16-7　园内主楼——四教厅

图 3-16-5　园内道路

图 3-16-8 园内石舫——般若舫

图 3-16-10 花园入口处广场

图 3-16-9 照壁平台上的八仙雕塑

图 3-17 望月楼

学生，师生交谊甚厚，叶又热心教育与公益事业，当即欣然允诺以建成仅4年、时价百万以上的叶家花园全部园产捐赠给国立上海医学院，为纪念叶贻铨之父叶澄衷，故定名为"澄衷肺病疗养院"。该园的病员疗养区域仅占花园的小部分，花园的大部分则自翌年6月起开放营业。1937年八一三事变后，上海沦陷，疗养院连同花园全为日军强占，房屋为日军头目占用，花园一度由日本恒产株式会社管理，并以敷岛园之名开放；终因游者寥寥，不及一年便关歇业。抗日战争胜利后，该园重归国立上海医学院，上海解放后疗养院被改为上海市第一结核病防治院。

叶家花园是以中国传统样式为主，间以西式建筑点缀的园林，园略呈圆形，园内花木葱茏，奇石罗列，波光岛影，相映成趣。园内主要植物有龙柏、松树、香樟、红枫、棕榈、丛竹等。湖中有岛三座，有混凝土桥七座相连，最大的一个岛上有一座二层西式建筑延爽馆，并有平台环廊连接。次大的岛上堆置一大土山，山间乔木参天，绿荫蔽日。园内还有多处亭子，造型古朴。园门

内侧及园路外侧均有叠石假山，假山上有人工瀑布注入园湖，山内有逶迤曲折的山洞。全园曲折有致，中西结合，是当时沪上一座有名的花园。

19. 嘉定黄家花园

在嘉定县（今嘉定区）南翔镇南二里许的高家宅有一个私人花园，人们称它为黄家花园（图3-19-1）。这个花园面积不大，约50多亩，却颇有名气，因为园的主人喜爱植物，尤其喜欢从国外引进各种乔木、灌木及其他宿根植物，而且在园子的布局上也颇有自己独特的构思，别具一格。

创建此园的主人是上海当时经营《时报》的金山县人黄伯惠和黄仲长两兄弟，该园自1924年兴建，1928年竣工。

南翔是嘉定的大镇，镇上绅商云集，营建了不少花园。黄氏兄弟建园旨在给自己欣赏享受。黄家花园在选址、布局和植物种植上和其他花园有许多不同之处。首先园址不选在繁华的镇上而选在镇南二里外的田野间，乃因其更清静，地价较便宜。园子的布局构思舍

弃了传统庭园的曲径通幽、峰回路转，以及有较多亭台楼阁等元素；虽也在平地上挖河堆山，但构图简洁，平淡中突显自然（图3-19-2）。栽植花木更是突破常规，不限于一般的常用树种，主人借出国的机会以及朋友们相助，热衷于收集国外的花木种类，大胆引种，细心培

植，尤以美国、日本引来的品种居多，这种大胆探索、精心实践的精神是难能可贵的。引进的主要树种先后有世界爷（杉科巨杉属）、雪松、美国薄壳山核桃、山胡桃、山皂荚、肥皂荚、紫檀、黄檀、楠木、榕树、桉树、梓树、白槠、面槠、漆、麻栎、大栎、台湾枫、水松、赤松、黑松、五针松、刺槐、大苦枥、榉、枞、天师栗、美国香树、罗汉柏、黄连木、厚朴、红豆等一百多种乔木，还有多种灌木、宿根花卉等。园中建筑不多，仅有西式平房数间，供主人休闲欣赏，另有草地一片、荷花池一方。大门前有茅舍供园丁居住并管理苗圃试验地。从国外买来的种子、扦条等，就地繁殖、栽培幼苗。

主人的居室仿照美国海滩边的避暑别墅建造，可自己发电，内部设备齐全先进。1924年江浙战争（又称齐卢战争）结束后，这里来了张宗昌部队，其中的白俄部队设司令部于黄家花园，撤退后，房屋被烧毁，树木亦有损伤。一·二八淞沪抗战、八一三事变时，尤其是八一三

图 3-19-1　嘉定黄家花园

图 3-19-2　园中的水池

初期，敌机日夜侵扰轰炸，镇上的一些名园如古猗园等都遭重创，而黄家花园离镇较远，幸免于难，但在沦陷期间，房屋亦遭日军及汉奸破坏。抗战胜利后，园内树木又有补种，而房屋的规模却远不如初期了。经过多年的生长，院内有不少乔木已长成大树，蔚然成林。

20. 嘉道理公馆花园

位于上海市静安区延安西路（旧称大西路）64号的中国福利会少年宫，原系英籍犹太人伊利·嘉道理（Elly Jadoorie）的寓所及私人花园。占地共有15000平方米，建筑面积7000平方米。建筑高2层、局部3层的对称式欧式大厦耗资巨大，因用了许多高级大理石作为贴面装饰，气派豪华，故有"大理石宫"之称（图3-20-1）。

伊利·嘉道理于1867年出生在时属英国殖民地的伊拉克巴格达。1881年，年仅14岁的他离开故乡，投奔在香港新沙逊洋行做事的哥哥，成为该洋行里的一名书记员，后来被派往宁波办事处任职。他聪颖勤奋，善于积聚财富。1897年在英国娶同为犹太人的劳拉·摩卡塔为妻，生了劳伦斯与霍瑞斯两个儿子。

民国初年，他协助汇丰银行经理史蒂文斯振兴橡胶业，还经营自来水、电力、煤气等，自己也成为拥有一定资产的大老板。

1919年，嘉道理在今黄陂南路（旧称萨陂赛路）的住宅失火，妻子摩卡塔不幸丧命，嘉道理悲痛欲绝，为避免触景生情，带着两个儿子去伦敦暂住，行前委托好友建筑师格莱姆·布朗为他在大西路购得的土地上建造新屋。新屋后由英商、马海洋行的设计师斯金生负责，1924年新屋落成，嘉道理重返上海迁入新居。

新屋建筑面积4700平方米，主楼为砖、木、石混合结构，外形对称；原为2层，1929年加建一层；正面朝南；通过三组台阶可上主楼正门前的大平台，每组台阶两侧各有铁塔形灯座（图3-20-2）；中间一组台阶两侧石墩上有石狮一对。公馆有大小房间二十余间，底层有可容800人跳舞的大厅和近百人用餐的餐厅，以及其他活动室；主人起居室、卧室位于二楼，室内装饰极尽华丽。

主楼南面有3000平方米的大草坪，绿草如茵，鲜花常开，大门设在园子东南角。房屋周边均有高大的常绿和落叶乔木间植的自然群落，园景简洁大方，与白色建筑的配合十分得体，颇具英国式高级宅邸的气派。

1941年12月太平洋战争爆发，嘉道理和大儿子劳伦斯先在香港被关进集中营后又押回上海关进闸北集中营，老嘉道理因病魔缠身才被破例软禁在自家公馆的下

人宿舍内，由小儿子霍瑞斯照顾，1944年在贫病交加中谢世，而"大理石宫"则由汪伪政府占用。1945年8月日本宣布投降，小嘉道理兄弟俩又入住"大理石宫"。

嘉道理家族一直热心慈善事业及教育事业，曾在上海建立育才公社（后改为工部局立育才公学），即今育才中学的前身。1939年大批欧洲犹太人为躲避德国纳粹迫害，纷纷流落上海。霍瑞斯子承父业，建立上海犹太人附属学校。劳伦斯在抗战胜利后去香港谋发展，晚年积极支持中国的改革开放，还投资兴建大亚湾核电站，受到中国领导人的高度称赞；1993年8月25日劳伦斯在香港去世，享年94岁。

1953年由宋庆龄创办的中国儿童福利会迁入"大理石宫"，成立了中国福利会少年宫。如今房屋建筑作为少

图3-20-1　嘉道理公馆花园主楼

图3-20-2　铁塔形灯座

年宫为儿童开展各种教育娱乐活动所用。靠东侧增建了一些辅助用房，在西南角添置了一些儿童娱乐设施，园林面貌基本保存。

21. 爱俪园（哈同花园）

在清末至民国期间，上海有一座颇有名气的私家花园——爱俪园（俗称哈同花园），园主人欧司爱·哈同是印度长大的犹太人，23岁由香港落魄来沪，先在沙逊洋行当守门员，得老板赏识，后来做地皮生意，又搞房产、贩卖鸦片，一跃而成为富商。1901年哈同买下静安寺东南一片三百多亩的土地，原想做地皮生意，后听从其夫人的意见用171亩地建造了一座私人宅园。其夫人是一位中国妇女，原以缝衣为生，名罗迦陵（字俪蕤），她虽然出身低微，却在嫁给哈同后成为哈同的好帮手，园名爱俪园是由哈同夫妇名字中各取一字组成，爱俪园于1909年基本落成。

爱俪园由清末僧人黄宗仰（别号乌目山僧）设计，以中国式建筑和园林风格为主，也吸取了西洋和日本的建筑和园林风格。全园分内园、外园两部分，掇山理水，地形曲折起伏，楼台金碧辉煌，亭阁古色古香，溪池碧波荡漾，山石玲珑剔透，花木四季不败，景色丰富多变。全园有题名的景点达八十多处，突出的有天演界、飞流界、文海阁（藏书楼）、海棠艇、驾鹤亭、西爽轩、瀛洲馆、方壶、卐字吉祥、延秋十榭等，园中各景曾经当时达官、名士留题或缀写楹联，共计匾额30种，楹联70种，而且楹联内容多半是描写自然景物或人文活动，亦有中西文化的融合，如天演界戏台前的楹联是"粉墨小登场，正水榭明月，石船风走；楼台俱乐部，有欧西歌舞，海上笙邀"；水木清华亭题的是"宜雨宜风宜月，可茗可棋可琴"。由于罗迦陵笃信佛教，园内有许多与佛教有关的建筑和饰物，如石塔、佛像，有一座阁形的木塔名铃语，还有七层宝塔矗立池中，层层喷水，题名"千花结顶"。园中也有日本式建筑，在阿耨池北，三间房屋名叫阿耨池舍。欧洲式的建筑有"欧风东渐阁"，上有钟楼。此外天演界乃一剧场，慈淑楼和尘谭室内设餐室和跳舞处。像这样一所大型的多种风格拼凑而成的园林，在设计手法上虽无高超之笔，但中西结合，兼收并蓄，洋洋大观，却也反映了当时华洋杂处、中西文化渗透交融的时代特点，无怪乎人们戏称该园是"海上大观园"（图3-21-1～图3-21-13）。

爱俪园并不对公众开放，它是哈同夫妇居住、享受和礼佛的地方，但上海的社会名流和政界要人也常去该园。1922年71岁的哈同与59岁的罗迦陵曾在园中做"百卅大寿"，楼台高筑，名流竞附，盛极一时。哈同还曾出巨资收集河南安阳出土的大批甲骨，并请著名学

者罗振玉在该园进行整理研究。园内还创办过僧侣学校"华俨大学"和"仓圣明智"大学，国画大师徐悲鸿也曾在园内执教。全盛时期园内有管家（总管家叫姬觉弥，佛号姬佛陀）、警卫、仆人、和尚、尼姑、教师、学生近八百人，曾印制出版过该园的画册一集。

哈同夫妇没后代，却在园内收养了很多孤儿作为养子养女，1931年哈同去世后葬在花园内，1941年罗迦陵

图3-21-1　七层宝塔

图3-21-2

图3-21-3

去世后，园林逐渐荒芜起来。太平洋战争爆发后哈同花园被日军占领作为营地，园内建筑破坏殆尽，期间还遭受过数次火灾。到1945年，偌大的园林仅剩几间洋房而已。

1956年上海市人民政府在这块土地上建起了中苏友好大厦，即今天的延安中路1000号上海展览中心。其西侧那条铜仁路原名哈同路，路旁有几条以"慈"字起名

的里弄房子，原本也是哈同经营的房地产。

22. 丁香花园

在今日上海市区西部华山路849号有一座花园式的宾馆，它的前身就是近代相当著名的私人花园——丁香花园，虽岁月流逝，该园经多次修复及局部添建调整，但原有面貌基本完整地保存下来，弥足珍贵。

图 3-21-4

图 3-21-7

图 3-21-5

图 3-21-8

图 3-21-6

图 3-21-9

图 3-21-10

图 3-21-13

图 3-21-11

图 3-21-12

　　丁香花园原来的主人李经迈是清末直隶总督兼北洋大臣李鸿章的幼子，其出身为庶出，是姨太太莫氏所生，此姨太太原为李家丫鬟出身，后被李鸿章收房，故在李家地位不高，李经迈也颇受歧视。李经迈幼时长得瘦小，颇招李鸿章怜疼，李鸿章晚年曾为之买下一批房产，以备李经迈日后收房租养活自己，但事实上李经迈长大成

年后，也颇善投机经营，从而发财致富。李经迈晚年在上海就住在丁香花园，直至 1940 年去世。

　　丁香花园总共占地 2.04 公顷，在中部有一座英国式三层洋房，颇具气派，是美国建筑大师艾赛亚·罗杰斯所设计，后来在西部又建了一幢较小的洋搂。整个花园布局紧凑精致，园林风格中西结合。园子大门设在东南角，入园后有干道通向中部的主楼，在干道南侧有一道低矮、绿色琉璃瓦顶及竹节漏窗构成的龙墙，龙头、龙身、龙尾形成半障半透的屏障，把东部园子分隔成一个半围合的空间。东部园林完全按照中国传统园林的手法布置。中央有水池一方，池中有八角形彩绘精雕的湖心亭，亭子顶上伫立一座凤凰木雕，龙凤相互呼应，取吉祥之意（图 3-22-1）。湖中有荷花溢香，曲桥相连，湖的东侧和南侧均有人工堆筑的起伏地形，曲径上下环绕，乔木参天，山石嶙峋。有用太湖石堆筑的水帘洞和隧道，洞旁大树蔽天，藤萝缠绕，宛自天成。岸边还有一座方形古色古香的小亭，在亭中环视远近，景色万千（图 3-22-2）。园的中部在主体建筑洋楼前有一片大草坪，晴天阳光满地，更显敞亮。与东部曲折有致的中国式园林贴邻布置，既形成强烈的反差，又由于花木园路的连通，在视线上互为借景，也显得十分和谐（图 3-22-3，图 3-22-4）。西部是后来扩建的，在空间上，相对独立，自成一体，有雪松、草地，别有洞天。

　　中华人民共和国成立前，丁香花园一度作为电影制片厂拍摄电影的基地。上海解放后，先由华东军政委员会接管，并在主楼西侧添建了一座二层船形的西式建筑作为开会、娱乐之用。花园内园林植物种类丰富，乔木有悬铃木、雪松、香樟、龙柏、榉子等，还有各种四季花灌木和宿根植物（图 3-22-5）。

图 3-22-1 湖心亭及龙墙

图 3-22-3 花园主楼

图 3-22-2 丁香花园鸟瞰

图 3-22-4 丁香花园的草坪

关于丁香花园原来居住的主人另有一说，据说是李鸿章为了宠悦爱妾七姨太而购进的，七姨太小名丁香，故名丁香园，并在园内多处种植丁香花。但有考证说，李鸿章根本没有所谓的"七姨太"，李鸿章亦没有住过此处，此房、此园建于20世纪20年代，其时李鸿章早已去世多年（李鸿章生于1823年，死于1901年），或许这一点还有待进一步考证。

23. 张园（味莼园）

张园是上海晚清至民国初年（1885～1918年）出现的一座免费向公众开放的私家园林，也是一座具有多年活动内容的公共活动场所。它集花园、茶馆、饭店、书场、剧院、会堂、展览馆、照相馆、体育场、游乐场、购物店等于一体，入内游览的人不分民族、国籍、地域、阶层、性别均可免费入园。

建设和经营张园的主人是张叔和（1850—1919年），江苏无锡人，曾在英商招商局轮船上工作，后致力于实业，1915年任无锡振新纱厂经理。张叔和是个善于经营

的人，1882年他从英商格龙手中购得花园住宅一处，地处今泰兴路南京西路一带，面积约21亩。张叔和在原来的基础上筹划了一座西式花园，取名味莼园，他一改江南园林小巧而不开阔，重悦目而不重卫生的特点，仿照西洋园林风格，以洋楼、草坪、绿树、鲜花、水池为构园要素，又将地盘扩大，改名为张园，最大时达到61亩，成为上海当时私家园林之最（图3-23-1）。1892年园内建起一幢高大洋房，英国工程师以英文Arcadia Hall名其楼，意为世外桃源，中文名取其谐音称"安恺第楼"（图3-23-2～图3-23-4）。该楼上下两层，可容千人，它不仅是园内的主体建筑，也是当时上海最高的建筑，登高东望，申城景色尽收眼底。每年举办各种赏花会是张园特色之一，张叔和不仅欢迎寓沪西人在园中举行花会，自己也在园内举办花展，每每仕女云集，盛况空前。园内还挖池引水，池中筑三山，置亭台，筑木桥，还请上海名人提名。除花木园林环境外，园内活动内容繁多，有弹子房、抛球场、脚踏车、书场、滩簧、茶馆等（图3-23-5），

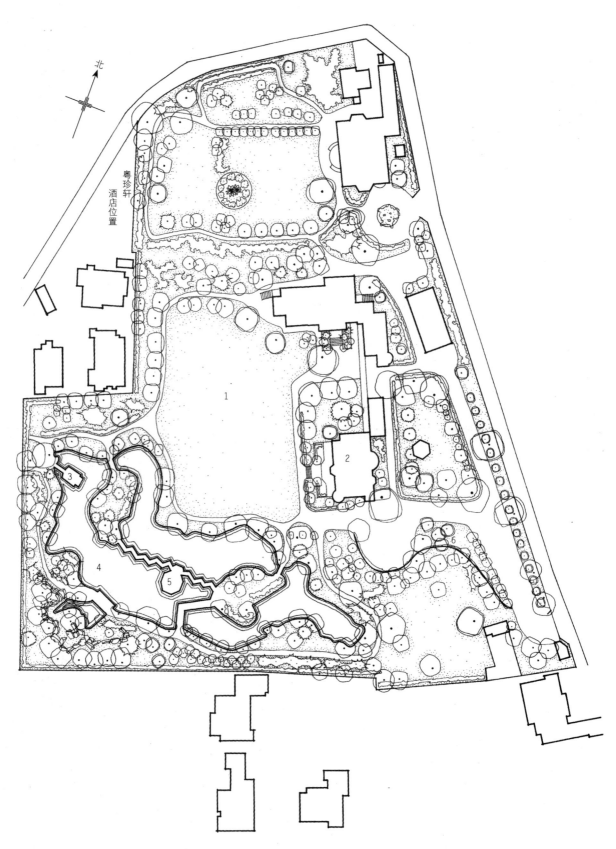

北

粤珍轩
酒店位置

图 3-22-5 丁香花园 21 世纪初平面图
1. 大草坪；2. 丁香别墅；3. 石舫；4. 未名湖；5. 湖心亭；6. 龙墙

还有各种竞技比赛、书画展览等。西风东渐，当时西方的一些新技术一经引入，张园往往最先展示使用。1886年10月6日张园试用电灯照明，是晚数十盏电灯在园内点亮，光明如画，游人啧啧称奇（图3-23-6）。张园还以营销各种高档时髦的"舶来品"而闻名遐迩，1907年，这里还举行了国际赈灾义卖展销会（图3-23-7）。此外值得一

提的是，作为清末民初上海的公共活动空间，张园因地处租界，而成为当时各界集会、演讲的场所，张园演说成为上海人生活中习以为常的事，每遇大事诸如边疆危机、学界风潮、地方自治、庆祝大典，张园准有集会。张园这一公共空间对上海各界都有巨大吸引力；据记载，钱昕伯、汪康年、梁启超、李伯元、蔡元培、马相伯、严复、郑孝

图3-23-1　清末张园大门

图3-23-4　安恺第楼接待游客

图3-23-2　安恺第楼远景

图3-23-5　出几个小钱就能在张园骑驴跑上一圈

图3-23-3　安恺第楼近景

图3-23-6　清末张园内的灯舫

图 3-23-7　1907 年在张园举行的国际赈灾义卖展销会

图 3-24-1　1910 年愚园园景

胥、张謇、盛宣怀、王一亭、章太炎、吴稚晖、马君武等许多名人都去过张园。

张园是以西为主、中西合璧的一座近代园林，它也是为广大公众休闲享受的游乐场所，又是为各界集会演说的公共空间。张园的鼎盛时期为 1893 年以后、1909年以前。1909 年哈同花园建成，接着新世界、大世界次第兴建，张园渐趋衰落。1918 年终于停办，十几年后此地易为民居，原有建筑亦多被毁。

24. 愚园

在上海静安寺附近，原有一个天然地下涌泉，涌地而出，名珍珠泉，也曾有"天下第六泉"之美称，清光绪初年，有人在涌泉旁建了一座茶楼，以涌泉的水煮茶招揽顾客，店名品泉楼。后又在楼旁构筑轩室，种花植树，取名西园。光绪十六年（1890 年），有姓张的宁波人购下产权，易名愚园（图 3-24-1，图 2-24-2）。地共30 亩，增建假山，山上建花神阁，壁间还镶嵌章鸿铭作的英文、德文诗石刻，后又续建鸳鸯厅、倚翠轩、湖心亭等。在愚园旁又有人造了一个申园，以一幢大洋房为主，内设弹子房、茶室等，不久并入愚园。"愚园"之取名乃有"愚可胜智"之意。园于光绪十六年六月初开放，收费任人游览，并曾多次举办政治活动、名人讲演、文人雅集（愚园为南社的主要活动地点）等。但为时不久，园废，原址翻造房屋，仅留下愚园路的路名。

25. 半淞园

1918 年至 1937 年期间，上海黄浦江畔老城厢地区有一座私人建设的经营性园林，名为半淞园。当时该地是一片芦苇丛生的河滩，面积六十余亩，后由商人沈志贤与姚伯鸿商定斥资，因地制宜，挖池堆山，历时两年，建成一个有山有水、花木扶疏、景点历历的中国传统风

图 3-24-2　1910 年的愚园园墙

格园林（图 3-25-1）。因为湖水面积较大，约占全园面积的一半，成为园中主要景物，园名遂取杜甫《戏题王宰画山水图歌》诗中的"剪取吴淞半江水"句意，题名为半淞园，园外一条半淞园路亦由此得名。

半淞园的地形北狭南宽，呈葫芦形，园门在北面。园内各种建筑景点的布置与各种活动经营内容适应各种经济层次人们的需要。自园门进入，有廊道左右相通，绕过前方荷花池（图 3-25-2）南行，有曲桥一座，连藕香榭；折北而行，过群芳圃，再往东可至江上草堂，堂前植玉兰；草堂南面为碧梧轩（图 3-25-3），周围种植梧桐；堂楼名剪淞楼。再出花墙西月门为杏花村（图 3-25-4，图 3-25-5），不远有水风亭，亭前有小拱桥接"云路"牌坊，由此可登山远眺。园内土山有峰三处，最高一座高达 20 米，顶上有亭（图 3-25-6），山下有洞，南行临水有"问津"，是游船的码头，如过桥可达湖心亭（图 3-25-7）。

半淞园园主善于经营，不断推出饶有趣味的游乐项目，以吸引大量游人近悦远来。杏花村、剪淞楼常年供应

中餐，汇华楼则供应西餐、西点、咖啡，园内既有清静雅洁的素菜馆，也有大众化的点心、小吃摊档，园中有多处茶室，尤以江上草堂、碧梧轩、湖心亭三处最受欢迎。

园中另有摄影、桌球、骑驴、划船等活动，每逢佳节有放焰火、听戏曲（滩簧）等活动，端午举办赛龙舟。还凭借花卉展览成为沪上赏花的好去处。园中搜罗了各种名品如兰花、菊花、梅桩，并邀请业余爱好者参展，届时聘请专家对展品评奖，十分热闹。

除上述活动外，半淞园也是当时沪南重要的公众活动场所，一些企业社团曾在此举办过各种聚会。1920年5月8日毛泽东路过上海，曾去半淞园为赴法勤工俭学的新民学会会员举行欢送会，并在园中集体合影，留下珍贵的历史镜头（图3-25-8）。

在抗日战争期间，半淞园被日本侵略军的炮火夷为

图 3-25-1　半淞园园景

图 3-25-2　半淞园中的荷花池

图 3-25-4　剪淞楼

图 3-25-3　碧梧轩

图 3-25-5　九曲桥杏花村

图 3-25-6 望江亭

图 3-25-8 毛泽东与新民学会会员于半淞园留影

图 3-25-7 湖心亭

图 3-26 丽娃栗妲村

废墟。时过境迁，现在该处为建设机器厂和南市发电厂，而其近旁的半淞园路依然存在，留给人们一点回忆。

26. 丽娃栗妲村

原址位于今普陀区西南部的东老河南段（原为苏州河的一部分），此地原系荣宗敬的地产。民国 19 年（1930 年），俄国人古鲁勒夫租赁该地建造园林，于同年建成开放，取美国影片《丽娃栗妲》的片名为园名。该园接待的大多数是侨居上海的外国人，节假日也有一些团体组织华人入园游憩。民国 26 年（1937 年）八一三事变，该村毁于战火。

丽娃栗妲村按西式自然风景园布局，保留了水质清澈的自然水面，岸旁略加植树铺草，彩色遮阳伞沿河放置，园路平直，路旁有悬铃木，入夜路旁悬挂彩灯，一片诱人的欧陆田野风情（图 3-26）。这里还有西式的休闲服务内容，如西式茶座，糕点现焙现售，新鲜适口，并备啤酒、咖啡及各种洋酒、香茗，夏日还有冷饮供应。水面一段则辟为露天游泳场，还可以划船，网球场设于

离村河岸不远处的草地上，球场近侧辟为露天舞池，夏日傍晚游人络绎而来，彩灯、乐声、人群、雅座，把西方人的休闲方式带入上海的一角。

27. 六三花园

六三花园原址位于老江湾路，即今西江湾路 240 号。建于 20 世纪初，占地二三十亩，系日本名仕白石六三郎经营的一座日本式花园（有时园主自署为白石鹿三郎，故该园亦被称作"鹿园"）。开园后，往游者多为日本及欧美各国文化界人士，不售门票，华人持西式名片者亦可入内。该园以承办宴会和举办书画展览为主要收入来源。上海沦陷期间，该园曾改做日军高级军官妓院。抗日战争胜利后，园废，原址现已建多层住宅。

六三花园的园景以简洁明朗著称，园内的建筑、花木均体现日本园林淡雅的特色（图 3-27-1）。园南门内有一块面积约五六亩的草坪，环草坪有驰道可遛马，路旁植樱树（图 3-27-2）。园东南有一方池塘，池底铺白石，中有喷泉，池四周绿荫浓蔽，池旁土丘高低起伏，

图 3-27-1 园内的日本式建筑

图 3-27-2 樱花盛开的六三花园

图 3-27-3 园景一

图 3-27-4 园景二

种植有松柏等植物（图 3-27-3）。园西南有动物笼舍，饲养各种禽类，园中部还有一座日本女性石雕，基座上刻有"普叠妙龄"四字，旁植杜鹃、牡丹。

园北系园主一家起居之处，屋宇为日本民居式，在池塘东面还有一座木结构小神社，外涂红色。此外还有栀翠亭等景点（图 3-27-3，图 3-27-4）。

园西的西式楼房供应香茗、日本料理、中西菜肴、饮品、酒类等，可随意小酌或预定筵席。民国 11 年（1922 年）7 月，孙中山先生从广州脱险后抵上海，日本驻上海总领事船津辰一郎曾在六三花园设宴为孙中山洗尘。

三、街道、广场绿化及其他用途的园林

28. 行道树

上海行道树种植的历史较长，是城市景观特色之一，如今在一些路段上还可以零星地看到树龄在百年上下的大树。

上海的行道树栽植始于清同治四年（1865 年），英租界工部局在扬子路（今中山东一路）沿黄浦江边种植了第一排行道树。此后，随着租界范围由东向西拓展，清同治九年（1870 年），工部局在大马路（今南京东路）会审公廨（近浙江路口）以西和静安寺路（今南京西路）的两旁栽种行道树，株距一丈（3.33 米）。

"越界筑路"是租界当局扩充租界面积、扩大势力范围的手段之一。公共租界工部局越界筑路先后有 38 条，行道树随之迅速发展，如静安寺路（今南京西路）、极司非尔路（今万航渡路）、虹桥路、杨树浦路等。清光绪二年（1876 年）葛元煦所著《沪游杂记》中对当时上海的行道树就有这样的描述："租界沿河沿浦植以杂树，每树相距四五步，垂柳居多。由大马路至静安寺，亘长十里。两旁所植，葱郁成林，洵堪入画。"至民国 14 年（1925 年）年底，公共租界有行道树 2.82 万株；树木品种有：柳树、乌桕、白蜡、青桐、槭树、梓树、皂荚、枫杨、榆树、泡桐、银杏、法国梧桐（悬铃木）等。

法租界的行道树种植略微晚些，清同治七年（1868 年）才开始在法租界码头（今中山东二路）新开河一带种植，后又扩展到堪自尔路（今金陵中路）、福履理路（今建国西路）、姚主教路（今天平路）、台斯德郎路（今广元路）。自 1900 年至 1914 年间，法租界公董局越界筑路有 24 条，同时行道树相应发展。据法租界公董局 1887 年 9 月年报记载：曾拨款规银 1000 两从法国购

进250株悬铃木树苗和50株桉树苗。以后又多次从法国进口苗木。至民国8年（1919年），法租界行道树达到1.83万株，其树种以法梧桐（悬铃木）占绝大多数（图3-28-1）。

当年上海地方政府管辖区，俗称华界，行道树始栽于清光绪三十三年（1907年）冬，由担任上海城厢内外总工程局董事、十六铺大有水果行老板朱柏亭捐资在外马路栽种了行道树。民国初年为与租界道路接通，拆去城墙，开辟了环城道路（今人民路），两旁栽植行道树，这是华界较大规模种植行道树的开始。此后沪南的行道树逐渐增多，至民国16年有14条马路种植了行道树，连同沪北宋公园路（今和田路一段）和沪东军工路在内，共有行道树8855株。民国16年（1927年），上海特别市政府建立后，行道树种植速度加快，民国18年（1929年），华界32条道路上共有行道树1.72万株。其中沪北的中山路（今中兴路）军工路为栽植行道树的重点，共植行道树8966株。树种有白杨、枫杨、重阳木、悬铃木、洋槐、柳树、青桐、梓树、榆树、槐树、构树、乌桕、黄檀13种；其中枫杨占总数的32%，白杨与乌桕各占16%。民国24年（1935年），市政当局曾拟定《三段风景林建设计划》：南段包括大木桥、龙华、漕河泾一带；中段包括市中心、虬江路、军工路、蕴藻浜一带；北段包括炮台湾、吴淞外马路一带，共计划植树32065株。由于爆发了日本侵略战争，这个计划没有实现。

华界行道树多采用公开招商的方法种植，其技术要求已相当细致。1915年3月12日，《申报》刊载了斜徐路沿浜种树招商的技术标准和经济责任：洋槐树每根身段长九尺，在根上六尺的地方直径必须有三寸，树身不得弯曲，树根要散大，须搬迁过二次者。每行相离三丈种一棵，共种三行……用丈半长梢圆五寸径毛竹支撑，每树一根，埋深五尺，用二道棕绳绑扎。包活三年如有死伤照一旁已长成树之大小补种。三年内修整、浇水由包种人承办。承包人须有南市铺保。

历年来，因树苗规格较小，市民缺乏爱树意识，再加之台风季节受风害摧残，行道树遭受损坏严重。虽然每株树都有竹桩支撑，但损坏行道树的事例时有发生，清末上海道台衙门曾为护树专门发布告示，并多次吁请军警保护。20世纪20年代以来先后颁布行道树保护奖惩办法，行道树管理规则，行道树移植、补植、损伤收费办法等多宗，但收效甚微。上海沦陷期间新植树木远远不能与死亡或损坏的数量相抵。最惨重的损失是1945年日本投降前夕，日军构筑工事砍伐24条马路大规格行道树4500株，其中军工路被伐1094株，虹桥路710株，太原路至汾阳路地段600株，全市行道树数量急剧下降，市容面貌大受摧残。至1947年，市区96条马路仅存行道树5068株。树种有枫杨、乌桕、重阳木、白杨、国槐、麻栎、枳椇、梓树、悬铃木等。1949年上海市区行道树为1.85万株。

新中国成立初期尽管财政拮据，人民政府十分重视行道树种植，1952年一年就种植行道树3.72万株。随着城市建设的发展，道路建设加快，行道树也快速地发展起来，成为道路建设的配套项目之一，与道路同步规划、同步种植。一切有条件的道路都种上了行道树，由一排到多排，由行道树向沿街绿带发展（图3-28-2）。至2000年末全市行道树已有66.7万株。

29. 街道绿地

上海开埠以后，加快了城市基础设施的建设，随着道路的辟建，街道绿地和行道树相应发展，其功能起初以美化市容、调节局部气候、增加行车安全为主，随着数量的增加和规划设计的多样化，逐步显现了优化环境

图3-28-1 租界内的行道树　　　　　　图3-28-2 保留至今的行道树街景

质量、供人们游憩的作用，成为城市绿化系统的重要组成部分之一。

早在 1863 年租界当局已提出了改造外滩道路和沿江岸线的计划，1864 年工部局工程师克拉克（J. Clark）提出了整治外滩和苏州河口的规划方案。1865 年在外滩种下了上海第一排行道树，此后，光绪五年（1879 年），公共租界工部局在外滩辟建了上海最早的街道绿地，在人行道与车行道之间铺设了草坪，投规银 5000 两。光绪十二年（1886 年）黄浦江堤向外扩展，绿地面积增加，在草地四周围以栏杆，沿江设置长椅 24 张，从此工部局规定这片街道绿地只准外国人入内散步，中国人不准入内。直到 1928 年 6 月才和黄浦公园同时对中国人开放。自 1952 年起，外滩绿地结合沿江码头改造，面积逐步扩大，几次改进绿化布局。在 1992 年的外滩整体改造工程中，重新进行规划，绿化带内树立陈毅雕像、电子瀑布与艺术画廊等，成为上海吸引中外游人最多的景点之一。

此外在公共租界内尚有街道绿地 5 处，其中 1902 年在愚园路东首辟建街头绿地一处，1926 年在赫德路（今常德路）、白利南路（今长宁路）中山公园门前、霍必兰路（今古北路长宁路口）、麦特拉司路（今平凉路）共辟建 4 处街道绿地。其中霍必兰路街道绿地 6.39 亩是较大的一处。

法租界范围内，1910 年在敏体尼荫路（今西藏南路）辟建了第一处街道绿地。1920 年在霞飞路（今淮海中路）宝庆路口、宝灵路（今重庆南路）复兴中路口、宝建路（今宝庆路）桃江路口、杜美路（今东湖路）富民路口、毕勋（今汾阳）祁齐路（今岳阳路）口和福开森路（今武康路）先后辟建了 7 块街道绿地。

抗日战争胜利后，利用路旁隙地辟建了几处街道绿地，但有增有减。至 1949 年，全市共有街道绿地 10 处，面积 5.55 亩。

新中国成立后，结合道路建设和环境治理，街道绿地发展较快，逐步形成绿地建设中的专项门类，按照城市绿化规划有计划地进行建设。

30. 普希金广场

普希金广场在上海徐汇区岳阳路、东平路、汾阳路、桃江路 4 条道路交会的地方，在道路的中央有一处小型的街道绿地，这块绿地建于 20 世纪 20 年代，是当时法租界内建造最早的街道绿地，面积为 653 平方米。

踏上几步台阶是一座花岗石三棱形石碑，碑顶安放着一尊普希金半身铜像，形象隽秀生动。碑上用中文和俄文镌刻着：俄国诗人亚历山大·谢尔盖耶维奇·普希

图 3-30　吴国桢为普希金铜像揭幕

金，1799—1837 年。碑的背面刻着：1937 年初建，1947 年 2 月再建（图 3-30）。1987 年 8 月重建。由此人们知道，先有这片街道绿地，后有这座纪念碑。

亚历山大·谢尔盖耶维奇·普希金 1799 年 6 月 6 日出生在莫斯科郊区的一个贵族家庭。在他短暂的一生里写下了不少叙事诗、抒情诗、童话诗、中长篇小说、诗体小说和文艺批评文章，抨击农奴制度和沙皇的暴行。他的光辉思想赢得俄国进步人士的爱戴，却受到沙皇王朝的重重迫害，遭受流放和监视。1837 年 1 月 27 日，普希金在一场决斗中离开了人世，终年只有 38 岁。普希金的不朽诗篇和他反抗封建统治的光辉思想，在中国人民中有着深刻的影响，尤其受到青少年的热爱。

20 世纪 20 年代，在上海沪西淮海路、东湖路一带，居住着许多俄国侨民，其中不少是普希金的崇拜者，俄国侨民中有一个"普希金委员会"。1937 年 2 月在普希金逝世 100 周年的时候，由这个委员会发起、筹集资金建造了普希金纪念碑，铸造了普希金半身铜像，并且举行了揭幕典礼。不久爆发了八一三事变，上海大部分地区沦陷在日本侵略军的铁蹄之下，上海租界保持了一段"孤岛时期"以后，汪伪政权和日本侵略者进入租界，

1944 年 11 月铜像被侵华日军掠走，仅存一个碑座。

1945 年抗日战争胜利，收复了租界。1946 年有一批知名人士倡议恢复普希金铜像，但是当年铜像的形象已经找不到了，后由前苏联名雕刻家多玛加斯基创作。在普希金逝世 110 周年时再建落成，1947 年 12 月 28 日举行了隆重的揭幕仪式，有宋庆龄、许广平、戈保权、姜春芳等二百多人参加。

"文革"期间，普希金纪念碑和铜像遭到彻底毁坏，在那片绿地上留下一片狼藉。粉碎"四人帮"以后，文化界人士提出恢复普希金纪念碑的倡议，由上海园林设计院照原来的式样重新设计了石碑，雕铸了铜像，普希金纪念碑再次矗立在绿树丛中，供人瞻仰。

31. 广慈医院庭院

广慈医院坐落在原法租界金神父路（今瑞金二路），占地 160 亩，是 1907 年由法国天主教会创办的有外科的西医医院。医院最初的名称是"圣玛利亚医院"（Hospital Sainte-Marie）。

1904 年医院开始筹建，首先建了 4 幢两层楼房，有病床 100 张，另外有管理医院的修女和职工宿舍各一幢。

1907 年 10 月 13 日，医院举行落成典礼，1908 年又增建一幢二层病房楼。1910 至 1919 年间，常年收住院病人三千人左右。以后又陆续增建女性病房、产科病房、放射科、化验楼等（图 3-31-1）。1930 年还建造了有铁栅栏的犯人病房和隔离病房。1932 年医院创办 25 周年时，已发展成一所拥有 500 张床、位年住院病人达 8000 人、在上海享有较高知名度的大医院之一（图 3-31-2，图 3-31-3）。

1914 年，广慈医院成为震旦大学医学院的教学基地，并附设高级护士学校。

除了医疗条件、医疗技术好以外，广慈医院占地大，院内绿化环境也颇有名气。除了道路、建筑外，园林绿化面积约占总场地面积的 60%，园内栽植了悬铃木、松柏和各种花，还有大片草地，花坛中四季花卉不断，有园林工人精心养护，为病人和医院职工营造了优美的室外环境。

上海解放时，广慈医院已有房屋 30 幢，建筑面积约四万平方米，拥有病床 780 张。上海市军事管制委员会在 1951 年 10 月 3 日征用了医院，1952 年医院划归上海第二

图 3-31-1　20 世纪末广慈医院（今名瑞金医院）平面图

中·国·近·代·园·林·史（下篇）

图 3-31-2　20 世纪 30 年代广慈医院外景

图 3-31-3　病房楼外景

医学院，作为该院的一所附属教学医院。1967 年一度改名为"东方红医院"，1972 年更名为瑞金医院至今。

32. 教堂园林

位于上海西南青浦区和松江区交界部位有一群山丘，自东北向西南逶迤，山下河道纵横，农田阡陌片片相间，自然风景资源丰富，这个地区历史上素有"三泖九峰"之称，"三泖"是泖河分段的总称，"九峰"则是九座山峰之总称，其中主峰西佘山海拔 97.2 米。就在这里，建有一座天主堂。

鸦片战争后，外国传教士纷纷来中国传教，法国天主教耶稣会神父鄂尔璧首先到佘山，他一眼就看中了这块高地。1863 年，鄂尔璧购置了佘山向阳的坡地，先在半山腰处造平房 5 间，为建造教堂之始。1870 年，上海耶稣会在佘山自中山堂到山顶这一段路，筑出 14 道弯折的"径折路"，并分列 14 处苦路亭，内置苦路像，"径折路"象征耶稣受难所走过的"苦路"，它既是登山必经的接受宗教讲解的历程，也是婉转于山林中步移景异、逐步提升视野的景观路。1871 年，山顶兴建了一所可容纳六七百人的正十字形教堂。于 1873 年竣工，从此佘山成

为天主教朝圣的一个圣地。

40 年后，佘山成为中国天主教的主要朝圣地，每年 5 月，朝圣者成千上万，旧堂无法容纳了，于是从 1920 年开始拆除旧堂，1925 年动土建新堂，经 10 年而落成，这就是现今矗立在山顶的文艺复兴时期罗马风格的大教堂，当时被誉为最新式的教堂建筑（图 3-32-1，图 3-32-2）。

佘山一带是上海平原陆地上隆起的唯一山丘，山上自然植被或半自然植被能够反映上海所在的北亚热带湿润气候带的典型地带性植被特征——常绿、落叶混叶混交林。残存于佘山地区的植被虽还能见到一些历史痕迹，但由于受到人类活动的影响，一些残存的混交林也呈现出次生林面貌。由于常绿阔叶树自然更新力较差，残存的个体更少，因此，次生植被外形酷似落叶阔叶林。主要树种为多种枥属植物，其中尤以麻栎、白栎为优势种；其他常见的有枫香、化香、几种榆树、几种朴树等。随着山地绿化工作的开展，通过历年来的植树造林活动，山上增添了不少树种。历史较久的有香樟，在上山主干道两旁有高大浓荫的老银杏树几十株。此外，在坡地上也增加了其他一些向阳或耐荫的树木；其中毛竹因风土适宜，生长繁茂，在自然竞争上渐成优势，成为植被的主要景观。

另外在上海市内原法租界贝当路（今衡山路 53 号），有一座规模较大的基督教堂，占地 7300 多平方米，建筑面积 1372 平方米，四周有绿地相间，主入口在衡山路上。

1917 年，一些侨居上海的美籍教徒在杜美路（今东湖路）上组织了一个唱诗会，1920 年 9 月正式成立教会，主要供美国人做礼拜。因教徒来自不同教派，故定名为协和礼拜堂，后改名为国际礼拜堂。由于到礼拜堂的人数日益增多，1924 年 4 月在现址建新堂，1925 年 3 月 8 日落成，建筑式样属德国的哥特式演化而成，最高处标高 16 米，外形简洁，可容纳 700 人（图 3-32-3～图 3-32-6）。堂侧的三层楼房是附属建筑，供一些宗教人员活动及办公用。教堂附属的绿地面积不大，有草地、珊瑚树（法国冬青）绿篱、雪松等乔木。走在衡山路上，在浓荫蔽日的绿色环境下，这座红墙黑顶的教堂，为市中心喧闹的环境增添了一份宁静。

33. 圣约翰大学校园

圣约翰大学始建于近代，建校较早，历史悠久。它位于沪西苏州河畔，与中山公园南北毗邻，是一座众多校舍建筑与优美的校园环境相结合的高等学府。

图 3-32-1　位于山顶的佘山天主堂

图 3-32-2　佘山天主堂外景

图 3-32-3　国际礼拜堂外景

图 3-32-4　国际礼拜堂外景

　　19世纪中叶，列强叩开我国国门，西风东渐，传播现代知识的学校在我国逐渐兴办起来。其中开埠最早的上海起步最先，西方传教士出手最快。1859年，美国圣公会上海主教施约瑟来到我国，他主张在中国设立大学，用以培养传道者。为此，他在上海开办了全市第一所大学——圣约翰大学（图3-33-1）。

　　圣约翰大学的前身是美国圣公会在上海设立的培雅、度恩两个书院。1879年两院合并，取名圣约翰书院，校址选在苏州河北岸的中山公园旁边，当时还只是一所中学。1890年，圣约翰书院始设大学课程，后来又

图 3-32-5　礼拜堂入口

图 3-32-6　礼拜堂的窗

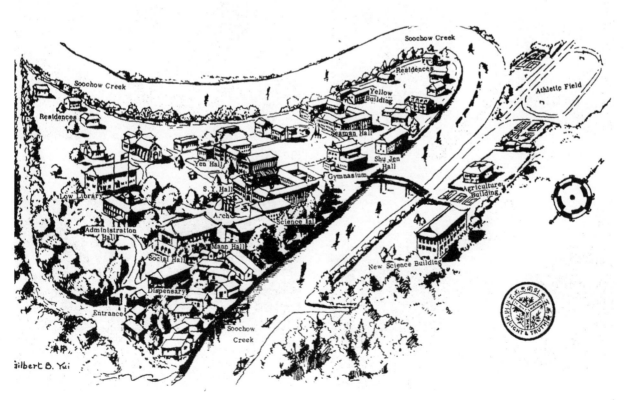

图 3-33-1　圣约翰大学鸟瞰

陆续开办文、理、医、神4个学院。1905年正式改名为"圣约翰大学",校园从苏州河北岸逐渐向南岸拓展。到1937年,占地总面积200亩,建有教学楼13幢、教职员住宅32幢,校园约60%以上土地植树、铺设草地并辟建多处体育场地。校舍以砖木建筑为主,青砖灰瓦,吸取了我国江南民居建筑的特点,有回廊的2~3层建筑,也是中西结合风格的体现(图3-33-2~图3-33-4)。圣约翰大学从创办到上海解放,历时80年,美籍传教士卜舫济在这所大学当了52年校长。

圣约翰大学有美丽的校园,跨苏州河的大桥连接南北校区,地形缓坡起伏,绿草如茵,最显眼的是草地上有几株孤植的大香樟树,离地处胸径可达三米左右,树冠宽广,可覆盖投影面积五六百平方米。学生们喜欢在大树下休息活动(图3-33-5)。

中华人民共和国成立后,圣约翰大学停办,1952年在原址成立华东政法学院。十分可惜的是几株大香樟逐渐枯死,分析其原因,可能是土地下沉以及空气污染导致树木根部浸水腐烂,长势减退,逐渐死亡。

附诗一首:

老 樟 树

于 之

昨夜梦回校园
步入老樟树青色的云
她依然健在,巨大而茏葱
以一千条臂膀
搂抱霞空、晨钟、鸟鸣……

一如旧时约会
你手拂枝叶走近
你我坐在弹性的树干上低语
任亲爱的老树
把我们间所有的秘密偷听
让它珍藏着年轻时代的纯真
对人生的思索,对未来的憧憬
翠碧如大地的桂冠
幽深若高雅的诗文
老樟树是亲切的长者

图3-33-2 学校大门

图3-33-4 圣约翰大学图书馆

图3-33-3 教学楼

图3-33-5 大香樟树

迎送一群群黎明之子

去寻觅真理与光明

不，我不信岁月的利斧

能砍断她的须根

盛大的校友会上

分明都见到她的绿荫

笼罩了大厅

她那些粗长的手臂

伸过高山、海峡

把每位校友变作她的叶子

——一片片柠檬香的绿叶

饱含友情的芳馨

哦，老友，随我来吧

沿着雪化的小径

同去久违的校园耕耘

张起樟树的华盖

重铺草坪的绿茵

播下深沉的爱

使我们的人生返青

（摘自圣约翰大学建校125周年纪念刊）

34. 中西女塾花园

中西女中是上海近代史中一座颇为著名的女子中学，创建至今已有一百多年历史。1952年7月，上海市教育局接管了1892年创办的上海中西女中和1881年创办的上海圣玛利亚女校，并将两所教会学校合并，取名上海市第三女子中学。

中西女中的前身是中西女塾，其发起人美国人林乐如，是美国卫理工会的传教士。1860年来上海后努力学习中国语言文学和上海话，他建议筹备一所女子贵族学校，旨在培养"亦中亦西的女子通才"。1892年中西女塾在三马路（今汉口路）慕尔堂扬子饭店旧址正式开学。后因学生逐年增多，校舍容纳不下，便购置了忆定盘路（今江苏路155号）金家花园80亩地建造新校舍（图3-34-1～图3-34-3）。1930年中西女塾在中国政府立案，改名为中西女子中学校。1936年起，出生于江苏无锡市、毕业于燕京大学教育系的薛正开始担任中西女中校长。薛正是一位爱国敬业的女杰，抗日战争爆发后，日军强行征用校舍作为陆军第二病院，薛正带领学校师生怀着悲愤的心情奋力抢运图书和教具。抗战胜利后，薛正经多方奔波交涉，终于收回了学校并迅速恢复整理了被日寇糟蹋的校园。1940年后薛正先后去美国攻读教

育学硕士和博士学位。解放后的几十年间，她一直在市三女中担任校长或名誉校长，1995年以94岁高龄安然去世。

中西女中自建校起就建成了精美、坚固、明亮的校园建筑，还有宽大优美的校园环境。绿树夹道，草坪如毯，四季花卉姹紫嫣红，茂密的树林簇拥着红亭，曲径通幽。校园内还有荷塘、小桥流水，宛若一座亦中亦西的大花园。作为一所培养女子人才的中学能有这样的室外硬件环境也是值得书写的一笔。

图3-34-1 中西女中校舍

图3-34-2 宿舍客厅

图3-34-3 校门

附录一　上海近代园林大事记

序号	中国历代纪元	公元	大事记
1	咸丰三年	1853年	陆恒甫在龙华镇南置地开设专业生产花卉的陆永茂花园，数年后又在城隍庙附近开设上海的第一家花店
2	同治元年	1862年	正月二十六日（2月24日），两江总督、江苏巡抚李鸿章在外滩北部建立"常胜军"纪念碑，是为上海市最早的街头雕塑。此碑后来被迁入黄浦公园，民国32年（1943年）被拆毁
3	同治元年至四年	1862～1865年	开设兆丰洋行的詹姆斯·霍格兄弟在今中山公园北部建造乡间别墅，名兆丰花园
4	同治元年至六年	1862～1867年	李鸿章为他的宠妾丁香建造花园（今丁香花园），一说是此园地产是李鸿章为其庶出的幼子李经迈所购
5	同治四年	1865年	冬，英租界沿外滩（今苏州河口至延安东路）种植了上海市区第一排行道树；公共花园（今黄浦公园）填土工程开工，同治七年六月二十日（1868年8月8日）公园建成开放
6	同治七年	1868年	法租界外滩植人行道树
7	同治八年	1869年	工部局于大马路（今南京东路）会审公廨（近浙江路口）以西和静安寺路（今南京西路）的两旁栽种人行道树木，株距一丈（3.33米）
8	同治十年	1871年	位于外白渡桥南坡西侧的英美租界花园（又名预备花园）投产；民国20年该园被改建为苏州路儿童游戏场，民国26年改名苏州路儿童公园，解放后改名河滨儿童公园，1964年改为街道绿地
9	光绪四年	1878年	五月二十一日（6月21日）《申报》发表题为《请驰园禁》的文章，要求英美租界公共花园对华人开放；至光绪十五年，该报已4次发表这方面的文章
10	光绪五年	1879年	三月初八（4月6日）虹口医院恽凯英等8人致函工部局，对公共花园不准中国人入内表示强烈愤慨；工部局于当日复函，断然否定中国人有进入公共花园的权利；自此以后，不时有中国人写信抗议，但均被工部局拒绝
11	光绪八年	1882年	上半年，位于静安寺附近的申园开业；这是上海第一个由私人集资开设的营业性园林，于光绪十九年歇业；年底，公共花园第一次在园内安装电灯
12	光绪九年	1883年	徐鸿逵于闸北建双清别墅（徐园），光绪十三年正月初一对外售票开放；光绪三十四年在康脑脱路（今康定路）重建徐园，宣统元年七月十二日（1909年8月27日）重新开放，约民国16年关闭。日军占领上海后，该园毁于大火
13	光绪十一年	1885年	三月初三（4月17日）张叔和以外侨格龙的别墅为基础扩建而成的味莼园（张园）开张，该园在民国7年歇业
14	光绪十二年	1886年	从公共花园至海关的外滩绿地建成；光绪十五年，绿地延伸至洋泾浜（今延安东路）；当时只允许外国人及少数有身份的中国人入内散步，直到民国17年六月一日，才向所有中国人开放；是年，工部局允许有身份的中国人事先申请，经核准后发给指定日期进入公共花园的游园证；次年全年共发183张
15	光绪十三年	1887年	九月，公董局年报首次记载，拨款规银1000两从法国购买250株悬铃木和50株桉树，植于法租界码头、花园；以后又多次从法国进口苗木
16	光绪十五年	1889年	二月初十（3月11日）上海道台龚照瑗写信给英国驻沪总领事许士，要求工部局允许普通中国人进入公共花园；当月26日，工部局主席麦根雷戈通过英领事转告上海道台表示拒绝； 八月初七（9月1日）由卓平吾等私人集资在杨树浦路建造的大花园及动物园开放营业，该园于20世纪初废；年底，公共租界共有行道树5280株
17	光绪十六年	1890年	十一月初七（12月18日）位于四川路桥东侧的新公共花园（华人公园）建成开放，民国32年更名为河滨公园，解放初改建为街道绿地

序号	中国历代纪元	公元	大事记
18	光绪三十年	1904 年	年底公共租界（包括越界筑的道路）共有行道树 5556 株
19	光绪三十二年	1906 年	闰四月，上海第一个体育公园——公共租界虹口娱乐场局部建成开放；民国 11 年 11 月 25 日易名虹口公园，民国 34 年 12 月 11 日更名中正公园，上海解放后复名虹口公园，1988 年 10 月 19 日改名鲁迅公园
20	宣统元年	1909 年	五月二十七日（7 月 14 日）法租界顾家宅公园对外国人开放，民国 33 年改名大兴公园，民国 35 年更名复兴公园；是年秋，侨民哈同所建的爱俪园落成，该园于抗日战争中颓败
21	宣统三年	1911 年	六月初五（6 月 30 日）公共租界汇山公园对外国人开放。民国 33 年改名通北公园，1950 年 4 月更名劳动公园，1951 年 5 月 3 日移交给市总工会，后改为杨浦区工人俱乐部。是年，宝山县利用县城佚名宅园改为城西公园。该园民国 26 年被日军炮火所毁
22	民国元年	1912 年	崇明县庙镇公园建成。抗日战争期间废。是年，马氏于青浦区朱家角镇始建课植园，1956 年将该园辟为朱家角中学校址，保留的部分园景经整修，现作为该镇旅游景点，对外开放
23	民国 2 年	1913 年	在张园举行追悼宋教仁大会，到会者约 3 万人。6 月 26 日，宋教仁灵柩移葬闸北象仪巷内，墓民习称宋公园。民国 18 年 9 月作为公园开放。民国 35 年 6 月 5 日更名教仁公园，1950 年初扩建后改称闸北公园
24	民国 3 年	1914 年	4 月，公共租界工部局把兆丰花园扩建为极司非尔公园，边建设边向外国人开放；同年 7 月 1 日正式开园；该园于民国 33 年改名为中山公园； 是年，除外滩绿地以外，公共租界工部局在租界内外已有 5 处街道绿地，其中在华伦路（今古北路）、白利南路（今长宁路）口的两处街道绿地最大，面积约为 7 亩（4700 平方米）
25	民国 5 年	1916 年	是年春，沪南工巡总局在 16 条马路上植行道树，是为上海县政府在所辖地区（俗称华界）内大规模种植行道树之始； 4 月 5 日上海县政府首次在南市黄家阙路普益习艺所南面空地举行植树典礼，嗣后每年清明节都如期举行； 位于杨树浦路东端的周家嘴公园对外国人开放，该园约在民国 15 年废
26	民国 6 年	1917 年	8 月，位于霍山路的斯塔德利公园对外籍儿童开放；民国 33 年更名为霍山公园； 同年，地丰路（今乌鲁木齐北路）儿童游戏场（也称为愚园路儿童游戏场）建成并对外国人开放，该园于民国 21 年 12 月 20 日关闭
27	民国 7 年	1918 年	同年日本人白石六三郎斥资在江湾路建六三花园（一说这年以前），建成后即对外国人开放营业；抗日战争胜利后园废
28	民国 10 年	1921 年	5 月 30 日～6 月 4 日，第五届远东运动会在虹口娱乐场（今鲁迅公园）举行
29	民国 11 年	1922 年	8 月，极司非尔公园动物园建成并对外国人开放； 是年，公共租界南阳路儿童游戏场建成并对外国人开放；该园于民国 26 年 3 月更名为南阳儿童公园，民国 32 年改名南阳公园，1985 年 4 月因易地建园而关闭
30	民国 13 年	1924 年	4 月，位于霞飞路（今淮海中路）和麦琪路（今乌鲁木齐中路）口的宝昌公园对外国人开放；该园于民国 32 年改名迪化公园，1954 年更名为乌鲁木齐路儿童公园，1975 年改为街道绿地
31	民国 14 年	1925 年	年底，公共租界有行道树 2.82 万株，法租界有行道树 1.83 万株
32	民国 15 年	1926 年	5 月，位于贝当路（今衡山路）的贝当公园对外国人开放；民国 32 年改名为衡山公园； 9 月 20 日在上海各界人士的强烈要求和国民革命军北伐节节胜利的影响下，公共租界工部局被迫派出公园委员会 3 名成员与上海华商会委派的代表吴蕴斋、冯炳南、刘鸿生 3 人组成特别委员会，商讨工部局管辖的公园及街道绿地对外国人开放的问题
33	民国 16 年	1927 年	2 月 13 日，公共租界借纳税（外国）人年会原则上同意租界公园向中国人开放，具体时间待政治局势稳定后再讨论决定；是年，市政府所管辖区内共有行道树 8855 株；同年，金山县朱泾第一公园建成；该园在民国 26 年日军入侵时被毁

序号	中国历代纪元	公元	大事记
34	民国 17 年	1928 年	4 月 18 日，公共租界纳税（外国）人年会决议：从 6 月 1 日起，向中国人开放公共公园、极司非尔公园、虹口公园、外滩草地及其沿岸（今延安东路以北）绿地。7 月 1 日，顾家宅公园对中国人开放。是年，血华公园建成，1952 年 5 月 1 日改名为龙华公园，1991 年扩建为龙华烈士陵园，并列为全国重点文物保护单位
35	民国 18 年	1929 年	6 月 1 日，租界公园门券售价增至银圆 2 角（银圆每元为 12 角），上海市政府表示反对，租界当局不予置理
36	民国 19 年	1930 年	1 月，市花树业同业公会正式建立上海花树市场，地点仍在今东台路，民国 26 年 3 月 25 日迁至制造局路
37	民国 20 年	1931 年	4 月 25 日，位于新加坡路（今余姚路）的新加坡公园开放，民国 23 年年底关闭； 9 月 1 日，汇山公园、舟山公园对中国人开放
38	民国 21 年	1932 年	1 月，位于五角场北的市立第一公园动工兴建，约在民国 23 年年底边建边开放，次年基本建成；民国 26 年毁于日军炮火； 同月，在吴淞镇刚建成的吴淞公园毁于一·二八炮火之中。民国 26 年八一三事变，该园再次被毁；1952 年重建后开放；1965 年将公园相邻的化成路苗圃和淞宝路苗圃并入公园，1984 年扩建成公园后开放； 7 月 4 日，法租界发布公董局董事会议决《关于路旁植树及移植树木章程》
39	民国 22 年	1933 年	8 月 1 日，位于文庙路的市立动物园开放，八一三事变后园废
40	民国 23 年	1934 年	11 月 1 日，位于龙华路（今龙华东路）新桥路（今蒙自路）口的市立植物园开放，八一三事变后关闭。同日，位于胶州路的胶州公园局部开放，次年 5 月 12 日全园开放。民国 36 年该园改名晋元公园。1950 年划归市总工会，1960 年改为静安区工人体育场
41	民国 26 年	1937 年	2 月 10 日，普希金铜像于诗人逝世百年纪念日在祁齐路（今岳阳路）街道绿地落成； 8 月 13 日，日军进攻上海，上海市政府辖区公园及私有园林大多被毁，租界部分公园轻微受损，闭园一月后陆续开放； 市立动物园于同年 11 月将全部动物无偿移交给顾家宅公园
42	民国 27 年	1938 年	6 月 23 日，顾家宅公园动物园建成开放
43	民国 31 年	1942 年	1 月 30 日，霞飞路（今淮海中路）的兰维纳公园开放。民国 32 年改名为泰山公园，民国 35 年改名为林森公园，1950 年 5 月 28 日更名为襄阳公园
44	民国 32 年	1943 年	8 月 26 日，伪上海市市长陈公博下令拆除公园及街道绿地中的英美等国的雕塑和纪念碑，其后又将原属租界内的 11 个公园和 6 个苗圃改名
45	民国 34 年	1945 年	9 月 12 日，国民政府上海市市公务局接受伪市建设局公务方面（包括园林绿化）的业务，公园、苗圃划归局营造处园林科管理，年底园林科升为园场管理处，任命徐天赐为代处长； 12 月 1 日，市政府批准市工务局拟定的《上海市工务局公园管理通则》，次年正式施行
46	民国 35 年	1946 年	2 月 1 日，原属公园管理的园警改称园巡，归警察局管理； 2 月 26 日，各公园、苗圃正式移交园场管理处管理； 7 月，园场管理处将市区公园分为三等：一等为中山、复兴、中正、黄浦、通北；二等为林森、昆山、衡山；其他为三等公园
47	民国 36 年	1947 年	5 月 2 日，公布《上海市工务局行道树管理规则》
48	民国 38 年	1949 年	5 月 27 日，上海市解放； 5 月 28 日，中国人民解放军上海市军事管制委员会财政经济委员会工务处，接管国民党市政府工务局，该处第三接管组接管园场管理处； 6 月 9 日，解放上海警备司令部派出工兵到公园排除地雷，并由园林工人整理后，至 6 月 11 日，市区除昆山公园外，其余因战事关闭的 13 个公园全部开放

中·国·近·代·园·林·史 （下篇）

附录二 上海土地章程

1845 年上海道台与英领签订的《上海土地章程》

第一条 关于租地事。地方官与领事官须会同审定边界，确定若干步亩，并以界石标志之。其有道路者，该界石须置于道旁，以免阻碍行人：惟界石上须刊明该处离实界若干尺。华业主须将租地事宜呈报上海道署与县属海防备案，俾便转呈报上峰。英商则呈报该国领事备案。出租人与承租人之凭件，采一种契纸形式，须送呈道台审查，加盖钤印，然后移还关系各方收执，以昭信守，而杜侵夺。

第二条 从洋泾浜北起，沿黄浦江，原有一大路，以便拖曳粮舟，唯该路旋因堤岸崩溃，以致损坏。今该路既在租地范围，则租地西人自应负责修筑，以便行人往来。其宽度应具海关量度二丈五尺，不独可免行人之拥挤，且可以避潮水之冲激房舍。路成之后，商人与曳舟人等，均可自由往来，唯禁止浪人与无赖窥伺其上。除商人之货船及私船外，其他各色小舟均不许停泊于商人地段下之码头，以免引起纷争。唯海关之逡船可以往来巡察。商人得于码头上设进出口栏栅，以便启闭。

第三条 在租地内须保存自东至西之通江四大路，以利交通，即：

——在海关之北；

——在旧纤道上（Upon Old Rope Walk）；

——在四段地之南（South of Four-Lot Ground）；

——在领事馆之南。

又，在旧宁波栈房之西，有一自北而南之路，亦须保存。此等公路之宽度，除纤道已为海关量度二丈五尺外，均须具制定量度二丈之宽，非唯便利行人，且可避免火灾之蔓延，每路之江干一端，其下须设码头，宽度与路等，以利起落。并规定须保留海关以南、桂华浜（译音 Kwei Whapang）及阿览码头（译音 Allune's Jetty）以北之二路（倘该地亦经租出）。此外如需建筑新路，须经双方会商：已筑之路，如有损毁，应由该处租地人负责修理，其费用由领事召集租地人会商，以便平均担负。

第四条 租地之内，原有公路，嗣后或因行人拥挤，难免争执、口角等发生。兹决定须另筑一两丈宽之路，此路须在江之西，小河之滨，北起于冰厂之公路，与军工厂毗连，南迄于洋泾浜岸红庙之西。唯该地须租定，道路须完成，双方须商定何路当改，而以通告布告周知。在新路完成以前，不许行人往来。又军工厂之南，东至头摆渡之码头，原有一公路，兹定该路应有两丈之宽，以利行人。

第五条 在租界内，原有华人坟冢，租地人不得加以损毁，如需修理，华人得知租地人，自行修理之。每年扫墓时间规定为清明节（约在四月七日）前七日，后八日，共十五日；夏至一日；七月十五日前后各五日；十月初一前后各五日，及冬至前后各五日。租地人不得加以阻碍，致伤感情；扫墓人亦不许砍斫树木，或在他处挖掘泥土，移覆墓上。租地上所有坟冢数目及坟主姓名，均须详为登记，以后不许增加。如华人欲将其坟冢移至他处者，须听其自便。

第六条 西人租地先后不一。当其议定价目后，须通知邻近租地人，会同委员、地保及领事馆派员，明定界限，以免纠纷及错误。

第七条 前次租地，若者押手与年租相等，若者押手高而年租低，殊不划一。兹规定酌增押手。其标准则为纳一千文年租者须纳一万文押手，除纳依次增加之押手外，每亩定纳年租一千五百文。

第八条 关于华人增收年租事宜，租地人于议定地租，将租地契约缮就盖印，由当事双方收执后，即须计算本年尚余时日应缴纳之年租若干，连同押手，一并付清。嗣后每年完租时规定为阴历十二月十五日，届时租地人须预将下年租银付清。事前十日，由道台行文领事，转饬各租地人将租金依期交付指定银号，领取收据，再由该银号凭各业主租薄转付各业主。此项付款须于租薄上登记清楚，以凭检查，而杜欺伪。倘租地人逾期不交，即由领事馆依照各该租地人国家之法律追缴之。

第九条 商人租定土地及建筑房舍后，得于呈报后自行退租。退租时，原业主须将其押手如数返还。但原业主不得任意停止出租，尤不得任意增加租金，倘该商人不愿居于其所租地上，而将全部让与他人，或以一部转租他人，则所让地之租金只能依照原额，不得增加，以取盈利，致引起原业主之尤怨（唯将其新建房舍出租或卖出，及于该地上曾耗有屯土等费者，不在此例）。此等退租者或转租情事概须报告领事，再由领事通知华官，以便双方备案。

第十条 商人租定土地后，得以建筑房舍，安顿其眷属、侍从及储藏合法之商品，并得建设教堂、医院、慈善机关、学校、会堂等，亦得栽花植树，设置娱乐场所。但不得储藏违禁物品，不得任意放枪，尤不得放射弹丸、箭矢，及为足以伤害及惊扰居民之不当行为。

第十一条 商人死亡时，得依照该国礼俗，瘗葬于西人坟地内，华人不得予以阻碍，并不得损毁其坟冢。

第十二条 洋泾浜以北之租地与赁房西人，须共谋修造木石桥梁，清理街路，维持秩序，燃点路灯，设立消防机关，植树护路，开疏沟渠，雇用更夫。其费用得由租地人请求领事召集会议，以议定分担方法。更夫之雇用得由商人与人民妥为商定。唯更夫之姓名须由地保、亭者报告地方官查核。关于更夫规条当另为规定。其负责管领之更长，须由道台与领事会同遴派。倘有赌徒、醉汉、宵小扰乱公安或伤害商人，或在商人中混杂者，即由领事行文地方官宪依法惩判，以资警诫。嗣后倘设立防栅，须由双方依地方情形，会商确定，设立之后，其启闭时间须公布周知，并由领事以英文通告，务求双方便利。

第十三条 新关以南之房价、地价、均较新关以北者为高。为求精当估价以利征税计，须由华官与领事会同遴派中英正直人士四五名，估定房价、地租及移运屯地等费，务求精当，以昭公允。

第十四条 倘有他国商人欲于洋泾浜以北界内租地建屋，或租屋居留，或囤积货物者，须先申明英国领事，得其许可，以免误会。

第十五条 商人来者日繁，现今犹有商人未能租定土地，故此后双方须共设法多租出土地，以便建屋居留。界内土地，华人之间不得租让；亦不得架造房舍租与华商。又嗣后英商租地亩数须加限制，每家不得超过十亩，以免先到者占地过广，后来者占地过狭。其租定土地而不架造房舍以资居住及屯货者，应认为违背条约，得由道台与领事会商此事，并将该地改租与其他商人。

第十六条 在洋泾浜以北境内，商人得建一市场，以便华人将日用品运至该处售卖，其地点与规则须由双方官员会商决定，唯商人不得为私益而设此种市场，亦不得建筑房舍租与华人或供华人之用。租地商人倘欲设立船夫及苦力头目，须陈报领事，俾与地方官会商，订立规定，派定头目。

第十七条 商人欲在境内开设店铺发售饮食物品之类，或租与西人居寓，须由领事予以执照，加以检查，然后允许设立，如不遵照或有犯规情事，得实行禁止之。

第十八条 界内不许架造易燃之房屋，如草寮、竹舍、木房之属，所有可危害人民之商品均不得贮藏，如火药、硝石、硫磺及多量酒精之属。公路不得侵占，如屋檐耸出，及堆积物件等事；又不得堆积垃圾，及疏泄沟洫于街上；亦不得当衢叫嚣滋扰，以免妨害他人。凡此限制，无非为求商人房舍财产之安全与社会之安宁。倘有火药、硝石、硫磺、酒精等物运输来沪，须由双方官员会商，择定贮藏地点，安置于离住宅、栈房较远之处，以防意外。

第十九条 所有租地架屋、出租房舍、租赁住宅与栈房等事，均须于每年十二月十五日将其过去一年中所租地之亩数、架造之房数、承租人之姓名等项，呈报领事，俾便转达地方官备案。其有转租或分租房舍，或转让土地情事，亦须呈报备案。

第二十条 所有修筑道路通路、设立码头各费，概由初到商人及该近处侨民公派，其尚未摊派者与后来者，均须依数摊派，以补足之，俾便共同使用，避免争执。派款人等得请求领事委派正直商人三名，审慎决定应派之数。倘有不足，得由派数人共同决定，将进口货物酌抽若干，以补其缺，唯事先须呈报领事听候处决，关于收支保管及记账等事，均由派款人共同监督。

第二十一条 各国商人倘欲于洋泾浜以北界内，租地建房、租赁住宅、租栈房屯货，或暂时居留者，均须与英国商人一体遵照本章程之规定，以维永久和洽。

第二十二条 嗣后关于本章程如有增改，或解释，或改变形式之必要，均由双方官员随时商议，众人如有议决事项，须呈报领事转与道台商妥决定后，始得发生效力。

第二十三条 嗣后英国领事倘发现有违犯本章程之规定者，或由他人禀告，或经地方官通知，该领事均应即审查犯规之处，决定应否处罚，其惩判与违规条款者同。

附录三 公共租界、法租界

《公园管理规则》（摘要）

抛 球 场

（即"老花园"第一处跑马场）
公共租界工部局巡捕房章程第二十五项

1. 此场归西董办理；

2. 除赛马日及西董悬牌禁止入内之时，则各西人都可入内游玩；

3. 各车只准由龙飞桥至抛球总会门口，或至其准到之处；

4. 大小马匹不准在此场训练；

5. 除西人与各会之佣仆外，华人一概不准入内；

6. 如欲用此场地，应先向抛球场西董禀准。

公共花园（今黄浦公园）规章（摘要）

（英美租界工部局 1885 年）

1. 脚踏车及犬不准入内；

2. 小孩之坐车应在旁边小道上推行；

3. 禁止采花、捉鸟巢及损害花草树木；凡小孩之父母及佣妇理应格外小心，以免发生此等事情；

4. 不准入奏乐之处；

5. 除西人仆佣外，华人不准入内；

6. 儿童无西人同伴不准入内。

公共游乐场管理规则
（1926 年 9 月 6 日修订）

（该游乐场位于跑马场跑马道中间）

1. 本场地受游乐基金会管理；

2. 本场地除跑马日及由委员会决定不开放日外，全日开放，关闭时应张贴公告于进口处；

3. 一切车辆不准入内；

4. 本场地不得练马；

5. 本场地备外国人专用；

6. 使用场地应征得游乐基金会秘书转委员会批准；

7. 警奉命执行本规定。

虹口娱乐场（今鲁迅公园）章程

（公共租界工部局 1909 年 9 月）

1. 娱乐场总的管理由公园委员会负责（掌管）；

2. 娱乐场向公众开放时间 5 月 1 日至 10 月 15 日为早晨 5：00 至半夜；10 月 16 日至 4 月 30 日开放时间是早晨 6：00 至晚上 7：00；

3. 华人不准入内，除非是侍奉外国人的佣人；

4. 印度人不准入内，除非是衣冠整洁者；

5. 马、汽车和自行车不得入内；

6. 婴儿车必须限于园径上推行；

7. 狗不得入园，除非加嘴套及用皮带牵住。

顾家宅公园（法国公园，今复兴公园）章程

（1909 年 8 月）

1. 禁止下列人和物进入公园：中国人，但照顾外国小孩的中国阿妈和伺候洋人的华仆可跟其主人入园；酒醉和衣衫不整的人；一切车辆，无论是马车、人力车和脚踏车；

2. 洋人牵带外加嘴罩的狗允许入内；

3. 园中花木鸟巢禁止攀折，严禁破坏公共椅凳；

4. 不得破坏草地内的游戏设备；

5. 公董局有权利发给华人入园券。

地丰路儿童游戏场规则
（1926 年 9 月 6 日修订）

1. 本游戏场专供外国人使用；

2. 本场地每日白天开放；

3. 衣着不整齐，不得入内；

4. 不得带狗入内；

5. 不准演奏乐器；

6. 严禁爬树、掏鸟巢及损害树木、草皮，要求游客及带领儿童者协助劝阻。

南阳路儿童公园规则
（1926 年 9 月 6 日修订）

1. 本园供外国人使用；

2. 本园每日白天开放；

3. 对衣帽不端者不得入内；

4. 不准带狗入园；

5. 禁止演奏乐器，儿童游玩不得使用硬球；

6. 严禁爬树、掏鸟巢及损害树木、草皮，要求游客及带领儿童者协助劝阻。

汇山公园管理规则

（1926 年 9 月 6 日修订）

1. 本园备外国人专用；
2. 本园每天整日开放；
3. 衣帽不端者不得入内；
4. 牲畜、车辆及自行车不得入内；
5. 四轮童车限用于小道上；
6. 不得携犬入园；
7. 禁止捣鸟巢、采花、损坏树木及草皮，要求游客及带领儿童者协助劝阻；
8. 儿童无成人陪同，不准进入荷兰花园；
9. 不准玩曲棍球、足球、棒球、高尔夫球及其他各种球类；
10. 草地网球场由公园监督安排使用，场内要穿橡胶底靴或跑鞋；
11. 警方奉命执行此规则。

动物园暂行章程
（极司非尔公园动物园）

（1922 年 8 月 10 日工部局颁布）

1. 动物园对外国人每天开放，中国人只准从星期一到星期五游览，开放时间从上午 10 时到天暗；
2. 衣服不整齐者不得入内；
3. 游客不得携带棍棒、手杖、女用伞、花朵或包裹入内；
4. 不准玩弄或惹犯动物；
5. 鸟兽欢喜吃的东西，可向看门人购买；
6. 不准携犬入内；
7. 警务人员应严格执行上列章程，如有违犯时，将予法办不贷。

附录四 上海租界时期公园一览表

名称	兴建时间	面积（亩）	名称对照
抛球场	1850	80	俗称老公园，第一处跑马场，1854 年跑马总会将这片土地出让
新公园	1854	约 1000	俗称新公园，第二处跑马场，1862 年将这片土地出让
跑马场（公共娱乐场）	1862	430	第三处跑马场，后名跑马厅，跑道中间土地出租给公共租界工部局建公共娱乐场
黄浦公园	1868	30	曾名公共花园、外滩公园、大桥公园、春申公园
河滨公园	1889	6	曾名华人公园
昆山公园	1896	9.5	曾名昆山路场地
鲁迅公园	1901	200	曾名虹口娱乐场、虹口公园
白利南公园	1907	4.9	后并入极司非尔公园
复兴公园	1909	130	曾名顾家宅公园，俗称法国公园
中山公园	1914	290	曾名极司非尔公园、兆丰花园
地丰路儿童公园	1917	7	位于愚园路地丰路口后改作其他用途
霍山公园	1917	6	曾名斯塔德利公园、舟山公园
南阳公园	1921	6	南阳路儿童公园，后改做其他用途
鄱阳公园	1931	6.3	原乔敦公园（面积 6.3 亩），后扩建为鄱阳公园（面积 13.5 亩）
襄阳公园	1941	33	曾名兰维纳公园、林森公园
衡山公园	1926	25	曾名贝当公园
凡尔登公园	1917	12	曾名德国公园、德国战败后改名凡尔登花园，现为花园饭店庭园
乌鲁木齐路儿童公园	1920	3.66	曾名宝昌公园、罗勃纳广场，现改建为街道绿地

附录五　主要参考文献

1. 《上海园林志》编纂委员会编. 程绪珂, 王焘主编. 上海园林志. 上海：上海社会科学院出版社，2000.

2. 《上海城市规划志》编纂委员会编. 孙平, 陆怡春, 傅邦桂主编. 上海城市规划志. 上海：上海社会科学院出版社，1999.

3. 史梅定. 上海租界志. 上海：上海社会科学院出版社，2001.

4. 《上海地名志》编纂委员会编. 陈征琳, 邹逸麟主编. 上海地名志. 上海：上海社会科学院出版社，1998.

5. 上海科学院. 上海植物志. 上海：上海科学技术文献出版社，1999.

6. 刘惠吾. 上海近代史. 上海：华东师范大学出版社，1985～1987.

7. 静安区人民政府. 上海市静安区地名志. 上海：上海社会科学院出版社，1988.

8. 孙卫国. 南市区志：上海市区志系列丛刊，上海：上海社会科学院出版社，1997.

9. 上海市文史馆，上海市人民政府参事室文史资料工作委员会编. 历史文化名城——上海：上海地方史资料（六）. 上海：上海社会科学院出版社，1988.

10. 叶又红. 海上旧闻. 上海：文汇出版社，1998.

11. 上海圣约翰大学校史. 建校 125 周年纪念刊. 2003.

12. 上海市园林管理局《当代上海园林建设》编委会（1868～1945 年）公董局档案. 上海租界时期园林资料索引（译自公共租界及法租界）.（未公开出版），1985.

13. 杨文渊. 上海公路史. 第一册. 近代公路：中国公路交通史丛书. 北京：人民交通出版社，1989.

附录六　参加编写人员

吴振千　王　焘　张文娟　许恩珠　林小峰　周在春

中·国·近·代·园·林·史（下篇）

第四章　重庆卷

第一节　综　述

重庆位于中国西南部，长江上游。地跨东经 105°17′~110°11′、北纬 28°10′~
32°13′之间，东西长 470 公里，南北宽 450 公里。辖区面积 8.24 万平方公里。地域
内江河纵横，长江自西向东横贯全境。以长江为轴线，汇集起嘉陵江、乌江、綦江、
大宁河等大小支流上百条，在山地中形成众多峡谷，长江切割巫山三个背斜，形成
了著名的长江三峡。重庆地势由西向东逐步升高，向长江河谷倾斜，以中低山为主。
属东亚内陆季风区。区内热量充足，降水丰沛、湿度大、光照少。由于冬季受东北
季风控制，夏季受西南气流影响，加之盆地周围山脉阻挡、地形起伏，形成重庆独
特的气候特点：冬暖春旱、夏热秋雨、四季分明；降水丰沛、空气湿润、雨热同季；
日照少、云雾多；立体气候明显，气候资源丰富。年平均气温在 16.6~18.6℃之间；
冬季极端最低气温多在 0℃以下，少霜雪；夏季极端最高气温 40℃左右，多酷暑。
重庆年平均日照时数 1000~1400 小时，是全国日照最少的地区之一；年平均风速
1.2 米/秒；年平均相对湿度 78.9%左右。

重庆的中心区渝中半岛三面环水，位于长江与嘉陵江的汇合处，海拔为
168~400 米。城郭依山傍水，故以江城、山城闻名。

重庆是一座有着悠久历史和灿烂文化的名城。重庆城市在历史上曾三次建都
（巴国首都、大夏国国都、抗战陪都），三次设立中央直辖市。

200 万年前的巫山人化石，表明重庆地区是中华民族长江上游文明的发祥地。
公元前 11 世纪至公元前 316 年，巴人以重庆为首府，建立了巴国。汉朝时期巴郡称
江州，魏晋南北朝时期先后更名为荆州、益州、巴州、楚州。隋文帝开皇元年（581
年）以渝水（嘉陵江之古称）绕城，改楚州为渝州，这是重庆简称"渝"的来历。
宋徽宗崇宁元年（1102 年）改渝州为恭州。宋淳熙十六年（1189 年），宋光宗赵惇因
先在恭州于正月封为恭王，二月受内禅即帝位，自诩"双重喜庆"；遂将恭州升为重
庆府，"重庆"由此得名，迄今已 800 余年。1363 年元末红巾军领袖明玉珍在重庆称
帝，国号大夏。1891 年重庆对外开埠。1911 年 11 月 23 日，同盟会在重庆建立蜀军
政府。辛亥革命后，1921 年设重庆商埠督办，次年改为市政公所，1926 年改市政公
所为重庆商埠督办公署，次年又改为市政厅。1929 年刘湘改巴县城区为市，重庆由

此建市，改市政厅为市政府。抗日战争爆发后，国民政府由南京迁至重庆，于1937年11月定重庆为"战时首都"。1939年5月5日国民政府颁令，将重庆升为直辖市。1940年9月再定重庆为中华民国"陪都"，重庆成为世界反法西斯战争的国际名城。1949年11月30日重庆获得解放，成为西南军政委员会驻地。1953年3月重庆改为中央直辖市。1954年7月重庆市并入四川省，改为四川省辖市。1983年重庆成为全国第一个城市综合体制改革试点城市，也是享有省级经济管理权限的计划单列市，并将原四川省的永川地区划入重庆。1997年3月14日第8届全国人民代表大会第5次会议决定，将原属四川省的重庆市、万县地区、涪陵地区、黔江地区合在一起，设立中央直辖市，同年6月18日重庆直辖市正式成立。

近代重庆呈现出多种社会经济并存、社会形态频繁更替的状态。社会经济和社会形态特征必然在近代园林上表现出来。概括说来近代的重庆园林经历了以下历史阶段：鸦片战争至辛亥革命、民国、陪都以及国共重庆谈判等历史时期。重庆近代园林在其不同阶段上的特征明显，按其用途和功能又可分为：寺观、书院、会馆、官邸、私家园林、城市公园、纪念园林，以及近代城市绿化等。

重庆的近代园林有为历史既有，但为近代所扩展改造，并一直延续至当代尚完好保存的，如北温泉公园、华岩风景名胜区、聚奎书院等；有近代始建，至今完好保存的，如南温泉公园、林森陵园、张自忠烈士陵园、红岩村等；有近代始建，其后有所改扩建，当代仍在利用的，如李耀廷的宜园、万州西山公园、北碚公园、重庆中央公园、铜梁凤山公园等；也有近代始建，因历史变迁，已完全毁失的，如长寿城南公园、江北公园等。

一、鸦片战争至辛亥革命时期的重庆园林

鸦片战争至辛亥革命时期的重庆园林主要形式为寺观、书院、会馆园林，私家宅园与教堂园林。寺观、书院、会馆园林多属地方传统风格，而一些私家宅园已开始仿江南园林建造，外国教会兴办的教堂则采用了西方造园的风格和要素。

（一）寺观园林

重庆寺观多崇尚自然，寺庙选址多依山踞岭，凭借林云之胜，或在江岸风光佳处，背山面水而建，或就岩凿佛造寺。寺庙选址建造独特，如，双桂堂、华岩寺、

宝顶山圣寿寺、缙云寺、塔坪寺等。不仅寺庙建筑巍峨壮丽，群体庞大；而且寺内外建造亭廊，广植林木，整个寺庙掩映于茂林修竹之中，环境清幽静谧。寺观及其寺观园林在重庆近代史上新建较少，而扩展、修缮较多，至近代大多已辟为公共园林，是重庆风景园林的重要组成部分，文化积淀也较为深厚。

缙云寺 "缙云山——钓鱼城国家重点风景名胜区"，是国务院1982年批准的第一批四十四个国家级重点风景名胜区之一。缙云山雄峙于嘉陵江温汤峡西岸，天、地、山、水相互交融，使缙云山荟萃九峰之秀气，山间云雾缭绕，气象万千，在阳光照耀下云兴霞蔚、色赤如火，故以"缙云"为其山名。《重庆府志》载渝州十二景之一"缙岭云霞"。有王尔鉴的《缙岭云霞》诗，其序云："缙云山九峰争秀，色赤如霞。缙，赤色也"。缙云山系川东地带常绿阔叶林自然景观。缙云寺在狮子峰与聚云峰前，是"缙云八寺"中保存较好的一座庙宇，始建于南朝刘宋景平元年（423年），唐高祖李渊题名"禅真宫"，唐大中元年（847年），宣宗皇帝赐寺额"相思寺"，唐乾符元年（874年），定济和尚重建寺庙。宋景德四年（1007年），真宗赐名"崇胜寺"。明永乐五年（1407年）成祖皇帝敕谕"缙云胜景"，明天顺年间英宗皇帝又赐名"崇教寺"。万历三十年（1602年）神宗下令改为"缙云寺"并赐题"迦叶道场"。寺庙建筑群坐西北向东南，占地2000平方米，气势宏伟。山门前，左为洛阳桥，苔藓重封；再上为缙云寺牌坊，上匾题"圣旨"二字，下匾题"迦叶道场"四字，皆在参天古木浓荫中。进门为天王殿，有古石像三尊，再进为大佛殿，殿前有蟠龙敕赐碑。寺周围均为参天古树，松涛飒然（图4-0-1）。

图4-0-1 缙云寺

温泉寺 重庆温泉寺和缙云寺，古为一寺的上下两院。寺初建于刘宋景平元年（423年），重建于明、清。宋真宗景德四年（1007年）御赐"崇胜禅院"。明成化年间，重修寺庙，分为一门三殿格局，并建接官亭，修建戏鱼池、半月池等。清乾隆年间将山门改为关圣殿；四重殿宇，背山面水；自下而上，依次为关圣殿、接引殿、大佛殿、观音殿。温泉寺的选址和建造充分体现了"天人合一"的思想和"道"的自然无为原则。

1927年，卢作孚等受民主主义思想的影响，倡议兴建公园，募捐集资修葺温泉寺庙，修筑游览道路，增建亭榭及服务设施，始辟为向公众开放的风景名胜公园。2000年，被重庆市政府公布为第一批直辖市级文物保护单位。

华岩寺 华岩寺位于重庆市九龙坡区华岩风景区，是重庆市郊集寺庙、园林于一体的风景胜地。地处中梁山以东浅丘地带，山岩巉巉，森林茂密，四时洞泉飞溅，岩窟如散花，史曰"花岩"。唐、宋时期，便有信徒依洞结庵礼佛，而后建寺，以洞著称，遂称"花岩寺"。《巴县志》"明万历年间丁亥（1587年）"，傍花岩洞重修庙宇，为漱隘寺。清康熙七年（1668年），始建大雄宝殿，历时8年建成，即名"华岩寺"。天王殿、大雄宝殿、藏经楼、禅堂建在同一中轴线上，并逐级升高，坐北朝南。"华岩八景"——"天池夜月"、"柏岭松涛"、"远梵霄钟"、"疏林夜雨"、"双峰耸翠"、"古洞鱼声"、"曲水流霞"、"寒岩喷雪"环抱全寺，一个庞大的庙宇建筑群掩映于参天古树之中，宛如佛国仙乡（图4-0-2）。1961年5月，重庆市人民政府批准建设华岩风景区，成为重庆又一处重要的公共园林。2000年，被重庆市政府公布为第一批直辖市级文物保护单位。

图4-0-2 华岩寺的华岩洞

（二）书院园林

重庆书院建筑，有的根据功能需要兴建，有的利用原有的孔庙和民居改建而成。在建筑群布局上，依山就势，错落有致，因地制宜。一般有明显的中轴线，而有些书院建筑群根据山地特点出现轴线转折的情况，即曲轴的运用。建筑多为一重和多重堂的院落形式。

聚奎学堂 聚奎学堂位于江津白沙镇黑石山，山有磐石540余座，峰岚劲秀，水木清奇，古木参天，展示出奇特的树石谐生景观。下有驴溪清流缓缓北去，上有五重瀑布飞落轰鸣。同治九年（1870年）乡人就明代川主庙、宝峰寺址设义塾，后续建书院。光绪六年（1880年），聚奎书院正式成立。书院第一重大门石刻对联"知国家大事尚可为也，得天下英才而教育之"；第二重大门石刻对联"德星长聚五百里，广厦颜开千万间"。有两株400年古樟相伴。院容幽静、肃穆、淡雅，讲学厅两侧天井内种植红山茶十余株。院内另有两株百年白杜鹃，初春盛开，洁白如灿雪盈枝；寓意书院清白为人、两袖清风的德育宗旨和清廉校风。书院周围绿树簇绕，满山近千株樟、楠、松、柏高耸入云。其中百年以上的古树名木有243株，近百年的古树有453株；杂以山茶、杜鹃、玉兰、紫薇、樱花、梅花、蔷薇、海棠、白兰、桃李等共五千余株。引来数千只白鹭、池鹭、苍鹭等鸟类高枝栖息，杜鹃、黄鹂、画眉、斑鸠、喜鹊、翠鸟、相思鸟、寿带鸟等飞舞林间。欧阳渐（字竟无）题联赞誉"是英雄铸造之地，为山川灵秀所钟"。有乾隆以来至今保留完整的石刻文字七十余处，分别为于右任、陈独秀、欧阳竟无、冯玉祥、郭沫若、吴芳吉、吴宓、佘雪曼、侯正荣、周浩然、李半黎等名家的撰书。

19世纪70年代，受维新变法思想影响，四川近代教育兴起，近代学堂逐步取代旧式书院。光绪三十一年（1905年），改书院为"聚奎学堂"。是重庆目前保存最为完整的一处书院园林。

（三）会馆园林

重庆拥有汇集长江和嘉陵江等水系的水域之利，因而形成了以重庆为枢纽的商业贸易网络，成为长江上游的商业重镇。历史移民对重庆的社会经济发展做出了巨大贡献。"湖广填四川"是移民史上最大的一次浪潮，也奠定了重庆后来开埠的基础。由于客居在外，移民对本乡本土怀有的感情致使他们以同乡的身份联结在一起，而设立会馆，并建造园林。重庆历史上曾有湖广、江西、福建、广东、山西、陕西、浙江、江南 8 省会馆，这些会馆园林的主体景观多为宗祠建筑。

湖广会馆 位于重庆渝中半岛东水门，称禹王宫，始建于清乾隆二十四年（1759 年），清嘉庆丁丑年（1817 年）、道光丙午年（1846 年）、光绪己丑年（1889 年）均重修、扩修。会馆建筑面积达 5000 平方米以上。会馆由大辕门（庙门）、大殿廊房和戏楼庭院三部分组成。大辕门为仿木结构重檐石牌楼，面阔 5 米，高 6 米，有人物、鸟兽、花木浮雕，门前峙石狮一对。馆内两侧为文星阁、望江楼。祭祀大禹的禹王宫建在石斜坡上，大殿为木结构屋顶，抬梁式梁架（图 4-0-3）。现会馆建筑及其园林环境已修复并对外开放。

（四）私家宅园

重庆的资本主义产生于 19 世纪末，在 20 世纪初始有了初步发展。清朝初期，随着耕地面积的扩大、人口增加、农业生产力的提高，商品经济逐步发展。重庆已是一个颇具规模的繁盛的商业中心城市。富商的云集，为重庆富商私家宅园的修建奠定了基础。

富商宅园中规模大、园林艺术水平较高的以彭瑞川的白鹤林庄园及富商李耀廷的礼园（又名"李家花园"，亦称"宜园"）为著，其次为建于 1905 年的阮春泉的阮庄及建于清末的卢德敷的涵村等。二十世纪三四十年代以庐、舍、花园等命名或称谓的宅园多达百家以上。以后一些私家宅园陆续改建为城市公园，或划定为历史文物保护单位，而多数已随着城市的扩张发展而消失。

彭瑞川白鹤林庄园 （建于 1822～1830 年）清道光二年（1822 年），彭瑞川选址南泉鹿角场始建庄园，占地四千余平方米。至道光十年（1830 年）建成，历时 8 年，花费白银三万余两。园内林木繁茂，白鹤成群，故

图 4-0-3　湖广会馆禹王宫

图 4-0-4　彭瑞川庄园

名白鹤林庄园（图 4-0-4）。庄园共有天井 15 个，大小客房二十多间，有专供接待用的官厅、抱厅、戏台、书楼等建筑，面积 2482 平方米。屋间隙地及后院建花园，并从后山砌了一条一千多米长的冲涧引水入园。后花园主要树木有黄葛树（Ficus lacor Buch.）、桂花等。庄园被 5 米高的青砖风火墙围绕。大门外有石狮一对，出大门便步行入花溪河畔的大花园。园中植有四季花果，浓郁芳香；缀有鱼池、船舫、小舟、八角亭，皆精雕彩绘。园中摆有石花缸，缸壁上绘刻花卉、人物。

抗日战争前，庄园已成民宅，也曾办过"存古学堂"。抗日战争期间，此处相继为国民党中央政治学校研究部、地政学院和立人中学校址。抗日战争胜利后为西南学院。重庆解放后，先后为川东荣军校、市劳动就业委员会工赈第四大队、重庆市第 27 初级中学。现为南泉职业中学。

当年的庄园除部分房屋拆除外，其主体建筑至今仍保存完好。由于白鹤林庄园具有清代民居特色，1987 年 1 月重庆市人民政府将此定为第二批文物保护单位。

富商李耀廷及其宜园 （建于 1909～1911 年）李耀廷，道光十六年（1836 年）出生云南昭通，远祖辈世居江南。1856 年从军，后弃军从商，经营工商获得成功。1892 年倡组云贵公所，出任会首。1904 年出任重庆商务总会首任总理（会长）。李耀廷于 1909 年，择地势雄伟、虎踞两江的鹅项颈始建宅园。因怀祖辈世居江南之情，庭园仿苏州园林建造。因李耀廷藏有康熙的《宜春帖》，初名"宜园"。宅园于 1911 年建成，后以李耀廷素常标榜"生而好礼"，遂改名为"礼园"。入门修篁夹道，中有圆池，筑草堂其上，曰"璇碧轩"。西出乳石洞有虎崖，园西有台，曰"冷然台"。园北一带皆巉岩，岩阴筑室，曰"涵秋馆"，盖万松深处。园极亭馆池台之胜。东

北隅郁然高耸曰"鹅顶"，上建鄂不楼，可眺两江。南向为宜春楼，楼前浚池叠石，布置雅饬。楼后偏右临崖有石室，曰"桐轩"。由轩西北行抵飞阁，俯视绝壁如削；前襟嘉陵江，极目远望，数十里外峰峦呈秀。园西为红荷湖，跨以曲桥，湖滨有冷然台及虎崖，月色水光，为赏秋佳境。1958 年 2 月，礼园改建为城市公园。

石家花园与徐悲鸿盘溪旧居（建于 1924 年）石荣廷，生于 1880 年，祖籍重庆市江北县。先后与人合伙经营山货、药材、盐业及钱庄、房地产等业务，1915 年，参加中华革命党，从事过讨伐袁世凯的政治活动。民国时期历任猪鬃牛羊皮输出业同业公会会长，重庆市总商会常务理事等职。曾与卢作孚合作，拥有较多股份，为民生实业公司创始人之一。1923 年至 1929 年间，去上海兴办出口贸易公司，进一步发迹，一跃成为重庆商界大户。1924 年，在盘溪山头营建一幢中西合璧，二楼一底的建筑及庭院。住宅曰"培园"，底层石屋曰"盘石书屋"。屋宇雄伟，居高临下，可俯瞰整个盘溪河流域。1931 年更是从蒙敦厚三兄弟手中买下江家堰（即现在的盘溪河）及其周围的农田坟地，1931 年动工，至 1936 年初步完成对沿河两岸的整治建设。筑堤修渠，建 4 条引水渠以改造农田水利；进行了大范围的植树绿化，栽种了大量凤尾竹，白杨和垂柳等滨河景观树种。留下了"盘溪"、"忠孝"两处书法石刻艺术和"盘溪石虎"、"虎岩观瀑"、"跳蹬垂钓"、"柳岸蝉鸣"、"香炉晨雾"、"玉带观鱼"、"石滩浴泳"、"盘溪泛舟"、"瀑布飞流"、"观音庙会"等景点。这样以石家花园为中心，形成了盘溪河流域自然景观与人文景观系列。1940 年，国民政府主席林森亲笔书赠"硕德仗乡"字匾，予以褒奖。抗日战争时期，又于宅侧之山麓，修建祠堂，中心为一座塔式楼阁建筑"西天阁"。民国 32 年，重庆市政府颁转国民政府训令，要求"于全国各县、乡、村之忠烈庙宇正中增设抗战阵亡将士暨死难同胞诸烈士灵位"，西天阁于当年秋，改名"忠烈祠"。塔楼左右各建一长方形青砖楼房，作为祭祀活动的辅助用房及客房，祠堂院内林木茂盛，四季常青。沿石级两侧置坡地花圃，四季鲜花盛开，环境异常优美。1942 年秋徐悲鸿着手筹办中国美术学院，石荣廷把盘溪忠烈祠的两栋楼房及石屋，一并免费提供给徐悲鸿使用，并在生活上给予关照。

北碚蔡家岗镇陈介白举人大院（建于 1936 年）陈介白，光绪十五年（1889 年）恩科举人。辛亥革命后，罢官回乡。1911 年，袁世凯企图称帝，檄文各县推举一人前往省城"共商国是"。县人推举前去，陈介白振臂反

袁，陈在祠堂设馆教学，长达 20 年。整个大院占地十余亩。1936 年，其子陈庚虞为纪念其父业绩扩建旧居、修葺庭园，称其为"举人大院"。院中建八根墙柱支撑，拥有拱形回廊，中西合璧的主楼，主体建筑面积 960 平方米。大门为 10 米高的棕黑色大门。院外古榕护卫，院内古树参天。院内一株银杏高过 10 米，直径超过 1.5 米，遮天蔽日，树龄约两三百年。

（五）教堂园林

外国教会势力在清初康熙年间进入重庆。第二次鸦片战争后，继天主教之后，耶稣教、基督教接踵而至。重庆开埠以后，教会势力有了更大发展，教会在重庆地区大量兴建教堂，至今仍有大量教堂散布于重庆市县各处。忠县望水乡天池天主教堂，其建筑采用法国古典建筑风格，其经堂为仿哥特式圆顶；周围配有园林绿地。荣昌县昌元镇天主堂，建于 1899 年，建筑为砖石结构，钟楼高 19.5 米，共 5 层，顶楼装有机械自鸣钟和铜钟，礼拜堂与钟楼相连，长 40 米，宽 16.6 米。建筑间配置花园。

二、民国时期的近代城市园林

1911 年 10 月 10 日武昌起义爆发后，成立武汉军政府，宣布改国号为"中华民国"，废除清帝年号。中华民国经历了：中华民国临时政府、北京政府、南京国民政府三个时期，其中北京政府时期是军阀割据时期。

在中国近代史上，军阀是半殖民地半封建社会的历史产物，军阀官邸是这一时期的历史见证。袁世凯死后，帝国主义各自寻找和扶植一部分军阀充当自己的代理人，各军阀集团自成派系，割据称雄。中国陷入军阀割据的混战局面。1917 年四川军政权的防区制形成，军队不仅成为军事政治集团，而且割据地方，操纵政局。这一时期也正是辛亥革命后，中国走向近代化的一个重要阶段。辛亥革命后的短短几年内，历史的新陈代谢——旧民主主义革命向新民主主义革命的过渡正在急遽进行。政局虽为军阀操纵，但整个社会自由之说渐昌，平权之风日盛，城市公园也就在这一时期始现。

（一）公园

江北公园（始建于 1921 年）江北公园位于江北区江北旧城上横街。东滨长江，南临嘉陵江，占地面积 3.17 公顷，海拔 225 米，虎踞高坡，俯瞰两江，地势雄伟。1921 年，由原江北县建设局局长唐建章筹资兴建，

以明朝修的文庙后院孔林和江北县政府后花园为基础，进行改造和扩建。将文庙、悯恻堂、济仓、前厅署等公地及收买的二十余间民房地产一并划入公园修建范围，于1927年年底建成开放。公园为山地园林，顺地势之起伏，分为上园与下园。园内有喷泉、水池、水榭、六角亭和长亭。小桥清溪、花台草坪、古树名花、假山亭榭。抗日战争时期，为军事驻地，1939年"五三"、"五四"日机大轰炸，致使此园接连遭受破坏。重庆解放后，市人民政府于1953年对公园进行整治修复（图4-0-5）。此园现已不存。

万县西山公园（始建于1925年） 四川军阀杨森1910年加入同盟会。1924年，杨森驻军万县。1926年2月任四川省长。在万县设省长行署，同时担任万县商埠督办兼宜昌商埠督办。1947年，杨森调任重庆市长，同时兼任西南军政长官、公署副长官。重庆开埠，标志着帝国主义势力直接进入重庆。1891年3月1日，半殖民地性质的重庆海关正式成立。至1924年前后，万县已成为当时川东的重要港口，人口剧增，外商纷至。时任万县市政督办的杨森选万州城西磨刀溪旁的西山观筹建

公园。1925年2月开始修建，定名万县商埠公园。1926年9月5日，英舰炮轰万县的惨案发生后，为纪念此事，改名为九五公园，还请朱德同志题写园名，刻制木牌，悬挂于大门。1928年11月为纪念北伐胜利，又更名为中山公园。1928年末，陆军三十一军刘湘所部三师师长王陵基（后任万县市市长）移驻万县，又对园中景点加以培植，募捐修建钟楼，并题"西山"两字，刻于石壁之上，公园改名为西山公园。

重庆中央公园（建于1926年） 潘文华，先期曾参加同盟会。1928年至1936年间，潘文华曾兼任重庆市长8年。1921年时任川军第二军军长兼重庆商埠公署督办的杨森，见后伺坡一带渣滓成堆，污秽不堪，提议在此修建公园，以改善市区环境。1927年经重庆商埠督办潘文华同意，将巴县县府后空地划入；在金碧山堂附近建茶社、餐馆，定名中央公园。1939年5月，日机轰炸重庆，金碧山堂及葛岭别舍被炸；现为重庆人民公园。

长寿城南公园（始建于1926年） 范绍增，1911年加入同盟会。后任国民革命军第二十军第七师师长。范绍增驻军长寿期间，于城南最高处老鹰嘴建城南公园，

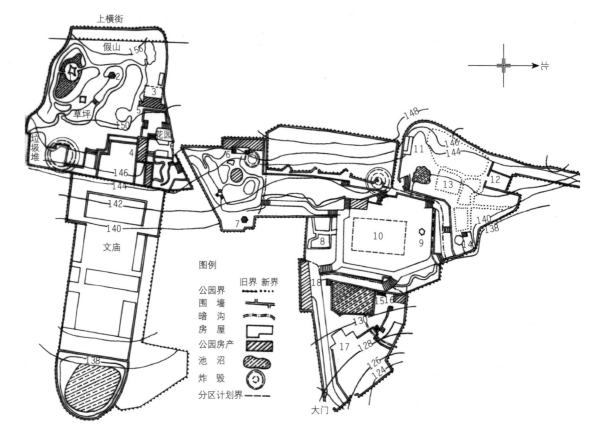

图4-0-5 江北公园平面图（1946年）
1. 花亭；2. 沙亭；3. 公务局拟建地；4. 警察第九分局；5. 公务管理处；6. 第九区公所；7. 六角亭；8. 防空壕；9. 纪念碑；10. 篮球场；11. 动物栅；12. 公务局道班；13. 花园；14. 测候所；15. 喷水池；16. 茶社；17. 宪兵学校浴室；18. 中央第二警察总部队

1926 年城南公园建成开放，公园面积虽仅十亩地左右，但公园地势雄伟，悬崖峭壁，崖下即为城墙，于峭壁之巅建六角亭，远眺群峰遥列，环境优美。城垣内建有驿馆，匾额"暮翠横空"为范绍增所题。进入南门后是一座庭院式民教馆，匾书"檐帷暂驻"；后庭为曲池、假山。荷花池上建一台榭，廊庑曲折，花木扶疏。

铜梁凤山公园（始建于 1929 年）游广居，四川罗江县人。行伍出身，性格豪爽，治军严肃。他统率的原国民革命军（川军）第二十八军十二混成旅，隶属二十八军第三师陈书农部，于民国 14 年（1925 年）率部驻防铜梁，飞凤山为铜梁县巴川镇山地，清康熙四十四年（1705年）在此修建文昌宫，1927 游广居倡议在飞凤山修建公园。1929 年动工，1931 年建成，名凤山公园，面积 2.30 公顷。公园依山就势设计，文昌宫位居公园中部，左建化龙池，右设八角亭，环以游廊，亭柱刻游广居秘书朱宗雀所撰楹联："四面云山来眼底，万家忧乐注心头"。公园进门处的半圆形石壁上镌有"凤山公园"四个大字，落款为"游广居题"（此四字实为该旅秘书杨台清题写）。

（二）卢作孚与北碚近代城市园林

卢作孚为民生公司创始人，毛泽东称其为中国实业界不能忘怀的四个实业家之一。重庆合川人，受资产阶级民主革命启蒙思想影响，于 1910 年加入同盟会，参加四川保路运动。先后从事过教师、教育官员、记者、报纸主笔等职业。1924 年在成都创办民众通俗教育馆。卢作孚认为社会改革之道，不外推广教育以开民智，振兴实业以苏民困。主张结合志同道合之士，埋头实干，发展事业，影响社会，改变国家面貌。他拟创办一项有利国计民生的经济事业，然后以经济为中心，促进其他社会改革。1925年筹办，1927 年 6 月 10 日，创立"民生实业股份有限公司"。抗日战争时期，为完成浩繁的抗战抢运任务，做出了巨大贡献。在日机轰炸下，民生公司先后有一百多人牺牲，六十多人受伤。有十多艘轮船被炸沉、炸伤。1927年初在北碚出任江（北）巴（县）璧（山）合（川）四县特组峡防团务局局长，开展了一系列倡导科学、教育民众、兴办实业、城乡建设活动。1929 年夏兼任川江航务管理处处长，开始整顿川江航运业。1933 年任天府煤矿董事长，1935 年任四川建设厅厅长，1937 年任国民政府交通部常务次长兼全国水陆联合会运输管理处处长。

1950 年张铁生安排了卢作孚回京的具体方案，商定了将滞留香港的船只二十余艘（约合现值五千多万美元）分别撤回上海和广州的计划，得到周恩来总理的支持。

是年 6 月 10 日，卢作孚在党的缜密部署下离港回国。时全国政协一届二次全体会议在北京举行，卢作孚被补选为全国政协委员，任命为西南军政委员会委员，并继续担任民生公司总经理。1952 年卢作孚逝世于重庆。

重庆北温泉公园（建于 1927 年）重庆北温泉公园，缘起温泉寺庙丛林。1927 年，在卢作孚等人的倡议下扩大游览范围，拓展游览功能，兴建公园。园林布局仍以寺庙建筑为中心，组成严整的东西对称格局。园内兰园幽香、莲池清活、曲桥戏鱼、桃溪春泳、景色清幽雅丽。现已成为重庆市的历史名园。

北碚公园（始建于 1930 年）1930 年 3 月，时任江巴璧合四县特组峡防团务局局长的卢作孚将北碚城区火焰山之东岳庙改建为西部科学院峡区博物馆，并利用庙宇四周荒坡坟地修建公园，公园面积 1.33 公顷。10月，在园内设动物园，由峡区博物馆直接领导。1936 年4 月，火焰山公园定名为北碚平民公园，公园路至公园大门法桐浓荫覆盖，绿篱夹道，园路曲折通幽。民众教育馆雄踞山巅；博物馆中陈列古代器皿和各地风物；山腰为兼善中学教室；东北角建清凉亭，"清凉亭"三字系国民政府主席林森手题，凭栏俯瞰，江上风光映入眼帘。西设古砖砌成之小型平台，可遥观北碚全景，并可俯视山下公共体育场；倘天朗气清，更可仰望缙云九峰。至1937 年，公园面积增至 4 公顷。1945 年更名为北碚公园。1947 年 11 月，公园移交中国西部科学院博物馆。

北碚中山路民众会堂及其市街绿化 中山路全长 1050米，是北碚的中心街区。20 世纪 30 年代卢作孚从上海法租界买回法桐树苗，植于中山路，法桐之林荫便成为北碚市街道景观之一大特色，现仍保留（图 4-0-6，图 4-0-7）。中山路现为"重庆市园林市街"。民众会堂位于中山路中段，卢作孚自到北碚从事乡村建设起，就想能有一个像样的会堂，供民众集会活动，以开展社会教育。抗战胜利，卢作孚决定用 6000 万元，建造民众会堂。临街出入口为一集散广场，与街融合，成为城市中心。1946 年春动工，1947 年初竣工。解放后，民众会堂改名为人民会堂。

卢作孚旧居暨中国西部科学院、中国西部博物馆 卢作孚北碚文星湾旧居为二楼一底，单檐歇山式屋顶，青砖中西合璧小楼，顺山势错落与山体林木交融。以后与他所创办的中国西部科学院以及中国西部博物馆融合在一起。1930 年 10 月，中国西部科学院在北碚正式成立，院址先在北碚火焰山东岳庙（今北碚图书馆红楼），1935 年迁至文星湾新址。中国西部科学院是中国第一家民办科学院，建于 1930 年，由卢作孚在其"乡

图 4-0-6　北碚中山路之一

图 4-0-7　北碚中山路之二

村建设"实验区创办。卢作孚和当时社会上一些著名的改革派人士如职教派的黄炎培、乡建派的梁漱溟、平教会的晏阳初等交往密切。当他着手进行北碚的开拓建设后，立即苦心经营，对北碚全区进行了全面调查，因地制宜举办各种事业。1930 年建立了颇具规模的中国西部科学院，内分工业化验所、农业实验场、兼善中学、博物馆等部门；其后又设立了生物、理化、农林、地质等研究所。1932 年博物馆更名为"北碚三峡实验区民众教育馆"，1943 年改建为"中国西部博物馆"。

（三）高等教育及其校园园林

重庆开埠之后，随着帝国主义的经济入侵，西方文化向内地渗透，长期处于封闭状态的重庆教育也受到了很大冲击。重庆的教育在东西方文化的冲突与融汇中得到了发展。抗战爆发后，全国计有 31 所高校迁入重庆地区，办学条件异常艰苦，留存不多，更谈不上有什么园林；而由本地区创建的重庆大学与抗战内迁的北碚复旦大学及其校园尚存。

重庆大学及其校园　沈懋德（1894—1931 年）四川巴县（今重庆市）一品镇人。12 岁考入重庆府中学堂，受杨庶堪、张培爵、向楚诸的教诲；思想进步，崇尚革新。早年参加了孙中山领导的同盟会。希望以"教育救国"来挽救民族危机、救亡图存。1914 年，东渡日本，考入东京高等工业学校学习。后又考进日本东京帝国大学物理系，专攻物理、天文。以优异成绩毕业后，留校担任助教、讲师。1923 年从日本东京帝大回国，应湖北武昌高等师范学堂（武汉大学前身）之聘，担任物理学教授兼教务长。1927 年国立成都大学本科初建，受聘为理科学长（即理学院院长）兼物理系主任。为振兴重庆教育，他与成大的川东籍教授向楚、吕子方、彭用仪、吴芳吉、曾济实、谢苍璃、向子均等商讨，倡议办一所川东大学，校址设重庆。沈懋德亲草重庆大学筹备会成立宣言；"盖西上成都，则感旅程不易；东下京沪，复感费用难支。故凡爱惜吾蜀人才，关怀四川文化者，莫不以创设重庆大学为今日之急务也"。其倡议得到重庆地方名流士绅和川军总司令兼省长刘湘的支持，1929 年 8 月 4 日，在川军二十一军军部举行筹委会成立大会，刘湘任筹委会委员长。经过几度酝酿协商，刘湘任校长，沈懋德任教务长，吕子方任斋务长，杨芳龄任事务长。校址暂借菜园坝杨家花园（二十一军马队驻地）。刘湘下令马队迁出后，略加整修便录取新生 177人。1929 年 10 月 12 日正式行课，重庆大学正式宣布成立。温少鹤（市商会会长）随即又邀李公度、朱叔痴、沈懋德、吕子方和彭用仪等委员继续新址的寻觅工作。溯嘉陵江而上，于中渡口停泊，上沙坪坝，见一片平川沃野，环山带水，阡陌交错，松柏掩映，景色宜人，为一理想的学府胜地。筹备委员会会议一致通过将沙坪坝松林坡一带定为重庆大学校址，占地九百余亩。由筹委会常委兼总务长杨芳龄推荐英人莫理逊工程师主办的建筑公司承包。总体方案中建筑有图书馆、大礼堂、20 间办公室、60 间教室、7 间实验室、两座教职员住宅院和附属建筑等。理学院是一座仿教会建筑的中式建筑，平面呈"山"字形，下部两层；屋顶开老虎窗，设阁楼层，屋角起翘，檐口及檐角由"撑杆"挑出；青石、青瓦、砖木混合结构。工程于1932年上半年动工，1933年春季完工，学校正式从菜园坝迁到沙坪坝新址行课（图4-0-8）。

北碚复旦大学及其校园　复旦大学于1905年创建于上海吴淞，1917年改为私立复旦大学，1942年改国立。"八一三淞沪抗战"失利后，日寇攻占上海，复旦大学校舍被毁，八百多名师生背井离乡，颠沛流离，先迁往庐山，后又因日寇逼迫南京，学校又再西迁重庆。初迁阶段，学校分为两部，校本部为了避免日机轰炸，设在北碚东阳镇夏坝；分部，又称二部，为了便于兼课教授在城市上课，设在重庆市郊菜园坝。1938年底，鉴于敌机在重庆空袭频繁，分部也迁往北碚夏坝校本部，合并为一。夏坝建筑包括一幢一楼一底楼房和两侧的平房，面积约605平方米。1938年2月开始行课，设研究所、科学馆、新闻馆、文史研究室、茶叶研究室等机构。马相伯为复旦大学的老前辈，李登辉曾任上海复旦大学校长，为学校做出过重要贡献。抗战前复旦在上海江湾时代，就在校内修建"相辉堂"，以资纪念。抗战期间，学校在抗战经费极端拮据的情况下，一面上报请求拨款，一面四处筹募捐款，终于在夏坝复旦农场旁重建了一幢简朴的"相辉堂"，以示对前辈的怀念。1946年学校迁回上海江湾，留在重庆的复旦校友和有关人士，为了纪念马相伯、李登辉两位学者，就在原校址开办了一所私立性质的"相辉学院"，将原复旦校址和"相辉堂"、农场一带融为一体；临江面水，风光十分优美。1987年4月，新修"复旦大学校址纪念碑"一座。

图4-0-8　重庆大学民主湖

（四）军阀官僚宅园

军阀割据时期的军阀官邸与陪都时期的官邸有所不同，一般都在其驻扎地或控制区建造；多为单建，互无关联；园林多为人工建造，具有私宅风格。1922年熊克武于南温泉花溪河畔建官邸，占地2000平方米，园内有温泉名"子泉"，具治疗保健功能，名"觉园"。1951年，熊克武将觉园捐献给南温泉公园。1923年潘文华任重庆市市长时，于渝中区中山四路81号修建公馆，占地1.53公顷，三层砖木结构的主楼为办公楼，主楼前后为花园。范绍增1932年于今渝中区人民路，修建一花园别墅，名"范庄"，占地1.5公顷。20世纪20~30年代修建的军阀官邸还有刘湘在市中区李子坝正街修建的公馆，占地1.54公顷。公馆主楼两层，楼侧有舞厅和防空洞、花圃和网球场。杨森于今渝中区中山二路修建公馆，占地2.67公顷，房屋7幢，主楼底层有游泳池和防空洞，主楼门前为花园，后为重庆市少年宫。川军将领王陵基据重庆渝中半岛中央山脊线的枇杷山修建公馆——王园。1949年12月6日中共重庆市委接管"王园"，作为机关驻地。1955年春，市委按原中共中央西南局第一书记邓小平的指示，迁出机关，将枇杷山改建为城市公园，同年8月1日开放。

三、陪都时期的园林

1937年11月16日，国民政府决定迁都重庆，11月20日发表了迁都宣言。抗战8年，重庆成为"战时首都"。抗战胜利后，1946年5月5日国民政府还都南京，定重庆为"永久陪都"。

重庆成为战时首都后，集中了各种政治、经济和文化机构。由于战事原因，尤其是位于市区的机构，多利用原有建筑改建，或修建一些临时性的房屋，没有进行较大规模的有计划的建设。这一时期的园林集中表现为民国政府军政要员官邸及外国使团的别墅园林。

（一）民国政府军政要员的官邸园林

陪都时期民国政府军政要员的官邸较为集中的是黄山官邸别墅、歌乐山林园以及南温泉；其特征是既为住宅，也为战时办公区。其建筑功能包括了防空、保卫、会议、国事活动，甚至外国使团也汇集于此。这一时期的别墅建筑多为中西合璧式，尤其是各国使馆建筑，引入了不同国家的风格；然而为了适应重庆地形、气候与战争条件，又有所变化；较为朴实、简洁。其环境选址多为城市近郊山林，风景优美、森林茂密、温泉出露、便于防空之处。园林则多为自然山水园林，南温泉地区则多为温泉别墅。其建造时间基本上集中在1938年至1939年，其他官邸别墅则按选址所好分散各地。

黄山官邸别墅（建于1938年） 黄山位于重庆市区长江南岸，为铜锣山脉低山群峰之一，海拔572米，盛夏气温不超过35℃，距离市区约四十华里。该地群峰屏立、林木茂密、花草繁盛，可俯瞰两江交汇、重庆城垣，历来是游览避暑之胜地。1913年重庆巨商黄德宣购得此处山林，修建花园别墅。后其子重庆白礼洋行买办黄云陔将其辟为休闲娱乐地，名"黄山"。国民政府决定迁都重庆，为避免日机轰炸，侍从室选中黄山作为蒋介石办公处所。整个官邸以蒋介石办公住地云岫楼和宋美龄住宅松厅为中心，以及宋庆龄旧居云峰楼，孔祥熙、孔二小姐旧居孔园，张治中、蒋经国、马歇尔旧居草亭，美国军事顾问团驻地莲青楼等，包括侍从室、医院、警卫、勤务等用房，共占地近四百亩（图4-0-9）。整个建筑群，除云岫楼为局部三层外，其余皆一二层，青灰色墙面、坡顶瓦屋面、红棕色木地板，简朴素雅，带有30年代折中主义建筑风格。云岫楼雄踞黄山主峰，整个建筑群沿山脊分布在一马蹄形地带上，掩映在丛林绿荫之中。与此同时，有关军政机构，各国驻华外交使节，接踵选址建房，先后有美、英、苏、法、比、荷、德的使馆别墅毗邻左右，冠盖云集。黄山官邸在太平洋战争爆发前的5年中，蒋介石均以黄山官邸作为其主要办公和寓居之地。

林园（建于1938年） 1938年10月，时任侍从室主任的张治中在歌乐山南麓海拔530米的翠峰幽谷之中，选定双河桥的山林建造官邸别墅，蒋介石看了满意地说："很好，可多盖些房子，让老先生们也来住住"。1939年11月别墅落成，定名为双河桥官邸别墅，不久赠给林

图4-0-9 黄山官邸别墅的侍从室

森，称"林森公馆"。林过世以后，蒋介石将别墅收回扩建，兴建大楼4幢（编号为一、二、三、四号楼），改名为"林森陵园"，简称"林园"。占地面积110万平方米，林木覆盖率达99%。"西山云梯"、"五步云梯"等七十多条纵横交错的林中小道通向各住地和景点。一号楼为蒋介石住宅——中正楼，一楼一底砖木结构，红檐雕窗，中西合璧；右侧为钓鱼台。二号楼为宋美龄居住的美龄楼，抗战末期宋美龄赴美后改为"国宾馆"。1945年8月28日，毛泽东来重庆参加国共谈判，当晚下榻此楼。马歇尔公馆是1945年12月22日美国特使马歇尔来华时的住所，楼的建筑风格和结构独特，红椽、黄柱、雕花绿窗，中间贯通的厅廊与四面宽大的回廊相连。官邸小礼堂，环境幽深宁静，为民族风格建筑，古朴典雅、飞檐青瓦、朱栏廊柱、环形走廊；因宋美龄经常在此举办舞会，又称"美龄舞厅"；重庆谈判期间，毛泽东、周恩来与陈诚、张治中曾同于此楼办公。四号楼为林森公馆——寸心楼，一楼一底的砖木钢筋混凝土建筑，林森辞世后此楼为林森纪念堂。沿35级宽大的石阶而上便是林森墓园。沿美龄舞厅与林森墓园之间的林间小道，通过一对形如石屏的天然崖石后，便是见证国共两党"重庆谈判"序幕的"谈判桌"。藤蔓纵横、林鸟啁啾，桌后石壁上刻着："一九四五年八月二十九日毛泽东同志与蒋介石晤谈处"。

南温泉别墅区 南山与南泉分别位于铜锣山的南北两翼，同为重庆"南山——南泉风景名胜区"。南泉风景区沿花溪河两侧山脊展开，为低山岩溶槽谷地貌景观，以温塘著称，拥有：南塘温泳、弓桥泛月、五湖占雨、滟滪归舟、三峡奔雷、虎啸悬流、峭壁飞泉、花溪垂钓、小塘水滑、石洞探奇、建文遗迹、仙女幽岩十二胜景。抗战期间国民政府迁渝，划南泉为迁建区，随即国民党军事委员会、中央政治大学、中央电台等部分军政机关入住南泉。蒋介石、林森、孔祥熙、何应钦、陈果夫等在此营建别墅。林森公馆位于南泉镇东南，公馆面对著名景点虎啸悬流。右依建文峰，左傍花溪河，独占一个山头；四周林木环绕、郁郁蓊蓊。孔祥熙别墅位于虎啸口附近山腰，位于林森公馆的右上方。官邸为两层楼房，砖木结构，漫步回廊可俯瞰花溪流域景色。陈果夫有两幢别墅，一处在南泉白鹤林，另一处在小泉；小泉别墅取名"竹居"。蒋介石官邸坐落在南泉镇西、花溪河傍的小泉，此处为蒋介石在重庆的四大官邸之一。蒋在小泉官邸附近建中央政治学校（后改为中央政治大学）。南泉别墅区多为温泉别墅。

（二）张自忠烈士陵园（建于 1940 年）

张自忠，字荩忱，1891 年出生于山东临清县。1933年日军进逼长城一线，张自忠率部在喜峰口打击来犯日军，立下赫赫战功。七七事变后，他以誓死报国之志，驰骋抗日沙场，一战淝水，再战临沂，三战徐州，四战随枣，所向披靡。特别是临沂一战的胜利，奠定了台儿庄大捷的基础。此后，他晋升为第三十三集团军总司令兼第五战区右翼兵团总指挥，成为国民党的高级将领。1940 年张自忠在襄樊战役中为国捐躯。年仅 49 岁的抗日爱国将领死后，全国悲悼。5 月 23 日，将军灵柩由 10万民众护送，自宜昌上船。5 月 28 日灵柩抵达重庆储奇门码头，蒋介石、冯玉祥和党政要员都到码头迎灵，在码头灵堂举行隆重的祭奠仪式后，灵柩用专轮运送，葬于北碚雨台山。后因冯玉祥将军取史可法殉国葬于扬州梅花岭之义，冯玉祥将军于山上遍植梅花，乃更名梅花山，并亲笔题写隶书"张上将自忠之墓"于墓碑（图4-0-10）和"梅花山"的石碑于墓前（图 4-0-11）。沿34 步梯道至陵园中部为花园区。从花园区再拾阶而上是墓茔区。8 月 15 日，延安各界人士一千余人为张自忠将军举行隆重的追悼大会。毛泽东、朱德、周恩来分别送了"尽忠报国"、"取义成仁"、"为国捐躯"的挽词。1982 年国务院追认张将军为革命烈士。

（三）民居聚落金刚碑

在北碚温塘峡口处有一山溪自缙云山迂回曲折的跌落入嘉陵江中，于入江口四百公尺内，形成一环境极为幽深的溪涧谷地。因江边有巨石入江心而以"碚"呼

图 4-0-10　张自忠烈士陵园

图 4-0-11　张自忠烈士陵园冯玉祥题刻

之，又因北山一巨石上有唐人题刻"金刚"二字，"碚"与"碑"为谐音，于是名为"金刚碑"。清康熙年间有少数民居，山溪流水潺潺，民舍简朴无华，青石筑就小桥。金刚碑最富魅力的是四十多株树龄均为二三百年的黄葛树群落，沿溪而建的民舍掩映其间（图 4-0-12）。古榕依溪岩而生，盘根错节，枝繁叶盛。

抗战时期，北碚成为迁建区，金刚碑因背依缙云山，面临嘉陵江，林木繁茂，绿树成荫，便于战时防空，于是成为北碚的迁建区。章伯钧的利民制革厂、钱自诚的滑翔机修造所、张之江的国立国术体育专科学校、于右任的草堂国学专科学校、孙越崎的中福公司、国民政府统计局等都先后迁往金刚碑。梁漱溟在这里兴办了勉仁中学和勉仁书院（勉仁文学院），著名哲学家熊十力，历史学家周谷城，书法家谢元量，大学者吴宓、陈子展、孙伏园、汪东、顾实、罗席等都曾寓居金刚碑。金刚碑也因此而名声远播。抗战时期的迁建用房也多是顺其自然，依山而建；有的三五家并排而建，有的散户临溪；住宅或为四合院，或为平房，或为楼房。跨溪越涧的依然是各式石桥。极富特色的是，金刚碑至今仍是一个不具场镇功能，不具街区形态的民居自然式聚落，其古韵难求，古风难觅。

图 4-0-12　民居聚落金刚碑

四、国共重庆谈判时期的纪念园林红岩村

　　1944 年 6 月 6 日，盟军开辟欧洲第二战场，1945 年 5 月，欧洲战场的反法西斯战争胜利结束。8 月 15 日，日本政府宣布无条件投降，9 月 2 日正式签署投降书；至此，中国人民的抗日战争终于赢得最后胜利。抗战胜利后，中国面临着"战与和"的局面，以蒋介石为首的国民党一方在美国的支持下，积极准备内战；以毛泽东为首的共产党包括各民主党派在内的一方，则是争取和平，避免内战，要求迅速召开政治协商会议，和平建国。由于抗战胜利后国内要求和平统一的呼声强烈，蒋介石亦感全面发动内战的时机尚未成熟，因此电邀毛泽东赴重庆进行国共和谈。毛泽东与蒋介石在重庆进行了历时 43 天的和平谈判。重庆谈判这一历史事件也为重庆留下了一些十分珍贵的纪念性园林，园林景观质朴自然。

　　红岩村（建于 1939 年，现为红岩村革命纪念公园）化龙桥背靠渝中区浮图关山麓，面临嘉陵江。饶国模女士（广州黄花岗烈士饶国梁之妹）在此经营大有农场，占地二十余公顷，山岩起伏，林木茂密。1939 年因中共中央南方局和八路军驻渝办事处机房街 70 号住处易遭日机空袭，为安全计，是年春，八路军办事处出资 3000 元，在饶国模农场内修建办公大楼（即今存之红岩纪念楼）。是年秋建成后南方局和办事处以"租用"名义迁来此处办公。周恩来、董必武、吴玉章、秦邦宪、何凯丰、林伯渠、叶剑英、王若飞、邓颖超等在此工作。1945 年 8 月毛泽东来重庆与蒋介石谈判期间亦住于此。1955 年原办事处大楼辟为"红岩革命纪念馆"，连同新建展览馆于 1958 年对外开放，1959 年大有农场全部交纪念馆管理。1961 年 3 月国务院公布八路军重庆办事处旧址（红岩村 13 号及曾家岩 50 号）为重点文物保护单位。

第二节　实　例

1. 聚奎学堂

　　重庆市江津聚奎学堂位于今江津市白沙镇东南郊 3 公里的黑石山上，占地 220 亩（可游面积 10.6 公顷）。地势北高南低，驴溪河围绕山麓，向北汇入长江。山上气候温和，树木苍翠，亭台楼舍和形态各异的黑石点缀其间，形成独特景观。

　　黑石山以得天独厚的黑石著称，山顶周围两三百亩的用地内，有一群磐石，大的相当于一块篮球场的面积，小的也可安一席之位。群石多半陷泥中，半露地面，石质坚硬，石上布满苔藓，颜色近铁青，故名黑石。明代在此建宝峰寺。1868 年改设杏坛，初办聚奎义塾，1880 年办聚奎书院，1905 年废书院办小学，1930 年增办初中，1942 年增办高中，使黑石山成为育人胜地，兴旺至今。

　　初建宝峰寺，虽香火颇盛，但并不为外界所知。清乾隆年间，始有文士欣赏此地的秀丽风景，留下"函谷"、"第一观"等题刻（图 4-1-1）。清末，这里的茂密丛林、奇异黑石被认为是读书胜地，有识之士决心在此兴学，遂办起聚奎书院。光绪三十一年（1905 年）改为聚奎学堂，后发展成为聚奎学校。学校着手培植花木，挖池建亭，修筑山路，进行园林建设。1919 年，黔军控制江津政局，学校园林、原始古木遭大肆破坏。1926 年初，邓鹤年、邓鹤丹兄弟集巨资重建园林。两年间，发动师生种植红橘七八千株，香樟、梅花、紫薇等花木杂树数千株，尤以菊花为盛；同时，又建造石桌、凉亭、水池，镌柱为联，摩崖题刻，增加了园林的人文色彩。

图 4-1-1 "第一观"景点

以后学校虽见衰落，但园林风貌仍比较完整地保存到了中华人民共和国成立以后。

黑石山的风景园林曾引来不少名人雅士讲学与游览。1912 年 10 月，吴玉章来此游览。抗战期间陈独秀、冯玉祥、梁漱溟、欧阳渐、文幼章、蒋复璁来此作过演讲。陈独秀留下"大德必寿"、"寿考作仁"篆书石刻。时中央图书馆馆长、后"台湾故宫博物院"院长蒋复璁称赞说："峰岚劲秀，水木清奇"。时中央大学教授程憬称赞说："黑石盘错，古木参天，松鸣禽噪，一绝景也"。武汉大学教授、曾任聚奎中学校长的周光午也写道："是山也，怪石盘错，古木参天，因风则松涛鸣空，别薜则云根宜座。草色侵人，禽声盈耳，如画溪山，不假人为之助"等。

黑石原有五百四十余座，其中有 108 座密集于山顶校园内（图 4-1-2）。校园南低北高，南边为出入口，结合低洼地势和巨石建成九曲清池园林（图 4-1-3）。西边为自然林地，点缀景亭。其余部分为教学区，包括利用宝峰寺、原聚奎书院改建的教学楼和学生宿舍，仿日式教学大楼石柱楼和木柱楼，仿罗马歌剧院式的大礼堂鹤年堂，以及鹤年楼、致和楼、图书室等学校基本设施。这些建筑颇具特色，分布于巨石之中，特别是建于明代的川主庙，后作为纪念聚奎创始人的"遗爱祠"及图书室就是建在一尊巨石上（图 4-1-4）。

聚奎学堂自创建以来，一直重视保护山林，培植花木，美化校园。梅林、松林、柏林、楠木林、紫薇林、竹林等闻名遐迩，品种近百，形成秀丽景色。远观黑石山好似一顶仙女的花冠（图 4-1-5）。

黑石山树木中，最古老、最珍贵的是一株罗汉松，位于石柱楼侧，树龄 500 年以上，胸径 1.55 米，高约 18

图 4-1-2 黑石景观

图 4-1-3 九曲清池

米，如此高大的罗汉松，远近罕见（图 4-1-6）。

最大的古树是书院门侧的一株巨樟，被称为"香樟王"，树龄 400 年以上，胸径 4.8 米，高约 30 米，树荫蔽地面约两亩（图 4-1-7）。

在全山花树中，以书院庭内的六株红山茶最为珍贵，系书院创办时移植而来，已有一百多年树龄，花树高出屋檐。每年冬至前后开花，花期约三月，春节时最盛，如火如霞。

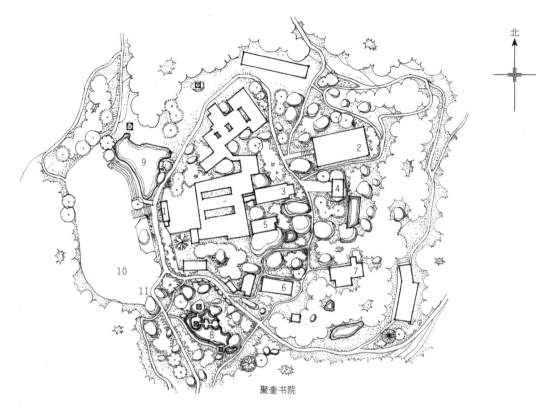

聚奎书院

图4-1-4　聚奎学校总平面图
1. 宝峰寺；2. 鹤年堂；3. 石柱楼；4. 川主庙；5. 砖柱楼；6. 学生饭厅；7. 鹤年楼；8. 九曲清池；9. 饮水思源池；10. 运动场；11. "一夫当关"石刻

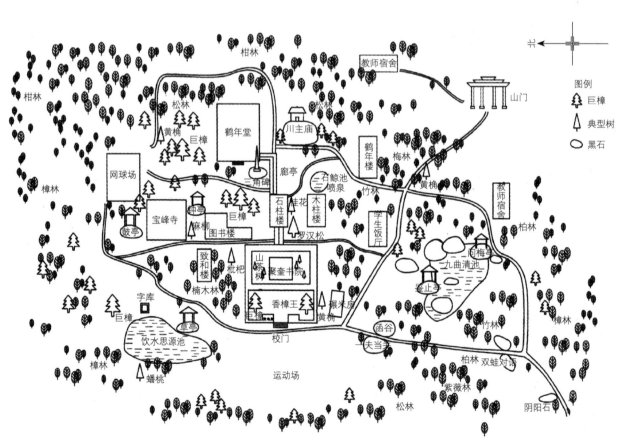

图4-1-5　1949年以前聚奎书院园林示意图（图片由聚奎中学提供）

图4-1-6 古罗汉松

图4-1-7 古香樟

2. 宜园

宜园亦称礼园，位于重庆市渝中区西部；南临长江，北濒嘉陵江，跨两江之脊，故曰"鹅项颈"。为渝中区最高处，海拔380m，虎踞两江，地势雄伟峻峭，是俯瞰山城风光的好地方（图4-2-1）。

礼园建于清末宣统年间（1909—1911年），经园主李耀廷及李湛阳、李龢阳父子两辈人精心辟建而成，占地约30亩，为重庆私家花园的佼佼者，是当时的名园。园中布局仿苏州庭园风格。因地制宜，不拘一格，在最高处的松岵岭和泠然台建亭修台，形成"天外峰从二水来"的奇景。中部低凹处的采石场筑池蓄水。主要建筑宜春楼，歇山环廊一字式，位于平坦的中心地带。主楼东面最高处为松岵岭，岭上建冠鹅亭。西面地势逶迤，建有绿天仙馆和涵秋馆，红荷湖（今名榕湖）上有造型奇特的漪汗桥（也称绳桥）。红荷湖系凿石而成，湖面605平方米，周围有榕树覆盖，浓荫蔽日，池之中心有一钟乳石笋，亭亭玉立，系从广西黔山运来，竖于池中。湖的四周翠竹成林，绿石林立；湖之东北角乳石洞极富雅趣，湖之西南隅砌石叠假山，使红荷湖景色融成一片。湖岸分上、下两层，漪汗桥是联系上层湖岸的石桥；桥身屈曲状，俯视呈S形，平视不在一个平面上，有坡度，配以绳索造型的石栏，故又称绳桥（图4-2-2，图4-2-3）。桥下两个不同方位的八字形石拱，别具一格，拱之上倒嵌岩石，独具匠心。此桥由李龢阳亲自设计并指导施工，雇请手艺高超的陈姓匠师修建。绳桥整体造型奇秀，造艺甚高，在园林艺术上实属罕见。

正北山崖绝壁半山腰，是蒋介石为避日机轰炸而修建的高级豪华防空洞。洞长约80米、宽2.5米，洞内通风、采光良好，设有沙发座椅。当时蒋介石夫妇及国民党政要何应钦、白崇禧、冯玉祥、英国大使卡尔等各国驻华使节与家眷都到防空洞里躲避日军空袭。西北的岩壁上，建有松鹤亭、角山亭和飞阁。飞阁建造在园之北、亘山廊之中段，面对嘉陵江面，系1939年蒋介石驻"礼园"时建造的碧瓦朱檐的中西合璧式别墅，砖木结构。蒋介石及其夫人宋美龄在此居住二月有余。1940年为英国驻华大使卡尔的居所，直至1945年8月。1949年重庆解放后，"礼园"为西南军区司令部，刘伯承、王维舟、宋任穷曾先后寓居此园（图4-2-4）。1958年公园开放后称曰"飞阁"，1982年由诗人、中国书法家协会常务理事柳倩挥书"飞阁"两个金字，镌刻门楣之上，两旁撰有"习习晨风迎朝霞，犹有万家灯火；沉沉夕照送落日，更上千尺鹅峰"的楹联，增添了飞阁之风雅。站在

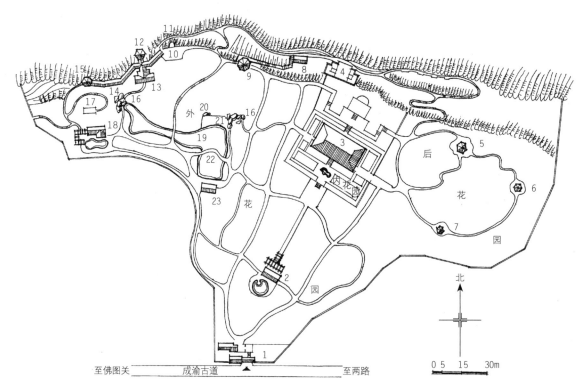

图 4-2-1 宜园总平面图
1. 大门；2. 璇碧轩；3. 宜春楼；4. 桐轩；5. 冠鹅亭；6. 孔雀亭；7. 养鹿亭；8. 松巢；9. 松鹤亭；10. 鹅岭碑；11. 百仙洞；12. 第一江山台；13. 飞阁；14. 亘山廊；15. 角山亭；16. 乳石洞；17. 泠然亭；18. 绿天仙馆；19. 红荷湖；20. 虎果；21. 虎岩；22. 漪汗桥；23. 方壶榭

图 4-2-2 绳桥

飞阁前远眺，可见"爽气西浮白驹逝，江流东去海潮回"的壮阔景象。距飞阁约20米处，园北岭脊黄葛树下，有鹅岭石碑，碑高117厘米、宽65厘米。"鹅岭"二字为清宣统三年（1911年）著名书法家陈荣昌所书。西南有方壶榭，榭边的小泥漩乳石来自黔西。南面有璇碧轩，水池中建仙峤亭。北面石室即桐轩。桐轩建于1911年，建筑面积132平方米，是面向嘉陵江倚岩建造的石屋，系仿罗马式建筑，独具特色，四周遍植高达10米的梧桐，浓荫环抱，故名曰"桐轩"（图4-2-5）。室内六月

觉寒，为主人李耀廷避暑之地。轩的屋面、墙、窗均为石结构。屋面作观景平台处理，可饱览嘉陵风光，屋面左右有两条不对称的隧道式石级，曲折地通向室内。屋顶呈拱形；正面墙上刻有中国地形图，其上为罗马式石狮浮雕，栩栩如生；左右分别为世界地图和地球太阳自转的浮雕，反映四时农历节气；大门两侧以篆刻"桐轩"二字作窗花处理。整个石室轴线对称，但左右窗花及其装饰均不规则；既有变化，又保持统一，堪称一绝。整个礼园园内建筑布局精巧，造型别致。

园中东面松岵岭（建瞰胜楼时被夷平）上，有松柏、楠木成林，雄伟壮观（图4-2-6）。其下为秋千场和浅草坪，草坪驯鹿饲鹤，林下岩洞养虎圈熊。西面以花卉为胜，绿天仙馆之上有假山，曰"转山"，植有成片海棠；涵秋馆四周翠竹苍松、芙蓉簇拥，具有"窗中万堅松，门外一泓水，涛声在树间，天光生屋底"的诗情画意。红荷湖中遍植红莲，绿叶苍翠欲滴，湖滨是成百株桂花，每逢金秋，香飘十里。宜春楼附近为蜡梅，园内兰花密布，春、夏香气袭人。

民国初年，学者文人如赵熙、向楚和何鲁都曾居此，赵熙曾为飞阁集唐人诗句"江月不随流水去，天风吹下步虚声"，题于壁上。讨袁名将蔡锷也曾来此，并

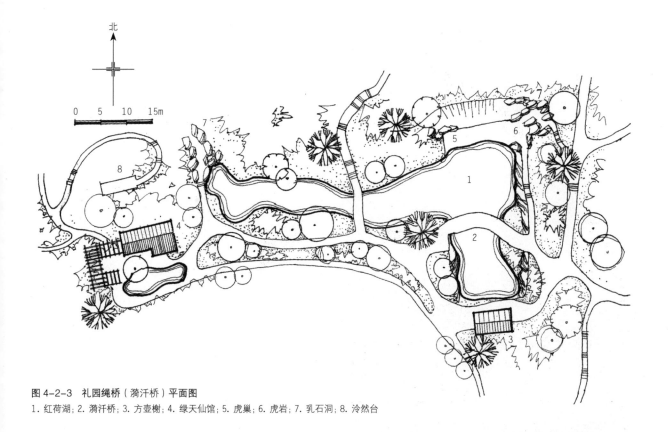

图 4-2-3 礼园绳桥（漪汗桥）平面图
1. 红荷湖；2. 漪汗桥；3. 方壶榭；4. 绿天仙馆；5. 虎巢；6. 虎岩；7. 乳石洞；8. 泠然台

图 4-2-4 飞阁

图 4-2-5 桐轩

留下"候千古而无对，揽两江之双流"及"四野飞雪千峰会，一林落日万松高"的题咏。民国 10 年后，兵燹相继，礼园破败。抗日战争时间，礼园曾一度复生，劈松林、修公路、建别墅，蒋介石、宋美龄、冯玉祥等人曾居园中。1939 年重庆被日机轰炸，礼园再度遭到破坏，庭园失修，花木凋零。重庆解放后，西南军区接收礼园，将毗邻的童家墓地花园、鲜家花园及附近空旷郊野一并纳入驻地，面积约 6.54 公顷。并在园中增修房舍，广植花木，使庭院生机勃勃，重放异彩。1958 年 3 月，西南军区将上述范围移交重庆市城市建设局，改建为鹅岭公园，并于当年 7 月 1 日开放（图 4-2-7）。

3. 万县 ❶ 西山公园

（1）历史沿革

万县西山公园是中国百家名园之一，它的前身为西

---

❶ 1998 年，万县市更名为"万州移民开发区"。

图 4-2-6 黄葛树

山观园林，地处万县城西磨刀溪旁，自然景观极佳，且历史悠久。相传明代永乐年间京官吴贞被贬职到万州，他在磨刀溪畔修建西山观。此观规模宏大，有两殿八厅，有泥塑人像近百尊。观后还有竹林花园，后随岁月变迁成为一片荒冢坟地。1924年，四川军阀杨森驻军万县后，鉴于万县已成为当时川东重要港口，人口剧增，外商纷至，于是决定筹建公园，选西山观后坟地做园址。1925年2月开始修建，杨森派军部秘书兼万县商埠局秘书长李寰负责，并定名为万县商埠公园。1926年9月5日，英舰炮轰万县惨案发生后，为纪念此事，改为九五公园，还请朱德题写园名，刻制木牌，悬挂于大门。1928年11月为纪念北伐胜利，又更名为中山公园。此时杨森兵败撤离万县，公园建设已初具规模，规划占地面积为600亩，实际修建占地560余亩。公园地处城区西南端，面临长江，后枕西山（太白岩）；依山取势，具有复杂多变的山地园林特色。

1928年末，陆军三十一军刘湘所部三师师长王陵基（后任万县市市长）移驻万县后，对园中景点大加培植，募捐修建公园独具特点的钟楼（董炳衡设计）及园中道路，育梅林，植茶花林，改建池塘，修建茶社、西

山月台。王陵基题"西山"（2米×2米）两字刻于石壁之上，公园改名为西山公园（图4-3-1）。

（2）景观布局

西山公园布局与一般的私家园林和苏杭庭园不同，它是自然景观与人文景观的有机结合，整个公园依山取势，由下而上，山径曲折蜿蜒，园内林木茂盛，植物繁多，其间钟楼、水池、亭阁、纪念碑、仿古建筑依山错落布置，时明时暗，时露时隐，意境深长。

进入公园大门，气势巍峨的钟楼便展现在眼前（图4-3-2）。钟楼始建于1930年，是万县市的一大标志，因其建筑独特，钟声悠远，为长江沿岸第二大独立钟楼，而名扬海内外。钟楼高50.24米，占地161.29平方米，共12层。楼顶双层盔顶，呈八角形，底层为厅，有螺旋形铁梯直上楼顶。楼上四层的四周装有巨型时钟，十层吊有半吨重的大铜钟，机器由亨德利钟表行上海总行定做；钟声洪亮，清脆浑厚。游船在江上经过此处，游船的轰鸣声和钟声交织在一起，能引发游人无尽的遐想。钟楼底层大厅中央有座长方形石碑，高约8米，宽约1.3米。碑四面刻有处事格言，由万县晚清拔贡谢献庄撰写。

拾级而上，顺着园内幽静的石板小路，在公园深处，抗日纪念碑和库里申科陵墓便坐落于此。四周青松围绕，樟树成林，树亭及桂花小径，给人以静穆清雅之感。库里申科是原苏联空军志愿援华航空大队长，1939年9月在武汉上空与日军作战，因座机受损，坠入万县长江之中，英勇牺牲，时年36岁。陵墓于1958年6月从太白岩下迁入，占地1385.70平方米，砖、石、水泥砌筑，中西合璧式建筑。

西山月台为古代园林设施，西山公园内曾设月台三处，而西山月台因其后面的岩壁刻题"西山"两字而得名。此月台位于西山公园后侧，地势较高，系月牙形两级石台，第一台长20米，宽5米；第二台长17米，宽10米，台沿为漏花石栏围护。站在月台上，可眺望长江，视野开阔，使人心旷神怡。

在西山公园的中下部，是五洲池景区。此处是游人比较集中的地方，因原池内设洲（五座假山）而得名，是西山公园内唯一较大面积有水的地方。整个布置以圆形水池为中心，配置园林树廊围绕水池四周，廊长125米，宽3.7米，设有茶座。夏季，淡雅的海棠花星星点点；夏秋季节，紫薇花火红一片，缀满花棚，给游人增添无穷意趣（图4-3-3）。

西山公园内最有名的还是静园（图4-3-4）。它地

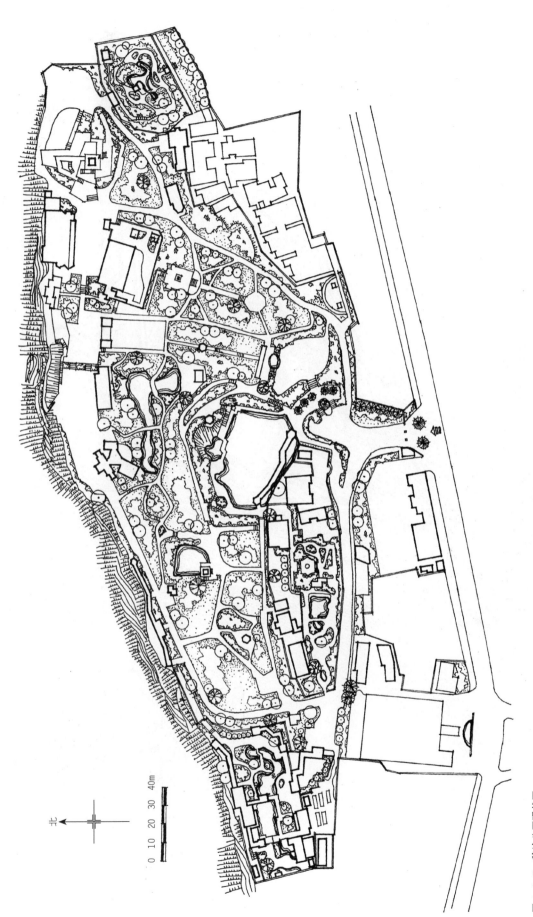

图 4-2-7 鹅岭公园现状图

北

0 10 20 30 40m

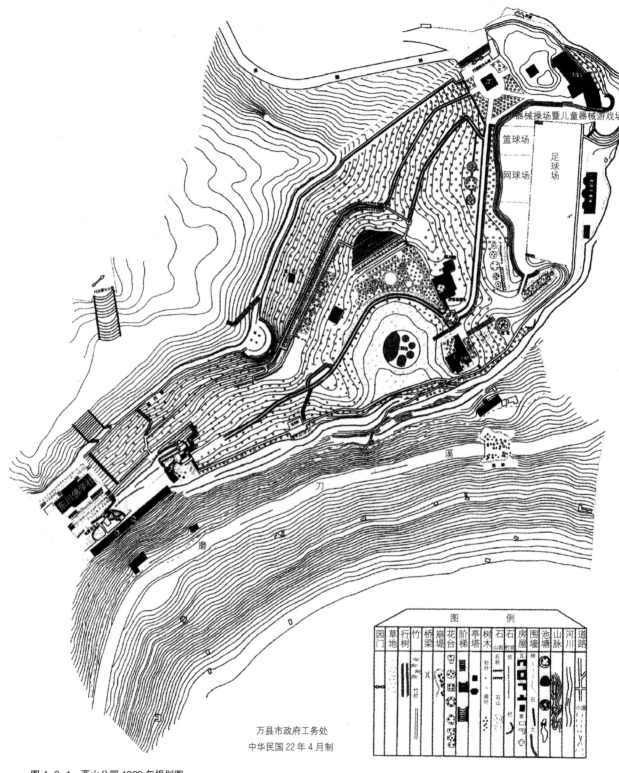

器械操场暨儿童器械游戏场

篮球场

网球场

足球场

东川佛学科

溪

刀

磨

门荷嘉西山壁

图 例

| 道路 | 河川 | 山脉 | 池塘 | 围墙 | 房屋 | 石石 | 树木 | 亭塔 | 阶梯 | 花台 | 崩堤 | 桥梁 | 竹树 | 行树 | 草地 | 园门 |

万县市政府工务处
中华民国 22 年 4 月制

图 4-3-1　西山公园 1929 年规划图

图4-3-2 钟楼

图4-3-3 五洲池局部

处公园尾部，在竹林深处，始建于1930年，是一处仿苏州园林的小园，总面积13.55亩，景物构成幽深多致，分前后两区，原名"静境"（因岩壁刻有"静境"二字而得名）。进入静园，左有假山石洞，中为圆洞门，门右有"霜露凝烟"石刻，署名"八十三岁翁书"。相传1927年北洋军阀吴佩孚溃败来川，杨森陪游西山公园，由偕同的秘书长陈延杰代吴书"山城巍峨"，首先刻在此处；后磨去复由王陵基亲题"霜露凝烟"，署名"八十三岁翁

书"。穿过园洞门，一带翠嶂横在面前，使后面的景物将露未露，欲通不通，运用嶂景处理手法，隐没了后面的建筑，增加园景层次，创造出"小中见大"的园林空间效果。

沿翠嶂左行可达绿天廊桥，拱桥栏上灰塑"绿天深处"四字（庚午年秋石松书），桥栏廊道四环重叠与小亭相通。右行拾级而上，可达挹爽亭，此间山泉隐流，浓荫蔽日，岩石叠错，曲径环绕，廊桥小亭隐于山石花木间（图4-3-5～图4-3-7）。桥亭结构近似于现代立体交叉形式，设计构思奇特。静园内不仅有乐宾楼、书画廊、临池轩、光影亭、花榭、养廉堂、听泉馆等，同时还有小桥流水、曲梯岩洞，充分体现了"幽、静、巧"的景观特色。

图4-3-4 园中园——静园入口

图4-3-5 静园廊桥小亭

图 4-3-6　廊桥框景

图 4-3-7　桂花亭

（3）植物配置

公园内植物主要分为茶花园、桂花园和梅园区、楠木林、香樟林和刺竹林区，以及一个桩景区，主要树种以山茶、朴树、桂花、黄葛树、香樟、楠木、罗汉松等为主。楠木林、香樟林和刺竹林区均作为背景种植，提供了较好的生态环境和园林建筑的背景。茶花园、桂花园和梅园形成了春、秋、冬三季的特有景观。特别是茶花园集中了不少百年古茶，树龄最老的达到四百年以上，具有很强的观赏性。桩景区位于五洲池景区，利用罗汉松、银杏、桂花、卫矛等植物构成树亭、树廊，体现出鲜明的园林特色（图 4-3-7）。1988 年，建设部将此处树亭、树廊等以植物造景，纳入"建设年鉴"。

（本文图 4-3-1、图 4-3-2、图 4-3-5、图 4-3-6 由万州公园提供）

4. 中央公园

中央公园坐落在新华路东侧，今解放东路的山坡上，面积为 1.2 公顷。解放后改名为人民公园。

（1）沿革

重庆一向人口密集，街巷狭窄，史料称："几十万市民生活在空气污浊的市井中"，直到 1926 年还没有一个公园。尽管 1921 年，川军第二军军长杨森占据重庆兼任商埠督办，见到上下城之间，巴县衙门背后的后祠坡渣滓瓦砾成堆，污秽不堪，最先创建公园，并动工兴建，然而却只砌有三十余米长的堡坎；因川军混战又起，杨森撤走，工程遂停。以后，川军三师师长邓锡侯进驻重庆，又以修建公园为名，发行市政建设券，然而并未修建一砖一石。1926 年秋，川军三十三师师长潘文华驻守重庆，续议公园兴建事宜，用市政经费于当年 10 月动工，并将巴县衙门后一块空地划入，共计面积 1200 余万丈（1.34 公顷），定名为中央公园，至 1929 年始完全落成（图 4-4-1）。1939 年 5 月 3 日、4 日重庆遭受日机大轰炸，公园内的建筑和设施几乎全被炸毁，园内花木亦多被踏毁、炸毁或枯萎；25 日园中中山石像及三座鸟笼又被炸毁，孔雀及秃鹰被炸死。

重庆市政府为维护市容，曾给金碧山堂业主发还押金 1300 元，给公园拨款 4901 元责令整修，然工务局以"空袭频仍，恐旋修旋毁，徒劳财力"为由延缓整修，除清理被炸残墙碍石和公厕并培植花木外，至 1941 年 1 月始着手由同丰营造厂承包整修。次年 3 月园内的堡坎、人行道、石阶、围墙、砖砌花墙、大门、铁栏杆、废物箱等修建工程相继竣工，并栽植了各种花木。1943 年 8 月至 1948 年 11 月又先后筹资修建了篮球场，招商承建了儿童游戏场、堡坎、栏杆、傅尔康纪念碑、辛亥革命纪念碑、重庆市消防人员殉职纪念碑、明安动物园、茶点室、溜冰场、天然照相馆，以及核准中央戏院、中央茶社、公共浴室等续订租约，并栽植了大量花木，达到 29 种 4782 株。但由于管理不善和飓风灾害，市民众教育馆、后勤部警察局等建筑先后被毁，至 1949 年 5 月花木仅剩 15 种 174 株。1949 年 11 月 30 日重庆解放，中央公园（面积为 2.04 公顷）由人民政府接管（图 4-4-2）。

（2）布局

中央公园是个典型的山地公园。场地东西长 234 米，南北长 82 米，高差 35 米，沿等高线分布，并结合等高线

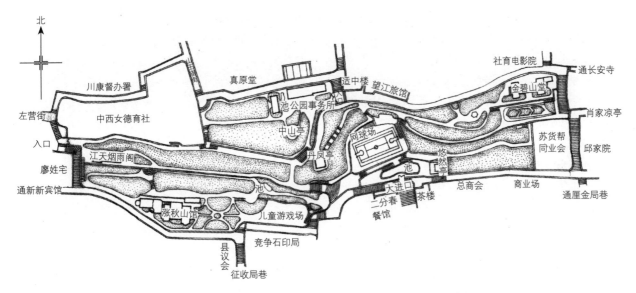

图 4-4-1　1929 年中央公园平面图

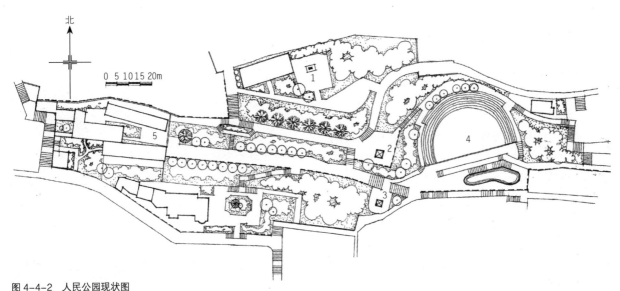

图 4-4-2　人民公园现状图
1. 辛亥革命纪念碑；2. 中山亭；3. 丹凤亭；4. 溜冰场；5. 茶园

修筑堡坎，形成不同高差的活动空间，中间用地道连接。据 1929 年《巴县志》及 1939 年 2 月《新重庆》记载："公园特设事务所委员司管理之，园内植有松、竹、荆、柏等木本、草本花卉成千上万，并暨有草坪，泥土草皮均种之田野；东北隅筑金碧山堂，一曰葛岭，其栏下常畜奇兽；右有亭翼然，曰'小灵秋'，过此西行，有洞二，可容数十人，其门垒石为假山，岩窦奇峭，状态各别，岩曰'巴崖挺秀'；南行为中山亭，自亭右北折而上，南转抵丹凤亭（图 4-4-3），南望诸山，苍然如屏，障列于前，中横大江，风帆汽船，及南城肆岩楼阁，悉在目前，诚天开画境也；西南隅建江天烟雨阁，涨秋山馆；大门进口处，

图 4-4-3　丹凤亭

有喷水池、悠然亭，皆各有雅趣，并有中山像、民众图书馆、阅报室、网球场、休息室、儿童游戏场等"。

中央公园的主要建筑及景点如下：

长亭茶园 位于公园西北角处，上半城大门右侧。原为中央公园的江天烟雨阁，设有长亭茶园。抗战初期郭沫若经常在此饮茶会友，吟诗作画，并写就抗战"三部曲"的部分作品，该阁后被日机炸毁。

网球场 位于南部主入口，水池（龙泉池）上方，中山亭东侧。始建于1926～1929年。1939年被日机炸毁。1943年改为篮球场，后又改为溜冰场（夏季为游泳池），直至解放后。

中山亭 位于公园东部，丹凤亭上侧。始建于1926～1929年。抗战初期遭日机炸毁。后虽修复又遭飓风摧毁，解放后1955年曾予修复。

丹凤亭 位于中山亭下侧，始建于1926~1929年，1939年被日机炸毁。后虽修复但1947年又遭飓风摧毁。

喷水池、龙泉池 位于东侧大门口处。面积120平方米，始建于1926～1929年。

辛亥革命烈士纪念碑 1946年，为纪念辛亥革命四川先烈喻培伦、饶国梁、秦炳，在园内北侧最高处兴建了辛亥革命喻、饶、秦三烈士纪念碑。

消防人员殉职纪念碑 位于辛亥革命烈士纪念碑下方，中山亭上侧。1947年完成，解放后一直保留。

动物园、鸟园 位于上半城大门右侧，占地202.5平方米。1945年由前汉口市中山公园动物园经理刘杰三和民间艺人刘明安兄弟俩，偕师徒数人在园内划地修建房舍，陈列动物，建成明安动物园。当时拥有虎1只、豹5只、狐4只、箭猪4只、骆驼1只。

天然照相馆 位于园北石洞"巴崖挺秀"内。洞高4米，宽4.3米，进深7.2米，外部堆叠钟乳石假山并植有树木，颇为幽雅。

（3）绿化

1926年建园初期，在园内植有风景树、松竹荆柏等木本、草本花卉成千上万，其中木本以碧桃、海棠、石榴、紫荆、白杨、刺槐、法国梧桐为最多，南洋橡树、日本樱花也各有数株。还配植有草坪等。1939年5月3、4日多被日机炸毁。1942年3月工务局在园内栽植各种花木1300余株。1944年4月工务局奉命向市民众教育馆移交时，园内花木植有青桐、法桐、刺槐、臭椿、紫荆、桃树、石榴、千枝柏、杨柳、黄葛、构树、摇钱树、海桐、秋海棠、桂花、八角枫、铁棕、葱兰、葡萄、栀子、夹竹桃、大叶黄杨、冬青等木本类29种4782株，

草本类5种629株（图4-4-4、4-4-5）。后因缺乏技工未能及时培植，日渐荒芜。1947年8月飓风袭渝，大部花草树木被风吹毁。1949年5月市民众教育馆奉命再度接管时，剩有花木15种174株。

（本文照片由人民公园提供）

5. 嘉陵江温泉公园

（1）历史沿革

嘉陵江温泉公园（又名北温泉公园）位于重庆市北碚区，在素有"川东小峨眉"之称的缙云山下，处在嘉陵江小三峡温汤峡中。它的前身是创建于南北朝刘宋景平元年（423年）的温泉寺。温泉寺到清末民初，日益衰败，温泉古刹为盗匪所盘踞，美妙的乳花洞成了土匪杀人弃尸的魔窟。1927年3月，卢作孚接任江巴璧合四县特组峡防团务局局长后，初到这里，温泉寺仅存破庙几间，且杂树丛生，野草遍地，稍有平坦之处，均开垦成了稻田。清清的泉水，散流于荒颓的乱石杂草之中。卢局长决定以温泉寺为中心创办嘉陵江温泉公园。按照卢作孚的

图4-4-4 绿化景观之一

图4-4-5 绿化景观之二

规划，嘉陵江温泉公园分为温泉区、黛湖区和缙云区。公园于1927年5月破土动工，首先引流砌池，名曰"千顷波"；后又挖田修塘，命名"爱莲池"。两年后，公园便初具规模。楼台亭榭，星罗棋布；浴室、游泳池相继建成开放；旅舍、餐厅先后完成使用。开辟了乳花洞、兰谷、小庚岭、爱莲池、戏鱼池等游览区。新建了数帆楼、农庄、磬室、琴庐四组建筑；修整观音殿两侧的僧舍，命名为花好楼和益寿楼。亭榭等建筑小品，除园内建起了菱亭、听泉亭、瓢亭外，还在后山修建了畅晚亭、白鸟亭、飞来阁（图4-5-1）。

抗日战争期间，一些文化机关如中华辞典馆、北泉学院、中华教育电影制片厂、国立社会教育学院专修科、育才学校、世界百科全书编辑所等13个单位迁入公园。一批知名人士和文化名人如陶行知、邹韬奋、邵力子、梁实秋、史东山、焦菊隐、郑君里、孙瑜、戴爱莲等在这些单位工作，有的举家住进公园。1939年修建澄温公路，路线穿园而过，将公园分割为岩上和岩下两部分。1941年北温公路通车。这时公园不仅旅游事业迅速发展，科学文化事业也较为发达。园内增设了一些科学文化设施，许多单位也纷纷来园举行各种社会活动。冯玉祥1939年在公园草坪上作过演讲，周恩来1942年在公园接见过文化科学界人士，郭沫若也于同年在公园与阳翰笙、夏衍、金山、白杨等艺术家、文学家欢聚；公园空前繁荣。

解放后，公园管理体制多变。1982年国务院将北温

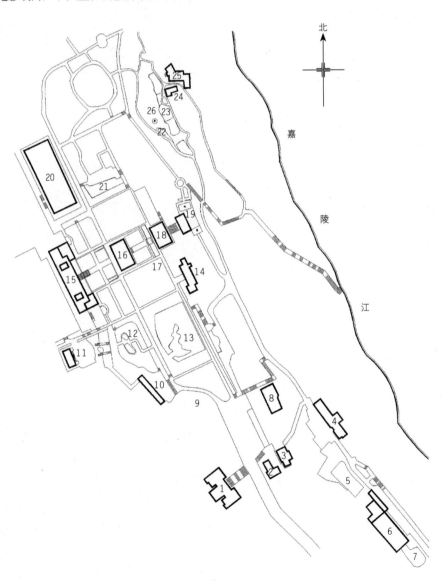

图4-5-1 嘉陵江温泉公园总平面图
1. 柏林楼；2. 龙居；3. 厕所；4. 浴室；5. 瀚尘池；6. 室内游泳池；7. 儿童游泳池；8. 数帆楼；9. 古香园；10. 文化厅；11. 碑亭；12. 石刻园；13. 莲池；14. 农庄；15. 观音殿；16. 大雄宝殿；17. 玉液池；18. 接引殿；19. 关圣殿；20. 游泳池；21. 五龙壁；22. 飞泉；23. 五潭映月；24. 琴庐；25. 磬室；26. 听泉亭

泉列入首批国家级风景名胜区——缙云山钓鱼城国家重点风景名胜区。1985 年 10 月，公园管理机构改名为"重庆市北泉风景区管理处"至今。

（2）景区及景点

古香园景区　原是温泉寺旧址，创建于南朝刘宋景平元年（423 年）。13 世纪初，山岩崩塌，庙宇被毁，寺迁现址重建。现仅存墓穴，墓前有古朴塔座，内有宋、明、清历代和尚寿塔。大石上有北宋元祐三年（1088 年）刻的石佛和寿塔，塔顶镌刻有阿弥陀佛像一尊，像旁刻有"南无阿弥陀佛，念者罪减福生"12 字。

荷花池景区　荷花池又名莲池。北宋理学家周敦颐（字茂叔，号濂溪）爱莲，嘉祐二年（1057 年）在北泉讲学期间种莲，1931 年掘池以记。池中因种荷花而得名，池底原有宋代墓地，墓前有盘龙石塔，建池时移至碑亭安放。荷花池地处公园中心，池畔配植柳、桃和海棠。岛上怪石嶙峋，有公园最大的印度榕和水晶蒲桃，伴植凤尾竹，设有石桌石凳。景点波光翠影，花红柳绿，一派山水庭园风光。

石刻园景区　在温泉寺右后侧山麓，园内现保存有雕刻于宋宣和年间的 18 尊宋代摩崖罗汉、7 块明代诗碑和历代石像、石雕、石刻、浮雕，极具考古、文化艺术研究及观赏价值（图 4-5-2）。有明代盘龙石塔，高 2.7 米，大二围，透雕云龙、人物、花鸟，做工极精。塔两边是部分历代碑碣，记述重建温泉寺时捐资人的情况，1957 年建碑亭以保护。

戏鱼池景区　戏鱼池又名玉液池。在温泉寺大雄宝殿（图 4-5-3）与接引殿之间，池为长方形，长十数米，宽数米。池中心横跨双孔拱形石桥，形制颇古。桥栏有 6 块石雕，刻有芭蕉麒麟和极乐鸟图，刀笔圆润，中古时期的雕刻风格甚浓；据专家考证，与唐代雕刻为近。清乾隆《巴县志》记载："泉流绕万丈，至大雄殿前，汇为大池。沸水中绿藻参差，赤鱼游泳"。《北碚志稿》记载："大雄殿前，有花圃，有戏鱼池，池上跨石桥，古彩斑驳，六朝物也"（图 4-5-4）。

流翠景区　景区利用温泉余水和植物造景，形成十级跌水小溪，15 个泉池，沿岸广植桃花和各种木本花卉，集山、水、泉、林、石于一体，组成了重庆特有的山水园林景观。后来经过整治，增加了行知桥、汤池、兰池、濂溪亭等景点（图 4-5-5，图 4-5-6）。

乳花洞景区　包括乳花洞、飞泉、五潭映月、听泉亭等景点。

乳花洞　洞深 157.5 米，高低落差 30 米。大洞套小洞，曲折幽深；石柱石笋，体态各异。著名地质学家李

四光曾研究过它的构造及其成因。

飞泉　在北温泉公园乳花洞旁的岩巅，股股温泉从石孔喷出，似串串银珠，顺陡壁垂悬的黄葛树根飞泻而下。树根缥缈多姿，被苔藓绿斑染得茵绿青翠，仿佛是

图 4-5-2　石刻园石刻

图 4-5-3　温泉寺大雄宝殿

图 4-5-4　戏鱼池

能工巧匠点绣在银幕上的图画。此泉在古时候，水量集中，洞口高悬，有如巨龙出山，飞泻江中，悬垂数丈，气势磅礴，吼声如雷（图4-5-7，图4-5-8）。

听泉亭 乳花洞口侧的小岭上，有一座建于1928年的木质亭，1986年照原样改建为混凝土结构亭，因可闻飞泉水声而得名。

图4-5-5 水景之一

图4-5-7 飞泉

图4-5-6 水景之二

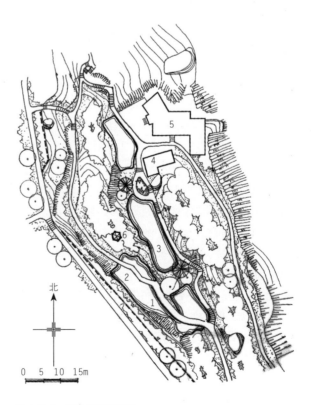

北

0 5 10 15m

图4-5-8 飞泉景区平面图
1. 飞泉；2. 折桥；3. 五潭映月；4. 琴庐；5. 磬室；6. 听泉亭

五潭映月 五潭在听泉亭下，泉池形态各异，层叠相连。圆月高挂，倒映潭中，不失为夜色美景。

（3）重要建筑

数帆楼 建于1930年，该楼依山临江，凭栏眺望，可见江中点点白帆，故名"数帆楼"。此楼石墙木楼瓦顶，一楼一底，每层8间，共365平方米。抗日战争时期，中国旅行社在数帆楼设高级招待所。周恩来、朱德、董必武、吴玉章、刘伯承等老一辈革命家和蒋介石等国民党政要曾在此下榻。黄炎培有诗云："数帆楼外数风帆，峡过观音见两三。未必中有名利客，清幽我亦泛烟岚"。朱德在云南讲武堂的老师李根源抗战期间游览北温泉，曾作《宿数帆楼》诗："去年此日永昌州，治理军书夜未休。今日客中吟啸处，嘉陵江月数帆楼"。

竹楼 1936年，著名爱国实业家卢作孚先生募捐建造了竹楼别墅。该楼两层，占地141平方米，建筑面积284平方米，竹墙、竹柱、木楼、小青瓦屋面。1939年5月，剧作家阳翰笙因病在竹楼疗养，带病创作，并将《塞上风云》和《日本间谍》改编为电影剧本。1942年夏天，夏衍在北温泉竹楼下榻，创作了四幕话剧《水乡吟》，还根据《复活》构思改编了五幕六场的同名话剧。

农庄 建于1927年，土木结构，草顶。占地面积120平方米。因系当年驻合川军阀陈书农捐款修建，故名"农庄"。抗战时期，冯玉祥、陶行知常在此楼下榻（图4-5-9）。

柏林楼 位于进公园大门左侧，1935年由民生公司捐款修建，土木结构，面积892平方米。卢作孚等创办民生公司时，军阀陈书农的家庭教师王伯宁出力甚大，卢作孚便以"伯宁"的谐音取名"柏林楼"。曾作为公园招待所，昔日有邮电设施。

磬室 为1929年民生公司股东的优先股捐资修建。在北温泉公园乳花洞下端的嘉陵江畔，背靠江岩，面向五潭映月；三面岩石壁立，一面临江。室筑其上，别致险峻，幽静奇特。因坐落石壁如磬，又有江水拍击，声鸣若磬而得名。

除以上五大历史名楼外，还有霞光楼、琴庐、龙居、益寿楼、花好楼、文化厅（办公楼）等建筑。它们为重庆陪都文化的历史研究和乡土建筑风格研究提供了一定的参考。

（4）植物景观

公园植被丰沛，绿化覆盖率高达90%。植被结构完整，形态完好，以典型的亚热带常绿阔叶混交林及

马尾松林为主，另外还长有成片的竹林。公园植物种类十分丰富，有木本植物93科232属374种。有国家保护珍稀树种水杉、银杏、青檀等，还有本地特有树种——缙云八角、缙云槭、北碚猴欢喜、缙云卫矛等，其中缙云卫矛的模式标本即在北泉采取。还有北泉独有的模式植物北碚榕。此外，公园内还保存有古树七十余株，如青檀（五百余年）、紫薇（五百余年）、银杏（二百余年）（图4-5-10）、红豆（四百余年）、皂角（三百余年）等。

图4-5-9 农庄

图4-5-10 古银杏树

6. 南温泉公园

南温泉公园在重庆市巴南区南泉镇，距市中心21公里，其范围西起堤坎东至虎啸口，沿花溪河两侧山脊以内，海拔400～500米，为低山和岩溶槽谷地貌景观，面积320余公顷。

（1）历史沿革

南温泉在开发以前原是一个热水泥塘。明万历五年（1577年）始建温泉寺。清宣统元年（1909年）县人周文钦倡"修禊会"，集资建浴室。1913年巴县知事拨款600元，作为开发经费，于1919年动工，次年建成。同年秋浴池遭洪水冲毁，1921年再次兴工，逾年修复。1925～1927年，周文钦募集捐款，依靠温泉场团总许湘声动工疏浚花滩溪，两次筑堤皆被洪水冲毁，第三次于1935年筑成"同心堤"。花滩溪顿然改观，易名为"花溪河"。

1927年许湘声辟温泉附近场地为公园，称"渝南温泉公园"。1929年曾子唯等热心人士成立建设温泉公园董事会，下设温泉公园事务所，管理公园和浴室事务。1935年川黔公路海温支线修通，客车直达堤坎，促进了南温泉的开发。1937年国民政府迁都重庆，南温泉划为迁建区，军政要人和机关学校纷纷迁入（图4-6-1）。1938年2月，国民政府主席林森游南温泉时，修定南温

泉十二景名为：南塘温泳、弓桥泛月、五湖占雨、滟滪归舟、三峡奔雷、虎啸悬流、峭壁飞泉、花溪垂钓、小塘水滑、石洞探奇、建文遗迹、仙女幽岩（图4-6-2）。1939年南泉公园事务所与地方联保办公处合并，成立巴县南泉管理局，统管当地行政与公园事务，改公园董事会为公园建设委员会，以推进建设事项。同年，花滩子水电站建成，地区照明得到初步解决。1942年巴县为将南泉建成示范区，成立南泉建设设计委员会（1948年改为南泉建设委员会），以图加快南温泉地区的开发和建

图4-6-1　孔祥熙官邸

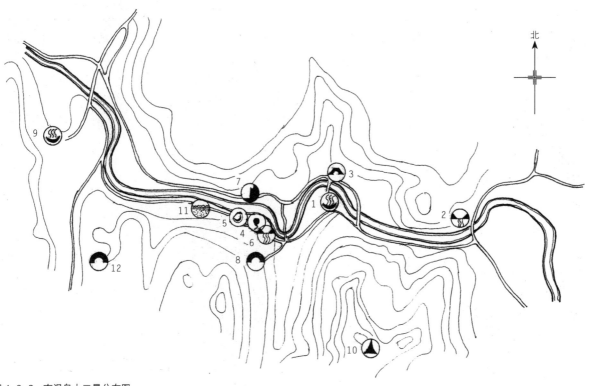

图4-6-2　南温泉十二景分布图

1. 南塘温泳；2. 虎啸悬流；3. 弓桥泛月；4. 五湖占雨；5. 滟滪归舟；6. 峭壁飞泉；7. 三峡奔雷；8. 仙女幽岩；9. 小塘水滑；10. 建文遗迹；11. 花溪垂钓；12. 石洞探奇

设。至此，南温泉公园规模初步形成。

解放后，根据贺龙、刘伯承、卢汉的指示，确定以堤坎出口前500米沿花溪两岸山峰至虎啸口转至韩村坝为界，使之成为一个良好的风景游览和温泉浴泳区。1985年10月，市人民政府将其定名为南温泉风景区。

（2）功能布局及景点

南温泉公园实际上是一个以温泉为特色的自然风景区。整个公园以大泉为中心，以花溪河为风景主轴，南温泉十二景分布于两侧。私家别墅则退后于山坡地，以获得较好的景观和幽静的环境。车道从西边的堤坝进入，直达公园中心，东面以步行道与外界相连。两侧的别墅进出主要通过步道，以马和滑竿为交通工具。公共服务设施和花园结合泉眼布置，特别是大泉区域，不仅具有公共的、人工味浓厚的中央花园，而且形成了整个公园的服务中心。据《巴县文史资料》记载，到1941年，浴室特别间达到22个，家庭间10个，室内男女游泳池各一个。到1947年增加了露天游泳池。公园主要的景点如下：

南塘温泳 指南温泉大泉区域。清同治年间（1862—1874年）县人周大成于温塘之上建亭，中间砌石墙以别男女。1909年县人周文钦倡修禊会，集资建浴池，于1920年建成。1922年熊克武曾在西南角子泉处修建医院，后称觉园，面积3亩。后又经过不断扩建开发，到解放前夕，已初步具备游泳、洗浴和休息设施。

花溪垂钓 花溪河南泉段形成的垂钓景观。有诗叹曰："曲岸深潭一钓竿，轮落线运竿儿弯。偶然获取水中乐，吃鱼哪及得鱼欢"。沿溪桃柳成行，后逐渐衰败，60年代改种黄竹，现又加植柳树、桃花，以期恢复原貌。

虎啸悬流 花溪河因地形高差水流湍急，在虎啸口峡谷形成的跌瀑。位于公园东端，花溪河入口处，长480米，两岸谷坡50~70度，相对高差200~260米。河床宽30米，由坚硬砂岩组成的"岩栏"横亘河床，形成八级陡坎，水顺陡坎垂流，似八重水晶帘（图4-6-3）。每当洪水暴发，水势汹涌，水雾弥漫，水声如猛虎长啸。昔人有诗云："一雨新晴后，悬流响若雷。激浪浸岩树，清泓洗石崖"。

仙女幽岩 位于仙女洞。洞分上下两层，上层布满钟乳石，洞前是庙宇，洞内有仙女塑像，往里多为支洞，深不可测（图4-6-4）。近代诗人赵熙有诗云："洞中仙女不知名，环佩铿锵滴翠声。淡冶春山相对笑，宛然名士悦倾城"。洞的下层即为地下暗河。

五湖占雨 花溪河南岸靠近峭壁飞泉的一处涌泉蓄水成潭，面积18平方米，涌出量每小时80~120吨，因此泉排名第五，故以"五湖"为名。又因此泉"久晴水浑则雨，久雨水清则晴"，能预测晴雨，故以"占雨"呼之（图4-6-5）。

图4-6-3 虎啸悬流

图4-6-4 仙女幽岩（仙女洞）

图4-6-5 五湖占雨

三峡奔雷　飞泉至高岩老祖庙一带，两岸巉岩耸立，河谷宽窄不一，共有三段，形如三峡。三峡绝壁陡峭，逐渐向花溪河倒倾。岩顶至河面30米，岩顶古木森森，苍茫蔽日，岩壁苔痕斑驳，藤萝垂挂，杂树野草丛生其间。绝壁对面为仙女洞，每当寺僧撞钟击鼓时，浑厚洪亮的钟声传至倒倾的岩壁，复又折回，如此反复，声声相连，犹如滚滚奔雷，故名。

滟滪归舟　位于"五湖占雨"之西十多米的河心。此处有一悬崖崩塌河心成一小岛，长28米，宽8米，高出水面2～4米，状似瞿塘峡中的滟滪堆。花溪河水从小岛流过，拍打礁石，卷起阵阵浪花，如同逆水回归之舟，故名。

峭壁飞泉　在仙女洞外陡崖峭壁间，为风景区最大的瀑布，高26米，上瀑布口宽6米，落瀑布处宽15米。瀑布水源来自仙女洞地下暗河。夏季暴雨时，瀑布翻滚奔腾，轰鸣之声响彻峡谷，水雾氤氲，寒气逼人。水量小时，又形成两条较小的瀑布，称"双龙瀑布"（图4-6-6，图4-6-7）。每至干旱季节，飞泉断注，故有"飞泉奔雷，只仗一雨"的题咏。

小塘水滑　位于公园西部，花溪河南岸。此处有温泉，称"小泉"，加之地势平坦，范围宽广，依山傍水、林木葱茏、清幽绝趣。蒋介石别墅在此。

建文遗迹　建文峰挺拔峻峭，相传是建文帝避难隐居之地。明代朱元璋传位给长孙建文帝朱允炆，朱元璋的四子朱棣强夺皇位，即明成祖。建文帝亡命民间，入蜀到此为僧，终老未离此地。后人祠之，百年来香火不断。

石洞探奇　石洞即天门洞，天门洞发现于1929年。洞内奇特，高低起伏变化大，洞长500米，高20米，最低处也有3米。洞内有天门曙光、洞中石瀑、鸬龙下凡、天兽守门、三雄顶立等景观。洞内盘旋而上，出口朝天，意趣横生。

弓桥泛月　位于南泉街镇通往大泉和中央花园的大桥。建于明初，经清乾隆、同治改修。原为两端各有石级的石拱桥，桥形似弓，月明之夜，半圆石孔倒映水中，状似圆月，泛舟桥下，犹如泛月。

（3）植物

自南温泉公园始建到解放前夕，四周童山濯濯，仅中央花园和花溪河周边栽植不少园林植物。据记载，熊克武的觉园遍栽白兰花、悬铃木、栾树、桃树、梅花等花木。花溪河周边大量栽植桃、柳和慈竹，形成美丽的河流景观。

图4-6-6　峭壁飞泉

7. 火焰山公园

火焰山公园位于嘉陵江西岸，北碚城市朝阳镇中心的中山路、碚峡路、碚峡西路和北碚体育场之间的火焰山上，面积约60亩（1941年时的面积）。

火焰山东端山顶原有"东岳庙"，建于清朝末年，建筑面积约五百平方米，结构简陋，无庙宇寺院风格，也无名胜古迹遗存。但其地理位置优越，可以居高俯瞰城市街景，嘉陵江航船风帆；可以远观温泉峡、观音峡、缙云峡、西山、飞峨山、鸡公山和农田村舍。庙四周有林地、荒坡、公墓，长有朴树、黄连木林，间有黄葛树、皂角树、女贞等乔木；其环境独具清秀幽静的自然美趣。1939年3月1日卢作孚拆毁东岳庙神像建北碚峡区博物馆，1930年10月将庙四周约20多亩庙产林地、荒坡和公墓地定名北碚火焰山公园，不久更名为北碚平民公园。1931年3月开工建设。1932年又征购公园南侧相邻的农地荒坡三十多亩作为公园用地，随后逐年施工建设。其不同时期的开发建设如下（图4-7-1）。

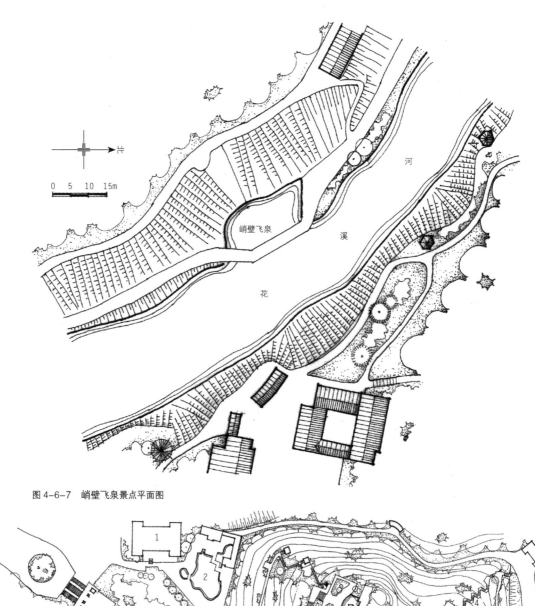

北

0 5 10 15m

河

溪

峭壁飞泉

花

图 4-6-7　峭壁飞泉景点平面图

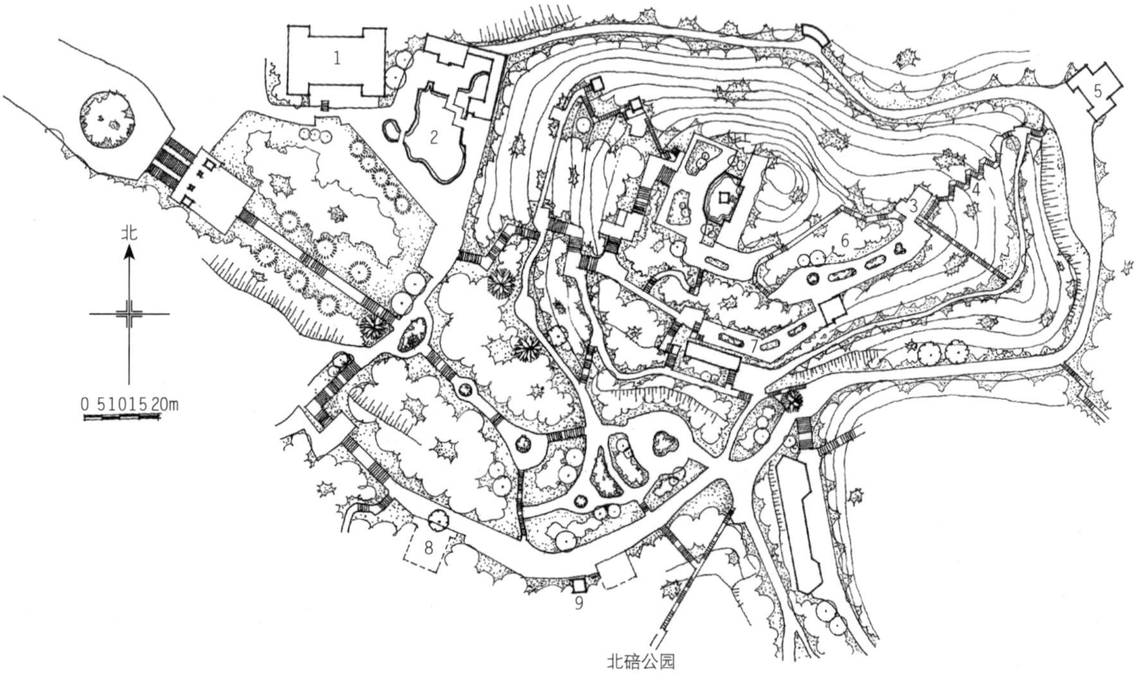

北

0 5 10 15 20m

北碚公园

图 4-7-1　北碚火焰山公园平面图

1 图书馆；2 爱湖；3 汉砖台；4 九道拐；5 清凉亭；6 花卉园；7 动物园；8 虎穴；9 四角亭

（1）最初建成从体育场入口的园门及通达的道路和以东岳庙为中心的道路网，道路为宽 1 米的石板梯道和三合土铺筑并镶以碎石片或小卵石的花边。路沿绿篱依山就势弯弯曲曲颇有风趣，十分引人入胜。

（2）在庙南侧建成动物园区，有禽鸟笼舍和利用古墓石棺改建的小动物洞穴。1932 年以后又建成大型的豹穴，1935 年固陵煤号又捐建了虎穴三间（图 4-7-2）。

（3）1935 年在后山临嘉陵江岸建成慈寿阁和以慈寿阁正面上山连接东岳庙的"之"字形的石梯道，又称"九道拐"和"露台"。两侧有草花带，南侧有路间三角地约二百平方米的花木区，以蔷薇作围篱，其间植紫薇、海棠、月季等花灌木。慈寿阁南侧植三角枫林和松林，形成以慈寿阁为主体的景区（图 4-7-3）。

（4）在北碚图书馆的红楼右下侧建半月形水池约二百平方米，定名为爱湖，岸植垂柳、桃花、芙蓉。爱

图 4-7-2　虎穴

湖东侧以大叶黄杨栽植造型的迷园，又称八阵图，形成一颇有趣味的景点。

（5）1936 年以后，在公园南部、动物园区以下至中山路的沟槽地带辟建公园花木区，并将公园的主大门置于中山路大街。先后建成大门基础、门前、门内广场及梯道，和以大门中心背向四角亭为轴线的石级梯道，宽 3.2 米，长 110 米，其中从大门至第一级台地五十多级台阶系北碚士绅王尔昌捐建，曾命名"尔昌大道"（图 4-7-4），两侧植笔柏。其外为花园，植有紫薇、茶花、樱花、月季、芍药、牡丹等。第一级台地为 100 平方米的平台，也是路的交汇中心，有花坛植海桐，以绿分道：一道通向爱湖，一道通向虎穴，一道上第二级台地。第二级台地两侧各有一米宽的草花带，植球柏和草花；其外为花圃，混植樱花、桃花、梅花、海棠和各种草花。路顶端建一约五十平方米的扇形小水池，植睡莲，并分道：一道向右连接环形花架，一道向左连接环形花架，花架背后有梯道通向四角亭、豹穴和岚草坪。花架下扇形水池后的梯地为月季园。由此，基本形成公园花木区的格局，也是公园的主要园景。

（6）1941 年已初具花木繁茂、环境清幽、园容整齐的园林景观。1941 年以后，因抗日战争进入艰难时期，经济困难，公园依靠社会募集、捐助的主要经济来源不断减少，一些尚待继续完善的建设都停止了，经常的维护管理费用也不断减少，公园的园容也随之有所败落。

（7）1950 年北碚军管会文教部接管公园，更名为北碚公园，列编为国家事业单位。1951 年土改时又将公园

图 4-7-3　慈寿阁

图 4-7-4　入口梯道——尔昌大道

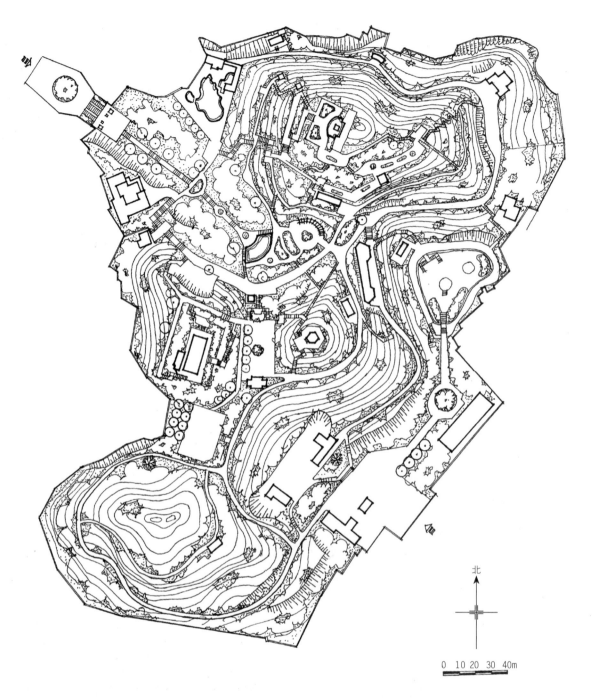

图 4-7-5　北碚公园现状图

北

0　10 20　30 40m

相邻的家地荒坡、坟墓地一百多亩征为公园园地；并逐步扩展和建设，形成北碚中心区老百姓喜爱的一块公共绿地（图 4-7-5）。

8. 中国西部科学院园林

中国西部科学院暨中国西部博物馆位于重庆市区西北部的北碚区文星湾 42 号。北临嘉陵江，西临马鞍溪入嘉陵江口，东、南临街道；面积四十余亩。

中国西部科学院是中国西部地区第一家民办科学

院，建于 1930 年，由我国著名爱国实业家、教育家和社会活动家卢作孚在其"乡村建设"实验区创办。院址初设北碚火焰山东岳庙；1934 年西部科学院理化研究所和院部迁往文星湾小山之巅刚建的惠宇。1943 年中国西部科学院联络中央研究院动植物研究所、中央地质研究所、中央工业试验所、中国科学社生物研究所、江苏医学院等 13 个内迁的单位共同发起在此处建立了中国西部博物馆。中国西部博物馆是中国学术界在非常时期，自发地精诚合作建立的我国第一个综合最多学科的自然类博物馆。当时抗战方殷，经费极端紧缺，卢作孚慷慨借让惠宇，用做中国西部博物馆的陈列馆，并在惠宇后面低4～5米处另建人文馆、理化研究所试验室等，作为两单位共用的办公室、试验室和图书室。1946年中央地质调查所和中央研究院动物研究所迁回原地，其在惠宇后侧低15米处建的地质楼和研究所办公室捐赠中国西部博物馆。1946年年底，正式形成中国西部科学院暨中国西部博物馆主体建筑和园区。现为重庆市首批市级文物保护单位（图4-8-1）。

该园林的特点是依山就势展开布局，环环相扣的小径和石头阶梯成为园区一大特色。园内主要建筑物为惠宇（陈列馆）、人文馆、理化研究所试验室（现称卢作孚旧居）（图4-8-2）、地质楼、研究所办公室5幢青砖黑瓦房、1座土墙房和1处地磁测点碑（图4-8-3），是20世纪30～40年代重要的近现代建筑遗迹。这些建筑由东南斜向西北布局。大门、地磁测点碑和惠宇在一条直线上，成为正面园林的中轴。大门位于山脚下，连接街面的是3米多高的梯形石台面，迎街面石壁下有一钟乳石盆景水池。两侧石头阶梯依石壁而上，到达阶梯式斜面花园。花园最高处用常绿植物铺成"中国西部博物馆"大字，周边花坛栽种花卉。花园较平坦的中心竖立着地磁测点碑。穿过花园即到达标志性建筑——惠宇（图4-8-4，图4-8-5）。该建筑高高矗立在文星湾最苍翠茂密的小山顶上，青砖黑瓦，飞檐翘角，极端庄美

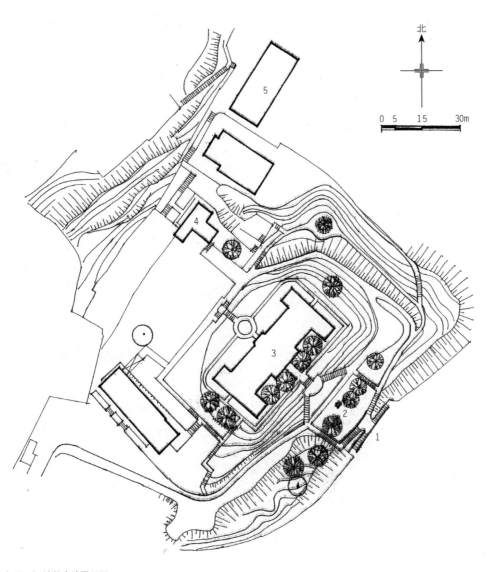

图4-8-1　中国西部科学院总平面图
1 主入口；2 地磁测点碑；3 惠宇（博物馆陈列馆）；4 卢作孚故居；5 地质研究所

丽。四周是花园和小径，高大的香樟和梧桐。左侧是长方形葡萄架，其下有石凳、石桌；右侧下方是一片梧桐林；建筑后门有一植睡莲的圆水池。环池小径直达下面二级阶梯的草地、人文馆和理化研究所试验室。再下是工作区的平房（后为职工宿舍）和方形葡萄架。站葡萄架下朝北可直观嘉陵江和温汤峡。穿过葡萄架就下到三级阶梯处的地质楼和研究所办公室。职工食堂在园区最

低处的马鞍溪边。

沿小径和阶梯均栽种有观赏树。园区花圃常栽种四季搭配的花卉，有草本、灌木、乔木。草本花卉有朱顶红、美人蕉、大丽花、菊花、昙花、凤仙花等；灌木有映山红、月季、玫瑰、栀子、茉莉、山茶和倒挂在岩壁、斜坡、小径处的蔷薇、迎春及金银花等。路边常栽种的观赏小乔木有石榴、桃树、紫薇、海棠、蜡梅、玉兰、樱花、桂花、夹竹桃、木芙蓉、苏铁、侧柏、塔柏。园区内地势较陡、土质较差的地带多栽种香樟、梧桐、银杏、桉树、黄葛树等高大的乔木。园区内还有成片的香樟林、芭蕉林、竹林。临街边是象征性的围墙——刺篱笆，河边是蔷薇。园区内还有不少果树，如广柑、柚子、柠檬、桃子、石榴等。

9. 黄山官邸别墅园林

重庆南郊山峦重叠，从西向东蜿蜒排列，构成了一道绿色屏障。黄山，是铜锣山脉低山群峰之一，黄山官邸别墅园林位于黄山的西北部，紧靠南岸区的上新街和弹子石，隔江与市中区朝天门遥遥相望，海拔约572米，占地面积约1.33平方公里。

图 4-8-2　卢作孚故居

图 4-8-3　地磁测点碑

图 4-8-4　惠宇室外环境

图 4-8-5　远眺主楼惠宇

重庆黄山官邸别墅园林区原系荒山，最初是南岸玄坛庙一带夏姓的家族产业，1913 年被重庆巨商富贾黄德宣看中购得，修别墅、栽树木、建花园。黄过世后传给他的长子黄云陔。黄云陔将花园辟建为赌场，又修旅馆，开餐厅，建弹子房、网球场和游泳池等娱乐设施，形成了新式的园林娱乐景观，一时名声大振。达官巨富，纷至沓来，从者如云。每当盛夏酷暑，更是避暑休闲的佳境。人们渐渐地把他的私家花园称为"黄家花园"，把他占有的这座山称为"黄山"，并沿袭至今。 七七事变后，1937 年 10 月，蒋介石召集国防最高会议，确定四川为抗战大后方，重庆为国民政府驻地。为躲避日机轰炸，蒋介石侍从将黄山购来为蒋、宋修建官邸。在黄山主峰山顶平地，建造了两楼一底的官邸别墅，取晋代陶渊明《归去来兮辞》中的"云无心以出岫，鸟倦飞而知还"之意，命名为"云岫楼"。蒋介石自 1938 年 12 月 9 日由桂林飞抵重庆，至 1948 年 4 月 3 日飞返南京，在重庆居住的 7 年多时间里，大部分时间都住在黄山上。由于蒋介石的官邸设在黄山，且黄山地区自然环境十分优越，国民政府不少军政要员、机关部会、驻华使节，纷纷上山买地建房，落户而居。一时间冠盖云集，极一时之盛，众星拱月，形成陪都别墅园林区，也成为陪都的缩影。解放后，该地为川东行署所在地。刘伯承、邓小平、贺龙等曾在此活动休养。1951 年，被确定为黄山干部疗养院。1992 年，市政府将其列为市级文物保护单位并开始大规模的修缮整治。目前市政府将对其进行整体开发，建成重庆黄山抗战遗迹博物馆（图 4-9-1）。

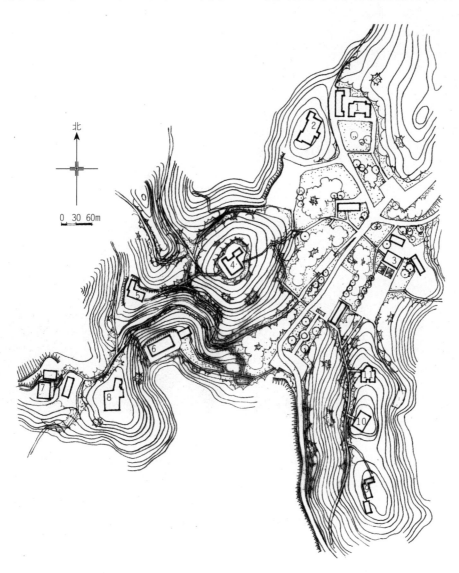

图 4-9-1 黄山官邸别墅园林平面图

1 孔氏公馆；2 松厅；3 侍从室；4 云岫楼；5 草亭；6 莲青楼；7 空军司令宅；8 黄山小学；9 侍卫用房；
10 云峰楼；11 松籁阁

图 4-9-2 云岫楼

图 4-9-3 草厅

图 4-9-4 松厅

图 4-9-5 古苏铁树

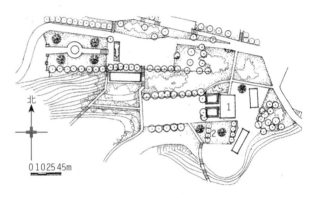

图 4-9-6 中心区绿地平面图
1.侍从室；2.古苏铁树

图 4-9-7 小花园

黄山官邸别墅园林区的别墅大都依山而建，自然地布置在山峦松林之中，由小的步道进行连接。主要由云岫楼（蒋介石官邸）（图4-9-2）、草厅（美国总统特使马歇尔旧居）（图4-9-3）、松厅（宋美龄别墅）（图4-9-4）、松籁阁（宋庆龄别墅，从未住过）、云峰楼（何应钦寓所，国民政府财政部）、孔氏公馆（孔祥熙的二女儿孔令仪的别墅）、莲青楼（美军顾问团住址）、青砖楼（孔二小姐居所）、侍从室（蒋介石警卫人员居所）、古苏铁树（图4-9-5）、黄山小学、

望江亭、蒋山等景点构成（图4-9-6，图4-9-7）。通过近年来的不断整修，黄山陪都遗址内种植了大量的棕竹、梅花、月季等观赏花木，区内群松簇拥，郁郁葱葱。既有通往市区之便，又可坐拥山林逸趣。山城景色、两江风光尽收眼底，让别墅等人造景观有机地融入自然景观之中。

10. 林园

林园位于重庆沙坪坝区歌乐山双河桥，山洞路中国人民解放军重庆通信学院内，占地7公顷（图4-10-1）。

此处原系蒋介石官邸,始建于1938年11月,初建主楼(4号楼,图4-10-2),次年在其北陆续建成3幢中西合璧的楼房和附属设施,3幢楼房由西向东依次编为1号、2号和3号楼。并在林木幽深的自然环境中增植花木,营造亭台阁榭,使林园成为抗战时期重庆有名的花园别墅。主楼4号楼建筑宏伟宽敞,有大客厅和大礼堂,长廊回环,乳白色墙壁,红色屋檐,雕花圆窗,

西式阳台,依山环水,优雅美观。蒋介石常在此办公和会客。1号楼在主楼西北侧小丘上,分南北两部分,北端为蒋的卧室,南端为起居室和书房(图4-10-3)。2号楼地处平坝,样式别致新颖,系宋美龄和蒋经国的寓所。3号楼为蒋介石会客和开重要会议用,美国驻华大使马歇尔也曾在此居住(图4-10-4)。

1940年初,林森来到此处,十分欣赏这里的别墅,对4号楼更赞不绝口。蒋介石遂以4号楼相赠,林森欣然领受,旋即迁入居住,并在楼东侧石壁上题"寸心"二字,从此别墅成为蒋、林共用的官邸。

1943年5月12日,林森乘车被撞,致脑溢血,医治无效于是年8月1日辞世。中共中央于8月4日从延安发唁电:"国府主席林公,领导抗战,功在国家,兹闻溘逝,痛悼同深!"

1944年国民政府在4号楼前右侧为林森修建陵墓,是年7月21日竣工。墓占地三百余平方米,墓外形浑圆,墓前宽阔石阶与低处车道连接。墓壁正中嵌刻"国民政府主席林森之墓",顶镌国民党党徽。林森所住4号楼辟为林森纪念馆,此处林园官邸即改称"林森陵园",

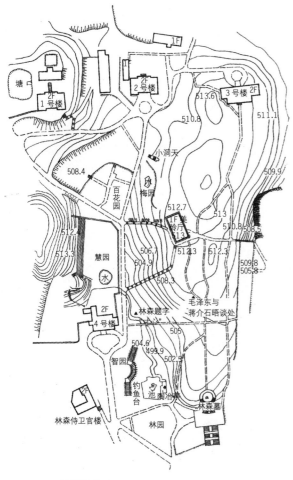

图4-10-1　林园平面图

图4-10-3　蒋介石居住的1号楼

图4-10-2　主楼4号楼

图4-10-4　马歇尔的住处3号楼

并隶归总理陵园委员会管理。此后亦称陵园为"林园"。1945 年 8 月 28 日毛泽东、周恩来、王若飞到林园与蒋介石会晤，曾留宿 1 号楼。次日晨毛、蒋散步，相会于墓后林间小路石桌前。1945 年 10 月林园移交予重庆市政府公务局管理。是年 11 月市政府令公务局，陵园管理机构定名为"林故主席陵园管理所"。1949 年 12 月以后无机构管理，但被军事学校局部占用。1968 年林森居处遗物和墓室被毁。1979 年市人民政府拨款维修林园建筑，墓室按原样修复。1987 年 1 月重庆市人民政府公布林森故居暨墓葬为文物保护单位（图 4-10-5）。

全园的建筑和景点布局均顺应地形和林地而成。中部为林地，也是高地，其内有被称为美龄舞厅的多功能建筑。其周边不仅空气好，也有很好的林木和自然的岩石景观。最有名的是保留了 1945 年 8 月 29 日毛泽东、蒋介石在树林中晤谈时坐的石桌凳（图 4-10-6）。其他建筑物围绕平缓的南西北三边布置，并有车道相通。南部为林森墓，西部为 4 号楼，也是后来的林森别墅。该楼前后有花园，其东边岩石上有林森题字"寸心"。北部平缓地带是美龄楼，高地上是马歇尔楼。全园利用地形

图 4-10-5　林森墓

图 4-10-6　毛泽东与蒋介石会晤处

组织交通；西部平缓，建有车道；中部地形复杂，仅辟步行道与周边道路相通。

全区主要包括东部和中部大面积的林地和西边配合建筑的花园。林地主要是人工的常绿阔叶林，树种有香樟、女贞等，仍存油麻藤大藤本，增添了自然原始的气氛。道路绿化主要是香樟和法桐，现已经形成良好的林荫路。大多数建筑有花园，种植观赏性花木，尤其是 4 号楼前（南侧）智园和楼后（北侧）慧园中 20 世纪 40 年代种的茶花、玉兰（图 4-10-7）至今尚存；还有花架和小亭，为建筑创造了一个极为宜人的庭院景观（图 4-10-8）。

11. 红岩村

红岩村位于当时重庆市沙坪坝区红岩村 13 号，北临嘉陵江，南靠丘陵，地形为一山谷，形状酷似伸向嘉陵江中的山嘴，因此又叫红岩嘴。原为荒芜之地，20 世纪 30 年代，由为掩护党的工作做出重大贡献的著名女实业家女饶国模买下，形成以花木、果树为主的"大有农场"。1939 年初，在周恩来的领导下，中共中央南方局选中花果满山的大有农场作为办公地点，饶国模欣然延纳。当即划出地皮供中共修建办公住宿大楼，并积极参与筹建工作，先后修建了招待所、托儿所、防空洞、水井、礼堂、厨房、菜地等。1939 秋，中共中央南方局和八路军办事处迁此办公。解放后，该地被辟为红岩革命遗址园，1958 年正式建馆并对外开放，董必武亲笔题写馆名"红岩革命博物馆"。1961 年被国务院公布为全国第一批重点文物保护单位（图 4-11-1）。

红岩村占地面积为 350 亩，现仅存为 189.10 亩。穿过"大有农场"牌坊，是一棵胸径约八十厘米的黄葛树，这棵黄葛树树龄已达九十余年（图 4-11-2），它是当年进步人士投奔南方局的路标。沿树右边往上走，就能到达南方局，朝下往左边走是国民参政会大楼，于是便有了"到红岩投八路，抬头要看黄葛树"的名言。沿路继续前行，是南方局的党训班，夯土为墙，毛草盖顶。其后即为饶国模（图 4-11-3）旧居——一栋红砖小楼，董必武曾赋诗一首："八载成功大后方，红岩托足少栖惶。居停雅有园林兴，款客栽花种竹忙"。在红岩村大有农场的西北坡上坐落着篱笆围合的"八办"旧址区，园内的主体建筑——中共中央南方局暨八路军驻重庆办事处大楼（图 4-11-4，图 4-11-5）。一栋外观普通，土木结构，看似二层，实际三层的楼房，占地面积 800 平方米，大小房间 54 间。它的西南面是为毛泽东赴渝谈判修建的礼堂，礼堂与办事处之间是厨房，西南面 50 米的山坡上是托儿所，它曾经承载了红岩多少希望和欢乐，与

图 4-10-7　慧园古玉兰

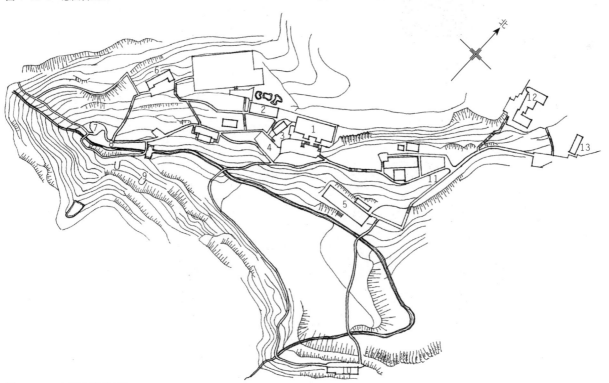

图 4-10-8　林园植物分布图

图 4-11-1　红岩村总平面图

1. 中共南方局办事处；2. 办事处礼堂；3. 办事处厨房；4. 篮球场；5. 国民参政议会大楼；6. 办事处托儿所；7. 红岩公墓；8. 水井；9. 防空洞；10. 办事
处招待所；11. 阴阳树；12. 国民政府外事处；13. 国民党宪兵楼

图 4-11-2　入口处的黄葛树

图 4-11-3　饶国模女士

八办大楼隔沟相望的丛林中还隐蔽着八办的招待所。为了躲避日机的轰炸，八办所有建筑的墙体都是深灰色的。它们都隐蔽在饶国模女士的农场内。在农场西边的山沟水坝旁，是办事处工作人员为解决用水问题而打的一口水井。为防空袭，办事处在水坝旁还挖有一个十多米长的防空洞，洞口处搭有棚架，种藤蔓植物加以隐蔽，至今还保留着遗址的原貌。

所有建筑之间都有道路相连，路面为青石和碎石垒砌，均为半个多世纪以前的风貌。

据资料记载，饶国模很喜欢栽花种树，在住宅周围广植花木，每逢开花时节，就请来南方局的同志品茗观花，饮酒赏月，吟诗作赋。

饶国模故居周围的植物景观在花木品种的选择上注重了植物的观赏性和季相变化，以竹子为背景林环植于四周。选择桂花、蜡梅为主调树种，红叶桃、海棠为基调；以片植、丛植、列植、孤植的手法进行种植，其间杂有石榴、紫薇、杜鹃、茶梅、文殊兰等。形成了春风桃花艳，夏日石榴灼，秋有桂花香，冬来蜡梅芳的景致；突出四季有花可赏，有景可观。经饶国模故居前往办事处的小路两侧是由三角枫、榕树、重阳木形成的林荫小道，并巧妙地以树干作为支柱搭起简易的葡萄架，夏日荫凉舒适，一串串葡萄挂在枝头分外诱人。饶宅后山是成片的柑橘和枇杷。

八办旧址区植物的品种选择更加注重了花木的寓意和言情，整体给人以庄重、质朴、纯洁、高远之感。如在八办大楼前配置有大片的红梅和杜鹃，以颂扬革命先辈们不屈不挠、艰苦斗争的精神。大楼左边植有芭蕉，

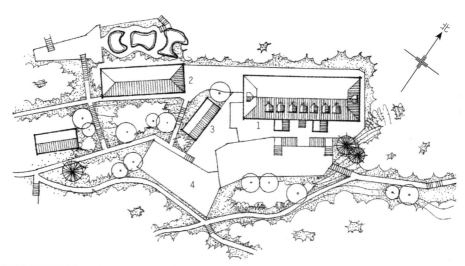

图 4-11-4　红岩村中心区平面图
1.中共南方局办事处；2.办事处礼堂；3.办事处厨房；4.篮球场

图 4-11-5　中共南方局办事处

图 4-11-6　红岩村春景

后门还有芭蕉一丛，当年毛泽东下榻红岩时和三个美国士兵在此留影。八办厨房角隅种竹一丛，后面植蜡梅一株；园内篱植黄杨，寓意万年常青。

出旧址后门就步入后山风景林区。这一带原是饶国模的花果农场，景观富有自然野趣，幽静清明。初春时节，成片的桃花、梨花点缀在青山绿水之中，红白相间，美不胜收（图 4-11-6）。

（本文照片由红岩革命纪念馆提供）

12.　石家花园

石家花园位于重庆江北区嘉陵江北侧磐溪渡口的山坡顶上，是建国前重庆商会会长、川东慈善会主席石荣廷于 1924 年营建的。花园依山而建，周边植物茂密，山高气爽，居高临下，可与江上之清风明月同在，隔岸可望沙坪坝全貌。往来有渡口，大道相连，交通极为便利，是城市山居园林之佳所。

花园原由住宅和祠堂两部分组成。住宅部分（图 4-12-1）位于山坡临崖滨江一侧，中心建筑为中西合璧式，既有中国传统建筑的大屋顶，又有西式建筑的拱券、廊道做法。庭院内置草坪、花圃、假山、荷池、幽径和石栏，种桃李、柑橘和苹果，还有竹林、梅林、茶花林及其他奇花异草，并用罗汉松、六月雪盘扎成各类形态逼真的鸟兽。祠堂内树木茂盛，四季常青。房宇四周和石梯两旁是梯级花园，鲜花常开，芬芳馥郁。花园外原来还有虎岩观瀑、跳蹬垂钓、柳岸蝉鸣和玉带观鱼等景点。

1942 年夏，现代著名画家、美术教育家徐悲鸿在磐溪筹办中国美术学院，聘请张大千、吴作人、张治安、宗其香等人为研究员。石荣廷知道其办学校舍紧缺的情况后，将祠堂内的两栋房子和住宅部分的地下石室免费提供给徐悲鸿使用。其花园也成为当时陪都艺术家的聚集场所，齐白石、翁文灏、于右任、郭沫若、张大千等画家、书法家、作家都到过石家花园。国民党主席林森也亲笔题写"硕德杖乡"赠送给石荣廷。

新中国成立后，石家花园住宅部分成为石门派出所驻地，祠堂部分成为民宅，花园破坏严重，现除住宅部分的建筑、假山、石室，祠堂部分的石室和少量大树外，其他已较难考证和寻迹。

石家花园选址于临江坡度较大的南向坡，依山而建，通过梯级花园和各类景点呈现山地园林的空间层次。现状保存较好的住宅部分花园面积约 2100 平方米，形态较为规整（图 4-12-2）。花园有大门两道，按中国传统的深宅大院惯用的石坊朝门建造，大门两侧镶以青砖围墙。入头道大门是个小花园。一座有石基、石桌、石凳的六角亭立于小花园的右角上，各种名贵花草点缀其间，藤蔓植物爬满墙上，给人以清新雅致的感觉。穿过二道大门，便来到别墅正屋前的大院坝。院坝极为开阔，以院坝为中心，东边是别墅正屋，南边和西边全是条石栏杆，北边是二道大门及其围墙。凭栏远眺，可以望见歌乐山；俯视则可将嘉陵江两岸风光尽收眼底。栏杆外面全是陡坎，无从攀缘。坎外山坡上绿树成荫，形成一道天然的绿色屏障。主体建筑别墅位于花园东西向轴线

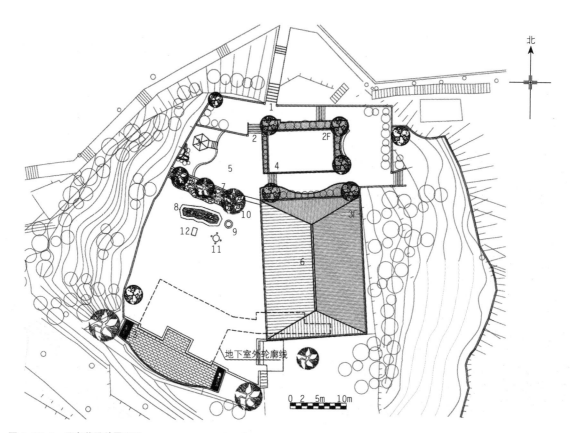

图 4-12-1 石家花园总平面图
1.头道门；2.二道门；3.六角亭；4.伙房和杂役佣人房；5.小花园；6.别墅；7.大假山；8.小假山；9.铁树树池；10.黄桷树；11.石桌；12.石凳；13.假山花池

图 4-12-2 石家花园内景

的东侧一面，是地面两层、地下一层的中西合璧式建筑（图 4-12-3）。建筑总进深 8.95 米，总开间 14.5 米；外有挑台廊道，内有狭长的内天井，空气流通较好，适应了重庆夏季闷热的气候条件。住宅部分在花园南北轴线上由大小两座假山、石室看台、地下石室等组成。南侧为面江的陡坡，是重要的观景点，因而景观组织上着重于观景平台的处理（图 4-12-4）。

石家花园有大小假山两座（图 4-12-5），前后布置

在花园的北侧。假山材料主要为钟乳石，间有部分砂石，通过水泥和黄泥粘合、堆叠而成。大假山紧靠北侧围墙，长 13.4 米，宽 3.0 米，高 3.2 米，中部镂空，形成人工钟乳洞，有石室三间（图 4-12-6）；明间由石拱门而入，两侧次间各有圆形窗洞采光通风。拱门内有一圆形石桌，两侧次间里各有石床一张，平整光滑。游人进到里面，可以直立行走，酷暑寒冬时节，可以在里面领略到冬暖夏凉的舒适。三间石室中部都挂有下垂的钟乳石，犹如西南地区喀斯特地貌中的溶洞内景。大假山西侧有蹬道可上顶部，顶上若干形态修长的钟乳石，其意当为耸立的山峰。大假山顶有大黄葛树三棵，应为造园之时所栽，等距种植。现仍枝繁叶茂，根系发达，与钟乳石缠绕在一起，从上到下，盘根错节，交织往复，已将整个假山包裹起来，其意浑厚。

小假山又称为雕塑盆景池，长 7.4 米，宽 2.3 米，高 2.2 米。有一个人工储水池。池底部的北面，是一个石雕长龙，头、身、尾显露在外，龙头高昂作张口喷水状，正对大假山石室明间之拱门。池底部的南面，是"白蛇传"中"水漫金山"的全景场面——上方是金山寺；其下是白蛇和青蛇的人物塑像；再其下，几乎在盆

图 4-12-3 石家花园东西向剖面图

0 1 3 5m

1 大假山
2 小假山
3 石案台
4 石拱门
5 石 桌
6 石雕刻牌匾
7 假山花池
8 护 栏

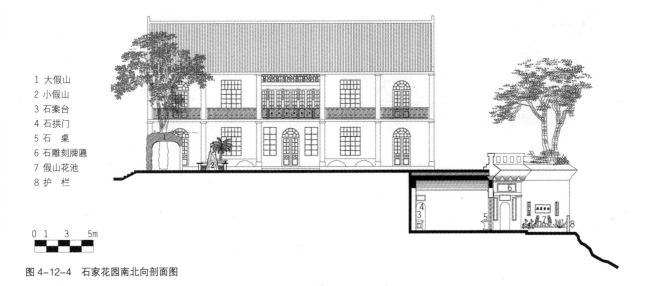

0 1 3 5m

图 4-12-4 石家花园南北向剖面图

图 4-12-5 石家花园假山实景

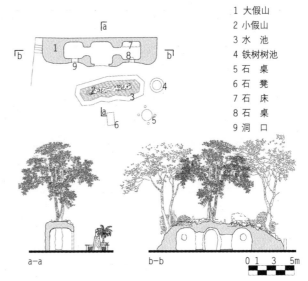

1 大假山
2 小假山
3 水 池
4 铁树树池
5 石 桌
6 石 凳
7 石 床
8 石 桌
9 洞 口

a-a   b-b   0 1 3 5m

图 4-12-6 石家花园石室正立面图

景池的底部，便是虾兵蟹将各种水族动物的造型，各个手持兵器，杀气腾腾。而在营造上重视山脊的起伏，结合微缩步道和亭台的设置，不经意间强调了传统园林可居、可游、可观之意境。这座雕塑盆景池的底部四周，是一个长腰子形的水池盆边，长约7米，最宽处约2.5米，高约0.2米，最深处0.6米。把南北两面的全部雕塑景象囊括其中，形成一个大型雕塑盆景池。

大小假山前后并置，一为登高望远、夏日纳凉之

图 4-12-7　石家花园石室实景

所；一为水景营造和山岳景色微缩之处，二者相得益彰，成为整个花园的主景。

石家花园住宅部分石室在南侧临江斜坡上，位于花园院坝底下，作书房之用（图4-12-7）。从住宅一楼左侧而下，经24级石阶梯道通往石室，梯道尾端石墙上刻有"深廊"、"别有人间一洞天"题刻两幅，点出了书房闹中取静的特点。从梯道向右转，到达满墙书画的石室通道。通道外侧有三个拱形高窗作采光通风之用，内侧墙壁上中部为"福地洞天"横幅和"曲径通幽处，石室藏古篇"对联，两侧又是"旧书不厌百回读，佳客来时一座倾"对联一副。经通道过石室厢房，到石室堂屋。堂屋正中原有孙中山像和总理遗嘱全文，两侧墙上刻有国民党党旗，现因石室为易脱落的砂石构筑，加之后世破坏，现已模糊难辨。倒是石室外侧立面上的字画雕刻仍较清晰，其中"养天地正气，法古今完人"当是石室主人缅怀伟人、鞭策自己立德、立身的部分留存。出堂屋为一弧形平台，平台外原是嘉陵江美景，现已被高楼遮挡。平台两侧都有小景处理，用假山和"图书万卷"、"云物四时"等刻字景墙组成。整个石室浑厚而不失细腻，其仿欧洲古典建筑的外形加之巴蜀特色的石刻雕花、字画楹联，更显其地域传统园林特色。

（本文作者：重庆大学毛华松）

附录一　重庆近代园林大事记

序号	中国历代纪元	公元	大事记
1	道光二年至道光十年	1822～1830年	1822年彭瑞川选址南泉鹿角场修建白鹤林庄园。从清道光二年始建，至道光十年（1830）年建成，历时9年
2	道光二十六年	1846年	湖广会馆始建于清乾隆二十四年（1759年），道光丙午年（1846年）、光绪己丑年（1889年）均加以扩建。建筑面积达五千平方米以上。会馆由大辕门（庙门）、大殿廊房和戏楼庭院三部分组成
3	光绪二十五年	1899年	荣昌县昌元镇天主堂，建于1899年，钟楼5层，高19.5米，建筑间配置花园
4	光绪三十一年	1905年	19世纪70年代，受维新变法思想影响，四川近代教育兴起，近代学堂逐步取代旧式书院。建于白沙镇黑石山的聚奎书院始建于1880年，光绪三十一年（1905），改聚奎书院为聚奎学堂，是重庆目前保存最为完整的一处书院园林建筑
5	宣统元年	1909年	1909年李耀廷择地势雄伟、虎踞两江的"鹅项颈"始建宅园，初为宜园，后名礼园
6	民国10年	1921年	1921年，由原江北县建设局局长唐建章筹资兴建江北公园，以明朝修的文庙后院孔林和江北县政府后花园为基础，进行改造和扩建，于1927年底建成开放
7	民国11年	1922年	1922年军阀熊克武于南温泉花溪河畔建官邸，占地2000平方米，园内有温泉，名子泉，具保健功能，名"觉园"
8	民国12年	1923年	1923年潘文华任重庆市市长时，于渝中区中山四路81号修建公馆，占地1.53公顷，三层砖木结构的主楼为办公楼，主楼前后为花园

序号	中国历代纪元	公元	大事记
9	民国 13 年	1924 年	1924 年时任万县市政督办的杨森选万州城西磨刀溪旁的西山观，筹建公园。1925 年 2 月开始修建，初名"万县商埠公园"； 1924 年，民生实业公司的创始人之一石荣廷在盘溪山头营建一幢中西合璧、二楼一底的建筑及其庭院。住宅曰"培园"，底层石屋曰"盘石书屋"，当地人习称石家花园。屋宇雄伟，居高临下，可俯瞰整个盘溪河流域。1942 年秋徐悲鸿着手筹办中国美术学院，石荣廷把盘溪忠烈祠的两栋楼房及石屋，提供给徐悲鸿使用，后为徐悲鸿旧居
10	民国 15 年	1926 年	1926 年至 1927 年，经时任重庆商埠督办的潘文华同意，在重庆后伺坡一带修建公园，定名为重庆中央公园； 范绍增驻军长寿期间，于城南最高处老鹰嘴建城南公园，1926 年城南公园建成开放
11	民国 16 年	1927 年	1927 年由卢作孚等人倡议，在北碚温泉寺丛林的基础上扩大游览范围，拓展游览功能，兴建公园，名重庆北温泉公园
12	民国 18 年	1929 年	1927 年国民军第二十八军第三师第十二混成旅旅长游广居倡议在飞凤山文昌宫基础上修建公园。文昌宫位居于公园中部，左建化龙池，右设八角亭，宫前为一正方形四层楼房的钟楼。1929 年动工，1931 年建成，名凤山公园； 沈懋德等人在刘湘的支持下，于 1929 年创办重庆大学，这是一所文理科综合性大学。重庆大学沙坪坝松林坡校区 1932 年上半年动工，1933 年春季完工，学校正式从菜园坝迁到沙坪坝新址行课
13	民国 19 年	1930 年	1930 年 3 月，时任江巴璧合特组峡防团务局局长的卢作孚将北碚城区火焰山之东岳庙改建为西部科学院峡区博物馆。并利用庙宇四周的荒坡坡地修建公园，初名火焰山公园，后改名为北碚平民公园、北碚公园； 1930 年，中国西部科学院在北碚正式成立。中国西部科学院是卢作孚从事北碚"乡村建设"实验区时的一项重要内容。内设工业化验所、农业实验场、兼善中学、博物馆等部门，其后又设立了生物、理化、农林、地质等研究所
14	民国 19 年左右	20 世纪 30 年代	北碚中山路全长 1050 米，是北碚的中心街区。20 世纪 30 年代卢作孚从上海法租界买回法桐树苗，植于中山路，法桐之林荫便成为北碚市街景观之一大特色
15	民国 21 年	1932 年	1932 年范绍增在今渝中区人民路，修建一花园别墅，名"范庄"，占地 1.5 公顷
16	民国 25 年	1936 年	1936 年，陈庚虞为纪念其父陈介白（光绪十五年恩科举人）的业绩，扩建旧居、修葺庭园，称其为"举人大院"。院外古榕护卫，院内古树参天。院内一株银杏高过 10 米，直径超 1.5 米，遮天蔽日，树龄两三百年左右
17	民国 27 年前	1938 年前	1938 年前刘湘在市中区李子坝正街修建公馆，主楼为两层，楼前有喷水池，楼侧有舞厅、防空洞、花圃和网球场。公馆内以香蕉林、葡萄林为主，种花草、橡胶树、梧桐和柏树； 1938 年前杨森在渝中区中山二路修建公馆，主楼底层有游泳池和防空洞，主楼门前两侧有花坛，中间建喷水池、假山，后为重庆市少年宫； 1938 年前军阀王陵基在渝中半岛中央山脊线制高点修建公馆。其位置居高临下，左右可俯瞰长江与嘉陵江，名"王园"
18	民国 27 年	1938 年	1937 年国民政府决定迁都重庆，1938 年为避免日机轰炸，选中黄山，为蒋介石修建官邸。与此同时，先后有美、英、苏、法、比、荷、德的使馆别墅毗邻左右。在太平洋战争爆发前的五年中，蒋介石均以黄山官邸为其经常办公驻地； 1938 年 10 月，张治中选歌乐山双河桥为蒋介石建造官邸，定名双河桥官邸别墅，不久蒋赠给林森，称林森公馆。林逝世后收回扩建，改名"林森陵园"，简称"林园"； 蒋介石小泉官邸坐落在南泉镇西、花溪河傍的小泉，此处为蒋介石在重庆的四大官邸之一。官邸坐南朝北，有大小厅室 17 间，厅堂正面有从美国运来的雪松 1 株； 林森南泉公馆位于南泉镇东南，公馆面对著名景点虎啸悬流，右依建文峰，左傍花溪河，独占一个山头，四周林木环绕、郁郁葱葱； 孔祥熙南泉别墅位于虎啸口附近山腰，位于林森公馆的右上方。四周皆青山，古木修竹。官邸为两层楼房，砖木结构，漫步回廊可俯瞰花溪流域景色； 陈果夫于南泉有二幢别墅，一处在南泉白鹤林，另一处在小泉，小泉别墅取名"竹居"； 孙科公馆位于市中区嘉陵新村 189 号，公馆左侧为停车房，其余地方是花园

序号	中国历代纪元	公元	大事记
18	民国27年	1938年	复旦大学于1905年创建于上海吴淞，抗战时内迁。1939年几经辗转迁到北碚嘉陵江北岸东阳镇夏坝，设研究所、科学馆、新闻馆、文史研究室、茶叶研究室等机构
19	民国28年	1939年	1939年，因中共中央南方局和八路军驻渝办事处机房街70号住处易遭日机空袭，为安全计，是年春，在渝中区浮图关山麓的饶国模农场内修建办公大楼，是年秋建成后南方局和办事处迁此办公
20	民国29年	1940年	1940年，张自忠将军在襄樊战役中为国捐躯，葬于北碚雨台山，后因冯玉祥将军取史可法殉国扬州梅花岭之义，于山上遍植梅花，乃更名"梅花山"
21	民国27~34年期间	1938~1945年	抗战时期，北碚成为迁建区，金刚碑因背依缙云山，面临嘉陵江，林木繁茂，绿树成荫，便于战时防空，成为北碚的迁建小区。迁建用房多顺其自然、依山而建，故金刚碑逐渐形成了这样一种不具场镇功能和街区形态的民居自然式聚落

附录二　主要参考文献

1. 重庆年鉴2005年. 重庆：重庆年鉴出版社，2005.

2. 张寄谦. 中国通史讲稿（下）近代部分. 北京：北京大学出版社，1984.

3. 重庆市文化局，重庆市博物馆编. 刘豫川主编. 重庆市文物总目. 重庆：西南师范大学出版社，1996.

4. 吴涛等. 巴渝文物古迹：巴渝文化丛书. 李书敏，蓝锡麟. 重庆：重庆出版社，2004.

5. 杨筱. 探寻陪都名人旧居：溯游抗战重庆丛书. 重庆：重庆出版社，2005.

6. 邓又萍等. 陪都溯踪：溯游抗战重庆丛书. 重庆：重庆出版社，2005.

7. 董晏明. 重庆华岩寺：九龙坡区文史资料选辑. 第2辑. 中国人民政治协商会议重庆市九龙坡区委员会文史工作委员会. 1988：82.

8. 罗昌一. 聚奎学校百二十年小记：江津文史资料选辑. 第9辑. 江津政协文史资料研究委员会. 35.

9. 彭伯通. 重庆的"八省会馆"：巴南文史资料. 第13辑. 中国人民政治协商会议重庆市巴南区委员会文史资料委员会. 1996：9.

10. 董晏明. 古雅精美的白鹤林清代庄园：九龙坡区文史资料选辑. 第3辑. 中国人民政治协商会议重庆市九龙坡区委员会文史工作委员会. 1988：80.

11. 蒋志鹏. 简说白鹤林庄园：巴南文史资料. 第12辑. 中国人民政治协商会议重庆市巴南区委员会文史资料委员会.1996：83.

12. 唐潭池. 石家花园：江北区文史资料选辑. 第1辑. 政协重庆市江北区委员会文史资料编辑委员会. 112.

13. 万龙生. 徐悲鸿盘溪绘春秋：江北区文史资料选辑. 第1辑. 政协重庆市江北区委员会文史资料编辑委员会.93.

14. 颜业学，赖盛福. 石家花园与盘溪忠烈祠：江北区文史资料选辑. 第5辑. 重庆市江北区政协文史资料研究委员会. 154.

15. 江北公园概况：江北区文史资料选辑. 第1辑. 政协重庆市江北区委员会文史资料编辑委员会. 115.

16. 戴师表. 范绍增在长寿期间轶闻：长寿县文史资料. 第6辑. 中国人民政治协商会议四川省长寿县委员会文史资料研究委员会.

17. 阳陵炎. 游广居在铜梁：铜梁文史资料. 第4辑. 政协铜梁县委员会文史资料委员会. 85.

18. 游荣章，刘善谋. 纪念北碚公园的创始人——卢作孚：北碚文史资料. 第3辑. 政协北碚区委员会文史资料委员会. 156.

19. 朱珠. 卢作孚与中国西部科学院：重庆文史资料. 第38辑. 中国人民政治协商会议重庆市委员会文史资料委员会. 重庆：西南师范大学出版社,1992：180.

20. 唐德祯，江鸿. 民众会堂四十春秋：北碚文史资料. 第3辑. 政协北碚区委员会文史资料委员会. 160.

21. 拓坚. 重庆大学的缔造者沈懋德：重庆文史资料. 第38辑. 中国人民政治协商会议重庆市委员会文史资料委员会. 重庆：西南师范大学出版社，1992：211.

22. 重庆大学建校选址的经过：文史资料选辑. 第4辑.

中
·
国
·
近
·
代
·
园
·
林
·
史
（
下
篇
）

沙坪坝区地方史料专辑. 中国人民政治协商会议重庆市沙坪坝区委员会. 78.

23. 罗文锦. 抗战时期内迁的复旦大学：四川文史资料集萃. 第四卷. 文化教育科学编. 四川省政协文史资料委员会. 520.

24. 胡锻失，戴世星，吴烈章. 黄山掠影：重庆市南岸区文史资料选辑. 第 1 辑. 重庆市南岸区政协文史资料委员会. 22.

25. 蒋介石和林森的官邸别墅——林园：文史资料选辑. 第 4 辑. 沙坪坝区地方史料专辑. 中国人民政治协商会议重庆市沙坪坝区委员会. 47.

26. 张自忠将军传略：北碚文史. 第 2 辑. 张自忠将军陵园资料. 政协重庆市北碚区委员会. 6.

27. 重庆市园林管理局修志领导小组. 重庆市园林绿化志. 四川：四川大学出版社，1993.

28. 况平，向培伦等. 重庆园林特色研究技术报告. 2003.

附录三　参加编写人员

组　　长：余守明　重庆园林局局长

副组长：况　平　重庆园林局副局长
　　　　向培伦　重庆风景园林学会副理事长

成　　员：张蕙心　重庆园林局副处长
　　　　刘　霞　重庆园林局科员
　　　　杨　蓉　重庆园林局科员
　　　　冯大成　重庆市园林规划建筑设计院总工
　　　　曾德平　重庆江津聚奎中学高级教师
　　　　洪　楗　重庆鹅岭公园科员
　　　　向一红　重庆万州西山公园主任
　　　　蒋玉良　重庆渝中区人民公园主任
　　　　王建勋　重庆北温泉公园处长
　　　　刘成伟　重庆南温泉公园处长
　　　　张智慧　重庆北碚公园科长
　　　　曹幼枢　重庆自然博物馆副研究馆员
　　　　孙永红　重庆南岸区建设委员会工程师
　　　　井明科　解放军重庆通讯学院院务部部长
　　　　刘　兵　重庆红岩革命纪念馆工程师

编写分工：

重庆近代园林实例：况平，教授高工
重庆近代园林综述及大事记：向培伦，教授高工
绘　图：冯大成，高级工程师；刘霞
摄　影：况平、向培伦

中·国·近·代·园·林·史（下篇）

第五章　河北省卷

第一节　综　述

河北地处黄河下游以北，环首都北京周围，并与天津市毗连。东部临渤海，东南部和南部与山东、河南两省接壤，西部隔太行山与山西省为邻，西北部、北部与内蒙古自治区交界，东北部与辽宁省相接。地跨北纬 36°03′～42°40′，东经 113°27′～119°50′，地域广阔，总面积 188900 平方千米，占全国土地面积的 1.96%。地势西北高、东南低，由西北向东南倾斜。地貌复杂多样，高原、山地、丘陵、盆地、平原类型齐全，主要分坝上高原、燕山和太行山山地。河北平原三大地貌类型分别占全省面积的 8.5%、48.1%、43.4%。坝上高原属内蒙古高原的一部分，平均海拔 1200～1500 米；燕山和太行山山地海拔多在 2000 米以下，其中小五台山海拔 2882 米，为全省最高峰；河北平原属华北大平原的一部分。全省水资源严重不足，年平均降水量为 300～800 毫米，地区分布不均；总体上，东南部多于西北部，降水量的分布也较为复杂；最干旱地区年降水量不足 400 毫米，最多达 700～770 毫米。降水时段分布也极为不均匀，降水变率大，强度大；以夏季降水量最多，占全年总量的 65%～75%；冬季仅占 2% 左右；秋季占 15%，春季占 10% 左右。全省平均气温，自北向南逐渐升高，北部坝上地区平均气温低于 4℃，中南部地区平均气温 12℃以上；南北气温相差很大。全省 1 月最冷，大部分地区平均在 -3℃以下，坝上地区达 -21～-14℃；7 月为全省最热时期，平均达 18～27℃。由于地处中纬度欧亚大陆东岸，面海背陆，受地理位置和地貌影响，气候特点是季风现象显著，冬季寒冷干旱，雨雪稀少；春季干燥，风沙较大；夏季炎热潮湿，雨量集中。秋季晴朗，冷暖适中。总体气候条件较好，温度适宜，日照充足，热量丰富，雨热同季，适合农作物生长，是农业大省，是全国粮、棉、油主产区之一。

全省生物资源比较丰富，现知陆栖（包括两栖）脊椎动物 530 余种，约占全国同类动物类 29%；鸟类 440 多种，占国家一类保护鸟类 46%。因地处暖温带与温带交接区，植被结构复杂，种、科繁多，是全国植物资源比较丰富的省区之一，初步统计有 156 科 3000 多种，乡土树种如西部有落叶松、华山松、油松、云杉、桧柏、白桦、杨类、椴类、槲栎类、楸类等，平原地区有杨、柳、榆、槐、椿各类，以及银杏、悬铃木、栾树、青桐、五角枫、梓树、法桐、皂角、杜仲、核桃、柿子、黑枣等。花木、地被植物、草花更是种类繁多，园林绿化材料、配植较为广泛。

全省大陆海岸线长 487 千米，岛岸线长 138 千米，有秦皇岛港、京唐港、黄骅港、曹妃甸港等港口。秦皇岛北戴河的天然浴场、山海关老龙头的万里长城入海处，均展现了优美的海岛景色。省内陆地拥有大量的奇山怪石、浑厚的山体和溶洞，如全国风景名胜区嶂石岩，其岩体经国家地质部门考察后命名为独特的"嶂石岩石"。风景名胜区崆山白云洞的多层溶洞奇观，也受到地质部门的称赞。此外历史悠久的保定曲阳县因石雕而闻名中外，号称雕刻之乡。

河北是中华民族的发祥地之一，早在五千多年前，轩辕黄帝、炎帝和蚩尤就在河北由征战到融合，开创了中华文明史，至今在张家口市涿鹿县内仍保留着一段黄帝征战的"皇帝墙"，并建有"中华三帝殿"供奉三帝，内有黄帝石雕像，供后人祭拜。河北春秋战国时期地属燕国和赵国，故有"燕赵"之称，后经隋、唐、元、明历代变称，至清朝和民国初期均称直隶省，于 1928 年改名为河北省，沿用至今。省内名胜古迹繁多，历史上清朝东、西两座皇陵，分别建在唐山和保定两市境内，世界闻名的最大皇家园林避暑山庄（又名承德离宫或热河行宫），规模宏伟的寺庙群"外八庙"，构筑奇特的金山岭长城，以及塞罕坝皇家木兰狩猎场均在承德境内。自古为兵防重镇，有历史悠久的塞外山城张家口、形势险要的秦皇岛"天下第一关"、张家口的"大境门"等长城关口。

河北曾是燕、赵、中山国之故都，保留有许多历史文物古迹和文化遗产，如长城、皇陵、衙署、寺庙等，均为后人留下宝贵的财富。元、明、清时，河北均称直隶京师，至民国时期，河北、天津、北京几度分分合合，京、津、冀分别几度为省会所在地，三地建有许多建筑、园林设施，现已分归三地所属。1928年建立察哈尔省，省会设在张家口，市内开辟街道，沿街种植一些树木。石家庄市于 1947 年解放时，市内仅有行道树 470 株。全省 11 个城市大部分均在解放后开始修路辟园，大搞城市绿化建设。

河北近代园林概括有以下特点：

一、地域特殊性形成的战争遗址及陵园园林

河北由于地貌类型多样，地理位置特殊，又是交通枢纽，因此，多为军事要塞，也曾是华北抗日根据地，是解放战争的主战场之一。所以战争遗址、红色革命根据地多，如西柏坡中共中央旧址、涉县八路军一二九师司令部、冉庄地道战、白洋淀雁翎队、狼牙山五壮士等等。近代活跃在此的革命烈士也多，如李大钊、马本斋、节振国、白求恩、柯棣华、董存瑞等。因此近代建有许多大大小小的烈士陵园，较大的如白求恩烈士陵园、晋冀鲁豫烈士陵园、冀南烈士陵园、晋察冀烈士陵园、苏军烈士陵园、董存瑞烈士陵园、华北军区烈士陵园等。各陵园内除有纪念碑、陵墓外，还辟建有亭、廊、纪念馆等，种植大量的苍松翠柏及花木，绿荫遮天，庄严肃穆，形成陵园园林，至今保存完好，并向市民开放以缅怀英烈。

二、私家园林及别墅群

1840 年以来，官商陆续开办工厂、矿山，修铁路、建码头，外资进入，带有殖民地色彩的中小城镇逐渐兴起，庭园建筑得以兴造。北戴河海滨在 1898 年被清政府正式辟为"允许中外人士杂居的避暑地"，因此大批官商、洋人涌入，购地筑房。英国、奥地利等外国著名的建筑设计师参与设计出形式多样、风格各异、色彩鲜明的园林别墅，形成中国晚清和民国时期四大避暑别墅群之一。别墅的建设特点多以原有高大乔木所构成的植物景观为基础，在丛林中，因地制宜，利用空旷地进行土木建筑，讲究通透。为了不妨碍观瞻海面，配置了耐修剪、易整形的侧柏绿篱，与周围苍松、翠柏、松林、洋槐林相协调，并植以不同季节的花木和少量的草坪，使其环境清新幽雅。诗人徐志摩 1923 年于北戴河游览后写出《北戴河海滨的幻想》一文，对自然景色的描述十分感人。北戴河园林别墅既不是西方流派，也不是中国传统流派，而是以自然、闲适、幽雅和个性化为其主调，是环境与建筑的自然和谐，人与建筑、人与环境自然和谐的近代园林别墅。其植物品种以油松、黑松、白皮松、侧柏、桧柏为主，有银杏、合欢、五角枫、垂柳、毛白杨、美杨、国槐、刺槐、丁香、木槿、玫瑰、刺梅及凌霄、紫藤、爬山虎等攀缘植物和地被植物，环境优美。至今仍为中央领导暑期休息避暑之地。外国园艺师采用果树枝干独具匠心建造的"怪楼"吸引了各国游客。遗憾的是此楼在"文革"中被毁。

此外，省内尚有小型私家园林，多为官、商所建，如井陉的王家大院、顺平的王家大院、唐山矿务局的私

人院落等。均在院中辟出绿地，建有亭廊等园林小品，种植树木花草供消暑纳凉、休闲娱乐之用。但相比之下，不如京津两地保存的私家园林数目多。

三、官衙及寺庙园林

中国四大古代官衙之一的保定直隶总督署，为我国唯一保留完好的清代省级衙署。建筑规模为五重院落，各院均种植不同树种，至今保存珍贵古树名木近二十余株，古柏树上常有猫头鹰栖息，为院中独特一景。

另外有佛、道两教不同的园林建筑。

黄粱梦吕仙祠为道教寺院，院内有莲花池、小桥、亭、假山、古松柏数株。

涉县娲皇宫为佛教寺院，主体建筑位于峭壁之上，悬空而建，群山叠翠，流水环绕，古树参天。

玉田县净觉寺是始建于唐的佛教寺院，清时曾占地两千余亩，现寺中尚保留部分古柏、绿地，并有全国仅存的草书碑刻，每个草字旁尚有小楷，世间稀有，现为国家级文物保护单位。抗日时期的1942年，日军前首相田中角荣曾在寺中避难。

内丘的扁鹊庙前有9株卧生似龙的古柏，约数百年树龄，生长旺盛，至今不衰。

正定隆兴寺为北方最大的佛教寺院，寺内有百年以上的古槐、古松、古柏。

沙河甄泽观为道教宫观，观内拥有多幅道教题额对联，属典型的道教园林。

此外新乐的伏羲庙、平山的真武庙等至今保存完好，院内林木均为规则式对称种植，多以松、柏、槐为主，绿树成荫，古朴典雅。由于寺庙祠观多，分布各地的古树名木较多，如涉县有千年古槐，百年以上古松、古柏数十株；承德有百年的九龙松、九龙杨；邢台、保定有古柏等，均保留至今，长势旺盛。

四、近代公园的形成

秦皇岛市北戴河莲花石（联峰山）公园，于1919年兴建，利用自然山景，营造出了山林意趣，是我国北方早期公园之一。其山石形似莲房，又有园石凸出地面，形似莲盖，故取名莲花石公园。园内建钟亭、凉亭、桥、堂等，并建篮球场、网球场、秋千、滑梯等供人健身娱乐。林中和路旁树荫下，设置了石桌、石凳供游人休憩。园内树木多以常绿乔木、松柏为主，配植各种花木，形成不同季相的自然景观。公园东部是北戴河开发奠基人、莲花石公园创始人朱启钤的私家陵寝，墓地建在高大的松、柏、刺槐林及紫薇、木槿等花灌木中，形成绿色的墓地。

保定市人民公园是在1922年军阀曹锟始建的私人花园的基础上，1936年由宋哲元扩建的。园内立石刻碑，上书"保定人民公园园记"，文中有"……公园共同娱乐之所……易名人民公园，副其实也"之句，可见其造园思想明确，即为人民共游。建有亭、桥、廊、假山、影院、体育馆、游泳池等设施，院内种植树木花草众多，至今仍保留假山、花架及古树。

邯郸丛台公园，取赵武灵王之丛台遗址，于1939年建设为公园，园内有湖、桥、亭、廊、碑刻等，植树种花，采取古典造园布局形式，为历史名园。

张家口市人民公园，原为苗圃，1933年察哈尔省主席宋哲元称："塞外重镇，商贾云集，不可无公共娱乐之地"，遂将苗圃改建为公园。建亭、廊等建筑，种植树木花草，因其地处东、西太平山之间，故名太平公园。1936~1937年，园内增加了一些动物，如梅花鹿、狼、日本小黑熊、狮、虎、狒狒、鳄鱼、日本麝香鸭等，在日本投降前均被击毙。1945年张家口市解放后，改名为和平公园直至张市二次解放，1948年正式更名为人民公园至今。

张家口水母宫始建于清，1936年察哈尔建设厅在此处建公园，调整水系，建桥、亭、廊等园林设施。抗日爱国将领冯玉祥是察哈尔民众抗日同盟军的组建者，任同盟军司令。将军十分热爱树木，身体力行，带领官兵广植林木，并制定一系列植树造林的政策，如驻地官兵要在驻地植树造林，官兵行军打仗时也不许践踏林木等。今日，冯玉祥纪念馆前北山坡，将军所植松、柏林长势旺盛，郁郁葱葱。抗日民族英雄吉鸿昌1933年率察哈尔民族抗日同盟军，北出大境门收复察东四县，为九一八事变后，中国军队首次从日伪军手里收回失地，此举极大地鼓舞了全国人民的抗日斗志。两位将军均在水母宫指挥作战、居住过，故建有两将军纪念馆，园内景色宜人；几经修建，更加丰富多彩。

石家庄市人民公园原为私人花园，1939年日军在其基础上，将周围土地侵占，辟为55亩的公园，名为西花园。建木亭、喷水池，种植林木；无墙垣，以刺槐绿墙为界。1945年日本投降后改名为石门公园。1947年石家庄解放后，由人民政府接管，设专门机构加以整修，扩大绿地，改名为人民公园。1983年改名省会儿童少年活动中心，也称儿童公园。

　　总之，全省11个省辖市近代园林稀少，大部分为新中国成立后新建。原存近代园林大多写仿江南园林的造园手法。堆山理水配以亭、桥、廊等。树木种类为北方常见毛白杨、加拿大杨、国槐、刺槐、合欢等；常绿树以松、柏类为主；花卉常用蔷薇、木槿、丁香、玫瑰及各类草花；攀缘植物以爬山虎、紫藤、凌霄为多；假山多采用石料堆砌而成。

　　　　　　　　　　　　　　（执笔：齐思忱）

第二节　实　例

1. 北戴河莲花石（联峰山）公园

　　北戴河莲花石公园南临大海，南依风景秀丽的联峰山，始建于民国8年（1919年），由朱启钤领导的"北戴河公益会"兴建。是一座利用自然山尾人工营造出来的具有山林意趣的公园，是我国北方早期公园之一。公园现占地面积310.46公顷，内有奇石直立，形似莲房，又有圆石凸出地面，形若荷盖，因此取名莲花石公园（图5-1-1）。

　　联峰山耸立海隅，山上青松翠柏，景色秀丽。古人称它"海滨有岭号莲蓬，悬崖削就金芙蓉"，自古就是登山观海的佳处，是海滨的一块胜景宝地。

　　据历史记载和考古发掘，公元前215年，千古一帝秦始皇在联峰山南峰龙山之巅筑下求仙台。公元前110年，汉武帝在此筑汉武台祭天拜海。公元207年，曹操到此观沧海。公元645年，唐太宗李世民与太子李治来此春日观海。

　　清光绪十九年（1893年），英国人（偕我公会传教

图5-1-1　位于联峰山上的莲花石

士，后任燕京大学教授）甘林"买下"联峰山北峰鸡冠山土地400余亩建造别墅；

　　清光绪二十四年（1898年），清政府正式开辟北戴河为"准中外人士杂居的避暑地"。以美国人福开森（清两江总督顾问，佩戴二品顶戴的外国人，民国几届总统顾问）、美国人范天祥（美国卫理公会的传教士、燕京大学教授）、英籍德国人德璀琳（曾任天津海关税务司）、意大利齐亚诺伯爵（墨索里尼的女婿）等世界著名的洋人，都在联峰山建造了别墅，来此避暑；

　　民国初期，联峰山其"峰峦佳处，泰半为外人所有，观音寺后，界址侵争，联峰范围日削一日"，"各国外侨纷纷组织团体骎骎焉有喧宾夺主之势"，"殆以我不能自治，取而代之"。

　　1916年，晚清重臣，民国政府第一任交通总长、内务总长、代国务总理朱启钤首次来到北戴河，面对这种情况，尤为愤慨。

　　1919年6月16日，朱启钤联领段芝贵（北洋军阀）、周学熙（财政总长）、施肇曾（实业家）、梁士诒（国务总理）、周自齐（币制总裁、财政总长）、许世英（交通总长）、同功堂（曹汝霖的代称）、王克敏、张孤、吴颂平、雍涛、任凤苞、汪有龄、李希明、吴鼎昌共16位北洋政府官僚和实业家，向北洋政府内务部和直隶省呈文，要求组织北戴河海滨自治公益会，并呈拟具的章程。

　　一个月后，内务部于7月21日发批复文："该具呈人等发起组织北戴河海滨公益会，捐资先筑马路，徐图兴办卫生慈善等事，用意甚善，检阅会章，亦无不合，应即照准。"1919年8月10日，公益会在联峰山召开成立大会，朱启钤任会长，并决定：凡名胜古迹载于县志者，以群力保护之，次第规划为公共游览之地。

　　根据这一决定，鉴于东联峰山土地于光绪二十三年（1897年）大部卖给张翼（开平煤矿总办），公益会员（张翼之子）张叔诚以莲花石之部分捐建公园和体育场。朱启钤以他开辟北京中央公园（现中山公园）的经验，亲自设计了北戴河莲花石公园。置景为："莲花石公园之麓缀以石桥，环拱如虹；桥下凿石为池，雨后泉流有声，海潮松涛若应弦节；树荫繁密处建草堂，可供觞咏；花径蹊间分布石座具，可休游屐"。"古刹观音寺行将倾圮，敦促张叔诚君一力修复。寺与公园间有山涧十数丈，可望而不可即，架木为桥以通之；参天古树，掩映梵宇，夜静钟声，另一境地"。

　　根据这一设计，在莲花石附近建一座单檐、攒尖

顶式凉亭；南面建有虹桥。西北面由奥地利建筑师罗尔夫·盖苓设计，以4.7万元建造松涛草堂（现址为林彪别墅，亦名96号楼，图5-1-2，图5-1-3）。草堂为木架结构，稻草盖顶，中间一棵硕大的松树穿顶而出。草堂添一平台，可宴友跳舞、观海听涛、赋诗赏月。草堂东侧修筑鹿苑，为北京同仁堂药店代养梅花鹿二十余只。除观赏外，还为同仁堂取用药材。草堂与鹿苑之间建有一座由盖苓设计的钟亭，里面悬挂一口铸造于明嘉靖五年（1526年）的铜钟。此钟原来在北京的御马槛，当年有人企图将其走私到国外，被截获后，朱启钤利用原来任北京城内警察总监时的关系，将其留在了北戴河（图5-1-4，图5-1-5）。草堂东南兴建运动场一座，内设篮球场一个，网球场两个（当时网球为世界刚刚兴起的女子运动，在中国还非常罕见；图5-1-6），另有秋千、滑梯供游客娱乐。公园路旁树荫下，置石凳、石桌，供游客休闲。

对始建于明朝的古刹观音寺正殿及东西配殿的柱子进行拆换，门窗全部重新油漆彩绘，并在西侧新建禅房3间，辅以回廊。公益会特别请我国文物专家郭葆昌（字世五）仿照北京广华寺的观世音像，对山门内的神像重新雕塑。

图5-1-4　罗尔夫·盖苓钟亭设计图

图5-1-2　建于1920年的霞飞馆（摄于1920年，由罗尔夫·盖苓之子弗朗西斯·盖苓提供）

图5-1-5　林彪楼附近的钟亭

图5-1-3　霞飞馆旧址上建起的林彪别墅

图5-1-6　公园内的网球场
[1929年7月，张学良（左者）在北戴河网球场上打球]

观音寺山门前，两列白皮松闪开一条通往霞飞馆的通道（图5-1-7）。在观音寺与霞飞馆之间的山涧上架起一座桥，名曰蠖公桥（图5-1-8）。在联峰山建苗圃10亩，培育白果树、罗汉松、马尾松、龙爪槐、合欢树等名贵树木。经六七年培植，植树数十万株，花木十余万株，果木苗近六十万株。以后又续建苗圃三处，达323亩。

莲花石公园建成时，在莲花石的东南立有一通赑屃座雕龙石碑，石碑正面为时任北洋政府大总统徐世昌为公园所题诗词的手迹石刻："海上涛头几万重，白云晴日见高松；莲花世界神仙窟，孤鹤一声过碧峰；汉武秦皇一刹过，海山无恙世云何；中原自有长城在，云壑风林独窨歌"石碑的背面是朱启钤题记，（图5-1-9，图5-1-10）由担任过安徽省省长、时任民国交通总长的许世英书写的《莲花石公园记》，碑文如下：

临榆县西六十里曰戴家河。明季海运，帆樯波属。今为京奉铁路尾输地，而北戴之名特著。背倚联峰，拔出水平线四百尺，渤海襟其前。晴日当空，水山一碧。

图5-1-9　位于联峰山莲花石东侧的石碑

图5-1-7　两列白皮松闪开一条通往观音寺山门的通道

图5-1-8　联峰山内蠖公桥

图5-1-10　1919年碑文

长城东峙，奔牛北囊，萦褒天际，嵌崎蔽亏。游展乍经，曷止忘暑，几可忘世。联峰多奇石，翠薇眺瞩。跗萼偃伏，轮囷者若房，怒目者若的，擎立者若盖，倚筇四望，直万顷芙蕖，几忘其为石也。是名为莲花石。半山以上，万松交摩，鳞鬣隐坑谷，苍翠作殊态，入耳疑风涛声。林壑幽美，兼一峰之胜，则今之公园在焉。光绪中叶，海疆多故，旅大威胶既约质，海军遂无良港。英教士甘林，适于联峰绝顶筑岩室。守者惊以告大府，恐复为有利者所攫，失我奥区也。特檄张公燕谋，周视海滨，寻以滩浅不能容巨舶，乃罢。联军起，德人屯偏师于莲花石。梵宇民墟夷为灶幕。侨商乘势度地经营，衡宇栉比，与石岭金沙之烟树楼台交相掩映。盖斯时，地久等于瓯脱。主客杂居，无复过问。鼎革以还，风会一开，邦人士来之游者日众。丙辰秋，许君静仁长交通，拓海滨支线，以惠行人。余时以遣客结庐于西山之麓，野服徜徉，咨考故实，深惧山川风物不可以久存也。乃谋倡自治，立公益会。修路筑室，井埋木刊，前邪后许，西人亦敛手无异词。张公哲嗣文孚君复允慨捐别业，以公诸世，而兹园以成。县令周嘉琛，又为之禁樵苏，杜侵夺，名山胜迹庶几获全。今年秋余约静仁来游，欢聚累日。每当皓月临空，葛巾芒屦，与中外士女偕游，松影潮声，行歌互答，觉人天相感，物我俱忘。是则孔子所谓"与世大同"，庄子所谓"相忘江湖"者也。余虑后之来者，忘其所自，且不足以彰张氏之高义，故纪其本末，以为异日之征。园既成，今大总统徐公赐诗有"海山无恙"之句，谨沐手拜嘉勒之贞珉，以寿此石。

中华民国八年岁次己未八月
紫江朱启钤撰　秋浦许世英书

　　对于莲花石公园，时人吟咏极多。晚清戊戌变法领袖人物康有为也在此留诗一首：万里波澜拍岸边，五云楼阁倚山巅。天开图画成乐土，人住蓬莱似列仙。幕卷涛声看海浴，朝飞霞翠挹山妍。东山月出西山雨，士女嬉游化乐天。

　　1919年时任大总统的徐世昌亦曾为莲花石公园亲笔题诗。

朱家坟

　　朱家坟位于北戴河莲花石公园东部，是北戴河开发奠基人、莲花石公园创始人朱启钤家的私人陵寝，属墓地园林。这里西邻霞飞馆，东邻双桥，南邻朱家的"蠡天小筑"和两幢"同功堂"别墅（原属曹汝霖、朱启钤、梁士诒、任振采交通系四巨头），北邻观音寺。

　　朱家坟占地面积四千余平方米，始建于1924年，是我国北方极为罕见的融西洋墓地与湖南长沙墓地为一体的式样。茔地围墙镶嵌花饰、琉璃瓦盖帽。地段内松柏夹着刺槐郁郁葱葱、馨香四溢，四周为高大的油松、刺槐和栎树等组成的混交林。茔地用侧柏绿篱区分为东西两大区域。东部墓穴旁的爬地柏，以异形的体魄，展示着它那顽强的生命力。通往墓穴的三条甬道旁是排列整齐的白皮松（图5-1-11）。墓穴北部为紫薇、木槿等花灌木。西部营建了六个墓穴，每个墓穴均呈正方形，四周设有花岗石围边，内植花卉。茔地内高大的塔柏、泛光而斑斓的白皮松、道斑苍苍的马尾松、挺拔入云的薄叶松伴着翠柏，密密匝匝，幽静安谧。引人注目的是林间古藤似千万条龙蛇在松海里游弋，爬满了支架；每逢春夏之交，肥硕的紫藤萝，繁花累累，绚丽多姿。在藤萝架的东侧，点缀着一座小憩草亭（图5-1-12）。整个墓地展现出中西结合、南北结合的绚丽画卷。这里原为津浦铁路局的德国工程师白克纳的别墅用地，1917年第一次世界大战爆发，白克纳被遣返回国，便将别墅卖给了朱启钤。朱启钤对风水学有一定的研究，夫人在宝珊也认定此处风景佳胜，即有埋骨于此之意，遂选了这块吉地作为朱氏茔地。起初本不打算拆迁原为白克纳的别墅，后经堪舆，认为别墅选址风水极佳，故将别墅原样迁于新址，在房址上营造茔地（图5-1-13）。茔地为朱启钤自行设计，当地建筑商阙向午施工建成。原设计是一室二穴的合葬墓，分男左女右，主墓还设有机关，以备死后打开坟墓安葬。1927年，51岁的于夫人病故于天津蠖园，翌年送至这里下葬。这里是于夫人与朱启钤的衣冠冢。

　　新中国成立前夕，朱启钤怕受往事牵连移居上海，准备逃到香港。中共中央进京后，朱启钤受周恩来总理感召回北平。回京后，朱即运用原中兴轮船公司董事长身份的影响，联合常务董事张叔诚（开平矿务局督办张翼之子）、黎绍基（黎元洪长子）等董事，把已跑到香港的九条轮船召回国内，投入祖国建设。他珍藏的56件明代歧阳王世家文物，拒绝高价售给美商，全部无偿献给国家。

　　朱启钤到京后担任中央文史馆馆员兼古代整修所顾问、北京市政协委员、全国政协第二、三届委员。20世纪50年代初扩建天安门广场，周总理征求朱启钤、朱海北父子意见，朱氏父子提出的建议多被采纳。朱启钤逝世后，鉴于北戴河朱家茔地被划为禁区，中央统战部征求家属意见，最后经周总理批准，遗体安葬在北京八宝

图5-1-11　朱家坟道旁排列整齐的白皮松

图5-1-13　在房址上营造的茔地

图5-1-12　朱家坟内藤萝架与小憩草亭

图5-1-14　朱氏墓地西段

山革命公墓。

　　朱氏墓地西段是朱启钤由张书诚手中买下的，以备儿孙辈日后使用（图5-1-14）。东北角上单独安葬的是朱启钤的七女儿朱浦筠女士，1929年她在天津南开中学读书时患脑膜炎去世，死时年方17岁。因茔地设计无女儿墓穴，故临时葬在这里。

　　东穴是朱老长子朱沛与夫人孟广慧合葬墓。朱沛早年毕业于天津南开大学，与周恩来是同期，民初曾任津浦铁路账房总管、总务总长等职。朱沛墓往南分别是朱启钤长孙、次孙墓。

　　西排汉白玉馆墓穴，原设计是朱启钤次子朱渤（海北）墓穴。朱海北曾追随张学良做副官，后其六妹朱洛筠于1934年在德国与张学铭（张学良的胞弟）结婚，朱家与张家就成了姻亲。改革开放后，朱海北任中央文史馆馆员，1996年逝世后葬北京八宝山革命公墓，享年87岁。

　　（执笔／赵国祥、韩桂君、安立新、王英飞；摄影／冯树合）

2. 邯郸市丛台公园

　　邯郸市丛台公园位于邯郸市中华大街，是利用古丛台，于民国28年（1939年）修建的一座近代公园（图5-2-1）。该园东邻中华大街，西至第一中学，南与市政府、市宾馆接壤，北靠丛台西路。现占地面积24公顷，水面2.8公顷。是以古赵历史文化为主题，集文物古迹游览、花卉欣赏、儿童游乐、动物展示于一体的综合性文化休憩公园（图5-2-2）。

　　（1）历史沿革及其背景

　　公元前325～前299年，战国时期赵国赵武灵王在位时，在此地筑建丛台。

　　之所以称为丛台，是因为当时是由许多台子连接垒列而成的。《汉书》颜师古注：以其连聚非一，故曰丛台。传说故丛台建有天桥、雪洞、花苑、妆阁诸景，结构奇特，装饰美妙，在当时名扬列国。赵武灵王筑台的目的是为了观赏歌舞和军事操演。明朝白南金在《丛台吊古》诗中曾有"台上弦歌醉美人，台下橐鞬耀武士"的咏句。

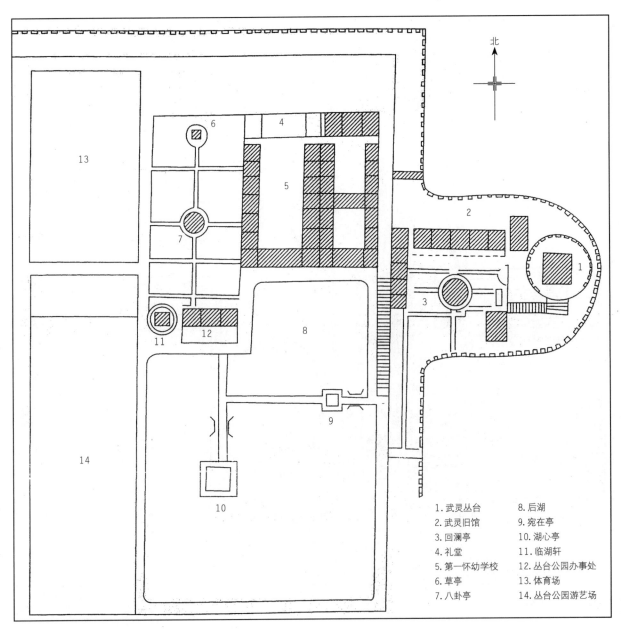

图 5-2-1　1939 年邯郸县丛台公园总平面图

1. 武灵丛台　　8. 后湖
2. 武灵旧馆　　9. 宛在亭
3. 回澜亭　　　10. 湖心亭
4. 礼堂　　　　11. 临湖轩
5. 第一怀幼学校　12. 丛台公园办事处
6. 草亭　　　　13. 体育场
7. 八卦亭　　　14. 丛台公园游艺场

北

南宋乾道五年（1169 年），也是金大定九年，南宋使臣楼钥在《北行日录》中记道："赵王丛台在县之北，上有亭榭"，由此可知，至迟在金时丛台上已有亭。

明嘉靖十三年（1534 年），台上逐渐增建据胜亭、回澜亭、武灵旧馆等，并添置碑刻，绿化台面，使丛台面貌更加完美。

据《邯郸县志》记载，仅明代中叶至民国期间短短的四百多年中，丛台就修建了十多次，当时定名为邯郸县公园。新中国成立前夕丛台公园已名存实亡，八卦亭、临湖轩、茅亭仅存遗址。

1952 年，邯郸设市后，市人民委员会即确定保护这一名胜古迹，定名为邯郸市丛台公园。

（2）建园主旨

邯郸是一座历史文化名城，有着三千多年的历史，位于河北省南部，是古代赵国的国都。丛台公园以园中丛台为中心开辟建立，故取名丛台公园。

丛台经过两千多年的变迁，外貌虽然改变了多次，但台基、夯土没变，历代都是在原址上维修，因此，丛台具有很高的历史价值，它是赵历史文化的代表和唯一遗址，是邯郸的象征。所以后人以此遗址为中心开辟成一个综合性的公园，有着一定的历史意义和纪念意义（图 5-2-3）。

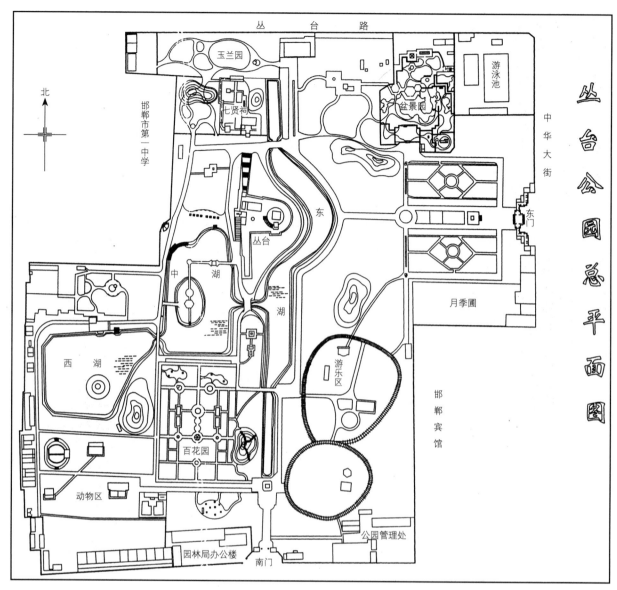

图 5-2-2 丛台公园总平面图

（3）继承与发展

丛台公园历经世事的变迁及新中国成立后的发展，除面积扩大外，园内逐渐增加了许多景点。其主要景点有：

丛台（图 5-2-4）全名"武灵丛台"，是公园内的主体建筑，省级重点文物保护单位，为战国期间赵武灵王——赵雍在位时期所建。丛台的顶层原是平台，明嘉靖十三年（1534 年）始建亭于台上，取名据胜亭，其意是在交战中据此者胜。流传很广的《二度梅》故事中的男女主人公最后诀别就在这里。次层的北屋，原名武灵馆，清末改称财神庙，1922 年秋重修时改名为武灵旧馆。是纪念赵武灵王的建筑，现为武灵王展室。室前的小亭名回澜亭，建于 1931 年。

由于世事变迁，丛台多次遭灾，最后一次大修在 1964 至 1965 年间。此次大修，国家对古丛台进行了全面的翻修和彩画，把原亭阁上的灰瓦换成琉璃瓦，使丛台更为崇丽壮观。现存丛台占地 3500 平方米，高 27 米，分上下两层平台。上层台面呈圆形，面积 283 平方米，下层台面呈半环形，与西侧旧城墙衔接，面积 3217 平方米，青砖筑就（图 5-2-5）。

唐代大诗人李白、杜甫、白居易都曾登台挥毫题诗。清帝乾隆 1750 年秋南巡时路过邯郸，登上丛台，挥毫写下七律一首《登丛台》，此碑立于丛台北门。丛台南门立有郭沫若 1961 年秋来邯郸视察时登丛台所写碑文。

在丛台次层上，据胜亭台壁周围，镶嵌着明清年间

图 5-2-3　远观丛台

图 5-2-4　丛台

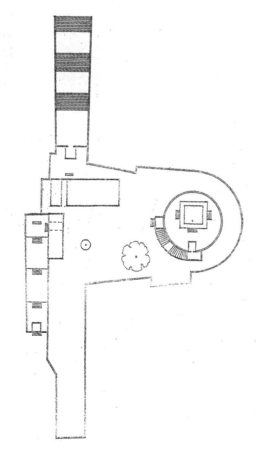

图 5-2-5　武灵丛台平面图

文人学者关于丛台所作诗画碑碣 7 块。主要有清朝举人李世昌的画兰题诗四首，清朝进士王琴堂的梅花题诗碑，清朝申涵光的七古《邯郸行》，清朝举人英綮的《登丛台有感》，还有明代进士张承仁的七律《登丛台》等。这些碑碣的诗词绘画都颇具独特风格。

丛台次层的西南侧还立有民国年间（1922 年）陆军第十五混成旅参谋长何遂，为 1922 年丛台修复竣工而撰写的丛台集序碑。此集序碑主要记叙了丛台历史的悠久、名称的来历和位置、修建的概况与各景点的来历。

1995 年政府拨专款对丛台次层的武灵旧馆进行了全面修建，并恢复了匾额。1997 年翻建了丛台次层的西厢房。1999 年全面维修彩绘了丛台上所有的亭阁。以上三次维修共耗资 150 万元。

丛台在两千多年的漫长岁月里，虽经过历代的修缮和改建，但仍保存着古代亭台的独特风格和赵国雄风。它是赵文化保存最为完整的建筑，是邯郸的象征。

七贤祠（图 5-2-6）位于武灵丛台北侧，坐北朝南，占地面积 524 平方米，是为祭祀赵国七贤而建造的。祠内有韩厥、公孙杵臼、程婴、廉颇、蔺相如、赵奢、李牧七位贤人的塑像。这七位贤人给我们留下了许多成语典故，如：赵氏孤儿、完璧归赵、负荆请罪、纸上谈兵等。

邯郸碑林（图 5-2-7）占地面积 2767 平方米，建筑色调为青砖、灰瓦、朱柱、粉墙。碑林内搜集有古碑志 33 块、当代书画名家墨迹石刻 12 块，其中最为珍贵的为国家一级甲等文物"唐故魏博节度使，检校太尉兼中书令赠大师庐江何公墓志铭"，其规模之大，雕刻之精美，文字之多，为唐代墓志所罕见，属全国之最。其他碑刻都不同程度地涉及当时国家政治、经济、军事及水利、教育、名人传略等重要资料。

乾隆碑、郭沫若碑（图 5-2-8，图 5-2-9）两块碑立于丛台上。乾隆碑上刻的是 1750 年秋，乾隆皇帝第一次下江南路过邯郸登上丛台，触景生情咏七律两首。正面诗中借丛台景观歌颂了当时他统治时期的国富民安、一片繁荣的景色；背面诗中把邯郸历史时期的风土人情至清时期邯郸的物产都一一作了介绍。这块碑对了解邯郸历史和清朝时期的邯郸状况都有较高的参考值。郭沫若碑上刻的是他 1961 年秋视察邯郸时，登上丛台看到乾隆碑后，提诗贺对乾隆的诗一首。前四句把赵国时期著名典故和名胜描述出来，后四句把邯郸现状及地理位置精炼点出。使人们看到这首诗后，就对邯郸的历史和现状有了初步了解。

望诸榭（图 5-2-10）原名望诸君祠，位于武灵丛

图 5-2-6　七贤祠

图 5-2-7　邯郸碑林

图 5-2-9　郭沫若碑

图 5-2-8　乾隆碑

台西南的湖面中间，是一座庄重古朴的六角攒尖顶建筑，这是为纪念战国时期著名军事家乐毅而建的。

宛在亭（图 5-2-11）位于通往望诸榭的两拱桥之间，为八柱四角攒尖，砖木结构，布瓦其上，古色浓郁。

园内有精品专类园 6 座：玉兰园、牡丹园、月季园、百花园、槐荫园、盆景园，土山 3 座。园内绿化覆盖率达到 90%，全园花草繁茂、绿树成荫，形成了以常绿树木为主调，乔、灌、花、草相结合的植物配置格局。园内共栽植观赏树木 37 科，主要树种有雪松、油松、垂柳、碧桃、百日红等一百多个品种、八千余株。其中珍稀树种有：银杏、云杉、白皮松、枫杨、乌桕、杜仲、丝棉木、车梁木、天目琼花、西府海棠、凌霄、蜡梅、桂花、海仙花、麻黄等二十余种；栽植草坪 25000 平方米。充分利用散植、丛植等栽植手法，营造出各个景区的特色。各景区之间又有一、二级园路相连，园路采用青石、卵石、透水砖等铺装。加上园内的几座小山点缀，使园内地形高低起伏，气势雄伟端庄。

（负责人／江宝山；执笔／鲁础红、王红霞；

摄影／刘杰）

图 5-2-10　望诸榭

图 5-2-11　宛在亭

3. 邯郸黄粱梦吕仙祠

黄粱梦吕仙祠是河北省著名的文物古迹和旅游胜地，系省级重点文物保护单位。吕仙祠是依据唐代传奇《枕中记》而产生的全真教道观，始建于北宋初期，占地1.4公顷。主体建筑为明清时代的建筑群，是中国北方规模最大和保存状况最好的道教宫观之一。祠院内朱垣掩映，绿树葱茏，碧波荡漾，青烟缥缈……颇具北方道观之幽静和江南园林之清丽的和谐统一风格，故素有"蓬莱仙境"的美誉。黄粱梦吕仙祠还是国内唯一以梦为载体的文化景区，在国内外享有较高的知名度（图5-3-1）。

（1）历史沿革

黄粱梦吕仙祠依据唐代沈既济所撰传奇小说《枕中记》产生的著名梦典"一枕黄粱"而建。据历史文献和历代维修碑文记载，黄粱梦吕仙祠始建于唐末宋初之间，具体年代不详。

明嘉靖二十八年（1549年）秋，道士国师陶仲文路经邯郸，见吕翁祠殿宇倾圮，规模狭隘，乃以帑金重建。

太常寺寺丞龚佩监修，历三月竣工。次年八月，陶仲文报请朝廷赐额。明世宗皇帝（朱厚熜）亲书"风雷隆一仙宫"，命工部制匾，差礼部卿徐阶至邯郸行安谢礼。后因边境战事紧张，徐未成行。

明嘉靖三十三年（1554年），陶仲文自请携御匾至邯郸行安谢礼。因修复的祠门（今午朝门）门楣低隘，不能挂匾，又于祠门南重建一门（今丹门，又称丹房）以承匾。复在新旧祠门之间凿莲池，建栈桥、八卦亭。奠定了黄粱梦吕仙祠的建筑格局。

清康熙七年（1668年），直隶总督部院白秉真捐金重修吕仙祠，始建面西大门、八仙阁。

清乾隆十五年（1750年），高宗皇帝（爱新觉罗·弘历）南巡，往返均驻跸吕仙祠。祠大门前照壁，据传建于乾隆首次驻跸之前。清乾隆五十一年（1786年），河南巡抚毕沅捐金修三大殿、栈桥、桥亭。

清嘉庆十六年（1811年）秋，两江总督百龄捐金修缮吕仙祠。

清光绪二年（1876年），邯郸县知县周锡璋及同城文武并广大寅僚捐助，修缮吕仙祠并油饰彩绘。

清光绪二十七年（1901年）秋，慈禧太后与光绪皇帝自西安起程回銮。邯郸县知县奉命在吕仙祠左右建东、西行宫。同年冬，慈禧等过吕仙祠小憩。

民国6年（1917年），邯郸县山洪暴发，吕仙祠大部分建筑坍塌。民国7年（1918年），警长孔纯洁联络县绅，募捐修葺。民国8年动工，未久，因年荒募捐中断而停工。民国11年（1922年）复工，11月竣工。从此至中华人民共和国成立前，吕仙祠未得到续修。

民国时期，北洋军队、东北军队、日本侵略军都曾驻扎吕仙祠，给吕仙祠的文物造成相当程度的破坏。中华人民共和国成立初期，吕仙祠曾长期被邯郸县政府、银行、中学等单位占用。

1956年，河北文物工作队普查黄粱梦吕仙祠，公布其为河北省第一批文物保护单位。

（2）公园布局

黄粱梦吕仙祠祠域为长方形。围墙南北长140米，东西宽100米。北侧围墙两角为直角。南侧围墙西南角为直角；水平向东延伸至八仙阁后，因受祠外水渠影响，呈弧形与东围墙连接。祠体坐北朝南，典型的宫观布局形制。唯祠大门面朝西，乃与道教讲风水术有关系——因祠之西有紫山，古传"紫气西来"，故祠门向西以接纳仙气。这种正门在侧的建造方式，于古宫观中是较为特别的。全祠以功用划分为前、中、后、东院四大部分。

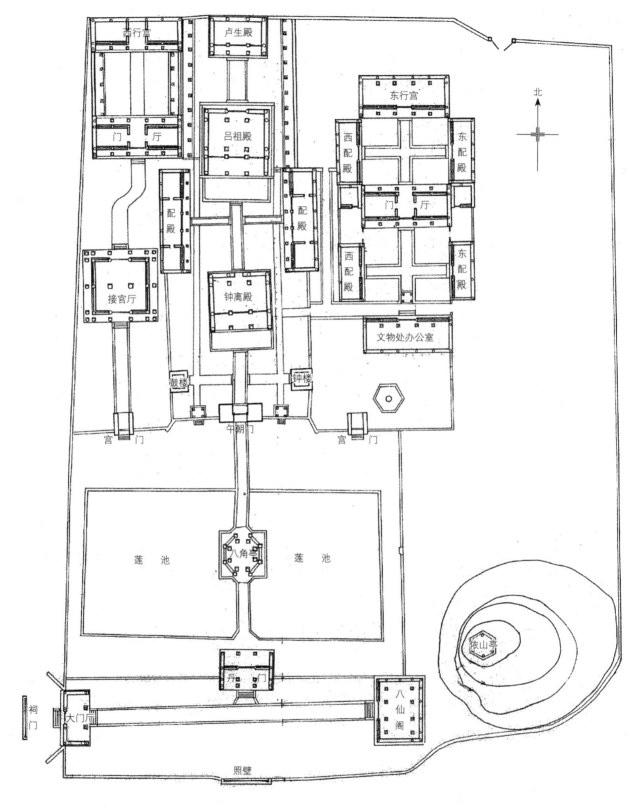

图 5-3-1 邯郸黄粱梦吕仙祠总平面图

前院面积 962.5 平方米。祠门与八仙阁东西相对，相距 55 米。嵌明代大刻石的照壁与丹门相对，相距 17.5 米。封闭式的布局，显示出道教文化的神秘性。此院现为接待和附属祭祀区。

中院面积 2709 平方米。西围墙与东墙（有月门通东院）相距 64.5 米。丹门与午朝门南北相距 42 米。两门由贯穿莲池的栈桥连接。栈桥中央基座上建有八角亭。莲池面积 1595 平方米，呈长方形。池南丹门两侧建有临池长廊。此院现为赏景、休息区。

后院由三个院组成：主轴线上的中院，南至午朝门，北至围墙，相距 71 米。东、西院墙相距 21 米，面积 1491 平方米。钟离殿、吕祖殿、卢生殿、自南至北排序，体现出道教的师徒三代传授关系。三殿两侧建有配殿和钟楼、鼓楼。此院是吕仙祠的主体部分，属于祭祀区。东跨院即东行宫，为一座三进四合院，面积 1455.5 平方米。现前一进为办公区，后两进为游览区。西跨院即西行宫，为一座两进四合院，面积 1363.5 平方米。建筑物有接官厅、太后寝室等，现已辟为清史展室。此院为游览区。三院虽各具向南正门，但亦有院门甬道相通，连成一个大院。

东院呈不规则狭长形，南北墙相距 134 米，东西墙最宽 30 米，面积 4020 平方米。南部有 16 米高的假山，上建驻云亭。1987 年新建中国名梦馆。此院现为游览娱乐区。

吕仙祠的建筑朴实、庄重，布局对称、精巧，有着独特的北方古建风格。祠内翠树、绿坪、朱垣、白桥、红莲交相映衬，给人以身临"蓬莱仙境"之感。既有北方道观静穆、神圣的基调，同时又兼具江南园林旖旎、清丽的神韵，体现了我国道教文化的"清静无为"、"人天合一"以及梦境、人生虚实互生、祸福相依的思想，是祭祀和园林功用和谐统一的古建筑群。黄粱梦吕仙祠在规划设计、建筑技艺、环境营造等方面独具匠心，有着自己鲜明的特征。遗存的明清碑刻，亦具有史料和书法艺术价值（图 5-3-2，图 5-3-3）。如雕刻得栩栩如生的明代青石卢生造像，每字字径逾米、笔力遒劲、世传为"仙迹"并被外地景点多处摹刻的"蓬莱仙境"石刻，清代著名儒臣、刑部尚书魏象枢手书诗碑等，都是吸引游人驻足观赏、不忍离去的文物。

现保存及新建的景点有：

"蓬莱仙境"石刻（图 5-3-4） 石刻整体布局颇具气势，雄奇灵健，书体为飞白狂草，每个字的运笔遒劲飞动而又不失凝重感，素来有"仙笔"之誉。

图 5-3-2 古柏

图 5-3-3 碑廊

吕祖殿（图5-3-5，图5-3-6）明代建筑，单檐歇山琉璃瓦顶；拜殿东墙嵌清代李棠"再过黄粱梦用张卤韵"碑刻一通，西墙嵌明代张卤"吕翁祠留题"碑刻一通。

卢生殿 内供奉青石卢生睡像（图5-3-7），两金柱悬挂富含人生哲理的名联——"睡至二三更时，凡功名都成幻境；想到一百年后，无少长俱是古人"。

图5-3-4 "蓬莱仙境"石刻

图5-3-5 黄粱梦吕仙祠之一

图5-3-6 黄粱梦吕仙祠之二

图5-3-7 卢生睡像

莲池（图5-3-8）祠内莲池栏杆系用汉白玉雕刻而成。池边有石雕龙头，清水从其中喷射而出，玲珑剔透。

中国名梦馆 一组仿明代歇山瓦顶的新建筑，内部精选33个梦典，以壁画形式展示。

4. 保定直隶总督署

直隶总督署位于保定古城中心裕华路北侧，是清代直隶总督的办公处所（直隶是河北省的旧称），是中国唯一保存完好的清代省级衙署，有"一座总督衙署，半部清史写照"之称。1988年1月13日被国务院公布为全国重点文物保护单位。

（1）历史沿革

总督署建于清雍正七年（1729年），至1911年清帝逊位，历经8位皇帝183年的历史，先后有直隶总督74人99任。直隶总督位高权重，多为朝中重臣，方观承、曾国藩、李鸿章、袁世凯都曾在此任职。其中李鸿章任职时间最长，达25年之久。

其建筑历史，可追溯至元代，时为顺天路总管府所在地。元世祖至元七年（1270年），顺天路总管府治中周孟勘建宣化堂于此。明洪武年间改为保定府署。永

图 5-3-8　莲池

乐元年（1403 年），改为大宁都指挥使司署。清康熙八年（1669 年），清政府裁撤了大宁都司署，此地改为参将署。雍正七年（1729 年）改建为直隶总督署。自雍正七年至宣统三年（1911 年）历时 183 年，一直为直隶省的最高军政枢纽机关。1913 年省会迁至天津，1916 年为直隶督军署，1918 年为川粤湘赣经略使署，1920 年为直鲁豫巡阅使署，成为直系军阀的大本营。1923 年曹锟任北洋政府总统后，为直系、奉系、晋系首脑机关所在地。1939～1945 年。为日伪河北省政府驻地。1945 年 9 月，日本投降后，国民党河北省政府、保定警备司令部先后驻于此。1948 年 11 月 22 日保定解放后，冀中行政公署驻此。1949 年 8 月，成为河北省人民政府驻地。1958 年省会迁天津后，先后为保定专员公署、中共保定市委驻地。1990 年市委迁出，改建为直隶总督署博物馆，正式对外开放。1988 年被国务院公布为全国重点文物保护单位，被评为国家 AAA 级旅游景点。

（2）建筑布局

该署规模宏大，由中、东、西三路组成，南北长 220 米，东西宽 130 米，总面积约三万平方米。中路是主体建筑，保存最为完好，由大门（图 5-4-1）、仪门、大堂、二堂、三堂、四堂形成中轴对称的五重院落。大门上方正中悬挂匾额"直隶总督部院"（图 5-4-2）。大门前两侧有东、西班房，班房南有东、西辕门，辕门前有照壁、旗杆。总督署大门三间，沿甬道往北是三间仪门，仪门上有"威抚畿疆"匾额。仪门至大堂间有五十余米的甬道，各有 9 间厢房分列西、东。大堂是总督署的中心建筑，面阔 5 间，长 22 米，进深 10 米，堂前有抱厦和月台。大堂至四堂均有耳房、厢房、回廊。东路建筑有寅宾馆、武成王庙、幕府院、东花厅、外签押房、胥吏房等。西路建筑有旗纛庙、幕府院、箭道、花园等（西路建筑及设施现已不存在）。建筑均为小式硬山式，

图 5-4-1　大门

图 5-4-2　悬挂的匾额

灰砖布瓦，是一座典型的清代北方衙署建筑群。

（3）总督署大门外建筑小品

在中国古建筑中，总有小型单体小品出现在建筑组群之前。总督署大门外，便存有一组建筑小品，即照壁、辕门、旗杆、石狮、乐亭、鼓亭、两面八字墙、班房等，构成了一组半封闭的方形院落。其东西宽度基本等同于大门以内中路的宽度。

辕门　是总督署最前面的第一道门（图 5-4-3）。东西各一座，均为木制两柱三顶结构的门楼。车辕门上

图 5-4-3 辕门

图 5-4-4 大门外的石狮

书"都南屏翰"，西辕门上书"冀北干城"。民国初年，曹锟在对辕门进行重修的同时，将门顶上均改书成"辕门"两字。木栅栏也改用水泥制作的西洋瓶式栏杆，现班房南侧仍有部分存留。

照壁　是古建筑中大门外用做屏障的特有设置。总督署的照壁面对大门，清时两侧用木栅与东西辕门相连，照壁为须弥座，灰砖压缝，主壁高约五米，北面墙上雕有一幅海水江崖、旭日东升图案，正中画有饕餮。在旧时官署衙门外照壁上，常以贪婪的饕餮形象警告官员莫要贪赃枉法。照壁南侧两端各嵌有两块虎头图案告示牌，供张贴布告之用。照壁在 20 世纪 50 年代修建裕华路时拆除。

旗杆　辕门内东西两侧，清时原各有木制旗杆一根，高约二十米，是清代省级官式衙署的重要标志，也是权威与地位的象征。旗上端 1/3 处有一方形旗斗，下收上放，可以站人，其最顶端一横杆与地面平行，上挑一长方形红边白底儿彩旗，旗心书有"直隶总督部院"六个宋体黑字。

石狮　在大门外左右两侧各 1 只，左雄右雌（图 5-4-4）。雄狮右爪下踏球，象征王权的至高无上，雌狮左爪下踏幼狮，象征子嗣旺盛。石狮也是衙署的重要标志之一。

鼓亭、乐亭　是总督举行拜发奏折等活动时的奏乐之所，现已拆除。门外的系列建筑小品，其形式服从衙署的功能内容，与衙署建筑组群达到建筑艺术的完美结合。

（4）园林概况

衙署建筑布局严谨，园林格局也以衙署中轴甬道为中心，树木种植位置以东西对称构成衙署的规则式园林布局，以突出严肃整齐的气势。现有超过 300 年以上的古树约十株，均为国家一级古树。

根据建筑空间大小和功能不同，今将树种类别和位置分述如下：

第一进院：由大门至仪门间长约 16 米，甬路东西两侧各有两株树高近 13 米的古柏（侧柏），遥遥相对（图 5-4-5）。此区间的建筑主体为大门、仪门。仪门是总督迎送宾客的地方。按清制，与总督官阶相当的官员来署，总督应出仪门迎接；其他官阶较低的官员，则按文东武西规制走东、西便门。

植树的位置自然也随其功能性质分为两排。选择柏树，因其干直、寿命长，一年四季常绿。树木成排成行栽植，衬托主体建筑，体现威武、严肃的建筑氛围。此处还保留有一株古枣及古槐，胸径都在五十厘米左右。近期又增加了绿篱和两排龙爪槐。

第二进院：由仪门至大堂间长约 52 米。大堂即正堂，又叫公堂、公厅、正厅，为整座衙署的中心主体建筑，是举行隆重庆典和重大政务活动的场所。堂外东西厢房为科房，是署内人员的办公处所，采用四合院布局形式。在甬道正中还设有"公生明"牌坊（图 5-4-6）。目前，仍保留的古树有古柏 6 株、古槐 5 株，此外还有桧柏并列在大堂之前。每到秋冬季节就会引来上百只猫头鹰栖居在树上，形成衙署奇观——"古柏群鹰"，说明生态良好。以古槐、古柏构成大堂空间的树种，营造了

图 5-4-5 古柏

图 5-4-6 "公生明"牌坊

图 5-4-7 古树参天

肃静、清雅的气氛（图 5-4-7）。

第三进院：由大堂至二堂之间距离约 12 米，为一小型封闭空间，布局严谨，四周廊庑相通。

二堂又称退思堂、思补堂，是总督复审案件、会见外地官员的地方。东侧为议事厅（是总督升堂前与幕僚议事的地方），西侧为启事厅（是幕僚为总督查找案卷、代笔行文的地方）。因空间小，又是需要单独进行公务活动的地方，所以树木种类和数量都较少，现只保留两株胸径 50 厘米以上的古槐和一株古柏及后植的核桃、桧柏、玉兰。

第四进院：二堂至三堂之间近 15 米，为封闭式的小庭院。三堂又称官邸，是总督的书房和内签押房。每日总督在这里批阅来文、处理公务及著书立说、习经写字，闲暇之余可驻足庭院欣赏美景。

现今仍保留了花坛的位置和形式。乔木有国槐、刺槐，花灌木有海棠、石榴（图 5-4-8）。

第五进院：三堂至四堂之间距离约 16 米。四堂又称上房，是总督及内眷起居活动的地方。建筑小巧，院落幽静，生活气息浓厚。

在院内栽植花木，陈设盆景，构成开朗、安静、舒

图 5-4-8 三堂外景

适的居住环境。现保留的种植布局是以对称的四个花坛，形成比较开朗的庭院空间。保留的树种有古槐、椿树、丁香，另有两株紫藤与国槐盘绕在一起，形成共生的景象（图 5-4-9）。

后花园 穿过四堂西北的侧门通过便道与后花园相通，为总督和眷属消遣游玩的地方。有亭、廊、楼、阁和假山、花木，面积约二百平方米，现已不存。

概括衙署园林的特点是古树参天，对称布局，严谨

统一，体现威严肃静的氛围。现有乔木近百株，花灌木近百株，被评为省级园林单位。

（负责人／卜根旺、李丙发；执笔／杨淑秋、张晶；

摄影／马丽、王哲；制图／马丽；

参编人员／曾素梅、赵树民）

5. 保定城南公园（人民公园）

保定市人民公园位于保定市天威中路，始建于1921年，建园已有八十多年历史，在河北近代园林史中占有很重要的地位。该园北靠城墙，南临府河，为自然式布局。现占地约13公顷，其中建筑2公顷，水面1公顷，是集休闲娱乐、观赏动植物为一体的综合性公园（图5-5-1）。

（1）历史沿革

1920年，直鲁豫巡阅使曹锟（天津人）坐镇保定，来往津保之间。

1921年，曹锟在保定南关旧城外西南隅，跨大清河南北，度地六百余亩修建公园，定名为城南公园，俗称曹家花园。园中建有楼、台、轩、馆、茶社、戏院，河南岸建别墅、杏花村。以小桥连接南北两岸。水中遍植荷花，登古城墙观荷，有"百里荷香"之称。

1922年，城南公园建成，正值曹锟60大寿，曾邀请梅兰芳、程砚秋、尚小云、白牡丹等名角在园内剧场庆贺演出。

1922年，康有为为城南公园大清河南岸乐寿园景点题名"老农别墅"。1928年，改直隶省为河北省，城南公园易名中山公园。

后军阀混战，"曹公移节以去，继以变乱兵燹，不转眴而沦为废圃。旧日台榭，雨剥风蚀，木腐石脱，虫鱼花鸟亦无复存者"（碑记）。

1935年，河北省政府由天津迁回保定，驻军二十九军军长宋哲元（后任河北省主席）"仰陈迹之感，复为人民之正当娱乐场所，慨然有动于中，乃出资重修……计用资二万金……后赖五十三军万军长敕所属兵夫协力营构。共葺理者为门二、斋二、楼一、轩三、亭三、洞四、桥三、

图5-4-9　紫藤、国槐盘绕共生

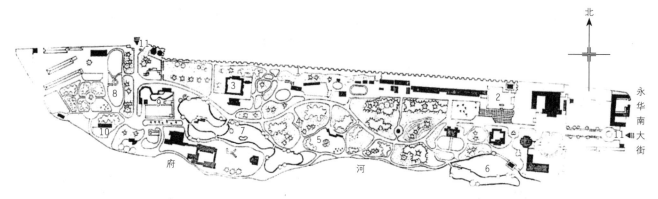

图5-5-1　保定市人民公园平面图

1.城垣赏景八处；2.古城遗址——小南门；3.静宜园；4.别有洞天；5.合欢草地；6.曲水荷香；7.碧波涟漪；8.天鹅戏水；9.鱼翔亭；10.隔谷鹿声；11.入口

电影院、戏院、体育场、游泳池各一，屋若干"（碑记）。

1936年，城南公园易名为人民公园，向社会开放。

1937年，日军攻占保定，将公园以河为界，河南住上了日本和尚，河北一带形成了东西人行道，亭台建筑等重遭破坏。

1946年春，张荫梧所办四存中学由西安迁到保定，以人民公园为校址，公园性质一度改为教育基地。

1946年10月，保定绥靖化署命令修筑城防工事，公园又遭破坏。

1948年11月22日中国人民解放军解放保定。

1951年，由人民政府成立建园筹委会，决定将大清河（府河）以南划归河北农业大学。河以北进行公园建设，发动广大群众整修园容，种植花木，新建游泳池和简易鸟兽棚舍。至1952年6月24日正式开园接待。当时有动物7种19只，金鱼18种，花卉8种，为河北省第一座有动物展出的公园。

1963年，保定发生特大洪灾，后又经"文革"十年

动乱，园内动物减少，1975年才恢复到90种998头（只）。

1994年，该园在繁殖饲养动物方面，从种类、数量到馆舍建设均已达到一定规模，成为保定市唯一饲养展出观赏动物的公园，经市政府批准由保定人民公园更名为保定市动物园。

（2）建园主旨

查阅该园现仍保存完好的两块石刻碑记：一块是民国11年（1922年）10月直鲁豫巡阅使曹锟撰记的《保定城南公园碑记》石刻（图5-5-2），一块是民国25年（1936年）8月时任二十九军军长宋哲元撰写的《保定人民公园记》石刻（图5-5-3）。从碑记中反映出的建园主旨有以下几点：

1）选址考究。

城南公园在选址上重视考察原有风土景物和故志，并询诸父老，将南关铁路支线迁出，疏浚河流，利用水运设码头与天津沟通，繁荣市井。公园北靠古城墙，南跨大清河，形成自然式园林格局。

正如碑记记载："保存古籍供历史之徵……疏浚河流……天津贾舶直达城南，居民每以春夏行游，丝竹槃壶、数里相属，虽曰地胜，抑亦人为所致也……"

2）遵循古训，有利民生，与民同乐。

公园建设反映出辛亥革命后进步开放的思想，公园建设服务于人民大众。

"古训有云，民生在勤，勤则不匮，燕息游观，宜非所积……以怡目适心，节其力而宣其气，何以免于抑塞疢厉之恶，而臻康乐和亲之盛乎。一张一弛，道在此……"

"今欧美都会工场贾肆林立之区，其为园池亭榭以供游息者，常以居民口籍为比例……"

"北方勤朴无逸之民，得以舒劳宣郁，悟鳞羽潜翔之趣，以沧荡天机而涵泳于

图5-5-2　1922年城南公园碑文

图5-5-3　1936年人民公园碑文

同乐之城，易名人民公园……"

两块碑文中都深刻地表达了与民同乐的建园主旨。

3）建园理念纳入评价国家、民族兴衰及道德修养建设的范畴。

"籍公园共同娱乐之所，俾来者有所观感，油然而生，护惜公物保存国土之心，且以提高道德养成爱群审美之观念，而侥幸依赖诸败习亦自默化于无形，其扶翼政教者至深且钜。欧美之民作有定时，无不以公园为唯一娱乐游憩之所。觇国者亦恒以公园之大小、多寡，以断其国度之虚实、民族之文野，岂无故哉……"

人民公园为保定近代园林发展史开创了首页，而保定的园林建设也是以人民公园为基础逐渐向街道、工厂、学校、医院、居民区……发展为城市绿化。此理念深化了为人民服务、以人为本的园林建设方针。

修复后的人民公园在近代史被誉称"燕赵之间、故都以南仅有之名园"。

（3）继承与发展

人民公园历经沧桑，新中国成立后，除面积及园林建筑有所变化外，主要格局仍传承了自然式风格。

其中保存下来的景点建筑有：

别有洞天　南面为太湖石与当地青石组合的大型假山，北面有拱形土山做依托。洞由山体中部偏东穿过，砖拱结构，长11米，宽3.8米，高4米，起联系南北景点的抑景、透景作用（图5-5-4）。

保存完好的大型石假山，长68米，高8米，最宽处16米，呈"八"字形抱合。山体设有石洞门及蹬道，游人可由此沿阶而上。假山造型雄伟庄重，气势磅礴。远观峰、峦、洞、豁各种组合变化，近观石体瘦、皱、漏、奇，不禁使人赞叹所选石料的自然精细和高超的叠山技法，是北方少见的大型假山的成功之作（图5-5-5）。

其背景土山上曲路迂回，山桃、棣棠及各种花草丛丛片片，充满自然野趣，别有洞天。

北口顶部，有汉白玉雕刻的观音像，两侧各有一尊石狮。洞门西侧矗立着载有建园史的两块汉白玉石碑，东侧墙壁上镶嵌着六块圆形汉白玉石刻，刻有清成亲王爱新觉罗·永瑆题陶渊明《归去来辞》诗文。

牡丹亭　民族式六角木结构亭。亭周边绿篱环绕，牡丹、芍药遍地。每逢盛花时节，前来观赏的游人络绎不绝。

翼然亭　民族式八角木结构亭，位于园东门园林局办公楼院内东侧（图5-5-6）。周边侧柏、洋槐郁郁葱葱，下层红王子锦带、红叶碧桃、大花萱草等疏密有序，

图5-5-4　别有洞天

图5-5-5　大假山

花团锦簇，在自然景物陪衬下，古亭更显端庄秀美。

小南门　为当时公园主入口，门楣上书"人民公园"题名，为宋哲元手书（图5-5-7），现已封堵。

古城墙　为公园北界，多年来保存完好（图5-5-8）。1918年，毛泽东由北京来保定，会见留法勤工俭学预备班学员后，在保定城墙上绕城一周。1984年被列为市级文物保护单位。

还有猴山、茶社、招待室、游泳池、虎啸亭（四角亭）（图5-5-9）、百鸟朝凤亭（六角亭）、花房等。又新建了各类兽舍、禽舍，有熊猫、象、河马、黑猩猩、黑叶猴、狒狒、雉鸡等馆。此外还有东北虎、华南虎、金钱豹、长颈鹿、斑马、白唇鹿、麋鹿、丹顶鹤、黑鹳等馆。各舍建筑都与原风格统一。现有动物140种1120头（只），其中珍稀动物列为国家一级的有33种177头（只）。

原有的大树侧柏、楸树（图5-5-10）都得以保护，新中国成立后栽植的桧柏、松树、翠竹等都已成林，特别是侧柏林下的地被植物——蛇莓（黄花、红果），常被灰鹊噙种散落地上，经自然繁殖，覆盖地面，形成植物

图 5-5-6 翼然亭

图 5-5-8 古城墙

图 5-5-7 小南门

图 5-5-9 虎啸亭

群落，为自然生态型的景观。人民公园仍在原址，虽然现在已发展成为以观赏动物为主的公园，但在保定园林建设史上仍处处显示出近代园林的痕迹。

（负责人／卜根旺、李丙发；

执笔／杨淑秋、张晶、石俊英；

摄影／刘志林、马丽、王哲、胡瑞杰；

参编人员／蒋观华、霍进、赵树民）

6. 保定军校广场

　　保定军校广场位于保定市区东部，北靠五四东路，南临东风路，东接红光路，西侧为保定军校纪念馆。是在原保定陆军军官学校遗址上修建的文化休闲广场。

　　（1）保定陆军军官学校概况

　　保定陆军军官学校是中国近代史上第一所正规化高等军事学府，始建于 1902 年，位于保定旧城区东北 2.5 里。该校址原是一座拥有殿宇百间、寺田千亩的关帝庙，

图 5-5-10　古城墙烽火台的树木

袁世凯又征用农田一千余亩，建成东西长两公里、南北宽一公里有余、占地三千余亩的军校校园。

校园分为大操场、校本部、分校和南北打靶场四大部分。校本部分南、北两院。南院为军校的枢纽和教学区，北院为生活区。南院又分东、中、西三院，东西院为教室与学生宿舍。每院各有20排带走廊的青砖瓦房，工整对称。各排之间有走廊相通，每两排为一独院，建

有月亮门。每院约住一连学生，称一连道子（图5-6-1）。高大的三间楼门楼，门前有石砌高台阶，朱漆大门，其上镶饰铜钉铜环，门楣上悬着"陆军军官学校"的横匾（图5-6-2）。

军校1923年停办。停办后校址成了直、皖、奉、晋等系军阀的兵营。每换一次防，校舍便遭一次破坏。1937年七七事变后，成了日本侵略军在保定的重要据点和兵营。1945年日本投降后，校舍被拆毁。保定解放后改为农场，又改为畜牧场。保定军校之所以中外闻名，与它人才辈出及其对中国近代史产生的深刻影响分不开。辛亥革命时期，保定军校学生积极投入反袁护国、结束帝制运动。北伐战争中孙中山先生创办黄埔军校，也以保定军校毕业生作为军事教育骨干。自辛亥革命直至七七事变，不少毕业生成为中国近代革命史上的知名人物，成为民主革命的骨干。军校史成为研究中国近代军事史、政治史的重要内容，曾有"一所保定军校，半部中国近代史""研究民国史，首先要从研究保定军校做起"之说。

保定军校虽已停办了半个多世纪，建筑物不复存在，但遗址得到了保护（省级文物保护单位）。如今在遗址上按原建筑风格建成了占地12亩的保定军校纪念馆，修复了保定军校检阅台。并于2002年利用遗址建成了占地22.58公顷的保定军校广场（图5-6-3）。

军校纪念馆的建设与开放深得各期毕业生后代家属的关切，纷纷捐赠实物。

（2）保定军校广场园林绿化布局

军校广场占地面积22.58公顷，据记载，原军校在校门旁也曾修建过军校公园。规划的指导思想是要充分体现"保定陆军军官学校"的历史地位，深入挖掘其历史文化内涵，通过地形高程变化，使空间层次更加生动活泼，内容更加丰富多彩。

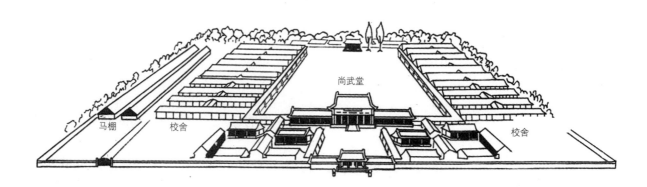

图 5-6-1　保定陆军军官学校校本部示意图

总体布局是沿南北中轴线做"黄金分割"，设计景观节点，形成各具特色又互相联系的统一整体。分别为主入口广场、市民广场、历史文化广场、休闲娱乐广场、点将台、西侧风景林带六大部分。

重新整修"点将台"（图5-6-4）。在主入口广场采用"同心半圆"拟对称的手法，很好地处理和军校纪念馆的关系。在主轴两侧，分别设计了历史文化广场。主要的景物是十面文化墙，以浮雕的形式展现各时期的历史人物、文化、科技、文物古迹、风景名胜等（图5-6-5）。将军校广场的精神内涵融入文化墙中。共40幅浮雕，每一面都反映保定古今的历史事件，计有以下内容：建校背景、强兵报国、执教黄浦、铁军北伐、尧帝、荆轲、燕昭

图5-6-2　保定军校纪念馆大门（仿保定陆军军官学校大门）

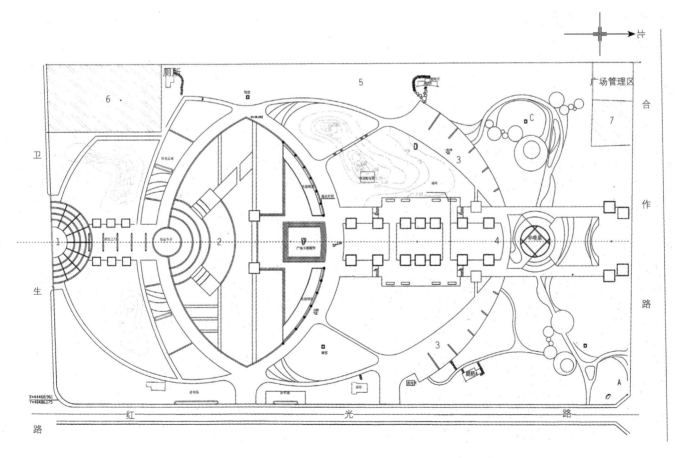

图5-6-3　保定军校广场平面图
1.主入口广场；2.市民广场；3.历史文化广场；4.休闲娱乐广场；5.西侧风景林带；6.保定陆军军官学校纪念馆；7.点将台

图 5-6-4 点将台

图 5-6-5 文化墙

图 5-6-6 广场主入口

图 5-6-7 喷泉美景

图 5-6-8 风景林带

王、刘备、祖逖、祖冲之、崔护、郦道元、赵匡胤、王实甫、关汉卿、留法勤工俭学、"七六"学潮、高蠡暴动、敌后武工队、雁翎队、狼牙山五壮士、地道战、城南庄、黄土岭战役、黄胄、科技名人、世界体育冠军、保定作家群、白洋淀、野三坡、名优产品、土特产品、直隶总督署、清西陵、开元寺塔、北岳庙、北平解放、将军摇篮、宁都起义、联合抗日。广场的中心亮点是大型水旱组合音乐喷泉，水面 5900 平方米，主喷高度可达 80 米，共有 28 种水形变化，并设计有水幕电影（图 5-6-6，图 5-6-7）。

广场的绿化规划本着因地制宜、适地适树、绿化美化、改善生态环境的原则，以简洁大方的绿化设计体现广场空间形态及季相变化，使之既能容纳较多游人，又可充分利用广场绿地进行游览、休憩和活动。设计有风景林带区（图 5-6-8）、疏林草地区、树阵区及开敞草地区、花卉种植区。主要树种有银杏、雪松、白皮松、油松、桧柏、悬铃木、栾树、五角枫、合欢、樱花、连翘、紫荆、紫薇、红瑞木、紫叶小檗、金叶女贞等。

（负责人／卜根旺、李丙发；执笔／杨淑秋、袁强；
摄影／马丽、王哲；制图／薛军；
参编人员／马永祥、张中和、杨少华、赵树民）

7. 河北保定师范学校

保定师范学校位于保定西下关街，是清末著名教育家严修于 1904 年创建，始称保定府立师范学堂，旋改直隶第二师范学堂，1914 年改学堂为学校。1932 年爆发了震惊北方的"七六"惨案（即二师"七六"学潮），同年 9 月改名河北省立保定师范学校。1949 年 3 月定名为河北保定师范学校。

保定师范（简称二师）是一所具有光荣革命传统的百年名校（图 5-7-1）。早在 1923 年就建立了中国共产党和社会主义青年团的组织。1931 年中共保属特委设在

图 5-7-1 校门

图 5-7-2 书斋

该校，宣传革命思想，发展党、团员。在其影响下，"反帝大同盟""左联"等进步组织遍及河北省53个州县，使二师成为河北大地的一个革命策源地，有北方"小苏区"之称。

1931年九一八事变后，二师学生在党的领导下举起抗日救亡的大旗，与保定各大、中、小学的学生成立了保定学联，宣传抗日、开展抗日救亡运动。1932年6月20日，反动派武装包围了二师校园，学生们进行了英勇的护校斗争，持续半月之久。7月6日拂晓，国民党政府调动大批军警，冲入学校，用机枪、刺刀对手无寸铁的学生进行惨无人道的屠杀，同学们与敌人开展了英勇搏斗，九名学生壮烈牺牲，多数人受伤，数十人被捕，部分学生被判了刑，四人被判死刑。在解赴刑场时，他们高呼口号，高唱国际歌，沿途群众无不为之感动，震撼华北，闻名全国。著名作家梁斌以"七六"惨案为题材写了长篇巨著《红旗谱》并拍成电影。学校不仅在反对北洋军阀的斗争中，而且在抗日战争和解放战争中培养了大批党员干部，造就了许多革命家、政治家、著名学者，如作家梁斌，美籍华人著名科学家郭晓岚，教育家丁浩川，作曲家张寒晖，冶金专家、两院院士、中国工程院副院长师昌绪等。还培育了大批优秀的人民教师，为古城保定的革命史写下了光辉的一页。

学校总占地面积近78亩，原建筑风格为民族形式。书斋校舍青砖布瓦、两面坡顶，以走廊相通，廊外两侧植树种花（图5-7-2）。为纪念"七六"惨案，1950年在校园南部专辟一处做纪念性小园林（图5-7-3），园内左右对称，东侧建有碑亭（图5-7-4）、亭内矗立高大的汉白玉烈士纪念碑（图5-7-5），西侧在将军红的大理石基座上有一组花岗石烈士群雕栩栩如生，正对大门的南

北向道路作为中轴线，将两大景点分隔与联系，道路的底景为一座假山水池，几个景点由甬路联系，路边广植油松、桧柏，以常绿树衬托景物，呈规则式纪念性园林布局，现已绿树成荫（图5-7-6～图5-7-8）。

结合学校革命历史，校园紧紧围绕具体历史事件，专辟纪念园林，突出历史题材，并植以松柏，传承了我国植物配置人格化的传统。以校中园的手法布局，借以烘托学校的革命传统精神，颇具特色。现已成为保定红色旅游景点、爱国主义教育基地，列为保定市文物保护单位。

（负责人／卜根旺、李丙发；执笔／杨淑秋、张晶；
摄影／马丽、王哲；制图／马丽；
参编人员／袁强、石俊英、董金义、赵树民）

8. 晋察冀烈士陵园

（1）概况

晋察冀烈士陵园位于河北省唐县军城镇南关村西。所处位置相传是宋代名将杨六郎阅兵的军城古校场旧址。陵园总面积4.55公顷，背靠高耸的古城墙，东临通天河，四周群山环绕，园内苍松翠柏掩映，墓碑林立，庄严肃穆，气势雄伟壮观。晋察冀烈士陵园是为纪念伟大国际主义战士白求恩大夫（加拿大籍）、柯棣华大夫（印度籍），以及在中国抗日战争中牺牲的抗战烈士。是爱国主义教育基地，河北省重点文物保护单位（图5-8-1）。

（2）建园历史沿革

1939年11月12日，白求恩大夫因抢救伤员不幸感染，病逝于唐县黄石口村后，晋察冀军区决定修建白求恩墓。

1940年6月白求恩墓竣工。聂荣臻司令员为陵墓揭

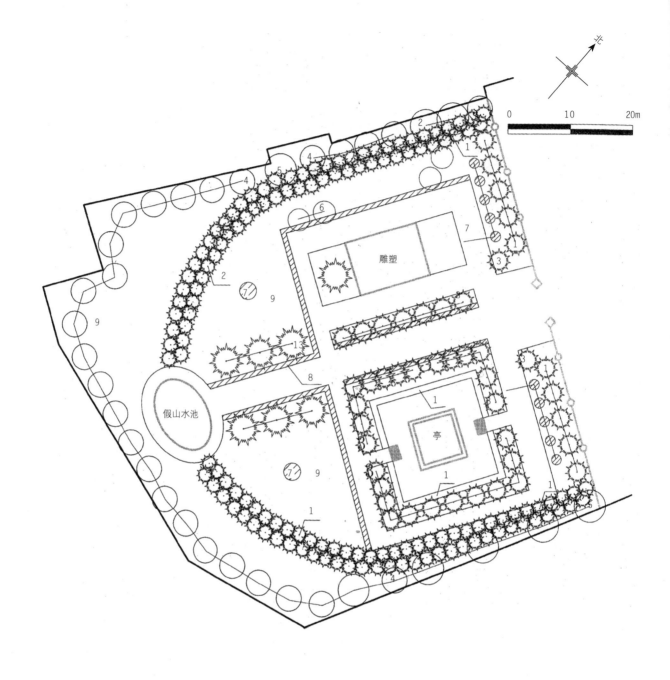

图 5-7-3　保定师范学校烈士陵园平面图

1. 桧柏；2. 千头椿；3. 油松；4. 泡桐；5. 白蜡；6. 紫叶李；7. 大叶黄杨球；8. 大叶黄杨；9. 草坪

幕，定名为白求恩陵墓。

　　1941 年 8 月修建了抗战烈士公墓和烈士纪念牌坊、烈士纪念塔、烈士纪念碑等。

　　1941 年和 1942 年日寇进山扫荡，陵园遭到严重破坏，两道烈士纪念牌坊、烈士纪念塔、烈士纪念墙、两座烈士纪念亭被炸毁，烈士纪念碑被破坏。1942 年对烈士纪念碑等建筑进行了修复。

1943 年修建了柯棣华墓。

1949 年 10 月定名为晋察冀烈士陵园。

1988 年 5 月，白求恩生前战友琼·尤恩女士（英格兰籍）的骨灰安葬在白求恩墓旁并立碑纪念。

（3）总体布局

1）1941 年的边区抗日战争烈士墓园

边区烈士墓园由烈士纪念塔、烈士纪念墙、烈士纪

图 5-7-4 碑亭

图 5-7-6 "七六"惨案烈士群雕像

图 5-7-5 烈士纪念碑

图 5-7-7 假山水池

图 5-7-8 路旁绿化

念亭、烈士纪念碑坊、烈士纪念碑、烈士公墓组成，与1940年修建的白求恩墓构成一座完整的墓园（图5-8-2）。表现出当时的设计构思，是西方的建筑形式和中式的传统陵墓造园思想相结合的墓园。

高高的纪念塔建在白求恩墓的东北角，位于一座阶梯式升高的平台之上，依山而立。塔前有两道牌坊，第一道高约10米，共3个门，中间大，两边小；顶部

竖立着一尊八路军哨兵雕塑。第二道牌坊位于第二道平台上，体形稍小。纪念塔伫立于最高一层平台之上，高约10米。高大的烈士纪念塔雄伟庄严，塔身白色，侧面及基座有文字（图5-8-3）。塔后的半围拢式烈士纪念墙上镌刻着为国殉躯的英烈们的名字。塔前左右两侧，建有两座碑亭；东边碑亭内的石碑上记载着纪念塔的修建过程，西边碑亭内的石碑上记载的是白求恩墓的

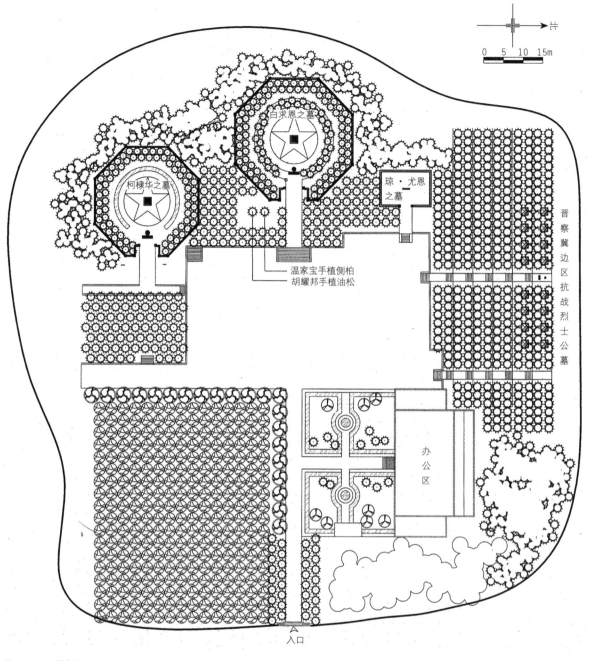

北

0 5 10 15m

柯棣华之墓

白求恩之墓

琼·尤恩之墓

温家宝手植侧柏
胡耀邦手植油松

晋察冀边区抗战烈士公墓

办公区

入口

图5-8-1 晋察冀烈士陵园平面示意图

图5-8-2 边区抗战烈士公墓

图5-8-3 烈士纪念塔

修建过程。

纪念塔西边背靠军城城墙的阶梯形台地上，是边区抗战烈士公墓；公墓为"金字塔"形，毛石砌筑，墓前立碑。白求恩墓在烈士纪念牌坊西，八角形围墙环绕着有地球模型装饰的白求恩墓（图5-8-4）。

墓园建筑形式更接近西方，尤为突出的是纪念塔造型简洁庄重，令人肃然起敬，塔前碑亭外饰华美，拱门上有圆形洞窗，很有特色。在当时日寇的严密封锁之下，修建规模如此宏大的建筑群是极其伟大的壮举，它是边区军民排除各种困难，齐心协力的杰作。

设计和施工指导是晋察冀军区的文化科副科长张维。曲阳县的石匠，唐县的木匠、泥瓦匠都参与了施工（图5-8-5）。在白求恩墓和纪念塔落成之际还举行了盛大的追悼仪式和典礼（图5-8-6）。

2）1949年后的晋察冀烈士陵园

新中国成立后，党和政府对保护革命文物非常重视，几次拨款对园内建筑进行修缮和扩建。对大门、道路、广场进行了统一规划。该陵园坐西朝东，整个陵园由三个单元组成：第一单元由陵园大门、中心广场、白求恩墓组成，陵园正中安放着白求恩墓及中共中央悼词。第二单元为金字塔形的抗战烈士公墓（图5-8-7），利用山坡分五层呈阶梯形布局，由青石垒砌（图5-8-8）。公墓中间有一座六棱形纪念碑，像一把倒竖的利敛刺向天空（图5-8-9）。第三单元由中心广场、会客厅、陵园办公室等后勤设施组成（图5-8-10）。

陵园大门形似石牌坊，上书"晋察冀烈士陵园"七个大字。入门是一条侧柏遮阴的宽阔道路直通中心广场，穿过广场正面是白求恩墓。以白求恩墓为中轴，南侧是柯棣华墓，北侧是琼·尤恩墓。其东北层层抬高的台地上一行行排列着为抗战牺牲的38位县、团级烈士公墓和晋察冀边区抗战烈士纪念塔遗址。

白求恩墓墓门高5.5米，正上方是"白求恩之墓"五个大字，两旁立柱上是原晋察冀军区政治部主任舒同亲笔题写的挽联："精神长留国际，公德永垂中华"。身着八路军军装、神采奕奕的白求恩汉白玉雕像迎门巍然屹立（图5-8-11，图5-8-12）。雕像前是白求恩传略卧碑。雕像后是白求恩陵墓（图5-8-13），建在墓园中间，一个正方形底座托着地球模型坐落在镶有五角星的环型水磨石面上，坐西朝东呈天圆地方状。大理石墓体总高3.84米，墓体四周镌刻着中共中央和晋察冀军区首长挽词，墓门前左侧立着中共中央悼词碑。右侧立着晋察冀军区祭文碑。独特新颖的陵墓造型，融西方构形与民族特色于一体，颇显古朴、典雅，给人以庄重、圣洁的感觉。

柯棣华墓规模和造型与白求恩墓大致相同又别具特色（图5-8-14）。墓门两旁立柱挽联是："光耀两大民族，功留中华大地"。墓门内是大理石方形墓碑（图5-8-15），正面是"晋察冀国际医院院长柯棣华之墓"，背面是："晋察冀军区国际医院院长柯棣华传略"，碑后屹立着英姿飒爽的柯棣华汉白玉石像（图5-8-16），雕像后墓座呈六角形，高1.6米（图5-8-17）。六角形的墓

图5-8-4　白求恩墓落成时举行的隆重的追悼仪式

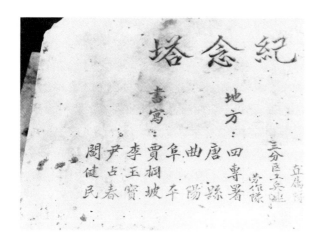

图 5-8-5 烈士纪念塔残片

图 5-8-7 金字塔形公墓

图 5-8-6 在 1941 年边区抗日战争烈士纪念塔揭幕典礼时，聂荣臻司令员向边区抗日战争中牺牲的烈士致哀

图 5-8-8 抗战烈士公墓所在地

体上，托着巨大的地球模型，设计奇妙，工艺精湛，用 100 块大理石拼砌而成。墓体周边分别有毛泽东、朱德和原晋察冀军区首长所题挽词。墓门前两侧竖立着毛泽东和朱德悼念柯棣华的挽词碑。

1988 年 5 月 20 日，白求恩生前战友，国际友人琼·尤恩女士的亲属按照她"去世后要安葬在白求恩身边"的遗嘱，将琼·尤恩女士的骨灰从加拿大护送到晋察冀烈士陵园安葬在白求恩墓的北侧。

（4）陵园绿化

陵园绿化主要是规则对称式布局，主要树种有侧柏、桧柏。四周群山环绕、连绵起伏，园内苍松翠柏、郁郁葱葱。园路两侧，陵墓四周，层层山体，各个年代种植的桧柏、侧柏成行成片，遮天蔽日，使陵园更显得幽静、肃穆。办公服务区门前绿地内栽满月季等花灌木。

1986 年 4 月 19 日，原中共中央总书记胡耀邦拜谒

陵园时，亲手在白求恩墓前栽下一株油松。2001 年 5 月 2 日国务院总理温家宝视察太行山，亲手在白求恩墓前栽植一棵侧柏作为纪念，树前有立石说明。不同功能的绿化已形成陵园完整的绿地系统。

（负责人 / 卜根旺、李丙发；

执笔 / 石俊英、马金牛、刘彬、张晶；

摄影 / 刘彬、单希强；制图 / 董香伟；

参编人员 / 陈同和、薛军、赵树民）

9. 保定莲池书院

书院是我国古代文人围绕藏书、著书，开展教学、育人事业的教育组织。莲池书院是我国清代直隶省唯一的官办高等学府，位于清代保定古城中心的古莲花池这座古园林中。其历经乾隆、嘉庆、道光、咸丰、同治、

图 5-8-9　纪念碑

图 5-8-10　陵园办公室

图 5-8-11　白求恩传略卧碑

图 5-8-12　白求恩身着八路军军装雕像

图 5-8-13　白求恩陵墓

图 5-8-14　柯棣华墓

图 5-8-15　柯棣华墓碑

图 5-8-16　柯棣华雕像

图 5-8-17　柯棣华陵墓

光绪诸朝计170余年，在中国教育史上占有重要地位。1952年毛泽东视察莲池时指出，"莲池有名是因为有莲池书院，莲池书院当时在全国是很著名的"。其始终与园林共存共立，形成了书院、园林、行宫三位一体的格局，书院停止办学后，以园林的形式延续下来，成为北方古典园林的代表之一（图5-9-1）。

（1）莲池书院历史沿革与遗存

1）历史沿革

清雍正十一年（1733年），直隶总督李卫奉诏在直隶创办书院，他选中了"林泉幽邃、云物苍然"的莲池，认为"于士子读书为宜"，便以这座具有桥、亭、池的古园林为基础，"因旧起废"，历时五个月，建成了书院，并因地取名莲池书院。当时院舍主体在莲池西北部，大约占地三亩，有讲堂、斋舍、圣殿等建筑；另辟"南园"于东南部，约占地五亩，作为学生自修、研习之所。书院东侧同时建有皇华馆，作为总督府接待来往使臣的使馆，这样就形成书院与宾馆并列共存的局面，使节应酬与师生吟诵互为交织，各不相妨，反有相得益彰、两得其所之妙，成为书院的一大特色。作为京畿书院，莲池的规模很大，合计门、堂、楼、阁、殿、亭、廊、斋、庑等房屋四十余区。

乾隆十一年（1746年），为迎接皇帝巡幸，使馆扩建为行宫，园内大规模翻建和重修，叠山理水、莳花栽树，各景点环池而建，形成了由春午坡（图5-9-2）、花南研北草堂（图5-9-3）、万卷楼（图5-9-4）、高芬阁（图5-9-5）、宛虹亭（图5-9-6）、鹤柴（图5-9-7）、蕊幢经舍（图5-9-8）、藻泳楼（图5-9-9）、篇留洞（图5-9-10）、绎堂（图5-9-11）、寒绿轩（图5-9-12）、含沧亭（图5-9-13）组成的"莲池十二景"，书院的园林环境达到极致，人称"城市蓬莱"。此时，书院与行宫融为一体，布局基本未变，仍在万卷楼西。书院的南园改为行宫绎堂，并筑起垣墙，使行宫和书院隔开，但有门相通。同治七年（1868年）以后，莲池陆续重浚河道并修葺房屋，光绪年间又历经修葺，与乾隆时期的景致相比较，山形水貌依然如故，建筑布局基本相同，但有少量变化。光绪四年（1878年）和光绪七年（1881年），院长黄彭年于万卷楼前增学古堂（图5-9-14）。在书院西院增建了9间，东院增建了11间，又修葺旧房4间，共计增建了24间。并购置图书，将莲池万卷楼划归书院，作为藏书之用。书院主设院长（山长）一人、提调一人管理院务。其经费来源除岁取朝廷所赐帑银一千两息金作为生徒膏火外，有

图 5-9-1 清光绪四年（1878年）莲池全景图

图 5-9-2　春午坡

图 5-9-3　花南研北草堂

图 5-9-4　万卷楼

图 5-9-5　高芬阁

图 5-9-6　宛虹亭

图 5-9-8　蕊幢经舍

图 5-9-7　鹤柴

图 5-9-9　藻泳楼

地方公款、养廉银、学田租银、绅商赞助等。课程设官课、斋课，以四书、五经、试帖诗等作为教学内容。另开古课，以经史、策论试士。所招学生必须是秀才以上。书院聘请名师来院讲学，有学识渊博的古文派大师张裕钊、吴汝纶。他们主张强国不能只保国粹，尤应吸收外来文化，不专主一家之言，古今人说无不采纳，使诸生博知世变，以中西学会于一冶而陶铸栽成。书院开办外语专科班，选优秀生，请英国教士贝格耨教授英文，学制五年。又从淮军公所岁修余款中，每年提取四百金，开办东文学堂，成为国办西学的前驱。莲池书

院学风多变，不仅国内秀士奔书院就学，喜好中国诗文的日本人宫岛诚一郎（与张裕钊交好）也慕名遣其子宫岛大八西来受业，莲池书院声誉在全国所有官办书院中名列前茅。学术之盛，也由江南转向北方。莲池书院藏有丰富的图书，在晚清光绪年间藏书最为丰富，涵盖经、史、子、集内容，共 33711 卷。

1900 年，"庚子之变"，英、法、德、意四国联军入侵保定，大肆烧杀抢掠。经此之变，"莲池十二景"中的亭台楼阁几成灰烬，文物珍宝尽被抢掠，书院的学堂讲舍亦被焚毁，园林遭受了毁灭性的打击，只剩下园中旧

图5-9-10 篇留洞

图5-9-12 寒绿轩

图5-9-11 绎堂

图5-9-13 含沧亭

藏石刻未被烧毁。

　　光绪二十八年（1902年）莲池书院停办，遗址改为校士馆。1905年，清政府下诏废除科举制度，校士馆亦停办。1906年，在书院故址成立直隶文学馆。1908年，直隶提学使卢靖在莲池建直隶图书馆。1912年，莲池书院旧址为新建的省立师范学堂附属小学所使用（图5-9-15）。行宫辟为公众园林。

　　2）历史遗存

　　虽然莲池书院讲堂、斋舍今已不复存在，但仍保留了部分遗存，供今人研究。一是《莲池书院法帖》。道光

年间，直隶总督那彦成将自己家藏的唐以来的名贤墨迹贡献出来，刻石50方，按时代先后嵌于莲池书院南楼壁间，供学生观摩。它集中了我国历史上自唐代至明代颜真卿、褚遂良、怀素、米芾、赵孟頫、董其昌六位书法大家的精品。其刻石因"庚子之变"的破坏和年久风化，字迹大部分漫漶不清，20世纪80年代，莲池管理处用河北省博物馆早年拓本重新翻刻，嵌于北部碑廊内。二是关于莲池书院的碑刻，有《莲花池重修书院增置使馆碑记》、《嘉庆赐直隶总督温承惠碑》、《嘉庆赐直隶布政使方受畴碑》、《历代乡贤从祀圣殿记》、《莲池书院增修

图 5-9-14　学古堂

图 5-9-15　省立师范学堂附属小学（今河北保定师范附属小学）

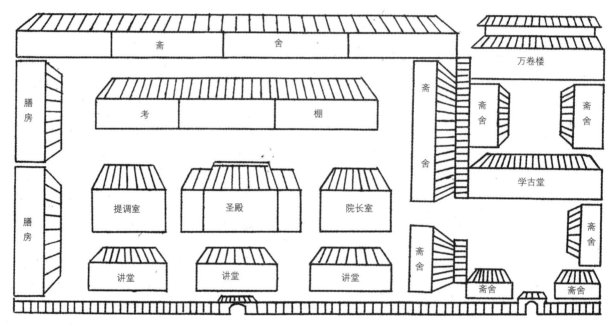

图 5-9-16　光绪时期莲池书院建筑格局示意图

讲舍记》、《万卷楼藏书碑记》等，现存于古莲花池宸翰院内。三是部分莲池书院学生的考卷及院长张裕钊的信札。另外，还有张裕钊、宫岛大八师生纪念碑。1986年，宫岛大八的学生上条信山为了纪念他的老师和师祖的一段感人至深的师生情谊，在保定莲池修建了张裕钊、宫岛大八师生纪念碑，由启功先生题写碑额并撰文，上条信山书丹，现存于莲池西小院内。

（2）莲池书院的布局

莲池书院位于莲池的西北部，书院本部有两个院落连接在一起，有院门向南开，直接通往莲池。布局基本是轴线规则式布局，总占地面积1904平方米（长55.2米，宽34.5米）（图5-9-16）。大体格局是西院南北向房屋共4排：前排（最南）为讲堂；第二排为

圣殿（祭祀的场地）与耳房；第三排为考棚；后排为斋舍；东西两侧有廊子连接教学区各排房层，使之自成格局。

东院与万卷楼景点融为一体，有房屋3排：前排为斋舍，中排是学古堂，第三排为万卷楼（即书院藏书楼）。

（3）莲池书院园林的特点

莲池书院作为书院园林，既有北方园林之雄浑，又具江南园林之秀美，不仅风景怡人，而且蕴含着历史文化气息。

1）书院供园景，园因书院名。

莲池书院自建院之初，就与莲池有密不可分的关系，中国古代文人认为读书治学之所，应选远离市井、环境清幽、佳景天成的地方。莲池书院建在莲池，既满

足了士人的精神追求，又符合最高统治者把书院建在"督抚驻扎之所"的要求，可谓建得其所。乾隆年间，除皇帝驻跸之外，书院师生每天可进出莲池，优美的环境为士子们提供了良好的读书氛围。而书院学子文人，写下的无数诗篇又给园林增添了无穷的魅力与生机，其培养出的优秀学子在社会上的影响，极大地提高了莲池这一古典园林的文化品位。"院以园名，园因院盛"正是莲池书院作为书院园林的一大特点。

2）园林题名点景、匾额楹联提高了书院园林的整体意境。

在莲池行宫的十二景点中，有许多景点因名家诗句而闻名，例如，春午坡是由苏东坡诗句"午景发浓艳"而得名；篇留洞是由苏东坡诗句"清篇留峡洞"而得名；寒绿轩是由欧阳修诗句"竹色君子德，猗猗寒更绿"而得名；高芬阁是由晋书"高芬远映"而得名，意味高洁的情操，灿如日光，远照四方。

书院园林中的楹联亦是画龙点睛之笔，莲池书院的楹联既有真实写景之作，又有引经据典的精品，提升了园林整体文化氛围。

在濯锦亭处有一楹联："天边月到平台迥，林际花藏曲坞深"，为写实之作，反映了莲池极盛时期"行宫十二景"的雅致景观。在小方壶有乾隆皇帝的第十一个儿子永瑆写的"竹静似闻苍玉佩，松寒欲傍绿荷衣"的楹联，突出了园林深邃、幽静的环境。在宛虹亭（水心亭）处，有楹联"海为龙世界，天是鹤家乡"，是清代著名书法家邓石如的作品，以此园比喻龙世界（乾隆、嘉庆、光绪帝均来此驻跸，"龙世界"即指莲池行宫），词义畅达，又与实景贴切，堪为点睛之笔。如果说上述几副楹联多为写实之作，那么，位于君子长生馆的对联则引用典故，突出了莲池的文化。在抱厦柱上的联句为"堂开绿野，园辟华林，俯仰千秋留盛迹；地接琅嬛，山邻宛委，师承百世启人文"。这副对联中，"绿野"、"华林"、"琅嬛"、"宛委"四处用典，概括了古莲花池由元朝始建的私家园林到明代演变为官府园林，到清代又集书院园林和行宫园林于一体，成为文明的发祥地的演变过程。此联作于光绪四年（1878年），此时正是莲池书院第一次扩建的时候，联语表达了继承前人、光大事业的恢宏志向。

文人墨客的诗文题咏，使园林的意境得以升华。

莲池书院院长张叙在《莲池十二景图》题写诗中描写宛虹桥："浣花老叟时相过，便是西川万里桥"，自比薛涛（曾居浣花溪）的朋友，把宛虹桥比作"万里

桥"（王建《寄蜀中薛涛校书》诗称："万里桥边女校书，枇杷花里闭门居。扫眉才子知多少，管领春风总不如"）。还有描写寒绿轩的诗句，"碧筠个个午风凉，寒绿森森白日长，清荫每披君子德，此中真可傲羲皇"，意为在轩前竹林里感到的凉快，可超过陶渊明的惬意。诗人自比杜甫、陶渊明，体现了园林的文人气质。原本平常的景点建筑、植物，在文人的笔下立刻彰显生机，从而赋予了景点更深刻的含义，使整体园林意境有了升华。

书院中的名士大儒对园林景观的欣赏理解，也同时影响园林景观的构成。

清同治十年（1871年），黄彭年在莲池带领书院学生编纂《畿辅通志》，当时肃宁县令送来的资料中有"君子长生"四字，众编修见字触景生情，遂将十二景中"鹤柴"的配套建筑"课荣书舫"改名为"君子长生馆"。其意在于借赞出淤泥而不染的荷花世世长生昌盛，暗喻人居此馆亦会修行长生，反映了文人品德高古、重于修德的精神追求。

（4）莲池书院的历史价值和社会影响

1）皇帝的重视及督抚的参与使书院成为北方著名的高等学府。

作为官办书院，政府通过建立审批、财政安排、山长任免考核、生徒录取考核等方法控制书院，从而全面地掌握了书院的发展方向，使得莲池书院成为北方典型的传播传统儒家文化、培育文品双馨的封建士人的北方著名学府。乾隆、嘉庆、光绪三朝帝王均来此驻跸巡幸，仅乾隆皇帝就曾六次来莲池行宫游赏，三次亲临莲池书院视察学生的课业，赐"绪式濂溪"匾悬于万卷楼，来规范理学讲学。

2）担任院长的文人学者学术思想及办学方向适应当时社会发展的需要，从而吸引众多学子前来求学，成为直隶省的教育中心。

虽然莲池书院行使着为巩固封建统治而培养人才的职能，处于科举附庸的地位，但是在不同的时期又有不同的办学特色。书院在前期及中期崇尚理学、朴学，到后期首先由黄彭年提出"化乡酬世"的思想；而后，由张裕钊、吴汝纶强调"经世致用"之学，并首开东西文学堂，鼓励学生出国留学；此为莲池书院独有，莲池书院因此而成为众多学子向往的殿堂。

3）文人学者荟萃，莲池俊秀辈出，莲池书院在我国教育史上写下了不可磨灭的篇章。

莲池书院历任院长和著名学者名师达15人之多，

著名学者章学诚、黄彭年、张裕钊、吴汝纶曾先后执教于此，培养了大批栋梁之材，造就了许多莲池俊秀。人称"北洋三杰"之一的冯国璋、北洋政府教育总长傅增湘以及清末状元刘春霖都是莲池书院培养的高才生。莲池书院之所以享誉中外，与其院长和优秀学子在社会上的影响是密不可分的。

4）首开招收外国留学生之风气，使莲池书院声名远播海外，至今不衰。

光绪九年（1883年）至十五年（1889年），张裕钊任莲池书院院长。他在莲池讲授古学，引导学生面向实学，接触西学，并首开接待外国访问学者和招收外国留学生的风气，在当时的历史背景下，实属不易。当时，日本人宫岛诚一非常仰慕中国文化，特遣其子宫岛大八航海西来求学，跟随张裕钊学习前后共达8年之久。回国后，成立了善邻书院，张裕钊的书法艺术在日本已经形成一个很大的流派，为中日友好学术交流做出了很大贡献。

纵观莲池书院的历史，自1733年创建至1903年停办，历时170余年，经历了清代书院从大发展到消亡的历程，它最初创办于官府园林之中，曾与使馆并立，后又与行宫共存，形成了独有的书院园林环境，成为园林式书院。作为清代官办书院，培养的众多仁人志士，影响至今。古莲池因书院"文气"而名声倍增，人文内涵也更加丰厚。虽然现在书院建筑不存，但其环境以园林形式得以保留，直到现在仍发挥着良好的社会价值。

（执笔／彭阿风）

10. 石家庄人民公园

人民公园位于石家庄市新华西路，始建于20世纪30年代末，建园已有八十多年历史，现占地8.43公顷，园内植物达八十余个品种万余株，现为一座集教育、娱乐、休憩为一体的儿童少年服务综合性公园。

（1）历史沿革

20世纪30年代末，日本人建立私家花园。1940年日本军又在私人花园的基础上，将石家庄市东焦村及周围的土地掠来辟为西花园，面积55亩，园中建木亭一座，喷水池一个，养猴子两只，植树木数株。1945年8月，日本投降后，改名为石门公园。

1947年11月12日石家庄解放后，公园由石家庄市人民政府接管，易名为人民公园，归属市政府建设局管理。1948年建设局成立公园办公室，负责人民公园的维修和扩建。1949年改造了喷水池，增设了座椅、路灯等设施，修

建了花房，增添盆花680株，木本花卉30种八百余株，草花45种两千余株。1950年扩建初步完工，公园面积增加到近百亩，增添动物十余种二十余只，引进花卉38种，新植柏树300株，第二年秋天举办了菊花展览。1983年，公园改名为省会儿童少年活动中心，也称儿童公园。

（2）继承与发展

儿童少年活动中心历经沧桑，经过几次大的改造，面积由最初的几亩地增加到126亩，园内的景点几经拆迁改造。

1）现保留的景点

日本的私家宅园建于20世纪30年代，是园内残存的唯一日式建筑（图5-10-1，图5-10-2）。2000年公园改造时对其进行了修缮，将基础进行了加固，墙体进行了整修，基本保持了原来的样子，改建成日军侵华爱国主义教育展览馆。周边栽植女贞、枸骨、火棘与造型优美的造型树。在建筑的背后和东南方向植有象征中日两国人民友好的樱花树，以示不忘国耻，面向未来。现为老干部活动室。

鸣禽馆为一圆形古典建筑。1971年为加强公园管理，改建、扩建了动物展室，建设了鸣禽馆、爬虫馆、大象馆和猴山等动物兽舍。1999年改造公园时，拆除了部分兽舍，仅留此建筑。现为图书阅览室。

保留下来的大树。20世纪30年代种植遗留的刺槐长成了参天大树，现已是浓荫盖地，槐花飘香（图5-10-3～图5-10-5）。1949～1950年种植的侧柏林郁郁葱葱，四季常青，湖西成行成排的毛白杨挺拔雄健。

2）现有新的景区

①和平广场

沿主干道右行，路南便是和平广场，这里每天都集聚了太极拳、太极剑的爱好者，它的周边是儿童们喜欢的各种游艺设施。如飞机、大风车乐园、水上世界等。每到"五一"、"六一"等节假日，这里便成了孩子们的乐园。

②蒙龙山

位于北门广场前的蒙龙山是人民公园的主要景点之一，山头高低错落，最高处约十九米，顶端有一瀑布直泻而下，颇有一些气势。山的南面与起伏的坡地相连，这里阳光充足，植物生长条件优越，使这里形成了大树参天，草深林密，植物繁茂的特征。特别是自山西侧的秀水桥处东望整个山体，山下一条石径蜿蜒而去，淹没在密林深处，更有几分曲径通幽之感。

图 5-10-1　遗留的日本建筑一

图 5-10-3　日本建筑门前紫藤架

图 5-10-2　遗留的日本建筑二

图 5-10-4　1947 年种植的侧柏

③海棠亭

位于植物园与三条鱼景观之间，东面是生长茂密的藤萝架，西侧几棵具有三十年以上树龄的海棠树。每当春天开满了白花，飘来阵阵清香；而秋天又结满了压弯枝头的果实。

④荷香亭

沿湖东岸北行就是荷香亭了，亭下的水榭紧贴水面，可凭栏静观水中游鱼，亦可遥望湖畔翠竹。如是清晨湖面上泛起一层轻轻的薄雾，真有一种步入人间仙境之感。

⑤和泰湖

和泰湖位于公园的中部，将公园分为湖东、湖西两大景区。由南湖和北湖两部分组成。2005 年对湖体进行了改造和完善，湖中央新建了大型音乐喷泉以及七彩射灯，到了晚上，喷泉涌动，霓虹灯闪烁，光彩夺目。一串闪耀的"珍珠"沿湖岸镶嵌，五光十色，犹如人间"瑶池"一般，美不胜收。湖水中新栽植了睡莲、千屈菜、慈姑等水生植物。到了夏季花开时节，盛开的莲花随风摇曳，水中的金鲤往返穿梭，引得游人驻足观赏，流连忘返。

图 5-10-5　1939 年种植的刺槐

⑥童趣园

顺主干道南行来到公园的主要景区之一童趣园。它位于湖西部，有一万余平方米。景区内设置了儿童涉水池、攀岩壁、海洋生物墙、七星喷泉，靠南部有儿童滑梯和沙坑。景区的中部设有根据成语故事设计的雕塑群，并配有文字说明。融知识性与娱乐性于一体，寓教于乐。

现今儿童少年活动中心已发展成一个树木郁郁葱葱，湖边绿柳低垂，荷花随风摇动，飞檐高挑，轻巧别致的集娱乐、休憩为一体城区中心公园。

（执笔／孟海进）

11. 张家口水母宫公园

张家口地区气候类型属于暖温与寒温带过渡的东亚半干旱大陆性季风气候区，温差大、夏季凉爽，是理想的避暑胜地。水母宫公园位于张家口市区西北部的卧云山，占地 1000 公顷，距市中心 3.5 公里。园内自然、人文资源丰富，燕长城贯穿于风景区的始终，将自然景观与人文景观有机地结合在一起。

（1）历史沿革

卧云山下有一泉水从石洞中自然涌出，水流清澈甘美，终年不涸，被称为"大水泉"，相传该泉是水母娘娘路经卧云山时，渴极思饮，指地为泉而成。

清乾隆四十七年（1782 年），皮商们以卧云山下泉水洗皮，质量甚佳，使"口皮"名扬天下，获利颇厚。于是，皮商们为感念水母娘娘留泉之恩，集资在泉水之上用石修建了水母行宫。牌坊上书"水母宫"。

1936 年，察哈尔省建设厅因水母宫地势广袤、依山带水、交通便利，决定在此建一公园，广植林木，建亭造桥，并在山道口建园门，定名为察哈尔省立森林公园。

抗日战争时期，爱国将领冯玉祥曾在卧云山山腰白龙洞指挥察哈尔抗日同盟军，与日寇奋勇作战。

新中国成立后，省政府对这一游览胜地十分重视，在周围五六百亩的区域内栽种了五十多种树木，培植了牡丹等八十多种灌木花草，并多次对水母宫建筑进行拨款修缮。

（2）建园主旨

1）因水而建，因水得名

过去，张家口是远近闻名的"塞外皮都"，口皮、口羔誉满全国，名扬国际市场。而皮都的命脉，便是这神奇的水母宫的水（其水质为含锶与偏硅酸的优质矿泉水，还因为水质较硬，含硫、铝等矿物质，适宜浸泡、洗鞣毛皮）。乾隆年间，为感谢水母留泉，当地皮商便集资跨泉修建了水母宫，并在宫底沿水洞砌建了十余个洗皮池，至今保存完整。顺池流过的泉水，见证了当年这里的繁盛。

2）依山就势，选址考究

水母宫的建筑古朴灵秀，是组群式寺庙建筑，依山就势，半山腰绿树掩映中就是公园中心——水母庙。坐西北朝东南，为前出廊五脊硬山式青砖灰瓦建筑形式，飞檐翘角，雕梁画栋，玲珑别致，独具匠心。碧瓦朱门连接牌坊，绕院而行。宫下幽深的隧洞，泉水淙淙，缓缓流入十多个洗皮池。宫前为青砖牌坊，上书"水母宫"三个金色大字，两侧"有求""必应"，镂空的花墙，宛如锦带。宫前朱檐悬匾"风调雨顺""有求必应""保我赤子"，笔力遒劲，气势如虹。宫内除水母娘娘和侍女塑像外，两侧大型壁画《出入回宫图》把诸多天神出宫施雨的繁忙景象和雨后回宫的人疲马乏，描画得淋漓尽致。

在主庙南北两侧建有卷棚式配殿和抱厦亭，与山门连接而成寺院，庙内存有清代民国年间壁画三十余幅。其中"昭君出塞""文姬归汉"等作品，更表达了当时皮都人民蒙汉友好、贸易相交的心愿。在其山崖下有一泉水自然涌出，严冬水温仍在 4℃ 以上而不结冰，实为一奇景。

3）景色宜人，自然景观丰富

公园景区内奇峰怪石众多，山顶海拔高 1362 米，低谷海拔 1102 米，高差 260 米，因此绝壁悬崖、嶙峋怪石比比皆是。卧云山主峰，名叫老虎头，山峰恰似一只卧着的老虎，人称卧虎石。

水母宫景区植被覆盖率达到 80%，植物种类较丰富，野生乔、灌木 120 余种。主要乔木为松、柏、杨、火炬、枫、银杏、柳、槐、椿等，主要灌木为荆条、山桃、樱桃、丁香、榆叶梅、玫瑰、珍珠梅等。值得一提的是水母宫植被多、气温低、温差大，夏季凉爽，是理想的避暑胜地。

山高谷深，林木葱郁，翠林遮天蔽日，石径蜿蜒曲折，掩红映翠，清馨袭人，置身其中鸟鸣啾啾，心醉神怡，"幽谷听泉"正是这一景观的真实写照。春季山桃、碧桃、山杏、榆叶梅连成一片粉红色的海洋，山风吹拂，花瓣缤纷，疑入"武陵仙境"。景点"荷塘香远"另有一番胜景，天、云、水、树融为一体，相互浸染，景色秀丽，"梨花院落溶溶月，柳絮池塘淡淡风""殿前无灯凭月照，山门不锁待云封"，勾勒出一幅如梦如幻的画卷。"红坡秋露"处，漫山遍野的火炬树、元宝枫等秋季观叶树种，秋高气爽时节似片片彩霞，景色壮观。"林涛听松"是园中的冬季景点，凛冽的寒风中，坐于听松亭中，感受塞外风情，尽情领略苍茫大地，银装素裹。

园中内溪、泉、湖为数不多，但山水相映成趣，犹如颗颗散落玉盘中的明珠。

4）融入人文历史，充实资源内涵

园区之北，有明成化二十一年（1485年）所建古长城、烽火台、永丰堡城郭遗迹（军事防御工程）、白龙洞、冯玉祥故居、吉鸿昌纪念馆、水母宫院落等人文景观，通过山势连接成为一个有机的整体；依山就势，巧妙布局。各景点均有较高的艺术欣赏价值及文化内涵。

卧云山主峰山腰有个白龙洞，抗日战争时期，爱国将领冯玉祥将军设指挥部于洞内，指挥抗日同盟军与日寇奋勇作战。南部山腰上东西两座大厅掩映于绿荫之中，东大厅为冯玉祥的公馆，西大厅为吉鸿昌纪念馆，两馆中收藏有大量珍贵的图片资料及两位抗日将领的生前用品，现已成为革命传统教育和爱国主义教育基地。而在景区西部山脚下，为纪念当年的死难烈士，由日本人出资修建的"中日友好林"已颇具规模，松柏葱郁，碧桃烂漫，时刻提醒中日民众，要爱好和平，世代友好。

景区东部入口处的大境门是著名的历史古迹，由于大境门据长城要隘，是京都北门，所以满清政府对其十分重视，康熙、乾隆曾多次到此巡视，并建有卧龙亭、将军亭等纪念建筑。大境门外上书"大好河山"四个颜体大字，是1927年察哈尔省都统高维岳所书。

（3）继承与发展

水母宫景区历经二百多年演变，饱经沧桑，但景区内主要景观保存完好，同时合理配置人文景观，形成内容丰富、林密景美的景观特色。主要景观有：

水母宫入口门楼：位于山脚下的水母宫正门，严谨而肃穆（图5-11-1）。

水母庙：位于景区中心半山腰绿树掩映中，坐西北朝东南，为前出廊五脊硬山式青砖灰瓦建筑形式。正殿为水母庙，朱檐悬匾，上书"风调雨顺"，笔力遒劲。

水母庙外牌坊：上书金字"水母宫"，两侧"有求""必应"，镂空的花墙宛如锦带。下边石洞处有清泉涌流，旁边建有洗皮池（图5-11-2）。

冯玉祥纪念馆：寺院南100米的山麓处建有冯玉祥纪念馆（图5-11-3）。

冯玉祥（1882-1948），安徽巢县人，原名基善，字焕章。是著名的抗日爱国将领，察哈尔民众抗日同盟军的组建者，曾任同盟军总司令。同盟军组建后，驰骋察省，收复失地。其抗日精神激发了全国民众的爱国热情，推动了全国抗日运动。

将军生前十分热爱树木，他在带兵打仗时规定驻防

图 5-11-1　水母宫入口

图 5-11-2　水母庙外牌坊

图 5-11-3　冯玉祥纪念馆

官兵要在驻地植树造林，即使行军打仗时，也不许践踏林木。为了保证植树造林活动的开展，冯玉祥制订了一系列关于植树造林方面的政策。他还身体力行，种下了大量的林木，为后人留下了又一笔财富。现水母宫冯玉祥纪念馆前、北部山坡都有将军率部栽植的松柏林，长势葱郁。

冯玉祥纪念馆占地 200 平方米，为一传统式大厅，前廊后厦，门窗古朴，朱柱飞檐上彩画绘有人物故事和奇花异草。冯玉祥曾居此消暑和筹谋军机，馆内陈列着将军抗战时率部缴获的战利品和生前用过的部分遗物。有毛泽东、周恩来、朱德等老一辈革命家的亲笔题词，展馆还有将军生平事迹的翔实介绍。距纪念馆不远处沿石阶而下，就是冯将军纪念广场，正面矗立将军雕像，高 3.5 米，为花岗岩石雕（图 5-11-4）。

吉鸿昌纪念馆：吉鸿昌是著名抗日民族英雄，中共党员。1895 年，出生于河南省扶沟县。1933 年 5 月，吉鸿昌联合冯玉祥、方振武等在张家口成立"察哈尔民众抗日同盟军"。1933 年他率察哈尔民众抗日同盟军北路军，北出大境门，收复察东四县，成为自九一八事变后中国军队首次从日伪军手里收复失地的壮举，极大地鼓舞了全国人民的抗日斗志。

进入水母宫大门向西北方向走，沿青石台阶而上，步入一个苍松翠柏的小院，吉鸿昌纪念馆就坐落于此（图 5-11-5）。该馆建于 1987 年，为硬山建筑，风格古朴，碧瓦青砖，绿树掩映；与东面冯玉祥将军纪念馆遥相对应。是我市重要的爱国主义国防教育基地。

自然景观"石老汉峰"：坐落于卧云峰山顶的一块巨石，远望如冕冠宽衣的一伛偻威坐的老人，人称"石老汉峰"（图 5-11-6）。

景区内著名的自然景观金钟倒扣（图 5-11-7）。

明长城，石砌边墙：风景区自西至东明代古长城蜿蜒逶迤，攀山道与古长城九曲八盘穿梭于山崖间，甚为惊险，大有一夫当关，万夫莫开之势（图 5-11-8）。

（资料提供：张家口市园林中心档案室；整理：王红卫；资料审核：陈宝军）

图 5-11-4　冯玉祥塑像

图 5-11-6　石老汉峰

图 5-11-5　吉鸿昌纪念馆

图 5-11-7　金钟倒扣

12. 革命圣地西柏坡

西柏坡位于河北省平山县境内太行山东麓，滹沱河北岸的柏树岭下，距省会石家庄约90公里，中共中央及中国人民解放军总部于1947年5月～1949年3月在此驻扎。

周恩来曾指出：西柏坡是党中央、毛主席进入北平、解放全中国的最后一个农村指挥所，在这里指挥了辽沈、平津、淮海三大战役。党的七届二中全会也在此召开（图5-12-1）。

黄镇老将军在此题写过："新中国从这里走来"。朱

穆之（曾任新华社社长）也在此地题词："中国命运，定在此村。"可见，西柏坡村在中国近代新民主主义革命和夺取解放战争的最后胜利中是多么值得纪念的一处胜地。

当时，中共中央的领导人都集中住在西柏坡村普通群众的十几幢平房里（图5-12-2～图5-12-5）。从安全的角度考虑，住房的大院周围加筑了一道用石灰粉刷的土围墙，还在附近挖了一座200米长的防空洞；但是，就在这十几栋普通农村民房的周围，却营造了一处绿荫如盖、花木繁茂、萝蔓绕墙的园林环境。

图5-12-1　中国共产党七届二中全会会址

图5-12-4　周恩来旧居

图5-12-2　毛泽东旧居

图5-12-5　董必武旧居

图5-12-3　朱德旧居

附录一 河北省近代园林大事记

序号	中国历代纪元	公元	大事记
1	明成化二十一年至民国16年	1485年1927年	张家口境内长城著名关隘，原名"大境口"。察哈尔督统高维岳在大境门门楣上书写"大好河山"四个颜体大字，为大境门增添风韵。1945年，中国人民解放军将国民党5万人马，全歼于大境门外，张家口获解放
2	清光绪七年	1881年	唐山乐亭县是中国共产党主要创始人李大钊故居，是其成长学习的地方。分前、中、后三处院，院中栽种当年李大钊喜爱的丁香、藤萝、白玉簪等多种花木。现为文特国保单位
3	清光绪十五年	1889年	沧州吴桥杂技历史最悠久，相传是孙武后代的封地。早在光绪年间，吴桥县杂技同乐班一行就去过越南演出。现为吴桥杂技大世界，园内绿林成荫，为文化公园
4	清光绪二十四年	1898年	瑞士驻天津领事馆领事乔和为其8岁女儿过生日送的礼物"瑞士小姐楼"（位于在北戴河）。此楼有花园、廊架、喷泉、雕塑，栽植油松、侧柏、国槐、银杏、皂角、核桃等，并从欧洲空运来花木。现存的百年银杏、槐、榆等，以及百年灌木栓翅卫矛至今生长旺盛
5	清光绪二十八年	1902年11月	高等农业学校——直隶农务学堂（保定河北农业大学前身），一直是全省青年学生发动新民主主义运动的策源地之一。现在校园扩大，环境优美，满院林木花卉，为学生学习生活的良好园地
6	清光绪三十一年至宣统元年	1905年9月~1909年9月	詹天佑修建京张铁路，开创了我国自己修建铁路的先河。在青龙站建詹天佑铜像，四周植满松柏花木供后人纪念
7	清光绪三十四年	1908~1910年	建成沧州火车站，站前广场也同期修建
8	清宣统二年	1910年	沧州南运河东岸四合街盐场附近的水厂，为火车提供上水所建。水厂内现存胸径1.5米以上的大杨树数株
9	民国8年	1919年	北戴河"六座楼园"为奥地利建筑师罗尔夫·盖苓设计。建于柏树林中，面临大海，还有大片五角枫木及紫薇、金银木。其植物配置与周围环境协调，形成多姿多彩的自然景观
10	民国17年	1928年	6月28日，国民党将直隶省改为河北省，省会设于天津；10月11日，省会由天津迁至北平
11	民国19年	1930年	省会由北平迁回天津
12	民国24年	1935年	6月，省会由天津迁至保定。由于省会的搬迁，留给各市的建筑、园林设施不计其数
13	民国26年	1937年	7月7日，日本侵略者在河北省宛平县（今属北京）演习时以一名士兵失踪为借口，悍然发动了七七事变。至今卢沟桥处建有抗日纪念性园林一处
14	民国28年	1939年	日本侵略者在石门市（今石家庄市）建兴亚公园；园内设有喷水池，栽植树木、花卉，养殖少量动物鸟禽等；西侧为儿童游玩场地，北端建篮球场，喷水池以北系一广场，作为集会场所，现已不存在； 石门市新建西花园，占地55亩，建亭榭数处，无墙垣，植刺槐墙为界，花木繁多；南部设茶棚数处，安排歌唱、大鼓、小曲等，人称"小天桥"；1947年改为人民公园； 石门市修建兴亚体育场，占地2.8万平方米，也称朝阳体育场。1951年改为人民体育场，1958年改为中山体育场；四周栽植刺槐大树； 白求恩手术室旧址原为真武庙，位于河间市东北西告乡屯庄内，当年贺龙指挥八路军一二零师在河间打歼灭战，战斗中将真武庙改做了白求恩的手术室；现为河北省社会主义教育基地
15	民国27年至民国30年	1938~1941年	石门市修建赛马场一处。占地数百亩，建房舍、望远台、看台等。每年春秋两季举办赛马活动，参加者多为日本人。日本投降后，赛马场被废除。建胜利公园一处，1949年改为华北军区烈士陵园
16	民国36年	1947年	当年6月15日，沧州解放建市，隶属渤海区一专区。同年冬，沧州城开始修整，扩建城区，拆除东南西三面城墙，填坑筑路，广植树木

序号	中国历代纪元	公元	大事记
16	民国36年	1947年	石门市解放后改名为石家庄市，全市街道树木仅有470株，多为杨、柳、刺槐
17		1947~1949年	3月，石家庄平山革命圣地西柏坡是新中国成立前毛泽东、刘少奇、朱德、周恩来、董必武等中央领导同志居住并指挥三大战役、召开七届二中全会的场所。其居住工作的地方均为民居，各院绿树成荫，并有领导亲自种植的果树，至今保留完好

（执笔／齐思忧）

附录二　主要参考文献

1. 燕赵百年百人（1901~2000年）．燕赵都市报．2000年12月29日．

2. 河北人民出版社编．可爱的河北．石家庄：河北人民出版社，1984．

3. 司马迁《史记》

4. 《邯郸县志》

5. 《邯郸园林城建志》

6. 保定历史文化丛书编辑委员会张广琦等主编．保定旅游文化：保定历史文化丛书．北京：方志出版社，2005：49-52．

7. 衡志义，吴蔚．直隶总督署的建筑：保定城市建设志．北京：中国建筑工业出版社，1999：558-568．

8. 杨淑秋主编．保定市园林志．北京：新华出版社，1990：10-12．

9. 尤文远主编．保定市地名资料汇编（内部资料）．保定：1984：216-218．

10. 李松欣．保定市城市建设志．北京：中国建筑工业出版社，1999：411-412．

11. 杨淑秋主编．保定市园林志．北京：新华出版社，1990：28-30，32．

12. 尤文远．地名资料汇编．保定：保定市人民政府地名办公室，1984：546．

13. 保定历史文化丛书编辑委员会张广琦等主编．保定旅游文化：保定历史文化丛书．北京：方志出版社，2005：72-80．

14. 李松欣．保定市城市建设志．北京：中国建筑工业出版社，1998：573-578．

15. 尤文远．地名资料汇编．保定：保定市人民政府地名办公室，1984：233-241．

16. 保定历史文化丛书编辑委员会张广琦等主编．保定旅游文化：保定历史文化丛书．北京：方志出版社，2005：85-86．

17. 尤文远．地名资料汇编．保定：保定市人民政府地名办公室，1984：227．

18. 韩海山，陈勇，史登顺，宗健，马金牛．白求恩在唐县．石家庄：河北人民出版社，1990：188，198-201．

19. 金浦，盛贤功，任鸣皋，茹让，马连儒，张明礼，于荣勋．纪念柯棣华．北京：人民出版社，1982：152—153．

20. 晋察冀边区革命纪念馆编．人民战争必胜——抗日战争中的晋察冀摄影集．沈阳：辽宁美术出版社，1988：334—337．

21. 陈美健．莲池书院．北京：方志出版社，1998．

22. 孙待林，苏禄烜．古莲花池图．石家庄：河北美术出版社，2001．

23. 孟繁峰．古莲花池．石家庄：河北人民出版社，1984．

24. 石家庄市城乡建设局．石家庄市市政建设史略，1991．

附录三　参加编写人员

负责人（顾问）：池春友　牛彦平

主　编：齐思忧

副主编：刘秋祺　朱口荣　王　庆

参　编：杨淑秋　张　晶　冯树合
　　　　陈宝军　王红霞　孟海进
　　　　马月敏　陈汝新　田立英
　　　　杨淑荣　赵　晶　杨　凌

中·国·近·代·园·林·史（下篇）

第六章　山西省卷

第一节　综　述

一、山西的自然地理及近代园林的概况

山西省位于太行山以西，黄土高原东缘，是一处被黄土广泛覆盖的山地型高原，通称"山西高原"。其东部以太行山脉为主体，西部以吕梁山脉为主体，中部为盆地。山地多，平川少，其中山地和丘陵面积占全省总面积的80.3％。主要河流除从晋陕、晋豫交界处流经的黄河外，还有汾河、涑水河和桑干河等四十余条河流。这些河流大多源于高山峡谷中的泉流与山洪，有明显的涨水期、枯水期，水流量极不稳定。气候属大陆性季风气候类型。境内因山峦起伏，气候垂直变化显著；加之南北狭长，北高南低，因而南北气候差异显著，属温带、暖温带半干旱季风气候。总的特点是：春季气候多变，风沙较大；夏季高温多雨；秋季短暂温和；冬季较长，寒冷干燥。

历史上，山西曾是林木茂密、北部草场广茂、生态环境良好的地方。因历代战祸频频，加上无休止的砍伐垦荒，使森林和草场面积大幅减少，但现存高等植物尚有160多科、3000多种；野生植物资源种类中可供园林绿化的就有500多种，如棠棣、绣线菊、兰花棘豆等；为多种动物提供了适宜的生活环境。目前，已建立以保护珍稀动物褐马鸡为主的芦芽山和庞泉沟等国家重点自然保护区。

山西是中华民族发源地之一，有悠久的中原传统文化，素有"古代文化摇篮"之称。自明、清以来晋商的产生、发展与兴旺，积累了大量的经济实力，据统计，清道光三十年（1850年）山西票号共有9家。山西历史上具有一定实力的财东留下的民宅大院尚有不少，其中以明、清以来的民居大院最为突出，并形成了具有山西地方风格的中国式园林。有大量的庭院、宅园分布全省各地，但因鲜有报道，较少为外省人所知。清后期，外国传教士来华传教，引来了西风东渐，即使在中国传统文化根深蒂固的山西也出现了教堂和西学，如1902年5月8日正式开办的山西大学堂（图6-0-1）。辛亥革命以后，引入省内的西式建筑还仅以教堂（图6-0-2）、学校为主，未见引入典型的西式园林。山西的园林直到二十世纪二三十年代，新建园林如太原晋祠所建的周家花园、孙家花园、黄家花园……还都是山西风格的中国式花园。近代在南方沿海地区建立公共园林是非常普遍的，但在山西，只建有少量的市、县级公园；故山西近代园林的风貌主要还是以中国式为基调。

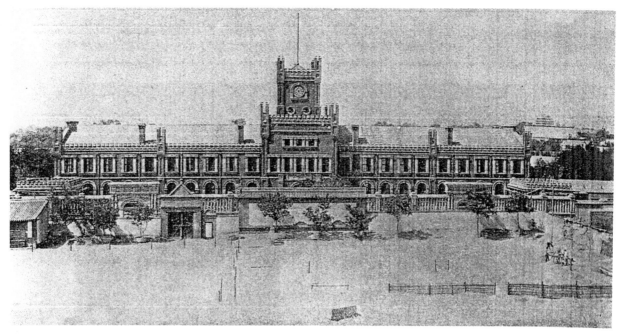

图 6-0-1　1902 年开办的山西大学堂（摘自《太原旧影》）

图 6-0-2　山西的西式大教堂（1935 年建的绛州天主教堂，哥特式，摘自《新绛县志》）

图 6-0-3　太原中西合璧式建筑（1919 年的山西川至医学专科学校，摘自《太原旧影》）

西风渐进，在山西，千年古城太原也出现了中西合璧式建筑（图6-0-3）。太谷铭贤学校的校园虽是美国人设计，但校园总体还是以中国自然式为主，只在细部引入西式做法。绛州（现新绛县）的陈园具有独特的总体布局——中西交融，采用巴洛克式的园门，开西式做法之先例。

二、山西近代园林之中式园林及其类型

山西长期受华夏文化的熏陶，又加上浑厚质朴的晋文化，使其古建筑与古园林别具一格。以山西清末民初的园林来说，它无北京园林的富丽，也没有江南园林的清

秀，但自有其古拙雅静的风貌，大体上还如文献及古园林图鉴中所示的明代风貌。

忆20世纪50年代，作者见到的山西太谷县孟氏别业（在山西农业大学校园内，今已毁）的景物："时小园初颓，廊宇尚好，古木参天，静无人声。闲步小园，唯我与喜鹊对视，一片苍凉景色如身入太古，万念俱消。此种苍古、幽静之境，与江南园林温柔之气各有意境：前者如高士，后者如佳人，真是别有一番滋味在心头。"

山西的大宅、宅园等与山西经济的盛衰有关。山西经济的衰败，始自清代末年政府成立大清银行，使山西票号失去了全国金融中心的地位，进而倒闭；此时虽已败

落，但还有一定的经济实力。直至1937年日寇入侵，使山西在全国各地的商号纷纷停业，山西经济立时败落，至此时建房、建园活动已全部停止。

山西古园破坏比古建筑严重得多。古建筑大多有人居住，必须维修保护，而古园只要园主败落，园即失修、破坏；且屡遭兵火劫难，尤其在日寇侵华后经济萧条的情况下，古园逐渐荒废。新中国成立前后，大多数园林已无人经管。中华人民共和国成立后百废待兴，至"1958年大炼钢铁"开始，不少园中树木被大量砍伐，果树也很少保留，至1966年"文化大革命"起，古园能保留下来的已寥寥无几了。

20世纪70年代末至80年代，山西经济发展较慢，城市与农村的建设较少，所以一些残破的古园尚无人顾及。但自20世纪90年代前后，农村经济复苏，城市建设加剧，城市的扩建使古园大量拆毁；农村中的古园又因农民大量修建房屋而将园中的砖石大多取去作为建材，至90年代已所存无几了，唯有与古建筑毗连的古园才得以保存、维修。自旅游业兴起，作为景点的古园开始新建、重建、补建、修复等，但大多取"苏州园林"样式，与山西古园原有风貌显然南辕北辙。

山西古园在中国北部是很有特色的，但保持原貌者已极少，大量古园今已遗址无存。作者根据历年调查实录，叙述如下：

（一）官府园林

官府园林首推绛州（新绛县）的绛守居园池（公署花园），始建于隋唐，虽历经沧桑，今遗址犹存，是文献资料可资考证的中国最古老的名园。宋、元、明、清历代续有修筑，现存的园池大体是光绪二十五年（1899年）州宦李寿芝"以园池遗址绕以周垣，重加建筑"重修而成。民国初年又有修复，辟为公园（见本章实例1）。

太原山西督军府是阎锡山于民国5年（1916年）在原山西军政衙门所在地改建而成的，位于省府办公楼的后面。府院坐北朝南，主要由门楼、前院、渊谊堂、梅山会议厅和梅山组成，占地4公顷，气势恢宏。其中花园部分据碑石记载是清代积土垒石为山而成，1919年筑园林建筑（图6-0-4）。梅山位于后院，据《山西通志》卷25载："始建于民国8年（1919年），翌年秋落成。此山系阎锡山下令由人工积土垒石，将原'煤山'改建为'梅山景园'"。

清末民初太谷县知事安恭己于署内建"小河阳"；于范村镇建东书房花园。

图6-0-4　1919年的园林建筑（督军府省府内进山楼）

（二）公共园林

1. 公园

山西的近代公共园林有三处：新建的省级公园——太原文瀛公园，县级公园——太谷西园和在绛守居园池遗址上改建的新绛公园（莲花池）。

2. 革命遗址胜迹

山西襟山带河，形势险固，地位重要，是由北部边疆地区通向中原腹地的天然军事走廊。抗日战争时期，中国共产党建立的敌后三大根据地——晋察冀、晋绥、晋冀鲁豫都是以山西为依托的；为保卫华北、保卫全中国做出了巨大贡献。山西境内革命纪念地闻名全国者不胜枚举，今择要介绍，如八路军总部王家峪旧址（图6-0-5）、砖壁旧址、后方第三医院旧址、八路军兵工厂旧址（图6-0-6）、太行太岳烈士陵园、灵丘平型关战役遗址和五台白求恩模范病室旧址（图6-0-7）等。

（三）私家园林

1. 庭院、庭园、宅园

山西一般建宅，庭院面积不大，仅修筑花墙、花池，放置盆花或点缀几株花木。晋中地区，晋东南长治、临汾

图 6-0-5　八路军总部王家峪旧址，朱德总司令手植"红星杨"（又名"五星杨"）

图 6-0-6　山西黄崖洞——八路军兵工厂旧址所在地（摘自《长治市志》1995 年）

地区，晋南的运城，居民庭院天井普遍狭窄，都以方砖墁地。一般布置是在厅前砌筑高 1 米左右的花栏墙，墙呈一字形或凹字形，还有的中间高两端低。花木常置者，晋中有石榴、花石榴、无花果、夹竹桃、绑扎成型的西府海棠、迎春、石竹、冬珊瑚、凤仙花、菊花等，特殊的有桂花、铁树等；晋东南长治有桃、杏、樱桃、丁香、石榴、金银花、草茉莉、凤仙花（当地叫"海呐花"）、菊花等；临汾地区人们喜欢在小院空间栽植梧桐树、石榴、山楂、葡萄、丝瓜、萱草等，庭院中还喜在花栏墙前置鱼缸

一二个，有的养金鱼，有的栽荷花、睡莲，有的仅为储水浇花。

面积稍大的庭院内叠石、凿池、种植花木、营造建筑小品等，可作居民游憩之所，此为庭园。

宅园和住宅毗连。山西以太原为中心的晋中地区晋商云集，故大院深宅比比皆是，如祁县的乔家大院、渠家大院，太谷北洸曹家大院（三多堂）、灵石静升高家垴王家大院等，均是将四合院的基本格局加以变化而形成的大型封闭式联体建筑。院落一般以北为正，南北狭长，中间隔有花栏、牌楼之类的建筑。布局有"里五外三，穿心楼院"（两进院，里院正房为二层楼，东西两侧厢房为五间，外院厢房为三间，里外院之间有穿心过厅相连），"里五（七）外三（五）隔过厅"或"里五外三隔牌楼"形式，建筑宏伟华丽。石雕、木雕、砖雕艺术巧夺天工，雕梁画栋、堆金沥粉、形式多样。这些大院开发得较晚，笔者 20 年前调研时，不少大院建筑犹存，而宅园部分已无迹可寻，经访问耆老，绘出复原图的有太谷赵铁山的宅园、孔祥熙的宅园（见本章实例 4）及新绛乔家花园、王百万花园（见本章实例 5）和"陈园"（见本章实例 6）。又悉长治市在新中国成立前，大户人家都有"后花园"。如督军阎锡山建太原新民北街的东花园等宅园和阎锡山在定襄县河边村构筑的阎锡山旧居东西花园。

此类私家园林以乔家花园为例详述如下。

清道光恩赐举人乔佐洲，在绛州（新绛县）城内孝义坊建造的家宅保持了晋南清后期的建筑风格，为新绛县城内现存最大、保存较完整的一处大宅院，宅院南建花园。

乔家宅院分北、中、南三路，由三进正院与过厅组成，大北院四面均为二层，木雕精美，具直棂窗槅扇。20 世纪 80 年代改为人民医院及仓库、民居，花园也改建为医院病房。

花园在家宅南，据乔氏后裔回忆，园由大北院南楼出天井，过廊庑，下四五十级台阶，进入花园。时园已破坏，亭也倾斜，池中无水，但大体尚存。今按回忆复原成图（图 6-0-8）。

园建于凹地，高差约 6 米，南北长 61 米，东西宽 49 米，占地约 4.5 亩。花园布局简洁。入口为一小院，建土窑三间，窑上建楼，窑作花窖用。当年园中古树葱郁、花卉繁茂。出小院过曲廊，廊为二层，尽头设方亭。园中有金鱼池，池水由 30 里外的鼓堆泉引来，池深 1.2 米，中架石拱桥，池边砌石驳岸。池南小径通石假山，山宽约 2 米，高 3 米。东西各有洞穴通山后土窑。窑三孔，上建楼。还可由假山东穿洞穴上蹬道登二楼，楼为宴客处。窑

图6-0-7 五台白求恩模范病室旧址新建部分

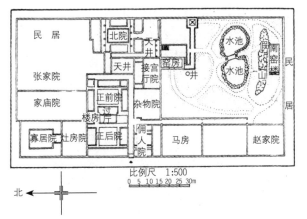

图6-0-8 新绛县乔家花园平面示意图

后有小径通西面家宅。

此园可引水，虽区区水面，也为小园增色不少。园中窑上建房为山西园林之特色。假山虽微也形成山水格局。园平直古拙，可代表山西较好的宅园风貌。

2. 别墅和山庄

富商大户常择地修筑别墅或避暑山庄。据《大同市志》（2000 年）记载：1917 ～ 1926 年，张树帜为晋北镇守使时，在城内修建了一座豪华别墅，即兰池，内有假山、鱼池、花园、戏院等。民国年间晋系军政要员纷纷购置地皮、大兴土木，营造公馆私第、构筑山石池亭。如《太原市志·城市建设》述，建于晋祠的花园别墅有奉圣寺下江家花园（江叔海花园），难老泉西南黄家花园（黄国梁花园），晋祠街南孙家花园（孙殿英花园，即今 276 医院）、王家花园（王柏龄花园，即今晋祠小学），瑞云阁南的陈家"息庐"（陈大姑娘即陈学俊别墅）等。其中以周家"在田别墅"（见本章实例 3）和荣家"陶然村"为最佳，今"晋祠公园"就是在合并周、荣、陈三家私人别墅的基础上发展起来的。太谷的"孟家花园"也是一处典型的别墅园（见本章实例 8）。

汾阳城外峪道河水磨坊，位于吕梁山麓最佳风光处的神头"马跑神泉"，沿河有数十家磨坊以其清泉为动力。自从近代面粉业兴起后，这里作坊渐渐闲置沉寂下来，空静的磨坊便成了许多洋人避暑的别墅。1934 年，梁思成、林徽因夫妇来山西作晋汾古建筑调查时，曾在这舒适凉爽又极富野趣的别墅（由旧磨坊改成）里暂住，林徽因在散文《窗子以外》一文中曾赞其"很有'流水别墅'的味道！"

太谷的山庄是一类特殊建筑物，是在郊外的别墅园，其形式很像中世纪的古堡。当时修筑如此坚固，恐不仅是避暑，还有避兵灾匪乱之作用。在太谷的南山构筑山庄可考的有：大涧沟有孙家的"大涧寨"，咸阳口有沟子村员家的"四棱寨"，黄背凹有孙、孟两家的"赤伍庄"，以及建于咸丰年间的青龙寨"迁善庄"（见本章实例 7）等。

（四）宗教、宗祠园林

山西的宗教园林有寺观、教堂、祠堂等。现存明清时期山西城乡营造的大量庙、祠、道观，其建筑构造灵活自由，取材合理，布局因地制宜、各有章法。"天下名山僧占多"，尤其是在山西的自然环境中，寺观布局大多能做到依山傍水、逶迤交错、气势雄伟、变化多端、清静安逸。五台山是我国四大名山之一，它作为著名的园林寺庙风景胜地的形成就是一个范例。光绪年间，普济和尚将原建的佑国寺、极乐寺和善德堂三处建筑合为一体，民国年间继续修建，形成现在规模的南山寺。寺依山势建造，上下七层，处于风景绝佳的五台山清凉圣境之中。龙泉寺在南山寺对面的东沟内，民国初年成为南山寺的下寺。天王殿前的汉白玉牌坊建于民国 9 ～ 13 年（1920 ～ 1924 年），四柱三门，通体雕镂镌刻，布满龙、狮等飞禽走兽以及各种花草树木，堪称近代石雕艺术之精品。

山西人的宗族观念非常强烈，宗祠几乎遍及城乡各地，如太原傅公祠、夏县司马光祠等。其布局是较为严谨规整的四合院式布局。宗祠均设有戏楼，一般位于楼阁式建筑的大门背后，戏楼及其前面的庭园空间兼作公共娱乐场所。大型的园林祠庙则常将戏楼建在正殿前端，并有一个很高的舞台，如太原晋祠的水镜台。

宗教、宗祠园林不论在山门或是在大殿前，栽植树木大多采用左右对称的规则式布局，规整、严谨。所选用的树木以槐树和侧柏居多，其次是油松、圆柏、白皮松、榆树、楸树、枣树、银杏；花木常植牡丹、紫荆。在自然山水环境中建造的寺庙园林，四周则以长势高大的树木和自然式的花木配植，营造出清幽静逸的境域。

1. 晋祠

山西省古称冀州（夏朝和商朝时期），周朝时称并州。成王时，封叔虞（周成王姬诵的弟弟）为唐国，后改晋国。宋代以前的皇家园林，如晋阳宫廷园林，随着焚毁晋阳的大火早已化为灰烬。古老的祠庙园林留存至今的唯有太原始建于北魏的晋祠，这里也是晋水的发源地。晋祠于北齐天保年间"大起楼观，穿凿池塘"，在难老泉、善利泉上建起了泉亭，在悬瓮山腰筑起望川亭，在晋水侧兴建了清华堂、流杯亭、宝墨堂和环翠亭等，这座祠宇就成了帝后王公游幸之所。清华大学林徽因教授曾对其作过这样的评价："晋祠布置又像庙观的院落，又像华丽的宫苑，全部兼有开敞堂皇的局面和曲折深邃的雅趣。大殿楼阁在古树婆娑、池流映带之间，实像个放大的园亭"。这里已成为山西第一名胜之地。

2. 解州关帝庙及结义园

解州关帝庙为武庙之祖，在今运城市西南20公里的解州城西关。建于隋，宋、元、明扩建重修，清康熙四十一年（1702年）毁于大火，经十年始修复。以后它又屡次遭受火灾，在道光、咸丰、同治和光绪年间都曾重修。特别是它的大门和乐楼（戏台）等处都是清朝末年重修的。庙中大部分建筑应为咸丰、同治年间所建。总体布局分南北两部分，南为结义园，北为关帝庙。关帝庙坐北朝南，背靠盐池，面对中条山，景色宜人。据《运城市志》记载，面积为18576平方米。新中国成立前庙里只有大柏树和老槐树，笔者于20世纪80年代实地调研，观北面正庙绿化，除后院春秋楼有7株古柏和1株藤缠柏外，添植了桧柏、侧柏、瓜子黄杨绿篱、大叶黄杨球、紫荆、榆叶梅、月季、丝兰、牡丹等花木，一派花团锦簇，已无庄严肃穆的景象。结义园由牌楼、君子亭、"叁分砥柱"照壁、三义阁、假山和莲池组成。据碑文记载，同治九年（1870年）"园内旧有池，池栽芰荷，仍疏凿种植以复其旧，并植桃百余本，志当年胜迹焉"。看来当年四周桃林繁茂，大有三结义的桃园风趣。20世纪80年代笔者曾作实地调查，访问了当地知情者：结义园在民国9年（1920年）时曾是解州模范小学校址，有莲花池；池为砖石砌成，东西各一，中间有石桥，池比文庙的泮池大，水引自五龙峪；南岸靠西有一小方亭；离桥约七八米有一东西向小山，未见桃花，唯有古柏苍翠屹立于君子亭与三义阁之间。今将刘致平1957年调查图附上供参考（图6-0-9）。

3. 傅公祠

位于太原市东缉虎营，山西省政协院内。民国6年（1917年）由留英博士王家勋设计，次年营造完成。傅公

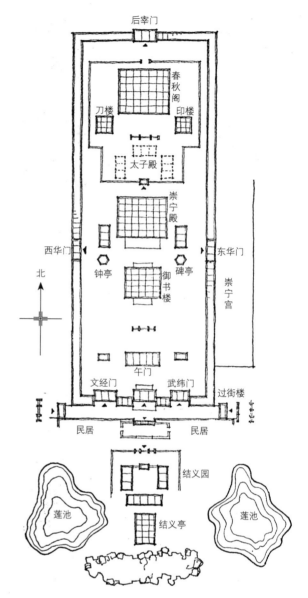

图6-0-9 山西解虞（解县）关帝庙总平面示意图
（摘自：刘致平.内蒙、山西等处古建筑调查纪略：25，图138）

祠为纪念傅山（明末清初著名文人）而建，为一园林式建筑，由楼阁、祠堂、园林三部分组成，占地面积1.65公顷。进园门，迎面是一座假山，向东西蜿蜒而去。山虽不高，却富于变化。从山涧通道而过，沿山西行，拾阶而登，可上到靠西较高的山顶，山上有双层小屋，山前有水池，池中建有虹巢楼；周围树木枝叶交织，疏影洒落，环境清雅宜人。此处原是太原一处公众游览场所，但自民国20年（1931年）被清乡督办公署占据后再未开放，后又变为机关单位驻地。1984年重新修建，命名为西园。

山西建在母亲河——黄河上的宗教胜迹不少，如河津龙门（禹门）和禹王庙（图6-0-10）、万荣古后土祠和秋风楼等。

（五）其他园林

山西近代园林可考者还有城镇绿化（含学校、医院等）、花圃和苗圃、群众游乐场、农村园林等。

1. 城镇绿化

清末及民国年间，城市树木稀少，布局杂乱。据《山西通志》（2001年）及山西各市、县志记载：全省城镇没有一条植有行道树的像样的街道，即便是省城太原，解放初期统计也仅有树木12877株，绿地约五万平方米，人均绿地0.19平方米。太原市在清朝末年利用废地和河道进行绿化，如"名录"所述后小河、桃花园、杏花岭等。

雁北重镇大同，在中华人民共和国成立前树木主要集中在寺院、教堂、学府及军营内，受历代战争的破坏，一直未能形成规模，古树名木遗存无几。1933年，县长卢宗孚在护城河边栽小叶杨数千株。1931～1937年，大同市常嗣明任山西省立第三中学（即今大同师范学校）校长时重视绿化，当时校园及十里河畔已绿树成荫。日本人入侵后，把学校占为兵营，树木几乎砍尽。

忻州地区位于山西省中北部，据《忻州地区志》（1999年）载："中华人民共和国成立前，城内仅有零星树木"。

晋中太谷县至清代城内街道里坊已布局整齐、严谨，居民庭院建筑整齐、讲究。巨商富户建造的宅园、别墅、假山、泉石与花木掩映，景色甚好。离太谷城不到2公里的乌马河，抗战前沿岸都是成材的大柳树，直径约在70～80厘米以上。不仅能够防洪固沙，对太谷县的小气候及环境的改善，也起到了相当大的作用。太谷南山也是古木参天、浓荫蔽日，并有太谷铭贤学校、仁术医院等，皆有大片绿地可供游憩。但自抗日战争后，日寇造成的破坏和人们生活水平的下降，致使大量树木遭到砍伐；至新中国成立时，太谷已是山秃树稀、面目全非。

阳泉堪称晋东地区政治、经济、文化的中心，但其境内第一条城市道路——民国初年建成的、火车站至小阳泉村长约1公里的黄土路（又称站上街），也未栽行道树；新中国成立以前，街道绿化基本上是空白。光绪年间森林面积为5%；到新中国成立前夕，全市只剩几片残次林地，森林覆盖率不足2%。

吕梁地区汾阳县在民国初年，县府把植树列为六政之一。规定每人每年至少植树一棵，由县府督办，但未能全部贯彻实施。据史料记载，民国22年（1933年），全县有各种零星树木12.56万株。民国28～31年

图6-0-10　1924年河津黄河龙门和禹王庙

（1939～1942年），全县植树11.76万株，平均每年植树2.94万株，成活率为45%。县城东北近卜山之麓有杏花村，唐代杜牧有诗云"借问酒家何处有，牧童遥指杏花村"。村内有井泉，水清冽而甘馨，早在仰韶文化时期（距今7000～5000年）即是酿造汾酒的古村。民国6年（1917年）于"义泉泳酒坊"址上建申明亭。

清代末年，晋东南的长治城雄伟壮观，堪称"晋之明珠"，但城内没有一处公园。然而长治居民自古爱花，并有养花习俗，故新中国成立前即有私人庭园、花园。现长治市辖内的潞城，据光绪十年（1884年）《潞城县志》载：潞城县原是植被茂密、水草丰美、满山遍野绿茵冉冉之地，故有"客人游卢医，杏花撒满头"之佳句。卢医山位于县城南2公里，在城关镇，"卢医叠翠"是潞城古八景之一。后因人口增殖、乱砍滥伐，天然植被遭到破坏，生态环境日趋恶化。到解放前夕，潞城境内能看到的整片森林仅存四百余亩。

临汾市地处黄河中游、汾河流域临汾盆地的中心，有富饶壮美的冲积平原。历史上宋庆历三年（1043年），引卧龙山下黄鹿泉水入城，汇为北海子和南海子，养鱼植莲，号莲花池。城市建筑以十字街划分为四大区，街道框架明确，主次分明；但至民国初，因地震后陷成低洼地，俗称"海子边"。在民国初是乡绅刘光斗的私家花园，现为人民公园。

晋城是晋南重镇，新中国成立前，县城街道均为土路，未栽行道树，仅在公署、寺庙及少数庭院中植有松、柏、槐等零星树木，形不成绿化规模。

运城地区（安邑、解县）是晋西南的政治、经济、文化中心，在新中国成立前，两条主要街道狭窄歪斜，高低不平，没有种植行道树，只有太风公路、铁路沿线和旧城墙两侧栽有刺槐、苦楝等树。有资料显示公路两旁有植树的记载：民国22年（1933年），解县在公路两旁植树24.28公里，栽植株数14314株；安邑县植树30.53公里，栽植株数12287株。民国30年（1941年），解县植树49246株，安邑县植树56134株。

2. 花圃和苗圃

据《山西通志》卷25和山西各市、县志记载："山西的苗圃建设历史悠久。早在明万历年间就开始育苗。清光绪二十八年（1902年），山西林学堂成立，在太原杏花岭建立了试验苗圃。民国8年（1919年），有县苗圃105处。民国26年（1937年）汾城县高家庄村80户中有半数经营苗圃"。

山西最早的花圃出现于清代同治到光绪年间（1862～1908年），为培育苗木、经营花卉的花圃，也有了花会。其时，太原东门外黑土巷一带栽种花卉、经营花圃，面积有的二三亩，有的七八亩，也有十八亩的。到民国年间，太原的桥头街、并州路、山右巷、东二道巷等地也出现了花圃（当地人叫花园）。在几十家花圃中，经营最早、规模最大、比较有名气的首推马家花园。马家花园最兴盛的时期是光绪年到民国初年，有十余亩大，盆花、地植都有。该花园的主要业务是培育和租赁，最出名的是大桂花。约3米高的桂花，从结骨朵（花苞）到开花，能持续一个多月时间。送到太谷商号，一对桂花租赁费也得二三十两银子。在马家花园南头还有王家花园，北头有路家花园、天顺马家花园（马天和师傅曾在寒冬季节培养出四盆独具特色的牡丹，每盆有24～26朵花，同时开放），以及赵家、吴家、贺家、李家等小花园，此外还有郭家、申家花园。这些花园多数在抗日战争爆发前后关闭或改业，只有少数延续到太原解放后。如郭、申两家，解放后把花卖给了省政府和迎泽宾馆。

大同于民国23年（1934年）在大同苗圃（现城区园林处南关苗圃）栽有榆树、刺槐、松、柏等，1935年又栽有杨、柳、桦、椿、椴、枣、杏、榛子、葡萄、核桃、栗、山楂、梨、沙果等。民国年间在城东北隅九仙庙街，有苗昆生私人花圃一处，称苗家花圃，内有自己培养的花木20余种供出售。

太谷县历史上享有盛誉的花卉有菊花、牡丹、荷花等。清光绪十二年（1886年）《太谷县志》卷三"风俗"中记"重阳节食花糕，园菊盛开，艺菊之家竞相过从品赏，讲究艺法"，可见艺菊、赏菊之事已盛于清末。太谷孟氏在其别墅园中即辟有菊圃。太谷种菊的花匠以城南贯家堡最有名，仅贯家堡一村就有花匠十余家，其中规模最大、技艺最精的为吴、杨两姓，最盛时品种可达70余种。城南的南沙河村也有养菊的花匠，祖辈养花为业，抗日战争时尚有菊品种70种，均供大户、商家。日寇入侵时，逐渐衰微，品种几乎灭绝。太谷的牡丹也很出名，寺庙和大花园中都种植牡丹。解放前，沙河村、贺家堡、胡家庄、郭里的牡丹最出名，有一株牡丹在1932年最盛时曾开花百余朵，有红、白、粉三色。郭里的牡丹花叶紧连、花色繁多，品种也多，1928年前后赏花人数最高达三千人次。

吕梁地区的汾阳县在清末，县人育苗以自育自用为主。民国9年（1920年）张家堡村有官办苗圃汇清园，进行少量育苗。民国31年（1942年）全县育苗10亩，育苗品种主要有榆、槐、核桃、桃、梨等。

20世纪40年代末，长治有一位来自河南安阳园艺世家的逃荒人在，东大街韩家后院培育盆花，有绣球、月季、含羞草、鸡冠花等，四邻观花、买花者甚多，解放后到长治市园林处做花工师傅，为长治花卉园艺事业做出了一定贡献。民国33年（1944年）长治在城北关村附近建立苗圃一处，面积31.2亩，培育刺槐、柳、松、柏等树苗54.5万株，1945年10月，八路军长治工作团接管关村苗圃，翌年扩为200亩。民国25年（1936年）潞城境内有苗圃30亩，种植刺槐、榆、柏、椿、桑、桃、杏等品种，共育苗246800株。

运城地区的解县在清光绪十年（1884年）已有官办桑园，在民国30年（1941年）有苗圃4亩，育苗2.62万株。据载民国26年（1937年），汾城县高家庄村80户中有半数经营苗圃。

3. 群众游乐场

（1）太原民众教育馆和民众乐园现位于上官巷东端山西博物馆址，原为府文庙。在抗日战争前为官办的一处文化活动中心，存在的时间不长，总共四五年。但在那时它犹如一个文化公园，能吸引不同年龄、不同爱好的人来游玩和参与活动。解放后，民众教育馆辟为山西博物馆。

（2）长治莲花池清末民初为长治园林式游乐场所，上元夜灯会久负盛名，故名"莲池宵灯"或"上元春灯"，现为工人文化宫。

4. 农村绿化

山西的农村村落绝大部分呈聚落型，全村以户为单位，鳞次栉比，集中居住。有的村落以几户或十几户为单位，分为若干居住点，但彼此相距不远。山西的大村落有不少建有堡墙，高墙外还有深沟环绕，旧称堡子，如介休张壁古堡、阳城郭峪古堡等，现已为旅游点。《襄汾县志》记载，全县有城堡村庄186处。旧有的富裕村落内设有街道、大院、学堂、寺庙、宗祠及广场，村里除了房屋、庭院外还有公共园林。

农村绿化据《汾阳县志》（1999年版）载："乡村民间素有植树传统。门前多植槐，茔地多植柳，院旁空地多种果树，庙宇内外多松柏，相沿成习"。当地品种有桃、枣、杏、梨、花椒、柿子、核桃、苹果、黑枣及松、柏、榆、槐、柳、椿等。

山西村落大体分为平川和丘陵，现分别介绍如下：

（1）丁村

丁村位于襄汾县南4公里，汾河二级阶地上。元代建村以来，明、清二朝出过达官、财主，故房屋轩昂、庙宇众多。

庭院的绿化：清代末年的居民庭院，几乎全部以方砖墁地，故院中置盆花。如二十六号院迎面即为十六号院山墙，不设影壁，在墙下置一石条案，供摆设盆花，常置盆花数十盆。木本、草本都有，如松、梅、桂花、夹竹桃、无花果、月季、橘树、佛手、龙舌兰、仙人掌类、菊花、芍药、兰草等。在院西北处设有一处花窖，供冬季贮藏花木，今花窖已毁。

庭园的美化：庭园多为规整式布局，但有水池、小轩等作点缀，有卵石铺筑园路、小径；较庭院面积大，且更富园林味。周围砌花池，可地栽竹子、牡丹、紫荆、玉簪等花木。如二十一号院为清道光末年创建的一所两进宅，原来是南片的宗祠和学堂。有小院修成小花园，置池、桥、花木；鱼池长方形，水深1米，上置方格铁丝网，养五色鱼；池上架砖券拱桥，宽仅2尺多，两边有石条栏杆；东花池种牡丹（水红色，单瓣有香味），西花池种竹子和玉簪；院东侧植有一株香椿。

公共园林：丁村原不设东门和西门，自北门入。直向南，至丁字路口即为一广场，由天池、菩萨庙、三个牌坊（东、西、北三座，砖木结构上有斗栱并彩绘）和钓台组成（图6-0-11）。天池原可蓄水，这在干旱的黄土高原上是一大景观，此为村民公众日常游憩和节日期间集会"闹红火"之处。

另有火神庙、千手千眼观音庙、村北门外的关帝庙，均设戏台。据村民回忆尚有多座寺庙已不记名字，庙内或庙外多设戏台。庙内外院落多植柏、槐，庙宇均有广场可作村民的公共游乐场所。

村周的绿化：村民在宅前屋后植树以槐为主，村里及堡墙内外有大槐树数十株。在汾河边的河滩上种有枣树，约248亩，最多时年产枣子20万斤；日寇侵华期间，日本人填河道修铁路后，枣树生长不良，村民改植杨树。在村庄南侧的沟里和沟沿上，种有柏树；并在耕地埂旁种植槐、柏、椿树等，林木苍郁、蔚为大观。目前村落中的公共园林部分，因种种原因而被破坏、毁灭，至今大多不存；"唯有天池"一组景观尚可复原。

（2）汾西僧念师家沟村民居

民居依山而筑，村中现存以四合院、二楼四合院、三楼四合院为主体的清代砖券窑式民居31座。院落之间由众多的园门、耳门、楼门、偏门、暗道相通，使整个村庄连成一片，气势宏伟（图6-0-12）。村内现存清咸丰七年（1857年）石牌坊一座（图6-0-13）。砖、木雕210余处，窗棂隔扇图案108种。村落修有千余米长的环村路，均用条石铺筑，道旁砌有排水暗沟。主体建筑内外设酒房、

图 6-0-11　丁村的天池与钓台（1841 年建）

图 6-0-12　汾西僧念师家沟村清代民居
（摘自《汾西县志》1997 年）

图 6-0-13　师家沟村清咸丰七年（1857 年）建的石牌坊
（摘自《汾西县志》1997 年）

醋房、染房、豆腐房、磨坊、油房、造纸房、祠堂、当铺、盐店、药房、学堂等设施。占地总面积 15 万平方米，具有典型的山区民居特色。村内种树都为依地势自然配植，未见有大型花园，但在这漠漠黄土高原、群峰环立中有这一片高低错落、井然有序的窑洞式古建筑群，掩映在蓝天白云、绿树浓荫之中，自会给人以强烈的震撼。

（3）阳泉娘子关水口民居

娘子关是晋冀的咽喉要地，是长城的著名关隘。娘子关以山明水秀的宜人景色闻名遐迩，而在村庄院落中也有自然的风光。这里家家流水，处处涌泉，村中民居就筑在岸上。有的村庄，水就从房下经过，组成一幅"小桥、流水、人家"的天然画卷。有"楼头古戍楼边寨，城外青山城下河"的独特风貌和秀丽天成的优美景致。

5. 园林教育

太原在清光绪二十八年（1902 年）建立山西农林学堂（现为太原进山中学校址），设有园林专业，在杏花岭辟 100 亩地为农事试验场，栽培苗木花卉，从事苗木科学研究和技术传授，该校教师有留日专攻花卉者。民国初（1912 年）山西农业专科学校修建了一座温室，为冬季培育花卉和珍贵花木创造了条件。民国 19 年（1930 年）山西国民师范学校的生物教师曾给一些花工讲授植物解剖、土壤改良、良种繁育和植物嫁接等专业知识，使花卉培植技术有所改进。

太谷铭贤学校创办于清光绪三十三年（1907 年），内容详见本章第二节实例 8。

三、山西近代园林特色

山西以深厚的文化底蕴和较强的经济实力为建园基础，根据所处的自然条件，上千年来逐渐形成了山西风格的园林，如绛州的绛守居园池、闻喜的裴晋公湖园（唐）、夏县的独乐园（宋）等；但仅有绛守居园池存世。现所存的大多为明、清时园林，虽已破残，还可访得其大概。

山西园林苦于少水，只能别开蹊径，集涓涓细流聚之为池。叠石多就地取材，叠置简单古拙，小庭院中有借角隅依墙傍轩挂砂积石成峭壁山者，也能叠出重峦叠嶂之势。园林植物种类较少，植物生长期短，园中常以古树为主，间置盆花，以补天时之不足。山西虽地近京畿，但民风民俗常守旧制，故清中叶建筑尚存明代风尚。园林建筑虽异于民居，但总不脱民宅风范。虽小巧、多样，总还是庄重、古拙。建筑高低错落，打破平铺直叙的民宅布局。因气候较寒，墙壁门窗严密厚实，无江南园林建筑之剔透感。但黛瓦黑柱于蔚蓝晴空下自有凝重幽静的山西风范。

故京都名园雍容华贵、富丽堂皇；江南名园清丽潇洒、袅娜多姿；而山西古园浑厚质朴、雅静古拙。其手法分述如下：

（一）理水

山西苦旱，园常无水可引。大多数园只能集房檐水作瀑布或汇集至小池中，或由井中提水。

集房檐水作瀑布法在李渔的《闲情偶记》中已有记载。在太谷县孟氏小园中有此做法，水瀑至峭壁山上，泻入山下水缸中，并在对面厢房开一圆窗，以便雨中观景。

大多小园将房檐水汇集一处，流入小池。池大多为四五平方米，呈方形、长方形、六角形、八角形，以石栏围住。池筑不渗水层，以防水渗入土中。较大的园中水池有数十平方米范围，池中常设小亭，两头架桥通至池边，山西称为"水阁凉亭"。除将全园的屋檐雨水汇集于池中外，还用水井提水入池保持水面，此种做法可使小园较长时间保留一小水面（图6-0-14）。

山西园中更有旱水池者。在稍大的园中作一凹地，可汇集雨水。由于山西相对湿度很小，水面蒸发很快，凹地的水也保存不久，但总能蓄一段时间的水，故此处的草长得更茂盛些。若再能筑于假山脚下，并散置石块，以示临水之意，自有"意到笔不到"之妙。此种做法据陈从周记："假山有旱园水做，如嘉定秋霞圃之后部，扬州之二分明月楼前叠石，皆此例也"。但在山西运用此法更有必要。太谷县孟家花园原有大假山作临水状，池边绕以曲廊，可领略水池之意，但今已全毁。

山西地处黄土高原，黄土极易渗水，故做水池蓄水也极困难。所以做水池底部时常以石条或黏土铺地；因用工投资极大，所以除在泉、河边建园，有引水入园的便利外，一般只做小池或旱池。

（二）叠石

假山稍不维护即易倒塌，故山西古园保存下来的假山极少。至今保存较好的仅晋祠公园内民国年建的花园别墅中的一些假山。如晋祠公园中原"在田别墅"（俗称周家花园）内的假山基本为原状。多数旧园今已不存，假山更杳无影踪了。笔者在废园中曾见过堆山的石块，大多为黄石，块不大，形也平平。未见用湖石的，但小山有用芦管石（上水石）的。据旧照片所见，大的假山多是土山夹石，堆法一般，少有洞穴，也未闻有叠石高手（图6-0-15）。

山西地处黄土高原，常因水蚀形成冲沟。冲沟两边有笔直的黄土崖，也可观。有在土崖上裱石叠山的。最有名的是太原青龙镇的静安园。据记载："所有楼阁廊亭都建筑于山上"。今园已毁。

太谷县的青龙寨内有利用原有巨石点缀而成的假山，并筑亭轩，故富野趣（见本章实例7）。

（三）屋宇

山西建筑极守旧制，园中屋宇廊轩与民居一样也常平平直直，灰墙黛瓦不起戗角。样式古拙但磨砖对缝、做工讲究。加以山西特殊的彩绘，如最上等的绿底沥粉描金做法，比京式彩绘更显得富丽又古雅。园墙大多不设漏窗。山西民居常有"窑洞"这类生土建筑，在园中也有出现。

（四）植物

山西园林中的植物以乡土植物为主，常见的有松、柏、槐、楸、榆、银杏、杨、柳等，并点缀以花卉，有少量的古牡丹。

山西南北气候差异极大，如南部（晋南）可植竹、石榴、桂花、山茶花、蜡梅等；北部（大同）苦寒，只有

图6-0-14　孔祥熙宅园西花园中的水阁凉亭

图6-0-15　孔祥熙宅园内大假山（高珍明根据1950年照片绘制）

些丁香、野蔷薇等。

园林尤其是庭园，常置盆花。天暖后出窖，散置各处；入秋后即入窖过冬。少奇花异草。

（五）格局

山西自唐代以来，官宦、文士辈出，故在山西通志及各州县地方志中所记园林极多，但多已湮没无存。笔者在20世纪80年代初所见的旧园，凡有据可查、实地所见，大都为明代园林。20世纪80年代尚存的阳城县"西池"，为明王国光花园（王国光，阳城人，明万历年吏部尚书），80年代旧貌尚完整。其园面临小河，园中有方池，临池建水榭，壁间镶有王国光等手迹石刻条幅。小园平直、古拙，与江南园林完全不同。可推知明代园林格局大体如此，同时据清代各县县志版图（如"十景"）中的园林，大体与西池雷同，可知明清园林风貌未有大变。

山西民风古朴，屋宇、民俗都循旧制，即至20世纪80年代初，农村新建房舍仍全为旧式。笔者所见未改动的旧园大体多是平直、古拙，园中廊轩与民宅相似，石构件大体用砂石稍加整平，修饰较少，假山也不灵巧，风格与明园林图中的风貌类似。虽清代后期至民国年间所建旧园已稍有变化，但较江南园林相比仍欠灵巧，较宫苑园林少富贵气，却自有其独特的格局。

四、山西近代中西合璧的园林

近代山西在经济上较发达，也有较高的文化底蕴，它不仅是我国西部较发达的一个省份，同时也较早地接受了西方文化。近代西方科技、宗教、哲学、文学、政治制度、法律思想传入中国，为单一封闭的华夏文化增添了新颖的文化要素。西方传教士来华，在山西各地都设有教堂，有教会办的学校和医院等；但典型的西式建筑还是极少。已知山西大学堂（原山西大学）主楼和山西省立第一中学校旧址等有典型的西式建筑。教堂主体建筑为西式的，如：太原天主堂始建于清同治九年（1870年），系南北向古罗马式建筑；光绪二十六年（1900年）义和团运动中被焚毁；光绪二十九年（1903年）意大利人凤朝瑞任主教时开始重建，历三年始成，规模宏大。计有修道院、印书馆、中小学校、医院、修女院、婴儿院（保赤会）、经言学校、主教神父住宅、菜园、花园等，占地面积达10.6万平方米。现仅存西式大教堂，坐东向西，占地面积4300余平方米。位于阳高县的马家皂天主堂属大同教府，最早建于民国11年（1922年），当时规模只有

房五间。民国28年（1939年）比利时神甫李绍堂（中文名）主持教务时，在旧教堂南面置地扩建新教堂，占地一万多平方米。礼堂建筑面积250平方米，是一座砖木结构的仿哥特式建筑，也辟有花园一处。朔州天主教堂位居晋北地区之首，民国2年（1913年）由意大利神甫P.Angolius Arcari创建，占地面积1万平方米，还建有孤老院、保赤会、啤酒作坊等共有房屋330间。大圣堂为哥特式砖木结构，面阔三间，进深八间，上建钟楼三层，高23米。"文化大革命"期间上部钟楼被拆除。据知在山西各地建造的教堂，凡规模稍大者均附建花园，但今多无存，不可考其规划布局了。

建于清末民初的汾阳峪道河教会别墅是一处建于自然山水和田园生活意趣之中的西式建筑，布局自然、房屋紧凑。别墅位于峪道河南崖底，背崖面水，掩映在山水茂林之中，为基督教传教士们的避暑休假胜地。酷暑盛夏，河水穿流室内，有"水阁凉亭"之誉。

据《太原近代民居概览》一文关于西式民居建筑的报道，还有一些民居吸收了西式建筑的一些特征，出现了中西合璧式建筑。中西合璧式住宅仍然采用了传统的四合院布局形式，只在材料和做法上受到西式建筑的影响。院门上运用了西方砖石结构的券柱形式，门、窗、女儿墙、山花等部分采用了西式造型，有的建筑还出现了阳台（图6-0-16）。在造型和结构上打破了传统建筑千篇一律的单调形象，包括对钢、铸铁、水泥、玻璃等新材料、新工艺、新技术的应用。如教堂、教会办的学校和医院等大多数建筑还是青砖、筒瓦的外形，但采用了券柱式，门窗因安装玻璃，已改成西式。

园林的风格主要随建筑风格的不同而有所不同，据作者所知，在1949年前，山西尚未发现典型的西式园林。

太谷的铭贤学校是美国公理会所办的教会学校。主

图6-0-16　太谷仁术医院办公楼（今人民医院）

体建筑如图书馆、实验楼，虽是现代结构的二层楼，但外形仍仿中式，石基、灰墙、琉璃瓦大屋顶外形完全是中式的。所以配套的园林还是中国自然式的（体育设施和大道除外），一般的绿地还是中国传统的花木夹道，曲径通幽，未有大片草坪、广场等。所以学校的新建筑与校园内旧有中国式的孟家花园非常协调，和周围的村落也极调和。铭贤学校中的教授住宅是美国建筑师设计的。一层平房、青砖、筒瓦，但有地下室，有暖气锅炉取暖，此是20世纪20年代最先进的设备，但外形也仅仅是门窗采用西式而已。小楼四周圈以青砖花墙，形成一独立的小院；当年美国建筑师的设计手法是典型的中西合璧式。

据调查太原的文瀛公园，也是以传统手法为主的设计，以湖为中心，因地制宜地逐渐加密景点。这是中国的传统手法，所以配套的园林也必然是中国自然式的处理方式。大环境以及民众的习惯，还是尊重传统的习俗。笔者20世纪80年代下乡，常见农村重建戏台，还是按明、清旧例制作，这也可作一旁证吧！

山西近代园林的有关资料极少，研究山西近代园林的人更少。作者根据现存的资料得知，山西近代园林已引用了一些西洋园林的手法，如太谷铭贤学校已有过小片草坪和攀缘垂直绿化，太原文瀛公园建有铜人喷泉等。但山西近代园林没有像中国东南沿海地带的洋派，故不会产生典型的西方规则式园林，只有在局部地方的融合，这也是一种不得已而为之的办法。

第二节　实　例

1. 太原文瀛公园

文瀛公园俗称海子边公园，是太原历史上遗留下来的唯一的公园。公园位于旧城商业闹市区，占地面积11.9万平方米，其中湖水面积4万平方米（图6-1-1），原是宋太平兴国七年（982年）新建太原城时护城河的一部分。明洪武九年（1376年）扩建太原城，海子边成了东南半城雨水汇集处，后渐渐形成北面圆而大的圆海子和南面长而小的长海子，合称海子堰，形成一片空旷低凹的湿地。清代因海子南面紧临山西贡院，所以取了个文雅的名字——文瀛湖。几经治理，以水清境幽成为文人学士集会游览处，并成为"阳曲（太原）八景"之"巽水烟波"。文瀛湖分为南湖、北湖。北湖圆而大，南湖长而小。南北湖之间有石板小桥一座，传说唐狄仁杰经此桥赴考而中状元，因名状元桥，实因地近明、清贡

院而得名（图6-1-2）。桥西通小袁家巷，东通皇华馆，这是该园的第一个景点，也是最古老的景点。清末光绪年间冀宁道连甲对文瀛湖进行过一次大规模治理，在北湖东南建一小亭，匾书"影翠亭"，在湖的四周安设了木栅栏，湖里放了两只小船，已初具公园雏形。清光绪三十一年（1905年），于北湖北岸始建二层楼房作为土产陈列馆，名为劝工陈列所。为一坐北朝南、红柱青瓦、砖木结构的二层硬山式楼阁，面阔七间（28米），进深三间（14米），建筑面积784平方米，是清末民初的典型建筑（即今公园办公室）（图6-1-3）。楼前是一片广场，称为"太原公会"，是群众集会的场所。辛亥革命后，正式更名为文瀛公园（图6-1-4）。民国元年（1912年）9月19日下午，太原各界在此召开盛大欢迎会，孙中山先生登劝工陈列所二楼，凭栏作了"消除旧思想，为人民谋建设、谋福利"内容的演讲。

民国8年（1919年），在公园周围建起许多建筑群——市政公所、自省堂、教育会等。南湖是佛教的放生池，常有佛事活动。民国13年（1924年）4月23日下午，印度诗人泰戈尔在文瀛公园自省堂（今属山西饭店）发表演讲，省城各界人士和大中学生数千人到会听讲。民国17年（1928年）冬，北伐战争后，将文瀛公园改名为中山公园。先后修建了许多景致和活动场地，成为文人、商贩、艺人等各界人士的聚集地。在湖东岸修建了演讲亭，通俗图书馆分馆、篮球场；在湖北建起六角亭。湖水边塑起铜人喷泉（已毁）。湖的东、西、南三面排满了茶社、餐馆、冰淇淋馆、落子馆、书场、小食摊、旧书摊、卖艺的、要把戏的、拉洋片的、打卦算命的、看相拆字的……五花八门，游人摩肩接踵，熙熙攘攘；冬季湖中作为溜冰场。

民国24年（1935年）在北湖靠西岸的湖中建了一座面积不大的扇形水阁，有曲桥通向湖岸，是公园唯一的一座水上建筑，人称"水阁凉亭"（图6-1-5，图6-1-6），亭在日伪时期已倒塌了。同期在太原公会前凿筑了养鱼池，沿湖岸栽植杨、柳、杏、桃和丁香等五百余株。北湖东岸建有"卍"字形房屋，人称万字楼（占地1300多平方米）。楼自民国26年（1937年）春兴工，是阎锡山为纪念其父而建的子明图书馆。解放后"万"字楼成为山西省图书馆的前身，后又成为太原市图书馆，完好保存至今，是现存最完整的飞檐砖木结构建筑（图6-1-7）。太原沦陷后，中山公园被改名为新民公园。在北湖区东南隅建了一座大讲台，作为召开群众大会的地方。民国34年（1945年）抗日战争胜利后，又

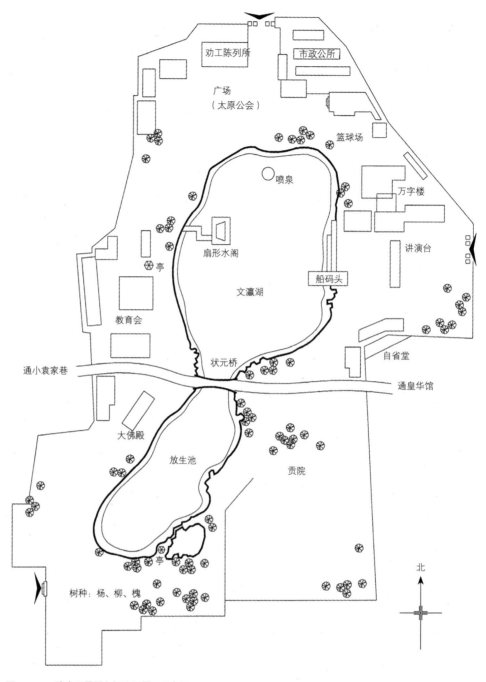

图 6-1-1　清末至民国年间公园平面示意图

将公园改名为民众公园，把大讲台更名为复兴台。南湖南端，伐掉树木辟为简易的露天民众影剧场。在园林建设方面，太原市政府曾拟订了三年建设计划，但因经费无着落而未实现，仅建了些围墙，植的树也是大量死亡。到解放前夕，国民党军队拆了复兴台和湖周的砖栏杆去修碉堡。园内到处是灰渣垃圾，已不堪入目了。

文瀛湖自形成至今已历经千年沧桑，自清末才逐渐形成公园。辛亥革命以来，园从"文瀛"、"中山"、"新

民"、"民众"这些名称的更迭中反映了近四十年来时代的大动荡。从历年的改、修、拆、建中，可看到其曲折的发展历程。这个公园由一个传统的景点（阳曲八景之一）演变为一座公共园林，这也是一个古老国家的常事。

太原解放后，在1950年最早恢复和扩建了这个历经沧桑而荒芜破败的公园。当时园址仅有4.67万平方米，很快被扩大为6万平方米，并清除垃圾，疏浚湖底，还围湖砌栏，广种花草，设立座椅，添置游船，改名为

图 6-1-2　文瀛湖与状元桥现状

图 6-1-3　劝工陈列所

图 6-1-4　文瀛湖景色

图 6-1-5　水阁凉亭扇面亭近景

图 6-1-6　扇面亭和曲桥夏景

图 6-1-7　万字楼（太原市儿童公园　赵美芳　供稿）

图 6-1-8 儿童公园现状

人民公园。1982 年更名为儿童公园。如今的儿童公园面貌焕然一新,状元桥、假山、曲桥、琉璃塔、小亭、花坛、温室等各种园林建筑和儿童娱乐设施,环绕曲折的湖岸建置,布局紧凑。沿环湖小径,步移景换,美不胜收,已成为儿童的乐园(图 6-1-8,图 6-1-9)。园内虽无奇卉却有古树,这也是老公园的最大特色吧!

2. 新绛县新绛公园(莲花池——绛守居园池)

新绛公园是在隋唐名园绛守居园池原址上复修、重建而成,位于新绛县城内西北隅高垣上,现新绛中学的后面。此园虽几经兴废,但有文献资料可资考证,且遗址全部保存下来的,目前所知,只有"绛守居园池"。它

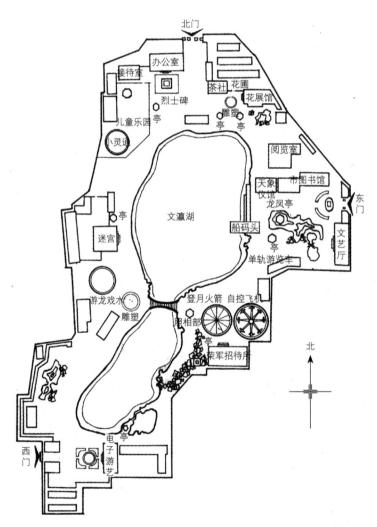

图 6-1-9 儿童公园平面图

是中国流传有史最古老的名园——隋唐公署花园，是我国园林史上的瑰宝。此园在山西绛州（今新绛县）州衙后（图6-2-1），园始建于隋唐年间。因隋代绛州井水碱咸，既不能饮用，又无法灌溉，隋开皇十六年（596年），"旧通志在州治北隋临汾县令梁轨导鼓堆泉贯入牙城，蓄为池沼，中建洄涟亭"❶，这是园池之始。园自唐以来久经沧桑，宋、元、明、清历代续有修筑，民国初年又有修建，可作为中国宅园风貌变迁史来讨论（作者

另有专文论及此园）。今将清末民初园的情况简述如下：

（1）清末民初时公园原貌

现存的园池大体是光绪二十五年（1899年）州官李寿芝以"园池遗址绕以周垣，重加建筑，一如旧制"❷而成，民国初年又有修建，辟为公园（图6-2-2）。有专人管理，亭榭桥坊清洁整齐，匾额楹联随处皆是，园中设有春夏秋冬四个景区，这种风貌一直保持到抗日战争前。

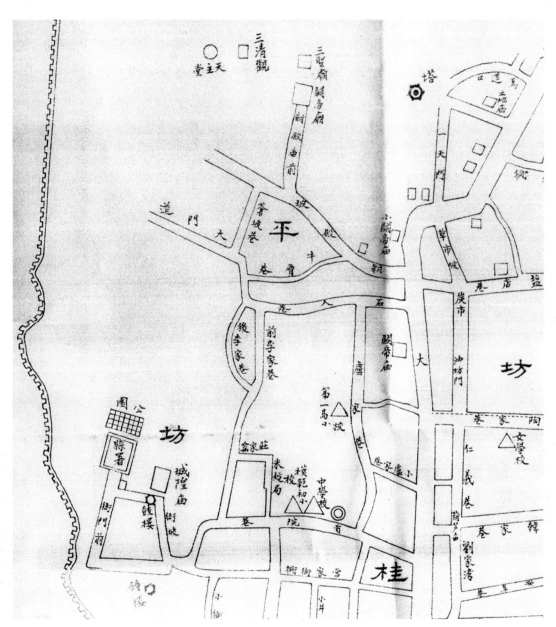

图6-2-1　民国17年（1928年）《新绛县志》新绛城郭局部图

❶　山西通志（M）.光绪十八年版.卷五十五（古迹考六）：四十五.
❷　新绛县志（民国17年版）.

民国初年新绛公园曾遍植竹木花草。园门与衙署相连，正门在园西南部崖上，为唐代"虎豹门"原址。设一小过亭，亭上悬匾额曰"莲花池"，由小过亭下29级砖阶入园。迎面为洄涟亭（图6-2-3，图6-2-4）。亭架于莲花池上，高耸似阁，有唐代建筑风格，系明代重建，清代重修。亭前有明李文洁书"动与天游"石匾，亭南北各有楹联，均为清末李寿芝所书。亭南联曰"快从曲径穿来，一带雨添杨柳色；好把疏帘卷起，半池风送藕花香"。亭北联曰"放明月出山，快携酒，于石泉中把尘心一洗；引薰风入座，好抚琴，在藕乡里觉石骨都清"。莲池为正方形，广植荷花，石砌驳岸，为公园夏景（图6-2-5）。池水由园西北的水渠引入三十里外的鼓堆泉，渠上架小桥。倚西界墙筑一重檐半亭，亭周植竹，外绕花墙，此为园之冬景（图6-2-6）。莲池东北为小土山，遍植槐、柏、杨柳。土山东南为西照壁，上有砖刻横匾"人闲若雀"，照壁附近有牡丹台和

小花圃。过照壁，拾阶而上，即为园中央高三尺的甬道，两旁设矮花墙，置盆花。甬道贯穿南北，称子午梁。甬道北端有明建、清修二层的嘉禾楼（又名静观楼）。甬道南有台阶可通崖上的过亭。甬道东设一与西照壁对称的东照壁。

楼稍东建一半圆亭（宋代嵩巫亭旧址），亭周广植迎春，亭楹联曰"值春光九十日，最好是几杆竹、几朵花；与良友二三人，消遣在一局棋、一樽酒"，此为园之春景。

与半圆亭相对为一六角门照壁，旁有黄石小假山两座，照壁上石刻篆额"紫气无疆"。

园东部大水池即唐代苍塘旧址（图6-2-7），塘已无水，中设两岛。西为孤岛，以木桥与岸相连（岛上原拟建八角亭一座，未建成），广植细竹，置石桌凳，此处静雅。东为九边形小岛，以曲折石堤与池岸相连，岛上筑有四角茅亭（已毁），名拙亭，亭有楹联曰："笑这小茅亭，有几斗俗尘气；杂些好木石，有一泓秋水间"。每

图6-2-2　清末民初园池复原图（皇甫步高绘）

图6-2-3　民国年间的洄涟亭及周围景物

图6-2-4　20世纪70年代园池西部——虎豹门和洄涟亭

图 6-2-5　20 世纪 80 年代初园池西部，左边为园池入口（原虎豹门处），中部为洄涟亭

图 6-2-6　20 世纪 70 年代西墙的十字脊重檐半亭，亭极浅，古拙有特色

当深秋时节，秋风送爽，亭周菊花迎风屹立，傲霜而开，故为园之秋景。

园北面有望月台，登阶四十二级，游者可北观龙兴寺古塔气势，东览汾水逶迤。台南为一置于须弥座上的山石独置。

园东北隅依墙筑"宴节楼"（已毁），为清末所建，檐下匾额为清李寿芝书："远山如黛，大河前横"。登台及楼可近览市廛景色，远眺汾水风光。园中植有柏、松、柳、竹、迎春、荷、牡丹、菊等。

清末民初园池复原图见（图 6-2-8）。

图 6-2-7　20 世纪 80 年代初北墙边的嘉禾楼、楼前的"子午梁"、照壁及苍塘遗址

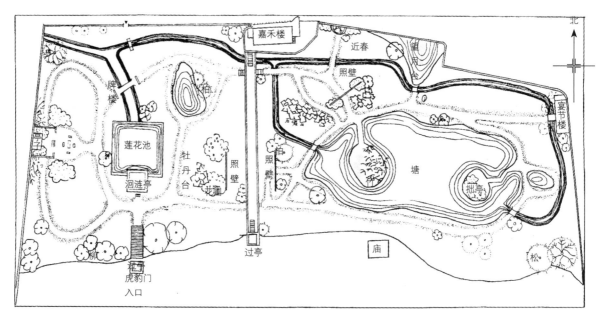

图 6-2-8　清末民初园池复原图

图 6-2-9　东北眺望龙兴寺古塔和老佛楼（县文史馆　供稿）

图 6-2-10　北眺民国年间建的哥特式天主教堂

（2）清末民初时公园艺术特色

1）水景

园中池水引自三十里外的鼓堆泉，因泉的水量减少，且是间歇性的，故西部水池植荷养鱼，又以水渠北绕注入塘内蓄水；渠水可以浇花，也可改善小气候。此蓄水、灌溉相结合的理水方法是使功能与艺术完美结合的良法。

2）借景

在唐、宋园池的基础上，在园中加建瞭望月台、嘉禾楼、宴节楼等。可俯借园外景物，扩大园池视野，增添景色（图 6-2-9，图 6-2-10）。

3）扩景

园东西最宽处 185 米，南北最长处 71 米，总面积约二十亩。为做到以小见大，以少胜多，故用隔景、障景等手法。手法之一，建筑常依墙而起，一可打破直线形的园界，二可产生亭外有亭、楼外有楼的联想；手法之二，利用楼崖等高处开辟高层景区；手法之三，增加建筑物的高度，形成高耸状，扩大视觉空间；手法之四，运用照壁、甬道、土丘、假山做隔景、障景用。

4）协调

在这漠漠黄土、蔚蓝晴空的强烈色彩下，必须从对比中寻求调和，所以点缀于园池中的亭台楼阁都简朴沉实，青砖黛瓦间以蓝、绿的琉璃瓦，配以朱红廊柱，色调浓重，与环境形成强烈对比。这和江南园林朴素明快、纤巧秀丽的风格不同，另呈一种古朴美。古树修竹更增添了郁郁苍苍之感。

公园在抗日战争期间被驻州衙的日寇破坏后直至"文化大革命"结束，未经修缮。20世纪90年代末园池重修，顿失旧观。

3. 太原晋祠在田别墅（周家花园）

晋祠位于太原市西南悬瓮山下、晋水源头，离太原城中心仅25公里，这里山环水绕，古木参天，景致优美。自北魏以来，晋祠经历代重修、扩建，一直是太原近郊的风景区，所以历来建有不少的别墅、花园。

民国后阎锡山执政山西，晋系军政要员就开始在晋祠周围购置地皮，大兴土木，营造公馆、别墅，构筑山石池亭。自20世纪30年代初（1932年）阎锡山任太原绥靖公署主任以后，开始了他的"十年建设"，对其部属兴建私宅更是不加干预，所以军阀要员、名流富商都在晋祠兴建别墅、花园，较有名的有孙家花园（园主孙殿英）、江家花园（园主江叔海）、黄家花园（园主黄国梁）、王家花园（园主王柏龄）等。这些花园别墅修建的时间大都在民国7年至民国26年之间（1918~1937年）。其中荣家花园（园主荣鸿胪）、陈家息庐（园主陈学俊）、周家花园（在田别墅，园主周玳）是今晋祠公园的精华和中心（图6-3-1），尤以在田别墅为最佳。

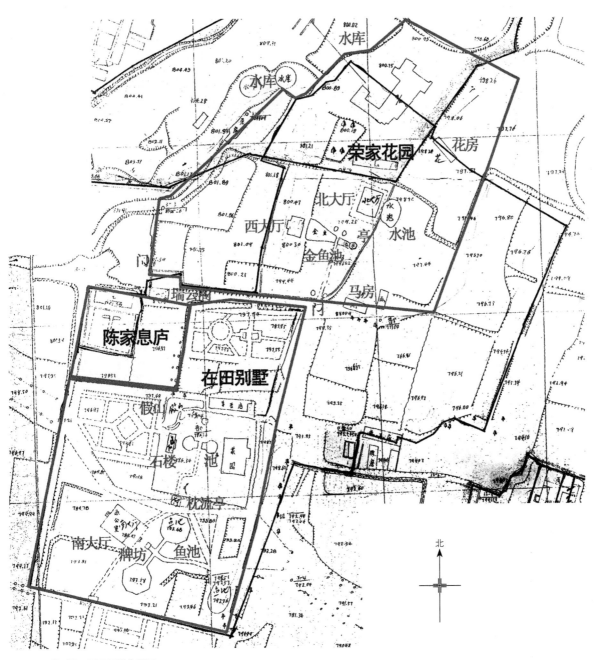

图6-3-1 荣、陈、周三园的位置图

在田别墅在今晋祠公园的中心，位于瑞云阁（又名仙翁阁）南面偏东处（图6-3-2），占地25亩，园主周玳，所以当地人惯称"周家花园"。

园主周玳从辛亥革命后至1937年七七事变，一直在阎锡山军中任职，20世纪20~30年代任晋绥军炮兵司令，还任过兵站总监、军署总参议等职。1928年周玳在晋祠购得土地20亩，开始建园，至30年代初完成。中华人民共和国成立后已并入晋祠公园，园未有大改变（图6-3-3）。

园内的主体建筑德隐斋是民国18年（1929年）开工兴建的。德隐斋（现称南大厅）大厅承袭明、清建筑风格，又具有民国时期特点，坐西朝东，建在1.05米高的台基上。面阔5间，进深5间，长16.2米，宽16.2米，前后厅贯通，厅内隔断为客厅、卧室。单檐歇山顶，四周回廊，设有勾栏，雕梁画栋，气宇轩昂。大厅前沿为高阔平台，适于摆盆花，设茶座，周家称看花厅。大厅前台下，立有一座两柱牌坊，俗称金鸡独立牌坊，雕琢华丽，是民国24年（1935年）从园主人老家代县拆迁来的（图6-3-4）。穿过小牌坊，有莲池两座，池中种满睡莲，是赏莲观鱼之处。偏东还有大片葡萄架。莲池北侧，有建于民国20年（1931年）的四角亭一座，架于水上，故题枕流亭（图6-3-5）。枕流亭匾额为山西民国年间著名书法家赵铁山（字昌燮）所题，惜在"文化大革命"中已被毁。这组景观由厅、坊、池、桥构成，乃清雅赏玩之地。

穿枕流亭，即可拾阶登山。在田别墅是晋祠园林中唯一有假山的园子。园中心的假山山形不大，但布置奇特且显得高峻。山建于民国22年（1933年），据说是仿照某氏珍藏的明代铜制假山摆设修建的，用取自阳曲县青龙镇王家花园（静安园）的水锈石堆砌而成。山中有汉白玉石雕巨龙一条，似在蜿蜒爬行，扬首昂视，颇有神气，故山名曰伏龙山。山腰有周玳亲笔题写的"伏龙山"石刻一方。山脚有石洞三个，可由此进入假山内部，直通山顶。三个洞口分别额书"水帘"、"林屋"、"猗玗"。山前有不规则形的鱼池一座，池边有石虎一只，正低头在池中饮水。山脚池畔，有汉白玉石雕罗汉两尊，一名降龙，一名伏虎（其中一尊在"文革大革命"期间被毁）。鱼池中还有石鱼两尾，后来又增加了汉白玉天女散花石雕、麻姑献寿石雕和蟾蜍石雕各一尊。龙口、鱼口、蟾口、罗汉的托钵、天女的花篮，都能喷水，甚为好看。山顶立有八柱圆亭一座（图6-3-6）。这组以山水、人物和动物组成的景观建筑，构思巧妙，伏龙山寓意藏龙卧虎之地，神灵居留之山。透过这些布局，可见园主之寄托。

图6-3-2 瑞云阁

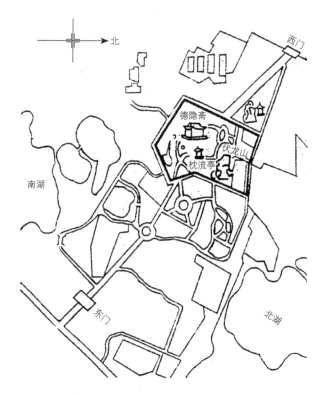

图6-3-3 在田别墅位置示意图
（引自牛利群《晋祠周家花园》一文）

图 6-3-4　正在修缮的德隐斋南大厅和通往莲池的牌坊

图 6-3-5　枕流亭

假山前为宽阔的台地，有泮池石桥。桥虽小但很精致，护栏用青石雕刻，图案有犀牛望月、松鹤蝠鹿、二龙戏珠等。桥两侧护栏的中段分别镌有园主题字，右题："作濠上观"（图 6-3-7），左题："鸢飞鱼跃"。

泮池西有石楼一座，高 5 米，面阔三间，进深一间，长 10 米，宽 4 米，坐西朝东。全部用当地石料和水泥垒砌而成。底层半地下，设有防空洞。

石楼南侧搭有紫藤花架。下设石几、石凳，供憩息乘凉；加之周围树木掩映，环境幽雅，使人流连忘返。

中华人民共和国成立以后，在田别墅并入了晋祠公园，已成为晋祠公园的中心景区之一。

晋祠中的别墅还都是中式做法，其特点是可引晋祠的水入园，这是山西别处建园少有的优越条件，花园大体还是山西旧式风貌。因园主多是军政界要人，所以厅堂气派、华丽。建筑细部已掺入些新的风貌，或说是受了西风东渐的影响，但本质上还是山西式的旧园。

4. 太谷孔祥熙住宅及宅园

孔祥熙（1880–1967 年）是山西太谷县程家庄人，幼年家贫，得教会资助，保送至美国留学，获美国欧柏林大学和耶鲁大学硕士学位。回国后从商、从政，为铭贤学校校长；后任中华民国行政院副院长、财政部长。1949 年后任"台湾总统府"资政，1967 年病故于美国。

孔祥熙在太谷的住宅及宅园系 1930 年购自太谷士绅孟广誉。孟氏老宅自乾隆年间兴建，逐年扩建，到咸丰年间才告完成。孔祥熙购入后，局部加以修葺，所以还保持着清中后期的建筑风格，为太谷城内现存最大，

图 6-3-6　伏龙山与山顶八柱圆亭及山前鱼池、石洞

图 6-3-7　"作濠上观"石桥与泮池，背景为伏龙山及八柱圆亭

保持也较完整的一座大宅院。

住宅和宅园位于太谷城内无边寺（白塔寺）的西面，现属太谷师范学校的一部分（图6-4-1）。

（1）孔氏住宅及宅园原貌

孔宅及宅园由多个横向排列的套院组成，每个套院均沿中轴线方向分割为多个四合院。各院之间多用带明廊与抱厦或面宽二至五间的过厅相隔。主要建筑物使用斗栱飞檐，木结构部分饰以"上五彩"彩绘，雕梁画栋，堆金沥粉，略具"廊腰缦回，檐牙高啄；各抱地势，钩心斗角"之势。各院之间有垂花门、宝瓶门和八角月洞门相通，院与院之间的房间与隔墙上，有六角、八角、长方或圆形等各式窗户。一方面是为了加强采光与装饰墙面，另一方面还可作窥视邻院景物之用。全院东西宽91米，南北长69米，总面积为6324.5平方米，折合9.5亩。花园部分在正院东、西两侧，东、西花园占地共3.16亩，恰为总面积的三分之一（图6-4-2）。

1）住宅

住宅群分为正院、书房院、厨房院、西侧院、戏台院、墨庄院。"这种房子最特异之点，在瓦坡前后两片不平均的分配。房脊靠后许多，约在全进深四分之三的地方，所以前坡斜长，后坡短促。前檐玲珑，后墙高垒，作内秀外雄的样子，倒极合理有趣"（摘自梁思成《晋汾古建筑预查纪略》）。

2）东花园

为一处有游廊轩舫、假山与小亭的花园，东西宽24.5米，南北长63米，面积为1543.5平方米。此园平面布局是南北有带明廊的楼，中间以过厅隔成南北两个部分，再以东西游廊连贯南北，为院主人游憩之所（图6-4-3）。

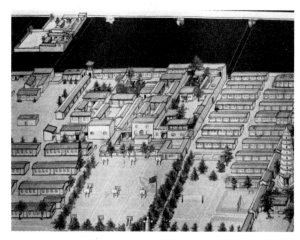

图6-4-1　太谷师范学校总平面图

3）西花园

园东西宽16.9米，南北长32.4米，面积547.56平方米。此园之北为硬山一坡式、面阔五间的大厅——赏花厅，南为有抱厦的卷棚顶过厅三间。院中凿地为池，池中石基上架一小亭，名"小陶然"，南北均架有小石拱桥。

（2）宅园建造特色

孔宅坐落在城内闹市之中，东西花园与住宅相连，地形平坦，无活水可引，仅靠建筑布局和凿池掇山等手法来造景，以求得闹中取静的效果。虽有种种不利条件，但造园者却能另辟蹊径，精心设计。

1）东花园的造园特色

东花园地处8～10米高的四堵高墙之中，为一平坦狭长地段。为打破封闭式的庭园格局，采用了分割空间和立体造园的手法，利用房基的竖向高差营造出起伏的园景。平面处理则以过厅将花园分为南北两个景区，前动后静，改变了狭长空间的空间比例。二层回廊既沟通了两个景区，居高临下，扩大了视野，且形成了竖向空间；又利用空廊增加了空间层次，减弱了高墙给人的封闭感。这种空间处理手法既增加了空间序列的韵律和节奏，又相互穿插贯通，使空间活泼而又富于变化。

2）轩舫院——东花园南部景区

小小庭园游廊起伏曲折，厅堂、楼台、轩舫错落有致。建于中部低处的过厅将园分成二段，其他游廊轩舫、楼台均沿高墙建造。如置身过厅中南观，只见南起高楼，东建敞轩，西筑廊舫，庭植佳木；虽身处此弹丸之地，亦大有南面王之势（图6-4-4）。回身檐下，在廊中又可坐观园内北部景区——假山园。

3）假山园——东花园北部景区

假山园北界为二层曲尺形敞廊的卷棚顶楼阁，楼前堆砌有高丈余的假山。山左半腰建一六角小亭，有石径可通，亭甚小巧，只能容三四人游息。亭以其小而高耸的体形、体量和鲜丽、厚重的色彩与假山顽石取得均衡的同时，又与其有鲜明的差异和对比。山上植柏、椿、楸树各一，桑树二和少量灌木。

东花园是一占地2.34亩长方形的封闭式小园。其主要特色是：在平坦的地面上，完全利用房基的大幅度高差造成院落的起伏。更巧妙的是利用了二层游廊和画舫平顶，开拓出高层的风景区（图6-4-5）。用各式建筑物遮挡宅园四周的高墙，使园内呈现曲折多变、疏密有致的景象。小园造山，也只能堆叠不大的假山（石山戴土），掇山采用当地石料，虽非佳构，但也不俗，经百年

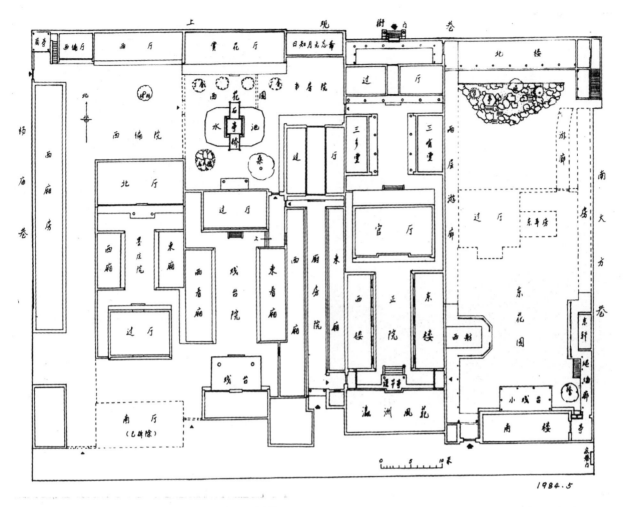

图 6-4-2　孔祥熙住宅及宅园平面复原图（1984 年 5 月实测）

图 6-4-3　孔祥熙东花园入口

图 6-4-4　东花园的南楼与爬墙廊（可借景白塔）

图 6-4-5　爬墙廊与南楼连接处的平台、廊亭和栏杆
（廊亭可远眺普慈寺白塔，东南可俯瞰市廛）

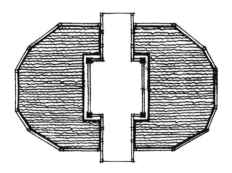

图 6-4-6　西花园水池与亭桥平面图（高珍明）

而不塌（见图 6-0-15）。最令人痛惜的是在学校扩建校舍时假山已被部分拆毁。

4）西花园的造园特色

西花园东与书房院毗连，西为带月洞门的院墙，北建出檐深远、带明廊的赏花厅，南筑带有精致木雕抱厦的过厅。庭前为一小院，院中建有多边形池塘一方（图 6-4-6），池塘以石条砌筑，深一米多；中建一正方形的石台，石台架于 1.4 米高的四根石柱上；池塘旁围以石雕栏杆，形式古朴，似为清初遗物。石台南北有石拱桥与池岸相连，台上木构方亭做银锭花瓦、垂脊圆山布瓦顶，名为"小陶然"，此亭体形高耸、挺拔秀丽，石桥小巧古朴，为小园佳景（图 6-4-7）。

此园地势平坦，因此园中水池没有天然水源，故在赏花厅前掘井，有专人往池中注水，并将全院的房檐雨水汇集于池中。庭园中种植丁香、枸杞、侧柏、龙爪槐、桑树等，是一座富有生趣的小庭园（图 6-4-8，图 6-4-9）。

（3）宅园的兴废

宅第与花园在 1930 年间以两万枚银圆为孔祥熙购得，以后略加修缮，迄今未新建。抗战期间曾为日寇警备部、兵站及军医院，后为阎锡山特警组驻地。解放后作为晋中第三中学，现为太谷师范学校校址。

现在各院建筑物基本完好，东花园假山、过厅已毁，但大体面目犹存。

5. 新绛王百万花园

花园原园主陕西韩城王某，家富万贯，故号称"王百万"，系清同治年间人。解放后，花园已作民居。

王百万花园位于新绛县贡院巷 15~17 号。花园东为家宅，南临贡院巷。

花园在家宅南，东西宽 21.4 米，南北长 24.6 米，略呈长方形。地势北高南低，高差约一米许，占地约为 0.8 亩，花园为封闭院落式。厅堂、亭廊等建筑及假山将园分隔为三个庭园（图 6-5-1）。

图 6-4-7 西花园水池及"小陶然"亭鸟瞰

图 6-4-8 西花园中的百年枸杞

图 6-4-9 西花园中的百年龙爪槐

东北角有从家宅通花园的小巷（图 6-5-2）及入口，门上额题"荐馨"（图 6-5-3）。入门内，迎面为一砖照壁，旁有阶梯可上二层游廊（照壁及阶梯已毁）。进入"敬享"门（图 6-5-4），可入园东部主庭院。

主庭院北有厅，南有楼，东有廊，西有亭轩。北厅三间，硬山顶大出檐，面对重檐带明廊的南楼，楼外即为市巷。以高楼作为园的界墙，使宅园虽居闹市而得享清静。东邻家宅，贴墙建土窑，砖券圆月洞门，门上尚存砖雕"恪斋"匾额。窑上建起伏式的游廊，廊极窄，宽仅一米余，是一座带有装饰性的园林建筑。西面在 1 米高的台基上建一座八角形半亭，从主庭西望，亭仅五边，后连一轩，似船舫（图 6-5-5）。亭北和北花厅间叠一高 2 米、宽 1.5 米的砂石假山。在不足三百平方米的小园中，厅、楼、亭、窑、廊、山俱全，建筑布局虽极规则，却已构成宁静的宅园风貌。主庭院西南角便是第二进庭园——西小院。

西小院地势较低，由筑在高台上的亭轩和西花厅组成。由亭轩向北可进入第三进庭园——北小院。

北小院为北花厅（与主庭院的厅堂相连，但较窄）、轩、西游廊与假山围合成的小园，占地仅一百多平方米。在这座不大的宅园中又建一封闭的小园，更显得幽静。园东以假山为界墙与东部主庭相隔，这是一种很别致的叠山法，在空间布局上显得尤其巧妙。估计此园原来总有绿树婆娑，苍苔侵阶。此乃园主高卧读"离骚"之所。

此园虽建得平直，但因园林建筑形式的变化及地势的高低起伏，倒也显得错落有致。园中以八角亭与轩的一个横向建筑物将西半园分割成两区。由于建筑平面及形制的变化和游园者视线的变换，在园东看似为亭，在园西看似为轩，构思别具匠心。更巧妙的是以假山为隔断，将主庭与北小院隔开。假山石的体量不大，布置合宜。平面及竖向上的错落参差，使这形状规则的小院具有了起伏感。建筑物与廊顶的高低起伏互为呼应，为平淡的小院带来了生气。园是一典型的小宅园，古拙无华，但自有宁静清雅之气。

由园中北厅房梁题记可知此园建于清同治年间。花园后墙有保护高墙的铁梭形"扒钉"（离地 1.2 米高处，每隔 1.8 米上下左右都有），据此也可认定该园为清代建筑。

此园由王百万建造，作为游憩之所，以后园及家宅数易其主，先归芦氏所有，芦氏又卖给张氏，张氏卖给

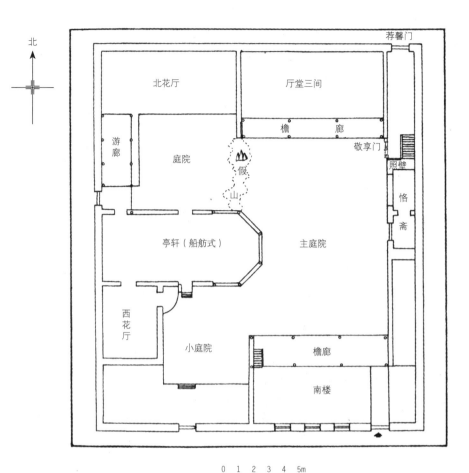

图 6-5-1 新绛县王百万花园平面复原图

图 6-5-2 家宅通花园的小巷，高墙为花园北墙

图 6-5-3 荐馨门

商务会。民国 15 年以来，为稷山县王思珍的古董铺。花园在民国 15 年前已残，解放后作为民居。现在花园已残破不堪，且新建了许多杂乱无章的临时性建筑，但大体面目犹存。

6. 新绛陈园

园主陈其五，民国初的国民党军官。园未建成园主即离开山西，故此园未建家宅，现散作民居。

陈园建于新绛县朝殿坡高崖上，新绛县文史馆之西侧。

陈园面积较小，仅 1300 余平方米，建于高坡上。入园门后可见一长 9.8 米、宽 7.0 米的土墙小院，小院占地仅 68.6 平方米。东壁有砖券圆月洞门，西为花园入口（图 6-6-1）。花园南北长 35 米，东西宽 37 米，占地1295 平方米，园中建筑布局呈凤凰展翅形（图 6-6-2）。

园门为一民国初仿哥特式的砖门楼（图 6-6-3），东西两侧为八字形，门楼有精致的人物、花卉和麒麟、虎头等动物砖雕；砖雕匾额、楹联尚存，字迹清晰可辨。门楼东照壁曰"日涉"，雕梅花鹿；西照壁曰"成趣"，雕仙鹤。门柱有两对砖雕长联，外侧为："快开数亩荒田，种花栽竹，偏适陶情养性；好筑几间土室，冬暖夏凉，最宜樽酒局棋"。内侧为"堆些茅草种些花，花圃草庐，无半点尘俗气；远看嵋山近看水，水清山秀，在一幅图画中"。两联概括了园内外景物，也阐明了园主建园的意图。

花园建筑布局象征凤凰，由"凤凰眼""凤凰头""凤凰身""凤凰翅"及"凤凰脚"8 个单体建筑组成，除位于中轴线上（磁南北子午线上）的"凤凰头"与"凤

图 6-5-4　敬享门

图 6-5-5　八角形半亭和舫轩

图 6-6-1　花园入口

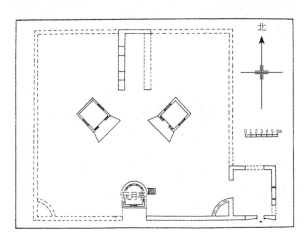

图 6-6-2　新绛县陈园平面图

凰身"是南北向外，其余建筑都是斜置的，现分述如下：

"凤凰头"名玩月亭（图6-6-4，图6-6-5），建于园的南端，墙外即是陡崖。玩月亭建筑平面半圆半方，是一筑在1.2米高砖台上的小型亭阁式建筑，总高4.8米。此亭在全园居高点，可东望市肆、南观由鼓堆引来的清渠及峨嵋岭，北眺龙兴寺古塔，景色特佳。

"凤凰眼"为1/4圆的土坯墙小型装饰性亭式建筑，东西各一。东部"凤凰眼"位于花园东南端（图6-6-6）。

"凤凰翅"位于北偏东及北偏西45°处，为分开的两个砖木结构建筑，平面近方形，柱廊为扇形（图6-6-7）。

"凤凰身"是一土券圆顶土窑的厅堂式建筑，门窗以磨砖为框，以应园门长联"好筑几间土室，冬暖夏凉，最宜樽酒局棋"之意。此为园主迎宾会客的场所。土窑不耐风雨，故早毁，现仅存残垣断壁。

图6-6-5 "凤凰头"——圆亭

图6-6-3 砖门楼

图6-6-4 玩月亭

图6-6-6 "凤凰眼"

图6-6-7 "凤凰翅"——两翼轩式建筑
（已添建部分附属建筑，东轩屋顶已翻修）

"凤凰脚"未建，不可测其貌。

据当地老人回忆，陈园原来种植的花木都较珍贵，还砌有矮花墙放置各式珍异盆花，是一雅静的所在。园主陈其五虽是一介武夫，但亦颇有文人的雅好与气质。在这范围有限的庭园内，布置有这么多丰富多彩的建筑和奇花异卉，正是园主为怡情养性而精心设计的。"陈园"的建筑造型极富园林气息，在组织园林空间与形成园景方面起着不可忽视的重要作用。

陈园建于民国年间，园主对中西建筑园林都有所好，所以别出心裁，构筑此一中西融合的小园。小园采用哥特式的园门，又加上中式的长联。园中的建筑布局别出新意，建成凤凰体形，且园中建筑采用土窑形式，确是一布局新颖奇特的好园林。惜因园主离开山西，园未建成。原来入园上坡的道路都是水泥铺砌，在日寇侵华期间，在此饲养骆驼，将花墙、道路全部破坏了。现西"凤凰眼"已毁，"凤凰身"尚存残垣断壁，建筑都已

改作民居，园中杂陈一些临时性构筑物，但园林布局尚清晰可见。此是作者在山西仅见的一个园林特例。

7. 太谷青龙寨迁善庄

明清以来太谷县的大富户每逢酷夏就要进山避暑，故太谷东南山里建有不少避暑山庄，如孟氏黄背凹寨、员家四棱寨、大涧沟孙家寨等。这些山庄都建在山峁上，外筑高墙、内造重院。当大暑日，户主领着妻妾童婢，乘轿与驴车进庄小住月余。这类山庄有的随着富户的败落，无人管理而荒芜，有的则易主重修。因战火（抗日战争）的破坏与后人的拆毁，至今大多已成为废墟，有的还剩残垣断壁屹立在山峁上，显示着旧日的雄姿。这些山庄中唯有青龙寨迁善庄20世纪80年代尚大体完好（图6-7-1）。

（1）青龙寨迁善庄的布局与特色

迁善庄位于太谷县南山浒泊乡咸阳口范家庄东北山峁，距县城十公里。庄东隔沟与赤伍庄相望，西视范家庄已在足下。迁善庄占地约十余亩，规模在山庄中不是最大，但工程之巨已属罕见。庄傍山依势筑墙，将整个山峁包在庄内。外墙高3～5丈，墙基厚5尺，呈梯形垒起，顶宽3尺，石墙上大砖加砌垛口，俨然是一座石城堡，墙下壁立千仞，真是安居庄内固若金汤（图6-7-2）。

庄南低处围以石墙，形似瓮城，庄门石券高一丈五尺，厚一丈五尺，上嵌石匾"迁善庄"（图6-7-3）。门外有一丈五尺宽的深沟绕着外墙，深沟上架吊桥，桥以五根木椽为基，上铺石板。桥可架在门外石平台上。平台东南围以石栏，由此向西可下山。

入寨门为一方形小天井，天井东侧小窑为门房，西

图6-7-1 青龙寨远眺

侧小门外为向上的石阶（图6-7-4）。阶总高丈五，通内寨门。内寨门石券高丈余，上嵌"紫燕"小石匾。门内为正庄院，门外为外院。

外院比正庄院低丈五，院北石窑三眼，中间为龙王

庙，院东为磨坊，院西为碾坊。西墙石贴面土窑五间，为饲养牲口用房，窑顶即正庄院地面。院东即外墙，可倚垛口远眺群山。

拾阶入紫燕门，入门即前庭，庭四周石墙，庭西一院，坐南向北，石窑五眼为仆役居。庭北有院门通内院——正庄院，内设假山，山高三丈，东西偏长。山东麓高台基上筑一面坡的小轩三间，轩旁有尺余宽的石径，折西通向山上。山北建三处院，山西建一处院。每院正面建石窑三眼，东西各建石窑五眼。以山北面三院的正房最为讲究，窑面贴石工整、平滑，室内粉壁，绿油炕围。各室后有暗室，有的窑与窑间可沟通。

位于内院中心的假山原是山峁上的一块巨石，内院以巨石为中心，随势小平地基，在北面建成三座小院，留此巨石稍加修整就成"假山"。真山耶！假山耶！真作假来假亦真。山南全为巨石原状，北面山脚以石砌一半月形小池，池周围以石栏，假山腰部用块石砌成小径。径极窄，蜿蜒至山顶。以天然石为基石自比人工堆砌自然得多。山顶筑一卷棚顶小亭，亭中置桌、墩；山东麓

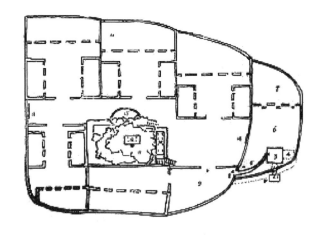

图6-7-2 青龙寨平面示意图

图6-7-3 迁善庄庄门 *

图6-7-4 走上堡墙顶面之通道（又一说为通向内寨门的石阶）*

石基上筑一面坡小轩（图6-7-5）。如此点缀，使庄院大有园林气氛。此种因地掇山法甚为少见，石磴、石阶尺度极小，依山势与石纹而筑。真乃"巧于因借，精在体宜"。

此庄因地势建造，院落大小不一，但正庄院处在同一平面上。其中最难处理的是将巨石改做假山，使各院围山而筑，成拱抱之势。虽各院俱正窑五眼、东西厢窑各三眼，但前后错落有致，顿感各有不同。因地势使得正庄院假山前形成一主通道，通道西墙上砌照壁；通道东墙上开天窗可远眺，故窗上石匾题作"山外青山"。此种细致收拾、面面俱到的手法真是别具匠心。

庄内无泉、无井，饮水需至半山腰的井中担来，故庄中仅古树数株。此类山庄形式极似欧洲中世纪之古堡。当年修建如此坚固恐不仅为避暑，还为避兵匪之灾之故。

（2）兴废沿革

迁善庄是山西有名的商家曹氏的后裔所建。曹氏在明末清初已发家，在北洸建有三多堂大院，房舍建筑，规模宏大。据寨中《重修龙王庙碑记》可知建迁善庄的经过：咸丰三年（1853年），北洸曹氏"出重金购得斯寨，以为避暑消闲地，而庙也属焉"。太谷县志大事记里有，咸丰三年"北洸曹家出银2200两，购得范家庄附近山地一块，建筑别墅，名青龙寨……三年始成"。碑记上还记有，清光绪丙申（1896年）大修，连同龙王庙"因其旧制，凿山为壁，叠石为墙，卑者使崇，隘

图6-7-5 迁善庄假山东麓的小轩和下棋亭

者使宏，鸠工既建，而庙貌遂尊"。民国29年（1940年），日军入寨火焚正庄院，历时一百余年的山庄开始走向败落。至新中国成立时，山庄已无人看守。20世纪80年代调查时，园址尚存遗迹。2003年9月再访，堡墙犹存，内部已彻底损毁（图6-7-6）。

（注：凡图名后标有"★"的图片，均由太谷人民医院提供）

8. 太谷铭贤学校校园

铭贤学校创办于光绪三十二年（1906年），宣统元年（1909年）由南关迁至现址。学校总面积为45.5公顷，其中已建成校园面积15公顷，校内建筑面积20118平方米。1907年留美归来的孔祥熙受欧柏林大学的委托，回到故乡山西太谷创办了铭贤学校，自任校长。由小学发展到中学，民国5年（1916年）增设大学预科，以后又陆续增设农科、工科、商科等。日寇入侵山西后，1939年学院内迁至四川金堂县，仍有专人留守校部。1943年扩充为学院。1950年迁回太谷原址时仍是内迁前原貌。1951年私立铭贤学校收归公有，成立山西农学院。1979年更名为山西农业大学。

铭贤学校位于太谷县东门外二里的杨家庄边上，办学初的原有建筑为太谷大族孟氏的别墅（俗称孟家花园），系《辛丑条约》中太谷县折价赔与美国教会（公理会）的。铭贤学校于1909年迁入后，再购入农田，逐年发展，建农场、果园、家畜饲养场、铁工厂等。校舍新建筑建于1909～1937年，此时是学校全盛时期。校园由美国人规划，孟家花园的大门向南为中轴线，以扇面形状向东西两侧辐射扩散；规划布局合理，宽敞大气。其建筑以西洋式风格为主，富丽堂皇。可惜抗日战争爆发后，铭贤学校校园建设未按规划图纸完工。

（1）校园的分区与布局

20世纪30年代，铭贤学校分为南北两片（两片中

图6-7-6 2003年青龙寨堡墙犹存

间是杨家庄进太谷县城的大道，故学校不能占用），南片称南院，北片称北院。

1) 北院——教学区

北院是在原孟氏别墅的基础上扩建而成，保留了原有传统北方建筑风格的孟家花园的别墅和花园（图6-8-1）。新建了学生宿舍（韩氏楼）、办公院、礼堂兼教室（小礼堂）和图书馆、实验楼（作为教学用）。新建建筑虽由美国人设计，但多用青砖、筒瓦，与太谷民居使用的建筑材料是一样的。除办公院为一层，其他建筑多为二层。外形采用山西民居式样，但内部完全是西洋式；有地下室、暖气锅炉，门窗也是西洋古典式。嘉桂科学楼（图6-8-2）和亭兰图书馆（图6-8-3），建于20世纪30年代，造型雄伟壮丽，是美国著名建筑师墨菲❶设计。建筑下部为天然砂石的台基，有地下室；上部为青砖二层楼，琉璃瓦大屋顶，还以水泥做成仿木的梁枋，上绘有中国式的建筑彩绘，而且绘的是中国的书籍、古玩等（图6-8-4）。其做法与原燕京大学的仿古式楼一样，只是小了一些，所以和原孟家花园的格调完全协调。

2) 南院——教学办公及教工宿舍区

南院建筑以西洋式风格为主，富丽堂皇、各具特色。办公楼都是西洋建筑，但外形都中国化了（图6-8-5）；屋顶用中国式筒瓦，而门窗、阳台则为西式。教授住宅建成一幢幢独立的别墅式平房（图6-8-6，图6-8-7），布局灵巧秀丽，青砖筒瓦，有地下室，有独立的暖气锅炉，

设备极好。每座住宅外都有短围墙围合的小院，与美国郊外别墅的处理手法一样。两排宿舍中间是两座网球场；小院与小院之间是自然式的小道，道旁种有行道树。

南院用青砖砌筑的高墙围住，入院门后，是一片自然式的中西合璧的建筑和大片的网球场，使人仿如置身美国城郊别墅区，与中国式的校区自有不同的景象。但在这样西化的形式中又融入了山西风——用青砖、筒瓦的建筑风格冲淡了美国式的建筑布局。此种我中有你，你中有我的大布局，加上山西独特的自然风光，自会别有情调。此部分校园建筑至今还大体保存在山西农业大学校园内（图6-8-8，图6-8-9）。

铭贤学校虽是一座美国教会办的学校，校园规划和建筑设计也均出自美国人之手；但他们都能结合地方特色，在全局上与周围环境相协调。尤其是北院教学区融入了典型山西风貌的中国古典式园林。新建的校舍外形上选用了中国式，但细部又是美国式；具有现代化的功能设施。房屋与道路的安排为自然式的；此种中西合璧的设计布局，创造和保持了建筑之间的协调与统一，其手法很值得我们借鉴思考。

（2）校园绿化特色

铭贤学校校园是在孟家花园的基础上扩建而成的，其特色是中西合璧、古朴典雅、亭台楼阁、曲径通幽、假山叠翠、池水涟漪、林木苍翳、花木芬芳、瓜棚豆架、芳草鲜美，景色清雅脱俗。加以有国外引种和自

图 6-8-1　铭贤学堂校门

图 6-8-2　嘉桂科学楼前庭绿化

---

❶　亨利·墨菲（1877-1954年）：美国建筑师，1928年曾受聘于国民政府"首都建设委员会"。20世纪上半叶，墨菲在中国设计了雅礼大学、清华大学、福建协和大学、金陵女子大学和燕京大学等多所教会大学的校园及主要建筑。

图 6-8-3　亭兰图书馆近景

图 6-8-4　山西古建筑彩绘

图 6-8-5　三号办公楼

图 6-8-6　原铭贤学校住宅建筑群

已培育优良品种的条件，1927 年成立了农科，由美国人 Romond. T. Moyer（中文名穆懿尔）任农科主任。成立了三个农业实验场，后又在李伯玉、贾麟厚等的主持下建立了南山几处果园和园艺场。校园周围都是农田、果林，故而处在一片绿色之中（图 6-8-9）。学校聘请 1934 年在金陵大学农学院园艺系毕业的贾麟厚执教并负责全校的绿化工作。从美国密苏里州的斯特克兄弟种苗公司引进首批苗木；其时有苹果树 45 个品种，还栽种了西洋大樱桃、大桑葚、梨树、桃树、杏、李、柿、葡萄等果树。校门外新建园艺圪洞园艺场（占地 50 亩，修筑成梯

田式的小花园），在那里引种培育了多种玫瑰、虞美人、美人蕉等数十种花卉。还有从英国引入的天鹅绒草、红牛毛草等观赏草皮。在办公室门前、韩氏楼（图 6-8-10）等处种了大片的草坪（也有从乌马河引来的细叶苔）。在南院各西洋式建筑上爬满了美国地锦，又引进了几种绿篱。还用大缸植莲（3 个品种），并在艾蒿上嫁接九月菊，开花四百余朵，蔚为大观。1935 年在校园里韩氏楼、科学楼、图书馆一带种了许多毛白杨，现已长成参天大树（据八二届林学系学生测定单株材积达 5.032 立方米）。为校园绿化还引进了中国梧桐、泡桐等，校园内广植的

图 6-8-7 原铭贤学校的教授住宅

图 6-8-10 韩氏楼前草坪

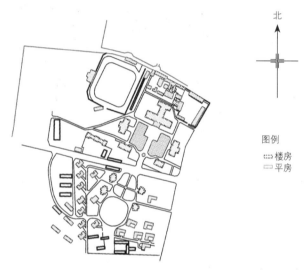

图例

□□□ 楼房
□ 平房

北

图 6-8-8 山西农业大学校园内铭贤学校原址现状平面图

图 6-8-11 小礼堂春景

桧柏是从"老爷庙"采籽育成的。从东山等处引种野生观赏树种。校园内光是花灌木品种就有榆叶梅（重瓣）、重瓣黄刺玫、迎春、牡丹、毛樱桃、连翘、丁香（有细叶丁香、暴马子丁香、华北丁香、北京丁香等品种）等，尤其是丁香盛开的季节，校园内到处香气袭人（图6-8-11），引得太谷人（甚至太原人）前往学校游览、照相，流连忘返，这在全省也是首屈一指呢！

图 6-8-9 校园鸟瞰图

9. 孟家花园

孟家花园约建于清中期，是建造得很好的一座山西式的别墅园。此园经铭贤学校重修后，可代表清后期山西宅园、别墅园的风貌。

（1）孟家花园的布局

花园地势平坦，南北长约二百米，东西宽约一百米，总面积约22000余平方米。此园的总体设计，除东、西、南三面分别为花圃、菜畦、瓜棚豆架，一派田园风光外，其中心部分则为可游、可观、可憩、可居的建筑群与假山、水池相结合的游憩景区。全园可划为7个区（图6-9-1，图6-9-2）。

1）东院区

从北面入口入园，东部为一两进院落。北面临街有五大间的卷棚顶二层楼房，当时乃当铺的门市部及质品

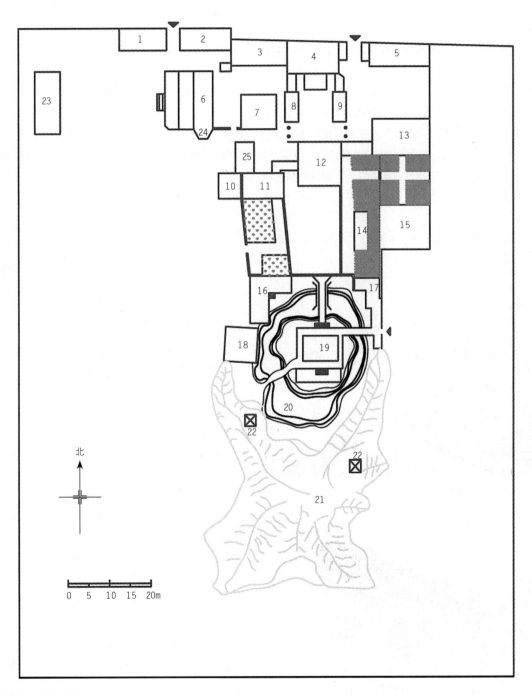

北

0 5 10 15 20m

图6-9-1 孟家花园旧址平面复原图

1. 车棚马厩；2. 厨房；3. 寝室；4. 家庙；5. 楼；6. 西厢；7. 厅；8. 厢；9. 厢；10. 船舫；11. 花厅；12. 尚德堂；13. 厅；14. 洛阳天（厅）；15. 观赏楼；16. 水榭；17. 长廊；18. 迎宾馆；19. 四明厅；20. 水池；21. 假山；22. 亭；23. 瓜棚豆架；24. 六角半亭；25. 船舫小厅

贮藏室。院内原有合抱的老槐和长势旺盛的枸杞。西部紧靠正门的通路为一排花墙，东西两面花墙均有月洞门可通。院内以卵石铺砌的十字甬道，将院落划分为四大花畦，培植着丁香、榆叶梅、连翘等花灌木。南面为坐标低于院落一米的正方形观赏楼（俗称绣楼）。

2）中院区（祀神区）

从北正门往西为中院，系一四合院，北面一座卷棚顶二层楼房，正面外墙雕琢着精致的龟纹图案，木构外檐装修精美，斗栱飞檐，雕梁画栋，并安装着铸铁盘龙滴水。楼上供奉天后圣母像，系园主人为保佑其江淮商业水上运输安全的祈禳之所（图6-9-3）。铭贤学校作校址后改名"崇圣楼"，成为祀奉孔子的处所。天后楼一层建有较大的抱厦（可作戏台），厦顶为二层楼门外的平台，东、西、南立面有砖雕勾栏，平台与垂柱木构带木栏杆的通长阳台相连。抱厦两侧和正面的梁柱之间均饰有木质玲珑剔透的蟠龙雀替或通间雀替，配以斗栱和翘起高度很大的翼角飞椽，更显得飞檐翼出。东西两面各建小轩两间、大轩三间，与木构牌坊式小门东西衔接。南面为宽敞的过厅五间，原有匾额为"尚德堂"，由此可通往前院的"洛阳天"景区。

图6-9-2 孟家花园鸟瞰

图6-9-3 天后圣母楼（崇圣楼）二层

3）西院区（寝室及书斋区）

祀神区的西面为西院区。本院是一所三进院落。北房五间，系园主人及家眷避暑或赏玩的寝居处。寝室的西面建有前后各五间的西厢，厢南接一半六角形的小亭和立面似一船舫的小花厅，由此可通往花园最西面的瓜棚豆架区，寝室和西厢中间的北风盆，建有一四方形的二层攒尖顶小楼，原为护院人的岗亭。岗亭西连接一砖雕照壁，再西即有一小门可通厨房院。南面正中为三间过厅，乃园主人的书斋。这一小庭院内原有合抱老槐一株，现仅存参天古柏两株。过厅西面有小门可通本院西部，门西又一砖雕照壁与北照壁相对，直抵西厢前墙，墙外又突出一个六角半亭与西厢相通。过厅以南的小院落往东为祀神区。本院东南角原有折角游廊，东通尚德堂西墙角门，南至带有突出于西墙外、形似船舫的小花厅，西屋三间为僮仆居处，这一两进院落，在孔祥熙亲自主持铭贤学校校务时，曾命名为"校长院"（图6-9-4），是孔氏与其夫人宋霭龄（当时任英语教师）的寝居、办公和接待宾客之所。再南为小花厅与水榭组成、由之字形小游廊连接的小院，东有月洞门通"洛阳天"院（图6-9-5）。西院四通八达，环境幽雅，为孟家花园的主要建筑区。

4）"洛阳天"景区（图6-9-6）

本景区以东部的一幢小巧的三开间亭轩而得名。此轩紧靠歇山布瓦顶观赏楼的西墙，相距仅一米许，北面通过圆券大门的停放轿车棚可直达北正门，南面连接迂回曲折的游廊，可越过池塘通往四明厅。院中心区的北面，登上高台阶的石级为尚德堂过厅。甬道南侧有木结构牌坊一座，题名"色映华池"，有石拱桥可通四明厅。牌坊东西以砖砌一人高的花墙相隔，院内古柏参天，翠竹摇曳，"洛阳天"阶前又有一道矮花墙，陈设各种盆栽的应时花卉（图6-9-7）。

5）四明厅景区

四明厅位于人工池塘的中心，标高距塘底在一米以上，北接拱桥与"洛阳天"景区南"色映华池"木构牌坊相对（图6-9-8）。池塘的西北角为折角形水榭，东北部与游廊衔接。四明厅西南有"之"字形带栏杆的石板桥，板桥尽头，往北为依山傍水的迎宾馆；往南即达大假山山麓。四明厅东面为东西向长廊，廊下筑有三孔砖砌涵洞，系厅北池塘进水处（图6-9-9）。通过长廊往东有一砖雕角门，从角门出去，往北为观赏楼，往南可攀登假山。

6）大假山景区

四明厅与水池的南面，是一座土山戴石的大假山（图6-9-10）。假山占地面积约1600平方米，高约十米；

图 6-9-4　校长院外院全景 *

图 6-9-5　西院区南小院景 *

图 6-9-6　"洛阳天"庭院春景 *

图 6-9-7　"洛阳天"庭院放置盆花的矮花墙 *

图 6-9-8　尚德堂南"色映华池"木构牌坊及通向四明厅的石拱桥

山上有亭两座；周围林木成荫，芳草叠翠。山腰有蓄水池可植藕养鱼，山坳筑石洞，可通往南面平地。

7）田园区

田园区包括花圃、菜畦及瓜棚豆架，正北临街建有平房一排，中间设一供运输的车马门，与厨房院连接，为车棚、马厩及农具库房。从平台往南数步，路东筑有高平台，上有近方形抱厦，由此可进入西院西厢。由平台南行，便是西院突出墙外的半亭与船舫小厅（图 6-9-11）。在畦圃里出现这样小巧别致的建筑，也为这田园风光平添了不少优雅的韵味。

（2）造园意境与手法

孟家花园在城郊附近的平地造园，因无真山、泉水可以引入园内，造园条件比较差。但由于此园占地面积达三十余亩，可以人为地划分若干景区，再加以精心规划，造成了有分有合的别墅园林格局；使园中曲折环绕、高低错落，有足够的回旋余地。造园者首先利用建筑物标高上的高差，因地制宜地在花园内布置各式厅堂馆轩和尺度不一的亭台廊榭等园林建筑以形成高低起伏。其次是利用高低不同的墙壁、花墙、照壁、牌坊，把这些建筑群分割开来。还在园内挖池掇山，更形成了大起大落的地势。园中书斋静室、曲径石桥、苍松翠柏、绿竹盆花、瓜棚豆架、菜圃田园，景色迷人。故既得园林之胜，又有田园之趣，为一城郊典型的别墅园。

园中原有植物种类繁多，据年长者回忆，除北方常见的杨、柳、榆、槐等外，还培植有松、柏、小叶朴、椿、楸、竹、木瓜、枸杞、牡丹、迎春、木贼、木麻黄及细叶苔、羊胡草等。除露地栽植花木外，院内多处建有矮花墙，放置各式盆栽应时花卉，以供观赏。

（3）孟家花园的兴废沿革

孟家花园系孟氏在清代中叶所建。宣统元年（1909年）铭贤学堂迁入此园，将原有房屋作为教室、礼堂、办公室等。

抗战期间，铭贤学校南迁，校址被日军侵占，故有所破坏。1950年冬，铭贤学校由四川迁回。1951年改组为山西农学院，于1952年将大假山全部拆毁，在假山原址建成大礼堂。"洛阳天"亭轩、木牌坊、长廊、石拱桥、石板桥及花墙水池在十年动乱期间全部拆毁。残余建筑作为学校仓库，现虽在继续利用，但已年久失修，破败不堪。厅堂、亭榭、槅扇及室内陈设全部被毁，园中原有大树几已伐尽。近期内由于扩建校舍，部分建筑物需拆毁或尚需迁移。

此园虽非省内名园，但其造园意境颇能代表晋中清代末年的园林风貌，作为一份山西的园林遗产，对今后造园还有可借鉴之处。20世纪50年代时，园中大假山已毁，但百年老园古木参天，园林风貌犹存。由石拱桥入四明厅，视塘中青青草色，自生"方塘半亩清如许"之感。园中唯有嘤嘤鸟声、森森树影，入深院见屋宇虽旧，但尚洁净。一人曲折回绕，似入画中游。使南方游子知山西园林不秀而雅，不华而朴，略知南北民间园林

图6-9-9　四明厅与东游廊*

图6-9-10　大假山与两亭*

图6-9-11　田园区六角半亭与船舫小厅

之异、民俗民风之别。此景今唯有由照片中求之。

（注：凡图名后标有"★"的图片，均为由孟守诚老师提供、由美国韩义德女士保存的民国年间"铭贤学校"的珍贵照片）

附录一 山西省近代园林分布图

大同：

兰池（张树帜别墅）

灵丘平型关战役遗址

恒山国家重点风景名胜区

朔州：

朔州天主教堂

忻州：

五台白求恩模范病室旧址

定襄河边村阎锡山旧居东西花园

五台南山寺

五台龙泉寺汉白玉牌坊

五台山国家重点风景名胜区

太原：

督军府梅山和阎锡山东花园

文瀛公园

静安园

后小河

杏花岭

潜园

桃园

桃花园

新美园

晋祠诸园（荣、江、陈、周、孙、王）

城内（新民街东花园、退思斋、徐永昌旧居、张汉民宅）

傅公祠

山西大学堂

山西省农林专科学校

山西省立川至医学专科学校

马家花园

民众教育馆和民众乐园

太原天主堂

晋中：

太谷小河阳和分防厅花园

太谷西园

太谷孔家花园

晋中大院（祁县乔家大院、太谷曹家大院、祁县渠家大院、灵石王家大院）

太谷赵铁山宅园

平遥王茞廷旧居

太谷孟家花园

太谷铭贤学校

太谷青龙寨迁善庄

阳泉：

娘子关水口民居

吕梁：

汾阳杏花村申明亭

汾阳峪道河教会西式别墅和水磨坊消夏别墅

芦芽山自然保护区

庞泉沟自然保护区

长治：

武乡八路军总部王家峪旧址

武乡八路军总部砖壁旧址

黎城八路军兵工厂旧址

黎城八路军总部后方第三医院旧址

长治太行太岳烈士陵园

长治莲花池

临汾：

汾西僧念师家沟民居

襄汾丁氏村落和民居

临汾刘光斗私家花园

晋城：

阳城马家皂天主堂及花园

运城：

新绛公园（绛守居园池）

解州关帝庙及结义园

运城盐池和盐池神庙

新绛乔家花园

新绛王百万花园

新绛陈园

新绛天主教堂及小花园

永济阎敬铭王官别墅

万荣后土祠和秋风楼

河津龙门和禹王庙

永济五老峰国家重点风景名胜区

附录二 山西省近代园林大事记

序号	中国历代纪元	公元	大事记
1	同治元年～光绪三十四年	1862～1908 年	太原已建有花圃，经营花卉苗木
2	光绪二十五年	1899 年	新绛县绛守居园池改建为新绛公园
3	光绪二十八年	1902 年	成立山西农林学堂（太原），设有园林专业，在杏花岭辟 100 亩为农事试验场，栽培苗木花卉；同年成立山西大学堂，设"中学"、"西学"两专斋
4	光绪三十三年～民国 26 年	1907～1937 年	太谷铭贤学校成立，校园由美国设计师墨菲采用自然式的西方规划手法，与园内中西合璧的仿中式建筑相映成趣
5	民国元年	1912 年	山西农业专科学校修建了一座温室，为冬季培育花卉和珍贵花木创造了条件
6	民国 5 年	1916 年	阎锡山改建山西督军府，建督军府中的东花园
7	民国 8 年	1919 年	太原市原文瀛湖几经治理修建，辛亥革命后正式命名为文瀛公园，民国 17 年（1928 年）冬改名为中山公园（是太原的第一座公园）
8	民国 9 年	1920 年	太谷县利用城墙西北角一水池及周围地区兴建太谷公园（西园）
9	民国 19 年	1930 年	山西国民师范学校的生物教师曾给一些花工讲授植物解剖、土壤改良、良种繁育和植物嫁接等专业知识，使花卉培植技术有所改进
10	民国 33 年	1944 年	大同苗圃育有榆、槐、松、柏、杨、柳、枣、杏等
11	民国 26 年～民国 38 年	1937～1949 年	抗日战争结束后山西宅园已极少新建，大量宅园相继荒废

附录三 主要参考文献

1. 梁思成. 晋汾古建筑预查纪略. 梁思成文集一. 北京：中国建筑工业出版社，1992：281～342.

2. 山西省史志研究院编. 侯文正主编. 山西通志. 第一卷. 总述. 北京：中华书局，1999.

3. 山西省史志研究院编. 山西通志. 第二十五卷. 城乡规划环境保护志·城乡建设篇，建筑业篇. 北京：中华书局，2001.

4. 山西省史志研究院编. 王锚深，李太阳主编. 山西通志. 第四十五卷. 旅游志. 北京：中华书局，2000.

5. 太原市地方志编纂委员会. 太原市志. 第二册. 太原：山西古籍出版社，1999.

6. 太古县志. 民国 20 年（1931 年）版.

7. 山西各市、县志（1991～2002 年）.

8. 郑嘉骥. 太原园林史话. 太原：山西人民出版社，1987.

9. 刘永生. 太原旧影. 北京：人民美术出版社，2000.

10. 郭英. 太原近代学校建筑概述. 文物世界，2003，4：50-53.

11. 张玲. 太原近代民居概览. 文物世界，2004，6：49-54.

12. 牛利群. 晋祠周家花园. 文物世界，2005，4：38-39.

13. 陈尔鹤. 绛守居园池考. 中国园林，1986，1.

14. 陈尔鹤，赵景逵，郭来锁，高德三. 太古园林志. 太谷县地方志办公室（内部印刷），1988.

15. 陈尔鹤. 绛州宅园考. 山西农业大学学报（园艺专刊），1991.

附录四　致　谢

太原市委宣传部：宋建国

太　　原　　市：高珍明，郑嘉骥，赵敏

太原市儿童公园：赵美芳

太原市晋祠公园：王新生

山西农业大学：王有栓，张世煌，乔青龙，
　　　　　　　殷建英，张建斌和测量教研组

新绛县文物局：丁德信，张作贤，皇甫步高，
　　　　　　　徐刘安

太　谷　县：苗耀鼎，梁平，宁东生，高杰

上　海　市：沈洪

附录五　参加编写人员

山西农业大学：陈尔鹤，赵景逵

上海市上农园林环境建设有限公司：赵慎

中·国·近·代·园·林·史（下篇）

第七章　内蒙古自治区卷

第一节　综　述

一、自然概况

内蒙古位于我国北部边疆，北部与俄罗斯、蒙古人民共和国交界，西、南、东三个方向与甘肃、宁夏、陕西、山西、河北、辽宁、吉林、黑龙江8个省区接壤。1947年5月1日成立的内蒙古自治区，是我国建立最早的一个民族自治区。面积110多万平方公里，人口2376万。有蒙古、汉、达斡尔、鄂温克、鄂伦春、回、满、朝鲜等49个民族。自治区首府呼和浩特。

全境以高原为主，通称内蒙古高原，海拔在1000米上下，起伏和缓。大部分地区水草丰美，为我国优良牧场。

北部为内蒙古高原的主体，自北向西可分为呼伦贝尔高原、锡林郭勒高原、昭乌达盟高原、乌兰察布高原、巴彦淖尔高原、阿拉善高原。大致东部草原宽广，西部戈壁，沙漠面积较大，局部地区有流沙、风蚀残丘分布。地表起伏和缓，多宽浅盆地，当地称为"塔拉"。

高原东部边缘是大兴安岭山地。山脉大致东北—西南走向，山势东陡西缓，海拔1000米以上，南部高峰可达2000米。山势浑圆，森林茂密。大兴安岭林区为我国重要林区之一。北部伊敏河中游有面积达48万公顷的大兴安岭自然保护区。南部一些较宽广的谷地多已辟为耕地。大兴安岭东麓的扎兰屯风景优美，为避暑胜地，有"内蒙古小杭州"之称。

阴山位于内蒙古中部，包括大青山、乌拉山、色尔腾山等；为我国内、外流域重要分界线（阴山山南为外流区，山北为内流区）。向东延为丰镇丘陵，高原区下降到1300米；山间盆地和缓丘陵交错分布，相对高差约300米，不少地方有火山熔岩形成的台地。山间盆地为内蒙古重要农业区（俗称甸子）。

阴山以南，是由于断层陷落后河流冲积而成的平原，海拔1000米。西部为后套平原，由黄河及其支流乌拉河冲积而成。东部为土默川平原，又称前套平原或呼和浩特平原，由黄河及其支流大黑河冲积而成。自古以来在平原上开辟沟渠，引黄灌溉，形成著名的"塞上谷仓"。俗语"黄河百害，唯富一套"说的就是此地。

内蒙古境内黄河成"几"字形围绕的是著名的鄂尔多斯高原。一般海拔 1000～1300 米；中部较高，岩石裸露；四周略低，多沙丘。北部有库布齐沙漠，南部有毛乌素沙漠。地表起伏偏大，盐碱湖群分布较广。桌子山耸立于西部黄河滨，海拔 2149 米。

自治区气候绝大部分位于温带，从东北向西南跨从湿润到干旱四个干湿区。季风仅影响东南部边缘的狭长地带，主要为温带大陆性气候。这里是寒潮进入我国首当其冲的地区，冬季寒冷期长达 5～8 个月，夏季温凉短促。全年平均气温在 -1～10℃之间，一月 -23～-10℃，七月 18～24℃，北部气温偏低；西部气温年较差、日较差都很大。全年无霜期 60～160 多天。全年平均降水量 150～450 毫米之间，西部沙漠地区 100 毫米以下，东部迎风坡降水较多。东北部因蒸发较弱，为湿润、半湿润区。全年降水的 70% 集中在夏季。中西部地区干旱、多沙暴。春旱及冬季的暴风雪为影响农牧业生产的主要自然灾害。风沙、霜冻、冰雹亦可成灾。

自治区内绝大部分为内流区。河流较少，且多为时令河，河常在下游洼地积水。流经本区南部时，流量大，流势缓，泥沙含量远比下游小，干、支流均富灌溉之利。区内湖泊较多，多为干旱地区的咸水湖。呼伦湖是本区最大的淡水湖，为构造湖，蒙古族称"达来湖"，意为海湖，面积 2200 平方公里，盛产多种鱼类。呼伦贝尔草原即因呼伦湖和贝尔湖而得名。其他湖泊有嘎顺诺尔、苏古诺尔、乌梁素海，以及吉兰泰盐湖、达来诺尔等。

内蒙古的草原为我国五大天然草场之一。其中草原占全区土地的 60%，林地占 14%；可利用的草原则占全国的 30.6%，而载畜能力已近饱和；人均耕地面积 3.5 亩，高于全国平均水平。大兴安岭山区的牙克石是我国林业重要基地，树种主要为兴安落叶松。

二、历史概况

内蒙古近代园林伴随着社会进步、交通发达和经济繁荣而产生，同时又随着社会战乱和经济衰落而亡。目前城市发展迅速，把园林压到极限，一个 20 公顷小园的四周几乎全是高大建筑，排得密不透风，近代园林几乎绝迹。应当及时发掘、抢救为好。

从历史考究，蒙古园林应始于元代，在蒙元文化初期，长城以北的元上都城里就有三处公园，分别是北苑

（600 公顷）、东苑（200 公顷）和西苑（300 公顷）。这三所园林不但是接受中原文化理念，而且引进了西欧及波斯的园林成就。世界著名的旅行家和商人马可·波罗曾参与实现造园活动。用山水园林手法布置环境，而且把美索不达米亚的屋顶花园也应用于其中，火枝银花是用铜管和水银制作的喷泉，为世人瞩目。在园中有八角玻璃亭以为接待宾客之用……可惜这些全部毁于战火，我国蒙元文化损失惨重。现代挖掘出的宫门石柱上还有雕龙图案，可见当时之豪华非同一般。

清代康熙年间修建的公主府花园是今呼和浩特市已知较早的私家园林，至乾隆年间建成的新城将军衙署花园、旧城归绥兵备道衙署花园是城市庭院绿化的继续。到清朝后期，归绥（"归"即归化城，"绥"即绥远城；民国初年，两城合并，改称"归绥县"；亦即现在的呼和浩特）逐渐出现一些私家园林。创建于道光元年的董家花园名噪一时，规模很大。园址在旧城扎达盖河以西至西龙王庙村一带，占有大片土地。园林栽植花木蔬菜、建筑广厅假山，并砌有窑洞式大花窑一座。每年阴历五月十八日，开放三天，供人游览，清末衰落无存。继之而起的翟家花园，建于光绪年间，园内除养花种草外，更注重经济树木的栽培。在此期间，"天义德"商号（今四中址）在门前修建的小型河滨花园是归绥最早的街心游园，其中有一绿色石雕喷水蟾蜍，并配置有花草。同治八年（1869 年）、光绪三十年（1904 年），绥远城两次疏浚城壕，夹植柳树；同时，城内主要道路两旁也栽植了柳树。绥远城周树木生长繁茂，当时被誉为"柳树荫绿"。兵备道署周围及附近扎达盖河沿岸杨柳茂盛，署东"庆凯桥"有"石桥晓月"之誉，署南清澈溪流有"沙溪春涨"之称。以上为当时"归绥八景"中的三景。

内蒙古自治区地处长城以北的广大地区，本来是我国的天然牧场，百年来受历朝历代屯垦戍边政策的影响，大量砍伐原始森林，变草原为耕田，后来又退耕还林，由于持续干旱，大部分土地已沙化，自然生态每况愈下。人们才考虑用绿化来美化自己的环境。

三、内蒙古近代园林类型

类型一　自明清以来随黄教介入，盖了不少寺庙，种了不少树，美化了环境，后来才形成寺庙文化园林。如包头的武当召，呼市的大召及五塔寺花园等。

类型二　荒漠大于绿洲，园林在城厢兴起，自满清以后一直执行绥靖政策，提倡满蒙合亲，自然盖了不少王府、公主府。这些府邸均为公主、格格们创造休息娱

乐场所，于是形成了一大批王府花园。有名的如：三音诺彦汗那彦图亲王府就有辍云轩花园；贡桑诺尔布亲王府也有规模更大的山水花园、公主府后花园等。

在呼市有和硕公主府花园，现已被改建成了公主府公园等，并已具有相当规模，成为文化公园。

类型三 近代商号富贾在民国期间大量购置土地，种桑养蚕，引种花木果林，修建喷泉、假山，为近代园林奠定了基础。如呼市的董家花园、翟家花园，后演变成呼市植物园；屠家花园后来变了幼儿园；各商号于沿河布置喷泉假山，现在成了西河游园。

类型四 古迹。名胜、墓地演化成近代公园的有成吉思汗陵园，从抗日时期兴建起到如今已经成为知名的园林了。昭君墓在民国时期就有名人墨客在此树碑立传，后来发展成昭君公园，现代又盖起了昭君博物院公园。在呼市还有一处墓园就是国民党十九军抗日烈士墓园，经过抗日时期、解放战争时期和解放后不断修缮，现在融合在公主府公园中，已成为革命历史公园。

类型五 交通日趋发展，城镇不断扩大，城乡间空地被北洋政府开辟成农事试验场、练武场等绿树成荫之地，后来却被废弃，以致垃圾成山，如今只好被辟建为公园绿地。这样的案例有呼市龙泉公园，如今演变成为呼市的中心文化公园；又如东风公园，本来是民国时期的试验场，解放以后结合治理环境，挖湖堆山，引种名花、异草、树木，现在已成为区域性的文化公园了（现称满都海公园）。再如赤峰的紫屏园，利用红山作背景，挖湖堆山，修堤种藕，并增建园林建筑；既成为近代园林之瑰宝，又颂扬了红山文化。

内蒙古东部有一处近代园林，即扎兰屯吊桥公园。公园随中东铁路而生，俄军留下的不少遗迹——吊桥、独木亭和俄式小屋，给人们留下了深刻印象。现在看来非常简陋，只因是避暑胜地，才保留至今。园中文人墨客也留下不少碑刻，以作纪念。

第二节 实 例

1. 龙泉公园

龙泉公园（今称青城公园）位于呼和浩特市中心、中山西路南侧。东临公园东路、西临公园西路、南至公园南路。周围有文化娱乐设施，交通方便。

全园总面积 46.5 公顷，其中水面占 10.4 公顷。1931年开始建设；1950 年重建，并命名为人民公园；1957 年

初具规模，为全市综合性公园（解放后称人民公园）。但该园历经十余年的战乱，又在解放后加以改造和扩建，故昔日的公园面貌已荡然无存。

人民公园是在卧龙岗和老龙潭的基础上扩建起来的。这块地方在历史中很有考究，解放前期是块风水宝地，被辟为土默特旗先农坛的官产。这里景色幽雅，建筑壮伟，泉水淙淙，日夜不息，具有天然清旷之趣；龙泉水亦为旧城市民饮用水。

20 世纪 30 年代，绥远省政府领导人决定在归绥城建设公园，根据先农坛、卧龙岗、老龙潭的景致，地理位置，交通情况，由省建设厅负责踏勘地形，拟定计划，开始兴建；面积约有 13 公顷。1931 年 4 月中旬破土动工，修建园路，建亭架桥，植树造林。7 月上旬公园建设初具规模，举行了隆重的典礼。由当时的建设厅厅长冯曦撰写碑文，记述了公园的修建成果，沿湖共栽植杨柳五千四百余株。关于公园的命名，则是因为龙泉以其岗号卧龙，泉出其右，且与老龙潭、龙背壤地相接，故称龙泉公园。

公园建设以龙岗小亭为点，亭左设一茶社，近临花圃，亭西是新植的杨柳，靠这片绿荫专门设了儿童乐园，供游人玩乐。稍南开辟了一片芳草地，这是孩子们嬉戏驰骋的场所。

在抗日救亡活动中，龙泉公园成为宣传抗日，唤起民众斗志的重要场所。

1936 年 4 月 20 日，在纪念成吉思汗的活动中，克力更、云北峰等。在龙泉公园等地教群众唱抗日救亡歌曲。

1937 年，七七事变后，归绥被日本侵略军占领，秀丽的龙泉公园也遭到了蹂躏。日军在公园内砍树铺沙，建设日本神社，严重破坏了龙泉公园的山水草木，公园变成了废墟和臭水坑。

1945 年 8 月日本投降后，国民党又将残存的 120 株杨树、柳树砍尽，用做修建碉堡和战壕的材料。

解放前，回族人民和唱戏艺人在龙泉公园内开辟了两块坟地，到处杂草丛生，坟冢相连。昔日的公园已经破烂不堪，面目全非。

1949 年 9 月 19 日，绥远和平解放；1950 年归绥市人民政府召开第一届人民代表大会，会上许多代表提出了修复龙泉公园的强烈要求，并开始修建。公园占地面积扩大为 46.5 公顷，并改名为人民公园；1996 年改为青城公园至今（图 7-1-1 ～图 7-1-4）。

2. 满都海花园

"满都海"蒙语意为"兴旺发达"。满都海史称满都海彻辰夫人，是成吉思汗的嫡系远孙巴图蒙古（达辽汗）

北

招待厅

0 10 20 30m

北门

厕所

招待厅

扇面亭

元宝岛

湖心亭

卧龙岗

三孔桥

小船码头

职工宿舍

图书馆

消防队

垃圾站

中心广场

鸽子楼

纪念廊

中日纪念碑

东门

露天舞场

烈士塔

服务部

饲养房

小石桥

儿童乐园

白马雕塑

龙泉

牡丹池

鸟房

饭馆

鹰房

虎房

狮房

鹿苑

西门

消防楼

西南桥

天鹅湖

孔雀室

金鱼馆

四季亭

动物栏

钓鱼台

老年中心

珍禽馆

猴山

花卉馆

熊猫馆

动物食堂

海豚池

小动物房

锅炉房

草棚

旱冰场

公园办公室

温室

园林处

立元酒家

车库

南门

图 7-1-1　1995 年人民公园平面图

图 7-1-2　人民公园四季亭

图 7-1-3　人民公园扇形水榭

图 7-1-4　人民公园柳堤

的夫人，在历史上是一位杰出的政治家，曾为蒙古的统一做出了卓越贡献。呼和浩特市是内蒙古自治区的首府，为纪念满都海彻辰夫人，故以其人名为园名。

满都海公园位于新城南门外，来熏桥以西。原为农事试验场，1931 年开始投资兴建，现在公园的 1500 余株大柳树、杨树，就是 20 世纪 40 年代保留下来的。

清朝时为归绥新城的南护城河，民国时期辟为农事试验场，试种水稻、花生等。解放后一度称新城公园、东风公园。1982 年改名为满都海公园，为呼和浩特市的区文化公园。

本园采用中国传统造园艺术手法，凿池引水，以水系贯穿全园，再配置山石、花木、亭、台、桥、阁，形成各具特色的景点。原规划的 16 个景点，现已初步完成有藕塘烟雨、敕勒天苍、上下泉影、广群园芳、烟云绕笔 5 景；古丰轩阁、五味鳞鲤、松竹梅苑、杉松共响、怡红春坞、流连忘返、天光云影、碧波长鹅、曲径通幽、别有洞天、孤岛慧仙 11 景逐年建设。其中尤以《敕勒歌》中的

"敕勒川，阴山下，天似穹庐，笼盖四野。天苍苍，野茫茫，风吹草低见牛羊"诗句寓意于园林建设中。设置蒙古包，培植自然草地，边缘种野生花卉，后面植松树，草地上置雕塑；令人联想到草原牧民的生活，体现内蒙古草原风光特色，形成了蒙古园林的原型（图 7-2）。

3. 公主府公园

呼和浩特市公主府公园位于铁道北、西倚赛汉路，北至海拉尔路。全园面积 310 亩（图 7-3-1）。小哈拉沁沟排洪渠水由东北向西南从公园中间穿过，汇流于西河沿。这里是一片积水潭、烂坟岗。早在民国 22 年（1933 年），傅作义将军为纪念华北军第五十九军抗日阵亡将士修建的陵园就在公园的西北角。陵园正前方为墓门，进后门是墓道；墓道的两边竖有石碑六七座，碑身刻有国民党军政人员姓名；其后为三角形平面的烈士塔（图 7-3-2），正面是华北军第五十九军抗日阵亡将士公墓，墓下镶一块石碑，碑文记述了烈士的英雄事迹；塔的两面是阵亡将士的姓名，共有 367 人。再往后为阵亡

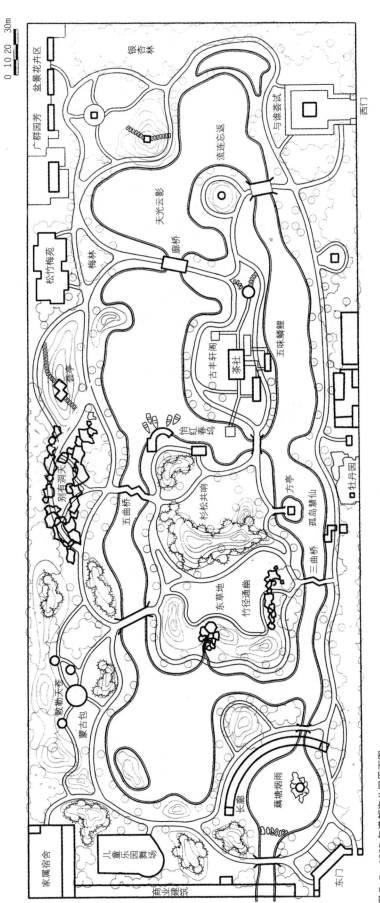

图7-2 1995年满都海公园平面图

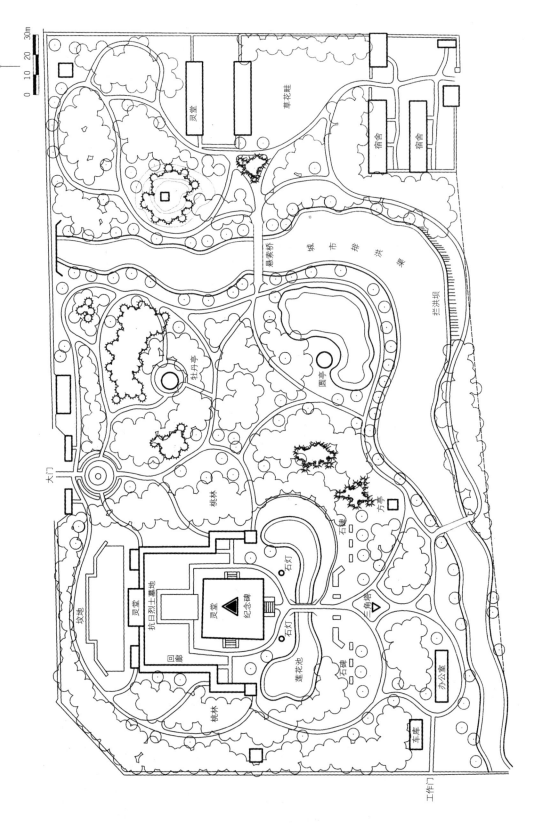

北

0 10 20 30m

灵堂

草花畦

宿舍

宿舍

悬索桥

城　市　排　洪　渠

拦洪坝

牡丹亭

圆亭

大门

桃林

方亭

石碑

坟地

灵堂

抗日烈士墓地

回廊

灵堂

纪念碑

石灯

石灯

三角墙

桃林

莲花池

石碑

办公室

车库

工作门

图 7-3-1　1995 年公主府公园平面图

烈士墓碑，最后有坟茔千余个，总占地为110亩。后来由于风雨剥蚀，年久失修，碑文模糊不清，围墙坍塌。1983年呼市政府为纪念傅作义将军及抗日阵亡将士，拨款将其修饰一新，并入公主府公园内，原有的灵堂仍然保留于公园西部（图7-3-3）。

1984年经上级批准，正式筹建公主府公园，经过为期一年的施工，于1985年底竣工。

图7-3-2　国民党华北军第五十九军抗日阵亡将士公墓

图7-3-3　阵亡将士灵堂

4. 那彦图亲王府后花园

那彦图亲王府后花园有一式两园，分别位于漠北哈拉和林及北京地安门外鼓楼东大街宝钞胡同；两园同时兴建于清乾隆年间。满清末年那亲王是八旗都统，哈拉和林总兵，主管漠北蒙古事物，协调蒙满关系。府园共有房屋999间，靠东，西部有250亩土地为花园。花园完全仿照江南园林手法兴建，挖湖、堆山、修桥、亭、廊，其中有五开间大厅一处，名为缀云轩，是亲王的书房和客厅。厅后堆有假山，山前有莲花池，池前有牡丹台；厅后有小桥流水及放大的湖面。湖北岸有二层西洋小楼一座，湖东有250米长游廊一座，湖西有夕下亭一处，各相应成对景，湖北假山上有望远亭一座。园西南角设有60间花房，栽植奇花异草；园东南方设有大戏台一座（约二千平方米），舞台前有马碑一座，纪念其祖先在平定噶尔丹部叛乱时皇帝赏赐的玉马一匹。舞台后有小型动物园一处，喂养各部送来的大小动物、鸟类数只之多（图7-4）。

花园西部有书馆一处，家庙一处，教育和信仰相邻，动与静分离。王府后花园经常唱堂会和蒙古戏种，请百姓欣赏。府园之间有小教坊一处，养兵数百人，府门处有蒙古回事和朝廷回事二座三开间耳房，日常办理蒙满事宜。后来，那彦图亲王接任京都九门提督，就长住北京了，漠北府邸交其长子祺成武主管。1924年蒙古革命后，漠北府邸花园毁于战火。北京府邸被国民政府收为公产。九一八事变后被辟为学校和医院，以后学校扩建，府邸全拆，厅口只留下一个石碑，上刻那王府旧址。"文化大革命"以后，连这块石碑也没有了。那彦图新王的缀云轩花园，也就随着改朝换代淹没在近代史的洪流中了。

今天写史有如考古，从近百年的文化堆中发掘出很多宝贵的园林史料，供后人引以为鉴吧！

5. 喀喇沁贡桑诺尔布亲王府园林

喀喇沁亲王府位于赤峰市西南67公里的喀喇沁旗王爷府镇。北倚七老图山脉的柏山五连峰，面向连绵起伏的十八罗汉山，锡伯河蜿蜒流经王府前，环境清幽，林深茂密（图7-5-1～图7-5-3）。

王府面积20公顷，其中建筑近五百间，约占总面积的50%~60%。是内蒙古地区建筑规模最大、封爵等级最高、建筑时间最早、保存现状最为完整的清代蒙古王府建筑群。具有浓郁的民族特色、宗教特色及地域特色，已被列为全国重点文物保护单位、全国56个最具民族特色的旅游景区（属4A级旅游景区），以及内蒙古的十大历史名胜之一。

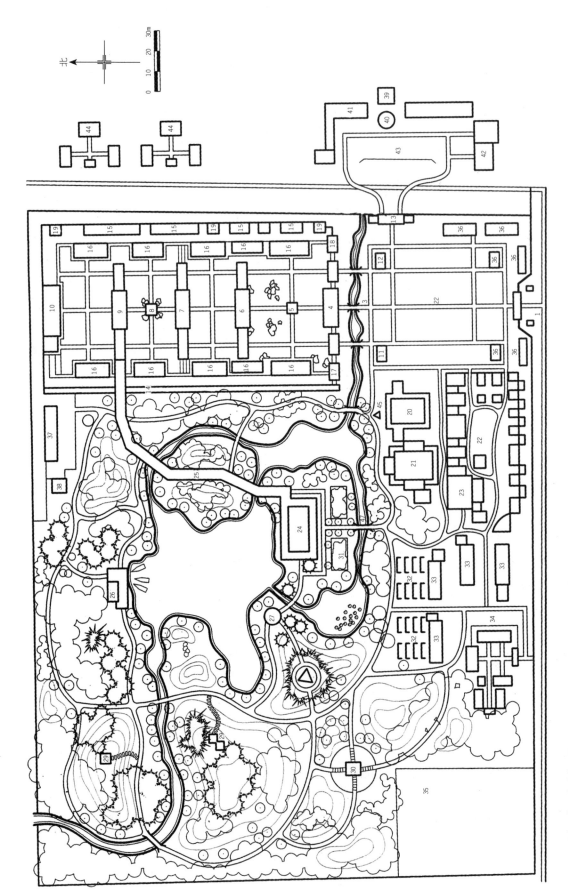

中·国·近·代·园·林·史（下篇）

图 7-4 那彦图亲王府后花园平面图
1. 大礼门；2. 小教坊；3. 玉带桥；4. 正宫门；5. 香炉；6. 垂花门；7. 三道门；8. 佛座；9. 内宫门；10. 内厅；11. 蒙古回事处；12. 朝廷回事处；13. 东阿斯门；14. 更道；15. 客房；16. 内侧门；17. 内侧厅；18. 钟楼；
19. 厕所；20. 大戏台；21. 家庙；22. 游廊；23. 狗庙；24. 狗窝；25. 缀云轩；26. 小红楼；27. 圆亭子；28. 晴雨亭；29. 荟亭；30. 鹿园；31. 牡丹台；32. 阳畦；33. 温室；34. 私塾院；35. 医院；36. 镖局；37. 伙房；
38. 灶王庙；39. 马神庙；40. 水井房；41. 大车房；42. 大车库；43. 汽车库；44. 外宅；45. 马碑；

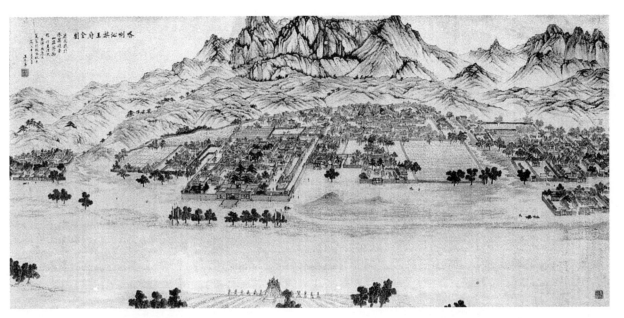

图 7-5-1 喀喇沁亲王府鸟瞰图之一

图 7-5-2 喀喇沁亲王府鸟瞰图之二

图 7-5-3 亲王府大门外广场

图 7-5-4 后花园鸟瞰图

王府的园林可分为以下三处：

（1）后花园——梦园

后花园位于王府之西北（图7-5-4，图7-5-5），面积约12公顷，是王府中一片集中的园林。这种具有大面积花园的设置也是王府建筑群的惯例——有王府则必有花园；反之，则无园不成府。

后花园与王府建筑群于1783年同时落成，当时称后花园，直至喀喇沁族第十三代王爷旺都特纳木吉勒继

承王位后，于同治十一年（1872年）才被命名为梦园。光绪九年（1883年）天降连绵大雨，王府的建筑物十室九漏，旗民的住宅倒塌无数，而梦园内除福寿阁、丹霞楼、宛在亭外，其余皆荡然无存，成为一片废墟。至1894年旺王重修；二年后，后花园才于光绪二十二年（1896年）竣工，成为一座完整的北方蒙古园林。

梦园是亲王府整体建筑群中极其重要的组成部分，又和王府后面的柏山连成一体，显得更为宏伟壮观。它是仿

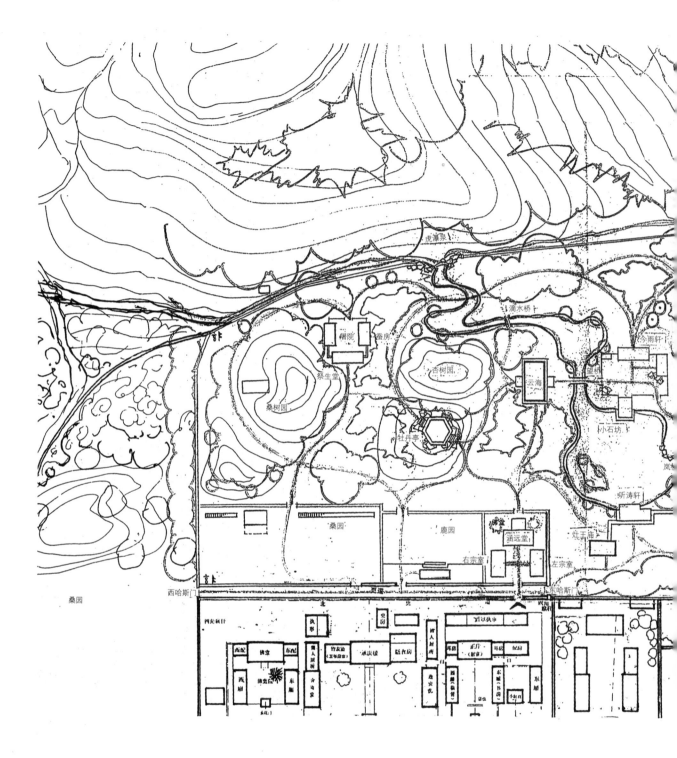

图 7-5-5　梦园平面图

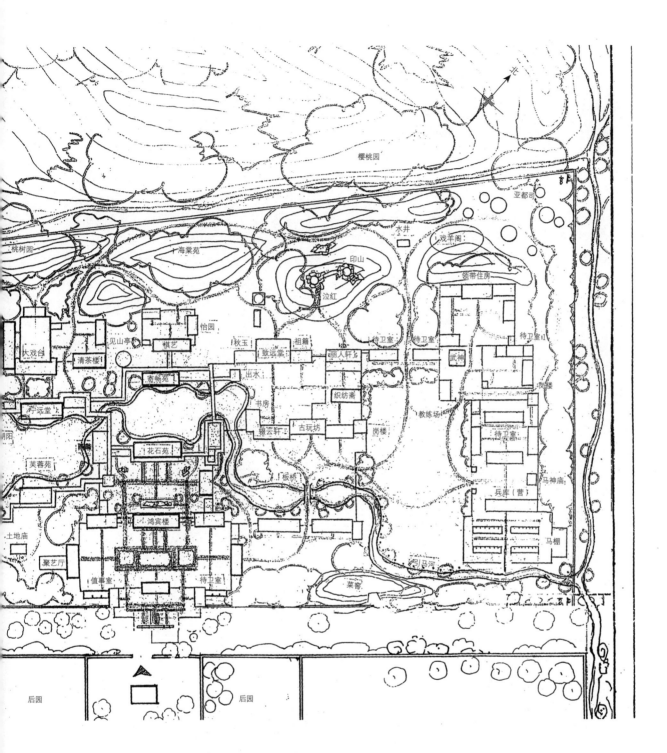

樱桃园

亚都司

水井

戏羊阁

印山

领带住房

泣红

桃树园

海棠苑

伏戏台

见山亭

怡园

清茶楼

棋艺

秋玉

致远堂

祖籍

待卫室

待卫室

待卫室

丽人轩

武神

寄畅苑

出水

书房

织纺斋

宁远堂

月阳

攀宏轩

古玩坊

岗楼

花石苑

芙蓉苑

教练场

待卫室

板桥

土地庙

鸿宾楼

兵库(营)

马神庙

聚艺厅

值事室

待卫室

马棚

冯马河

菜窖

后园

后园

北京王公贵族的园林修建的，园内亭台楼榭、花木奇石、泉池桥径一应俱全，此外还有培育花苗的花窖30间、养鹿场、茶肆、酒馆、售货摊位等，更有约二千平方米的戏楼一座。每逢节日，唱戏开市，王公贵族云集于此，游玩耍乐，也允许王府差役家属及附近百姓进园游乐。

园中湖溪相连，山水相映，景色宜人。园林建筑有三堂（涵远堂、致远堂、宁远堂）；二苑（芙蓉苑、鹿苑）；五亭（山水亭、静宜亭、水木亭、辍云亭、依岚亭）；七桥（望桥、岚桥、剑桥、三曲桥、小石桥、大石桥、羊桥）；轩房五处（听雨轩、丽人轩、夕霞轩、虎啸轩、云海轩）。配套建筑有桑园一处，花房30间，2000平方米的大戏台一处，静心斋茶亭一处；还有200骑兵的营房及马棚等；可见规模之大。府园之间设有家庙一处，灶王庙一处，兵营中有马神庙一座。

梦园的建筑形式大体上有三种：

一是主体建筑多为庑殿式的楼、馆、轩、阁。如丹霞楼为园中最高建筑，可登高望远；福寿阁是园中规模较大的建筑，专门收藏历代皇帝所赠的"福""寿"字幅，这里同时又是接待贵宾、欣赏歌舞之处；赛田古社则由宫殿式的帐幕数座及戏楼、茶肆、酒馆组成。

二是农村式建筑或茅舍草堂，如绿杨村馆规模较大，有乡间酒馆、瓜棚豆架、田园花圃等；四宜草堂则为四合院的民居形式；绿蔼堂则更具山村风格。

三是西方建筑形式，如瀛海别墅，内部陈设——如日常用品、家具——全为西式。接待宾客时，也是用刀叉、吃西餐、喝洋酒。

其余则为观赏性的亭榭建筑，如眠琴榭为湖中的水上建筑，旷怀亭为假山顶上的建筑；宛在亭则是依山傍水而筑；清潭亭为湖心之亭，可四面赏荷花；凝翠亭则以竹柏环绕等。旺王重建梦园时，并非一一修复，而是有添建，有略去者。如在园的南部有赏心室、骋怀榭、舫丹轩、延翠楼等，均已湮没无存，只留下历史上的名称。

花园中的植物种类繁多，乔木以松、柏、杨、榆、桑为主，突出了北方的特色。花木则有海棠、丁香、榆叶梅、玫瑰、珍珠梅、山丁子，以及杏、桃、梨、樱等。而在配置上则有专类花园的形式，如牡丹园、芍药圃、菊篱、月季坛、荷花池，盆花盆景不计其数，野草野花亦随处可见，还有草坪及芦苇荡；使后花园的春、夏、秋三季各具特色，而冬季则体现独特的漠北草原风光。

由于园子的面积大，也设置了一定的生产性、实用性的园林，如培育果树的杏树园、桃树园、樱桃园、海棠苑；还有饲养动物的鹿苑、马棚、戏羊圈；养蚕的蚕房、桑园等等。

而自旺都王爷将花园改名为梦园以后，在后花园里，似乎更增添了不少诗情画意。他本人也常在花园里接待高官贵客、饮酒赋诗、赏乐观景、宴饮娱乐。如园中专门设有供旺都王爷写诗的如许斋、供社会名流聚会的雅集轩等。旺都王爷在此作有《如许斋集》，又与其子贡王爷共同写有纵观全园的《百韵诗》，将园中景物描绘尽致。还有专为陈设古今名人字画的可亭等。

清末，贡王夫人善坤所办的女子学堂也在梦园里辟有操练习武的场地，也就是当年射箭的靶场——射圃，内设揖让亭——研究射箭技术和信息的地方——供府内子弟及护卫习武。花园内还设兵库（营）一处，养骑兵上万，曾按朝令接防过山海关、宁城城防数年之久。

到了民国时期，贡王又在园内兴办学校、设医院。因这时的贡王一心致力于维新事业，无暇顾及园林，放松了管理，花园因此逐渐颓败，亭轩倒塌，荒草遍地。至解放时，竟已沦为仓库，往日胜景只留下一点文字的记载。

（2）庭院绿化

王府建筑群的形制与中国其他宫廷王府大体相同，为围绕中轴线渐次展开的院落式，由南门经仪门，依次有大堂、二堂、回事处、议事厅、承庆楼等，由垂花门及回廊组成，为五进院落，每进院落的园林景观都不相同。

第一进院落仅以乡土树种——榆树四株覆着全院，形成简洁、浓荫的林下空间（图7-5-6）。第二进院落有槐树及具有纪念意义的古桑树及若干油松组成，树种多样，常绿与落叶交替（图7-5-7，图7-5-8）。第三进院落回事处的中轴线上有贡桑诺尔布亲王的坐像一尊（图7-5-9～图7-5-11）。因庭院面积较大，有榆、槐、珍珠梅、油松等乔灌木组成的常绿、落叶混交的植物群落。第四进院落在议事厅前，以油松为主。天长日久，

图7-5-6　第一进院落的庭院主景——榆树四株

图 7-5-7　第二进院落的庭院树——古桑

图 7-5-9　第三进院落的回事处

图 7-5-10　回事处前庭景观

图 7-5-8　第二进院落的庭院树——油松

图 7-5-11　第三进院落中的贡亲王坐像

图 7-5-12　第四进院落议事厅前的龙树

图 7-5-13　第四进院落议事厅前的凤树

图 7-5-14　第四进院落西侧的备用蒙古包

图 7-5-15　王府跨院内的敖包式粮仓

二株厅前的百年油松出现了变异。西侧的一株已近凋谢，但虬枝枯干盘缠如龙，奇妙地形成一个漏天的小圆洞，人们当它是龙的眼睛，是为"龙树"（图 7-5-12）。而东侧的一株则依然枝叶茂盛，其北侧的枝叶如飞翅般斜向伸展，似凤凰的翅膀，是为"凤树"（图 7-5-13）。这对"龙凤树"屹立于议事厅前，也寓意着"龙凤呈祥"之意。而院落一侧的备用蒙古包及粗犷的旗杆墩，则显现出明显的蒙古族风情（图 7-5-14～图 7-5-16）。第五进承庆楼（图 7-5-17）院落中的老树均已不存，目前只见一片青绿的地被，但近年于楼前对称栽植梓树二株。梓树为落叶大乔木，高可达 15 米，冠幅伸展较广，五六月开黄白色花。《群芳谱》中有记载："造屋有此木，则群材皆不震"之句，堪称"群木的领袖"（图 7-5-18）。

王府东、西跨院中大大小小的庭院甚多，其绿化景观各有不同。如在轿厅前院则满地覆盖着芍药和牡丹，花开时节，一片如潮的花海，蔚为壮观。其他庭院，或老干，或新枝，或鲜花灿烂，或果实累累，栽植着松柏、云杉、杏树、珍珠梅、连翘等花灌木。时节不同，绿色景观异彩纷呈，衬托着修复后的王府建筑群，更显精神

（图 7-5-19，图 7-5-20）。

（3）环境绿化及其他

建府之初，按旧制，在王府内外皆有庙宇相随，故在王府西一里许的八家村建有以福会寺为中心的五座喇嘛庙。各庙内外都有常绿的油松、赤松、云杉等常绿树栽植，形成"古刹成群，古树成林"的一种幽静肃穆的山林景观。而附近也已形成优美宜人的杨树林荫道（图 7-5-21）。

图 7-5-16　第四进院落中的旗杆墩

图 7-5-17　第五进院落承庆楼前院

图 7-5-18　第五进院落中的梓树

图 7-5-19　亲王府跨院的牡丹、芍药园

图 7-5-20　亲王府跨院的花木冬景

图 7-5-21　亲王府周围八家村一带的杨树林荫道

　　而在王府大门前广阔的草场上，却竖起了 13 座敖包，敖包原是蒙古草原道路和地界的标志，也是神灵的象征，后来也常用做祭祀或举行蒙古男儿三技（骑马、摔跤、射箭）的竞技场所。府门前这 13 座敖包的设立显示出其在王府建筑群中的地位。而在王府跨院内，如今也设有敖包形式的粮仓，它们也都是附属于建筑或园林的一种蒙古特色景观。

　　另外，值得一提的是贡桑诺尔布亲王主政期间，正值战争频仍、国家积贫积弱的混乱时代，"实业救国"之声云气。1904年王爷乃派人去浙江购买桑树苗三万株，由上海从水路运至天津，再由天津乘火车运至北京，再以骡车由北京运来王府，在福会寺前，拨地数百亩培育这批桑树苗。据记载："绿树成荫后，则养蚕之风甚炽"，以后又发展到纺织。于是在八家村一带可以买到本地出产的纺织品，而这种植桑养蚕之风延续了多年，连后花园也有了桑园和纺织斋。

又云有山东移民来此，发现此处的气候和土壤条件与山东相仿，遂由山东移植来一种栎属的槲树（又名波罗树），可饲养柞蚕，并生产出裆褴绢、茧缎、绢缎等纺织品。亲王还修建了塞外的第一个苗圃，鼓励百姓植树造林。

另一件事是亲王从日本考察回来，深感培育人才的重要，也受当时康有为等提倡"教育救国"思想的影响，先后在王府内外办了崇正文学堂、守正武学堂以及毓正女学堂三所学校。在女学堂内，除设有"家政"课程外，还常举办课外的同窗会、游园会等，足见他在当时就有"寓教于乐"的文化教育思想，这是和他重视园林建设的思想分不开的。

总之，从王府的后花园、府内建筑群的庭院绿化，到王府周围的环境绿化，都可反映出近代园林文化已经在这座古老而豪华的王府中体现出来；而这也正是蒙古族文化与中原文化甚至外来文化融合的一个例证。

6. 乌兰浩特市成吉思汗公园

成吉思汗公园位于乌兰浩特市城北的罕山之巅，三面环山、一面傍水，成吉思汗庙坐落其中，是当今世界上纪念成吉思汗的唯一祠庙，与鄂尔多斯市伊金霍洛旗的成吉思汗陵并称为"东庙西陵"。现为全国重点文物保护单位（图7-6-1）。

成吉思汗庙由艺术家耐勒尔设计，1940年动工修建，1944年10月10日竣工。庙四周有高2.8米，周长一千余米的灰顶白色围墙，整个院落占地6.8万平方米。成吉思汗庙建筑面积822平方米。庙宇坐北朝南，正面呈"山"字形，下方上圆（图7-6-2）。中间是高28米的正殿，正殿内有16根直径为0.68米的红漆明柱。正中北侧大理石台基基座上安放着2.8米高、2.6吨重的成吉思汗全身铸铜贴金坐像，端庄威严，两侧分立其四个儿子术赤、察合台、窝阔台和拖雷的塑像。塑像外侧，陈列着元代兵器。东西偏殿墙壁上有表现成吉思汗生平及辉煌业绩的系列壁画，悬挂着元朝部分皇帝和皇后的画像。置身庙内，顿有庄严肃穆之感。东西两侧是16.62米高的偏殿，顶盖皆圆形长廊相连，廊顶各有3

图7-6-1 公园大门

图7-6-2 成吉思汗庙

个小形尖顶，用绿色琉璃瓦镶铺。正殿圆顶前悬挂蓝色长方形匾额，用蒙汉两种文字竖写着"成吉思汗庙"字样，具有民族特色的庙顶同雪白庙体、朱红大门一起构成了成吉思汗庙巍峨壮观、沉稳雄健的气势。成吉思汗庙的建筑融蒙、汉、藏三个民族的建筑风格于一体；采用古代汉族建筑常用的中轴对称布局手法，建筑主体圆顶方身、绿顶白墙，具有典型的蒙藏建筑特色，也是全国唯一的融汉、蒙、藏民族建筑风格于一体的庙宇（图7-6-3）。

成吉思汗庙建成后，受到了当地蒙古族人民的珍重。解放后，内蒙古自治区人民政府和乌兰浩特市人民政府都把成吉思汗庙当作重点文物加以保护，并在这里举办过工业、农业、牧业等的生产成果展览，1987年，内蒙古自治区人民政府拨来专款，地方自筹了一部分资金，开始全面维修庙宇，并在它的脚下修建了罕山公园。近几年，乌兰浩特还筹资兴建了成吉思汗箴言长廊、成吉思汗跃马扬刀驰骋疆场的雕像等（图7-6-4），并建成吉思汗皇家园林——成吉思汗公园。2002年9月香港华人工商促进会投资2.2亿元人民币，对成吉思汗庙进

图 7-6-3　成吉思汗庙主入口

图 7-7-1　吊桥

图 7-6-4　成吉思汗青铜塑像

图 7-7-2　月形拱桥（俗称罗锅桥）

行全面扩建。2007 年，为迎接自治区成立 60 周年大庆，成吉思汗公园按照历史保护区、历史展区和广场景观区三个区域进行了总体维修改造。

2006 年 5 月 25 日，成吉思汗庙被国务院批准列为第六批全国重点文物保护单位。

7. 扎兰屯吊桥公园

扎兰屯吊桥公园位于扎兰屯市区北部，以园内"吊桥"而得名，是一处集自然景观和人文景观于一体的综合性娱乐场所。

公园占地面积 68 公顷。公园内的吊桥始建于 1905 年，清东铁路通车后，园内只有悬索桥和桁桥，是专供当时扎兰屯的沙俄贵族们享乐的场所。相继修建的还有六国饭店（今铁路职工食堂）、中东铁路俱乐部（今扎兰屯市博物馆），以及日光浴场、露天音乐厅、秋林商店等几处游戏娱乐场所。其他几处景观或湮没，或面目全非，唯吊桥公园屡经修葺，成为人们游玩休息的场所。

吊桥即悬索桥，现在世界上仅有两座百年以上的吊桥，其中一座位于俄罗斯的伊尔库斯克，另一座就是扎兰屯吊桥公园中的吊桥。扎兰屯吊桥公园的吊桥也是扎兰屯市的地标式建筑之一。它由两根巨大的铁索高悬于空中，黝黑的索链从四尊高大的汉白玉柱顶端孔口穿过，牢牢地系在深插于地下的铁环上。铁索自高而下，中部呈弧形，上面系有 42 根细铁索，将一座乳白色雕花栏杆木板桥悬吊于碧波之上，造型极为壮观。清风掠过，铁索铮铮作响，行人往来桥上，桥身悠悠晃晃；如轻舟泊于水面，又如彩虹悬于缥缈云霭之中，大有飘飘欲仙、心荡神摇的舒畅感（图 7-7-1）。与吊桥相连的，是一座由 12 根钢筋吊起的拱形桁桥。人在桥上一晃，桥身不停颤动，可持续十多分钟。悬索桥与桁桥形体不同，风格各异，犹如姊妹桥，二桥相连，统称吊桥。吊桥北侧，建有别致优雅的月形拱桥（俗称罗锅桥）和九曲桥连接洲渚（图 7-7-2），通往湖心亭。园内还建有苏联红军烈士纪念碑、望湖亭、三角亭、环形湖、一柱亭、观景阁（又名"幸存亭"）、垒石园等多处景点（图 7-7-3，图 7-7-4）。

解放以后，吊桥公园连年修缮，成为集水上娱乐、动物、花卉、碑廊等于一体的综合景区。园内古木参天，杨柳婆娑，亭台错落，绿草如茵，碧波荡漾，处处皆景。该公园现为国家 4A 级景区。

图 7-7-3　三角亭

图 7-7-4　1962 年叶剑英元帅题词

附录一　内蒙古自治区近代园林大事记

序号	中国历代纪元	公元	大事记
1	康熙四十五年	1706 年	康熙皇帝第六女——和硕恪靖公主从清水河迁到归化城（今呼和浩特旧城）居住，同时修建公主府及后花园
2	乾隆二年	1737 年	3 月，开始建设绥远城（今呼和浩特新城）和绥远城将军衙署及后花园
3	乾隆四年	1739 年	绥远城和绥远城将军衙署及后花园建成
4	道光初年		董义开始建董家花园，这也是塞外古城唯一一个规模较大的私家园林
5	道光十九年	1839 年	董家花园建成
6	道光三十年	1850 年	董家花园萧条没落，变为荒园和荒滩，仅留存几株老树； 翟家收购董家花园 8 公顷土地，种植果木等，建立翟家花园
7	光绪三十一年	1905 年	扎兰屯吊桥及公园开始建设，成为当时扎兰屯沙俄贵族们享乐的场所
8	民国 14 年	1925 年	绥远城建立"农事试验场"（今呼和浩特满都海公园），分农、林两部分，种植花草树木和农作物，并喂养大青山野狼一只； 绥远实业厅遵照部令，定于每年清明节举行植树典礼；归绥因气候所限，定于清明节后 10 日植树
9	民国 17 年	1928 年	绥远植树节典礼仪式改为谷雨日举行
10	民国 20 年	1931 年	4 月，归绥开始建设公共园林。在归化城东先农坛、卧龙岗、老龙潭一带建龙泉公园（今呼和浩特青城公园），标志着归绥城市公共园林建设有了新的发展
11	民国 22 年	1933 年	10 月，国民党傅作义将军在绥远公主府南修建中华民国华北军第七军团第五十九军抗日阵亡将士公墓纪念碑，并修建公主府公园
12	民国 24 年	1935 年	归绥城第一个公共园林——龙泉公园建设基本完成
13	民国 26 年～民国 38 年	1937～1949 年	归绥城市园林绿化因抗日战争和国内战争而遭受严重破坏，在此期间共毁坏各种树木两万余株，林地、苗圃 325 亩，龙泉公园也名存实亡
14	民国 29 年	1940 年	在乌兰浩特市城北罕山之巅，由艺术家耐勒尔设计的成吉思汗庙开始动工修建
15	民国 33 年	1944 年	10 月，乌兰浩特市成吉思汗庙修建竣工，并辟为市民公共祭奠和游憩场所

附录二　中华民国华北军第七军团第五十九军抗日阵亡将士公墓纪念碑碑文

中华民国二十二年三月，日本军队侵占了热河，全国都大震动。从三月初旬，我国的军队在长城一带抗敌作战，曾有过几次很光荣的奋战，其间如宋哲元部在喜峰口的苦战，如徐廷瑶，军关麟徵、黄杰两师的中央军队在古北口、南天门一带十余日的血战，都是天下皆知的。但这种最悲壮的牺牲，终于不能抵抗敌人最新、最猛烈的武器。五月十二日以后，东路我军全线退却了，北路我军苦战三昼夜之后，也退到了密云。五月二十一、二两日，北平以北的中央军队都奉命退到故都附近集中。二十二日夜，北平政务整理委员会委员长黄郛开始与敌方商议停战。

五月二十三日的早晨四时，当我国代表接受了一个城下之盟的早晨，离北平六十余里的怀柔县附近正开始一场最壮烈的血战。这一站从上午四时直打到下午七时，一千多个中国健儿用他们的血洗去了那天的城下之盟的部分耻辱。

在怀柔作战的我方军队，是华北军第七军团第五十九军，总指挥即是民国十六年北伐战争以孤军守涿县八十八日的傅作义军长。他们本奉命守张家口。四月二十九日，他们奉命开到昌平待命增援，令下之日全军欢呼出发，用每小时二十里的跑步赶赴阵地。五月一日全部到达昌平，仅走了二十四小时。五月十五日第五十九军奉令开到怀柔以西，在怀柔西北高地经石厂至高各庄的线上构筑阵地，十七日，复奉令用主力在此阵地后方三十余里的半壁店、稷山营的线上构筑主阵地，他们不顾敌军人数两倍的众多，也不顾敌军武器百倍的精利，他们在敌军飞机的侦查轰炸下，不分昼夜赶筑他们的阵地，他们决心要在这最后一线的前进阵地上，用他们的血染中华民族历史的一页。二十三日天将明时，敌军用侵华主力的第八师团的铃木旅团及川原旅团的福田支队，向怀柔的正面攻击，又用铃木旅团的早田联队作大规模的迂回，绕道袭击我军后方。正面敌军用重野炮三十门，飞机十五架，自晨至午不断地轰炸。我方官兵因工事的坚固，士气的镇定，始终保持着高地的阵地。绕道来袭的早田联队也被我军拦击，损失很大。我军所埋的地雷杀敌也不少。我军的隐蔽工事仅留二寸见方的枪孔，必须等到敌人接近，然后伏枪伏炮齐出，用手掷弹投炸。凡敌人的长处到此都失去了效用。敌军无法前进，只能向我高地阵地作极猛烈的轰炸。有一次敌军一个中队攻进了我右方的阵地，终被我军大力迎击，把阵地夺回。我军虽无必胜之念，而人人具必死之心。有全连被敌炮和飞机集中炸死五分之四，而阵地屹然未动

的；有袒臂跳出战壕，肉搏杀敌的；有携带十几个手掷弹，伏在外壕里一人独立杀敌几十个的。到了下午，他们接到了北平军分会的命令，因停战协定已定局，命他们撤退到高丽营后方。但他们正在酣战中势不能遵行撤退，而那个国耻的消息，又正使他们留恋这一个最后抗敌的机会，直到下午七时，战势渐入沉寂状态，我军才开始向高丽营撤退，敌军也没有追击。次日，大阪朝日新闻的从军记者视察我军的高地阵地，电传彼国，曾说："敌人所筑的俄国式阵地，实有相当的价值。且在坚硬的岩石中掘成良好的战壕，殊令人惊叹！"又云："看他们战壕中遗尸，其中有不过十六七岁的，也有很像学生的，青年人的热狂可以想见了"。怀柔之一战，第五十九军战死的官兵共三百六十七人，受伤的共二百八十四人（当时查出的）。

五月三十一日，停战协定在塘沽签字后，第五十九军开至昌平集结。凡本军战死官兵及未运回的，都由军部雇本地人民就地掩埋，暗树标志。六月，全军奉命开回绥远复员。九月，怀柔日军撤退后，傅将军派人备棺木、殓衣，到作战地带寻得官兵遗骸二百零三具，全书运回绥远，绥远人民把他们葬在城北大青山下，建立抗日战死将士公墓，并且辟为公园，垂为永久的纪念。公墓将成，我因傅作义将军的嘱托，叙述了怀柔战役的经过，作为纪念碑文，并作铭曰："这里长眠的是三百六十七个中国好男子！他们把他们的生命献给了他们的祖国！我们和我们的子孙来这里凭吊敬礼的！要想想我们应该用什么报答他们的血！"。

该碑文系胡适文撰，钱玄同书丹，由傅作义先生于中华民国二十二年十月立。

附录三　主要参考文献

1.《呼和浩特史料》
2.《归化城厅志》
3.《呼和浩特志》
4.《扎兰屯市志》
5.《乌兰浩特志》
6.《归绥县志》

附录四　参加编写人员

荫禾编写，余晓华补充（实例6、实例7，附录一、附录三）

中·国·近·代·园·林·史（下篇）

第八章　黑龙江省卷

第一节　黑龙江省近代园林综述

黑龙江省位于我国东北隅。该省的东部和北部以黑龙江和乌苏里江为界河，与俄罗斯为邻，与俄罗斯接壤的水陆边界长约3045公里，其中水界长约2800公里。省内地形为：平原占48％，山地占35％，丘陵占17％。北、中、南部高，东、西部低平，海拔由最低平地的80米至最高峰的1690米。

本省气候除北端属寒温带湿润季风气候外，其余广大地区皆属温带湿润季风气候。9月中旬前后即进入冬季，1月平均气温为18℃，西北地区可降至－30～40℃；7月平均气温为18～22℃。无霜期始于5月或6月初，长达3～5个月。全年降水量为450～600毫米，夏季雨量占全年的60％。主要灾害天气是兴安岭山区的冬季寒害。

全省森林覆盖率为35.6％，活力木蓄积量在15亿立方米以上。主要树种为红松、落叶松等。林特产品也很丰富，如兴安岭区的红松子就是本省一宝，还有野生的名贵干果——榛子，以及其他名贵药材，如人参、鹿茸、刺五加、香鼠皮等。全省的自然名胜风景主要分布在哈尔滨、牡丹江镜泊湖、齐齐哈尔及五大连池一带。全境山环水绕，形似天鹅，呈现出一派壮美的北国风光。

黑龙江省的历史可以追溯到盛唐时期；当时，这里主要的少数民族靺鞨人的首领大祚荣在吉林敦化一带建立了地方政权"震国"并与唐王朝加强了联系。唐开元元年（713年），唐玄宗册封大祚荣为渤海郡王，故改国号为"渤海"。成为唐朝管辖下东北边陲的一个州，与唐朝为臣属关系。到大祚荣之孙——渤海三世时（755年），按照唐朝首府长安城的规划模式，在今宁安市东京城渤海镇建设了新的都城——上京龙泉府。

上京龙泉府分外城、内城和宫城三层城池。并在宫城外，内城内，二城东墙之间修建了"紫苑"（即供王室贵族消闲游玩的御花园）。该苑东西长两百余米，南北长五百余米，靠南侧挖掘出一个约两万平方米、深近两米的人工池塘。挖出的土在池中堆起两个小岛，岛上建有亭榭。在池东西各堆起高近五米的土山，并栽植了树木花草。池北还有规模较大的殿阁建筑。170年后，渤海国被契丹人所灭，整个城池被付之一炬。这座御花园如今只留下了深坑、土堆和柱础石等遗迹。尽管如此，从中也可看出当年渤海上京宫城紫苑那种有山有水，亭榭楼阁齐备的宫廷园林的恢宏气势。

在焚毁后的渤海城池内还发现有十座寺庙遗址。其中一座当年的石佛寺于清初天聪元年（1627年），在旧址上被重新修建成如今尚存的兴隆寺（俗称南大庙）。寺庙四周用玄武石筑起围墙，庭院中有一株三百多年树龄的古榆，树高叶茂；还有后人栽植的杨柳等。庭院古木苍翠，绿草如茵，缀以砂石小径，显得格外清静幽雅。其中大雄宝殿中供奉的一尊由黑色玄武石镂刻的大石佛，就是当年渤海国的历史见证。这可算是黑龙江大地尚存最古老的一座寺庙园林了。

渤海城还留下了一件非常珍贵的文物——石灯幢，全高6米，用12块经过雕凿的玄武石叠砌而成，塔盖形似亭榭，八角八面，雕刻瓦脊和瓦枕，其下与塔室衔接，塔室镂空与塔盖相接处雕刻斗栱，具有我国传统的木结构建筑的特点。整座石灯幢犹如水莲花托着的一盏石灯，亭亭玉立，巍然壮观。

黑龙江省现存比较古老的寺庙园林还有创建于清雍正年间（1723—1735年）、位于虎林市乌苏里江边的虎头关帝庙。此庙依山傍水，古木葱茏，掩映于绿树之中。园中有人工小湖和亭桥点缀，饶有风致。在苍松古榆掩映之下，红墙飞檐，雕龙画凤，斗栱交错，十分壮观。

黑龙江省的近代园林，从仅有的一些遗存看，虽然一直保持着中华民族的园林特色，但对当代的园林建设影响不是很大。

自从清光绪二十二年（1896年）签订《中俄密约》，满清政府应允俄国进入中国土地建设东清铁路（中东铁路），并于光绪二十四年（1898年）俄方确定哈尔滨为东清铁路枢纽和管理中心以后，先后有三十多个国家的十几万侨民逐渐汇集到哈尔滨，使哈尔滨一时间成为一个以沙俄统治为首的国际化城市。随着各国侨民和西方经济的进入，相应的西方文化、西方园林风格和西方的园林植物等，也逐渐被引入哈尔滨，并逐渐形成了哈尔滨城市特有的中西合璧式的园林风格特色；以致逐渐影响到了全省。但是黑龙江省的近代园林主要集中于哈尔滨市。

第二节　黑龙江省近代园林实例

1. 齐齐哈尔市仓西公园（今龙沙公园）

仓西公园位于齐齐哈尔市区西部中心地带，初建面积仅2公顷。这是一座由中国人倡议，中国人设计，按照中国人的生活模式建造起来，为中国人服务的公园，也是我国最早的公共园林之一。

仓西公园初建于光绪三十三年（1907年）。当时任黑龙江巡抚的程德全以"边塞无佳境"为由，向帝俄索回其领事馆占用的广积仓址东半部2公顷的土地辟建公园，并命时任幕府（即"助理"）的四川才子张朝墉设计建造。因其位居城西，又为仓址，故命名为"仓西公园"。

当时的仓西公园，四周筑以土墙，只在东北角设一个出入口。游人需进入土墙后南折二十余步，通过砖拱洞门，才能进入园内。入园后，通过"龙沙万里亭"即可到达一座栏杆绕廊、雕梁画栋、琉璃为顶的高大华丽建筑。这是供上层人士联谊和接待宾客的地方，名为"冲气穆清厅"。厅南有秋千架、球房、女乐棚和酒肆，是供儿童踢球、捉迷藏，青少年荡秋千，成人饮酒作乐的游戏区。往西可见一茅草亭（今之"鹤亭"）称"草庐"。西墙内摆放着动物笼。厅西是百花争艳，香气扑鼻的"幽香园"；园外有一泓清水的喷水池，当时被誉为奇观。接任程德全巡抚的周树模的游记中记载："池中立铁制小儿，水由顶出，俗以为奇观"。再向西是培育花卉的花畦和玻璃花窖。园之西北角有一小山，山上有一座五角亭，亭柱呈汉瓶式，柱顶檐下雕有象头状饰物，因此而得名"象亭"，这是仓西公园建园后保留下来唯一的原有景物。山下有两座曲沼，可观游鱼，山后有一长形池泊，横卧二桥，一曲一直适于垂钓，园中有自然生长的百株榆树，树冠相接，"老树蓊翳于上，雅花环抱于下"，"每当盛夏，奇花怒放，落英缤纷，迁客骚人多徂暑其间，为纳凉游息佳地"（引自高占祥的《龙沙公园记》）。

光绪三十四年（1908年）周树模接替程德全的巡抚职务后，因"思泛舟江湖""谋临流之胜"，又令张朝墉主持在仓西公园南墙外挖沟引水，筑山建亭，建成了"望江楼"和"澄江阁"。当时的望江楼还是山顶的一座草亭，称"未雨亭"，民国19年（1930年）才翻建成砖木结构；澄江阁也只是山下的一座平房而已，1984年才翻建成当今的三层楼宇。

辛亥革命（1911年）推翻了帝制，建立了中华民国，仓西公园开始隶属黑龙江省会警察厅管辖。到民国6年（1917年），因"年湮日远，兵燹迭遭。亭榭欹仄，池台欲坍，匾额剥落殆尽"。省会警察厅厅长杨云峰请示省府筹款供物，由秘书高占祥主持进行仓西公园的修复及扩建工作。总计开展了大小工程四十余项，于当年

7月全面竣工，全园面貌焕然一新。并在新设立的铁制大门上标示"龙沙公园"四字。从此，仓西公园更名为"龙沙公园"。公园面积也由初建时的2公顷扩大到5公顷，增加面积一倍半。扩建后的龙沙公园中，游览休息建筑有：对鸥舫、筹边楼、爱吾庐、林泉乐境、醉翁居、枕流精舍、乾坤一草庐和消遣世虑阁；音乐演唱活动场所有：弹嗷斋、凯歌轩和后乐厅；茶社叫"吟香仙馆"；军警人员休息室称"偃武榭"；以及游艺场，超然台，孛苦、脑温二桥等构筑设施；还有笼养动物供游人观赏。

龙沙公园在其初建时（1907年）就允许个人进园经营文娱、服务项目，如书场、杂耍、戏院、茶社、杂货铺、饭馆等。公园收取个体经营者的租费，维持公园的正常开支，以减少向政府申请补助。为顺畅管理，主管部门省会警察厅在修复、扩建仓西公园的同时，还编制并发布了30条包括环境、游览、经营、收费等各方面规定的《仓西公园规则》。

在1931～1945年日伪统治的14年中，公园未发生太大变化，只是增加了一些绿篱、五色草花坛等绿化设施；梦鹤亭、鹤冢等景点和跳动马、电瓶车等游戏设施。因对游人开放了领事馆区，使公园开放面积扩大到了12公顷。

1946年日本投降后，市政府决定将西泊、关帝庙、寿公祠、神社及农事实验场的土地，全部划为公园用地，使公园面积一下子扩展到了87公顷。

新中国成立后，通过义务劳动清挖了西泊，疏通了湖水，将一片死水泡变成了岛屿棋布，湖岸曲折，收放有致的一潭碧水，并被命名为"劳动湖"。再经多年的植树绿化以及二十世纪五六十年代和八十年代两次建设高潮，加上有序的管理和经营，龙沙公园环境面貌大为改观，园林景观更加亮丽，活动内容日益丰富；成为齐齐哈尔市民生活不可缺少的重要游览场所，及全省最大的综合性文化休闲公园。

2. 呼兰县西岗公园

黑龙江地区新中国成立前建设的园林还有初建于民国5年（1916年）的呼兰公园（原称"西岗公园"）。公园位于呼兰县城西部，占地十万多平方米，园内广植花草树木，每临盛夏，鸟语花香，展现一派美丽风光。东门入口处建有"四望亭"，此亭成八角形，重檐翘角，由内外两圈16根圆柱支撑。梁枋斗栱均饰以精美雕刻或生动的彩绘，具有浓郁的民族风格。园内有株仙人掌，至今已逾百年，高达8米，地径24厘米，树冠直径近五米。每当满树金花怒放或红果累累之时，都会吸引大批游人前来观赏，成为呼兰县一大盛事。我国20世纪30年代著名女作家萧红故居就在公园附近，这里是她幼年常来游玩的地方。

3. 讷河市雨亭公园

讷河市的雨亭公园，占地面积63公顷。民国4年（1915年），该地被划做公园用地，但由于地方经济拮据，无力修建，荒芜了十几年，直到民国18年（1929年），时任县长的崔福坤组织农、商、警、学、绅各界人士募捐后才开始正式修建。大门设在西面，四周埋木桩，拉铁蒺藜两道为栏，修假山、浮桥、花窖、茶楼、凉亭、石鼓、石桌、榭台池和龙女像等，并大面积栽植榆树、松树和白杨，使公园初具规模。这是一座由人民群众集资修建的公园。新中国成立后，人民政府发扬老传统，动员全市人民通过自愿捐款等方式，又先后集资六百余万元，分别于1958、1990、1996和2000年四次进行大规模扩建，使公园基础设施日臻完善，园林景色日趋完美。这个公园最大的特色就是在公园入口处有一尊巨大的"功德碑"——历次整修公园捐款人士纪念碑。这是人民群众参与公园建设的有力见证。

4. 牡丹江市牡丹公园

最初是日本人佐藤昌于伪满大同二年（1933年）在牡丹江火车站东1公里以外的沼泽地上建起的一座私人花园，称为"沼泽园"。园内建有一栋60平方米的住宅和一间温室。伪满康德二年（1935年），牡丹江市当局决定将沼泽园改建为公园，并于康德四年（1937年）伪市公署资助佐藤建园费47万元（伪满币），康德五年（1938年）5月1日建成，定名为"牡丹公园"，面积78公顷。抗战胜利后，人民政府收回公园用地，并在园内建设了抗战胜利纪念碑，碑上有林枫、冯仲云、吕正操等人的题词，并将公园更名为"朱德公园"，6年后又更名为"人民公园"。成为牡丹江市最早，也是最大的一座综合性公园。在牡丹江当局决定将沼泽园改建为公园的同时，还把原为日军狩猎场的北山改做公园，定名为"清水公园"。抗战胜利后，1948年在此建立起"抗日战争暨爱国自卫战争殉难烈士纪念碑"，后更名为"牡丹江烈士陵园"。新中国成立后，市政府组织全市军民在山上营造新中国开国纪念林。后经多年的改造、建设，改名为"北山公园"；成为当今牡丹江市市民晨练、休闲、游览的重要场所。

5. 佳木斯市西林公园

佳木斯市西林公园，在日伪时期是作为日本神社（东园）和满洲开拓团驻地的"东宫公园"（西园）。抗战胜利后，为光复而牺牲的革命烈士和苏军烈士就埋葬于此。1946年民主政府成立，首任副市长孙西林被暗杀，也埋葬于此；为纪念孙西林同志，这里被更名为"西林公园"。1949年7月，为纪念先烈，在园中建起了三十多米高的烈士纪念塔。这座公园虽小，只有六公顷左右，还被城市干道分成两半；但由于地处市中心，居于市民生活环境之中，深受市民喜爱。中华人民共和国成立后经不断建设、完善，很快成为佳木斯市最早的一座集纪念先烈、观赏动物、文化体育，和游览休闲于一体的综合性公园。

第三节　哈尔滨市近代园林综述

哈尔滨，位于东经125°42′～130°10′，北纬44°04′～46°40′。地处黑龙江省西南部，松嫩平原东端。全市总面积18400平方公里，其中市区面积1637平方公里，建成区面积156平方公里。

哈尔滨的气候属于中温带大陆性季风气候，冬长夏短，四季分明，有"冰城"之称。哈尔滨市区主要分布在松花江形成的三级阶地上。哈尔滨境内的大小河流均属于松花江水系和牡丹江水系，一年中降水主要集中在6～9月，占全年平均降水量的70%，全年平均降水量为569.1毫米。哈尔滨野生植物种类丰富，据不完全统计，有植物770余种。

哈尔滨历史悠久，是中国金、清两代王朝的发祥地。公元1115年，完颜部女真人完颜阿骨打建立了区域性政权——金朝，国号大金，定都上京会宁府（今哈尔滨阿城区城南）。1616年，建州女真领袖努尔哈赤称汗，建立"后金"政权。1636年其子皇太极改国号为清，清朝正式建立。族名为满族。1644年清军入关。此后，哈尔滨地区属清王朝阿勒楚喀（今阿城）副都统管辖，恢复了古地名，汉语俗称"哈拉滨"，后改称"哈尔滨"。1896年，沙俄攫取了在我国东北修筑铁路的特权。1898年，随着中东铁路的修筑，哈尔滨迅速发展为近代城市，到1903年中东铁路通车时，哈尔滨市区已基本形成。1914年，英俄签订了《英俄协定》，随后日本、法国、美国、意大利也相继加入。在短短的时间内，三十多个国家的几万侨民汇集哈尔滨，16个国家在哈设立了领事馆，并开办了数以千计的工商、金融等企业。因此，早期的哈尔滨城市建设融入了更多的异国情调；从建筑到环境，无不体现着"东方莫斯科""东方小巴黎"的风采。

哈尔滨最早的绿地，是1899年形成的尼古拉教堂庭院及周围绿地。1903年建成了市立公园（今兆麟公园）和中东铁路附属公园（今香坊公园）。此后，先后建设了太阳岛极乐村（今青年之家）、滨江公园（今靖宇公园）、沿江公园（今斯大林公园）、植物园（今儿童公园）和王兆屯苗圃等一批公园和绿地。

哈尔滨地区原生的代表植物是榆树，所以在历年绿化建设之中就少不了榆树，再加上榆树适应性特强，乔木用榆树，做修剪绿篱也用榆树，树木造型还是用榆树。多年沿用下来，造就了哈尔滨以榆树为主的绿化面貌，因而哈尔滨也有"榆都"的称谓。据《哈尔滨特别市市政概要》记载：康德二年（1935年）哈尔滨共有榆树8402株，占全市树木总数的32.6%。哈尔滨现存百年以上的大树，绝大多数就是原来自然生长的榆树。然而，除榆树以外，应用较多的树种则多是外来树种。如被黑龙江省和哈尔滨市选定为省花、市花的丁香树，除应用较少的本地野生的暴马丁香外，绝大多数都是由外国侨民带来的洋丁香的后代。一度在哈尔滨应用较多的糖槭（复叶槭），也是19世纪末从欧洲传入我国的外来树种。园林中应用的花卉也多是由国外带来的，其中最突出的要算五色草了。据有关记载，1924年就出现了五色草组字花坛，1931年又出现了用土造型栽植五色草的立体花坛。至于用五色草栽植的平面龟背形花坛，在哈尔滨随处可见，形成了哈尔滨突出的园林特色。

日伪时期，哈尔滨市园林绿化遭到严重破坏。至解放前夕，全市仅剩市立、滨江两座公园，绿地19.5公顷。城区各类树8.5万株，其中行道树8000株。哈尔滨早期的园林景观有许多异国风格的建筑及地面铺装，今天已经成为保留下来的风景名胜，供人们观赏。

一、清末期（1840～1911年）

同治至光绪初年，当时没有城市规划，也没有园林绿化建设。

光绪二十四年至二十九年（1898～1903年），各项建设及全市用地均由中东铁路工程局管理。光绪三十年（1904年）1月，中东铁路管理局成立地亩处。

地亩处的基本职能为：铁路附属地的居民村镇建设、修建村镇公共设施、开展村镇商业活动、开发与经营土地。地亩处设有办公、会计、造林、基建卫生、技术、地界、农业、花卉苗圃、测绘、气象等科。

光绪二十四年（1898年）7月，中东铁路工程动工。

翌年，进行了松花江新城规划（1903年更名为哈尔滨新城），采用了田园都市的格局，绿化占地较多。在今教化街与复兴街之间的西大直街至马家沟河间规划了一座面积为22公顷的大公园（今哈尔滨工业大学校址）。在山街（一曼街烈士馆及二轻俱乐部址）、霁虹桥广场、车站广场、阿什河街口（一曼游园）、松花江街与满洲里街交叉点广场、花园街与北京街、海关街交叉点广场等处均修建了小游园。居住街坊采用较低的建筑密度，增加了庭院绿化。

在埠头区整顿规划中，将原元聚烧锅草料场（1900年被俄军占用，暂作军医院）改为公园，于光绪二十九年（1903年），在园内修建了露天剧场，拟将园区由三道街口扩展至森林街。在今中医街、上游街与高谊街交角处规划了体育场。在十三道街、斜角街、石头道街南侧规划修建了小游园。

光绪三十一年（1905年）3月，俄人组织北满赛马协会。自翌年开始，每年春、秋两季在马家沟赛马场（中山路以东、文昌街以南）举办赛马会。

光绪二十八年（1902年）6月，吉林将军批准《中东铁路附属地哈尔滨及郊区勘界图》。据此，铁路工程局编制《哈尔滨及郊区规划图》。光绪三十二年（1906年），为顺应开埠需要，铁路管理局修订中东铁路附属地《哈尔滨及郊区规划图》，将埠头、新城两区划为自治市，成立董事会。光绪三十三年（1907年）1月，清朝廷批准哈尔滨开埠。光绪三十四年（1908年）6月，中东铁路局决定将埠头市场、新城市场及公园等7处地段交市董事会管理；9月，市董事会接管中东铁路局移交的公园与街心花园、松花江街小游园及市场。

二、中华民国时期（1912～1931年）

该时期为《商埠城市规划》时期。

1. 傅家店规划

光绪三十四年（1908年）1月，傅家店更名为傅家甸。宣统三年（1911年）9月，双城府东北61村110余屯土地4万余垧（库汉河至何家沟间四百余平方公里）划归滨江厅。1913年，裁撤滨江厅、改设滨江县后，决定商埠区以傅家甸为基础向东发展。1921年2月，滨江县以傅家甸为中心进行城市规划，将阿城县辖圈河、太平桥、三棵树等地（铁路附属地东界至拉滨铁路间，向南至拉林屯）150余万平方丈（16.67平方公里）的土地划为滨江商埠区。规划滨江县商埠区总面积达20.67平方公里。由于阿城县反对和经费不足，商埠区只沿新滨

街、太平大街，开发土地约一平方公里。1931年，加相邻新道街一带，建成区面积为3.81平方公里。在滨江县开发东四家子新商埠区的过程中，1916年8月地方官商会议决定在四家子划定地址建造滨江公园（今靖宇公园址）。1917年5月动工，7月竣工，同月园内露天电影院建成。1928年8月，滨江市政公所接管滨江公园。

2. 铁路附属地规划

在东省特别区接管铁路附属地的过程中，1922年中东铁路局在山街（后改名为一曼街）小游园内动工修建"许公纪念碑"（1923年建成）。1923年，为将自治市与东省特别区哈尔滨市划一，提出《东省特别区哈尔滨市规划全图》，规划在马家沟修建新城区。以省政府广场为中心，形成八边形环状放射式路网。其中有3个环线由街心绿化街道组成，并在今文平街东西两端和对称方向规划了4个公园。在西大桥以西的沙曼屯地区规划了纵、横（木兰街址）两条街心绿化大街。规划还将马家沟河两岸划为绿化用地，但直至1930年，只在马家沟河北一段（儿童公园址）建成了铁路花圃。1927年，东省铁路局医务处接管了太阳岛（太阳岛风景区南的江心岛），"刈草莱，平治道路，建花园、走廊、憩亭、住室，辟为疗养避暑之地"（但1932年大水过后，岛上3条街及设施均被冲走）。1928年3月，哈尔滨特别市接管了霁虹广场、山街、阿什河街角等3处小游园。同年5月，哈尔滨特别市市政局制订《建设路旁小园及护植树木规则》（7条）和《哈尔滨特别市公园游览规则》（14条）。同月，中日苏三方会议决定，将马家沟赛马场之一部分仍作为国际赛马场，另一部分划归东省特别区，改称特区第二体育场。

哈尔滨商埠规划均无明确的用地功能分区。除新城区外，多为工业、商业、居住混合区。最大的铁路总工厂建在住宅区上风向，松花江畔被码头、仓库挤占，建筑密度高达40%～60%，绿化面积极小，加之给水、排水工程滞后，劳动人民生活贫困。另外，1924年铺筑中国大街方石路面，1928年中国大街改称中央大街（图8-3-1，图8-3-2）。

三、东北沦陷时期（1932～1945年）

1.《大哈尔滨都市规划概要》

1932年2月，哈尔滨沦陷。5月，日本关东军司令部提出《大哈尔滨都市规划概要》（图8-3-3～图8-3-5），对"母市"（规划城区）用地按功能分为5类：

图 8-3-1　原中国大街（现中央大街），20 世纪 20 年代，凡哈埠著名之街道均以方石铺路。中国大街的石头路面既免雨天泥泞，又坚固耐用，虽历数十载仍平坦如初

图 8-3-2　中国大街方石路细部

图 8-3-3　哈尔滨街区图（1932 年）

一类居住地域：今后居住区应向西南和东部发展，待人口增加后再考虑松浦地区的开发；二类商业地域：规划在顾乡屯以东设新的商业中心区，在三棵树站附近设置小的商业中心；三类工业地域：规划考虑以农畜产品为原料的加工业将有所发展，在城区松花江上游沿江地方和下游三棵树站以北地方设轻工业地带，在水泥厂以北沿江地方设重工业地带，安排卫生、安全方面"有

特殊要求"的工业；四类临江地域：设立铁路与航运水陆联运设施和粮栈、仓库；五类绿化地域：提出"从防卫及公众保健方面考虑，都应扩大绿化地区。包括公园、运动场、飞机场及特殊用地等，也包括城区与郊区衔接地带，马家沟、何家沟沿岸低温地的利用以及此外的适宜地区"。规划沿马家沟、何家沟、正阳河等低洼地、湿地，形成带状绿地，并在城区修建公园、运动场，在飞

图 8-3-4　哈尔滨城市规划图（1936 年）

机场、军用地周边和城区周围设绿化带。

另外，在公共设施第二公园及运动场中提出"从市民的保健、都市的美观以及防卫方面考虑，要有适当面积的公园及运动场，要在市内保留大小公园和空地，在郊外应有大陆风景的大公园设施。其他还应利用马家沟、何家沟沿岸地带，设立贯穿全城区的绿化带（图8-3-6），并在上述地带规划时，按计划设立高尔夫球场、赛马场及运动场"。

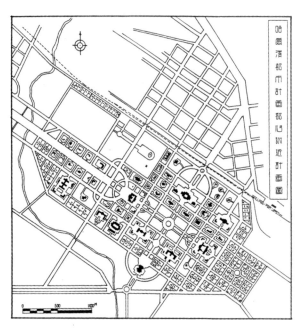

图 8-3-5　哈尔滨城市中心规划图（佐藤昌设计）

2.《哈尔滨都市规划说明书》

1933 年 7 月，关东军司令部在《关于大哈尔滨都市规划基础要领》的第四项提出"要努力设立公园及运动场"。1933 年 12 月，满铁经济调查会在《哈尔滨都市规划说明书》各种用途的面积中提出公园及运动场 16.63 平方公里，小公园 7.62 平方公里，高尔夫球场 2.56 平方公里，合计 26.81 平方公里，占规划城区的 10.39％。在各种公共用地的选址中提出动物园、植物园、赛马场，在马家沟上游、志士碑（和平路）南方；在综合运动场的选址中提出，在顾乡公园内建足球场、垒球场；其他小运动场分散于城内适当场所；夏季游园及市内别墅地在太阳岛、十字岛、傅家甸前江心岛。

公园及其他绿地：江岸公园——江北在极乐村—滨洲桥，江南在傅家甸北；公园带在马家沟沿岸横贯城区段；大公园在顾乡以西台地及何家沟侧；郊外公园，在四方台以西丘陵地区建成原始公园；儿童游园、幼儿公园、小公园、运动公园等分散在城区内；高尔夫球场——永久性球场在拉滨铁路曲线范围内，临时球场可在住宅区内，第二球场在郊外选址。

在规划实施初期，由关东军与满铁分别管理。1933 年 7 月，在马家沟飞机场扩建的同时，在今和平路南绝缘材料厂、电机厂一带兴建新赛马场。1934 年 7 月竣工，称国立赛马场。1935 年 4 月，日本关东军在赛马场北动工修建"忠灵塔"（省体育场的跳伞塔），圈占 22 万平方

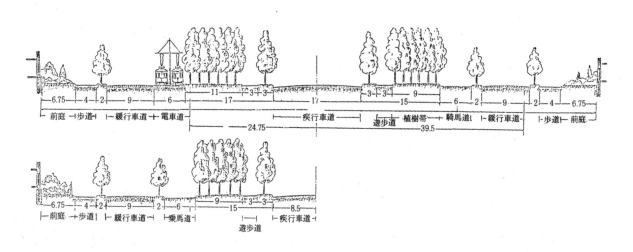

上图：自四号线分歧点至旧哈尔滨
下图：自马家沟河至四号线分歧点

图 8-3-6　哈尔滨街道绿化断面图

米用地作为园区。1936年9月竣工，塔高67米。

3.《哈尔滨都邑规划说明书》

1933年，伪市公署在《哈尔滨都邑规划说明书》的公园、运动场、墓地中提出"在规划城区内设立大小公园多所，面积约21.34平方公里。在城区外共建5处郊外公园及风景区，面积146.3平方公里，运动场设于上述公园内"。

1936年，城市规划交由伪市公署管理后，市政工程建设主要在新阳区、道外区展开。4月，伪市公署工务处在八区南部兴建的"八站公园"（八区体育场址）第一期工程垒球场、田径运动场、体育馆动工，公园总面积9万平方米。7月，垒球场竣工。

同年，伪市公署在马家沟河边开辟"王兆公园"（今动物园址）。

1937年3月，八站公园的"宣德体育馆"（今八区体育馆址）竣工使用。

1938年3月，"松花江畔公园"动工；7月竣工。公园范围在今斯大林公园内通江街至青年宫段，临江，宽30米。同年，随着新阳区的开发，"祇园公园"（今建国公园及南部地段）动工建设。

1940年1月11日，伪市公署公布《市公园使用条例》。

1941年1月，伪市公署决定江北极乐村（青年之家址）为疗养地区。

1942年3月10日，满洲马事公会接管"国立哈尔滨赛马场"，改称哈尔滨赛马场。4月，由"勤劳奉公队"在马家沟畔营造"纪念林"，植树6万株。6月，道里斜角街小公园竣工（5月动工）。7月，松花江畔公园护岸工程动工。

1944年4月，开始举办春季赛马会。5月，在"忠灵塔"园旁设"圣战纪念公园"，占地33万余平方米。同年，在"废铁献纳"运动中，拆除了道里、道外公园围墙上的铁栏杆。

四、东北解放区时期（1946～1949年）

1946年4月，哈尔滨解放。5月，成立市政府。1947年4月，中共中央东北局、松江省、哈尔滨特别市成立"哈尔滨特别市爱国自卫战争牺牲烈士纪念堂、纪念塔兴建委员会"，分别选址在伪满警察厅旧址、八站公园，兴建东北烈士纪念馆及东北抗日暨爱国自卫战争殉难烈士纪念塔。6月，审定参选的纪念塔设计方案，纪念塔与纪念馆兴建在同一轴线上，7月动工，翌年10月竣工。1948年3月，动工修复兆麟公园，6月竣工开放。

第四节　哈尔滨市近代园林实例

1. 哈尔滨市公立公园（今兆麟公园）

公立公园位于哈尔滨市道里区接近松花江畔的居民区中，初建面积仅2公顷左右。原为聚源烧锅的材料场，清光绪二十六年（1900年）八国联军侵犯中国之时，此地被俄军用做临时军用医院。光绪二十九年（1903年）中东铁路局第九段段长希尔科夫还在此修建露天剧场，称"希尔科夫戏厅"。光绪三十一年（1905年）俄军撤离，由中东铁路局接收后，为了满足俄国人消遣、娱乐的需要，于光绪三十二年（1906年）把此地辟建为公园，并定名为"公立公园"。当时规模很小，内容设施也较简单，仅增设了喷水池和商亭等设施。光绪三十三年（1907年）5月14日哈尔滨及中东铁路沿线的中俄工人曾在此集会庆祝五一国际劳动节。光绪三十四年（1908年）哈尔滨市俄人自治公议会成立，中东铁路局将公园移交市董事会管理，改名为"董事会花园"。董事会接管后，在公园四周设板障，修建木制大门4座，小门两座。从光绪三十四年（1908年）到民国15年（1926年）期间，园内建设了厕所、茶亭3座、木质贝壳式音乐台1座、水泥喷水池1座；将原有的露天剧场加盖，改为电影院；还修建了动物舍，展出雏狼、狐狸、黄羊、猫头鹰等动物。民国15年（1926年）5月改建成了铁大门和水泥门柱。整个公园建设具有浓郁的俄罗斯风格，带有深深的殖民城市的烙印。同年6月，东省特别区行政长官公署收回哈尔滨市市政管理权。同年7月，哈尔滨自治临时委员会将董事会花园收回，改称"市自治公园"（也称"特别市公园"）。当时园内计有以榆、杨为主的树木5400余株，各种花坛十余处。其中，设置在大门内主道两侧，由五色草栽植的"卧狮方醒图"花坛，是哈尔滨最早的五色草立体花坛。民国16～20年（1927～1931年）在修建假山、引水造湖期间，又新建中式小亭两座，还从市自治会会长私邸移来凤亭一座，使公园面貌发生较大变化。公园风格也带有了一定的民族特色。

日本人侵占东北以后，伪满大同二年（1933年）哈尔滨市公署将特别市公园改名为"哈尔滨第一公园"。康德四年（1937年）又改名为"道里公园"。到康德七年（1940年），公园里又建设温室4座，不同风格的小桥3座，重建音乐堂和7个小动物舍，并修建儿童运动场，公园面积扩大到7公顷（图8-4-1～图8-4-5）。太平

洋战争爆发后，公园遭到严重破坏。1946年哈尔滨民主政权建立以后，才得以恢复，重修了大门、围栏、木桥，增添了50条木凳，新建了一座鹿苑。1946年3月9日，抗日民族英雄李兆麟将军在公园附近被国民党特务杀害。同年3月15日，哈尔滨各界召开纪念李兆麟烈士善后委员会，决定在公园中修建兆麟将军墓；6月14日开工，8月15日落成；同时把道里公园改名为"兆麟公园"。李兆麟将军墓碑坐落在公园的西北隅，苍松环绕，肃穆而庄严（图8-4-6）。

公园的中心是一座环形小湖，湖中三岛，由5座小桥相连。湖中、湖外各有一山，湖外东山顶有亭，可登山远眺；湖内西山脚下有跌水泉，可隔水相望。园中的儿童游戏设施、花卉观赏场馆、动物展览房舍、露天剧场和兆麟将军墓等环其四周，布局严谨、功能鲜明，是一座具有中西合璧风格，融纪念性与文化娱乐、休闲活

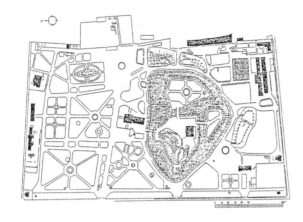

图8-4-1　哈尔滨道里公园平面图（1934年）

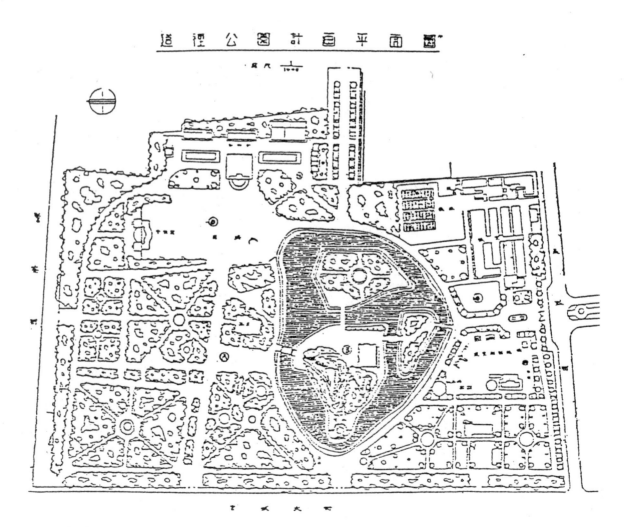

图8-4-2　哈尔滨道里公园平面图（1940年）

图 8-4-3　市立公园（今兆麟公园）大门

图 8-4-4　哈尔滨道里公园内的拱桥，名曰"跨虹"，是 20 世纪
30 年代由著名工程师符·阿·拉苏申设计的

图 8-4-5　市立公园内绿荫如盖，古树参天，小桥流水，花木缤纷

图 8-4-6　兆麟将军墓碑

图 8-4-7　今日的兆麟公园，每年的冬季成为冰灯的殿堂，吸引着
世界各地的游人驻足观赏

动功能于一身的小型综合性公园。兆麟公园因其地处城
市居民稠密地区，虽然面积不大，但一直是哈尔滨市民
的重要游乐休闲场所。新中国成立后，许多重要的游园
活动都是在兆麟公园举办的。最具北方特色的冰灯游园
会就是最早开发于兆麟公园。第一届哈尔滨冰灯游园会
于 1963 年在兆麟公园举办。以后各届冰灯游园会的中心
会场也都设在兆麟公园（图 8-4-7）。

　　2. 太阳岛风景区园林

　　位于松花江哈尔滨市区段北岸，东西长约十公里，
南北宽约四公里，总面积约 38 平方公里。太阳岛原是哈

尔滨段松花江北岸的一个江心岛，长不足一千米。经多年江水侵吞，岛屿逐渐北移，与北岸沙滩相连，几经演变，遂成现在的规模。清代，太阳岛周围的渔区盛产贡珠、贡鱼，由官方派专人管理，他人不得在此捕捞，清末渐趋衰落。

作为风景区，太阳岛的开发起步较早。1916年，中东铁路当局与俄人把持的市公议会，即着手在太阳岛修建公园（即极乐村，今江北"青年之家"一带）。1922年4月，又在太阳岛上修建一处疗养所（图8-4-8）。自1926年俄国别兹也夫在今太阳岛餐厅处兴建迷娘久尔餐馆起，数年间，岛上建起许多俄式别墅，或自用，或出租，逐渐发展为消夏避暑之地。日本帝国主义占领初期，曾重新修整浴场和一些简单避暑设施。1940年还扩建了极乐村，修筑了尖塔和清风亭，但未能形成规模。

3. 圣尼古拉大教堂周边园林

圣尼古拉大教堂，俗称喇嘛台，东北沦陷时期称"中央大寺院"，位于南岗区黑龙江省博物馆广场中心；是一座由圆木垒成的典型的哥特式八面体木结构建筑。1899年10月13日举行奠基仪式，1900年春动工兴建，同年12月7日建成。以其规模宏伟，造型优美，建筑精巧而闻名。该教堂平面为南北向希腊十字式，集中对称布局。全部为原木架井干式构成。教堂四周有铁栅栏，并建成4600余平方米、种有树木和草坪的广场绿地，这是哈尔滨第一座以西方教堂为中心的绿化广场（图8-4-9～图8-4-13）。随着许多国家侨民的迁入，各式教堂如雨后春笋般出现在哈尔滨，先后建起了17座之多。

4. 中央大街

中央大街步行街始建于1898年，初称"中国大街"，1925年改称"中央大街"，后发展成为全市最繁华的商业街，沿袭至今。全长1450米，宽21.34米，其中车行方石路10.8米宽。全街建有欧式及仿欧式建筑51栋，汇集了欧洲16世纪文艺复兴时期、17世纪巴洛克式、18世

纪折中主义，以及现代主义这四大西方建筑史上最有影响的建筑流派，展现了近三百年欧洲最具魅力的文化发展史，是国内罕见的一条建筑艺术长廊（见图8-3-1、图8-3-2以及图8-4-14）。

5. 松花江畔公园（今斯大林公园）

松花江畔公园位于道里区松花江南岸，东起滨州铁路桥，西至九站街，全长1800米，总面积约10.6公顷。园中有多座俄罗斯庭院式的餐饮商业建筑，被列为哈尔滨市最具独特风格的园林之一。

公园的最西端为铁路江上俱乐部，始建于1926年，一半建于岸上，一半建于水中，全部楼台亭院皆为木结构，俄罗斯风格，造型优美，布局新颖。门窗四周，均

图8-4-9 圣尼古拉教堂

图8-4-8 江岸的太阳岛公园疗养区

图8-4-10 圣尼古拉教堂远景

图8-4-11　圣尼古拉教堂前的街道

图8-4-12　以圣尼古拉教堂广场为中心，六条大街放射形敞开，四通八达

图8-4-13　圣尼古拉教堂广场东北侧，庙街上的基别洛·索科大楼（曾为意大利领事馆）隐现在绿荫中

图8-4-14　今日的中央大街

图8-4-15　早期的松花江大街，即江畔公园（今斯大林公园）

装饰有精雕细镂的木质装饰。室内室外有长廊连接；临窗即可俯瞰松花江，远眺对岸的太阳岛。

公园内共有4条游览路径和3条绿带。园中多建筑小品，摄影部、零售店、冷饮厅、餐厅、休息长廊等，均为俄罗斯式木结构建筑，园中多雕塑。1936年，江岸建成立体花坛与路灯。1938年建成"白熊""游泳少女"等4座园林雕塑（图8-4-15～图8-4-17）。

6. 八站公园和王兆公园

伪满康德三年（1936年）兴建了面积较大的"八站公园"（30公顷，图8-4-18）和"王兆公园"（12.79公顷）。新中国成立后，在这两块绿地上分别建起了哈尔滨市体育场和黑龙江省体育场，形成了两处大型的体育公园。康德八年（1941年）日伪扩建江北极乐村，建起了一批具有当时时代特色的疗养休闲建筑。1945年日本投降后，附近居民出于义愤，扒掉了极乐村的大部建筑物，只留下一座具有标志性的建筑——红塔。中华人民共和国成立后改做青年活动园地——青年之家。

7. 铁路花园

始建于民国14年（1925年）的中东铁路苗圃，日伪时期改为哈尔滨植物园。1945年日本投降后，中东铁路局收回，并改名为"铁路花园"。这就是当今闻名海内外的哈尔滨儿童公园的前身。始建于日伪康德元年

图 8-4-16 江桥上的透花凉棚构思精巧

图 8-4-17 雪中的斯大林公园

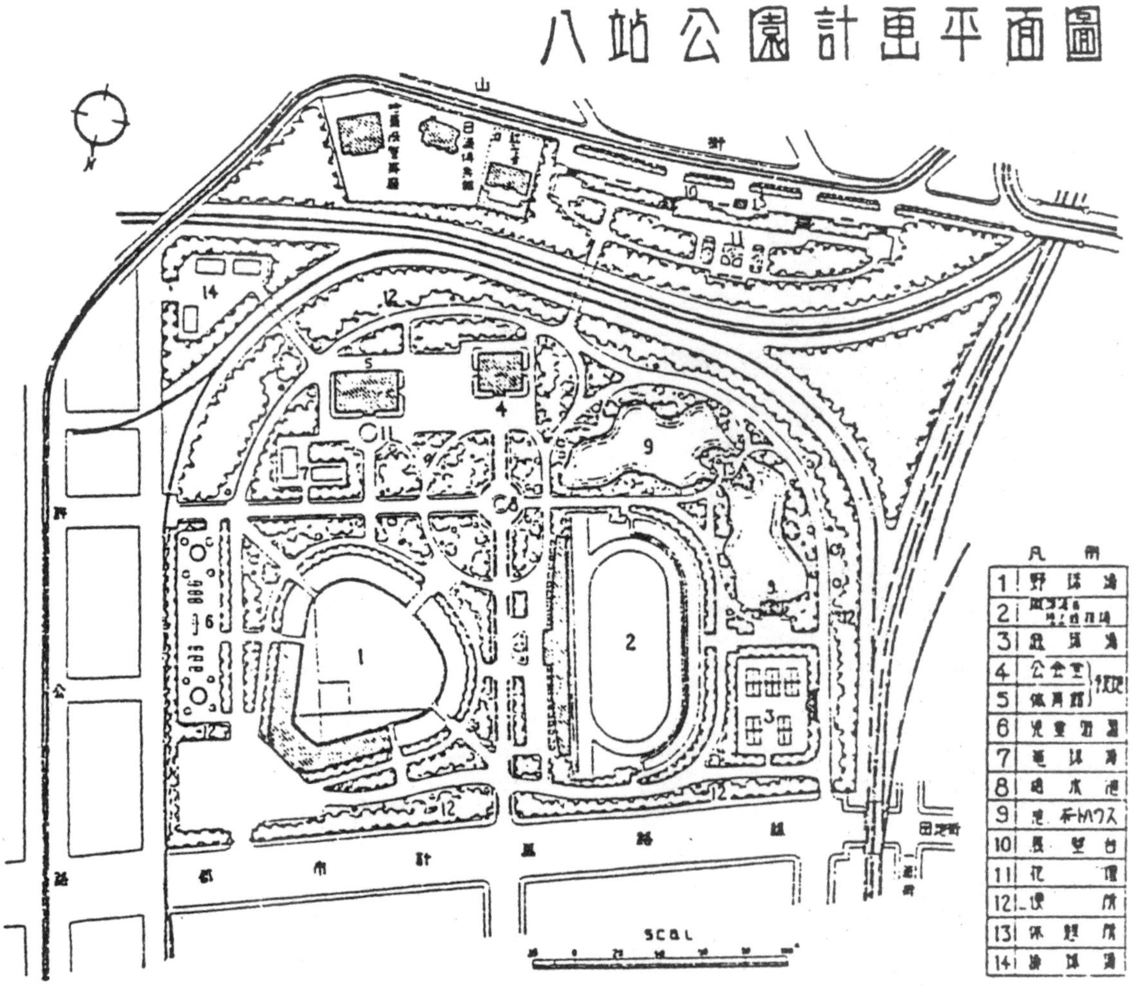

八站公園計画平面圖

凡例

1	野球場
2	庭球場
3	盤球場
4	公会堂（假）
5	展覧館
6	児童遊園
7	草坪場
8	用水池
9	忠ボートハウス
10	展望台
11	花壇
12	便所
13	休想所
14	滝遊園

scal

图 8-4-18 哈尔滨八站公园平面图（1936年）

（1934 年）的王兆屯苗圃（图 8-4-19）。1940 年已发展到 46 公顷，日本投降后，交东北农学院森林系做植物标本园。新中国成立后改建成动物园，成为我国八大动物园之一的"哈尔滨动物园"。

8. 寺庙园林（极乐寺、文庙）

而由中国人于民国 10 ～ 15 年（1921 ～ 1926 年）建设的，作为东北四大佛教寺庙之一的"极乐寺"和东北最大的一座孔庙——"哈尔滨文庙"，这两座寺庙园林建筑宏伟，庭院苍翠，矗立于由洋人为主建设的各式园林中，更显得金碧辉煌，气度恢宏。

9. 靖宇公园

靖宇公园位于道外区靖宇二十道街，占地面积 52528 平方米，始建于 1917 年。靖宇公园原名"东四家子公园"。据史料记载，东四家子公园南北长 85 丈，东西宽 5 丈。正门向西开设，北面设一便门出入。园内建凉亭两座，园中建筑为东洋式建筑。该园在建成后至新中国成立前的很长一段时间里，被作为本区地方政府官方聚会活动的场所。1919 年更名为"滨江公园"。新中国成立后改名为"道外公园"。1985 年为纪念抗日民族英雄杨靖宇将军，而将公园改名为"靖宇公园"。

10. 儿童公园

儿童公园位于南岗区奋斗路马家沟河畔，建于民国 14 年（1925 年）。占地面积 17 公顷，是一个为广大少年儿童服务的综合性公园。初为中东铁路局的苗圃，后一度改为哈尔滨植物园。日伪投降后由当地铁路局接收，称为铁路花园。1953 年由哈尔滨市人民政府接管后改称为南岗公园。1956 年改为儿童公园。

11. 香坊公园

香坊公园地处香坊区公滨路西段南侧，占地 7.2 公顷。20 世纪 40 年代末，园址为一片榆树林。

12. 哈尔滨动物园

哈尔滨动物园位于南岗区和兴路中段北侧，马家沟河穿流其间，总面积为 37.25 公顷。日伪统治时期动物园为王兆屯苗圃，始建于 1934 年；新中国成立后曾一度作为哈尔滨林学院的实习用地。1954 年，由哈尔滨市政府辟为动物园并命名为哈尔滨公园。

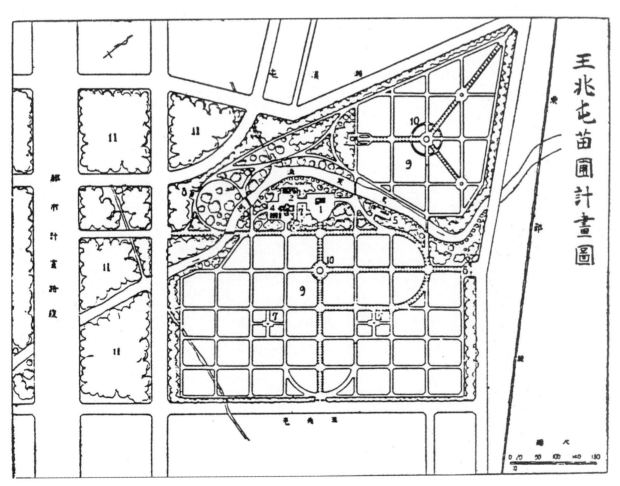

图 8-4-19 哈尔滨王兆屯苗圃规划图（1938 年）

附录一　哈尔滨市近代园林大事记

序号	中国历代纪元	公元	大事记
1	光绪二十四年	1898 年	在西香坊军官街（香政街）动工兴建俄国东正教尼古拉教堂（司祭茹拉夫斯基）； 中东铁路工程局将沿江附近地段拨给居住于哈尔滨的中国人，这条街后来被称为"中国大街"（现中央大街）
2	光绪二十五年	1899 年	10 月 13 日，在新市街（南岗红军街）动工修建俄国东正教尼古拉中央教堂
3	光绪三十三年	1907 年	5 月 14 日，哈尔滨及中东铁路沿线中俄工人在哈尔滨松花江十字岛和道里市立公园集会，庆祝五一国际劳动节（俄历 5 月 1 日）
4	民国 6 年	1917 年	5 月，四家子新开辟滨江公园开始修建
5	民国 9 年	1920 年	哈尔滨中俄工业学校（哈尔滨工业大学）成立，招收建筑科两个班、机械科一个班；每班招生 40 人，共招收 120 人。校舍暂用原俄领事馆部分楼房
6	民国 11 年	1922 年	中东铁路公司拨款 3 万卢布修建许景澄纪念碑（许公碑）和许公路；纪念碑于 1923 年 6 月 12 日落成
7	民国 12 年	1923 年	5 月 7 日，哈尔滨各界 3 万余人在滨江公园召开"纪念'五七'国耻大会"，会后举行游行讲演
8	民国 13 年	1924 年	5 月，道里中国大街（中央大街）铺修石头道
9	民国 16 年	1927 年	6 月，东省铁路管理局医务处接管江北太阳岛，辟为疗养避暑胜地
10	民国 17 年	1928 年	7 月，道里中国大街改称中央大街，换街牌
11	民国 26 年	1937 年	4 月，滨江省立文物研究所由伪满大陆科学院接管，改称为满洲大陆科学院哈尔滨分院，设博物馆、饲养场、植物园
12	民国 27 年	1938 年	3 月 19 日，松花江畔公园动工兴建，7 月 31 日竣工
13	民国 29 年	1940 年	5 月 16 日，伪满洲国设立"国立哈尔滨农业大学"
14	民国 31 年	1942 年	7 月 10 日，松花江畔公园护岸改修工程开工
15	民国 35 年	1946 年	3 月 15 日，哈尔滨市各界成立纪念李兆麟烈士善后委员会，决定创办兆麟中学、兆麟中心小学、兆麟图书馆，建立兆麟纪念馆，编辑兆麟纪念书籍，改水道街为兆麟大街，改道里公园为兆麟公园； 6 月，哈市各界在兆麟公园举行李兆麟纪念墓开工典礼； 7 月，松哈 20 万人在兆麟公园举行盛会，纪念抗战 9 周年，反对卖国、内战、独裁，要求独立、和平、民主。大会主席团由冯仲云、刘成栋、李天佑、钟子云、谢雨琴等 39 人组成；会议根据松江省政府主席冯仲云提议，为纪念东北抗联将领、民族英雄，将道外正阳街改称靖宇大街，道里新城大街改称尚志大街，山街改称一曼街
16	民国 36 年	1947 年	2 月 5 日，松、哈各界十余万人在兆麟公园集会，纪念政协会议一周年，反对卖国的美蒋商约； 3 月 9 日，冯仲云、钟子云、周维斌、张观、聂鹤亭、金伯文和松哈各界 2000 名代表在兆麟公园公祭李兆麟将军遇害一周年；市内各机关、团体、学校均降半旗志哀；李兆麟将军遇害地兆麟大街 9 号设"兆麟纪念馆"； 3 月 24 日，松、哈各界人民在兆麟公园举行庆祝松南大捷大会，并欢迎放下武器的蒋军八十八师、七十七师，七十一军直属队来哈参观的官兵； 4 月 4 日，哈市两万少年儿童在兆麟公园庆祝"四四"儿童节； 7 月，东北烈士纪念塔奠基典礼在八区公园举行； 8 月 15 日，哈市 15 万市民在八区公园举行盛大集会，庆祝东北解放两周年
17	民国 37 年	1948 年	7 月 6 日，东北科学院在哈举行开学典礼；该院设有理工、医学、农林、行政、公安、教育、美术共 7 个系及文工团和研究所；林枫主席兼任院长； 7 月 13 日，哈工大、东北科学院、青干校、行知师范学校以及哈市 6 所中学共 12 个单位及社会青年团体代表八千余人在兆麟公园集会，抗议国民党屠杀爱国学生的罪行，紧急声援北平爱国学生反对美帝扶植日本、反卖国、反饥饿的斗争

附录二 主要参考文献

1. 国家文物事业管理局. 中国名胜词典. 上海：上海辞书出版社，1981.

2. 唐凤宽. 镜泊风光. 哈尔滨：黑龙江科学技术出版社，1982.

3. 哈尔滨市政府外事办编. 哈尔滨. 哈尔滨文化图片社，1985.

4. 邹得鲤主编. 哈尔滨大观. 北京：红旗出版社，1985.

5. 金克圣著. 镜泊漫游. 哈尔滨：黑龙江朝鲜民族出版社，1986.

6. 黑龙江省建设委员会史志办. 黑龙江城乡建设志. 第五篇园林绿化与风景建设，1988.

7. 钱英球，王野，门瑞瑜编. 话说太阳岛. 哈尔滨黑龙江科技出版社，1991.

8. 哈尔滨市市政公用建设管理局. 哈尔滨市政公用建设志，1992.

9. 黑龙江省镜泊湖管理局编. 镜泊湖. 北京：中国画报出版社，1992.

10. 王璋编. 龙沙公园史料，1993.

11. 王璋编. 龙沙公园创建时间考，1994

12. 哈尔滨市市政公用建设管理局. 哈尔滨市市政公用建设大事记1880~1990，1994.

13. 黑龙江省旅游局，黑龙江旅游局. 黑龙江旅游，1995.

14. 王璋编. 龙沙公园，1997.

15. 黑龙江园林. 1999（1），2000（4）.

16. 哈尔滨市人民政府地方志办公室编. 哈尔滨市志. 哈尔滨：黑龙江人民出版社，1999.

17. 《退休生活》杂志社编. 画说哈尔滨. 北京：华龄出版社，2002.

18. 全景中国丛书编辑委员会. 全景中国——黑龙江. 北京：外文出版社，2006.

19. 哈尔滨市人民政府地方志办公室编. 哈尔滨市志 总述. 哈尔滨：黑龙江人民出版社，1999.

20. 哈尔滨市人民政府地方志办公室编. 哈尔滨市志 大事记. 哈尔滨：黑龙江人民出版社，1999.

21. 哈尔滨市人民政府地方志办公室编. 哈尔滨市志 自然地理志. 哈尔滨：黑龙江人民出版社，1993.

22. 哈尔滨市人民政府地方志办公室编. 哈尔滨市志 城市规划志. 哈尔滨：黑龙江人民出版社，1998.

23. 哈尔滨市人民政府地方志办公室编. 哈尔滨市志 农业志. 哈尔滨：黑龙江人民出版社，1998.

24. 哈尔滨市人民政府地方志办公室编. 哈尔滨市志 旅游志. 哈尔滨：黑龙江人民出版社，1998.

附录三 参加编写人员

本卷主编：董佩龙（黑龙江省城市建设厅总工程师）、李树华（清华大学建筑学院景观学系教授、原中国农业大学园林系主任、教授）

参编人员：刘盈（中国农业大学博士）、陈颖（中国农业大学博士）

图片提供：本文的图片，除图片9、10、14、19，其余均由陈颖提供，特此表示感谢。

中·国·近·代·园·林·史（下篇）

第九章 吉林省卷

第一节 吉林省近代园林综述

　　吉林省位于我国东北地区的中部，处于日本、俄罗斯、朝鲜、韩国、蒙古与中国东北部组成的东北亚的腹心地带，边境线总长1438.7公里。地势由东南向西北倾斜，呈现出明显的东南高、西北低的特征。以中部大黑山为界，可分为东部山地和中西部平原两大地貌区。

　　本省东部气候湿润多雨，西部气候干燥，全省形成了显著的温带大陆性季风气候特点。有明显的四季更替，春季干燥风大；夏季高温多雨，最高气温可达零上30℃；秋季天高气爽；冬季寒冷漫长，最低气温可达零下30℃。初霜期一般在9月下旬，终霜期在4月下旬至5月中旬。全省年降水量一般为400～900mm，80%集中在夏季。自东部向西部有明显的湿润、半湿润和半干旱的差异。吉林省自然灾害以低温冷害、干旱、洪涝、霜冻为主，其次有冰雹及风灾。

　　吉林省是中国的重要林业基地，共有林地面积805.2万公顷，森林覆盖率达42.5%，现有活立木总蓄积量86089万立方米，位居全国第6位。长白山区素有"长白林海"之称，是中国六大林区之一，有红松、柞树、水曲柳、黄菠萝等，种类繁多。吉林省山地资源丰富，尤以长白山区野生动植物资源为最。吉林省是闻名中外的"东北三宝"——人参、貂皮、鹿茸的故乡。灵芝、天麻、不老草、北芪及松茸、猴头蘑、田鸡油等都在国内外很有影响。吉林省具有丰富、优越和得天独厚的旅游资源，自然景观千姿百态，人文景观独具特色。

　　吉林区域的形成经历了漫长的历史演变过程。从先秦开始，吉林就被历代中央政权划入行政区域管辖之下。在汉朝时就设置了郡县，唐朝的渤海国及后来的辽、金、元各代也都设立府、州、县。明朝设立都司、卫所。清顺治十年（1653年），清政府设置宁古塔昂邦章京，是吉林省建置之始。康熙元年（1662年）改称宁古塔将军。康熙十二年（1673年），吉林建城，史称"吉林乌拉"（满语"沿江"之意），吉林由此得名。1757年，宁古塔将军改称吉林将军。自此以后，吉林由原来表示城邑的名称扩大为行政区的称谓。光绪三十三年（1907年），正式建制称"吉林省"。

　　清初，吉林一直处于封禁状态，社会经济发展缓慢。清中晚期逐渐开禁，经济有了发展。20世纪初，东北成为俄、日帝国主义进行殖民扩张的角逐之地。在五四运动的推动和后来五卅运动的影响下，吉林大地不断掀起反帝反封建斗争风潮。民族工商业有所发展，具有近代规模的城市相继出现。

第二节　长春市近代园林综述

一、长春市城市历史简述

长春位于中国东北松辽平原的中部，北纬43°05′～45°15′，东经124°18′～127°02′，全市面积20571平方公里，是吉林省的省会城市。

长春市现在所处的地方，经历了中国历史上多次朝代的更替。夏、商、周属肃慎；两汉、三国、西晋时属扶余国；东晋、南北朝时期入高句丽版图；隋及唐初属高句丽之扶余城。公元6世纪后，高句丽渐衰，终为新罗与唐朝联军所灭，长春一带又属渤海国扶余府所辖。辽属东京道之黄龙府；金属上京路之隆州府；元属开元路；明初属奴尔干都司，明中叶属兀良哈部；到了17世纪后半叶，成了清帝国统治下的蒙古族王公的领地。当明清两代交替的时候，一些蒙古部族先后投靠满族集团，并支持了其反对明帝国的战争。由于这样的战功，许多蒙古部族的首领被清帝国封为不同等级的王、公。长春这个地方，原属于郭尔罗斯前旗扎萨克辅国公固穆的封地。

长春原有古城于926年毁于战火，城市的再次形成，缘于清朝封禁政策的废除，继之与沙俄、日本的侵占相关。故对长春既有古城之说，又有现代城市之议。清帝国形成以后，对东北实行了封禁的政策，修筑了柳条边。现在的长春就处于老边的边外，新边以西的蒙地（图9-2-1）。按照清代的法律，在相当长的时间里禁止汉族人越过老边到边外去。但在事实上，还是有许多汉人向这个地方流入，私自开垦农田，并形成了一些小村落。到了1791年，当时的郭尔罗斯前旗扎萨克恭格拉布坦，为了获取地租，又招流民垦种。清政府虽然查出流入人口已有2330户，熟地265648亩（1799年数字），但在既成事实面前也无可奈何。唯一的办法只有派遣官员管理这些流入的人口，因此导致1800年在这个地方设置长春厅。清嘉庆五年（1800年）始建制"长春厅"于新立城，设置"理事通判"，是为设治之始。长春厅的治所开始时在长春堡东面的新立城。道光五年（1825年）

为了让治所处于更适中的地方，便迁移到了人烟更稠密的宽城子，归吉林将军管辖。1913年改制长春县，县衙称"县公署"，主官称"知事"。1929年县公署改称"县政府"，知事改称"县长"。

长春厅治所的所在，虽然叫宽城子，实际上在19世纪初设置的当时并没有城；直至1865年，为了防御土匪袭击，才修筑了城墙。城墙很简陋，周围十华里左右，先后筑成9座城门（图9-2-2）。

1896年俄国侵入东北，攫取中长铁路筑路权，在长春建起俄国人居住区。1898年，沙俄为了掠夺我国资源，侵占了东北大片土地，并在长春"筑路"，长春从此陷入了迷茫的黑夜。俄国在铁路附属地内享有行政权、司法权、设警权、驻军权、开矿设厂权。俄国宽城子铁路附属地，是长春被外国侵略者夺去主权的第一个特定区域，同时也加深了长春地区半封建半殖民地化的进程。

1905年，日俄战争爆发，长春成为日本和俄国殖民统治的分界地。1906年日俄战争结束，俄国在长春的

图9-2-1　民国时期的长春边城（引自《长春旧影》）

图9-2-2　长春东城门——崇德门（1950年拆除，引自《长春旧影》）

权益为日本所取代。1908年日本为扩大"满铁附属地"，开始建设长春火车站，其后又开辟商埠。当时城市面积为21平方公里，人口约15万。1920年8月始筹建市政，成立长春市政公所。1929年9月，市政公所与开埠局合并，谓长春市政筹备处，置处长。市政公所与市政筹备处皆为在县的行政区划之内独立的市政管理机关，与长春县并立。1931年九一八事变后，长春沦为日本帝国主义的殖民地。

1932年1月1日长春县改制为长春市；至此，市制始成，并于3月14日定长春为伪满洲国国都。3月15日易名为"新京"，成为日本帝国主义统治东北的政治、军事、经济、文化中心。至1944年，市区面积为80平方公里，人口达81.7万人。

1945年"八一五"光复，日本帝国主义宣告投降，长春乃复其名。1945年8月19日，苏联红军进驻长春，实施军事管制。不久，国民党占领了长春。1948年，作为辽沈战役中的重要组成部分，中国人民解放军发动了长春围困战役；经过军事包围、经济封锁、政治攻势，1948年10月19日，最后一批守城的国民党军队放下了武器；长春宣告解放，开始了一个新的历史时期。

二、长春市近代城市规划

大同元年（1932年）3月，满铁经济调查会接受日本关东军的命令，开始制定新京的城市规划。同年4月，满洲国设置国都建设局，也开始着手新京的城市规划。但在一段时间内，满铁中止了规划工作，后来接受关东军（图9-2-3）的命令再次进行规划工作。这样，满铁经济调查会就和国都建设局进入了竞争的状态。以关东军为中心，满铁、满洲国国都建设局三方对规划方案进行了多次讨论。到了同年11月，逐渐形成了三方满意的规划方案（图9-2-4，图9-2-5）。到了第二年（1933年）1月，满洲国国务院制定了城市规划的基本方针；4月，公布了《国都建设法》。

该规划以包含满铁附属地、宽城子、商埠地、城内以及地区南部的100平方公里的地区为市区规划区域，以包含周边农村的340平方公里为城市规划区域。市区规划区域的内容如表9-2-1所示。

图9-2-3　日本关东军司令部建于1933年，是日本帝国主义对东北实行殖民统治的最高权力机关，现为中共吉林省委（引自《长春旧影》）

图9-2-4　长春市街区图（1932年，引自佐藤昌．满洲造园史，1985.）

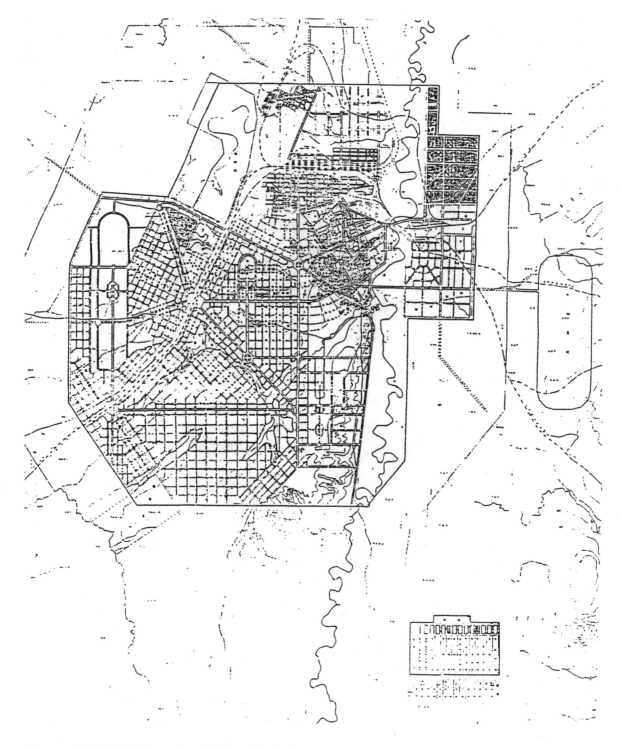

图 9-2-5　长春建设规划图（1933 年，引自佐藤昌．满洲造园史，1985．）

　　该规划以由新京站前一直向南的大同大街为南北轴，在其大约中心处设置大同广场，并以广场为中心建设放射状的道路。同时，在连京线的其中一段建设新京南站，作为将来的中心车站。其西部作为军事用地和工厂地区，在其东部和大同大街的中部建设宫廷，宫廷的南部建设中央政府机关设施。规划人口 50 万。但是，当时因为对于宫廷与中央政府的建设位置存在争议，而把连京线西部及南岭的综合运动场预定地附近作为宫廷政府用地得以保留。

　　对于公园绿地，规划为 7 平方公里，人均绿地面积 12 平方米，主要位于低地处以及河流沿岸。在当时的方

	事业用地（包含建成区）	第一期事业
国有、公有用地	47.0	10.0
国、公政府机关用地	6.5	2.0
道路用地	21.0	4.5
公共设施用地	3.5	1.5
公园、运动场	7.0	2.0
军用地	9.0	
私有用途	50.0	10.0
住宅用地	27.0	6.5
商业用地	8.0	2.0
工业用地	6.0	1.0
其他（未指定）	10.0	—
特种用地（蔬菜、畜牧）	2.0	0.5
合计	100.0	20.0

（引自佐藤昌．满洲造园史，1985.）

案中并没有在以后市区南部建成的南湖公园的规划。

　　根据该规划，除去建成区的 21 平方公里，实际的建设面积为 79 平方公里。其中第一期建设的 20 平方公里，在 1932 年 3 月到 1938 年 6 月的 5 年半时间内得以完成。该项目仅用了 5 年半的时间对新建城区的街道、自来水管、排水、公园等公共设施进行了建设，政府机关和国有公司的主体建筑、银行以及其他民间建筑得以建成，逐渐形成了"首都"的风貌。

　　新京的行政区划，在大同二年（1934 年）4 月，把新京指定为与其他省同等地位的新京特别市。康德三年（1936 年）1 月，由北满特别区接管宽城子；1937 年 10 月，编入长春县和双阳县；同年 12 月，接管满铁附属地的行政权。这样，新京就成为规划总面积为 374 平方公里的行政区域。

　　康德五年（1938 年）1 月 1 日，国都建设局将权力移交给新京特别市，并改称为特别市的临时国都建设局。废除了 1933 年公布的《国都建设法》，并根据 1936 年颁布的都邑规划法进行建设（图 9-2-6）。该时期新京的人口已达 35 万，考虑到人口的快速增加，规划城市人口改为 100 万，并进行了市区数量、质量的改善等。因此，城市规划中的土地规划也相应地进行了改变（图 9-2-7，表 9-2-2）。

　　国都建设的第二期项目建设在 1938 年 1 月到 1940 年的 3 年间展开（图 9-2-8）。

三、长春市近代城市绿地规划

　　1936 年成为新京城市绿地建设的一个转机，该时期

新京市全力进行公园绿地的建设。1940 年国都建设第二期规划结束时，新京的面貌发生了根本性的变化。对于公园绿地，第二期在改建第一期时所建质量不高项目的同时，新建了动植物园、忠灵塔外苑、黄龙公园、综合运动场、协和广场，以及苗圃等，使公园的面积增加了 1 倍（图 9-2-9，表 9-2-3）。

　　康德七年（1940 年）新京市人口为 49.31 万，人均绿地面积为 22 平方米，达到了当时欧美城市绿化的水平。

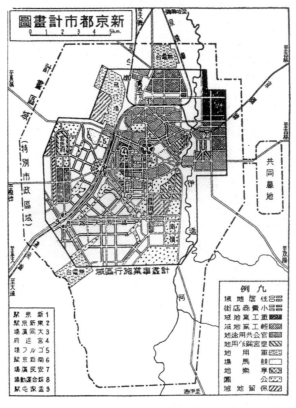

图 9-2-6　长春城市规划图（引自佐藤昌．满洲造园史，1985.）

城市规划中土地规划的改变（1938年） 表9-2-2

用地种类	改变后用地面积（平方公里）	与原规划相比（平方公里）
国有、公有用地	11	＋3.5
街道及广场	22	＋1.0
公园及运动场	13	＋6.0
军事用地	9	
居住用地	28	＋1.0
商业地区	11	＋3.0
工业地区	6	
合计	100	

（引自佐藤昌．满洲造园史，1985.）

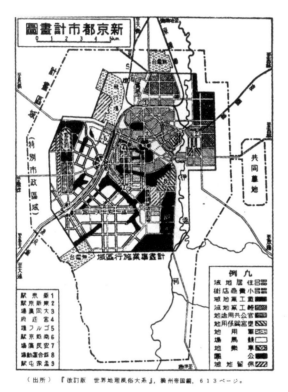

图9-2-7　长春城市规划用地图（引自佐藤昌．满洲造园史，1985.）

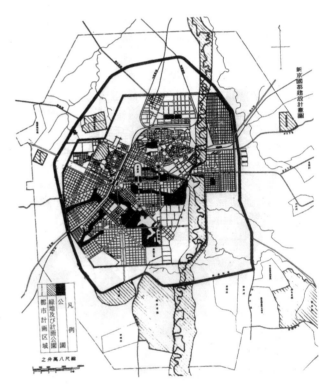

图9-2-8　长春建设规划图（1940年，引自佐藤昌．满洲造园史，1985.）

新京公园绿地一览表（1940年） 表9-2-3

名称	个数	面积（平方米）	建成度（％）
公园	13	5488047	80
动植物园	1	717627	—
综合运动场	1	634140	20
广场	9	569657	30
绿化地带	17	126153	70
苗圃	2	1292150	100
墓地	2	2048304	100
合计		10876080	100

（引自佐藤昌．满洲造园史，1985.）

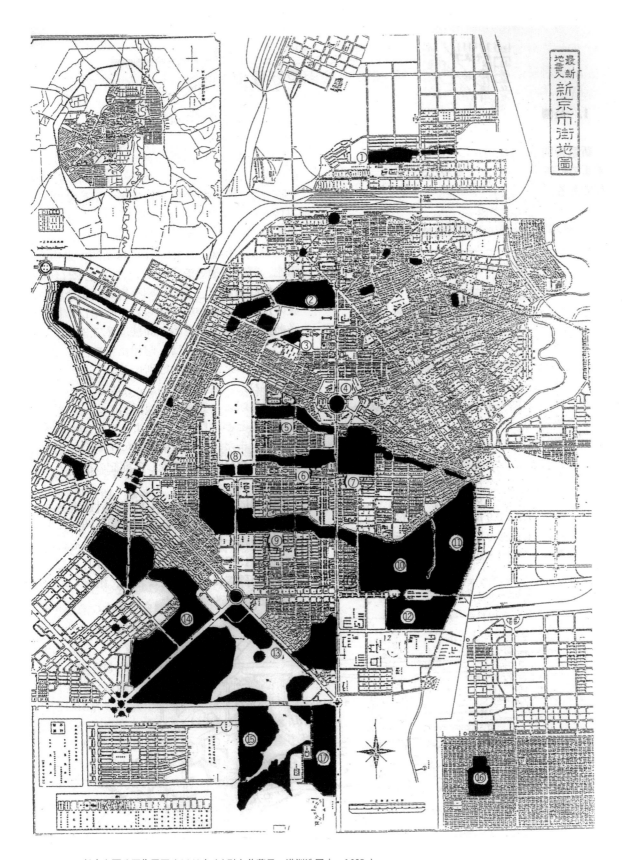

图 9-2-9　长春主要公园位置图（1940 年）（引自佐藤昌．满洲造园史，1985.）

1. 孟家屯公园；2. 儿玉公园；3. 忠灵塔外苑；4. 大同广场；5. 白山公园；6. 牡丹公园；7. 大同公园；8. 顺天广场；9. 顺天公园；10. 动植物园；
11. 综合运动场；12. 协和广场；13. 南湖公园；14. 黄龙公园；15. 特别市苗圃；16. 和顺公园；17. 建国忠灵庙

图9-2-10 长春市公园绿地系统图（引自佐藤昌．满洲造园史，1985．）

新京的绿地系统由位于市区东部南北向的伊通河沿河绿地和连接伊通河东西向支流的低湿地构成，同时在市区中央南北向的具有宽绿带的街道及中央的大同广场构成了南北轴线（图9-2-10）。东西向有5条绿带，从北向南分别为：①以儿玉公园为中心的绿带；②由宫廷预定地开始向东经过白山公园到达大同公园的带状绿地；③由宫廷预定地开始向东经过牡丹公园到达大同公园的带状绿地；④由宫廷预定地南侧经过顺天公园到达动植物园及综合运动场的带状绿地；⑤由南新京开始通过新京南站之南到达黄龙公园及南湖的大型绿地。除了这些面积为1087公顷公园绿地以外，在市区外部修建大型环城公路，全长46公里，两侧各有100米宽的绿带。该环城道路绿地面积460公顷，与上述公园绿地面积相加，人均绿地面积可达15.4平方米。此外，根据规划，还计划在环状线外南部、南岭以及净月潭水库附近建设大型郊野公园，还在伊通河沿岸建设滨河绿地。如果上述绿地全部建成的话，则新京的人均绿地面积可以高达60平方米。

四、长春市近代园林发展概况

直到20世纪初，这个偏僻的地方还谈不上有什么园林绿化。街路是自然形成的，没有绿化，仅居民庭院略有树木花草，早期建成的寺院庙宇和书院，也大体是这样的。

1. 半封建半殖民地时期的园林

（1）中国式的农庄园林——杏花村与县立苗圃

在十九世纪八九十年代，有个叫刘殿臣的农民，在长春城西北，大体上位于现在的地质学院校园北、伪满时期伪皇宫的建筑用地北部，兴建了"杏花村"。据文献记载，当时种有大量果树，还有荷塘，尤以杏树为最多，因此得名。当时树木繁茂，成为一时名胜。这属于中国农家形式的庄园，除民房外，也没有其他建筑，但具有天然淳朴，富有中国传统的田园风格。

1900年，俄国借口中国发生义和团运动，占领了全东北。俄国军队驻扎在杏花村，砍柴拴马，把一个美丽的果园摧毁殆尽。后来，王昌炽出任长春知府，对饱受摧残的花园感到惋惜，就收购了这块土地（四十余亩），还雇佣刘殿臣重建杏花村。此时，增建了一座房屋，命名为"课农山庄"，又修筑茅亭等。

1916年，吉长道尹公署（俗称道台衙门）在这附近又收购了40亩土地，设立了长春县立苗圃，培育地方绿化造林所需的苗木。在此期间，杏花村保持完好，占地面积（包括苗圃）略有扩大。虽然长春县立苗圃的规模不算大，但从当时的技术条件来讲，还是对本地区的植树造林做出了贡献。

（2）俄国式的田园建筑——中东铁路宽城子站的俄式街区

中日甲午战争以后，俄国势力趁机大肆侵入我国东北。1896～1898年，俄国从腐败的清政府手中掠取了中东铁路中南满支线（即长春至大连段）的筑路权。1901年在二道沟修筑了宽城子车站（图9-2-11），占去了一块4平方公里的附属地，成立了"东省铁路特区"，还修建了兵营口。

车站附属地中的建筑为俄国式，但没有公园，主要是道路，如秋林街和八道街为市场街，都有行道树，主要树种是由俄国引种而来的大叶杨。居民（主要是中东铁路职工）的庭院比较宽阔，有庭院树和宅旁林地，并且都有一块面积较大的菜园，保持了俄国式的田园风貌。

1903年在车站建成和铁路通车后不到一年，日俄战争爆发。车站成了中东铁路最南端的终点站。同时，由于俄国在商业运输上竞争不过日本，所以这个地方没有能够繁荣起来。1936年1月取消了这块区域。

（3）日本式的公园——满铁附属地和西公园

1905年，沙皇俄国被日本打败，被迫于9月5日签订了《朴次茅斯和约》。根据这个和约，沙皇俄国把既得

图9-2-11 沙俄宽城子火车站，长春最早的一座火车站，1899年建成，1900年被焚毁（引自《长春旧影》）

图9-2-12 位于今儿童电影院偏北的日本桥建于1909年，1935年拆除，是满铁附属地与长春商埠地的分界线，曾有"长春第一桥"之称（引自《长春旧影》）

利益转让给日本，日本取得了长春以南铁路和旅大地区的租借、开矿等特权。

1907年，日本的南满铁路株式会社，以修筑长春车站为由割据了一块5平方公里的附属地，并在3月至8月完成了土地的测量和收购；年末开始规划设计，并且随即动工修建。日本人的基础建设技术比俄国人先进，给排水设施也是从这时由日本人最早进行规划的。

日本人在满铁附属地规划的特点是模仿西欧城市，采用方格网与放射状路网相结合的街路，有广场、公园，主干道路都有街道绿化。

1908年，在附属地街区的主要街道建设时，就留出了东公园和日本桥公园的用地。前者占地约1万平方米，地处吉野町的东段；后者原来是墓地，地形复杂，靠近头道沟，不适于建造房屋。日本桥就是跨越头道沟水面的桥梁，也是中、日两国政权管辖区域的分界线，所以俗称"阴阳界"（图9-2-12）。日本桥公园中还有一个

满铁创业馆，是宣传满铁事业成就的展览馆。东公园在1920年被改为建筑用地，先后在这块土地上修建了横滨正金银行、长春座（影剧院）和纪念公会堂（今长春话剧院）。

1914年，日本人利用中国地方政府的软弱可欺和某些人的无知及贪图小利，非法私购了头道沟农民赵洛天等人的田户，筹划修建附属地公园。等到中国地方当局得知实情时，赵洛天等人已在日本人的唆使下逃之夭夭，土地执照、买卖契约都已落入日本人手中。这样，满铁附属地又向南拓展了大片面积。1915年，西公园初步建成。1919年，西公园开始全面造园——筑山造湖，植树建亭，还修了纪念碑。1923年，拆掉了原赵洛天的草房，建起了公园事务所（相当于公园管理处）。同年还修了棒球场。1924年修筑了小动物舍、壁泉、喷泉和水池。1928年春，在水上架起"潭月桥"等4座永久性的桥梁。这座公园由满铁管理，实行免费入园，但出入游览者几乎都是日本人。直到1937年12月，才移交给地方政府管理。

（4）中国市区仅有的小公园——长春公园（商埠公园）

1905年12月，日本强迫清政府签订了中日北京条约，承认日俄和约并开设长春等15处商埠。商埠地和旧城相比，大体上有规划，道路为路石铺装，但广场没有绿化，也没有给排水设施；建筑以商业建筑为主，没有考虑街道和庭院的绿化。1906年，吉林将军达根着手筹划、成立过商埠公司。1907年，商埠公司开始收买农田，其中包括一块回民墓地。1911年，商埠局（原称公司）又筹划利用这块墓地修建长春公园，但面积很小，只有二十余亩，而且设备简陋。1927年，长春市政筹备处又进行了一次比较正式的修缮。

长春公园是中国政府修建的，所以民间也称之为"中国公园"。据文献记载和熟悉该园情况的人回忆，园内平面布局很简单，一眼就可以看到底。中央有一个八角亭，名为"凌风亭"，亭子西南有一个椭圆形的小水池。水池南部有座小土山，东南角有茅草亭，西北有花房，东北有一架大秋千。园中的树木主要是榆树，其次是杨、柳。

2. 日本殖民地时期的园林

1932年9月，伪满洲国为了建设这座城市，成立了国都建设局，直属于伪国务院。这个机关与当时的地方政府——伪新京特别市公署并立；前者承担市区的建设，后者担负旧市区（不含铁路附属地）的行政管理与局部

地区的改造。国都建设局事实上成为了一个临时性机构，并没有与伪满的14年相始终。

（1）沟畔公园、绿地和花园城市设想

从1932年起，日伪在大约83平方公里的土地上，按照他们的规划进行了城市建设。日伪采用的主要程序是：首先，测量和收购新区范围内的土地；其次，按规划建造修建用地，规定每一块用地的用途；第三是出售修建用地。在上述过程中，利用黄瓜沟、兴隆沟等河渠两岸不适于修建的土地，规划为公园绿地。在日伪的规划中，援引了西欧（主要是英国）的城市规划理论，标榜了建设"花园城市"的理念，在新市区中布置了环状的绿地系统。

为了保持公园绿地中流水的清静，新区的排水工程，采用了雨污水分流和明渠排放的形式。围绕这些沟渠建立的绿地，形成带状的、若干个街区之间的间隔带。此外，再加上街路、广场的绿化，配以高级住宅区的庭院绿化，以求达到形成新区完整的绿地系统的效果。这就是他们当时城市规划中，对园林绿化规划的指导思想。

（2）公园、道路、广场、私人庭院绿化

1939年，按照日伪政权的城市规划，新区的道路网呈同心圆形，重要道路采用平面环状交叉，中心设有回车岛（绿岛）；道路宽度有的达60米，一般主干道有四排行道树，区间道有两排。道路和公园、绿地之间，构成一个完整的绿地系统。对建成区，也进行了部分改造，在主干道两旁栽植了行道树。

康德十一年（1944年）末，新京特别市管理的公园共有14座（表9-2-4）。

到1945年抗战胜利为止，长春共有公园17座，除了1939年以前留存下来的3座（西公园、长春公园、日本桥公园），共建成和基本建成的公园有14座，占地面积五百余万 m²（表9-2-5）。

新京特别市管理的公园（1944年年末）　　　　　　　　　　表9-2-4

公园名称	面积（m²）	位置
儿玉公园	27633080	敷岛区
日本桥公园	618600	敷岛区
大同公园	39110925	东光区
白山公园	16621360	兴安区
牡丹公园	16121192	兴安区
和顺公园	13647497	和顺区
忠灵塔外苑	3488830	兴安区
五马路公园	1738784	长春区
翠华公园	711400	大经区
安达街公园	710865	兴安区
顺天公园	56626167	顺天区
南湖公园	224295400	顺天区、惠仁区
黄龙公园	117000000	顺天区
欢喜岭公园	30480384	双德区
总计	548804784	

（引自佐藤昌 . 满洲造园史，1985.）

长春近代公园一览表　　　　　　　　　　表9-2-5

公园旧名	现名或占用者	占地面积（m²）	始建年代
大同公园	儿童公园	391109.25	1933年
白山公园	白山公园	166213.60	1933年
牡丹公园	吉大占用	161211.92	1933年
和顺公园	劳动公园	136474.97	1936年
忠灵塔外苑	建筑占用	34888.30	1938年
五马路公园	3504厂占用	17387.84	1910年
翠华公园	建筑占用	7114.00	1939年

公园旧名	现名或占用者	占地面积（m²）	始建年代
安达街公园	印染厂占用	7108.65	1935 年
顺天公园	朝阳公园	566261.67	1934 年
南湖公园	南湖公园	222954.00	1933 年
黄龙公园	修建占用	1170000.00	1940 年
湖西路小公园		15000.00	1940 年
和乐街小公园		51840.00	1940 年
动植物园	动物园	717627.00	1938 年
满铁社宅儿童游园		9000.00	1934 年
西公园	胜利公园	276333.80	1915 年
日本桥公园		10000.00	1908 年

（引自佐藤昌. 满洲造园史，1985.）

在该时期，还对数条主要街道和 8 座广场进行了绿化。到 1941 年为止，行道树增加到 9753 株（不含满铁附属地），其中大部分是小青杨。在有架空线的道路两侧，则采用了糖槭作为行道树。大同广场为市中心广场，面积 27648 平方米，没有园灯、座椅等设备。广场中心设有"伪满洲国水准原点"。另外在动物园南侧还有一座集会广场。道路广场的绿化面积达到 70 万平方米。当时还重视了草坪种植。公园、广场都有草坪，供游憩和集会；主要干道的绿化带也都植草。城市干道的多种绿化形式，都是在这个时期形成的。

新京城市规划的特征之一就是设置了多处大型广场（表 9-2-6），这是因为大型广场作为交通环岛不仅有利于交通的畅达，而且有利于街景的美化。

根据国都建设规划修建的新的道路，一般宽度大，并在两侧栽植树木花草，形成绿带和街头绿地（表 9-2-7）。当时道路两侧栽植的行道树多达数万株。

综上所述，全城市的绿化面积预计达到 13123355 平方米。按照日伪的规划，绿地占市区面积的 9%，人均 25 平方米；在 1941 年以前，大体是符合这个指标的。但以后并没有随着人口的激增相应地进行绿地建设。

20 世纪 30 年代初至抗日战争胜利期间，长春的私人庭院绿化有很大发展。在此期间建设的新住宅区（即高级住宅区）以单门独户、洋房、花园和草坪为特征，多数庭院都经过精心打造，栽植一些树木花卉和各种藤本植物，进行垂直绿化，并且各有特色。在这些庭院中，面积最大的要数关东军司令官官邸了，这座庭院是一个大型的花园，有多种树木，还有一条小溪，占地面积达 10 万平方米以上。

此外，1936 年前后建成的宝山百货店，设有楼顶花园，栽有一些热带、亚热带植物，还饲养了一些小动物和观赏禽类，这在当时也是别具一格的。

广场一览表　　　　　　　　　　　　表 9-2-6

名称	面积（m²）	备注
大同广场	2764800	广场圆内径 187.6m
安民广场	1687500	广场圆内径 150m
兴安广场	1130400	
建国广场	270000	
南广场	166200	
顺天广场	12075800	宫廷府前广场
忠灵塔前广场	996448	
兴亚广场	1210600	
协和广场	36664000	15 万人的集合广场
合计	56965748	

（引自佐藤昌. 满洲造园史，1985.）

名称	面积（m²）	备注
大同大街	1952500	植树带
顺天大街	2694600	街头绿地
兴安大路	2114700	植树带19587m²，街头绿地1560m²
兴仁大路	1358000	植树带
长春大路	622200	植树带
民康大路	51600	植树带
新发路	366400	植树带
北安路	403074	植树带
大同广场外周	451200	植树带
吉林大路	693600	植树带
至圣大路	1270400	植树带
至圣大路与新发路交点	159800	小绿地
大同大街与兴仁大路交点	96100	植树带
大同大街与至圣大路交点	159800	植树带
兴仁大路与同治街交点	59100	植树带
儿玉公园前	66200	植树带
东大街西端	96100	植树带
合计	12615374	

（引自佐藤昌．满洲造园史，1985.）

当时还出现了由私人投资经办的，对外销售花木和承办造园工程的园林公司，如村田花园就是建于1934年，是一座占地面积218平方米的展示性花园。

（3）日伪统治时期的育苗事业

1931年以前，满铁附属地的绿化苗木来源依靠西公园中心的小苗圃。商埠地公园则依靠杏花村的县立苗圃（图9-2-13）。

东北沦陷后，日本人在长春推行了以"先地下，后地上，地上建设与绿化平行开展"的城市建设程序，即先修地下管网，然后修路、建筑营造和植树种草（图9-2-14）。公园建设和广场修筑是同时进行的，但有的是公园建设在先。这样，对于城市绿化用苗的需求量也逐渐增多。

按照日伪的计划，预计在30年的时间内，向市区出圃苗木1500万株。在十数年的时间里，曾先后设置过几个苗圃。其中长期设置的苗圃有：南湖苗圃（1938年，750平方米）、大房身苗圃（1932年）、杨家屯苗圃（1933年）。此外，还设有部分过渡型的苗圃，即分设在尚未动工的规划区域内；数年之后，苗木完全出圃后，圃场再用于建筑用地。主要的过渡型苗圃设在宽城机场北部和长影、南湖一带。

对于苗圃的经营，主要采用雇用临时工的办法维持

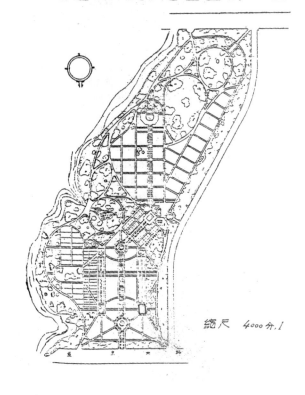

图9-2-13　长春城市绿化纪念苗圃规划图（引自佐藤昌．满洲造园史，1985.）

图9-2-14 长春市内的柳树冬季冻结移植

图9-2-15 净月潭水库1934年始建，1935年10月竣工，现为净月潭风景游览区（引自《长春旧影》）

生产。苗木种类以当地和长白山的乡土树种以及引进的少量日本树种为主。

（4）净月潭人工林场和郊外公园

日伪的"国都建设局"为解决城市水源问题，在1934年至1935年两年内，建成了一座人工水库——净月潭（图9-2-15）。与此同时，对库区下游的拦河坝周围进行了绿化，两年内栽植树木8500株。

从1935年，日伪实业部在库区周围及其上游（小河沿子河支流台河上游）征购土地约五千公顷，拟为造林用地。计划自1935年起，用10年的时间建造一片全东北最大的人工林。由那时起到1945年的10年间，出现了以黑松、落叶松为主的大片的人工林。

从1939年夏开始，还开辟了市内到净月潭游区的游览公共汽车线路，在旅游季节运行。

日伪时期还有过郊外大型森林公园的规划，甚至计划在20世纪40年代初期筹建一座占地极大的"建国神庙"。为此，曾打算改变长春市与邻近县的行政区划，划入2万平方公里的地段，计划将占地范围内的中国农户迁出，以便形成一块庞大的"建国神庙"区。后来由于日伪进入了摇摇欲坠的历史阶段，而未能实施这个规划。

此外，日伪为了巩固他们的统治，组织本土的日本人组成日本开拓团移入东北。从1938年春开始，到1940年春的三年内，曾在长春近郊先后建立了5个开拓村。除经营蔬菜生产外，还进行了绿化，目的在于形成所谓的"示范村"，以供游览。1945年日本战败后，随着日本人的大规模撤退而销声匿迹。

日伪统治时期，曾有过在长春附近设立"国立公园"的规划，邀请日本园林专家，在长春召开过专门的座谈会。但由于太平洋战争爆发，日本军国主义势力每况愈下，所以都未能实施。

（5）墓地

1924年，在满铁附属地中营造了9761平方米的墓地，以后一直持续使用。在满洲国当初的国都建设规划中，原计划在环状绿地之外的东北部和西部建设两处墓地，合计面积为204.8万平方米，虽然已经征用了土地，但并没有建设成为墓地。

1940年（康德7年），新京特别市作为建国十周年纪念事业的一环，国都建设局准备建设上述东墓地，位于北河东区杨家宅。把预定面积一部分的68万平方米建设了协和墓地。

五、长春市近代园林发展特点

到解放为止，长春整个城市的形成和发展经历了一个多世纪的风云变幻，长春城市园林的发展也独具特色。

1. 半封建半殖民地时期的园林绿化

旧城形成于封建时代，显示了由自然经济的村落转化为中世纪特点的城镇。中东铁路标志着东北进入了半殖民地的时代，商埠地就是半殖民地化的产物。铁路附属地和帝国主义列强的租界地没有什么不同，是国中之国；在那样的历史时期里，是不能产生面向广大人民的园林的。长春只能是一个帝国主义掠夺农副产品的市场和帝国主义冒险家的乐园。

2. 殖民地时期的园林绿化

1931年至1945年的15年间，城市完全殖民地化。由分散的四块不同地段组合成的市区，被统一置于伪政权的控制之下，但又保留了各自的特点，没有加以改变。在这种情况下，又为殖民地宗主国日本的上层统治者及其代理人，建设了新市区。

1931年以后，殖民地时期的长春园林绿化的主要特点是：

（1）和当时的欧美、日本等国家的大中城市相比，长春园林绿化面积相当于世界范围的中等水平。在规划设计上，借鉴了欧洲国家的某些长处。但是，作为殖民地城市，园林绿化设施和其他市政公用设施一样，分布是极其不均衡的。

以公园而论，旧城始终没有公园，甚至也没有小游园。原商埠地仅有的一座小公园，从城市交通着眼，经过开辟和拓宽街路，小公园已经名存实亡。原来街路没有绿化的，除从改善道路网的角度出发，拓宽主干道后略加点缀以外，并没有更大的改善。

（2）虽然是在日伪统治之下形成了统一的城市，但由于统治者的指导思想和历史上的原因，一座城市被分为几个不同的居住区和居住环境。大体上是：①旧城和商埠地内，完全是中国人聚居的地方。除部分商业建筑以外，建筑陈旧，是市政公用设施水平最低、居住密度最大的地段。按日伪当局1942年的统计：在"长春区"（现南关区的东部），仅3.96平方公里的市区内，居住人口达136518人，每平方公里合34124人。相邻的"大同区"（现南关区的西部）3.57平方公里，人口也达107137人。相反，"顺天区"的街区面积达8.46平方公里，比前述两区面积加在一起还要大，而居住人口仅仅60962人，每平方公里的居民仅为7055人；这个区的居民则绝大部分是日本人，尤其是日本人中的上层人士。②日伪统治时期形成的"和顺区"（大体相当于现在的二道河子区），虽然和"顺天区"是在同一时期形成的，但是因为这个区是专供中国人居住的，建筑标准和公用设施水平很低，只保持一条通往吉长公路的干道。在10.32平方公里的街区中，只有一个为处理涝洼地面而安排的小公园——"和顺公园"（即现在的劳动公园）。③"满铁附属地"划归伪满管理之后，更名为"敷岛区"。这个区形成较早，是日本人经营的商业区与日本中小工商业者、铁路员工和店员的居住区，居民中虽然日本人比重较大，但大多属于中下阶层。虽然20世纪30年代有所扩展，但实际设施改善不大，仅存一二十年代的两座公园。撤销了的东公园，几十年之后也没有加以补充，只在30年代修建了一座规模不大的儿童游园。

（3）整个城市是由高级住宅区、机关与大企业建筑区，一般工商业与普通住宅区，以及贫民区三部分组成。在不同时期、不同政权管理下，还形成了5个街区。尤其是贫民区，不但有二十世纪一二十年代就有的贫民窟，还有日本人在三十年代进行城市规划时，专门建成的贫民窟，形成了中国工人、贫民聚集的街区。不论对新的、还是老的贫民窟，日伪当局是没有加以改善的诚意。他们只求在截然分开的条件下，保证日本中上阶层人士舒适、清洁和健康的生活环境。对于旧市区，虽然他们从门面上有碍观瞻的角度考虑，曾设想略加改变（如翠华公园），但终究不过是点缀而已。

从1942年起，日伪当局已无力进行任何建设，到1945年8月止，基本上处于维持现状的局面。

3. 抗日战争胜利后至中华人民共和国成立前的毁灭性破坏

抗日战争胜利后，国民党一度占领长春。1946年5月再度占领，直到1948年10月。在这两年多时间里，城市遭受到了极大的破坏，城市园林绿化设施都被肆无忌惮地毁掉。尤其在国民党盘踞的最后1年，在解放军包围下的孤城中，国民党当局大肆拆房、伐树、毁坏园林设施，构筑防御工事，以求顽抗。同年，为阻止我军进入南湖以东市区，国民党焚毁了跨越南湖的垂虹桥（20世纪30年代建成的木桥）。为了在市区起降轻型飞机，平毁了自由大路东段、原动植物园南面围墙和园门外的一段树池。除市区的中心部分以外，四周的行道树、公园树木都遭到不同程度的砍伐，苗圃全部荒废。

在这个时期，全市增添的唯一建筑物是苏联红军纪念塔。这座建筑物是由进驻长春的苏联红军主持、在市中心广场的中心修建的，用以纪念苏联红军在解放东北战役中阵亡的空军烈士。建筑物的表面用灰色花岗石装饰，全高为26米。

第三节　长春市近代园林实例

1. 杏花村公园

根据文献记载和专家考证，19世纪末，现在的长春科技大学校园西北部东民主大街1号、3号一带是长春城外的一个自然村落，名叫杏花村。当时村子地形起伏很大，不便耕作，中间还有一条溪水潺潺流过。据《长春县志》记载："其中遍植樱桃、李、杏等树，而又以杏为最多，故名之曰杏花村焉"。

1901年，长春府知府王昌炽上任后，为了游赏方便，买下杏花村进行重建。1903年，王的幕僚们为了给上司歌功颂德，撰写了《杏花村记》，并立了一座石碑。这座碑当初立在杏花村西北的高岗上，位于现在西民主大街 1 号院内的西侧。

1934 年，溥仪由"伪满洲国执政"变成伪满洲帝国的皇帝。他的新皇宫位置就在杏花村（图 9-3-1），也就是今天的地质宫一带。3 月 1 日，溥仪举行登基大典。那天早晨，溥仪做的第一件事就是到杏花村"祭天"，行"告天礼"。当日祭天用的临时"天坛"就设在地质宫大楼西配楼所在的地方。

长春市解放以后，随着城市建设规模的扩大，杏花村公园西段，也就是今天同志街以西、东民主大街以东、建政路以北和锦水路以南的地方逐渐被占用，杏花村石碑也几易其址。1992 年被重新安放在杏花村公园内。

2. 头道沟公园（今胜利公园）

位于人民大街和北京大街交汇处。总面积 24.5 公顷，其中水面面积 1.3 万平方米，是长春历史最悠久的公园。1915 年始建时名为"头道沟公园"，俗称西公园，解放后更名为胜利公园。

1908 年，日本人规划满铁附属地时，就划定了西公园的预留地范围。1914 年，日本人采用非法手段购买了农民赵洛天的土地和房产，这样不但延伸了附属地的范围，而且也扩大了西公园的面积。那时的西公园向东越过人民大街，一直到今天的乐府大酒店。

西公园的大规模建设开始于 1915 年。16 年后，建园工程相继完成，并利用伊通河支流、头道沟的水源挖湖堆山，还修建了桥梁、休息亭、厕所等设施（图 9-3-2～图 9-3-6）。1923 年，在园内东北角，也就是赵洛天草房的旧址，建成了西公园事务所，由"满铁"派专业人员进行管理。

历史上这座公园有过几次更名的经历。1938 年，伪满新京特别市根据"满铁"的提议，将西公园改名为儿玉公园，这是为了纪念一个叫儿玉源太郎的日本人（图 9-3-7）。他曾担任过满铁创设委员会委员长，在日俄战争期间他还担任过日军总参谋长。

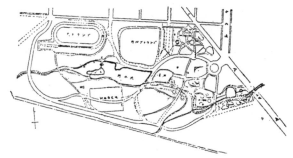

图 9-3-2　长春西公园平面图（1931 年）（引自佐藤昌.满洲造园史，1985.）

图 9-3-3　西公园正门原为农民赵洛天的私产，后辟为公园，1915 年始建时名为头道沟公园，俗称西公园，解放后改为胜利公园（引自《长春旧影》）

图 9-3-4　西公园内景色（一）（引自《长春旧影》）

图 9-3-1　长春新皇宫的造园施工与红松的冬季移植

图 9-3-5　西公园内景色（二）（引自《长春旧影》）

表9-3为1940年5月26日（周日）从清晨6点到晚上9点，在各入口调查的入园者情况。当时长春市的人口约为50万，可见大约十分之一的市民周日利用了该公园。

"八一五"日本投降后，公园内的儿玉铜像被推倒，公园也被改为中山公园。长春解放后，这座公园改为胜利公园。市政府进行重新规划，建起了动物区、花卉区、金鱼区、儿童游艺区、水上活动区和荷花池等，是长春现存、历史较为悠久的大型公园。园内有展厅一栋，面积414平方米；园中园一处，面积3060平方米；游乐区12000平方米；各种花卉近百种，稀有荷花品种五千余株（图9-3-8～图9-3-13）。

3. 大同公园（今儿童公园）

大同公园作为国都建设局最初建成的公园项目，于1935年6月基本完工并开园（图9-3-14）。开园当时的面积为312160平方米，其中水面50050平方米，草坪91400平方米，花木栽植地142700平方米，园路28000平方米；栽植树木约五万株；公园设施有3个网球场、儿童游乐场、名为碧波塘的湖面、游船设施、5个亭子等（图9-3-15～图9-3-18）。该公园位于原来大同广场的南端，相当于现在的人民大街88号，西邻人民大街，东邻园东路，北邻咸阳路，南与市少年宫接连。

当时，该公园是一座以拥有利用自然地形、富于变化的大湖面和广阔的大草坪为主体的公园。从位置上来看，它是新国都的综合公园，新京特别市对其各种设施进行了建设整治。1938年8月在公园西南部建设了可以容纳1.5万人的露天音乐堂。1939年在公园东北部建设了大相扑比赛场和4个硬地网球场，还在西南部修建了具有过滤装置的室外游泳池（50米与25米跳水用）。因为公园设施较为齐全，所以当时的利用者人数仅次于儿玉公园。在公园的大草坪上还举行过各种纪念活动、博览会、展示会等。

该公园中华人民共和国成立后改名为人民公园，1981年改为今名——儿童公园，现在占地面积18万平方

图9-3-6　西公园湖边亭（引自《长春旧影》）

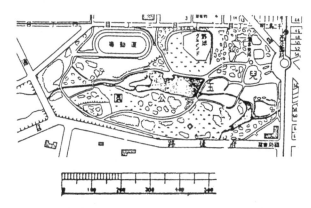

图9-3-7　长春儿玉公园平面图（1941年）（引自佐藤昌．满洲造园史，1985.）

儿玉公园入园者调查				表9-3
市民国家	男女	年龄	数量（人）	备注
日本国	男	大人	17459	含朝鲜人
	男	儿童	2379	
	女	大人	4045	
	女	儿童	2491	
	小计		26374	
满洲国	男	大人	8616	
	男	儿童	2425	
	女	大人	1536	
	女	儿童	1098	
	小计		13675	
	欧美、俄国人		99	
	合计		40148	

（引自佐藤昌．满洲造园史，1985.）

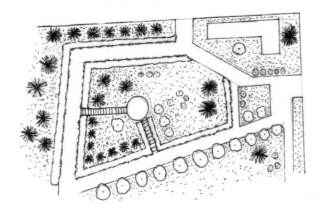

图9-3-8 胜利公园入口平面示意图（绘于2006年）

图9-3-11 胜利公园绣线菊绿篱

图9-3-9 胜利公园入口小花台

图9-3-12 胜利公园潭月桥条石

图9-3-10 胜利公园正门

图9-3-13 胜利公园黄杨绿篱

米，其中水面为2.5万平方米。是长春市唯一专门为儿童设立的公园。以园内人工湖为界，分南北两区，南区为游乐园，北区为花卉观赏区和花卉生产区。国内各种设施都特别为儿童设计，符合儿童心理，适合不同年龄的儿童。园内设有各种儿童游艺娱乐设施，是春夏之季孩子们的理想乐园。园内淑芳园百花厅为花卉展示大厅，四季展出盛开的百花，尤以君子兰展最为著名。还建有牡丹亭、六角瞻亭、空中转亭、木榭长廊、金鱼展览廊、休息廊、音乐茶座、旱冰场、游船、假山等（图9-3-19～图9-3-22）。

图 9-3-14　长春大同公园平面图（1937年，引自佐藤昌．满洲造园史，1985．）

4. 新京动植物园（今长春市动植物园）

长春市动植物园位于长春市东南部，人民大街东侧500米，距市中心人民广场3公里，原名"新京动植物园"。公园始建于1938年的日伪时期，至1940年完成第一期工程，从而成为东北第一座动植物园（图9-3-23）。当时以其面积之大、展出的动植物种类之多而号称"亚洲第一"，仅东北虎就有十余只，人们习惯上称之为"老虎公园"。

这座公园的主要特点：首先是面积大，占地74公顷，这在亚洲是少见的；其次，自然地形优美，还有天然河流流经该园；第三，东北特有的动物种类不少，还有我国南部地区以及东南亚各地的动物，以及不同产地的动物与植物的搭配等。从规划设计到经营管理来看，一反西欧传统的"马戏团"式的动物园做法，注重儿童观众并结合中、小学教育；部分放养，同时与生产和科研实验相结合。

图 9-3-15　长春大同公园

图 9-3-17　大同公园正门景色（引自《长春旧影》）

图 9-3-16　大同公园水景（引自《长春旧影》）

图 9-3-18　大同公园游泳池，今儿童公园附近的长春市游泳池（引自《长春旧影》）

图 9-3-19　儿童公园景色

图 9-3-21　儿童公园湖面

图 9-3-20　儿童公园淑芳园百花厅

图 9-3-22　儿童公园湖边亭

到 1940 年首期工程完工为止，共有动物五十余种，达 1000 只以上，其中主要动物有虎 10 头，狮 2 头，银狐 150 只，台湾猴 200 只，梅花鹿 20 头，以及大批鸣禽、水禽，还有一些爬虫类动物。此外，还设有种鸡孵化厂、毛皮兽研究所、养牛场、中草药园等。占地面积是著名的东京上野动物园的 20 倍。就其规模来看，在亚洲是很少见的。1941 年太平洋战争开始以后，该园陷于维持现状的困境（图 9-3-24 ～图 9-3-26）。1944 年春美国"B29"飞机飞临长春，日伪当局预测有空袭危险，于同年冬，把园中猛兽一律枪杀。以后全园动物都陆续散失，特别是 1945 年日本投降后的一两个月之内，园内设施遭到了严重毁坏。

解放时动植物园已成为一片废墟。解放后政府对这块绿地十分重视，多次拨专款修建基础设施，1984 年开始全面恢复建设，1987 年 9 月 15 日正式开园。

园内地形复杂，人工湖将公园分成三个自然部分。园的西部以高 30 米的人工山为主体，山上栽植了产于长白山的树木，东部以动物展区为主，北部以大型游乐园和花卉温室生产区为主。

在动物展区内，展出的动物有东北虎、猞猁、大鸨、丹顶鹤等当地珍稀野生动物，还有金丝猴、长颈鹿、犀牛、大象、广西猴等国内、外的珍禽异兽，展出动物二百余种。还建有一处"百鸟乐园"，三千余只鸟散养于一个高 8 米，面积 1800 平方米的步入式大鸟笼。笼内配置花草树木、山石小景，有人、鸟对话区和驯鸟表演区，人鸟同处一个和谐的生态环境中，别有一番情趣（图 9-3-27，图 9-3-28）。园的北部有一处大型游乐场，其中的激流勇进、太空飞船等项目新颖别致、惊险刺激。园内还有一处占地 1.3公顷具有浓郁日本风情的"友谊园"。园西部的高山可鸟瞰公园全貌和长春市的中心区。园内栽植木本植物 140 余种，其中有产于长白山的吉林省特有树种美人松等珍贵树种，还建有百花园、蔷薇园、木樨园等植物观赏区。

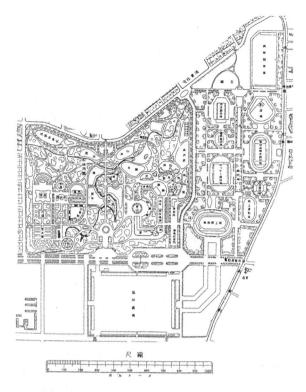

图 9-3-23　长春动植物园、南岭综合运动场以及协和广场平面图（引自佐藤昌. 满洲造园史，1985.）

图 9-3-24　长春动植物园大门（引自《长春旧影》）

图 9-3-25　长春动植园猴山

5. 南湖公园

南湖公园位于市区西南部，占地约 222 公顷，湖面 92 公顷，是长春市面积最大的公园，建于 1933 年。

有关南湖公园的规划，开始于日本人制定的《大新京都市规划》。在这份规划书中，日本人设想根据城市自然降雨量，利用伊通河的几条小支流，筑坝形成人工湖，然后实行分流制排水，即污水排入伊通河，雨水存贮于

图 9-3-26　长春动植物园水禽馆

图 9-3-27　俯瞰长春动植物园

图 9-3-28　长春动植物园黑松林

人工湖。南湖公园正是基于这种设想，利用了伊通河支流兴隆沟的水源，于1937年沿着今天的工农大路修筑了这条高10米、长800米的拦河坝，最终形成了现在规模的人工湖（图9-3-29，图9-3-30）。

沦陷时期，南湖公园同当时的儿玉公园、大同公园等其他几个公园构成了城市的人文景观。在这些公园中，南湖公园的水域面积最大，它不仅具有公园和城市防洪的功能，同时还兼有城市备用水源的功能。

从空中俯瞰南湖公园，可以清楚地看到它的全貌——形似哑铃状，东西窄，南北长——水域面积92公顷，与北京颐和园水域面积相当。公园内湖水清澈，岸柳垂青，鸟语花香，四季分明，曲桥亭榭，胜似江南。湖上有座大桥，将南湖的水域一分为二。建园初期是一座木桥，名为垂虹桥。1948年8月，国民党军队为阻止解放军对长春的进攻，放火将其焚毁。现在的这座大桥建成于1979年，它因南湖而得名，故称南湖大桥。站在南湖大桥上倚栏北望，眼前便出现一幅色彩斑斓的画面，看上去好像盛开在水面上的一簇簇飘动的鲜花。各种廊桥亭阁与湖光林色相映成趣，令人流连忘返。公园种植了针叶树、阔叶树、果树、花灌木等植物八十多种，七万多株，种植面积占园内面积的50%。南湖公园是长春人民休憩和游览的主要场所（图9-3-31～图9-3-33）。

6. 伪满皇宫东、西花园

1931年，日本帝国主义侵占东北后，于次年3月9日，操纵溥仪在长春道台衙门就任"伪满洲国执政"，年号"大同"。4月3日又迁至吉黑榷运局旧址，这里成为伪政府所在地。日本侵略者为便于推行殖民统治，满足溥仪称帝的欲望，于1934年3月1日，改"满洲国"为"满洲帝国"，改"执政"为"皇帝"，改年号为"康德"。这里也就由伪"执政府"变为伪"帝宫"。溥仪在这里过了14年的傀儡生涯。表面上，他以伪满最高统治者的身

图9-3-30　长春南湖公园

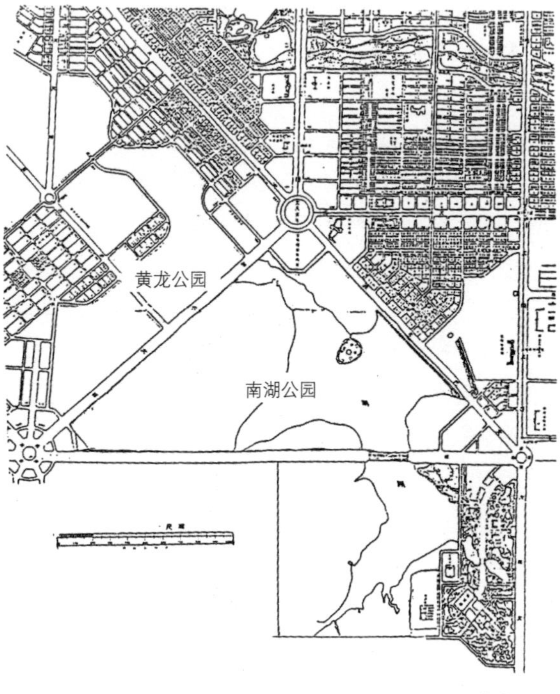

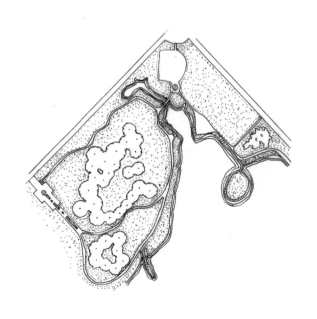

图9-3-29　长春南湖公园以及黄龙公园平面图（引自佐藤昌.满洲造园史，1985.）

图9-3-31　南湖公园示意图（绘于2006年）

份签发各种"诏书""敕令"和"法令"。实际上，他事事都要听命于太上皇——关东司令官的旨意，一切活动都在日本太上皇的代表、关东军参谋、"帝室御用挂"❶吉冈安直的监视和指导下进行。日伪政权垮台后，伪皇宫作为东北沦陷史上的重要遗址被保留了下来，并成为日本军国主义奴役东北人民的历史见证。

图 9-3-32　南湖公园内长春解放纪念碑（1948 年立）

图 9-3-33　南湖公园湖面

伪满皇宫位于长春市东北角的光复路上，占地面积 12 公顷，是伪满洲国傀儡皇帝爱新觉罗·溥仪的宫殿，他于 1932 到 1945 年间曾在这里居住。伪满皇宫的主体建筑是一组黄色琉璃瓦覆顶的二层小楼，包括勤民楼、缉熙楼和同德殿，这三座小楼采用中西合璧式的建筑风格。

伪皇宫正门——"莱熏门"，专供溥仪和关东军司令官出入使用；西侧"保康门"专供伪官吏出入；北侧"福华门"、"体乾门"和"含宏门"，供宫内人员出入使用。其第二道大门——"兴运门"，是进入宫内的通道。伪皇宫可分为外廷和内廷两部分，现分别辟为伪满皇宫陈列馆和伪满帝宫陈列馆。外廷（皇宫）是溥仪处理政务的场所，主要建筑有勤民楼、怀远楼、嘉乐殿。以"勤民楼"为中心，它北与"怀远楼"相连，内设伪堂书府、侍从武官处、帝室会计审查局等办事机构；楼上的"清宴堂"是溥仪伪满中期宴请日伪官吏的场所；东与日伪后期建成的大型宴会厅"嘉乐殿"相连。楼东的带廊瓦房是日本宪兵室，日本宪兵在这里日夜监视着宫中的一举一动。楼西的西花园有假山和数间老式瓦房，溥仪的乒乓球室、图书室和高尔夫球场就设在这里。内廷（帝宫）是溥仪及其家属日常生活的区域，其中缉熙楼是溥仪和皇后婉容的居所，是日常起居之处；同德殿是"福贵人"的居所；另外还设有一些娱乐设施。

西御花园，伪满时期在吉黑权运局花园的基础上修建而成（图 9-3-34）。占地面积 2200 余平方米。园内栽植有多种花草树木，加之凉亭、假山、水池互相映衬，颇具秀美之风（图 9-3-35～图 9-3-38）。东御花园建成前，溥仪和婉容时常到此游乐、消遣。

东御花园建于 1938 年。由日本造园师佐藤昌设计的融中国北方与日本庭园风格于一体的花园，占地面积约一万平方米，是伪满皇宫中最大的庭园（图 9-3-39）。园内有象征着长白山的假山，其下建有特制的防空洞。园内动静互衬，步移景异，石径迂回，树篱错落，山水相依，林鸟啁啾。福贵人李玉琴常到此游玩（图 9-3-40～图 9-3-42）。

此外，在"兴运门"西，设御用汽车库、跑马场、乐队、消防队等；"同德殿"南，设"建国神庙"和伪祭祀等。宫廷四周有禁卫军（护军）和禁卫军营房。

---

❶　全称"满洲国帝室御用挂"，"御用挂"为日语名词，是从事办理帝室和皇帝的事情的人。

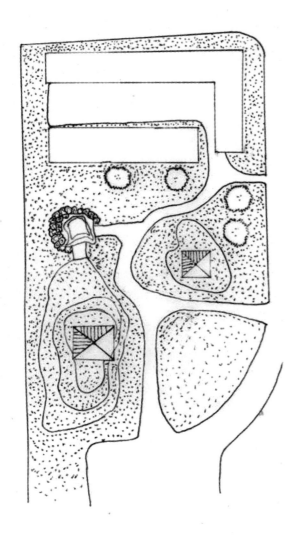

图 9-3-34　伪满皇宫西御花园平面示意图（绘于 2006 年）

图 9-3-35　西御花园大门

图 9-3-36　西御花园绿化

图 9-3-37　西御花园假山

图 9-3-38　伪满洲国皇宫中的日本园林

7. 长春大街及大同广场

建于 1907 年的人民大街是长春最宽也是最长的一条大街，北起站前广场，南至卫星路，全长 10 公里，平均宽 50 余米，大街旁为小叶杨行道树。初建时，这条街的名字叫长春大街，是日本人与长春火车站同时规划设计和建造的。

随着日本在长春的势力急剧膨胀，1923 年，长春大街被改成日本名字——"中央通"。1933 年，日本人

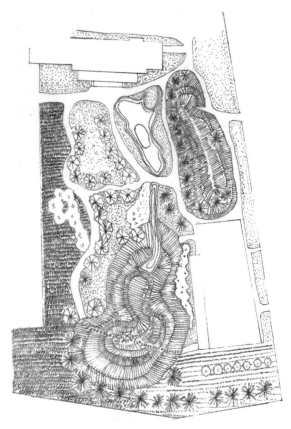

图 9-3-39　伪满皇宫东御花园平面示意图（绘于 2006 年）

图 9-3-41　东御花园水面

图 9-3-42　东御花园小岛

图 9-3-40　东御花园假山

的《大新京都市规划》逐步实施，这条街被规划为城市的中轴线。从这一年开始，日本人陆续修建胜利公园至工农广场段。到 1938 年，这条街的柏油路面铺装到了兴隆沟，也就是现在的工农广场；这一段被命名为大同大街。

人民大街中的人民广场是长春市最有名的广场，从 1825 年到清末，该地曾被用做刑场。1932 年，日本人开始在这里修建广场，并把伪满洲国水准原点的基石设在广场中心位置。当时，伪满洲国的年号叫大同，广场便被命名为大同广场，成为城市的中心广场（图 9-3-43～图 9-3-45）。

广场内径 130 米，外径 300 米，占地面积七万多平方米。周围是伪国都建设局，伪首都警察厅，"满洲电信电话株式会社"和伪满洲中央银行总行大楼等建筑群。以广场为中心，当年的大同大街，兴安大路呈放射状向外延伸。按当时的设计要求，广场地下铺设了各种电缆和给排水管线，周围没有架空线。这种格局一直保持到今天。

1945 年 8 月，苏军先遣部队进入长春后，把广场中心的水准原点石标挖出来废掉，随后他们按照事先早已

图 9-3-43 大同大街，今为人民大街（引自《长春旧影》）

图 9-3-44 人民大街和人民广场（引自《吉林风物志》）

图 9-3-45 中央通（即今人民大街）从长春火车站到胜利公园段（引自《长春旧影》）

准备好的设计图纸，在此修建了苏联空军纪念塔。塔身断面呈方形，共分 5 层，通高 27.5 米，塔的底层四面均刻有文字，北面中部的阴刻俄文是：为苏联的荣誉和胜利，在战斗中牺牲的英雄们永垂不朽。在塔的顶部，竖砌一块方石，方石四角有卷曲的浮雕，方石中部嵌有飞机。南面中下部的阴刻俄文是：这里埋葬着为苏联的荣誉和胜利，在战斗中英勇牺牲的后贝加尔湖方面军的飞

行员。

日本战败投降后，广场曾先后被改名为斯大林广场和中正广场。解放后，改为人民广场。

8. 白山公园

该公园面积为 16.6 公顷，东侧与大同大街相连，西北侧隔着道路与银行俱乐部的运动场相接（图 9-3-46）。园内由一条溪流把富有变化的地形连在一起，多供当时的市民散步之用。西部的杏花林为赏花的好去处，这些杏花由新宫廷预定地（杏花村）移植而来。新京特别市接管以来，设置了 4 个网球场和儿童游乐场。该公园当初建设的动物设施被移至长春市东南部的动植物园。

9. 牡丹公园

该公园面积 16.1 公顷，位于白山公园之南，为一东西方向细长的带状公园（图 9-3-47，图 9-3-48）。流自西侧的小河贯穿其中，东侧隔着大同大街与大同公园相接。小河向东汇入大同公园的湖面。该公园是以花木、花坛等花卉园艺为主体的公园，其中设置有 525 平方米的温室及温床。在此栽培着新京市内全公园的花卉以及提供给市民的花卉，并进行相应的花卉栽培研究。

园内除了温室、花坛之外，还设置有网球场、儿童游乐场等设施。

10. 顺天公园

顺天公园位于新京中央各部机关的南部，新宫廷往南的顺天大街穿过该公园 2.1 公里，为一面积为 56.6 公顷的带状公园。公园西部主要有广阔的水面和大草坪；东部中央有溪流，设置有儿童乐园、花坛、药用植物园、网球场等（图 9-3-49，图 9-3-50）。

园内除了种植有毛白杨、榆树等乔木之外，还栽植了杏、丁香等花灌木；水池中栽植荷花供人观赏。

11. 黄龙公园

在南湖公园的西北隔着道路而建的黄龙公园，属于第二次国都建设规划追加项目的公园。面积为 117 公顷，栽植了大面积的树木，设置了园路等。公园中部为满洲电影公司，公园东北部建设有满洲电影会馆。该会馆为一迎宾馆，是满洲电影公司摄制的新片供少数人观赏的场所。当时的运营管理委托给满洲电影公司。

12. 和顺公园

和顺公园是建于伊通河东部中国人居住区中央、面积为 13.6 公顷的公园，以自然的凹地作为水池，并以该水池为公园的中心。公园于 1938 年建成。

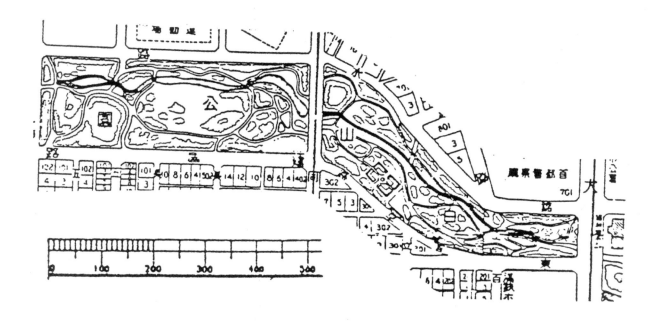

图 9-3-46　白山公园平面图（引自佐藤昌．满洲造园史，1985．）

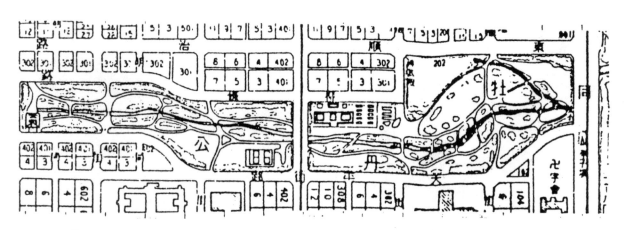

图 9-3-47　牡丹公园平面图（引自佐藤昌．满洲造园史，1985．）

图 9-3-48　牡丹公园即今吉林大学牡丹园一带（引自《长春旧影》）

13. 五马路公园

五马路公园位于旧长春城中央，是清代与民国年间修建的公园。光绪三十三年（1907年），该公园由伊斯兰教墓地改建而成，宣统二年（1910年）春由商埠局进行修建，民国16年（1927年）长春市政筹备处也进行了修建。伪满洲国成立后，被改名为新京公园。1938年，进一步改建后更名为五马路公园。面积为1.7公顷。

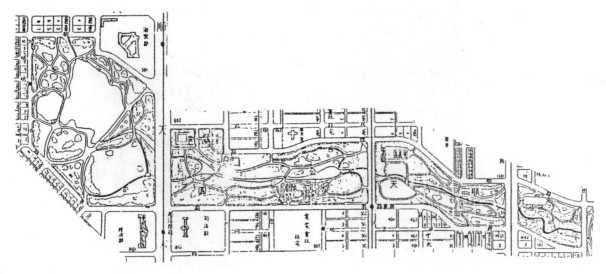

图 9-3-49　顺天公园平面图（引自佐藤昌.满洲造园史,1985.）

图 9-3-50　顺天公园

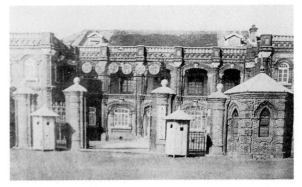

图 9-4-1　1913 年吉林都督衙门

第四节　吉林市近代园林综述

一、吉林市城市历史简介

吉林市位于吉林省中部偏东,是吉林省第二大城市,全国唯一的市与省重名的城市。吉林市原名"吉林乌拉",为满语地名,意为沿江的城池。因明清两代为巩固成边,抵御外侵,在此设厂造船,又称"船厂"。地处东北腹地长白山脉向松嫩平原过渡地带的松花江畔,三面临水、四周环山。东经 125″40′～127″56′,北纬 42″31′～44″40′;总面积 27120 平方公里;其中,市区 3636 平方公里。现辖 4 区 4 市 1 县,总人口 422.8 万人,有 23 个少数民族。属于温带大陆性季风气候,四季分明,有着鲜明的山水风光特色和深厚的历史文化底蕴,旅游资源丰富。

吉林市历史悠久,其早期历史与长春市有着十分相似的地方。在清康熙十年（1671 年）,宁古塔副都统安珠瑚奉命开始筹建吉林城;康熙年间,吉林已成为这一地区的政治、经济、军事中心,因康熙东巡至此赋诗《松花江放船歌》中有"连樯接舰屯江城"的诗句,故吉林市又称"江城"。雍正五年（1727 年）设立永吉州,州治吉林;后于乾隆十二年（1747 年）和光绪七年（1881 年）分别升永吉州为吉林厅、吉林直隶厅、吉林府。1913 年,吉林府改称吉林县（图 9-4-1）。1929 年,改吉林县为永吉县,同时设立吉林市政筹备处。1931 年 9 月 21 日,日军占领吉林。1932 年 3 月 1 日,成立伪吉林省公署。

1945 年 8 月,日本投降,国民党成立"吉林地方治安维持会";同年 10 月,在中共吉林市委组织下成立吉林市政府;11 月,成立吉林省政府,省会设在吉林市。

1946 年 5 月，解放军从吉林市撤出，国民党在此成立吉林省政府和吉林市政府。

1948 年 3 月 9 日，吉林市解放；3 月 23 日，成立吉林市人民政府；此后一直为吉林省省会，直至 1954 年 9 月迁至长春。

二、吉林市近代绿化发展概况

1. 清朝末期（1840 ~ 1911 年）

由于清朝初年长期实行封禁和半封禁政策，吉林地方处于封闭状态，后因造成官、军经济拮据，逐渐开放，促进了农业及手工业的发展；19 世纪 80 年代更是撤销封禁法令召民垦荒，农业经济有了进一步发展，人口增加。这期间多次进行过城墙维修和城区整改，街道交通状况得到较大改善。对大量寺庙园林进行了修建和维护，少量家境富裕的住户拥有自己的私园。寺庙附属庭院或城郊天然风景名胜地为这一时期居民的主要游憩之所。清末各县（市）建成的较大寺庙也有很多，例如同治八年（1869 年），韩宪琮及其盟兄李茂林等人在桦甸桦树林子修建了善林寺，庙宇建筑工艺精湛，巍然壮观，建筑面积 1600 平方米，占地六十余亩。光绪元年（1875 年），由张教仁道长主持，在新站北六家子九顶莲花山建成金斗宫，占地五十余亩。同年在庙宇西南 40 米处，栽红松二百余株，至今古松尚存。随着帝国主义的入侵，此时清朝的封建统治阶级虽已日暮途穷，中国资本主义产生并逐渐发展；却也受到了外来文化的影响，开始尝试林木育苗和树木引种，并出现最早的园林绿化试验机构。

（1）城市绿化

清朝年间，在宅院、陵墓、寺庙四周植树并不鲜见。清光绪三十三年（1907 年）吉林林业公司和吉林林业总局成立，其章程明确规定，鼓励百姓在田间隙地、路旁、宅旁栽植树木，并对有功者给予奖励；但也仅限于在官府衙门、寺庙、宅旁空地的植树，没有有计划的道路绿化。

（2）林木育苗及人才培养

林木育苗始于清光绪三十四年（1908 年），吉林巡抚朱家宝会同东三省总督徐世昌，堪定龙王庙东偏官地 26 垧，添购民地十余垧，创建农事试验场，暨公园（今江南公园），这是吉林省最早出现的近代农业试验机构（1940 年迁至吉林市郊九站）。试验场设 7 处，其中有园艺处，负责树木品种的选择及育苗。

清宣统元年（1909 年）1 月，当局在吉林市江北开辟官地三十多公顷，作为吉林省立农事试验场的附设农场；并划出一区，进行造林试验，从日本北海道引进日本落叶松，这是吉林省最早引进日本落叶松的记载。

试验场附设农事传习所，1 月 8 日开学，从全省各地招收 40 名学员，由农场技师兼教员讲授农业经济学、农政学、作物学、畜产学、蚕桑学、森林学、肥料学、农艺气象学、园艺学、土壤学、矿物学、植物学、气象观测法等课程，当年 12 月 1 日结业。毕业生除留 4 名派任试验助手外，其余均学成后返回原籍，这是吉林省最早的农业科技培训班。

这期间开始试育和试栽人工苗，并出现了历史上最早有计划的引种栽培。吉林农事试验场曾特辟一区为造林试验地，选耐寒乔木树种，由国外购入一年生苗木，当年假植一次，次年移植于林地，并另划一区培植树苗。引入苗木有日本白杨、日本北海道落叶松、北海道鲁桑等。

2. 民国前期（1912 ~ 1931 年）

辛亥革命结束了延续近两千年的封建帝制，1913 年吉林府改为吉林县，由此至 1931 年东北沦陷近二十年的时间里，吉林地方行政区划无大变动。在军阀的统治下，战争频发，岁无宁时，政局混乱（图 9-4-2）。政府官吏把精力用在争权夺势和财政搜刮上，社会状况无大改善。随着吉林城的修建，出现了部分广场、公园。帝国主义的入侵加剧，各国修建领事馆，并开始设立英、法教堂，接着更修建了大量其他教堂建筑。也开始有了绿化用苗的苗圃，但植树育苗技术基本上处于停滞不前的状态。

（1）外来风格建筑的修建

帝国主义的入侵也带来了外来文化对此时期建筑风格的影响，出现了大量具有外来风格的建筑。比如吉林日本总领事馆，1923 年设立，位于今吉林市北京路 79

图 9-4-2 1922 年的老城区

号，为日式砖瓦结构两层楼，院内有假山、小亭、小石狮、石桌、石凳和花坛等；建于1927年的西关宾馆，位于吉林市船营区船营街155号，为典型的西式风格，建筑材料及设计图纸均出自德国。

（2）广场、公园的出现及发展

1912年修建商埠大马路的同时修建站前广场。1924年，始建北山公园。北山公园在古庙群的基础上，凭借其紧邻城郭的山水优势，凿蹊径、筑台榭、植花木。历时3年竣工，1926年、1929年又有过建筑的维修和构筑。在1930年吉林市政筹备处对吉林市进行的全面规划中，将北山、小白山、龙潭山等天然名胜所在地及其主要道路两侧20米范围规划为风景区。

（3）城市绿化

永吉县实业局曾对"城乡街衢，四郊大道，均拟于最短时期栽植适宜的树木"，鼓励四旁植树；当时每年的植树节也主要是进行四旁植树。民间的宅旁植树也较多，"前不栽桑，后不栽柳"，就是民间宅旁种树习俗的总结。当时，在一些村镇，村庄附近的河流两岸也栽种柳树。但是这个时期的植树绿化，基本上只限于植树节的植树造林活动，而且仍然是呈零星散状分布，没有出现系统的城市绿化。

（4）苗圃的出现及育苗技术的发展

当时官方植树造林规模主要受限于苗木，其他公、私营造林的苗木来源更为困难，多采用扦插法繁殖苗木，且主要是江、河、路、宅旁的树木。1929年（民国18年）李作舟任吉林市江南农事试验场场长，正式在场内增设苗圃，先后播种黑松、红松、枞树、美国杨、白杨、菖柳、垂柳、杏树、糖李子、刺槐等树种，但数量很少，每年培育一万余株，这是吉林地区国营育苗事业的起步阶段。1930年（民国19年）4月在吉林城西郊欢喜岭创办了吉林地区第一个县办国营苗圃——永吉县苗圃，面积近三公顷，圃内划分造林育苗区和试验区，创办第一年育苗20床，树种有松、榆、李、杏、桃、梓、胡桃楸、糖槭，出圃苗木三万余株，以榆树最多。1931年苗圃面积发展到4公顷，育苗仍是20床，出圃苗木三万余株。树种有榆、松、梓、李、杏、桃、杨、柳、糖槭、洋槐、美国白杨、龙须柳、胡杨、柞等。1932年育苗30床，出圃苗木五万余株，以梓、榆、松、杨为最多。该苗圃自创办以来，除了培育本地树种的苗木供绿化外，还购进异地树种洋槐、美国松、美国杨、龙须柳等进行换苗试培。自1930至1932年，共试验上述树种苗木二万余株。当时政局不稳，社会发展缓慢，各县虽

先后设置苗圃，但主要是培育绿化用的阔叶树和果树，属于手工作业，技术落后，栽多活少，产苗量很低。

3. 日本殖民统治时期（1931～1945年）

1931年东北沦陷后，日本侵略者占领吉林城，1932年吉林市政筹备处为伪吉林省公署内设机构，此后直到1945年日本投降，吉林市处于日本侵略者的铁蹄之下。资源被疯狂掠夺，人民生活水深火热，城市失去了往日的繁华。为达到长期统治的目的，日本侵略者在吉林市进行城区建设和道路维护，出现了一些广场、花园和住宅区；还进行了一些城区绿化。为了发展铁路及获取林木资源，也发展了部分苗圃，进行过较大规模的造林育苗活动，但更多的是对资源的掠夺破坏。在村屯附近、道路两旁、江河两岸地带，原始森林被破坏殆尽，出现了大量荒山、疏林和灌丛。

（1）城区建设中的园林发展

较民国初期更多地出现了一些街头广场作为公共活动空间。1935年，吉林铁路局征用私人经营的"永衢花园"（占地约3公顷），建成"满铁公园"。1938年修建沿江大马路时，建吉林大桥桥头广场。1939年建吉林市劳动广场，为绿化广场，中心岛种植花灌木等。在日伪修建铁路高级住宅区时，修建有住宅区广场，称间岛街广场。同时，一些机关、学校周围，铁路住宅区及私人住宅旁亦进行绿化。

道路绿化方面，在日伪统治初期，出于"治安"的考虑，曾下令砍光道路两旁50米以内的树木。后来为达到长期统治的目的，提倡四旁植树（图9-4-3）。1933年，伪永吉县公署转发伪满当局的《植树简章》中规定："植树地点如无相当荒山时，得于堤岸、道旁或民众易于观感的地方举行之"。同时，开始在部分道路两侧栽植树木进行绿化。1936年至1938年11月，完成沿江大马路（今松江路）改造工程，全部工程项目包括修理松花江护岸、道路、船坞码头与绿化带（图9-4-4）。道路南侧安装铃兰花式路灯，人行道绿地植垂柳，据记载共在道路两侧栽植垂柳五百余株。为了保护铁路，满洲铁道株式会社（简称"满铁"）着手在铁路沿线栽植铁路保护林，选用杨、柳和刺槐等树种；但当时造林规模不大，只在条件较好的路段栽植。1945年，吉林市江桥南端附近的园地种植了一些松树。

（2）苗木产业的发展

伪满期间，吉林县苗圃只维持了数年，终因圃地被占用而撤销。1936年，蛟河县建蛟河苗圃，占地面积6.5公顷，育苗面积3公顷，1939年扩大到33.75公顷。

图 9-4-3　1931 年的商埠大马路，可以看出路边种植了一定规模的行道树

图 9-4-4　1939 年的江沿街路

1938 年，伪桦甸营林署建桦甸苗圃，面积 8 公顷；此后伪县公署林业股又在官马设立了县办苗圃，面积为 5 公顷。1939 年，白山苗圃建立，占地二十余公顷，为学校实验苗圃。1939 年吉林市还创建了江北苗圃，以育大苗为主（解放初期由吉林市经营，后转交吉林化学工业公司经营，后来被建筑占用）；1941 年，日伪半官方的"造林株式会社"在永吉县的西阳等处也设置了苗圃；日伪统治中期，吉林市其他县也都设置了苗圃；1942 年，丰满电厂为营造松花湖水源涵养林，在吉林地区西郊蓝旗建了苗圃，即现在的松花江苗圃的前身。日伪铁路部门，在吉林市建江北苗圃，育大苗和花灌木供铁路绿化，吉林造纸厂还为营造造纸林业办了苗圃。

4. 国民党统治时期与解放初期（1945～1949 年）

伪满覆灭以后，1946 年 5 月 28 日至 1948 年 3 月，国民党吉林市政府统治时期，战乱炮火连绵不断，且因修筑战争工事，滥砍滥伐树木，市区仅有的风景区小白山、北山、龙潭山、玄武岭的树木被大量砍伐，自然景观遭受极大破坏，呈现出的是荒山野岭、树木凋零、满目凄凉的景象。城市道路绿化也受到严重破坏，1948 年 3 月 9 日吉林市解放时，城区内树木不足五万株，市内行道树只有两千余株，各城市园林绿化都呈现着旧社会遗留下来的残败景象。

解放后，吉林市各级人民政府，迅即着手恢复和发展，对战乱中遭受破坏的公园树木及行道树进行重新种植。1949 年 3 月，吉林市人民政府发出《广泛宣传动员群众植树的指示》，要求"各区发动群众，在村落的周围、街路和公路两旁植树""在松花江两旁，可根据具体情况，适当栽植树木"。4 月，吉林市人民政府召开吉林市内主要街道两侧植树会议，做出"发动植树，逐年绿化吉林市的决定"。确定于清明到谷雨期间，就现有树苗于市内栽植，因受苗木限制，这一年共栽了 3000 株。永吉等 5 县也开展了四旁植树活动。1949 年土地改革以后，永吉县的大绥河、一拉溪、岔路河三个区曾由区长、小学校长带领学校师生，在永吉县境内的吉长公路两侧进行植树。同时，一些大型厂矿、企业、机关、部队、学校相继进行庭院绿化。

日伪时期的苗圃生产也相继被接管和恢复。1948 年冬，吉林市人民政府接管了江北苗圃，接管后将一部分划给吉林铁路局，一部分由吉林市人民政府管辖，均在 1949 年恢复了生产。1949 年，吉林市人民政府又接收了棋盘街的吉林市江北苗圃。

第五节　吉林市近代园林实例

1. 江南公园

江南公园位于吉林市区松花江南岸，是集游乐、休闲、花卉动物观赏于一体的综合性公园。公园始建于 1908 年，是我国建设较早的一座现代公园。清光绪三十四年（1908 年），吉林巡抚朱家宝会同东三省总督徐世昌，勘定龙王庙东偏官地 26 垧，添购民地十余垧，创建农事试验场暨公园。6 月开工，12 月竣工。公园建成时朱家宝题联：忧乐与民同，安得广厦万千，共游仁宇；江山如此好，愿藉名园十亩，畅叙幽情。宣统元年（1909 年），阴雨成灾，松花江水溢高与北岸扶辕平，江南农事试验场暨公园被特大洪水吞没；1928 年春重建，"就固有之设备略施点缀，稍具雏形而已"。园内主要有体育区，动物园，植物参考园，楼、台、亭、榭、秋千、球场、花草树木、飞禽走兽，成为游览胜地。1949 年新中国成立后，逐渐把原农事试验场址扩大为公园。

公园现占地34.4公顷，拥有温室5座，总面积3416.5平方米，其中室内展出面积1038平方米，用于室外花卉展示的面积更达到了39000平方米。园内每年举办的四次花展——迎春花展、杜鹃花展、大丽花展、菊花展都吸引了大量的游人参观。大丽花是江南公园的花中之王，公园因大丽花品种多、栽培经验丰富、盆栽"三个一"（即盆径一尺、株高一尺、花头直径一尺）而闻名于全国，曾多次召开全国大丽花栽培技术经验交流会。公园拥有非洲狮、东北虎、豹、黑熊、鸵鸟、丹顶鹤等动物55个种类，1300余头（只）。近年来公园花卉品种不断更新换代，动物繁育技术不断提高、园内硬件设施日臻完善。夏季到处绿草如茵，百卉竞放，鹤舞鸽翔，使人流连忘返；冬季园内的冰灯冰挂更是引人入胜。

2. 龙潭山公园

吉林市龙潭山公园位于吉林市区东部，西临松花江，占地202公顷，最高峰"南天门"海拔388.3米，相对高差194米。龙凤寺依山而建，是一座寺庙与自然风景相结合的市区森林公园。龙潭山风景绝佳，寺西有龙潭古池，四时水流不枯。

龙潭山是吉林市的四大名山之一，在建公园以前，已是闻名遐迩的风景旅游胜地。1946年，吉林市人民政府曾颁发保护龙潭山名胜古迹的布告。1947年，占据吉林的国民党守军为修筑工事，大量砍伐龙潭山树木，自然景观遭受极大破坏。新中国成立后，逐渐对其进行恢复和建设，现在已成为吉林市最大的市区风景名胜公园，也是我国自然生态保护较好的城市森林公园之一，具有较高的保护、利用和开发价值。全山被近百种、120万余株乔、灌木所覆盖，有百年以上的古树和珍贵名木130多株，山高林密，景色绝佳。山上有建于公元4至5世纪的高句丽古城遗址及水牢、旱牢，还有建于清代的龙凤寺、龙王庙、关帝庙等古建群，是省级文物保护单位（图9-5-1，图9-5-2）。龙潭山公园近年以来充分利用森林公园的优势，开展了端午踏青游园会、朝鲜族民俗游园会、滑翔、滑雪、庙会等群众性活动，极大地丰富了江城人民的业余文化生活。

3. 北山公园

北山是一座位于吉林市区正北的丘陵山区，东与玄天岭相连，西与石粒子相接，东侧遥望龙潭山，南侧邻接松花江。

北山公园始建于1924年，在北山古庙群和自然景观的基础上，"规度形势，凿蹊径，筑台榭，植花木"，历时

图9-5-1　1927年龙潭山观音堂

图9-5-2　龙潭山山城内地仓

图9-5-3　吉林北山公园区位图（1932年，引自佐藤昌．满洲造园史，1985.）

三年而竣（图9-5-3～图9-5-6）。国民党军队占据吉林市期间，公园遭到严重破坏；1948年吉林市解放后，开始逐步恢复建设并对游人开放。现在是吉林市内的主要风景区，占地138公顷。整座公园被五十余万株乔、灌木所覆盖，庙宇和亭、台、楼、榭掩映其间。分东西两峰，主

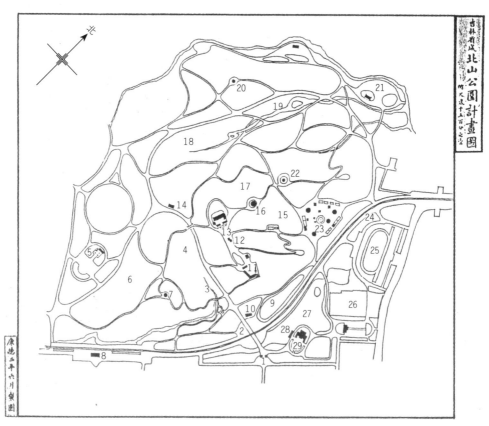

图 9-5-4　吉林北山公园规划图（引自佐藤昌．满洲造园史，1985．）

1.正门；2.停车场；3.溪流；4.拱桥；5.达将军坟；6.落叶松林；7.展望亭；8.北山站；9.莲池；10.公园管理事务所；11.关帝庙、药王庙 12.坎离宫；13.玉皇阁；14.滑冰场；15.樱花园；16.展望塔；17.滑雪场；18.杏园；19.溪流；20.瞭望台；21.儿童游园；22.配水池（自来水）；23.小动物园；24.奉吉线；25.运动场；26.广场；27.园池；28.门球场；29.儿童乐园

图 9-5-5　1905 年的北山

图 9-5-6　1942 年"北山双塔"，吉林旧八景之一

峰西峰海拔 270 米。山上有古建筑群，于 1692~1879 年逐步修建，由药王庙、关帝庙、坎离宫、玉皇阁四座庙宇组成。佛、道、儒三教杂糅相处，独具特色，在我国宗庙寺院中颇为少见，是一座久负盛名的寺庙风景园林。关帝庙内有观渡楼，登楼可眺望松花江。西山主峰上有旷观亭，登亭可眺望吉林市全貌。东西二峰之间有一石拱桥相连，名为鸾佩桥。北山因是吉林的名山，清代许多文人墨客在此留下不少书法和诗篇。每年农历四月廿八的北山药王庙会，更是热闹非凡。山北有桃园亭、广济寺；山南有两个人工湖，名为莲花湖、泛舟湖，湖中植有荷花，湖边有亭台建筑，如水榭、长廊、湖心亭等。北山及其上的古建筑耸立于湖的北岸，很有气势。公园内设有滑雪场，是国内少有的位于市内的滑雪场。

4. 后府

位于永吉县乌街街镇东北隅，为光绪年间打牲乌拉总管赵云生的私宅，自光绪六年（1880 年）赵云生上任后开始修建，光绪十年（1884 年）全部落成。据现存建筑和 1983 年文物普查可知，后府总体布局主要由前院、后院和西花园三部分组成（图 9-5-7）。后院为主人及家人的活动

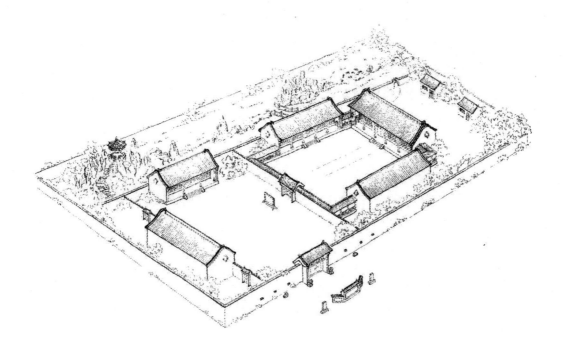

图 9-5-7　后府复原图

区域，前院为佣人、杂役人等居住，院内方砖墁地，整个建筑占地面积近万平方米。后院正房居中，体量较大，坐北朝南，面阔五间。东、西两侧设有面阔五间的厢房。由垂花门及腰墙隔成前、后两个院落，垂花门前有屏风影壁一座。垂花门上悬有"绳直冰清"匾额，为京都庆亲王书赠，门内的"兰桂友芬"匾额，由清末状元陆润庠题赠。前院西侧设有厢房，名曰"竹林轩"，是接待客人的书房。正南为一面北背南的倒座，檐部上方悬一蓝底金字匾额，上书："祖孙、父子、兄弟、叔侄、妯娌"十字，每行两字，右读竖书。大门设于前院东侧，与西厢房相对，门楼正中高悬奉天、黑龙江、吉林三省将军依克唐阿、长顺、德英三人赠送的"坐镇雍容"匾额一方。内侧亦悬挂一匾，文为"茂实菲声"。门楼外两侧置有石狮一对，上马石两块。门楼两侧墙壁上镶嵌有汉白玉象鼻状"拴马石"。大门外为一

砖筑八字形影壁，上雕"海水托日"图，两侧置有记事碑。正房后，东、西两侧建有仓房两间。整体院落宽敞开阔，日照充沛，采光充足。正房东、西两侧廊墙处设有券门，门楣上各有"居仁"、"由义"扇面形门额。通过正房的券门可与呈曲尺形的抄手游廊、两厢檐廊、腰墙、垂花门相连，建筑主体四周围墙高筑。在主体院落的西墙外，纵向设有封闭式跨院花园，正房西侧主体围墙西北角，有月亮门与西花园相通。园内置有假山、石桥、莲池等景观，形成一个独立的休闲空间。西花园外仄内敞，花木扶疏，幽雅宁静，生机盎然，颇具江南水乡园林的风韵。

光绪二十六年（1900 年）赵云生升任伯都纳厅副都统，次年死于任所，卒年 73 岁。1911 年清廷灭亡，后府逐年败落，民国初年尚有余晖，伪满时期只残留四合院一座。随着时间的推移，后府现仅存正房和西厢房。

附录一 吉林省近代园林大事记

序号	公元	大事记
1	1869 年	韩宪琮及其盟兄李茂林等人在桦甸桦树林子修建了善林寺
2	1875 年	张教仁在新站北六家子九顶莲花山主持建成金斗宫，在庙宇西南 40 米处栽红松 200 余株
3	1889 年	农民刘殿臣着手经营杏花村
4	1900 年	9 月，俄军进兵长春，损坏杏花村树木
5	1907 年	吉林林业公司和吉林林业总局成立
6	1908 年	东公园，日本桥公园初步形成；朱家宝、徐世昌创建农事试验场暨公园（今江南公园）
7	1909 年	1 月，在吉林江北开辟官地 30 多公顷，作为吉林农事试验场的附设农场，并引进日本落叶松；1 月 8 日试验场附设农事传习所开学，从全省各地招收 40 名学员
8	1910 年	商埠局利用回民墓地修筑长春公园
9	1914 年	日本人筹划建立附属地公园（西公园）
10	1915 年	满铁附属地西公园初步建成
11	1916 年	3 月，吉长道尹设立长春县立苗圃
12	1919 年	西公园开始全面造园
13	1923 年	西公园拆除原赵洛天的民宅，建起了公园事务所，修筑棒球场
14	1924 年	西公园修建小动物舍、喷泉和水池；始建北山公园
15	1927 年	北山公园竣工
16	1928 年	春季，西公园湖上建造混凝土桥 4 座，其中一座名潭月桥
17	1929 年	李作舟任吉林市江南农事试验场场长，正式在场内增设苗圃
18	1930 年	吉林市政筹备处对吉林市进行的全面规划，将北山、小白山、龙潭山等天然名胜所在地及其主要道路两侧 20 米规划为风景区； 4 月，在吉林城西郊欢喜岭创办了吉林地区第一个县办国营苗圃——永吉县苗圃，面积近 3 公顷，育苗 20 床，出圃苗木 3 万余株
19	1931 年	永吉县苗圃面积发展到 4 公顷，育苗 20 床，出圃苗木 3 万余株
20	1932 年	永吉县苗圃育苗达到 30 床，出圃苗木五万余株； 3 月，原长春公园更名为新京公园
21	1933 年	春季，由国都建设局主持，开始修建大同公园，白山、牡丹两公园相继动工；伪国都建设局开办大房身苗圃，开始育苗 50 万株；另设临时性苗圃两处，共育苗 25 万株； 伪永吉县公署转发伪满当局的《植树简章》中规定，"植树地点如无相当荒山时，得于堤岸、道旁或民众易于观感地方举行之"；开始在部分道路两侧栽植树木进行绿化
22	1934 年	4 月，净月潭库区植树 4200 株，大同大街等街路植树 2500 株； 5 月，净月潭水库工程动工，投资 350 万元； 7 月，西公园开始入园收费，只限于夏季，每人 2 分
23	1935 年	4 月，清明街、慈光路新植、补植树木 1500 株；净月潭水库区植树 3300 株； 10 月，净月潭水库拦河坝完工；大同广场造园工程动工，包括壁易、凉亭、园凳、照明和绿化（1936 年春完工）；伪实业部推行关于在净月潭水库周围建造东北地区最大人工林的十年计划； 吉林铁路局征发由私人经营的"永衢花园"，建成"满铁公园"
24	1936 年	4 月，净月潭库区栽植杏树 1000 株。安达街、兴业街植树 3000 株；大同大街兴安大路等 17 条街路植树 8000 株； 蛟河县建蛟河苗圃，面积 6.5 公顷
25	1936 ~ 1938 年	完成沿江大马路（今松江路）改造工程；满洲铁道株式会社着手在铁路沿线栽植铁路保护林，以保护铁路
26	1937 年	4 月，植树节； 7 月，南湖大坝建成蓄水
27	1938 年	伪桦甸营林署建桦甸苗圃，面积 8 公顷； 是年春节，新京动植物园开始筹建，第一期工程开工； 7 月，儿玉大将铜像地基工程奠基典礼在西公园举行； 8 月，举行儿玉大将铜像揭幕仪式，西公园更名为儿玉公园；大同公园建成大同公园音乐堂，可容纳 1.5 万人； 10 月，意大利首都罗马赠送给伪满首都的牝狼像，在大同公园举行揭幕仪式

序号	公元	大事记
28	1939年	2月，新京市回赠罗马市的唐代狮子像仪式，在大同公园举行；大同公园建成摔跤场（可容纳1万人）、网球场和游泳池，并计划在游泳池附近修建大型体育馆；拆除旧市区部分建筑，计划修建翠华公园； 建吉林市劳动广场，为绿化广场；蛟河苗圃扩大到33.75公顷；建设白山苗圃，占地二十余公顷，为学校实验苗圃；吉林市创建了江北苗圃，以育大苗为主
29	1940年	10月，新京动植物园第一期工程完工； 11月~12月，伪蒙疆联合自治政府主席德王赠送给新京动植物园的10头骆驼自多伦启运抵达长春
30	1941年	日伪半官方的"造林株式会社"在永吉县的鬼登占、西阳等处设置苗圃； 5月，在南湖公园佛光岭举行佛舍利塔奠基典礼； 7月，忠灵塔外苑造园工程完工，壁泉由西公园正门移来
31	1946年5月~ 1948年3月	国民党吉林市政府统治时期，自然景观和城市道路绿化遭受极大破坏
32	1948年	3月，吉林市城区内树木不足五万株，市内行道树只有两千余株； 冬天，吉林市人民政府接管了江北苗圃，一部分划给吉林铁路局，一部分由吉林市人民政府管辖； 长春市存有古树两千余株
33	1949年	3月，吉林市人民政府发出《广泛宣传动员群众植树的指示》； 4月，吉林市人民政府召开吉林市内主要街道两侧植树会议，确定于清明到谷雨期间，就现有树苗于市内栽植，这一年共栽树3000株； 长春市正式成立公园管理所，辛希之、刘永久任所长；吉林市人民政府接收了棋盘街的吉林市江北苗圃

附录二　主要参考文献

1. 佐藤昌. 满洲造园史. 日本造园修景协会, 1985.
2. 赵德让. 长春市志·文物志［M］. 长春：吉林人民出版社, 1995.
3. 长春市园林管理处. 当代长春园林［M］. 长春市：长春市园林管理处, 1985.
4. 长春市园林管理处. 儿童公园规划说明. 长春市：长春市园林管理处, 1985.
5. 刘凤楼. 长春旧影［M］. 北京：人民美术出版社, 2003.
6. 吉林市地方志编纂委员会编. 吉林市志·图片志. 长春：吉林人民出版社, 2005.
7. 吉林市地方志编纂委员会编. 吉林市志·土地志. 长春：吉林人民出版社, 2005.
8. 吉林市地方志编纂委员会编. 吉林市志·地理志. 长春：吉林人民出版社, 2005.
9. 吉林市地方志编纂委员会编. 吉林市志·文化志. 长春：吉林人民出版社, 2005.
10. 吉林市地方志编纂委员会编. 吉林市志·林业志. 长春：吉林人民出版社, 2005.
11. 吉林市地方志编纂委员会编. 吉林市志·综述大事记. 长春：吉林人民出版社, 2005.
12. 张奋泉. 吉林自助游. 广州：广东旅游出版社, 2005.
13. 于海民. 历史的年鉴　文化的载体——清代满族民居"后府"刍议. 古建园林技术, 2005.1：40-42.

附录三　参加编写人员

本卷主编：李树华（清华大学建筑学院景观学系教授、原中国农业大学园林系系主任、教授）

参编人员：刘盈博士、陈颖博士、徐祯卿硕士

致　　谢：在本文的写作过程中，感谢长春市园林植物保护站的许晓明先生陪同我们进行的实地调查，并无私地提供许多资料。同时还有长春市儿童公园的石荆薇女士为我们提供了儿童公园的资料和平面图，在此一并向他们致以诚挚的感谢。

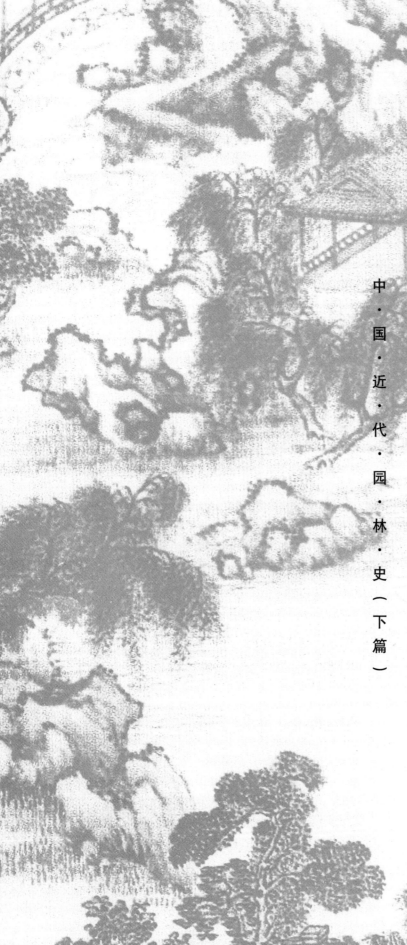

中·国·近·代·园·林·史（下篇）

第十章 辽宁省卷

辽宁省简称辽，省会沈阳。位于我国东北地区南部，东隔鸭绿江与朝鲜为邻，国境线长218公里。属温带湿润、半干旱及半湿润季风气候。一月平均气温自南而北为－5～－15℃，七月24℃左右。无霜期4～7个月，年降水量500～1000毫米。森林覆盖率为26.9％，而经济林的面积位居全国各省之冠。

现仅以省会城市沈阳及辽东半岛最南端的滨海城市大连为例，分述辽宁省内陆城市及滨海城市的近代园林特点。

第一节　沈阳市近代园林综述

沈阳位于中国东北地区南部，辽宁省中部，以平原为主，山地、丘陵集中在东南部，辽河、浑河、秀水河等流经境内。具有得天独厚的地理区位优势，是辽宁省省会所在地，也是全省的政治、经济、文化、交通中心，以及我国著名的重工业城市。沈阳已有两千多年历史，是中国著名的历史文化名城。因地处浑河（古称沈水）之北，中国古代习惯于把水的北面称之为阳，沈阳的名字便由此而来。

沈阳属于温带半湿润大陆性气候，全年气温为－29～36℃，平均气温8.3℃，全年降水量500毫米，全年无霜期183天。受季风影响，降水集中，温差较大，四季分明。

一、沈阳市近代园林简史

沈阳的园林绿化建设始于明代，当时已有私人宅院。清代，出现了以出售花卉为主业的私人花园。清朝定都沈阳并将其更名为盛京以后，开始有较大规模的园林建设。初建的"御花园"位于外攘门外西五里（今皇姑区西湖街二号一带），环境优雅，树木苍翠，广植樱桃。"御花园"的出现，标志着沈阳大型园林建设的兴起。此后，东陵、北陵相继建成，为沈阳的园林建设奠定了基础。

光绪三十二年（1906年），本地士绅沈氏出资在大东关（今大东区）小河沿一带疏浚河道、种植花木，建成也园，后改称万泉公园（今动物园），成为沈阳第一座对外开放的私办公园。同年，清盛京将军赵尔巽创建农事试验场、苗圃和园艺场。翌年，东北三省总督在小西边门外（今沈阳市政府和沈阳宾馆所在地）建成奉天公园，成为沈阳第一座官办公园，园内除栽树、栽花、种草、设置园亭外，还养殖金鱼和小动物。光绪三十四年（1908年），建成奉天森林学堂、奉天种树公所和奉天植物研究所，使沈阳有了植树管理机构和试验研究基地，对沈阳早期的城市绿化建设起到了积极的推动作用。

民国时期，沈阳园林建设发展较快。宣统二年（1910年），在铁路大街（今胜利大街）栽植杨树，这是沈阳最早有计划栽植的树木。1924年，辟建千代田公园（今中山公园）。1925年，大东工业区辟建兵工厂花园。1927年、1929年，先后开放北陵、东陵为供市民游览的公园。1922～1931年，商埠地、古城区、大东工业区、惠工工业区的街道以及北陵大街等49条主要街道共植树两万余株。同时还分别在奉天大广场（今中山广场）、平安广场（今民主广场）、惠工广场、大西广场以及"柳町"、西华门、三经街等地栽植树木。为加强城区的园林绿化管理，1923年8月奉天市政公所成立后，发布了《保护街树办法》，制定了古城区街道植树方案，规定在宽度为10米以上的街道上植树，株距为7米。1924～1931年，市政公所先后在古城区和新建的惠工工业区的干道上栽植了杨树、柳树、榆树、枫树等两万余株，结束了古城区内没有街道树的历史。但是由于养护管理不善，到1932年，古城区63条街道树木仅存2352棵。

东北沦陷后，日本侵略者在制定的《奉天都邑规划》（图10-1-1、图10-1-2）中强调园林绿化建设，先后在各大广场植树。全市广场绿化面积达3510平方米。街道绿化也有较大发展，主要树种是杨、柳、榆、枫等。1940年国际马路（今和平大街）形成了全市第一条林荫路，首次栽植了珍贵树种——银杏，并有修剪的绿篱。1943年，全市街道树七万余株，但分布不均衡，主要栽植在市中心繁华区和日本人居住区街道，一般街道树木很少。

日伪统治时期，"奉天市政公署"还对古城区、商埠地、大东新市区街道绿化实行统一管理。

公园绿地规划以千代田公园（今中山公园）、春日公园（今沈阳军区南侧）为主，辅以街心和三角地绿化。1931年的公园现况如表10-1-1所示。

1937年（3月末）的公园数量略有减少，如表10-1-2所示。

到了1940年3月由于城市规划的发展，沈阳市的公园趋于完善，并有所增加（表10-1-3）。

1945年，国民党进占沈阳，园林绿化事业遭到严重破坏。北陵、东陵等公园被国民党军队强行进驻，滥砍滥伐，树木损失严重。沈阳解放前夕，全市共有树木72894株，城区绿地总面积109.08公顷，公共绿地面积为101.22公顷，绿地覆盖率为1.42%，人均占有公共绿地0.9平方米，人均占有公园面积0.8平方米。

国民党统治时期，仅于1947年在和平大街和中山路等几条主要街道栽植了少量树木，由于管理不善，破坏极其严重。1948年11月，沈阳解放时，全市仅存街道树1.6万棵，绿化街道总长32公里，如北陵大街绿化。北陵大街是城区南北主要干道之一。1928年，奉天市政公署在马路两侧栽植柳树1056棵，以后虽有补植，但因管理不善，树木逐年减少，到沈阳解放时，道路两侧树木所剩无几。

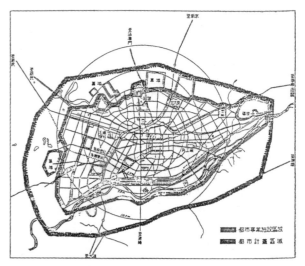

图10-1-1 沈阳城市规划图（1938年，引自佐藤昌．满洲造园史，1985.）

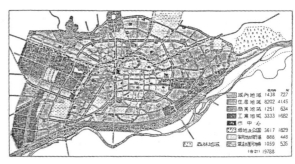

图10-1-2 沈阳城市规划图（1938年，引自佐藤昌．满洲造园史，1985.）

満鉄附属地公园一览表（1931 年）   表 10-1-1

公园名	面 积（m²）	备 注
春日公园	45540	花坛、泉水、草坪、动物舍、射击场、料理店
千代田公园	195360	游泳场、国际运动场、池、筑山、花坛、温室、涉水池
红梅町儿童游园地	10332	
藤浪町儿童游园地	11240	
住吉町儿童游园地	5419	
柳町游园地	6983	
合 计	274874	

（引自佐藤昌.满洲造园史，1985.）

满铁附属地公园一览表（1937 年）   表 10-1-2

公园名	面 积（m²）	备 注
春日公园	41320	
千代田公园	178713	
浪速广场	13553	大广场
柳町游园地	2496	
平安广场	616	
合 计	236698	

（引自佐藤昌.满洲造园史，1985.）

沈阳市公园一览表（1940 年）   表 10-1-3

公园名	面 积（m²）	开园年月
千代田公园	160787.7	1926 年
万泉公园	212454.7	1918 年
沈阳公园	15909.0	1907 年
春日公园	9561.0	1910 年
若松儿童游园	4101.8	1935 年
住吉儿童游园	1657.7	1924 年
葵儿童游园	2205.6	1933 年
宇治儿童游园	2499.3	1935 年
平安儿童游园	2134.5	1936 年
红梅儿童游园	2389.4	1936 年
弥生儿童游园	2493.4	1936 年
霞儿童游园	2603.4	1936 年
春日儿童游园	8785.3	1936 年
合 计	527582.7	1930 年
国际运动场	33000.0	1930 年
国际游泳场	6000.0	1930 年
国际庭球场	8059.0	1930 年
国际相扑场	1600.0	1930 年
合 计	49259.0	

（引自佐藤昌.满洲造园史，1985.）

二、小游园建设

小游园（小绿地）是在改造旧城市中，采取见缝插针、挤地造园的办法建造的城市绿地，以种植花草树木为主，有的建有亭、廊、喷泉、水池、雕塑、花台、假山等园林游览设施，对于改善城市环境、美化街景起到重要的作用。

沈阳市小游园建设始于1911年，当时，日本"南满洲铁道会社奉天地方事务所"在"附属地"柳町辟建柳町游园，占地面积6983平方米。园内除栽植花木外，还建有相扑场地及滑梯等体育活动设施，此为沈阳的第一座小游园。1927年4月，奉天市政公所在古城故宫西侧，西华门外路北建一座街心游园。园内栽植油松、柳树、樱桃等树木和各种花卉。次年，奉天省城商埠局又在三纬路与三经街交会的三角地（今辽宁日报社门前）建一游园，占地面积1870平方米。园内栽油松、旱柳、山桃等树木，并建有假山、喷泉、花坛，设有休息凳等设施。1931～1945年日伪统治期间，小游园建设集中于日本人居住区，其他地区发展缓慢。

1946～1948年国民党统治期间，小游园遭到破坏。到沈阳解放时，全市小游园占地面积仅有40700平方米，且树木濒于枯死，设施被毁殆尽。

三、广场的绿化与建设

沈阳市广场绿化与其广场建设基本上是同步进行的。

日伪统治时期，奉天市政公署根据《奉天都邑规划》建成的中心广场（今市府广场），因其属于聚会广场，中间保留了铺装广场，周边都进行了植树或整形绿化（图10-1-3）。

民国时期，1923年，建成以华兴场为中心的广场（今南市场），并栽植树木。1924年，修建惠工广场，栽植柳树、杨树、槭树、榆树、油松、山杏等树木。1931年，奉天省商埠局修建大西广场时也栽植油松、梧桐、山杏、丁香等树木，这时城区10处广场绿化总面积为3.51万平方米。由于国民党政府忙于内战，致使广场树木枯萎、花草凋零、设施破损。

四、铁路附属地建设

19世纪鸦片战争后，帝国主义势力不断侵入中国。

1898年，沙俄攫取哈尔滨至大连的铁路修筑权后，在沈阳城西建造火车站，并侵占车站附近的大片土地，形成"铁路用地"。

日俄战争后，日本取代沙俄在沈阳的特权，将"铁路用地"改称"南满洲铁道株式会社附属地"（简称"满铁附属地"或"附属地"），在沈阳设总领事馆。同时，欧美各国也相继取得在沈阳商埠地贸易、居住的权益。自此，盛京的城市规划和建设带有了半殖民地的色彩。

民国初期，沈阳由军阀张作霖统治，但日本帝国主义享有"附属地"的特权，英、美、法、俄等帝国主义享有商埠地的特权。"附属地"规划位于沈阳南站地区，面积约六平方公里。1905年，日本帝国主义在日俄战争中击败沙俄，取代其"铁路用地"所有权后，开始规划建设。

"附属地"规划建设的总体布局是以南站为中心，组成平行、垂直加放射状路网布局。道路断面宽度大多为18～28米，并以6～12米宽的小路加密。城市主要交通路口以圆形广场作为结点组织交通，道路交叉多达8条。

第二节　沈阳市近代园林实例

1. 千代田公园（今中山公园）

位于沈阳市和平区南京南街，面积16.1万平方米。公园始建于1919年，最初规划为东西长530米，南北宽385米，面积为20多公顷的公园预定地，先辟建苗圃。1924年，制定公园建设规划，园内划分为游览、运动、安静、儿童游乐、动物展示等区域。1926年，公园初步建成，面积为19.2公顷。园内栽植各种花木，建有假山、喷泉、凉亭、长廊、露天音乐厅、花卉观赏温室和游览、游艺、服务等设施。园名为"千代田"公园（图10-2-1）。1931年，九一八事变后，千代田公园限制中国人入园。1936年，公园规划归伪满"奉天市公署公务处"管辖。1945年抗日战争胜利后，又改称中山公园。1948年，沈阳解放后，改为市属公园（图10-2-2）。

公园自1946年2月22日易名之后，并无孙中山先生的塑像。1987年，孙中山先生诞辰120周年之际，市园林管理部门投资17万元，在公园东门广场建成了占地面积615平方米的绿地及孙中山先生全身雕像；雕像以大理石镶嵌基座，建在用方块石铺筑的广场中心（图10-2-3）。广场周围栽有乔灌木，环境优美整洁，庄严肃穆。

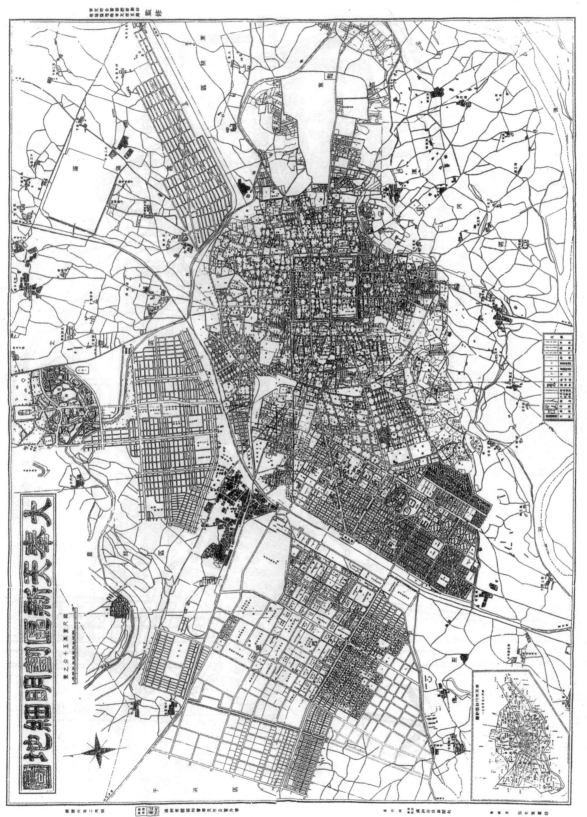

图 10–1–3 沈阳街区图（1939 年，引自佐藤昌．满洲造园史，1985.）

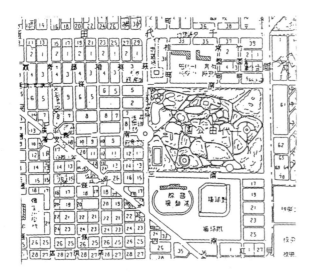

图 10-2-1 沈阳千代田公园周边图（引自佐藤昌．满洲造园史，
1985.）

中山公园绿化建设是在苗圃的基础上发展起来的。经过多年的养护管理，逐渐成林。1936年，园内曾栽有油松、杜松、朝鲜落叶松、核桃、银白杨、毛白杨、山榆、垂柳、山杏、棣棠、山桃、五角枫、皂角、赤杨、黄菠萝、小叶朴、朝鲜樱桃、珍珠梅、连翘等乔灌木共一万余株。

2. 长沼湖公园（今南湖公园）

位于和平区南部，南运河横贯其间，形成条形的水面，将公园分割成南、北两部分，公园现有面积 52.2 万平方米；其中，水面为 13.4 万平方米（图 10-2-4，图 10-2-5）。

图 10-2-4 沈阳南湖公园雕塑

图 10-2-2 沈阳中山公园石雕

图 10-2-3 沈阳中山公园 中山铜像

图 10-2-5 沈阳南湖公园一角

该园始建于 1938 年，因地处一片芦草丛生、狭长形的沼泽地带而得名"长沼湖公园"，占地面积 63.6 万平方米，建有凉亭、园桥、儿童火车、跳伞塔、小卖店、温室、花圃、游船等设施，树木成林，景色优美，节假日期间游人不绝。1945 年"八一五"光复时，公园设施遭到严重破坏，改名为南湖公园。后将公园借给蒙泽中学，毁林种地，致使园容面目全非，设施被盗，树林被伐。由于无人管理，居民乱倒垃圾，在湖北岸形成一座巨大的垃圾山，成为国民党反动政府屠杀革命志士的刑场。

南湖公园原有一片自然形成的杨树林，植株高大、品种单一，具有森林公园的特点。国民党统治时期，公园树木屡屡被盗伐，致使公园树木大量减少。

3. 北陵及东陵

北陵公园位于沈阳市区北部，距市中心约五公里。公园南门为正门，正对北陵大街，东靠陵东街，西临黄河大街，北与北陵花圃毗连，占地总面积 220 万平方米。该园以陵寝古建筑群为中心，形成陵前、陵后两大部分（图 10-2-6）。陵后是以苍翠古松为主要树种的混交林，为安静区；陵前是以沈阳解放后规划建设的综合游览区。解放后，以维护陵寝古建筑群的完整、保持陵后古松林面貌为原则，对北陵公园进行了规划建设。通过修筑园路，挖湖堆山，栽植花木，开辟景点，增加游览、游艺、服务等设施的建设，使该园成为市区规模大、景点多、环境美、设施全，既有文物景观，又有现代园林风貌的大型文化公园（图 10-2-7）。

北陵俗称昭陵，是清太宗皇太极和皇后伯尔济吉特氏的陵墓，始建于清崇德八年（1643 年），清顺治八年（1651 年）竣工。经过多次增建、改建和修缮，今占地总面积 16 万平方米。1927 年春，辟为公园，正式对游人开放。1945 年光复后，由国民党沈阳市政府工务局接管。1948 年国民党军队进驻北陵，强占寝陵隆恩殿、东西配殿、配房等处，使古建筑及各种设备遭到损毁，陵内到处破败不堪。

东陵公园位于沈阳市东部，前临浑河，后依天柱山，距市中心 18 公里，占地面积 557.3 万平方米。该园由福陵古建筑群与古松群落构成，环境清静幽雅，四时景色各具特色（图 10-2-8，图 10-2-9）。福陵共建有各种建筑 34 座，总建筑面积为 9251.72 平方米。清朝时福陵为禁区，直到 1929 年才辟为公园，对外开放。

民国时期，对东陵公园进行过修缮。1930 年，辽宁省政府和沈阳市政公所拨款现大洋 24778 元，进行过一

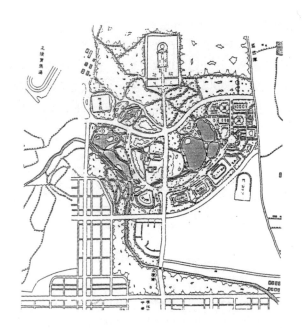

图 10-2-6　沈阳北陵公园平面图（引自佐藤昌．满洲造园史，1985.）

图 10-2-7　北陵公园远眺

图 10-2-8　东陵公园建筑

图 10-2-9　东陵公园雪景

次较大规模的维修，基本上保持了全陵建筑完好。1946年国民党占据沈阳后，东陵公园遭到了很大的破坏，有的文物被毁，古松几乎被砍伐殆尽。1948年沈阳解放前夕，东陵公园树木被砍伐47685立方米。由于长期遭受风雨侵蚀，失于修缮，部分红墙、牌楼、配房等建筑也纷纷破损坍塌，断垣残壁十分荒凉。

东陵公园有优越的自然景观和人文景观。早在清初，即有"龙滩垂钓""引水归帆""宝顶凝辉""天桥挂瀑""泉沟采药""柳甸闻莺""明楼过雨""西山映雪"八景驰名沈城。

另有"古柳神鸦"与"义犬救主"两个景点以历史传说为主题而新辟。前者，相传明万历年间，汗王努尔哈赤被明军追杀，忙乱中钻进一棵古榆树洞内藏身，飞来一群乌鸦落满枝头，使追兵误认为此地无人而使汗王得救。后者，传说汗王与明总兵李成梁交战兵败，逃入一片荒原草甸中，因疲惫过度倒地睡去。明军纵火烧荒，认为汗王必定葬身火海。跟随汗王的黄狗见主人命危，便无数次地跑到河里浸湿全身，再把水淋在汗王四周。后汗主得救，而黄狗累死。汗王誓言："我的子孙永不食狗肉"，所以，满族人至今仍保留这一传统。

4. 万泉公园（今沈阳动物园）

位于大东区万泉街。占地面积62万平方米，其中水面7.8万平方米，是沈阳唯一一座大型动物园（图10-2-10）。

万泉公园因坐落于万泉河畔而得名。万泉河环境优美，水草丛生，荷花繁茂，"万泉垂钓"曾为沈阳八景之一。清光绪三十二年（1906年），沈姓绅士出资疏浚河道，平整道路，种植花木，修建水亭、茶榭、酒肆、市场等四十余楹。将万泉河辟建为沈阳第一座公园。翌年，公园转归直隶天水氏后，又增购了菀裘，修建了津桥、鸥波馆、水榭、游船等园林设施。不久，天水氏又将其转归赵氏。赵氏于1913年将其转归东三省官银号管理。在此期间，逐年整修园路，建造桥梁，点缀山石，增植树木等，还辟建小花园，培育奇花异草，饲养观赏鱼类。"万泉莲舟"成为沈阳著名的景观。1918年曾命名为也园，1932年正式定名为万泉公园。此后，公园建设有所发展，园内增建了方亭、温室、码头和动物舍，饲养着骆驼、熊、狼、獾、狐等少量动物（图10-2-11）。1946年3月~1948年10月，国民党政权占据沈阳，该园遭到极大的破坏。园内树木被砍伐，设施被毁，园中饲养的观赏动物大批死亡。

5. 广场绿化

中山广场位于和平区中山路、南京街、北四马路三条道路的交叉口，面积为26462平方米，是沈阳的主要广场之一。

该广场始建于1913年，日本人在广场中央建有纪念日俄大会战纪念碑。同时还修筑广场人行道，平整了周围地面。1919年称该广场被命名为浪速广场，并按规划植树，设置花墙。广场周围先后修建了南满奉天医学堂、大和旅馆、兴业银行、东拓支店、警察公署等建筑。1931年九一八事变后，日本关东军司令部由旅顺迁到沈阳，曾在该广场东侧的东拓支店楼上办公（现沈阳市总工会）。1932年2月，召开伪满"建国会议"，制定伪"满洲国方案"等，都是在广场西南方的大和旅馆（今辽宁宾馆）进行的。

国民党统治时期，该广场改名为中山广场。1945年，十间房至新华广场的三线有轨电车道从广场中间穿过，把广场分为两个半圆。

平安广场（今民主广场）位于和平区民主路地区，共分8个路口，为封闭式圆形环岛，总面积6804m²。始建于1922年，因该地土质不好，清除瓦砾，移入好土后才建起环岛；于翌年雨季植树。1931年九一八事变后，该广场成为军事用地。1934年国民政府统治沈阳时，平安广场一度改称中正广场。解放后，改称民主广场。

此外，由于多次政权更替及沙俄、日本的入侵，在整个近代多次做过城市规划，如"商埠规划""张作霖管辖区规划"以及日伪的"奉天都邑规划"等，城市圆环放射状的格局，形成许多路口交叉点，故广场较多，除上述两个面积较大的中山及民主广场外，尚有惠工广场、大西广场、朝日广场（今和平广场）以及铁西广场等，都于近代修建，且都有面积不大的绿化部分。

图10-2-10　沈阳动物园入口

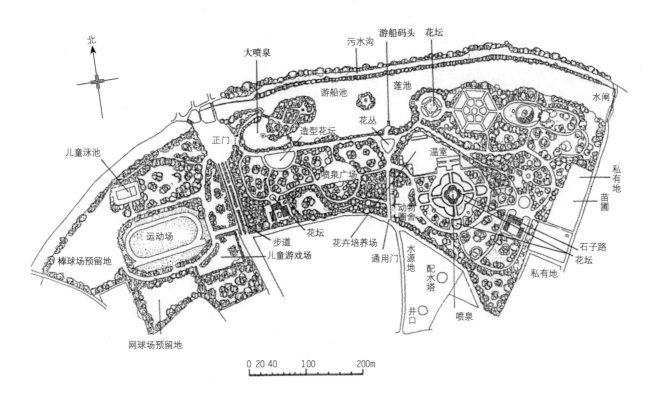

图 10-2-11 日伪统治时期的万泉公园改造规划图（1937年，引自佐藤昌．满洲造园史，1985.）

6. 张氏帅府

张氏帅府又称大帅府、少帅府，是奉系军阀首领张作霖及其长子、著名爱国将领张学良的官邸和私宅花园。始建于1914年，占地29140平方米，总建筑面积37670平方米。由东院、中院、西院和院外不同风格的建筑群组成，是我国近代优秀的建筑群之一。

帅府中院为青砖结构的三进四合院，是1914年张作霖刚当上北洋军阀陆军27师师长时开始兴建的仿王府式建筑。该院坐北朝南呈"目"字形，共有11栋57间，建筑面积1768平方米。

四合院正门南侧有一座起脊挑檐的影壁，刻有"鸿禧"大字的汉白玉石板镶嵌在影壁正中。正门两侧各立着一对抱鼓石狮和上马石。当年，四合院朱漆大门彩绘着秦琼、敬德两位门神画像，内侧门楣上方悬挂着"护国治家"的大字牌匾。

一进院东厢房为内账房，西厢房为承启处；东耳房是厨房，西耳房为库房；东、西门房分别为电话室、传达室和卫兵室。通往二进院的大门是一座雕刻镂花的门楼，称垂花仪门。张作霖接待重要客人，就在此门举行迎送仪式，故称仪门。

二进院正房中间为堂屋，可通三进院。门前也有一座雕花门楼，门楼上方挂有一块"望重长城"的牌匾。正方东屋是张作霖在1922年以前的卧室和书房，西屋是办公室和会客室；东厢房是秘书长室和内差处（即机要秘书室），西厢房为秘书处。

三进院是帅府的内宅。西厢房是张学良和于凤至结婚后的居室，其余房间均为张作霖的几位夫人的居室，正房东西两侧的耳房是仆人居室。二、三进院之间有侧门回廊相连，并有角门通往东院帅府花园和大小青楼。

三进四合院是典型的中国传统建筑，同时又兼具东北暨辽南的民居风格，门窗廊柱的油饰彩绘独具特色，窗下墙身的砚石浮雕堪称一绝，墙上砖雕细腻生动，檐枋雀替的木雕巧夺天工，是研究民居建筑和民俗艺术的珍贵实物资料。

东院由大、小青楼和帅府花园等组成。小青楼建于1918年，为中西合璧式二层青砖小楼，曾是张作霖的夫人们和子女住的地方。1928年张作霖被日本人炸伤，在此楼西屋去世。

大青楼是1918年至1922年建成的三层罗马式青砖楼房，上有观光平台，下有地下室。建筑面积2581平方米。1922 年张作霖搬到此楼办公，1928 年张学良主政东北时在此楼办公。一楼有东北政务委员会办公处、会客厅、宴会厅、秘书厅等；二楼是张学良的办公室和卧室。一楼东北角的会客厅以陈放老虎标本而名"老虎厅"。杨宇霆、常荫槐就是在这里被处决的。帅府花园建有假山、花坛、甬路、亭台水榭和荷池，帅府东北角建有关帝庙。

西院的七座红楼建筑群是 1930 年由张学良规划并筑好地基，九一八事变后建成的。此外，在帅府院外的东部和南部，还有"赵四小姐楼"、边业银行和帅府办事处（俗称"帅府舞厅"）等建筑。院内外组合成优美的建筑和环境艺术体系，交相辉映。

第三节　大连市近代园林综述

大连市地处欧亚大陆东岸，中国东北辽东半岛最南端，位于东经 120° 58′ 至 123° 31′、北纬 38° 43′ 至 40° 10′之间，东濒黄海，西临渤海，南与山东半岛隔海相望，北依辽阔的东北平原。是东北、华北、华东以及世界各地的海上门户，是重要的港口、贸易、工业及旅游城市。

全市总面积 12574 平方公里，其中老市区面积 2415平方公里。区内山地丘陵多，平原低地少，整个地形北高南低、北宽南窄；地势由中央轴部向东南和西北两侧的黄、渤海倾斜，面向黄海一侧长而缓。长白山系千山山脉的余脉纵贯本区，绝大部分为山地及久经剥蚀而成的低缓丘陵，平原低地仅零星分布在河流入海处及一些山间谷地；岩溶地形随处可见，喀斯特地貌和海蚀地貌比较发达。最大的河流为注入黄海的碧流河，是市区跨流域引水的水源河流。另外，还有两百多条小河。

大连市位于北半球的暖温带地区，具有海洋性特点的暖温带大陆性季风气候，冬无严寒，夏无酷暑，四季分明。年平均气温 10.5℃，年降水量 550 ～ 950 毫米，全年日照总时数为 2500 ～ 2800 小时。

1840 年，鸦片战争爆发后，中国大片土地被帝国主义列强强行割让，大连也从此经历了漫长的被沙俄和日本帝国主义侵占和殖民统治的历史。1894 年 8 月，中日甲午战争爆发，11 月日军侵占金州和旅顺。

1895 年 4 月，日本强迫清政府签订了中日《马关条约》，将辽东半岛等岛屿割让给日本。俄、德、法三国由于各自利益的需要，"三国干涉还辽"，日本逼迫清政府交 3000 万两白银后，才于同年 12 月从大连地区撤走军队。俄、日侵占大连的时期，是大连近代旅游初兴时期。

殖民统治当局在大连兴建港口、火车站、机场以及宾馆、公园、剧院、商场等交通、购物、娱乐设施，形成设施条件较为优越的园林化环境；但当时承接的旅游者仅为少数达官贵人，旅游活动带有浓厚的殖民色彩。

1897 年 12 月，沙俄以德国占领胶州湾为借口，派兵强占旅顺，同时占领大连湾。1898 年 3 月，沙俄又强租旅顺、大连，中俄签订《旅大租地条约》，租期 25 年；又于同年 5 月签订了《续订旅大租地条约》，使皮子窝、普兰店以南成为沙俄殖民地。继而，沙俄在旅大地区设关东省，又称关东州。1899 年 7 月，沙俄将青泥洼改为达里尼特别市。沙俄在大连开始修建自由港，并以法国巴黎为原型，规划兴建城市。选定青泥洼一带为市区中心，在市区中央地区及周围地域修建若干个广场。由尼古拉耶夫卡亚广场（今中山广场）向四面八方辐射出大街，再与周边的圆形广场连接，构成整个市区框架。

1904 年年初，大连已形成 6 平方公里城区的港口城市，建起欧式建筑风格的市街，沿街两侧的旅社达 21 家，其中档次较高的有达里尼旅馆、莫斯科旅馆。沙俄在筑港建市的同时，还在市区西部兴建公园，时称西公园（今劳动公园），园内建有苗圃、农事试验场和木亭，栽植了花草树木，后又饲养虎和熊。在旅顺市区南部建植物园，园内栽植的植物多从东北和内蒙古等地采集，这些公园成为大连城市最早的旅游景点。大连港建成后，开辟了大连至上海、大连至长崎的定期航班及大连至朝鲜、海参崴、欧美等国的不定期航班。大连的铁路建设与港口建设同步进行，先后建成旅顺火车站、大连火车站、金州火车站、普兰店火车站和瓦房店火车站。至此，大连周边地区铁路交通网络相继形成。从陆地向北可直通俄国远东中心城市伊尔库茨克；海上向南可通达欧美各国。大连成为沟通欧亚两大洲的海陆交通枢纽。来自俄国、欧美等国家的旅行者，有的乘发自彼得堡的火车，经东清铁路抵连；有的乘船自俄国敖德萨港、海参崴港及朝鲜、日本的港口航行进入大连。来自国内的多为经商的旅行者，通常是从烟台乘船到大连。旅行者多为上层社会的达官贵人以及沙俄军官家属和商人，在大连、旅顺度假休闲或从事商贸活动。旅顺作为大连地区早期的政治、文化中心，曾被俄国作家描述为"俄国人的远东啤酒馆"。沙俄在旅顺还修建了专供俄国人享用的剧院、赛马场、海滨浴场及别墅，俄国人常常在此聚会，通宵狂欢。此外还有丹麦、瑞典和英国的传教士在大连、旅顺进行宗教旅游活动。

1905 年，日本帝国主义取代了沙俄在旅顺、大连的殖民统治。日俄战争时期，日俄两军在旅顺白玉山、203

高地、东鸡冠山北堡垒等高地进行激烈的殊死争夺战。日本殖民统治当局为宣扬"天皇神威"与"赫赫战果"，在战地树塔建碑。1905年1月，在203高地用战场的废炮弹皮和子弹壳炼铸高10.3米、形似日式步枪子弹的纪念碑，日本陆军大将乃木希典题写"尔灵山"镌刻于碑上。后在白玉山主峰上修建"白玉神社纳骨寺"，在纳骨寺对面山顶修建"表忠塔"。

1913年7月，日本殖民统治当局成立旅顺战迹保存会。保存会在旅顺战场上修建了18座纪念碑。同时，修建从市区通往203高地、冬鸡冠山、白玉山、二龙山、松树山、水师营6条约三十公里长的"战迹线"旅游道路。至1916年，旅顺日俄战争遗存战场修建工程基本完成后，日本殖民统治当局开始大规模组织"战绩圣地"旅游活动。每年多在春、夏、秋季，日本统治当局组织日本国内军事学院学员、中小学生分期分批到旅顺参拜"战绩圣地"，为侵略者祭祀招魂。在各个景点都配有受过严格军事教育的专门导游员。讲解词通篇为宣扬日本军国主义的煽动语。在大连非战争遗迹景点，导游则多为日本少女，以说唱与歌舞的方式，为游客做多样化的

导游。为强化殖民奴化教育，日本当局强行组织中国的中小学生去日本游览，并称之为"母国观光游"。

日本殖民统治当局还相继扩建和修筑了大连至旅顺、金州、普兰店等城区的公路，客观上形成了较为完善的城市公路网络。市区开通了由码头至电气游园的有轨电车，以后逐步形成了以有轨电车为主的室内公共交通系统。另外，在市区马栏河口至黑石礁海滨兴建占地166.9公顷的星个浦游园，扩建了西公园、旅顺植物园等。利用良好的自然海湾开辟了老虎滩、夏家河子、傅家庄等海水浴场。

1928年，日本殖民统治当局将大连至旅顺南路沿线的黑石礁、凌水寺、小平岛、蔡大岭、老座山、龙王塘、玉乃浦、白银山定为旅顺八景。1929年，青泥洼桥一带变为新的商业区，新商业区共有两百余家商店。以后又相继建成三越百货店、福电中央大楼、常盘桥市场等大型建筑组成的商业中心。日本殖民统治旅顺、大连期间，许多日本国内人士来大连游玩，如著名反战女诗人与谢野晶子和丈夫于1928年赴大连观光。1935年，将磊山屯、大东沟、牧城驿、双台沟、玉仙台、长春庵、水师营、火石岭定为旅顺北路八景（图10-3-1，图10-3-2）。

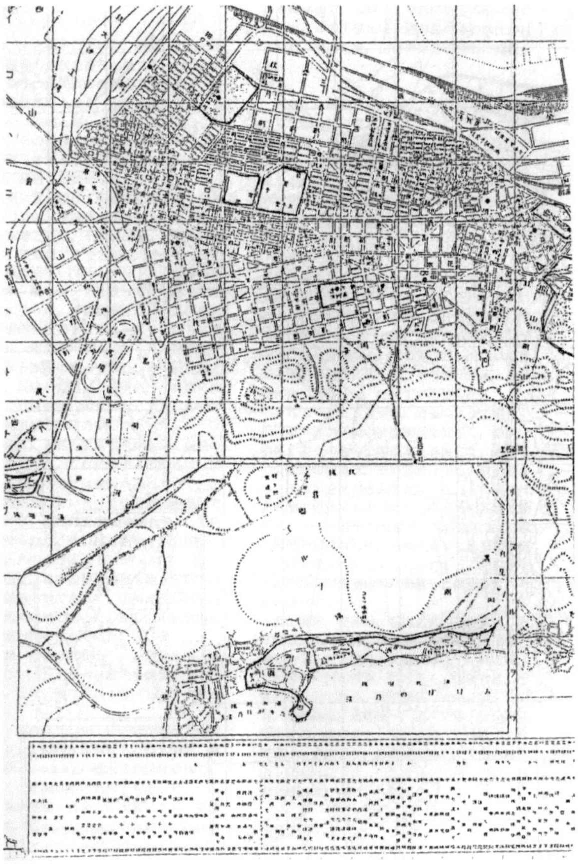

图 10-3-1　大连市地图（1932年，引自佐藤昌.满洲造园史，1985.）

图 10-3-2　大连市地图（1932年，引自佐藤昌.满洲造园史，1985.）

编号	公园名	面积（m²）	管理者
1	星个浦公园	1486083	满铁
2	北公园	20909	满铁
3	电气游园	70009	满铁
4	日本桥公园	3507	满铁
5	山城町游步地	2261	满铁
6	沙河口游步地	5196	满铁
7	弥生个池公园	66116	关东州厅
8	大广场	35848	关东州厅
9	中央公园	1111575	大连市
合计		2801504	

（引自佐藤昌.满洲造园史，1985.）

中·国·近·代·园·林·史（下篇）

日本殖民统治当局还开始整修沙俄时期规划的中央公园。1932 年，当时的大连市长小川顺之助着手中央公园的扩建整治，重新设置公园处（表 10-3）。中央公园由 100 公顷扩大到 180 公顷。

其后的大连市在市内开始实施增设 60 个儿童公园的规划，并在 1940 年，在圣德、傅家庄、静浦、老虎滩规划建设 17～35 公顷的自然公园。在城市绿化方面，进行城市周边的丘陵地 700 公顷的造林，并且实施了大连神社、忠灵塔、寺院等四周的绿化。为此，日本殖民统治当局在西山屯建立了用于行道树用苗的苗圃（面积为 5 公顷），并在沙河口建立了用于一般绿化用途的苗圃（50 公顷），进行树苗的培育。

1945 年 8 月 22 日，大连解放，具有殖民地统治色彩的城市园林建设从此结束。

第四节　大连市近代园林实例

1. 星个浦公园（今星海公园）

星个浦公园（又名星之浦公园）位于大连市区西南面，距市中心约五公里，由占地 16 公顷的陆地及长 800 米的海水浴场组成。始建于 1909 年，由南满洲里铁道株式会社修建，1911 年命名为星个浦公园，是因为海湾水面上露出一块形状奇特的巨石，传说那是来自天外的"星石"，星个浦公园故此得名。1945 年改名为星海公园，是一处游园、观海、海水浴、避暑、疗养的胜地，为大

连著名的海滨风景区之一（图 10-4-1～图 10-4-3）。当时星海游园的一部分被称作"水明庄"。

该公园开园之初面积为 257852 平方米，经过 1913 年的扩建和 1914 年的高尔夫球场的建设，面积增加到 1486083 平方米。1930 年在园内霞丘中央，设置了日本第一任满铁总裁后藤新平的雕像，同时增设了喷泉、溪流等。

公园沿 800 米长的半月形海滩而建。面积为 16 万平方米。园内满目苍翠，幽雅恬静。由正门向东，沿着园路可登上一片小山岗，上有一藤萝覆盖的圆形花架。这里是园内的登高望远处。站在藤萝架下，可总览公园全貌：万木丛中，棋乐亭、瑾花亭、海岩亭、望海亭、迎潮亭散布其间，错落有致，风格各异。由藤萝架东南坡下行几十米，便可步入瑾花亭，亭内设有水磨石的石桌、石凳可供游客小憩、用餐、阅读、弈棋。再往东可抵海边，峭岩上立着一座精巧的六角飞榭小亭，红柱金栏、古色古香、因高踞海边峭岩之上，故得名海岩亭。海岩亭向南，便是一个突入海中、名为东小山的半岛，是游客必至的好去处。

东小山山冈林茂花繁。共有树木 88 科 102 种 8634 株，草坪面积为 8800 平方米。登上几级石阶，迎面是 1 米多高的 6 瓣形花坛，似一朵盛开的梅花。花坛中植有花卉树木，在百花争妍的季节，坛即是花，花即是坛。绕过花坛，面前又是一个同样高的圆形花坛。游客步步登高，步步赏花，目不暇接。往前有 8 个长方形花坛毗连，直抵山巅。花坛两侧与花坛之间的甬道选用各色卵

石，镶嵌成各种图案：有鲤鱼嬉莲、飞蝶恋花、青杏红樱等，皆形象逼真，几乎令人不忍投足其上，亦足见设计师和建筑师的匠心。

望海亭上的琉璃瓦在苍松翠柏的掩映中，显得格外辉煌，飞檐下红、黄、蓝、绿各色椽头色彩斑斓。立于亭中，举目四望，水清沙白的海水浴场，一望无际的大海，晴空万里的蓝天，齐现眼前，令人眼界顿开，心旷神怡。

望海亭前十余米处，便是悬崖峭壁。在悬崖与望海亭间，有一石柱门，门框由礁石堆积而成，其上牡蛎壳斑斑。入门转一道弯，便见一石洞，洞口上方刻有"探海洞"三个阴文朱红大字。进入洞内，眼前一片幽暗，稍停片刻，方能隐约看出洞壁轮廓，但还无法辨清脚下的石阶。游客只能扶洞壁而下，两脚在幽暗中摸索前进。但觉寒气逼人，不可久立，阵阵海水的咸腥味从洞下不断飘上来，耳畔响彻海浪相击的轰鸣声。再下10米的台阶，又转过一道弯，面前豁然开朗，一线亮光从"人"字形岩缝中射入，愈往下走愈亮。石阶尽头便是卵石与细沙铺成的海滩。

出探海洞观赏茫茫的大海，别具情趣。举目远眺，由东至西一字排开几座小岛。其间有一个圆柱形的巨大礁石，耸立于波涛之中，那便是著名的"星石"（图10-4-4），而这段海域就叫作星海。星海公园也因之得名。

海水浴场是公园里最吸引游客的地方。它东西长八百余米，两端都有突出海中的小山岗护卫着，细沙卵石铺成的海滩极为平缓，是理想的海水浴场（图10-4-5）。

图 10-4-1　大连星海公园

图 10-4-2　大连星海公园一角

图 10-4-4　大连星海公园"星石"

图 10-4-3　大连星海公园凉亭

图 10-4-5　星海湾海水浴场

2. 旅顺博物苑区

旅顺博物苑是一个集旅顺植物园、旅顺博物馆、俄清银行旅顺分行旧址、日本关东军司令部旧址、中苏友谊塔、胜利塔、蛇类博物馆和肃亲王府等景点于一体的综合旅游区。它具有丰富多彩的景观内容，融知识、趣味、休闲和观赏于一体，备受当地市民和广大游客的青睐，每逢旅游旺季，来此观光游览的中外游客总是络绎不绝。人们在这里尽情领略植物园优雅的自然风光，可谓其乐无穷。

旅顺口因其典雅的小城风光和秀美的山海景色而享有"大连后花园"的美誉，更因中国近代的两次重要战争——中日甲午战争和日俄战争都发生在这块土地上而闻名遐迩，并因此成为著名的旅游名胜区，人们一直这样说："一个旅顺口，半部近代史"。1898年3月27日，沙俄强迫清政府签订《旅大租地条约》。28日，俄军举行"占领"仪式，自此旅顺成为沙俄的殖民地，1899年12月沙俄太平洋舰队司令阿列克塞耶夫开始任"关东洲"总督，掌握"关东洲"全部军政大权，阿列克塞耶夫（另译做阿莱克塞夫）是沙皇尼古拉二世的私生子。1900年5月，沙皇尼古拉二世批准了阿列克塞耶夫呈报的太阳沟新市区设计图，沙俄殖民当局将原居住在太阳沟的农民驱赶至盐滩村一带，并开始填平沟堑，大兴土木，供占领者使用。

1902年沙俄在新市区建起了东北地区最早的植物园——旅顺植物园，也是我国最早的植物和动物园之一。植物园占地面积四万余平方米。当时，沙俄"关东植物园协会"从东北各地精选了多种花卉林木植于园中，其中光叶榉、红槲栎、枹栎、悬铃木等名贵稀有观赏树种。建园之初，园内的布局比较简单，除了林园，还有部分草坪，一座花坛和一湾千余平方米的池塘，但已初见欧洲风格的风景式园林。

1905年日本侵占旅顺以后，将旅顺植物园改名为后乐园，后又改称植物园。

1945年苏军进驻旅顺口，将旅顺植物园改称解放公园。到1955年苏军撤离旅顺口，中国人民解放军旅顺口驻军从苏军手中接管解放公园时，园内原有林木仅存25%。

1983年，旅顺口驻军将解放公园移交给地方管理，并正式向游人开放。1984年，解放公园被列为大连市恢复建设项目之一，并恢复旅顺植物园的旧称。

旅顺博物苑区是以旅顺博物馆为主轴线，从南到北分别是旅顺植物园—旅顺博物馆—中苏友谊塔—日本关东军司令部。旅顺博物馆东面为旅顺动物园，东北为蛇类博物馆和俄清银行旅顺分行旧址。

旅顺博物馆有着近百年历史，是一座外观宏伟的欧式建筑。主楼占地24000余平方米，四周花木簇拥，绿草如茵，其环境宽敞优雅；被国内博物馆资深专家称之为"辽东半岛上的卢浮宫"。始建于1917年，它是日本帝国主义在未完全建成的沙俄"将校集会所"（即军官俱乐部）的基础上改建而成，初称东都督府满蒙物产馆。1919年因都督府改制，而更名为关东都督府博物馆。他们从日本德山运来上等石料，招募数百名中国建筑工匠日夜劳作，精雕细刻，这座米黄色的建筑坐南朝北，四周花木扶疏、龙柏掩映。全部用石料建造的壁柱式建筑，外观大气恢宏、庄重典雅、工艺细腻、用料考究，可谓精美绝伦，使人恍若置身于19世纪充满浪漫气息的欧洲庄园，不失为一个精美的建筑作品。

博物馆主建筑位于植物园构图的中心部分，中轴线位置让给了长方形层叠的喷泉。植物园位居两侧，喷泉两旁是甬道，花岗石路缘石后是柔软的草坪，人工修剪的黄杨绿篱和方砖铺砌的林间小道将植物园的空间分隔开来。园中空地点缀着低矮的花树和柏树，修剪整齐的冬青哨兵般站立在光叶榉下，还有庄严肃穆的雪松。

原植物园东北建有旅顺动物园，占地面积为1.2万平方米，动物也只有10种30余只。至20世纪80年代初，旅顺动物园已拥有各种动物七十余种近五百只。其中的"百鸟笼"是当时亚洲最大的两个人工鸟笼之一，另一个则在日本东京上野动物园。

1997年，大连动物园连同旅顺动物园的所有动物全部合并于新建的大连森林动物园。至此，除百鸟笼保留之外，旅顺动物园已不复存在。其旧址按照中国式园林风格进行了改造，修建了假山、庭榭、花坛、拱桥，铺设了草坪，使之与旅顺植物园相得益彰。中苏友谊塔是旅顺博物苑区内的主要景观之一，国家级重点文物保护单位，是中国人民为纪念第二次世界大战后驻守旅顺的苏联红军的丰功伟绩而修建。

1955年2月23日，中国政府为中苏友谊塔举行了隆重的奠基典礼，周恩来总理为奠基石题写了"中苏友谊塔奠基"七个刚劲有力的大字，现珍藏于旅顺博物。彭德怀元帅、宋庆龄、贺龙元帅、郭沫若、聂荣臻元帅参加了奠基典礼。1955年10月动工建设，1956年10月11日竣工。时任中华人民共和国卫生部部长、冯玉祥将军夫人李德全，国防部副部长李达上将和苏联驻华大使馆参赞阿布拉奇莫夫在落成典礼上讲话。

中苏友谊塔占地 484 平方米，塔高 22.2 米，两层塔基由花岗石砌筑，四周设有阶梯。塔身为正 12 边形矗立于二层塔基之上，完全用白色雪花石雕刻。四周的雪花石栏杆的柱头上也雕刻着盛开的牡丹、飞翔的鸽子和朵朵白云，具有浓郁的中国传统艺术风格。塔身基部四周镶有分别表现天安门和克里姆林宫，鞍钢高炉，旅顺军港风光和康拜因联合收割机在田野上收割四幅汉白玉浮雕。其上方环绕塔身还有雕有 20 尊神态各异的中苏两国人物群像，这是苏联现代派雕刻艺术家薇拉·穆希娜的创作手法和风格。塔顶用雪花石雕刻的一朵盛开的莲花，托着中苏友谊徽标，不仅造型美观，而且意义深刻。中苏友谊塔的周边是碧绿苍翠的龙柏树丛，龙柏是旅顺所独有的，一枝枝形似燃烧着的嫩绿色火炬，因此当地人又称其为火炬松。更加衬托了中苏友谊塔的庄重和典雅。

中苏友谊塔北侧，有一座俄式白色砖石结构二层建筑，门牌上写着万乐街 10 号。外观看上去这座建筑被龙柏松簇拥着，显得静谧清幽，除了俄式风格外，别无特别之处。可是，1941 年以前这里却是阴森恐怖的罪恶机关——日本关东军司令部。

1900 年，沙俄统治者修建了这座建筑面积为 2602 平方米的小楼，是沙俄关东州陆军炮兵部，直到 1905 年日俄战争结束，日军侵占旅顺口后，这里摇身变成日本关东都督府下设的陆军部，后改为"关东军司令部"。关东军在这里策划和发动了无数次天理不容、令人发指的罪行，如"郑家屯事件""皇姑屯事件"和臭名昭著的"柳条湖事件"，也就是九一八事变枪响后，日本当局决定将关东军司令部迁至沈阳，后来又迁至长春，直到 1945 年 8 月被英勇的苏联红军铲除。如今这里是沈阳军区某部。由于这里曾经是日本关东军的重要指挥机关，许多历史学家、小说家、军事研究人员以及影视剧制片人经常光顾这里，挖掘素材或拍摄资料。

大连地区隶属泛北极植物区，园区除大乔木有本土龙柏、赤松、银杏、槐树等，小乔木有盐肤木、胡枝子，木菊和木芙蓉等。近代时成功引进了合欢、梧桐、白花玉兰、水杉、雪松、红槲栎、光叶榉、杜仲、日本樱花等绿化观赏植物。大大增加了大连地区的植物区系特色。

3. 沙俄公墓及苏军烈士陵园

苏军烈士陵园位于旅顺寺沟路三里桥之西，坐西朝东，背靠椅子山，它是由沙俄公墓和苏军烈士墓、苏军纪念塔、陵园、小教堂（现守墓人住所）等组成。

1894 年甲午战争后，腐败的清政府将辽东半岛割让给日本，这就损害了沙皇俄国在中国东北的利益。俄国立刻联络法国、德国，以日本占领辽东半岛有碍和平为由，在三国武力威胁下，日本才撤出辽东半岛，但对中国则寸步不让，要求清政府交出 3000 万两白银作为"赎金"，1895 年清政府向日本如数交纳了"赎金"。1898 年，自恃"三国干涉还辽"有功的沙俄帝国主义，在"保护中国"的幌子下，不费一枪一弹轻易地占领了旅顺。

沙俄侵入旅顺口后，为了强化其武装占领及殖民地位，开始在旅顺口周围十公里的陆地防线上修筑炮台堡垒和战壕，同时大兴土木修建官府别墅和娱乐场，供达官显贵玩乐享受。同时，在旅顺三里桥的西山坡上选择了一片荒芜的土地，修建沙俄公墓，沙皇尼古拉二世称此处是远东地区"黄色俄罗斯疆土"上的第一座公墓。

沙俄公墓占地 4.8 万多平方米，具有鲜明的古罗马建筑风格。鹅卵石铺就的甬道两侧松柏成荫、花草遍地，陵园内 1600 余座各种形状的墓碑、塔以及碑塔上的各种雕塑，都是很有价值的艺术品。特别是几组大型铜雕塑，充分体现了俄罗斯雕塑艺术的独特风格。可以想象，当时沙俄公墓的气派与豪华。从碑铭上不难发现，埋葬于此的大多是日俄战争期间战死的俄军将士以及他们的家属，还有俄国、英国、丹麦等国的传教士，以及商人和水手等，甚至还有生前和死后都饱受民族歧视的犹太商人及其子女，他们的墓只能安置于陵园冷僻的角落。

1905 年日俄战争结束后，日本取代了沙俄在辽东半岛的统治地位。1907 年 10 月，日本当局在沙俄公墓中为在旅顺争夺战中阵亡的俄军官兵修建了一块旅顺阵殁露兵将卒之碑，周围有 12 个合葬者墓——"露兵之墓"（日军称沙皇俄国为"露西亚国"，沙俄士兵也就被称为"露兵"了）。整座碑由花岗石砌筑，碑前的雪花石柱上刻有"这里是在保卫阿尔杜尔港（沙俄对旅顺的称谓）战斗中阵亡的俄罗斯士兵遗骸"。碑的正面刻有"旅顺阵殁露兵将卒之碑"字样。

此碑建成之时，日本当局在此举行了盛大的落成典礼。日本军阀乃木希典、东乡平八郎代表日本政府出席，以显示其虚伪的人道主义。

与此同时，日本当局还允许沙俄政府在墓地中心竖立一座带有东正教徽标、由米黄色大理石砌筑的、高为 6 米的日俄战争纪念碑。纪念碑的铭文是"为了沙皇、祖国和信仰而英勇献身的旅顺口的保卫者永垂不朽"。铭文下镶嵌着彩瓷耶稣头像，并饰以花卉图案。

1945 年 8 月 9 日，苏联红军从 4400 公里长的中苏边境线同时向日本关东军发起全线攻击。8 月 22 日，英勇的苏联红军解放了旅顺大连地区。同年9月6日，苏联远东军总司令华西列夫斯基等6名元帅率领少将以上高级将领127人一行前往沙俄公墓视察。

此后，苏联红军开始用这个公墓安葬死难的红军官兵及其家属，因陵园面积不够用，又在公墓东部扩建，形成现在的规模。

苏军烈士陵园的墓碑有塔式、柱式、立式、卧式等，均写有死者姓名和生卒年月，有的还镶嵌有死者的照片或精致的瓷像，留下死者生前的音容笑貌。部分墓碑上镶嵌着飞机、铁锚、坦克等图案，标志着死者生前所属兵种。

安葬在此的苏军烈士由三部分构成。一部分是1945年8月苏联军队对日宣战以后，三个方面军在东北各战场阵亡的33000名烈士中的2030人。

另一部分是1950年至1953年，在抗美援朝战场上牺牲的苏军飞行员的墓202座，这个数字至少相当于5个空军飞行团的兵力。也就是说，在抗美援朝期间牺牲的苏军飞行员大部分安葬在这里。这些飞行员大多是中尉或大尉，都是年富力强的苏联空军精英。

第三部分是1945年至1955年苏军驻防旅顺期间死亡的官兵及其家属，还包括我国第一个五年计划期间为援助我国军工与经济建设而病逝的苏军工程技术人员。

为了纪念安葬在这里的苏军烈士和感谢苏联红军驻军十年保卫旅大地区和平的功绩，在苏军撤离前夕，旅大市政府于苏军烈士陵园中央修建了一座15米高的苏军烈士纪念碑。碑身呈12角形，全部用雪花石砌筑。在第一层塔基前的南北两端各铸一尊高1.65米的苏军陆、海军战士跪式铜像。碑顶端有周围环绕象征和平的橄榄枝的铜制五星，在塔身两侧各置一个直径为2米多的巨型铜铸花圈。

1999年9月位于大连市人民广场、高度为30.8米的苏军纪念塔迁至苏军烈士陵园前的和平广场上。至此，苏军烈士陵园的规模、形式与内容堪称国内之最。

4. 虎滩花园

虎滩花园位于大连市中山区解放路结好巷1号，老虎滩公园西北侧（现属大连市干部疗养院），院内还有数栋风格迥异的别墅，建造于20世纪30年代的日本侵略时期。虎滩花园占地一千多平方米，建筑六百多平方米，是日式园林与欧洲风景式园林融合得非常独特的风格，也是大连市现存保存较好、较完整的一座小园林。

别墅为两层砖木结构坡屋顶，建筑风格为西方折中样式。该花园建在植物茂密、环境优美的山坡上。从这里能俯瞰大海，老虎滩公园的优美景色尽收眼底。据说1945年以前，这里一直是日本将军和高官的住所。

占地不大的园林中，利用有限的空间设置了石灯笼、石塔，种植了大量树木、月季花和草坪。从庭园主入口到建筑物大门用鹅卵石铺置小路，建筑物侧门（西门）与园路为方砖墁地。庭院中采用了飞石，日本庭园里的飞石大致相当于中国庭园中的汀步或庭石，石间保持一定的距离，以形成能更好地展示庭院空间的"路"。

庭院中共设置了4座石灯笼和1座石塔，均为建园时修建；现在有些破损，但基本保护完好，造型迥异，大门边是一个雪见灯笼，园中心是一个春日式灯笼。庭院东南小水池边并排一个石灯笼、一个五轮塔，设在低矮的灌木中，营造出清幽的庭园氛围。但花园中未见日本庭院中常见的手水钵。

植物配置基本保持了日本园林的特点，分为上、中、下三层，下层原应有苔藓，现地上长满了各式各样的草本植物；中层有铺地柏、小叶黄杨等；上层的植物以乔木为主，如雪松、侧柏、槐树、樱花等。

种植松树类，因为日本有"松国"之称，《山水图》中称"坪山水无松则难存"，说明了松之地位举足轻重。松树品格高尚又象征长寿，是日本园林中的主要植物之一。

别墅主门两侧种植两棵老槐树，日本古代的造园专书《作庭记》在"树事"中说："槐应该植于门边。大臣门前植槐，被称为槐门，是由于大臣怀人仕帝之故"。槐树除了门第象征外，日本更以此突出臣子对主人的忠诚。此外，还种植了日本的国花樱花，以及碧桃、金银花、月季花等。

5. 南山麓公园（今植物园）

位于市区南部的南山之麓，由日本殖民统治者始建于1920年，当时占地面积为66116平方米，可以眺望大连湾，周边为住宅用地。以后经过扩建，面积达到32.4万平方米。原名南山麓公园，1930年改名为"弥生个池公园"。当时东起转山公路，西至南山大庙，南边位于南山分水岭北坡，北至望海岸，设施极其简单。1950年重新修缮后，改名为南山公园，1966年鲁迅纪念铜像移至园内，更名为鲁迅公园。1980年改建为专业性植物园，以植物科研为依托，向游人普及植物科学知识。

公园占地32.4公顷，园内除有游览休息设施外，大量的是园林植物，构成了绚丽多姿的自然环境。以园林科研为依托的该园植被丰富，温带夏绿阔叶林地带北部的落叶栎林亚地带的代表树种都能在此寻得踪影。园中设有木本植物展区、观赏植物展区（包括木兰紫薇园、碧桃樱花海棠园、蔷薇园、丁香园、竹类园、红叶果园等）、药用植物展区、风景林区、花圃及试验研究区、植物展览区、展览温室、科研大楼，以及假山、池塘和各种设施。种植各种花卉55科1170株，树木65科138属292种18063株。园内四季被各色植物覆盖，春季迎春花和丁香花香飘满园，夏季以槐花领衔的百花怒放园中，秋季满园都是由嫩黄银杏和鲜红枫叶交织的色调，冬季各类松柏依然翠绿傲立园中。园东部有潭池水，面积达七千多平方米，名曰："映松池"，俗称"南大湾"。池水是儿童的乐园，或池边戏水，或近观蝌蚪，或投石较力；池水是老年人垂钓的场所，甩杆垂钓稳坐池边，怡人心性；池边堤岸留下最多的是恋人的足迹，暮色将至，携情人之手漫步堤岸，品杨柳岸晓风残月。公园南部立有鲁迅纪念碑，松柏肃立左右，不妨静立先人碑前，闭目冥思，感受横眉冷对千夫指之气概，品味俯首甘为孺子牛之谦卑。

进入园内，外界喧嚣被植物隔绝，四周静谧清幽。园内人工痕迹不重，充分给予自然最大的发挥，浑然天成之美随处可见；是大连南山麓北坡一块动人的璞玉。

6. 中山广场

中山广场位于大连市中心，总面积2.2万平方米，直径168m，其特点是圆形呈辐射状，有十条大路从这里向四面八方辐射，周围十幢建筑物与十条放射状道路相兼排列。中山广场虽然只有百年历史且几经变化，但它的艺术构思、规划布局、建筑风格仍不失其和谐秀丽，典雅隽永，可使人联想起巴黎的凯旋门广场。

中山广场是使人领略大连建筑特色的好地方。这里有表现西方"古典柱式"的建筑，整个建筑格外威严、庄重。这里有巴洛克建筑风格的大连宾馆大楼，它采用"柱式"形式，建筑转角、窗边、门洞和前庭多采用曲线造型。这里亦有哥特式建筑风格的外贸大楼，它有尖形拱门，并采用尖塔造型，给人以高耸轻快的印象。这里还有在屋顶上建有三个圆形穹隆的中国银行大楼。所有这些建筑都具有典型的欧洲古典主义风格。游客漫步于中山广场，看到这里汇集了如此风格各异却又和谐共存的建筑佳作，都会禁不住发出由衷的赞叹。

7. 中央公园

包含位于市区中心的绿山、春日山以及大佛山的山岭，东北部为面向城区的倾斜的风景地。从俄国殖民统治时期着手建设公园，但一直没有能够实现。日本殖民统治者自1905年开始建设，该时期称为西公园或者虎公园。之后满铁在园内进行各种设施的建设，1924年移交给大连市殖民政府管理。1932年，进行了公园的扩建与整治，基本上具备了中央公园的面貌（图10-4-6，图10-4-7）。

在园内，大连河的涓流由南向北流去，景观优美，其下游设置春日池。在该池附近基本上位于公园中央处为满铁建造了运动场。位于春日池和运动场中央附近的溪谷被称为南华园。园内除了在运动场附近设置音乐堂、忠灵塔之外，还修建了保健浴场、骑马训练场、棒球场、门球场、市民射击场、少年滑冰场、大型射箭场等。经过1932年以后的扩建，园内设置了宽7米、长1500米的自然式园路，同时还改建了温室等公园设施。

8. 旅顺万忠墓

万忠墓位于大连市旅顺口区白玉山东麓，是一座庄严肃穆的陵园。这里埋葬着中日甲午战争中惨遭日本侵略军杀害的两万多名中国同胞的尸骨。一丘隆起，碑碣纪忠，名为万忠墓。

陵园占第3600平方米，四周以青砖墙围起。墓圹用花岗岩条石砌筑，为正方形；墓顶巍然耸立着"万忠墓"三个阴刻大字石碑。墓前为祭堂，一幅"永矢不忘"的横匾居中悬挂，周围环绕苍松翠柏。

到万忠墓，登上水泥台阶，进入大门后，迎面就是画栋雕梁、古色古香的享殿。殿的后面排列着三个石碑：迎面左边一块是1885年顾元勋所立；右边一块是1922年4月旅顺华商公议会重修万忠墓时所立，并建享殿草房三间以供祭墓活动之用；中间一块，是抗日战争胜利后，1948年12月旅顺各界人民重修万忠墓委员会竖立的。此碑的阴面记述了日寇大屠杀的史实和这次重修万忠墓的意义及经过，并在荒芜的墓地中新建享殿瓦房三间。现在人们看到的万忠墓就是1948年重修以后的模样。

万忠墓后面中日甲午战争陈列室，这里有许多珍贵的历史文物和大量的图片资料，它记录着日本强盗疯狂屠杀旅顺人民的桩桩暴行。

1896年春，旅顺人民怀着悲痛的心情，把近两万亲人的尸体在花沟集中火化，将骨灰收纳在白玉山麓。1898年立碑"万忠墓"，以志永矢不忘。

日俄战争后，日本帝国主义者侵占旅大达40年，侵略者曾想掘墓毁碑，消灭罪证，但是鉴于我国人民的爱国舆论，最终未敢实施。

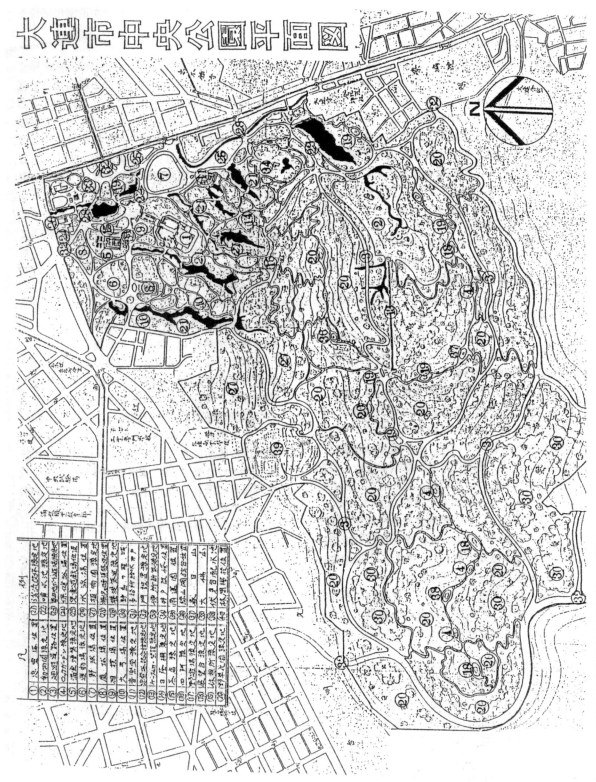

中·国·近·代·园·林·史（下篇）

图 10-4-6　大连市中央公园平面图（引自佐藤昌．满洲造园史，1985．）

图 10-4-7　大连市中央公园

第五节　辽宁省其他近代园林实例

辽阳市彭公馆

彭公馆，俗称彭家大院，位于辽阳市东四道街中心路 2 号，是东三省官银号总办彭贤（后任边业银行总裁）于民国 10 年（1921 年）建造的住宅。该公馆是目前辽阳保存下来最完整的四合院建筑。1988 年被列为省级文物保护单位，现为辽阳市博物馆。

彭公馆建筑可分为住宅、花园和菜园三部分。东部围墙内是住宅区，中部是花园，西部是果园，以上共占地两万余平方米。

东院为住宅，大门东向，硬山式清水脊门房三间，前置上马石、石狮各一对。对开的厚板门上装有铜铺首和铁铆钉，门檐上面的走马板及两旁的余塞板上都绘有山水花鸟画。门道两侧各有门房一间，门内南侧，青砖硬山式八字影壁中间雕一"福"字，西侧墙上砖砌长方形影壁中雕"迎祥"二字。北边是带有前廊的正房 7 间，中间为进入小院的门道；门道两侧及廊心皆用方形瓷砖镶贴"福、禄、寿"风俗画及山水画装饰。小院东西两侧用青砖筒瓦分隔成对称的跨院，院内各建三间平房，墙中间筑六方门，由石甬路相连。自前院往北，过纵轴线上的二门（装饰华丽的垂花门），进入面积较大的正方形的中院。院中十字甬路南北通垂花门、5 间正房，东西接对称的五间厢房。15 间房皆硬山式合瓦屋顶，檐前装饰莲花垂柱，形成回字形檐廊。正房两边皆接建耳房，正房内东西面各装透雕莲花落地罩。后院建房 9 间，中间 5 间有檐柱，室内柱间装有隔扇门、落地罩及冰裂纹棂窗。正房檐前有方形明台，与石甬路相接。

过西角门便是西花园，园内建一座卷棚式合瓦屋顶的 5 间花厅（俗称小姐楼），中间连接一个抱厦，三面设坐板，是园内的赏花饮茶处。花厅内有软隔扇及博古架等。再往西便是占地近万平方米的原彭公馆的果园，现已被民居和单位占用，只剩几株老梨树。

北方四合院建筑经过长期的经验积累，到了清末民初形成了一套成熟的程式，彭公馆就是这种传统的程式化建筑。

大院的住宅区，房屋、院落对称布置在南北纵轴线上，四周围墙封闭。檐廊的垂柱、垂花门等彩绘鲜艳，屋顶、卷棚、须弥座又用砖雕花饰砌筑，使大面积的青灰色墙壁、屋顶更加素雅稳重而又生动多彩。宽阔的室内饰以透雕落地罩及各式隔扇、棂窗等，使室内色调和谐优美。明确的出入流线，自成一体的格局，渐进的院落层次都设计得恰到好处。近年又在西花厅新建游廊式回廊，墙上镶有辽阳出土的明代碑记。廊前建有小亭等，景致十分幽雅。彭公馆堪称北方四合院建筑的杰作。

附录一 辽宁省近代园林大事记

序号	公元	大事记
1	1889 年	8 月 21 日，沙皇尼古拉二世宣布设达里尼（大连）为特别直辖市，设达里尼港为自由港； 9 月 28 日，沙俄政府通过大连商港和城市设计方案，大连港正式动工修建
2	1900 年	沙俄规划并兴建大连中心广场——尼古拉耶夫卡亚广场（今中山广场）； 10 月，东省铁路南满支线旅顺线终端—旅顺车站建成
3	1902 年	兴建旅顺植物园；有光叶榉，红槲栎等名贵树木二十余种
4	1904 年	西公园（今劳动公园）建成
5	1905 年	1 月 27 日，辽东守备军第 3 号通令，决定从 2 月 11 日起，将"达里尼"改称为大连，港名改为大连港
6	1906 年	沈氏出资在大东关（今大东区）建成"也园"，后改称万泉公园（今沈阳动物园）； 清盛京将军赵尔巽创建农业试验场、苗圃和园艺场
7	1907 年	东北三省总督在小西边门外（今沈阳市政府和沈阳宾馆所在地）建成奉天公园； 大连北公园（北海公园）建成，后在园内增设网球场； 开始兴建大连市动物园； 南满洲铁道株式会社在马栏河口至黑石礁处建成星个浦游园； 6 月，日本在旅顺白玉山山顶修建"表忠塔"（今白玉山塔）； 8 月 9 日，大栈桥（今码头）至电气游园（动物园旧址）有轨电车线路工程竣工
8	1908 年	建成奉天森林学堂、奉天种树公所和奉天植物研究所
9	1909 年	11 月 28 日，"表忠塔"（今白玉山塔）竣工
10	1910 年	在铁路大街（今胜利大街）栽植杨树
11	1911 年	日本南满洲铁道株式会社奉天地方事务所在"附属地"柳町辟建柳町游园
12	1914 年	尼古拉耶夫卡亚广场（今中山广场）建成
13	1917 年	4 月 1 日，在沙俄"将校集会所"旧址上改建关东都督府满蒙物产馆
14	1918 年	将关东都督府满蒙物产馆改建为关东都督府博物馆
15	1920 年	在大连市区南山麓建成南山麓公园，后又易名为弥生个池公园、南山公园、鲁迅公园，现为大连植物园； 兴建长者广场（今人民广场）
16	1923 年	以华兴场为中心的广场（今南市场）建成，并栽植树木； 8 月，奉天市政公所成立后，发布《保护街树办法》，制定了古城区街道植树方案
17	1924 年	辟建千代田公园（今中山公园）； 修建惠工广场，栽植柳树、杨树、槭树、榆树、油松、山杏等树木
18	1925 年	大东工业区辟建兵工厂花园
19	1927 年	开放北陵为市民游览的公园； 4 月，奉天市政公所在古城故宫西侧，西华门外路北建一座街心游园
20	1928 年	大连至旅顺南路沿线景点黑石礁、凌水寺、小平岛、蔡大岭、老座山、龙王塘、玉乃浦、白银山被定为"旅顺八景"； 奉天省城商埠局在三纬路与三经街交会的三角地（今辽宁日报社门前）辟建一游园； 奉天市政公署在北陵大街两侧栽植柳树 1056 棵
21	1929 年	开放东陵为市民游览的公园； 开始兴建旅顺动物园； 大连明泽公园建成（今大连儿童公园）
22	1931 年	奉天省商埠局修建大西广场时栽植油松、梧桐、山杏、丁香等树木
23	1934 年	关东都督府博物馆更名旅顺博物馆，后又称旅顺东方文化博物馆
24	1937 年	开辟"大连市内观光线"，途经大连港码头、大连火车站、碧山房、大广场、中央公园、露天市场、星个浦等地
25	1940 年	国际马路（今和平大街）形成了全市第一条林荫路
26	1945 年	国民党进占沈阳，园林绿化事业遭到严重破坏； 尼古拉耶夫卡亚广场更名为中山广场； 星个浦游园更名为星海公园； 长者广场更名为大连市政府广场（即今人民广场）

序号	公元	大事记
27	1946年	1月6日，大连市举行战胜日本帝国主义"胜利纪念碑"揭幕典礼
28	1947年	在和平大街和中山路等几条主要街道栽植了少量树木； 大连市政府广场（原长者广场）改名为称斯大林广场； 9月，旅顺人民重建"万忠墓"； 11月，"万忠墓"工程竣工； 12月10日，旅大各界人士举行"万忠墓"工程落成典礼

附录二　主要参考文献

1. 沈阳市人民政府地方志办公室编. 沈阳市志　第二卷　城市建设. 沈阳：沈阳出版社，1998.

2. 佐藤昌著. 满洲造园史. 日本造园修景协会发行，昭和60年（1985年）.

3. 柳振万主编. 大连市史志办公室编. 大连市志·旅游志. 北京：中国旅游出版社，2006.

4. 大连市史志办公室编. 大连市志·城市建设志. 北京：方志出版社，2004.

5. 大连市地方志编纂委员会办公室编. 大连志·自然环境志　水利志. 大连：大连出版社，1993.

附录三　参加编写人员

本卷主编：李树华（清华大学建筑学院景观学系教授、原中国农业大学园林系主任、教授）

参编人员：陶明（副总工程师）、卢冶、洪波（中国农业大学博士）